# 西门子 PLC、变频器与触摸屏组态技术

蔡杏山　编著

中国电力出版社
CHINA ELECTRIC POWER PRESS

## 内 容 提 要

本书介绍了西门子PLC、变频器和触摸屏组态技术，全书共分15章，主要内容有PLC基础、S7-200PLC编程与仿真软件的使用、基本指令及应用、顺序控制指令及应用、功能指令及应用、PLC通信、数字量与模拟量扩展模块的使用、变频器的基本结构原理、西门子变频器的接线、操作与参数设置、变频器的典型应用电路、变频器与PLC的综合应用、西门子精彩系列触摸屏（SMART LINE）介绍、西门子WinCC组态软件快速入门、WinCC软件常用对象及功能的使用举例、触摸屏操作和监控PLC的开发实例。

本书具有起点低、由浅入深、语言通俗易懂等特点，并且内容结构安排符合学习认知规律，本书还配有二维码教学视频，可帮助读者更快、更直观地掌握相关技能。本书适合作为PLC、变频器和触摸屏组态技术的自学图书，也适合作为职业院校电类专业的PLC、变频器和触摸屏组态技术教材。

**图书在版编目（CIP）数据**

西门子PLC、变频器与触摸屏组态技术零基础入门到精通/蔡杏山编著．—北京：中国电力出版社，2020.5

（微视频学工控系列）

ISBN 978-7-5198-4329-8

Ⅰ.①西…　Ⅱ.①蔡…　Ⅲ.①PLC技术　②变频器　③触摸屏　Ⅳ.①TM571.61　②TN773　③TP334.1

中国版本图书馆CIP数据核字（2020）第027583号

---

出版发行：中国电力出版社

地　　址：北京市东城区北京站西街19号（邮政编码100005）

网　　址：http：//www.cepp.sgcc.com.cn

责任编辑：杨　扬（y-y@sgcc.com.cn）

责任校对：黄　蓓　郝军燕

装帧设计：王红柳

责任印制：杨晓东

---

印　　刷：北京天宇星印刷厂

版　　次：2020年5月第一版

印　　次：2020年5月北京第一次印刷

开　　本：787毫米×1092毫米　16开本

印　　张：24

字　　数：687千字

定　　价：98.00元

---

# 前言

工控是指工业自动化控制，主要利用电子电气、机械、软件组合来实现工厂自动化控制，使工厂的生产和制造过程更加自动化、效率化、精确化，并具有可控性及可视性。工控技术的出现和推广带来了第三次工业革命，使工厂的生产速度和效率提高了300%以上。20世纪80年代初，国外先进的工控设备和技术进入我国，这些设备和技术大大推动了我国的制造业自动化进程，为我国现代化的建设作出了巨大的贡献。目前广泛使用的工业控制设备有PLC、变频器和触摸屏等。

PLC又称可编程序控制器，其外形像一只有很多接线端子和一些接口的箱子，接线端子分为输入端子、输出端子和电源端子，接口分为通信接口和扩展接口。通信接口用于连接计算机、变频器或触摸屏等设备，扩展接口用于连接一些特殊功能模块，增强PLC的控制功能。当用户从输入端子给PLC发送命令（如按下输入端子外接的开关）时，PLC内部的程序运行，再从输出端子输出控制信号，去驱动外围的执行部件（如接触器线圈），从而完成控制要求。PLC输出怎样的控制信号由内部的程序决定，该程序一般是在计算机中用专门的编程软件编写，再下载到PLC。

变频器是一种电动机驱动设备，在工作时，先将工频（50Hz或60Hz）交流电源转换成频率可变的交流电源并提供给电动机，只要改变输出交流电源的频率，就能改变电动机的转速。由于变频器输出电源的频率可连续变化，故电动机的转速也可连续变化，从而实现电动机无级变速调节。

触摸屏是一种带触摸显示功能的数字输入/输出设备，又称人机界面（HMI）。当触摸屏与PLC连接起来后，在触摸屏上不但可以对PLC进行操作，还可在触摸屏上实时监视PLC内部一些软元件的工作状态。要使用触摸屏操作和监视PLC，须在计算机中用专门的组态软件为触摸屏制作（又称组态）相应的操作和监视画面项目，再把画面项目下载到触摸屏。

为了让读者能更快更容易掌握工控技术，我们推出了“微视频学工控”丛书，首批图书包括《西门子PLC、变频器与触摸屏组态技术零基础入门到精通》《西门子PLC零基础入门到精通》《三菱PLC、变频器与触摸屏组态技术零基础入门到精通》和《三菱PLC零基础入门到精通》。

**本丛书主要有以下特点：**

◆**起点低。**读者只需具有初中文化程度即可阅读本套丛书。

◆**语言通俗易懂。**书中少用专业化的术语，遇到较难理解的内容用形象比喻说明，尽量避免复杂的理论分析和烦琐的公式推导，阅读起来会感觉十分顺畅。

◆**内容解说详细。**考虑到读者自学时一般无人指导，因此在编写过程中对书中的知识技能进行详细解说，让读者能轻松理解所学内容。

◆**图文并茂的表现方式。**书中大量采用读者喜欢的直观、形象的图表方式表现内容，使阅读变得非常轻松，不易产生阅读疲劳。

◆**内容安排符合认知规律。**本书按照循序渐进、由浅入深的原则来确定各章节内容的先后顺序，读者只需从前往后阅读图书，便会水到渠成。

◆**突出显示知识要点。**为了帮助读者掌握书中的知识要点，书中用阴影和文字加粗的方法突出显示知识要点，指示学习重点。

◆**配套教学视频。**扫码观看重要知识点的讲解和操作视频，便于读者更快、更直观地掌握相关技能。

◆**网络免费辅导。**读者在阅读时遇到难理解的问题，可登录易天电学网：www. xxITee. com，观看有关辅导材料或向老师提问进行学习，读者也可以在该网站了解本套丛书的新书信息。

本书在编写过程中得到了许多教师的支持，在此一并表示感谢。由于编者水平有限，书中的错误和疏漏在所难免，望广大读者和同仁予以批评指正。

编者

# 目 录

前言

# 第1章 PLC基础

## 1.1 概 述

**PLC是英文Programmable Logic Controller的缩写，意为可编程序逻辑控制器，是一种专为工业应用而设计的控制器。**世界上第一台PLC于1969年由美国数字设备公司（DEC）研制成功，随着技术的发展，PLC的功能越来越强大，不再仅限于逻辑控制，因此美国电气制造协会于1980年对它进行重命名，称其为可编程控制器（Programmable Controller），简称PC，但由于PC容易和个人计算机PC（Personal Computer）混淆，故人们仍习惯将PLC当作可编程控制器的缩写。

PLC介绍

### 1.1.1 两种形式的PLC

按硬件的结构形式不同，PLC可分为整体式和模块式。整体式PLC又称箱式PLC，其外形像一个长方形的箱体，如图1-1（a）所示，这种PLC的CPU、存储器、I/O接口等都安装在一个箱体内。整体式PLC的结构简单、体积小、价格低。小型PLC一般采用整体式结构。

模块式PLC有一个总线基板，基板上有很多总线插槽，其中由CPU、存储器和电源构成的一个模块通常固定安装在某个插槽中，其他功能模块可随意安装在其他不同的插槽，如图1-1（b）所示。模块式PLC配置灵活，可通过增减模块来组成不同规模的系统，安装维修方便，但价格较贵。大、中型PLC一般采用模块式结构。

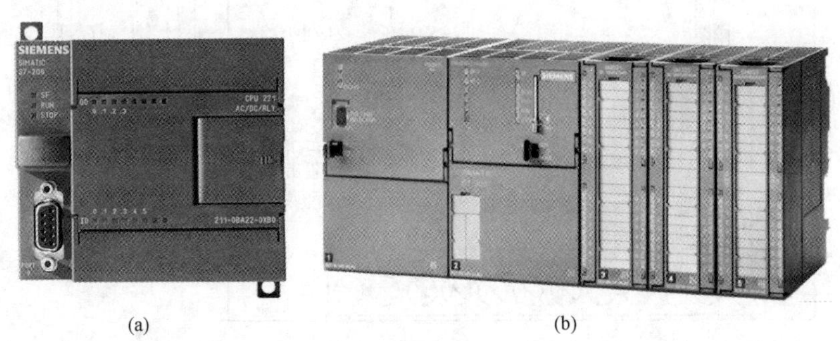


(a)　　(b)

图1-1　两种类型的PLC

（a）整体式；（b）模块式

### 1.1.2 PLC控制与继电器控制的比较

PLC控制是在继电器控制基础上发展起来的，了解两者的异同有助于学好PLC，这里以电动机正转控制为例对两种控制系统进行比较。

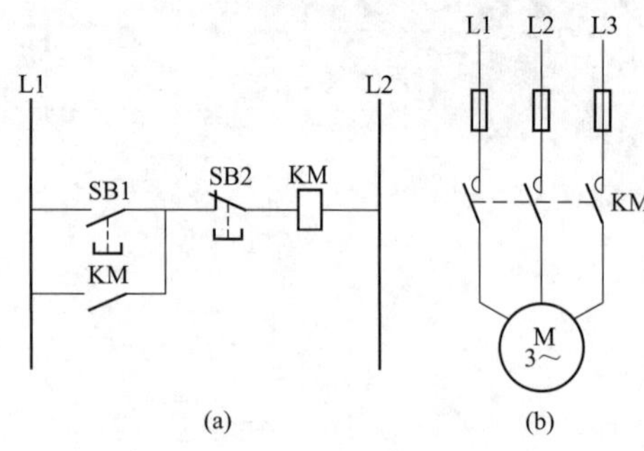


图 1-2 继电器控制电动机正转电路
（a）控制电路；（b）主电路

1. 继电器控制电动机正转电路

图 1-2 所示为一种常见的继电器控制电动机正转电路，可以对电动机进行正转和停转控制，图 1-2（b）为主电路，图 1-2（a）为控制电路。按下启动按钮 SB1，接触器 KM 线圈得电，主电路中的 KM 主触点闭合，电动机得电运转，与此同时，控制电路中 KM 的常开自锁触点也闭合，锁定 KM 线圈得电（即 SB1 断开后 KM 线圈仍可得电）。按下停止按钮 SB2，接触器 KM 线圈失电，KM 主触点断开，电动机失电停转，同时 KM 常开自锁触点也断开，解除自锁（即 SB2 闭合后 KM 线圈无法得电）。

2. PLC 控制电动机正转电路

图 1-3 所示为采用 PLC 控制的电动机正转电路，该 PLC 的型号为 CPU222（西门子 S7-200 系列 PLC 中的一种），该线路可以实现图 1-2 所示的继电器控制电动机正转线路相同的功能。PLC 控制电动机正转线路也分作主电路和控制电路两部分，PLC 与外部连接的输入/输出部件构成控制电路，主电路与继电器正转控制的主电路相同。

在组建 PLC 控制系统时，需要给 PLC 提供电源，给 PLC 输入端子接输入部件（如开关）、给输出端子接输出部件。在图 1-3 中，PLC 输入端子连接 SB1（启动）、SB2（停止）按钮和 24V 直流电源（24VDC），输出端子连接接触器 KM 线圈和 220V 交流电源（220VAC），电源端子连接 220V 交流电源供电，在内部由电源电路转换成 5V 和 24V，5V 供给内部电路使用，24V 会送到 L＋、M 端子，可以提供给输入端子使用。PLC 硬件连接完成后，在计算机中使用 PLC 编程软件编写梯形图程序，并用专用的编程电缆将电脑与 PLC 连接起来，再将程序写入 PLC。

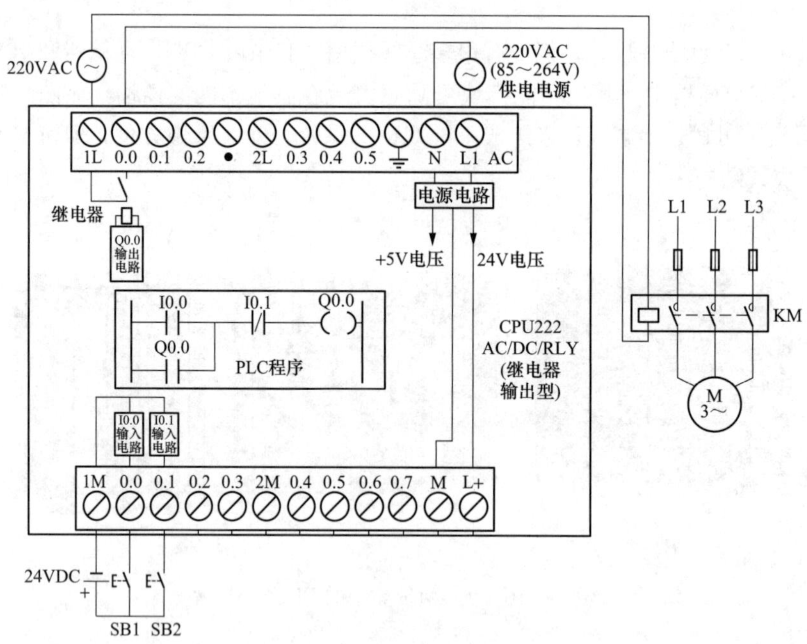


图 1-3 采用 PLC 控制的电动机正转电路

PLC 控制电动机正转电路工作原理：

当按下启动按钮 SB1 时，24V 电源、SB1 与 PLC 的 I0.0、1M 端子内部的 I0.0 输入电路构成回路，有电流流过 I0.0 输入电路（电流途径是：24V＋→SB1→I0.0 端子→I0.0 输入电路→1M 端子→24V－），

I0.0 输入电路有电流流过，马上使程序中的 I0.0 常开触点闭合，程序中左母线的模拟电流（也称能流）经闭合的 I0.0 常开触点、I0.1 常闭触点流经 Q0.0 线圈到达右母线，程序中的 Q0.0 线圈得电，一方面会使程序中的 Q0.0 常开自锁触点闭合，还会控制 Q0.0 输出电路，使之输出电流流过继电器的线圈，继电器触点被吸合，于是有电流流过主电路中的接触器 KM 线圈，KM 主触点闭合，电动机得电运转。

当按下停止按钮 SB2 时，有电流流过 I0.1 端子内部的 I0.1 输入电路，会使程序中的 I0.1 常闭触点断开，程序中的 Q0.0 线圈失电，一方面会使程序中的 Q0.0 常开自锁触点断开，还会控制 Q0.0 输出电路，使之停止输出电流，继电器线圈无电流流过，其触点断开，主电路中的接触器 KM 线圈失电，KM 主触点断开，电动机停转。

### 1.1.3 PLC 的内部组成

PLC 种类很多，但结构大同小异，典型的 PLC 内部组成框图如图 1-4 所示。在组建 PLC 控制系统时，需要给 PLC 的输入端子接有关的输入设备（如按钮、触点和行程开关等），给输出端子接有关的输出设备（如指示灯、电磁线圈和电磁阀等），另外，还需要将编好的程序通过通信接口输入 PLC 内部存储器，如果希望增强 PLC 的功能，可以将扩展单元通过扩展接口与 PLC 连接。

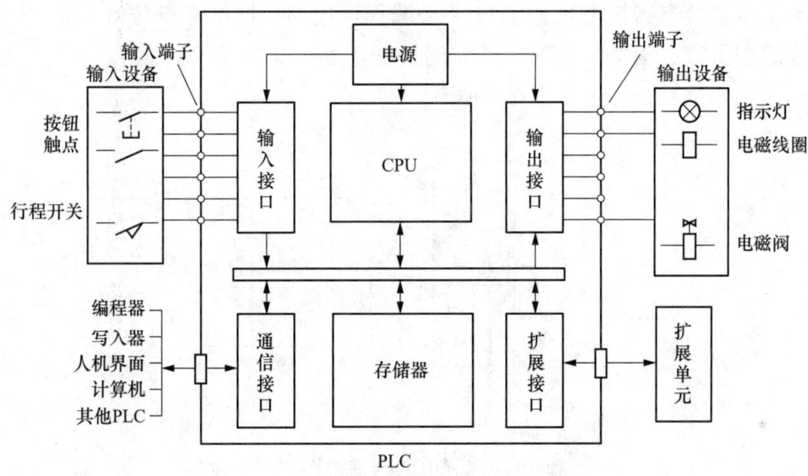


图 1-4 典型的 PLC 内部组成框图

### 1.1.4 PLC 的工作方式

PLC 是一种由程序控制运行的设备，其工作方式与微型计算机不同，微型计算机运行到结束指令 END 时，程序运行结束。PLC 运行程序时，会按顺序依次逐条执行存储器中的程序指令，当执行完最后的指令后，并不会马上停止，而是又重新开始再次执行存储器中的程序，如此周而复始，PLC 的这种工作方式称为循环扫描方式。PLC 的工作过程如图 1-5 所示。

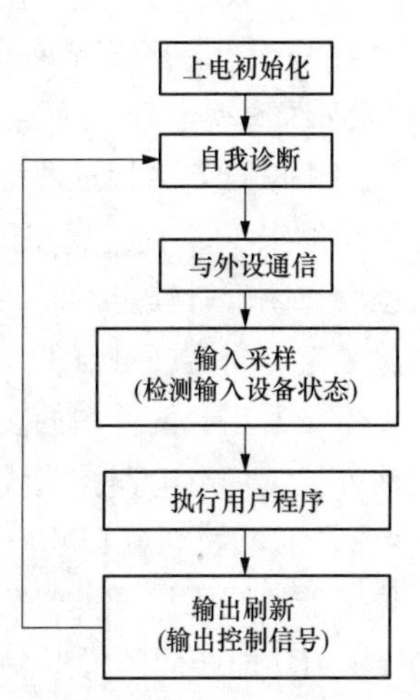


图 1-5 PLC 的工作过程

PLC 通电后，首先进行系统初始化，将内部电路恢复到起始状态，然后进行自我诊断，检测内部电路是否正常，以确保系统能正常运行，诊断结束后对通信接口进行扫描，若接有外设则与其通信。通信接口无外设或通信完成后，系统开始进行输入采样，检测输入设备（开关、按钮等）的状态，然后根据输入采样结果依次执行用户程序，程序运行结束后对输出进行刷新，即输出程序运行时产生的控制信号。以上过程完成后，系统又返回，重新开始自我诊断，以后不断重复上述过程。

PLC 有 RUN（运行）状态和 STOP（停止）状态两个工作状态。当 PLC 工作于 RUN 状态时，系统会完整执行图 1-5 所示过程；当 PLC 工作在 STOP 状态时，系统不执行用户程序。PLC 正常工作时应处于 RUN 状态，而在编制和修改程序时，应让 PLC 处于 STOP 状态。PLC 的两种工作状态可通过开关进行切换。PLC 工作在 RUN 状态时，完整执行图 1-5 过程所需的时间称为扫描周期，一般为 1～100ms。扫描周期与用户程序的长短、指令的种类和 CPU 执行指令的速度有很大的关系。

### 1.1.5 PLC 的编程语言

PLC 是一种由软件驱动的控制设备，PLC 软件由系统程序和用户程序组成。系统程序由 PLC 制造厂商设计编制的，并写入 PLC 内部的 ROM 中，用户无法修改。用户程序是由用户根据控制需要编制的程序，再写入 PLC 存储器中。

写一篇相同内容的文章，既可以采用中文，也可以采用英文，还可以使用法文。同样地，编制 PLC 用户程序也可以使用多种语言。PLC 常用的编程语言主要有梯形图（LAD）、功能块图（FBD）和指令语句表（STL）等，其中梯形图语言最为常用。

1. 梯形图（LAD）

梯形图采用类似传统继电器控制电路的符号来编程，用梯形图编制的程序具有形象、直观、实用的特点，因此这种编程语言成为电气工程人员应用最广泛的 PLC 的编程语言。下面对相同功能的继电器控制电路与梯形图程序进行比较，如图 1-6 所示。

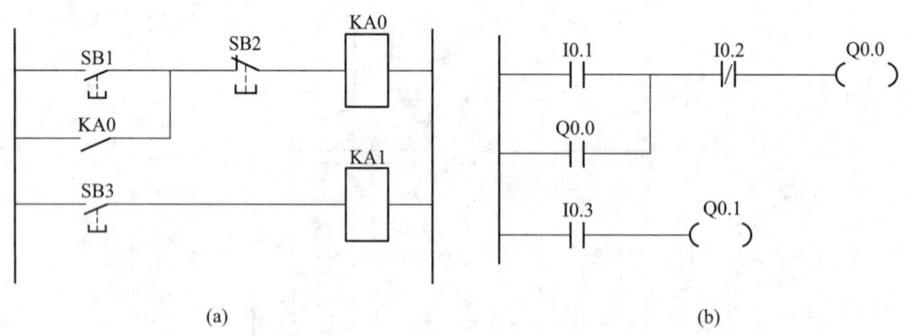


图 1-6 继电器控制电路与梯形图程序的比较

（a）继电器控制电路；（b）梯形图程序

图 1-6（a）为继电器控制电路，当 SB1 闭合时，继电器 KA0 线圈得电，KA0 自锁触点闭合，锁定 KA0 线圈得电，当 SB2 断开时，KA0 线圈失电，KA0 自锁触点断开，解除锁定，当 SB3 闭合时，继电器 KA1 线圈得电。

图 1-6（b）为梯形图程序，当常开触点 I0.1 闭合时，左母线产生的能流（可理解为电流）经 I0.1 和常闭触点 I0.2 流经输出继电器 Q0.0 线圈到达右母线（西门子 PLC 梯形图程序省去右母线），Q0.0 自锁触点闭合，锁定 Q0.0 线圈得电；当常闭触点 I0.2 断开时，Q0.0 线圈失电，Q0.0 自锁触点断开，解除锁定；当常开触点 I0.3 闭合时，继电器 Q0.1 线圈得电。

不难看出，两种图的表达方式很相似，不过梯形图使用的继电器是由软件来实现的，使用和修改灵活方便，而继电器控制线路采用硬接线，修改比较麻烦。

2. 功能块图（FBD）

功能块图采用了类似数字逻辑电路的符号来编程，对于有数字电路基础的人很容易掌握这种语言。图 1-7 为功能相同的梯形图程序和功能块图程序比较，在功能块图中，左端为输入端，右端为输出端，输入、输出端的小圆圈表示“非运算”。

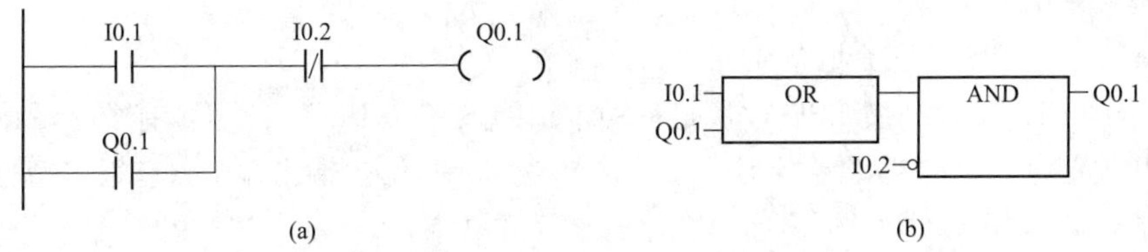


图 1-7 梯形图程序与功能块图程序的比较

（a）梯形图程序；（b）功能块图程序

3. 指令语句表（STL）

语句表语言与微型计算机采用的汇编语言类似，也采用助记符形式编程。在使用简易编程器对 PLC 进行编程时，一般采用语句表语言，这主要是因为简易编程器显示屏很小，难于采用梯形图语言编程。图 1-8 为功能相同的梯形图程序和指令语句表程序比较。不难看出，指令语句表就像是描述绘制梯形图的文字，指令语句表主要由指令助记符和操作数组成。

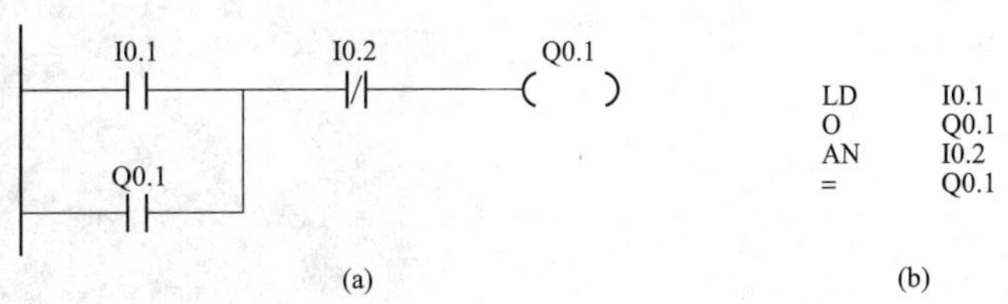


图 1-8 梯形图程序与指令语句表程序的比较

（a）梯形图程序；（b）指令语句表程序

# 1.2 西门子 S7-200 PLC 介绍

## 1.2.1 S7 系列 PLC

S7 系列 PLC 是西门子生产的可编程控制器，它包括小型机（S7-200、S7-1200 系列）、中大型机（S7-300C、S7-300、S7-400 系列和新推出不久的 S7-1500 系列）。S7 系列 PLC 如图 1-9 所示，图中的 LOGO! 为智能逻辑控制器。

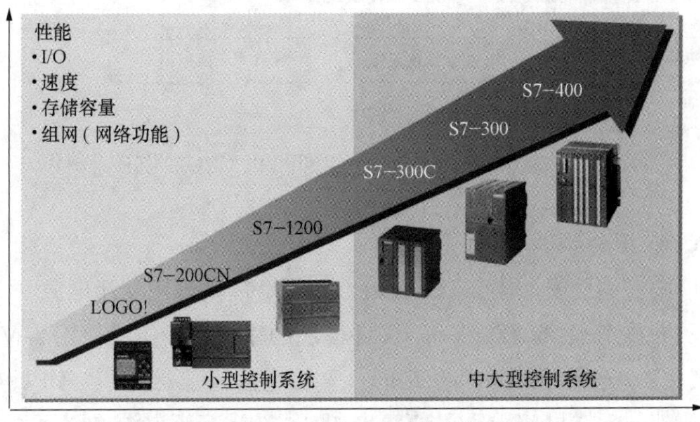


图 1-9 S7 系列 PLC

## 1.2.2 S7-200 PLC 面板说明

S7-200 是 S7 系列中的小型 PLC，常用在小型自动化设备中。根据使用的 CPU 模块不同，S7-200 PLC 可分为 CPU221、CPU222、CPU224、CPU226 等类型，除 CPU221 无法扩展外，其他类型都可以通过增加扩展模块来增加功能。

1. CPU224XP型CPU模块面板介绍

图1-10所示的CPU224XP型CPU模块是一种常用的S7-200 PLC，除了具有数字量输入/输出端子（可输入/输出开关信号，也称1、0数字信号），还带有模拟量输入/输出端子（有很多型号的CPU模块是不带模拟量端子的），可以输入/输出连续变化的电压或电流。

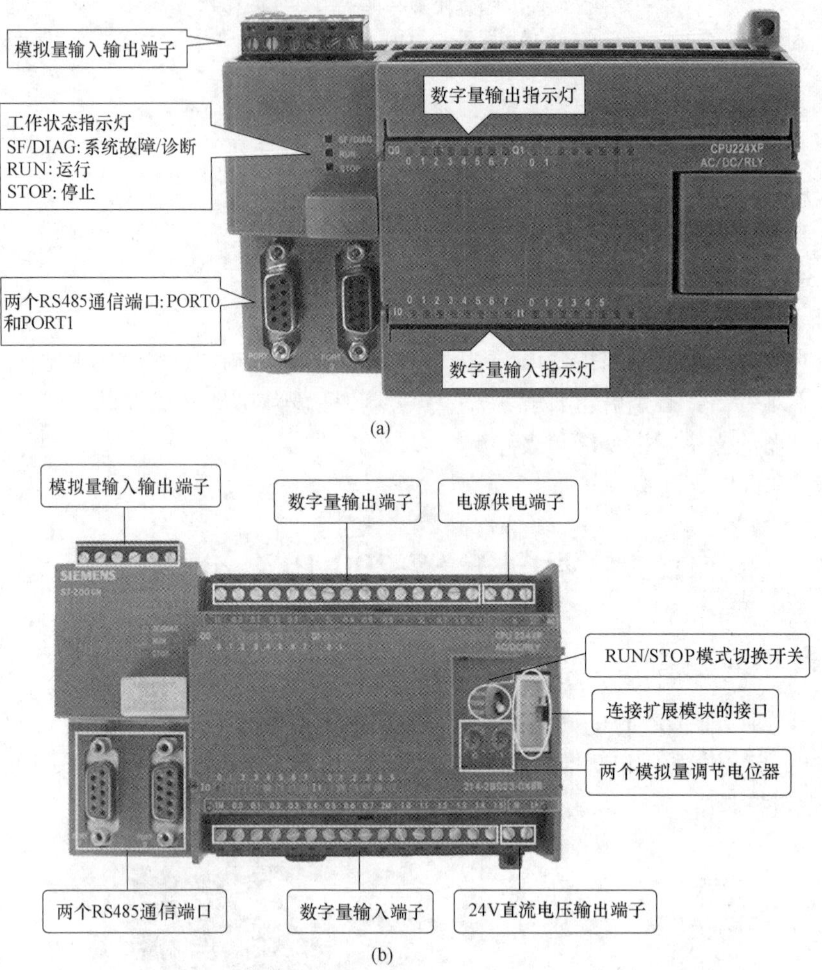


图1-10 S7-200 PLC面板部件说明（以CPU224XP为例）

2. CPU224XP型CPU模块的接线

CPU224XP型CPU模块的接线如图1-11所示。该CPU模块采用交流电源（AC）供电，电源端子L1、N端接交流220V（允许范围85～264V）；CPU模块的输入端子接线使用24V直流电源（DC），输入开关与电源串联后接在输入端子和nM端子之间，直流电源正反接均可；CPU模块输出端子内部为继电器触点（RLY），故外部接线可使用24V直流电源或220V交流电源（DC）。

CPU224XP型CPU模块自带模拟量处理功能，可输入2路模拟量电压（－10～10V）和1路模拟量电流（0～20mA）或电压（0～10V）。A＋、B＋端子输入的－10～10V电压在内部对应转换成－32000～＋32000数值，分别存放在AIW0和AIW2寄存器中，CPU模块内部AQW0寄存器中的数值（0～32000）经转换后可从I端子对应输出0～20mA的电流，或从V端子输出0～10V的电压，I、V端子只能选择一种输出，不能同时输出电流和电压。

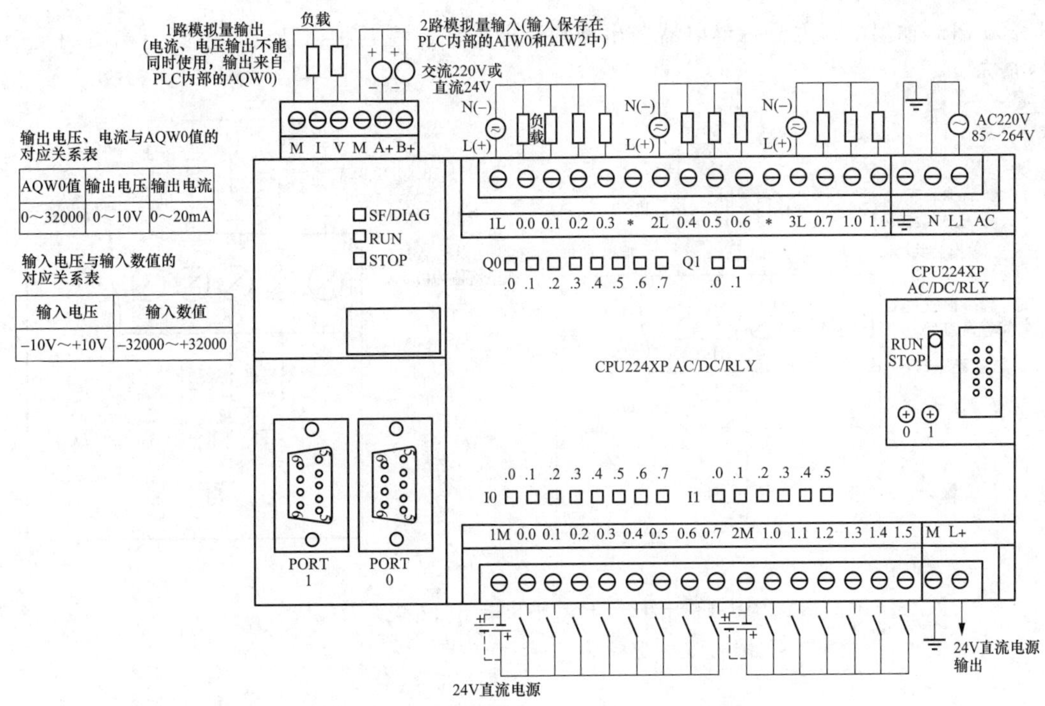


图 1-11 CPU224XP 型 CPU 模块的接线

## 1.2.3 S7-200 PLC 输入/输出端子内部电路及接线

1. 输入端子内部电路及接线

S7-200 PLC 输入端子内部电路及接线如图 1-12 所示，由于 PLC 内部采用双向光电耦合器，故外部 24V 直流电源正反接均可，以图 1-12（a）所示的电源负极接 M 端的漏型输入接线方式为例，当 Ix.0 端子外部开关闭合时，有电流流过输入电路，电流途径为 DC24V+→闭合的开关→I0.0 端子→限流电阻→光电耦合器的右正发光二极管→1M 端子→DC24V-，光电耦合器的右正发光二极管发光，光敏管受光导通，给内部电路输入一个“1”信号（或称“ON”信号）。

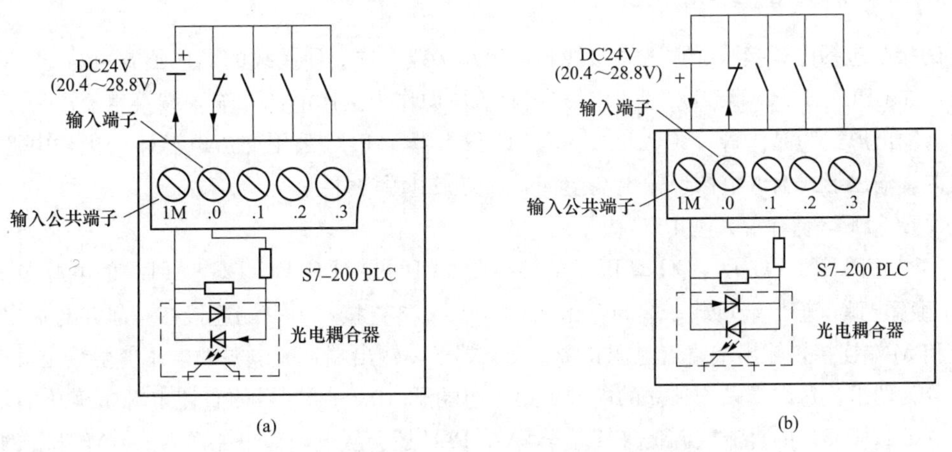


图 1-12 S7-200 PLC 输入端子内部电路及接线

（a）方式 1；（b）方式 2

2. 输出端子内部电路及接线

S7-200 PLC输出电路主要有继电器输出型和晶体管输出型两种，其内部电路与输出端子接线如图1-13所示。

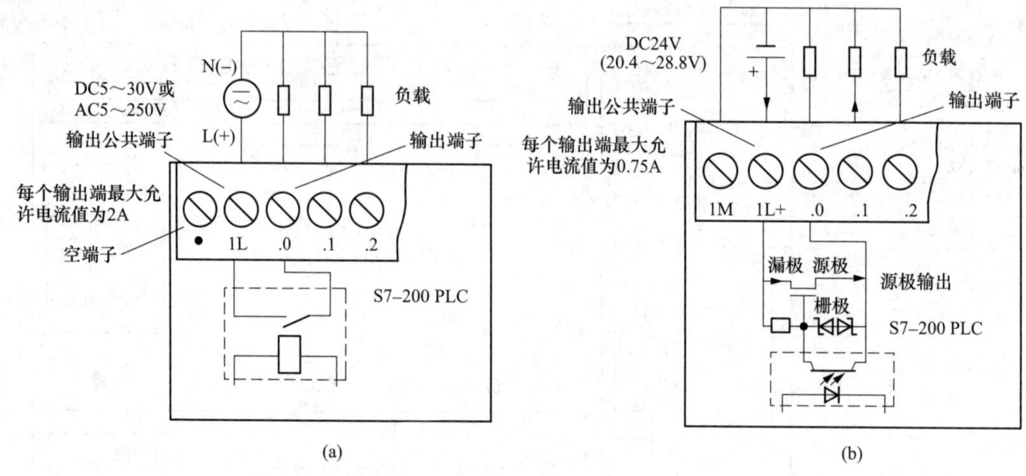


图1-13　S7-200 PLC输出端子内部电路及接线
(a) 方式1；(b) 方式2

图1-13 (a) 为继电器输出型PLC，由于继电器触点没有极性之分，故外部接线可使用交流电源，也可以使用直流电源，当PLC内部输出“1”时，有电流流过继电器线圈，继电器触点闭合，有电流流过外部负载，电流途径为电源一端→1L端子→闭合的继电器触点→Q0.0端子→外部负载→电源的另一端。继电器输出电路可驱动交流或直流负载，允许通过的电流大，但其响应时间长，通断变化频率低，不能用于输出脉冲信号。

图1-13 (b) 为晶体管输出型PLC，由于晶体管有极性之分，故外部接线只能使用直流电源，当PLC内部输出“1”时，内部晶体管导通，有电流流过晶体管，有电流流过外部负载，电流途径为直流电源正极→1L＋端子→导通的晶体管的漏极→源极→Q0.0端子→外部负载→直流电源负极。晶体管输出电路的反应速度快，通断频率高（可达20～200kHz），可以输出脉冲信号，但只能用于驱动直流负载，过载能力差（即允许流过的电流小）。

### 1.2.4　S7-200 PLC的实际接线

PLC的接线包括电源接线、输入端接线和输出端接线，这3种接线的具体形式可从S7-200 PLC型号看出来，如CPU221 DC/DC/DC型PLC采用直流电源作为工作电源，输入端接直流电源，输出端接直流电源（输出形式为晶体管）；CPU221 AC/DC/继电器型PLC采用交流电源作为工作电源，输入端接直流电源，输出形式为继电器，输出端接直流、交流电源均可。

1. DC/DC/DC（晶体管）型PLC的接线

图1-14为CPU221 DC/DC/DC型PLC的接线图。CPU221 DC/DC/DC型PLC的电源端子L＋、M接24V的直流电源；输出端负载一端与输出端子0.0～0.3连接，另一端连接在一起并与输出端直流电源的负极和M端连接，输出端直流电源正极接L＋端子，输出端直流电源的电压值由输出端负载决定；输入端子分为两组，每组都采用独立的电源，第一组端子（0.0～0.3）的直流电源负极接端子1M，第二组端子（0.4、0.5）的直流电源负极接端子2M；PLC还会从电源输出端子L＋、M输出24V直流电压，该电压可提供给外接传感器作为电源，也可作为输入端子的电源。

图1-15为CPU226 DC/DC/DC型PLC的接线图，它与CPU221 DC/DC/DC型PLC的接线方法基

本相同，区别在于 CPU226 DC/DC/DC 输出端采用了两组直流电源，第一组直流电源正极接 1L＋端，负极接 1M 端，第二组直流电源正极接 2L＋端，负极接 2M 端。

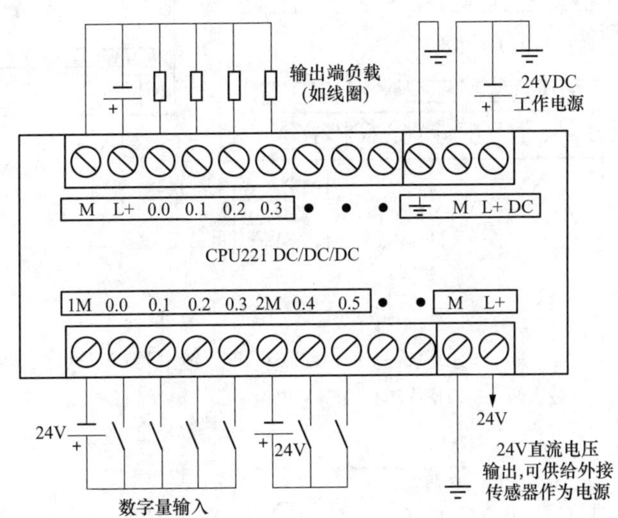


图 1-14 CPU221 DC/DC/DC 型 PLC 的接线图

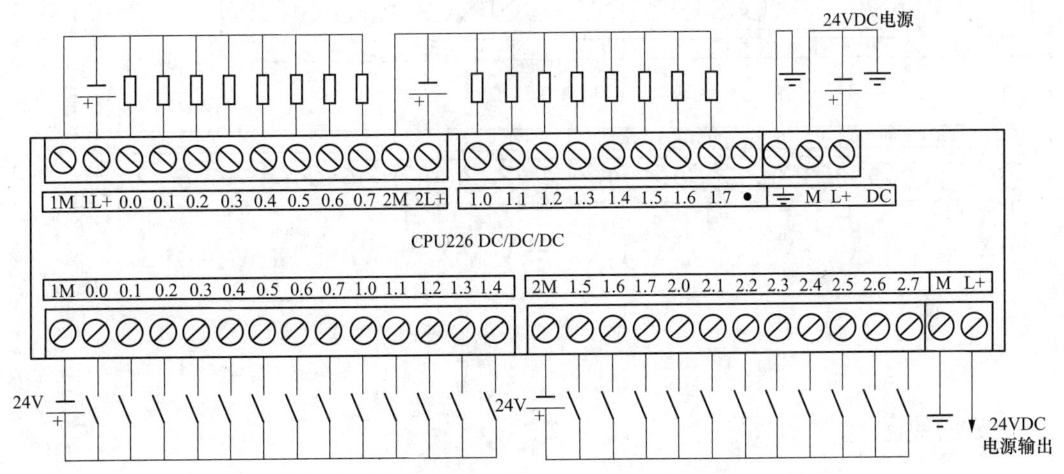


图 1-15 CPU226 DC/DC/DC 型 PLC 的接线图

2. AC/DC/继电器型 PLC 的接线

图 1-16 为 CPU221 AC/DC/继电器型 PLC 的接线图。该型号 PLC 的工作电源采用 120V 或 240V 交流电源供电，该电源电压允许范围为 85～264V，交流电源接在 L1、N 端子上；输出端子分为两组，采用两组电源，由于采用继电器输出形式，故输出端电源既可为交流电源，也可是直流电流，当采用直流电源时，电源的正极分别接 1L、2L 端，采用交流电源时不分极性；输入端子也分为两组，采用两组直流电源，电源的负极分别接 1M、2M 端。图 1-16（a）为输入端子接线使用单独的 24V 电源，如果使用的输入端子较少，也可让 PLC 输出的 24V 直流电压为输入端子供电。在接线时，将 1M、M 端接在一起，L＋与输入设备的一端连接，具体如图 1- 16（b）所示。

图 1-17 为 CPU226 AC/DC/继电器型 PLC 的接线图，它与 CPU221AC/DC/继电器型 PLC 的接线方法基本相同。

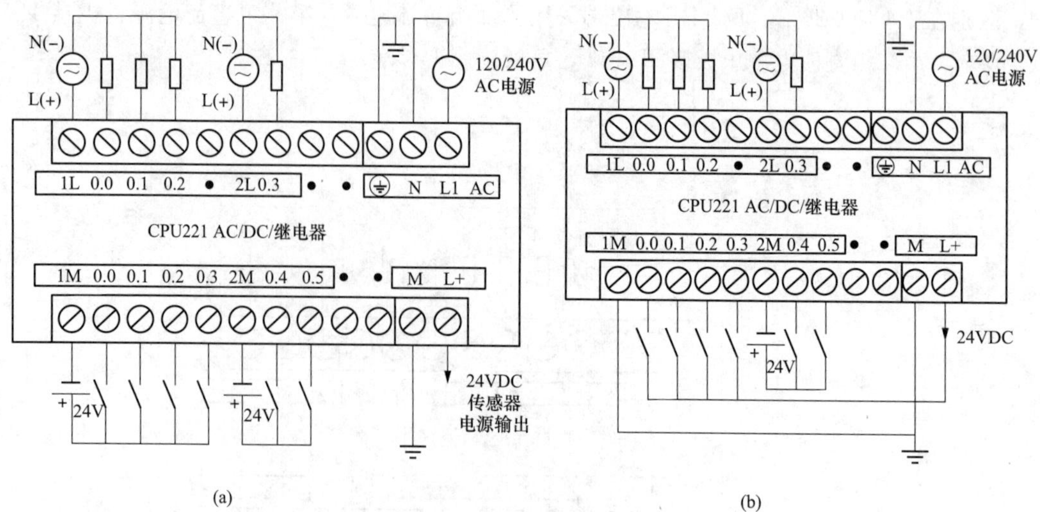


图 1-16 CPU221 AC/DC/继电器型 PLC 的接线图

(a) 输入端子接线使用单独的 24V 电源；(b) 输入端子接线使用 PLC 输出的 24V 电压

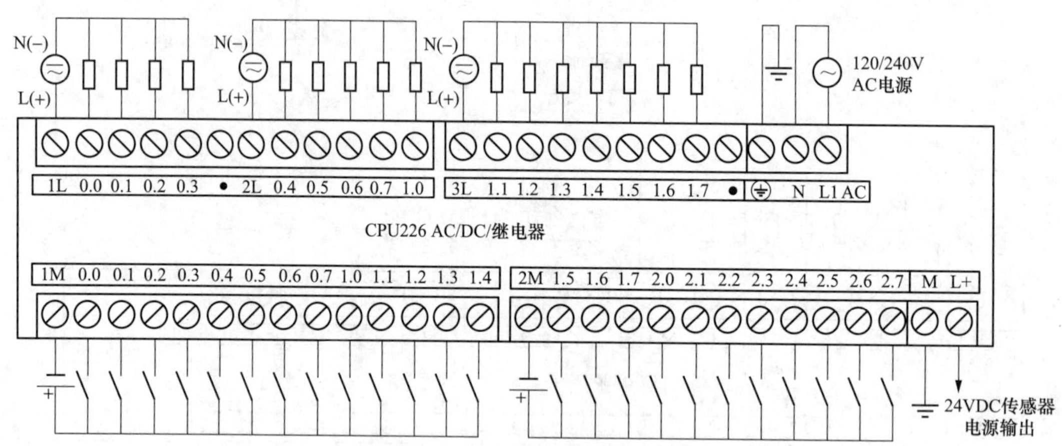


图 1-17 CPU226 AC/DC/继电器型 PLC 的接线图

### 1.2.5 技术规范

S7-200 系列 PLC 技术规范见表 1-1。

**表 1-1　S7-200 系列 PLC 的技术规范**

| 技术规范 | CPU 221 | CPU 222 | CPU 224 | CPU 224XP | CPU 226 |
|---|---|---|---|---|---|
| 集成的数字量输入/输出 | 6 入/4 出 | 8 入/6 出 | 14 入/10 出 | 14 入/10 出 | 24 入/16 出 |
| 可连接的扩展模块数量，最大 | 不可扩展 | 2 个 | 7 个 | 7 个 | 7 个 |
| 最大可扩展的数字量输入/输出 | 不可扩展 | 78 点 | 168 点 | 168 点 | 248 点 |
| 最大可扩展的模拟量输入/输出 | 不可扩展 | 10 点 | 35 点 | 38 点 | 35 点 |
| 用户程序区 | 4KB | 4KB | 8KB | 12KB | 16KB |
| 数据存储区 | 2KB | 2KB | 8KB | 10KB | 10KB |
| 数据后备时间（电容） | 50 小时 | 50 小时 | 100 小时 | 100 小时 | 100 小时 |
| 后备电池（选件） | 200 天 | 200 天 | 200 天 | 200 天 | 200 天 |

续表

| 技术规范 | CPU 221 | CPU 222 | CPU 224 | CPU 224XP | CPU 226 |
|---|---|---|---|---|---|
| 编程软件 | Step 7-Micro/WIN | Step 7-Micro/WIN | Step 7-Micro/WIN | Step 7-Micro/WIN | Step 7-Micro/WIN |
| 布尔量运算执行时间 | 0.22μs | 0.22μs | 0.22μs | 0.22μs | 0.22μs |
| 标志寄存器/计数器/定时器 | 256/256/256 | 256/256/256 | 256/256/256 | 256/256/256 | 256/256/256 |
| 高速计数器 | 4个30kHz | 4个30kHz | 6个30kHz | 6个30kHz | 6个30kHz |
| 高速脉冲输出 | 2个20kHz | 2个20kHz | 2个20kHz | 2个20kHz | 2个20kHz |
| 通信接口 | 1个RS-485 | 1个RS-485 | 1个RS-485 | 2个RS-485 | 2个RS-485 |
| 外部硬件中断 | 4 | 4 | 4 | 4 | 4 |
| 支持的通信协议 | PPI，MPI，自由口 | PPI，MPI，自由口 Profibus DP | PPI，MPI，自由口 Profibus DP | PPI，MPI，自由口 Profibus DP | PPI，MPI，自由口 Profibus DP |
| 模拟电位器 | 1个8位分辨率 | 1个8位分辨率 | 2个8位分辨率 | 2个8位分辨率 | 2个8位分辨率 |
| 实时时钟 | 可选卡件 | 可选卡件 | 内置时钟 | 内置时钟 | 内置时钟 |
| 外形尺寸 $W\times H\times D$/mm×mm×mm | 90×80×62 | 90×80×62 | 120.5×80×62 | 140×80×62 | 196×80×62 |

## 1.2.6 S7-200 PLC 的编程元件（软元件）

PLC是在继电器控制线路基础上发展起来的，继电器控制线路有时间继电器、中间继电器等，而PLC也有类似的器件，称为编程元件，这些元件是由软件来实现的，故又称为软元件。PLC编程元件主要有输入继电器、输出继电器、辅助继电器、定时器、计数器、数据寄存器和常数寄存器等。

1. 输入继电器（I）

输入继电器又称输入过程映像寄存器，它与PLC的输入端子连接，只能受PLC外部开关信号驱动，当端子外接开关接通时，该端子内部的输入继电器为ON（1状态），反之为OFF（0状态）。一个输入继电器可以有很多常闭（动断）触点和常开（动合）触点。输入继电器的表示符号为I，按八进制方式编址（或称编号），PLC型号不同，输入继电器个数会有所不同。

表1-2中列出了一些常用型号PLC的输入/输出继电器编址。

**表1-2　常用型号PLC的输入/输出继电器编址**

| 型号 | CPU221（6入/4出） | CPU222（8入/6出） | CPU224（14/10出） | CPU226（XM）（24入/16出） |
|---|---|---|---|---|
| 输入断电器 | I0.0、I0.1、I0.2、I0.3、I0.4、I0.6 | I0.0、I0.1、I0.2、I0.3、I0.4、I0.5、I0.6、I0、7 | I0.0、I0.1、I0.2、I0.3、I0.4、I0.5、I0.6、I0.7<br>I1.0、I1.1、I1.2、I1.3、I1.4、I1.5 | I0.0、I0.1、I0.2、I0.3、I0.4、I0.5、I0.6、I0.7<br>I1.0、I1.1、I1.2、I1.3、I1.4、I1.5、I1.6、I1.7<br>I2.0、I2.1、I2.2、I2.3、I2.4、I2.5、I2.6、I2.7 |
| 输出继电器 | Q0.0、Q0.1、Q0.2、Q0.3 | Q0.0、Q0.1、Q0.2、Q0.3、Q0.4、Q0.5 | Q0.0、Q0.1、Q0.2、Q0.3、Q0.4、Q0.5、Q0.6、Q0.7<br>Q1.0、Q1.1 | Q0.0、Q0.1、Q0.2、Q0.3、Q0.4、Q0.5、Q0.6、Q0.7<br>Q1.0、Q1.1、Q1.2、Q1.3、Q1.4、Q1.5、Q1.6、Q1.7 |

2. 输出继电器（Q）

输出继电器又称输出过程映像寄存器，它通过输出模块来驱动输出端子的外接负载，一个输出继电器只有一个与输出端子连接的常开触点（又称硬触点），而内部常开触点和常闭触点可以有很多个。

输出继电器的表示符号为Q，按八进制方式编址（或称编号），PLC型号不同，输出继电器个数会有所不同。常用型号PLC的输出继电器编址见表1-2。

3. 通用辅助继电器（M）

通用辅助继电器又称为位存储器，是PLC内部继电器，它类似于继电器控制线路中的中间继电器，与输入/输出继电器不同，通用辅助继电器不能接收输入端子送来的信号，也不能驱动输出端子。通用辅助继电器的表示符号为M。

4. 特殊辅助继电器（SM）

特殊辅助继电器又称特殊标志位存储器，它主要用来存储系统的状态和控制等信息。特殊辅助继电器的表示符号为SM。一些常用特殊辅助继电器的功能见表1-3。

**表1-3　一些常用特殊辅助继电器的功能**

| 特殊辅助继电器 | 功　能 |
|---|---|
| SM0.0 | PLC运行时该位始终为1，是常ON继电器 |
| SM0.1 | PLC首次扫描循环时该位为“ON”，用途之一是初始化程序 |
| SM0.2 | 如果保留性数据丢失，该位为一次扫描循环打开，该位可用作错误内存位或激活特殊启动顺序的机制 |
| SM0.3 | 从电源开启进入RUN（运行）模式时，该位为一次扫描循环打开，该位可用于在启动操作之前提供机器预热时间 |
| SM0.4 | 该位提供时钟脉冲，该脉冲在1min的周期时间内OFF（关闭）30s，ON（打开）30s，该位提供便于使用的延迟或1min时钟脉冲 |
| SM0.5 | 该位提供时钟脉冲，该脉冲在1s的周期时间内OFF（关闭）0.5s，ON（打开）0.5s，该位提供便于使用的延迟或1s时钟脉冲 |
| SM0.6 | 该位是扫描循环时钟，本次扫描打开，下一次扫描关闭，该位可用作扫描计数器输入 |
| SM0.7 | 该位表示“模式”开关的当前位置（关闭＝“终止”位置，打开＝“运行”位置）。开关位于RUN（运行）位置时，可以使用该位启用自由端口模式，可使用转换至“终止”位置的方法重新启用带PC/编程设备的正常通信 |
| SM1.0 | 某些指令的执行时，使操作结果为零时，该位为“ON” |
| SM1.1 | 某些指令的执行时，出现溢出结果或检测到非法数字数值时，该位为“ON” |
| SM1.2 | 某些指令的执行时，数学操作产生负结果时，该位为“ON” |

5. 状态继电器（S）

状态继电器又称顺序控制继电器，是编制顺序控制程序的重要器件，它通常与顺控指令一起使用以实现顺序控制功能。状态继电器的表示符号为S。

6. 定时器（T）

定时器是一种按时间动作的继电器，相当于继电器控制系统中的时间继电器。一个定时器可有很多常开触点和常闭触点，其定时单位有1ms、10ms、100ms三种。定时器的表示符号为T。

7. 计数器（C）

计数器是一种用来计算输入脉冲个数并产生动作的继电器，一个计数器可以有很多常开触点和常闭触点。计数器可分为递加计数器、递减计数器和双向计数器（又称递加/递减计数器）。计数器的表示符号为C。

8. 高速计数器（HC）

一般计数器的计数速度受PLC扫描周期的影响，不能太快。而高速计数器可以对较PLC扫描速度更快的事件进行计数。高速计数器的当前值是一个双字长（32位）的整数，且为只读值。高速计数器的表示符号为HC。

9. 累加器（AC）

累加器是用来暂时存储数据的寄存器，可以存储运算数据、中间数据和结果。PLC 有 4 个 32 位累加器，分别为 AC0～AC3。累加器的表示符号为 AC。

10. 变量存储器（V）

变量存储器主要用于存储变量。它可以存储程序执行过程中的中间运算结果或设置参数。变量存储器的表示符号为 V。

11. 局部变量存储器（L）

局部变量存储器主要用来存储局部变量。局部变量存储器与变量存储器很相似，主要区别在于后者存储的变量全局有效，即全局变量可以被任何程序（主程序、子程序和中断程序）访问，而局部变量只局部有效，局部变量存储器一般用在子程序中。局部变量存储器的表示符号为 L。

12. 模拟量输入寄存器（AI）和模拟量输出寄存器（AQ）

S7-200 PLC 模拟量输入端子送入的模拟信号经模/数（A/D）转换电路转换成 1 个字长（16 位）的数字量，该数字量存入模拟量输入寄存器。模拟量输入寄存器的表示符号为 AI。

模拟量输出寄存器可以存储 1 个字长的数字量，该数字量经数/模转换电路转换成模拟信号从模拟量输出端子输出。模拟量输出寄存器的表示符号为 AQ。

S7-200 CPU 的存储器容量及编程元件的编址范围见表 1-4。

**表 1-4　S7-200 CPU 的存储器容量及编程元件的编址范围**

| 描述 | | CPU 221 | CPU 222 | CPU 224 | CPU 224XP<br>CPU 224XPsi | CPU 226 |
|---|---|---|---|---|---|---|
| 用户程序长度 | 运行模式下编辑 | 4096B | 4096B | 8192B | 12288B | 16384B |
| | 非运行模式下编辑 | 4096B | 4096B | 12288B | 16384B | 24576B |
| 用户数据大小 | | 2048B | 2048B | 8192B | 10240B | 10240B |
| 过程映像输入寄存器 | | I0.0～I15.7 | I0.0～I15.7 | I0.0～I15.7 | I0.0～I15.7 | I0.0～I15.7 |
| 过程映像输出寄存器 | | Q0.0～Q15.7 | Q0.0～15.7 | Q0.0～Q15.7 | Q0.0～Q15.7 | Q0.0～Q15.7 |
| 模拟量输入（只读） | | AIW0～AIW30 | AIW0～AIW30 | AIW0～AIW62 | AIW0～AIW62 | AIW0～AIW62 |
| 模拟量输出（只写） | | AQW0～AQW30 | AQW0～AQW30 | AQW0～AQW62 | AQW0～AQW62 | AQW0～AQW62 |
| 变量存储器（V） | | VB0～VB2047 | VB0～VB2047 | VB0～VB8191 | VB0～VB10239 | VB0～VB10239 |
| 局部存储器（L） | | LB0～LB63 | LB0～LB63 | LB0～LB63 | LB0～LB63 | LB0～LB63 |
| 位存储器（M） | | M0.0～M31.7 | M0.0～M31.7 | M0.0～M31.7 | M0.0～M31.7 | M0.0～M31.7 |
| 特殊存储器（SM） | | SM0.0～SM179.7 | SM0.0～SM299.7 | SM0.0～SM549.7 | SM0.0～SM549.7 | SM0.0～SM549.7 |
| 只读型（SM） | | SM0.0～SM29.7 | SM0.0～SM29.7 | SM0.0～SM29.7 | SM0.0～SM29.7 | SM0.0～SM29.7 |
| 定时器 | | 256（T0～T255） | 256（T0～T255） | 256（T0～T255） | 256（T0～T255） | 256（T0～T255） |
| 保持接通延时 | 1ms | T0，T64 | T0，T64 | T0，T64 | T0，T64 | T0，T64 |
| | 10ms | T1～T4<br>T65～T68 | T1～T4<br>T65～T68 | T1～T4<br>T65～T68 | T1～T4<br>T65～T68 | T1～T4<br>T65～T68 |
| | 100ms | T5～T31<br>T69～T95 | T5～T31<br>T69～T95 | T5～T31<br>T69～T95 | T5～T31<br>T69～T95 | T5～T31<br>T69～T95 |

续表

| 描述 | | CPU 221 | CPU 222 | CPU 224 | CPU 224XP CPU 224XPsi | CPU 226 |
|---|---|---|---|---|---|---|
| 接通/断开延时 | 1ms | T32，T96 | T32，T96 | T32，T96 | T32，T96 | T32，T96 |
| | 10ms | T33～T36 T97～T100 | T33～T36 T97～T100 | T33～T36 T97～T100 | T33～T36 T97～T100 | T33～T36 T97～T100 |
| | 100ms | T37～T63 T101～T255 | T37～T63 T101～T255 | T37～T63 T101～T255 | T37～T63 T101～T255 | T37～T63 T101～T255 |
| 计数器 | | C0～C255 | C0～C255 | C0～C255 | C0～C255 | C0～C255 |
| 高速计数器 | | HC0～HC5 | HC0～HC5 | HC0～HC5 | HC0～HC5 | HC0～HC5 |
| 顺序控制继电器（S） | | S0.0～S31.7 | S0.0～S31.7 | S0.0～S31.7 | S0.0～S31.7 | S0.0～S31.7 |
| 累加器寄存器 | | AC0～AC3 | AC0～AC3 | AC0～AC3 | AC0～AC3 | AC0～AC3 |
| 跳转/标号 | | 0～255 | 0～255 | 0～255 | 0～255 | 0～255 |
| 调用/子程序 | | 0～63 | 0～63 | 0～63 | 0～63 | 0～127 |
| 中断程序 | | 0～127 | 0～127 | 0～127 | 0～127 | 0～127 |
| 正/负跳变 | | 256 | 256 | 256 | 256 | 256 |
| PID回路 | | 0～7 | 0～7 | 0～7 | 0～7 | 0～7 |
| 端口 | | 端口0 | 端口0 | 端口0 | 端口0、端口1 | 端口0、端口1 |

# 1.3 PLC控制双灯亮灭的开发实例

## 1.3.1 PLC应用系统开发的一般流程

PLC应用系统开发的一般流程如图1-18所示。

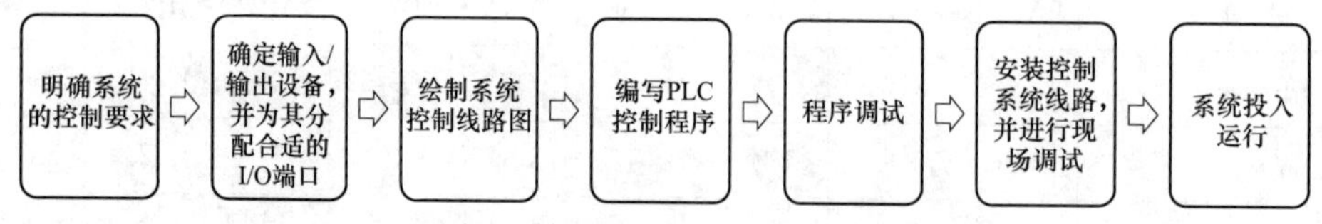


图1-18 PLC应用系统开发的一般流程

## 1.3.2 明确系统的控制要求

PLC控制双灯亮灭的系统控制要求：用SB1、SB2两个按钮开关通过PLC控制A灯和B灯的亮灭，按下SB1时，A灯亮，5s后B灯亮，按下SB2时，A、B灯同时熄灭。

## 1.3.3 选择PLC型号并确定输入/输出设备及I/O端子

在选用PLC时，应遵循合适够用的原则，不要盲目选择功能强大的PLC，因为手头正好有一台CPU224XP DC/DC/继电器型PLC，故使用该型号的PLC作为控制中心，表1-5中列出了PLC控制双灯用到的输入/输出设备及对应使用的PLC端子。

表 1-5　**PLC 控制双灯的输入/输出设备及对应使用的 PLC 端子**

| 输　入 | | | 输　出 | | |
|---|---|---|---|---|---|
| 输入设备 | 对应 PLC 端子 | 功能说明 | 输出设备 | 对应 PLC 端子 | 功能说明 |
| SB1 | I0.0 | 开灯控制 | A 灯 | Q0.0 | 控制 A 灯亮灭 |
| SB2 | I0.1 | 关灯控制 | B 灯 | Q0.1 | 控制 B 灯亮灭 |

## 1.3.4　绘制 PLC 控制双灯亮灭电路

图 1-19 为 PLC 控制双灯亮灭电路。220V 交流电压经 24V 电源转换成 24V 的直流电压，送到 PLC 的 L+、M 端，24V 电压除了为 PLC 内部电路供电外，还分作一路从输入端子排的 L+、M 端输出；在 PLC 输入端，用导线将 M、M1 端子直接连接起来，开灯按钮 SB1、关灯开关 SA 一端分别连接到 PLC 的 I0.0 和 I0.1 端子，另一端均连接到 L+端子；在 PLC 输出端，A 灯、B 灯一端分别接到 PLC 的 Q0.0 和 Q0.1 端子，另一端均与 220V 交流电压的 N 线连接，220V 电压的 L 线直接接到 PLC 的 1L 端子。为了防止 24V 电源和 PLC 内部电路漏电到外壳，给两者接地端与地线连接，可将漏电引入到大地，一般情况下也可不接地线。

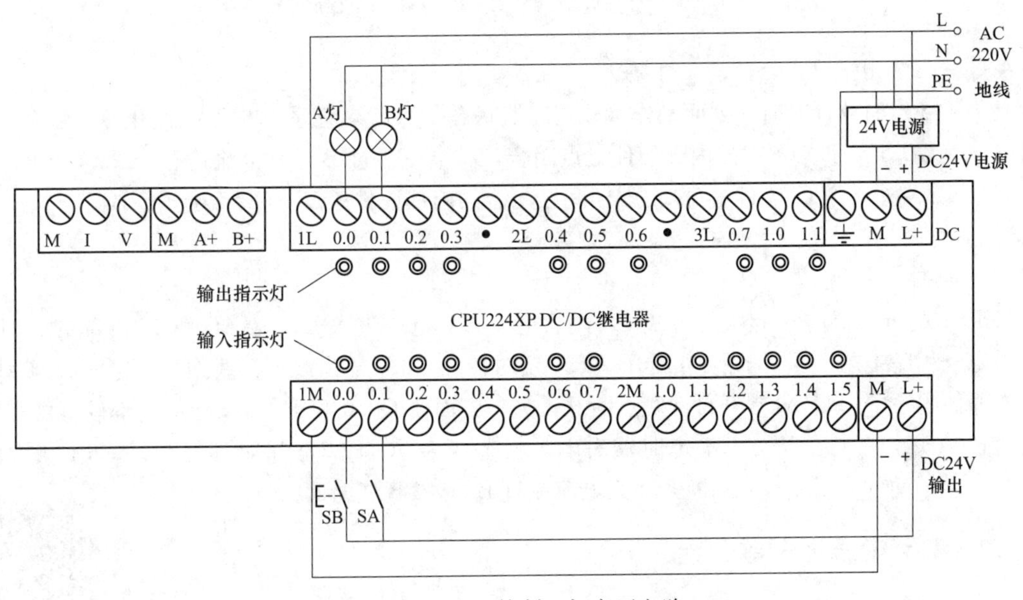


图 1-19　PLC 控制双灯亮灭电路

## 1.3.5　用编程软件编写 PLC 控制程序

在计算机中安装 STEP 7-Micro/WIN 软件（S7-200 PLC 的编程软件），并使用该软件编写控制双灯亮灭的 PLC 程序，如图 1-20 所示。关于 STEP 7-Micro/WIN 软件的使用在后面的章节会详细介绍。

下面对照图 1-19 线路图来说明图 1-20 梯形图程序的工作原理：

1. 开灯控制

当按下 PLC 的 I0.0 端子外接开灯按钮 SB 时，24V 电压进入 I0.0 端子→PLC 内部的 I0.0 输入继电器得电（即状态变为 1）→程序中的 I0.0 常开触点闭合→T37 定时器和 Q0.0 输出继电器线圈均得电，Q0.0 线圈得电，一方面使程序中的 Q0.0 常开自锁触点闭合，锁定 Q0.0 线圈供电，另一方面使 Q0.0 和 1L 端子间的内部硬件触点（也称物理触点，即继电器触点或晶体管）闭合，有电流流过 A 灯，电流途径为“220V 电源的 L 线→PLC 的 1L 端子→PLC 的 1L、Q0.0 端子间已闭合的内部硬件触点→Q0.0

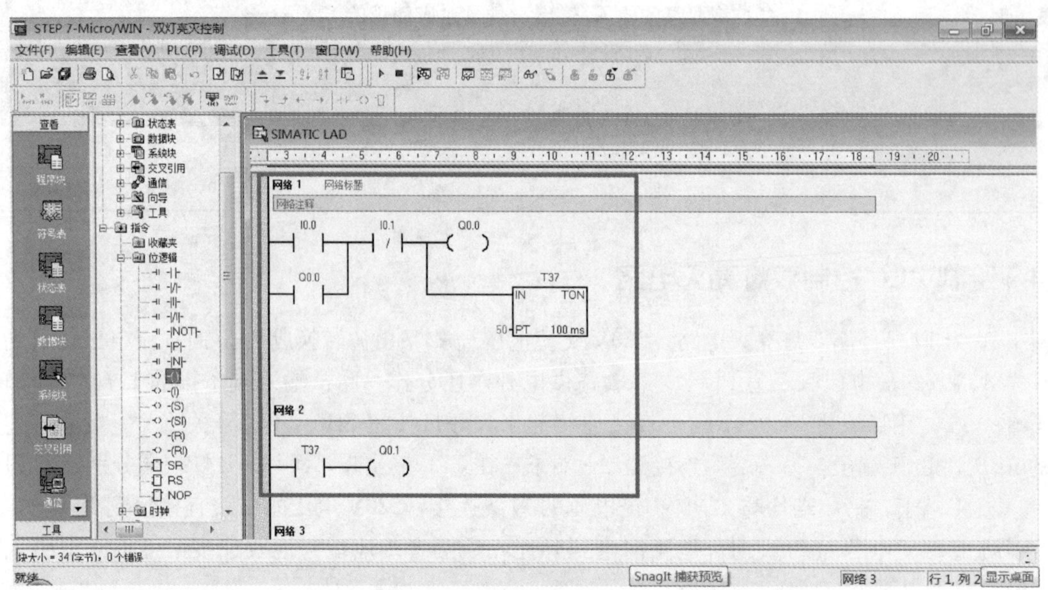

图 1-20 控制双灯亮灭的 PLC 梯形图程序

端子→A 灯→220V 电源的 N 线”，A 灯亮。

5s 后，T37 定时器计时时间到而动作（即定时器状态变为 1），程序中的 T37 常开触点闭合，Q0.1 线圈得电，使 Q0.1、1L 端子间的内部硬件触点闭合，有电流流过 B 灯，电流途径为“220V 电源的 L 线→PLC 的 1L 端子→PLC 的 1L、Q0.1 端子间已闭合的内部硬件触点→Q0.1 端子→B 灯→220V 电源的 N 线”，B 灯亮。

2. 关灯控制

当将 PLC 的 I0.1 端子外接关灯开关 SA 闭合时，24V 电压进入 I0.1 端子→PLC 内部的 I0.1 输入继电器得电→程序中的 I0.1 常闭触点断开→T37 定时器和 Q0.0 输出继电器线圈均失电，Q0.0 线圈失电，一方面使程序中的 Q0.0 常开自锁触点断开；另一方面使 Q0.0 和 1L 端子间的内部硬件触点断开，无电流流过 A 灯，A 灯熄灭。T37 定时器失电，状态变为 0，T37 常开触点断开，Q0.1 线圈失电，Q0.1 和 1L 端子间的内部硬件触点断开，无电流流过 B 灯，BB 灯熄灭。

## 1.3.6 DC24V 电源适配器介绍

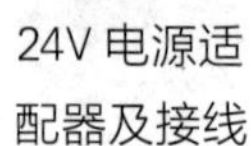

24V 电源适配器及接线

在将计算机中编写好的程序下载到 PLC 时，除了要用编程电缆将 PLC 与计算机连接起来外，还要给 PLC 接通工作电源。PLC 供电主要有 24V 直流供电（DC24V）和 220V 交流供电（AC220V）两种类型。对于采用 220V 交流供电的 PLC，内部采用了 AC220V 转 DC24V 的电源电路，由于其内置电源电路，故价格更高。对于采用 DC24V 供电的 PLC，可以在外部连接 24V 的电源适配器，由其将 AC220V 转换成 DC24V 提供给 PLC 的电源端。

图 1-21 是一种常用的 DC24V 电源适配器。电源适配器的 L、N 端为交流电压输入端，L 端接相线（俗称火线），N 端接零线，接地端与接地线（与大地连接的导线）连接，若电源适配器出现漏电使外壳带电，外壳的漏电可以通过接地端和接地线流入大地，这样接触外壳时不会发生触电，当然接地端不接地线，电源适配器仍会正常工作。

－V、＋V 端为 24V 直流电压输出端，－V 端为电源负端，＋V 端为电源正端。电源适配器上有一个电压调节电位器，可以调节输出电压，使输出电压在 24V 左右变化，在使用时应将输出电压调到 24V。电源指示灯用于指示电源适配器是否已接通电源。在电源适配器上一般会有一个铭牌（标签），在铭牌上会标注型号、额定输入和输出电压电流参数，从铭牌可以看出，该电源适配器输入端可接

100～120V 的交流电压，也可以接 200～240V 的交流电压，输出电压为 24V，输出电流最大为 1.5A。

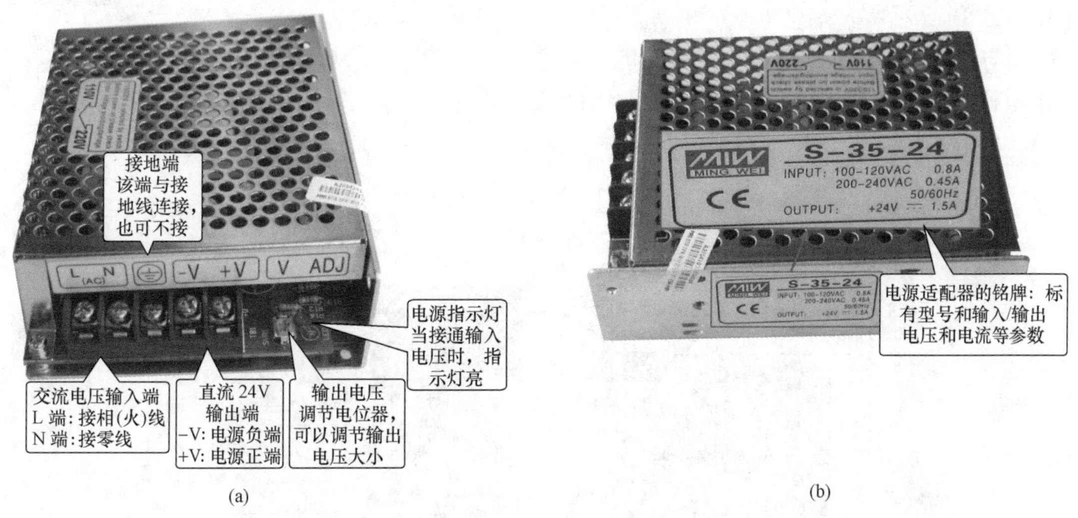


图 1-21　一种常用的 DC24V 电源适配器

(a) 接线端、调压电位器和电源指示灯；(b) 铭牌

DC24V 电源适配器输入端一般与三线电源线、插头和插座连接。三线电源线的颜色、插头和插座的极性都有规定标准，如图 1-22 所示。L 线（即相线，俗称火线）可以使用红、黄、绿或棕色导线；N 线（即零线）应使用蓝色线；PE 线（即接地线）应使用黄、绿双色线，插头的插片和插座的插孔极性规定具体如图 1-22 所示，接线时要按标准进行。

## 1.3.7　用编程电缆连接计算机和 PLC 并下载程序

1. 编程电缆

由于现在的计算机都有 USB 接口，故编程计算机一般使用 USB－PPI 编程电缆与 PLC 连接，USB－PPI 编程电缆如图 1-23 所示，该电缆一端为 USB 接口，与计算机连接，另一端为 COM 端口，与 PLC 连接。

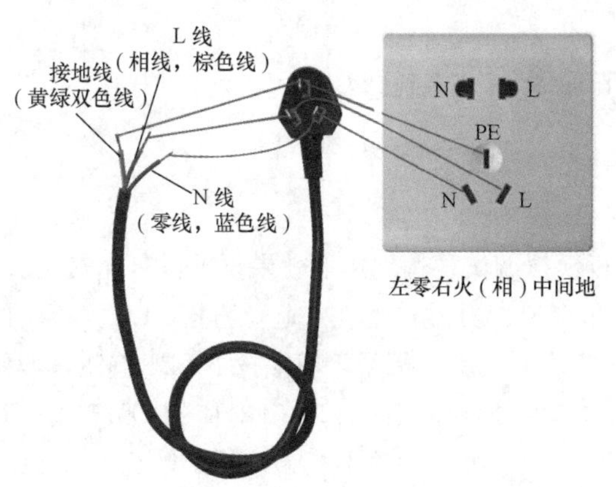


图 1-22　三线电源线的颜色及插头、插座极性标准

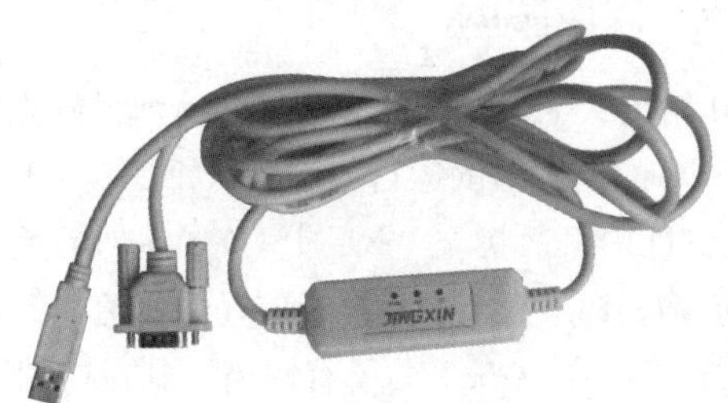

图 1-23　USB-PPI 编程电缆

2. PLC与计算机的通信连接及供电

PLC与电源及编程电缆连接

用编程电缆将计算机与PLC连接好后，还需要给PLC接通电源，才能将计算机中编写的程序下载到PLC。PLC与计算机的通信连接及供电如图1-24所示。

3. 下载PLC程序

PLC与计算机用编程电缆连接起来并接通电源后，在STEP 7-Micro/WIN软件中打开要下载到PLC的程序，再单击工具栏上的（下载）按钮，可将程序下载到PLC中，如图1-25所示。

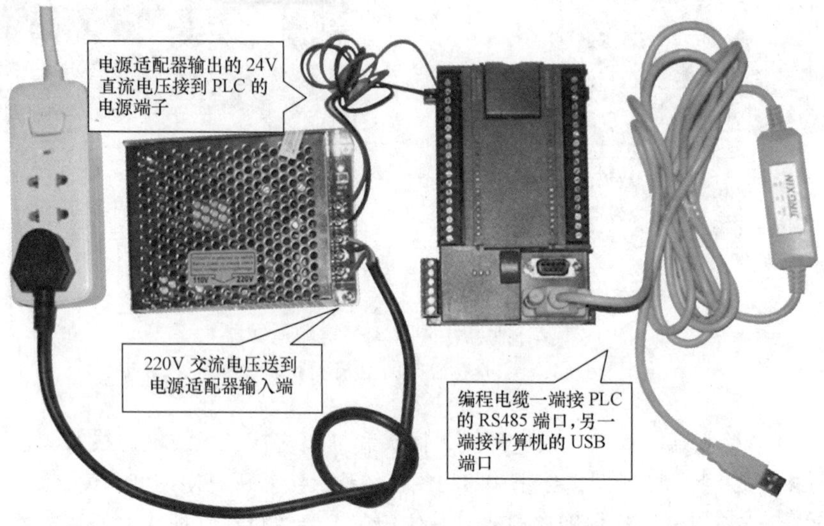


图1-24　PLC与计算机的通信连接及供电

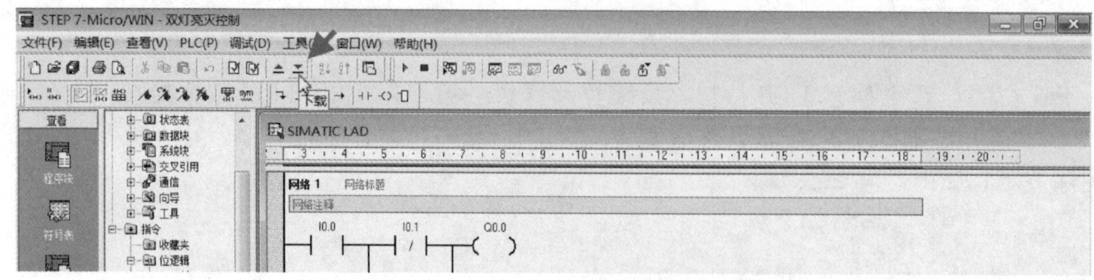


图1-25　单击工具栏中的下载按钮可将程序下载到PLC

## 1.3.8　模拟调试

在给PLC接上输入/输出部件前，最好先对PLC进行模拟调试，达到预期效果再进行实际安装。

PLC的模拟调试运行如图1-26所示，用导线将PLC的1M、M端连接在一起，再把PLC面板上的RUN/STOP开关拨至“RUN”位置，然后用一根导线短接L+、I0.0端子，模拟按下SB1按钮，如果程序正确，PLC的Q0.0端子应马上有输出（Q0.0端子内部的硬件触点闭合），其对应的Q0.0指示灯会变亮，5s后，Q0.1端子有输出，其对应的Q0.1指示灯也会变亮，如果不亮，检查程序和PLC外围有关接线是否正确。再用导线短接L+、I0.1端子，模拟将SA开关闭合，正常Q0.0、Q0.1端子停止输出，两端子对应的指示灯均熄灭。

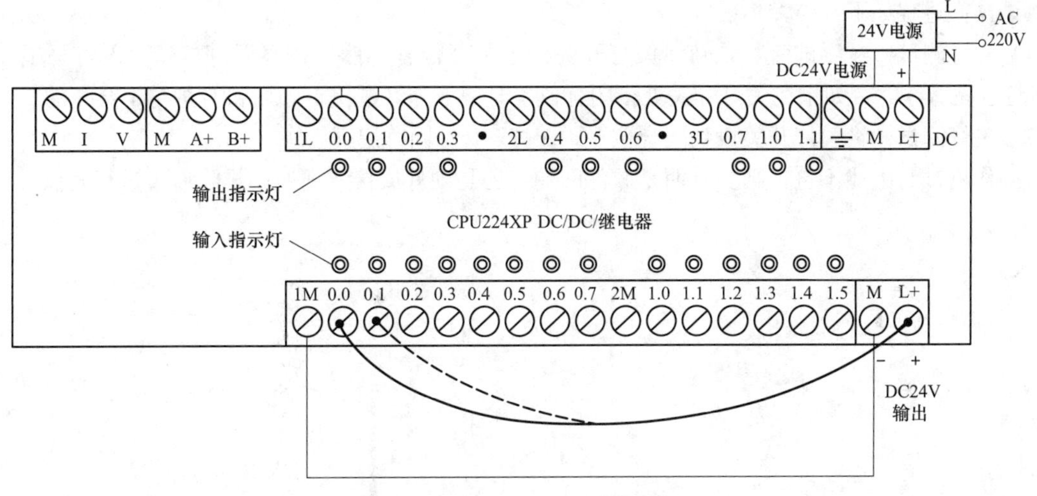


图 1-26 PLC 的模拟调试运行

## 1.3.9 实际接线

PLC 接线说明

模拟调试运行通过后，再按照图 1-19 所示的系统控制线路图进行实际接线。PLC 控制双灯亮灭的实际接线如图 1-27 所示。

接线具体如下。

（1）电源接线。电源适配器的输入端接 220V 交流电压，输出端接到 PLC 的 L+、M 端，为 PLC 提供 24V 电压。

（2）输入端接线。在输入端子排的 L+、M 端有直流 24V 电压输出，用导线将输入端子排的 M、M1 端子直接连接起来，开灯按钮 SB1、关灯开关 SA 一端分别与 I0.0 和 I0.1 端子连接，另一端则都连接到 L+端子。

（3）输出端接线。A 灯、B 灯一端分别接到输出端子排的 Q0.0 和 Q0.1 端子，另一端均与 220V 交流电压的 N 线连接，220V 电压的 L 线直接接到输出端子排的 1L 端子。

PLC 实际接线与操作演示

## 1.3.10 操作测试

PLC 应用系统实际接线完成后，再通电进行操作测试，如图 1-28 所示。

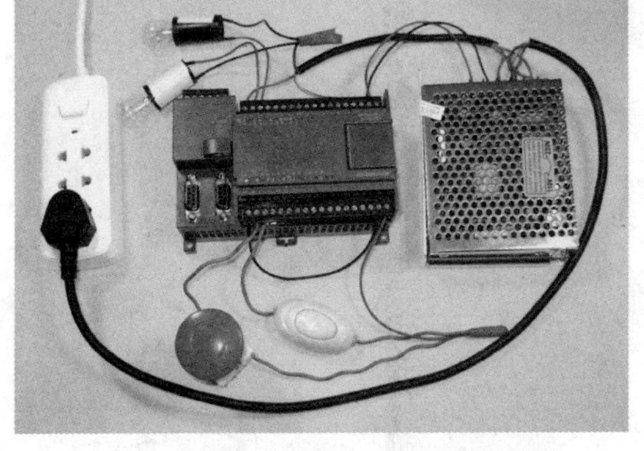

图 1-27 PLC 控制双灯亮灭的实际接线

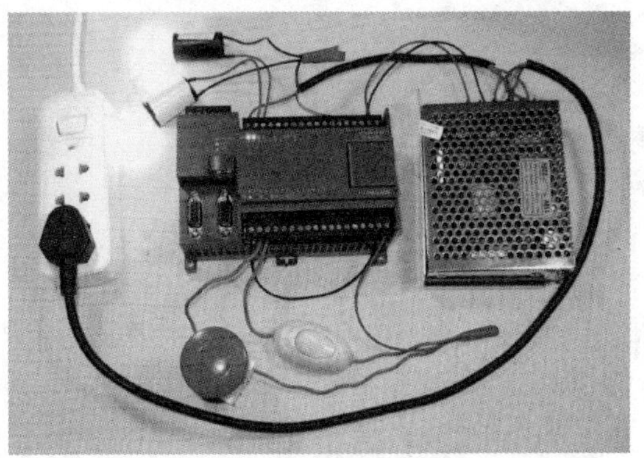

图 1-28 PLC 控制双灯亮灭的操作测试

测试操作过程如下：

（1）开灯测试：在测试前，先确保关灯开关处于断开位置，然后按下开灯按钮，A 灯马上亮，5s 后，B 灯也亮。注意：如果在关灯开关处于闭合位置时按下开灯按钮，A 灯和 B 灯是不会亮的。

（2）关灯测试：将关灯开关拨到闭合位置，A 灯、B 灯同时熄灭。

若操作测试与上述不符，则要查明是软件问题，还是硬件或接线问题，排除后再进行测试。

第2章

# S7-200 PLC编程与仿真软件的使用

## 2.1　S7-200 PLC 编程软件的使用

STEP 7-Micro/WIN 是 S7-200 PLC 的编程软件，该软件版本较多，本节以 STEP 7-Micro/WIN _ V4.0 _ SP7 版本为例进行说明，这是一个较新的版本，其他版本的使用方法与它基本相似。STEP 7-Micro/WIN 软件，200～300MB，在购买 S7-200 PLC 时会配有该软件光盘，普通读者可登录易天电学网（www.xxITee.com）了解该软件有关获取和安装信息。

S7-200 编程软件的安装

### 2.1.1　软件的启动和中文界面切换

编程软件的启动及设置中文界面

1. 软件的启动

在计算机中安装 STEP 7-Micro/WIN 软件后，单击桌面上的“V4.0 STEP 7 MicroWIN SP7”图标，或者执行“开始”菜单中的“Simatic→STEP 7-Micro/WIN V4.0.7.10→STEP 7 MicroWIN”，即可启动 STEP 7-Micro/WIN 软件，软件界面如图 2-1 所示。

2. 软件界面语言的转换

STEP 7-Micro/WIN 软件启动后，软件界面默认为英文，若要转换成中文界面，可以对软件进行设置。STEP 7-Micro/WIN 软件界面语言的转换操作见表 2-1。

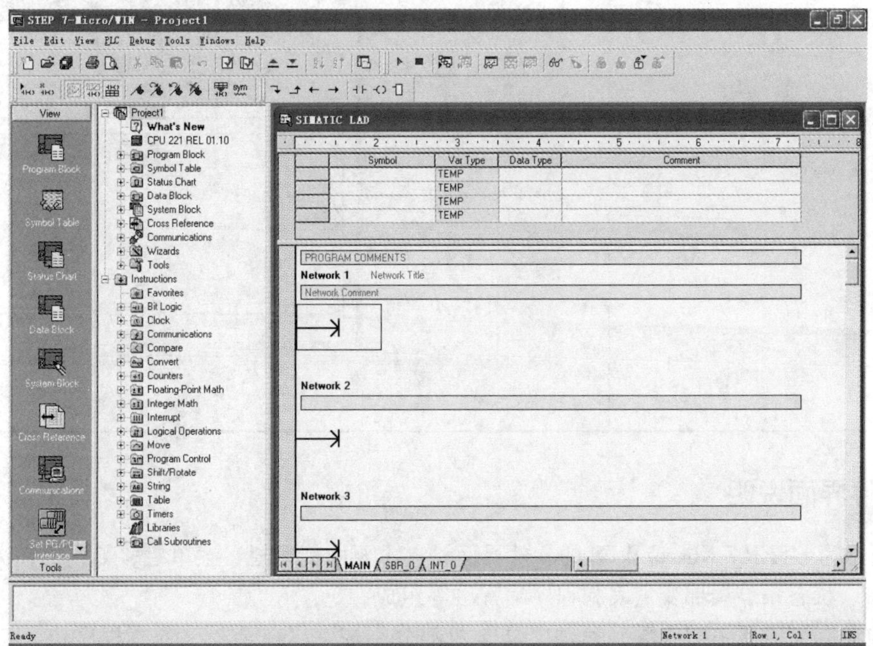


图 2-1　STEP 7-Micro/WIN 软件界面

表 2-1 STEP 7-Micro/WIN 软件界面语言的转换操作

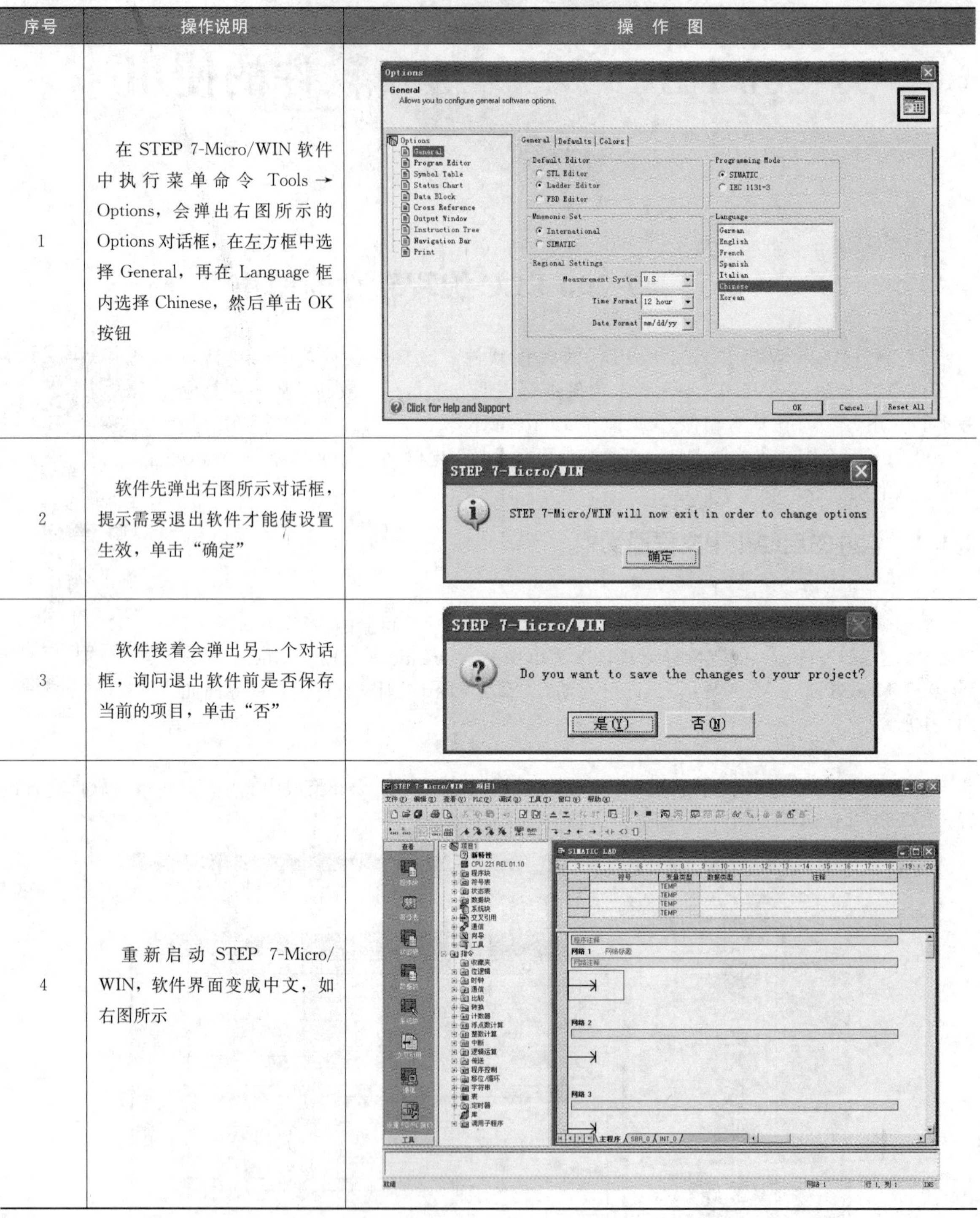

| 序号 | 操作说明 | 操作图 |
| --- | --- | --- |
| 1 | 在 STEP 7-Micro/WIN 软件中执行菜单命令 Tools→Options，会弹出右图所示的 Options 对话框，在左方框中选择 General，再在 Language 框内选择 Chinese，然后单击 OK 按钮 | |
| 2 | 软件先弹出右图所示对话框，提示需要退出软件才能使设置生效，单击“确定” | |
| 3 | 软件接着会弹出另一个对话框，询问退出软件前是否保存当前的项目，单击“否” | |
| 4 | 重新启动 STEP 7-Micro/WIN，软件界面变成中文，如右图所示 | |



## 2.1.2 软件界面说明

图 2-2 所示为 STEP 7-Micro/WIN 的软件界面，它主要由标题栏、菜单栏、工具栏、浏览条、指令树、输出窗口、状态条、局部变量表和程序编程区等组成。

(1) 浏览条。浏览条由“查看”和“工具”两部分组成。“查看”部分有程序块、符号表、状态表、数据块、系统块、交叉引用、通信和设置 PG/PC 接口按钮，“工具”部分有指令向导、文本显示

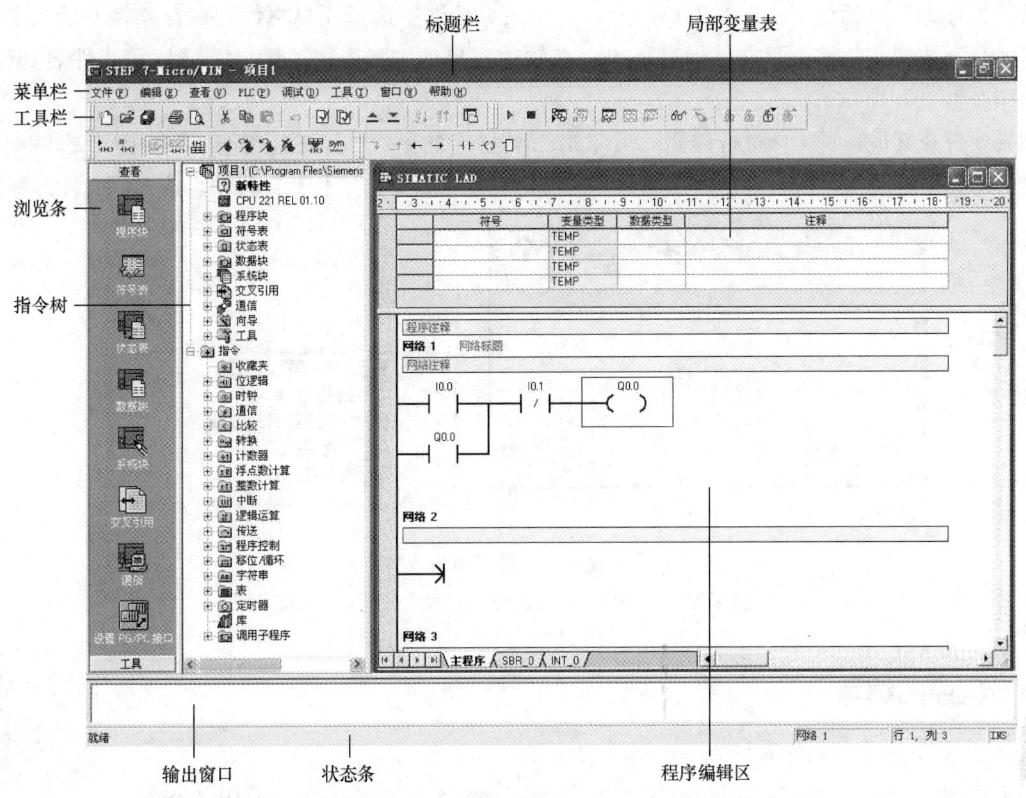


图 2-2 STEP 7-Micro/WIN 的软件界面

向导、位置控制向导、EM 253 控制面板和调制解调器扩展向导等按钮，操作显示滚动按钮，可以向上或向下查看其他更多按钮对象。执行菜单命令“查看→框架→浏览条”，可以打开或关闭浏览条。

（2）指令树。指令树由当前项目和“指令”两部分组成。当前项目部分除了显示项目文件存储路径外，还显示该项目下的对象，如程序块、符号表等，当需要编辑该项目下某对象时，可双击该对象，然后在窗口右方编辑区就可对该对象进行编辑；“指令”部分提供了编程时用到的所有 PLC 指令及快捷操作命令。

（3）输出窗口。输出窗口在编译程序时显示编译结果信息。

（4）状态条。状态条显示软件编辑执行信息。在编辑程序时，显示当前的网络号、行号、列号；在运行程序时，显示运行状态、通信波特率和远程地址等信息。

（5）程序编辑区。程序编辑区用于编写程序。在程序编辑区的底部有主程序、SBR _ 0（子程序）和 INT _ 0（中断程序）3 个选项标签，如果需要编写子程序，可单击 SBR _ 0 选项，即切换到子程序编辑区。

（6）局部变量表：每一个程序块都有一个对应的局部变量表，在带参数的子程序调用中，参数的传递是通过局部变量表进行的。

### 2.1.3 项目文件的建立、保存和打开

项目文件类似于文件夹，程序块、符号表、状态表、数据块等都被包含在该项目文件中。项目文件的扩展名为 . mwp，它要用 STEP 7-Micro/WIN 软件才能打开。

建立项目文件的操作文件方法是：单击工具栏上的图标，或执行菜单命令“文件→新建”，即可新建一个文件名为“项目 1”的项目文件。

如果要保存项目文件并更改文件名，可单击工具栏上的图标，或执行菜单命令“文件→保存”，

将弹出“另存为”对话框，如图2-3（a）所示，在该对话框中选择项目文件的保存路径并输入文件名，单击“保存”按钮，就将项目文件保存下来，在软件窗口的“指令树”区域上部显示文件名和保存路径，如图2-3（b）所示。

如果要打开其他项目文件进行编辑，可单击工具栏上的图标，或执行菜单命令“文件→打开”，会弹出“打开”对话框，在该对话框中选择要的项目文件，再单击“打开”按钮，选择的文件即被打开。

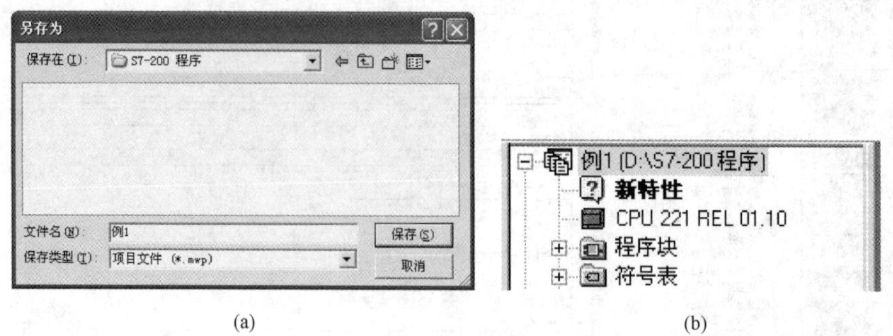


(a) (b)

图2-3 保存项目

(a)“另存为”对话框；(b) 指令树区域显示项目文件名及路径

## 2.1.4 程序的编写

编写一个简单的PLC程序

1. 进入主程序编辑状态

如果要编写程序，STEP 7-Micro/WIN软件的程序编辑区应为主程序编辑状态，如果未处于主程序编辑状态，可在“指令树”区域选择“程序块→主程序（OB1）”，如图2-4所示，即能将程序编辑区切换为主程序编辑状态。

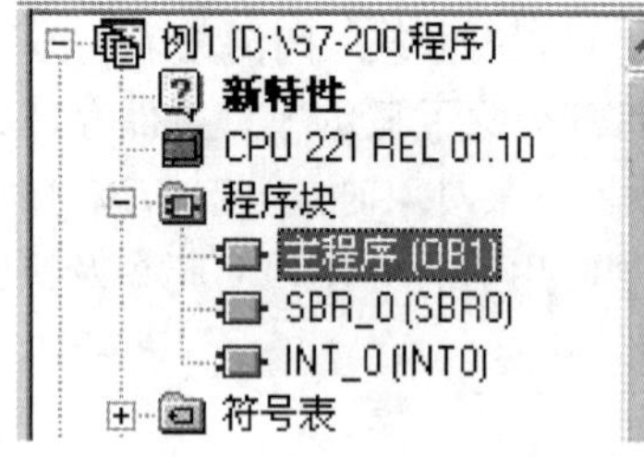


图2-4 在指令树区域选择“程序块→主程序（OB1）”

2. PLC类型的设置

S7-200 PLC类型很多，功能有一定的差距，为了使编写的程序适合当前使用的PLC，在编写程序前需要设置PLC类型。

PLC类型的设置如图2-5所示，具体操作是：执行菜单命令“PLC→类型”，弹出图2-5（a）所示的“PLC类型”对话框，在该对话框中选择当前使用的PLC类型和版本，如果不知道当前使用的PLC类型和版本，在计算机与PLC已建立通信连接的情况下，可单击“读取PLC”按钮，软件会以通信的方式从连接的PLC中读取类型和版本信息。设置好PLC类型后，单击“确认”按钮关闭对话框，指令树区域的CPU变成设定的类型，如图2-5（b）所示。如果设定的PLC类型与实际使用的PLC类型不一致，程序无法下载到PLC，则PLC可能会工作不正常。

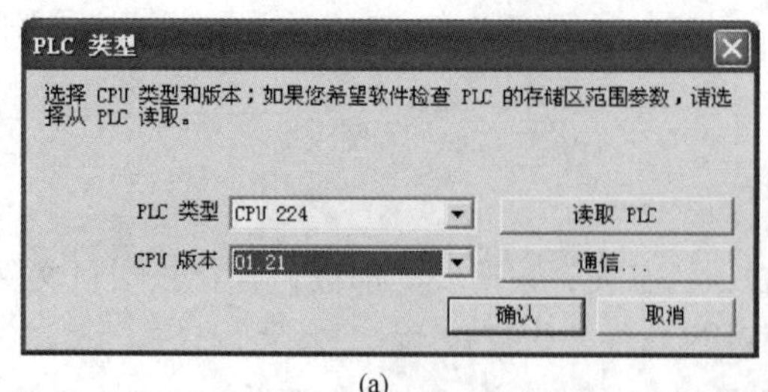

(a) (b)

图2-5 PLC类型的设置

(a)“PLC类型”对话框；(b) 在指令树区域显示的PLC类型

3. 编写程序

图 2-6 是编写完成的 PLC 梯形图程序，该程序的编写过程见表 2-2。

图 2-6 要编写的梯形图

表 2-2 PLC 梯形图程序的编写过程

| 序号 | 操作说明 | 操 作 图 |
|---|---|---|
| 1 | 将鼠标在程序编辑区起始处单击，定位编程元件的位置，再打开指令树区域指令项下的位逻辑，将鼠标移到常开触点上 | 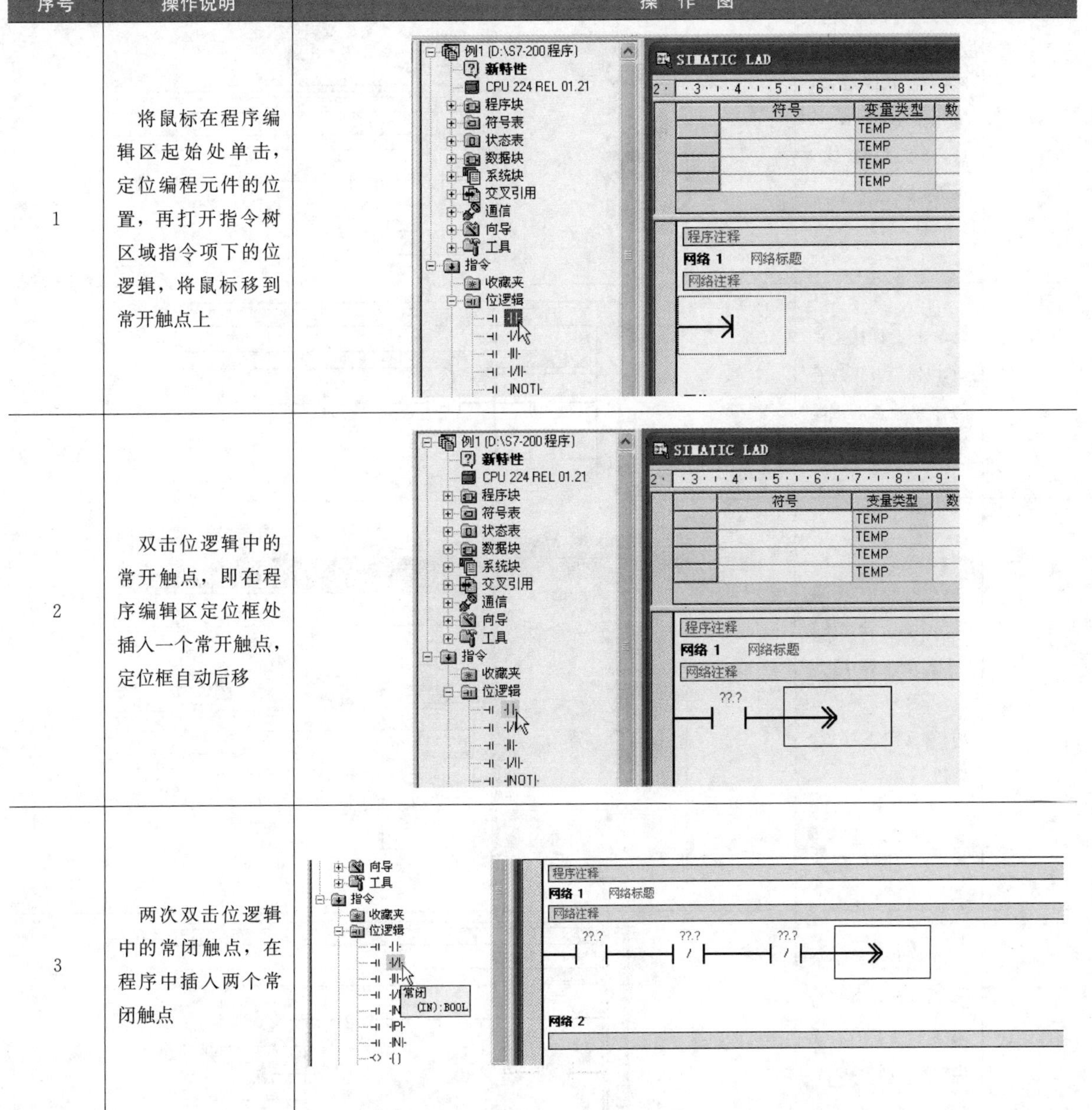 |
| 2 | 双击位逻辑中的常开触点，即在程序编辑区定位框处插入一个常开触点，定位框自动后移 | |
| 3 | 两次双击位逻辑中的常闭触点，在程序中插入两个常闭触点 | |

续表

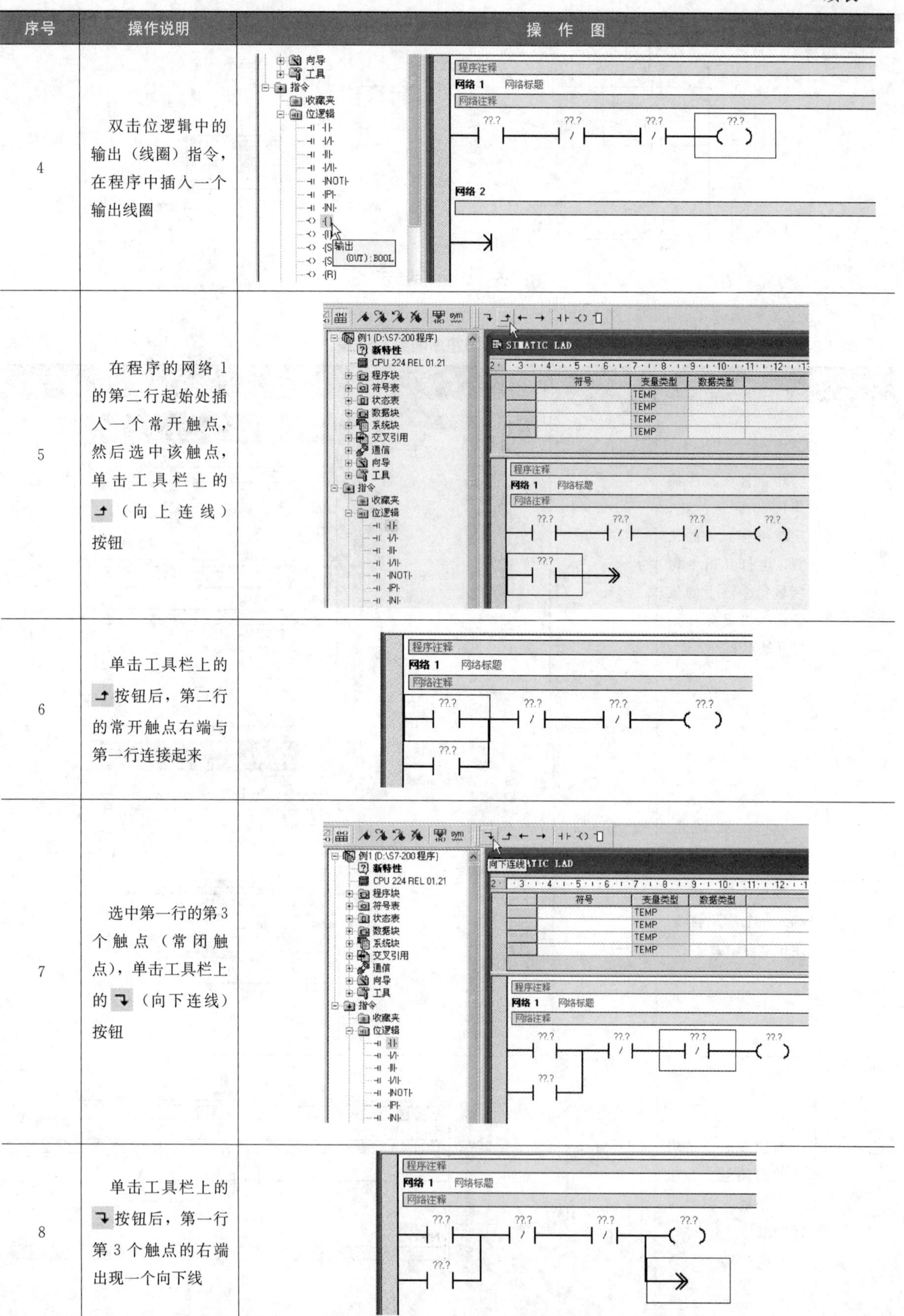

| 序号 | 操作说明 | 操作图 |
|---|---|---|
| 4 | 双击位逻辑中的输出（线圈）指令，在程序中插入一个输出线圈 | |
| 5 | 在程序的网络1的第二行起始处插入一个常开触点，然后选中该触点，单击工具栏上的 ↱（向上连线）按钮 | |
| 6 | 单击工具栏上的 ↱ 按钮后，第二行的常开触点右端与第一行连接起来 | |
| 7 | 选中第一行的第3个触点（常闭触点），单击工具栏上的 ↴（向下连线）按钮 | |
| 8 | 单击工具栏上的 ↴ 按钮后，第一行第3个触点的右端出现一个向下线 | |

续表

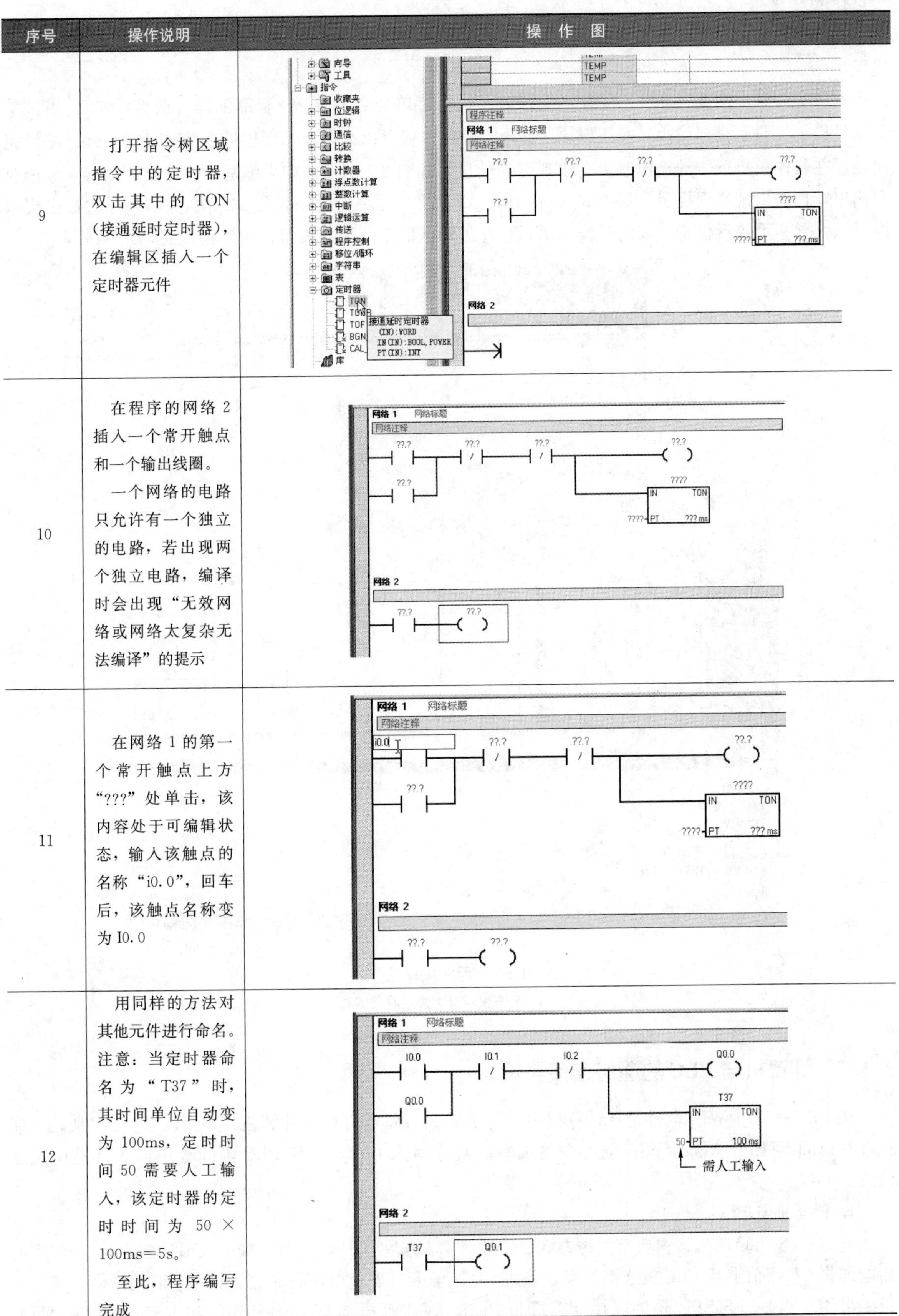


| 序号 | 操作说明 | 操作图 |
| --- | --- | --- |
| 9 | 打开指令树区域指令中的定时器，双击其中的TON（接通延时定时器），在编辑区插入一个定时器元件 | |
| 10 | 在程序的网络2插入一个常开触点和一个输出线圈。<br>一个网络的电路只允许有一个独立的电路，若出现两个独立电路，编译时会出现“无效网络或网络太复杂无法编译”的提示 | |
| 11 | 在网络1的第一个常开触点上方“???”处单击，该内容处于可编辑状态，输入该触点的名称“i0.0”，回车后，该触点名称变为I0.0 | |
| 12 | 用同样的方法对其他元件进行命名。注意：当定时器命名为“T37”时，其时间单位自动变为100ms，定时时间50需要人工输入，该定时器的定时时间为50×100ms=5s。<br>至此，程序编写完成 | |

4. 编译程序

在将编写的梯形图程序传送给 PLC 前，需要先对梯形图程序进行编译，将它转换成 PLC 能识别的代码。

程序的编译如图 2-7 所示。在程序编译时，执行菜单命令“PLC→全部编译（或编译）”，也可单击工具栏上的☑（全部编译）按钮或☑（编译）按钮，就可以编译全部程序或当前打开的程序。编译完成后，在软件窗口下方的输出窗口会出现编译信息，如图 2-7 所示。如果编写的程序出现错误，编译时在输出窗口会出现错误提示，如图 2-7（b）所示。如将程序中的常闭触点 I0.1 删除，编译时会出现错误提示，并指示错误位置，双击错误提示，程序编辑区的定位框会跳至程序出错位置。

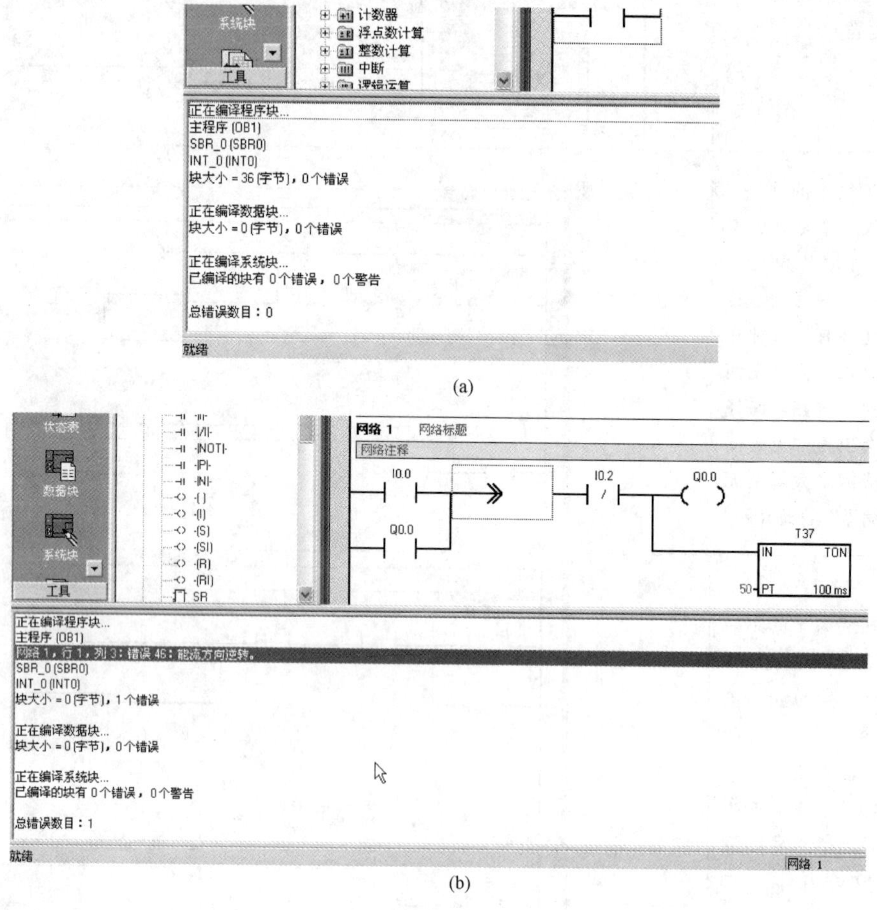

(a)

(b)

图 2-7　程序编译信息

（a）无错误；（b）提示有错误

## 2.1.5 计算机与 PLC 的通信连接与设置

STEP 7-Micro/WIN 软件是在计算机中运行的，只有将计算机（计算机）与 PLC 连接起来，才能在计算机的 STEP 7-Micro/WIN 软件中将编写的程序写入 PLC，或将 PLC 内的程序读入计算机重新修改。

1. 计算机与 PLC 的连接

计算机与 PLC 的连接主要有两种方式：①给计算机安装 CP 通信卡（如 CP5611 通信卡），再用专用电缆将 CP 通信卡与 PLC 机连接起来，采用 CP 通信卡可以获得较高的通信速率，但其价格很高，故较少采用；②使用 PC-PPI 电缆连接计算机与 PLC，PC-PPI 电缆有 USB-RS485 和 RS232-RS485 两种，

USB-RS485 电缆一端连接计算机的 USB 口，另一端连接 PLC 的 RS485 端口，RS232-RS485 电缆连接计算机的 RS232 端口（COM 端口），由于现在很多计算机没有 RS232 端口，故一般选用 USB-RS485 电缆。

采用 USB-RS485 编程电缆连接计算机与 PLC 如图 2-8 所示。

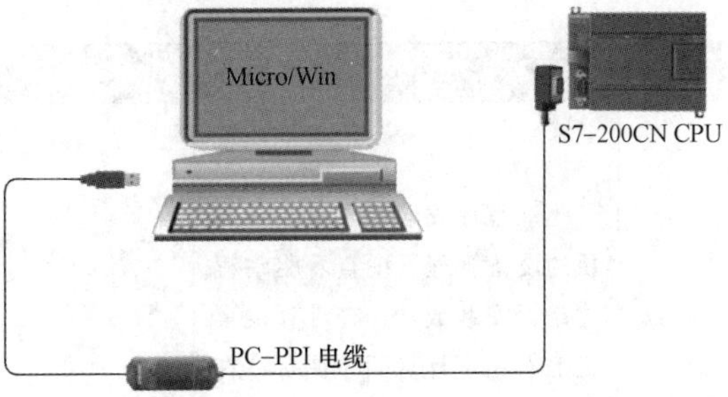


图 2-8 采用 USB-RS485 编程电缆连接计算机与 PLC

2. USB-RS485 编程电缆的驱动与连接端口

如果使用 USB-RS485 编程电缆连接计算机和 PLC，需要在计算机中安装 USB-RS485 编程电缆的驱动程序，计算机才能识别和使用该电缆。图 2-9 所示为 USB-RS485（也称 USB-PPI）编程电缆，在购买时通常会配有驱动光盘。USB-RS485 编程电缆驱动程序的安装操作见表 2-3。

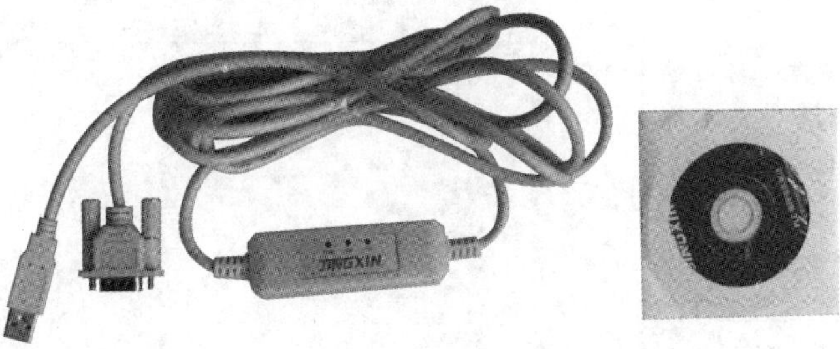


图 2-9 USB-RS485 编程电缆及驱动光盘

编程电缆及驱动程序的安装

表 2-3 **USB-RS485 编程电缆驱动程序的安装操作**

| 序号 | 操作说明 | 操 作 图 |
|---|---|---|
| 1 | 打开编程电缆驱动程序光盘，双击其中的“SETUP. EXE”文件 | 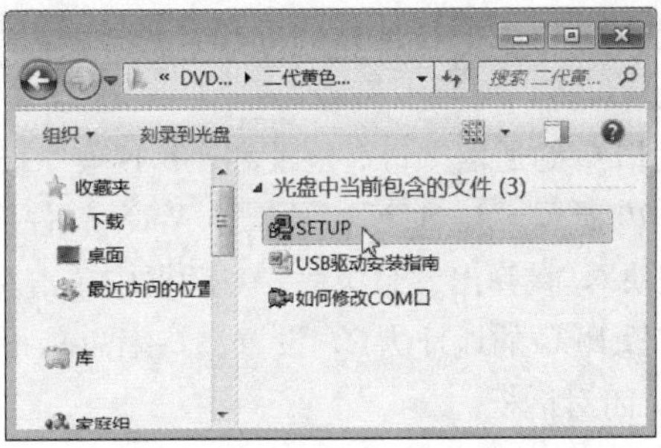 |
| 2 | 双击“SETUP. EXE”文件后，出现“驱动安装”对话框，单击“安装”按钮，开始安装驱动程序，单击“卸载”按钮，会卸载先前安装的驱动程序 | 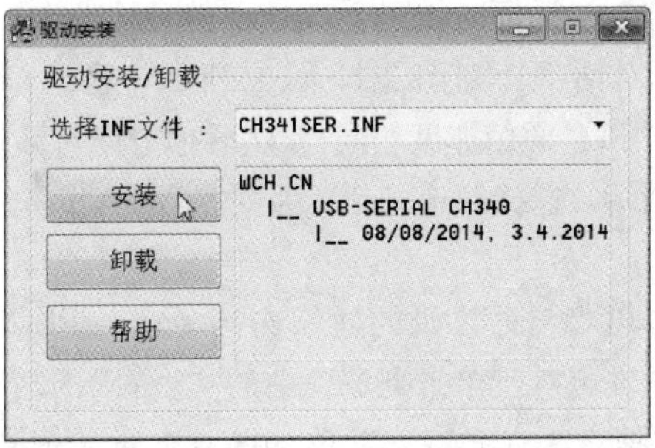 |

续表

| 序号 | 操作说明 | 操作图 |
|---|---|---|
| 3 | 驱动程序安装后，可在计算机的设备管理器中查看驱动程序是否安装成功，在计算机桌面上右击“计算机”图标，在弹出的右键菜单中单击“设备管理器”，会出现“设备管理器”窗口 | 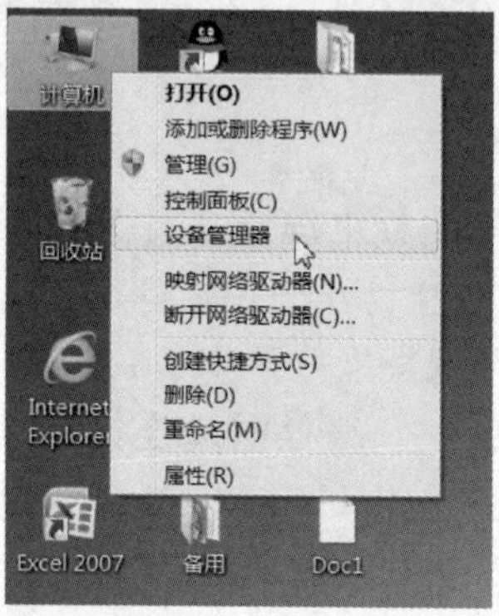 |
| 4 | 在“设备管理器”窗口的“端口（COM 和 LPT）”中可以看到“USB － SERIAL CH340（COM3）”，表示计算机已识别出编程电缆，并且计算机与编程电缆的连接端口为 COM3，该端口是从 USB 端口虚拟出来的，记住该端口号 | 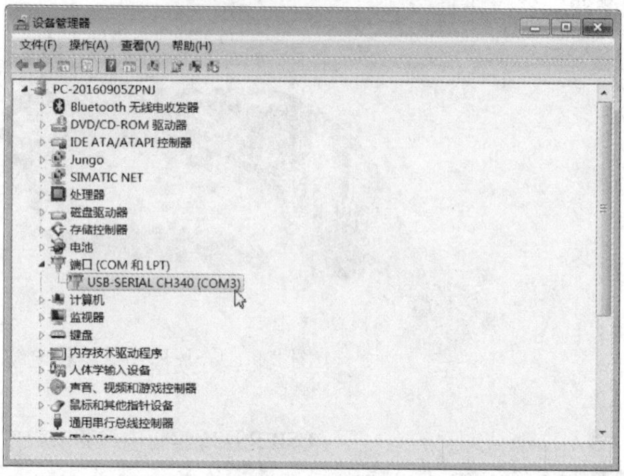 |

3. 通信设置与连接

采用 USB-RS485 电缆将计算机与 PLC 的连接好后，还要在 STEP 7-Micro/WIN 软件中进行通信设置。

通信设置与程序的下载及上载

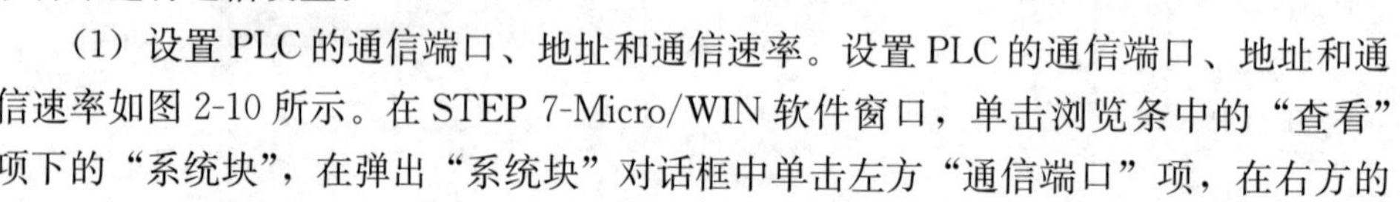

（1）设置 PLC 的通信端口、地址和通信速率。设置 PLC 的通信端口、地址和通信速率如图 2-10 所示。在 STEP 7-Micro/WIN 软件窗口，单击浏览条中的“查看”项下的“系统块”，在弹出“系统块”对话框中单击左方“通信端口”项，在右方的端口 0 下方设置 PLC 的地址为 2，设置波特率为 9.6kbps（即 9.6kbit/s），其他参数保持默认值，单击“确认”按钮关闭对话框。

（2）设置计算机的通信端口、地址和通信速率。设置计算机的通信端口、地址和通信速率如图 2-11 所示。在 STEP 7-Micro/WIN 软件窗口，单击浏览条中的“查看”项下的“设置 PG/PC 接口”，弹出“设置 PG/PC 接口”对话框，如图 2-11（a）所示，选择“PC/PPI cable（PPI）”项，再单击“属性”按钮，弹出“属性”对话框，如图 2-11（b）所示，将地址设为 0（不能与 PLC 地址相同），将传输率设为 9.6kbps（要与 PLC 通信速度相同），然后单击该对话框中的“本地连接”选项卡，切换到该选项卡，如图 2-11（c）所示，选择“连接到”为“COM3（设备管理器查看到的端口号）”，单击“确定”按钮关闭对话框。

（3）建立 PLC 与计算机的通信连接。建立 PLC 与计算机的通信连接如图 2-11 所示。在 STEP 7-Micro/WIN 软件窗口，单击浏览条中的“查看”项下的“通信”，弹出“通信”对话框，如图 2-12（a）所示，选择“搜索所有波特率”项，再双击对话框右方的“双击刷新”，计算机开始搜索与它连接的 PLC，两者连接正常，将会在“双击刷新”位置出现 PLC 图标及型号，如图 2-12（b）所示。

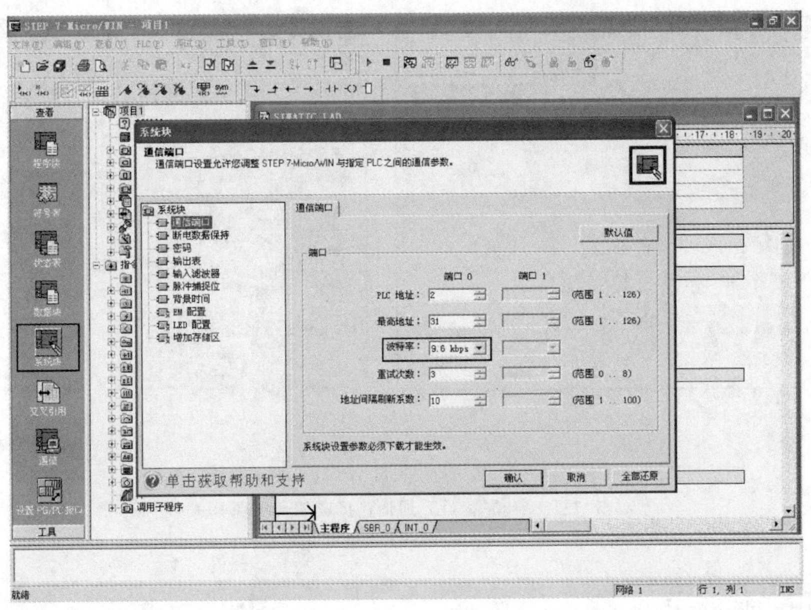


图 2-10　设置 PLC 的通信端口、地址和通信速率

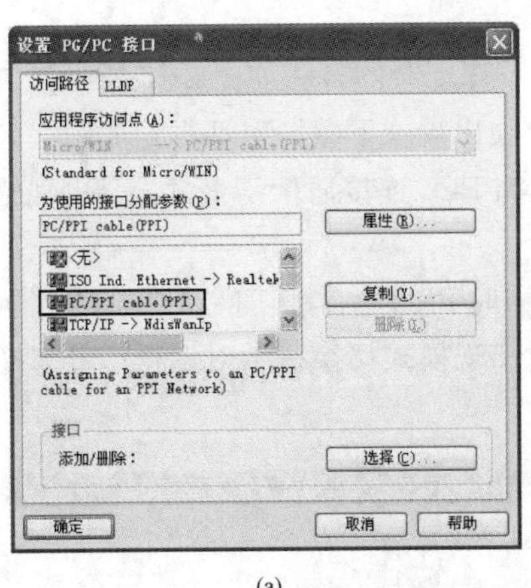


(a)

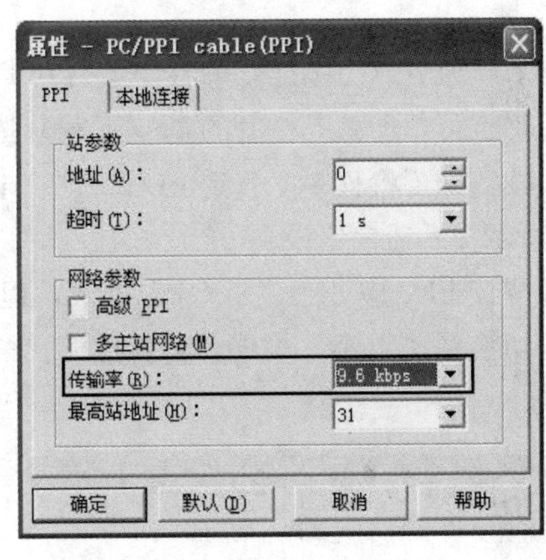


(b)



(c)

图 2-11　设置计算机的通信端口、地址和通信速率

（a）选择“PC/PPI cable（PPI）”项；（b）设置地址和传输率；（c）设置通信端口

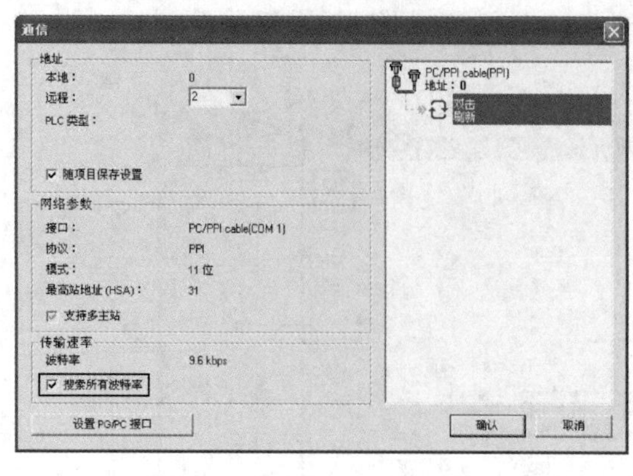


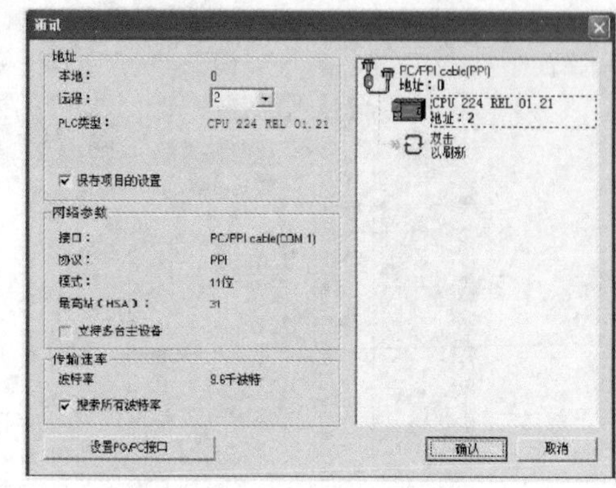


(a)　　　　(b)

图 2-12　建立 PLC 与计算机的通信连接

（a）双击“双击刷新”；（b）通信连接成功会出现 PLC 图标

## 2. 1. 6　下载和上载程序

将计算机中编写的程序传送给 PLC 称为下载，将 PLC 中的程序传送给计算机称为上载。

1. 下载程序

程序编译后，就可以将编译好的程序下载到 PLC。程序下载的方法如图 2-13 所示。执行菜单命令“文件→下载”，也可单击工具栏上的 ≚ （下载）按钮，会出现“下载”对话框，如图 2-13（a）所示，单击“下载”按钮即可将程序下载到 PLC，如果计算机与 PLC 连接通信不正常，会出现错误提示，如图 2-13（b）所示提示通信错误。

程序下载应让 PLC 应处于“STOP”模式，程序下载时 PLC 会自动切换到“STOP”模式，下载结束后又会自动切换到“RUN”模式，若希望模式切换时出现模式切换提示对话框，可勾择下载对话框右下角的两项。

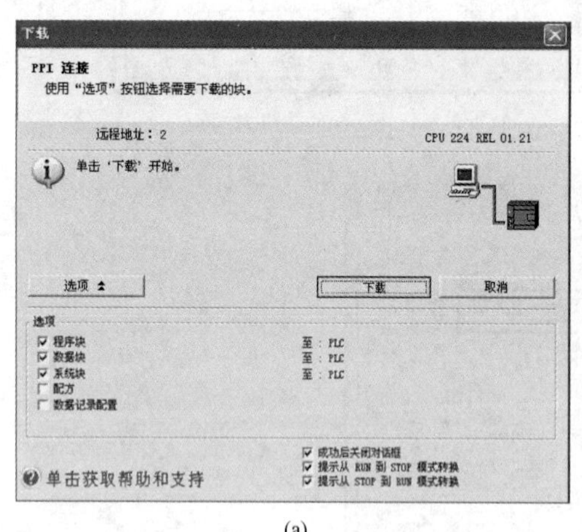


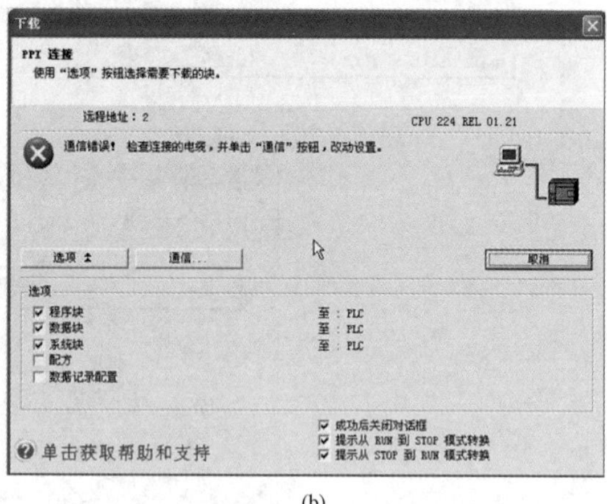


(a)　　　　(b)

图 2-13　下载程序

（a）通信正常的下载对话框；（b）通信出错的下载对话框

2. 上载程序

当需要修改 PLC 中的程序时，可利用 STEP 7-Micro/WIN 软件将 PLC 中的程序上载到计算机。在上载程序时，需要新建一个空项目文件，以便存入上载内容，如果项目文件有内容，将会被上载内容覆盖。

上载程序的方法是：执行菜单命令“文件→上载”，也可单击工具栏上的▲（上载）图标，会出现与图 2-13 类似的“上载”对话框，单击其中的“上载”按钮即可将 PLC 中的程序上载到计算机中。

# 2.2 S7-200 PLC 仿真软件的使用

在使用 STEP 7-Micro/WIN 软件编写完程序后，如果手头没有 PLC 而又想马上能看到程序在 PLC 中的运行效果，这时可运行 S7-200 PLC 仿真软件，让编写的程序在一个软件模拟的 PLC 中运行，从中观察程序的运行效果。

## 2.2.1 软件界面说明

S7-200 PLC 仿真软件不是 STEP 7-Micro/WIN 软件的组成部分，它是由其他公司开发的用于对 S7-200 系列 PLC 进行仿真的软件。S7-200 PLC 仿真软件是一款绿色软件，无须安装，双击它即可运行，如图 2-14（a）所示；软件启动后出现启动画面，在画面上单击后弹出密码对话框，如图 2-14（b）所示，按提示输入密码，确定后即完成软件的启动，出现软件界面，如图 2-15 所示。

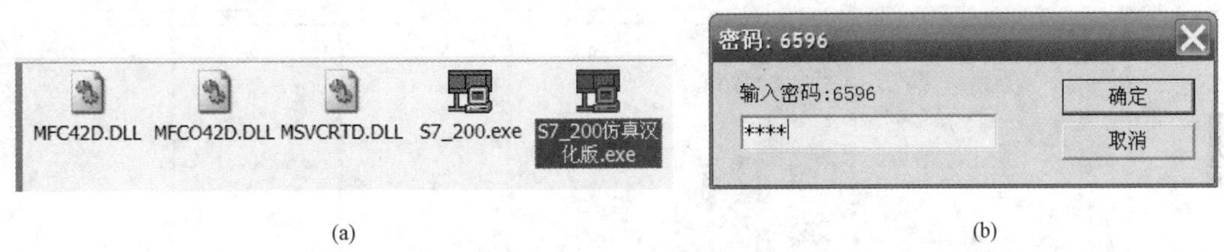


图 2-14 S7-200 仿真软件的启动

(a) 双击启动 S7-200 PLC 仿真软件；(b) 启动时按提示输入密码

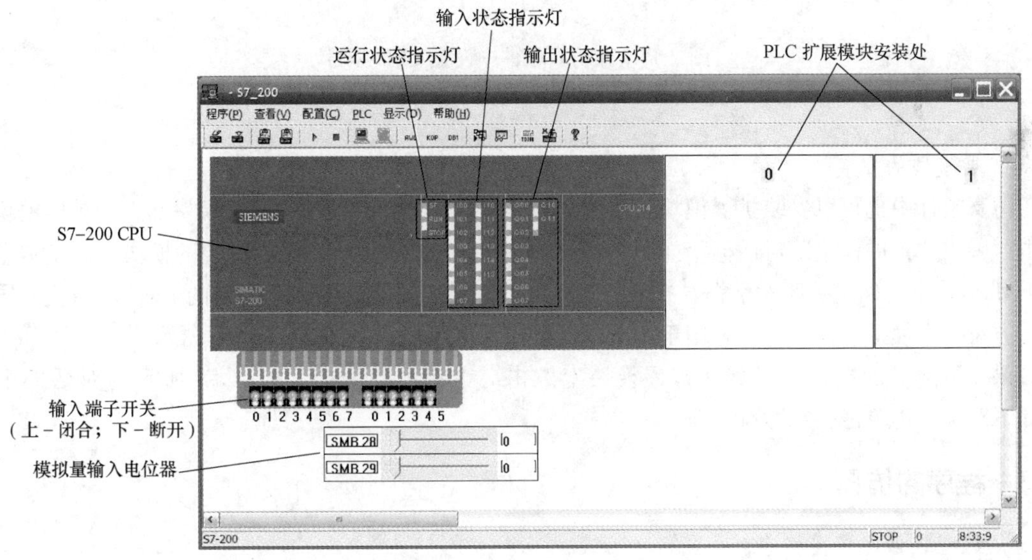


图 2-15 S7-200 PLC 仿真软件界面

在软件窗口的工作区内，左上方为 S7-200 CPU 模块，右方为 PLC 的扩展模块安装处，左下方分别为输入端子开关（上拨-闭合，下拨-断开）和两个模拟量输入电位器。S7-200 CPU 模块上有运行状态、输入状态和输出状态指示灯，在仿真时，可以通过观察输入、输出指示灯的状态了解程序运行效果。

## 2.2.2 CPU 型号的设置与扩展模块的安装

1. CPU 型号的设置

在仿真时要求仿真软件和编程软件的 CPU 型号相同，否则可能会出现无法仿真或仿真出错。CPU 型号的设置方法如图 2-16 所示。执行菜单命令“配置→CPU 型号”，弹出 CPU Type（CPU 型号）对话框，如图 2-16（a）所示，从中选择 CPU 的型号，CPU 网络地址保持默认地址 2，再单击 Accept（接受）关闭对话框，会发现软件工作区的 CPU 模块发生了变化，如图 2-16（b）所示。

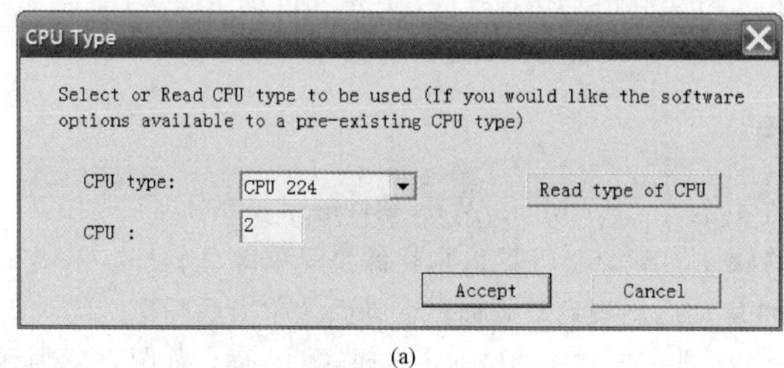


(a)

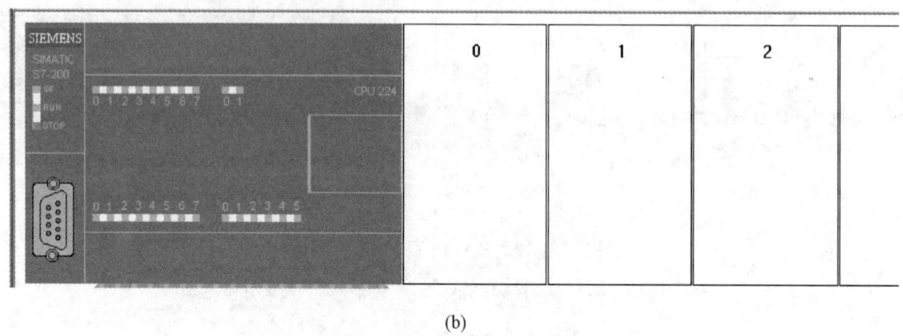


(b)

图 2-16　在仿真软件中设置 CPU 型号

(a) CPU 型号设置；(b) 新设置的 CPU 外形

2. 扩展模块的安装

在仿真软件中也可以安装扩展模块，如图 2-17 所示。在软件工作区 CPU 模块邻近的扩展模块安装处双击，弹出“扩展模块”对话框，如图 2-17（a）所示，从中选择某个需安装的模块，如模拟量输入模块 EM231，单击确定关闭对话框，在软件工作区的 0 模块安装处出现了安装的 EM231 模块，同时模块的下方有 4 个模拟量输入滑块，用于调节模拟量输入电压值，如图 2-17（b）所示。

如果要删除扩展模块，只需在扩展模块上双击，在弹出的如图 2-17（a）所示的对话框中选中“无/卸下”项，再单击确定即可。

## 2.2.3 程序的仿真

1. 从编程软件中导出程序

从编程软件中导出程序如图 2-18 所示。要仿真编写的程序，须先在 STEP 7-Micro/WIN 编程软件中编写程序，编写的程序如图 2-18（a）所示，再对编写的程序进行编译，编译无错误再导出程序文件。导出程序文件的方法是：在 STEP 7-Micro/WIN 编程软件中执行菜单命令“文件→导出”，弹出“导出程序块”对话框，如图 2-18（b）所示。输入文件名“test”并选择类型为“.awl”，再单击保存，即从编写的程序中导出一个 test.awl 文件。

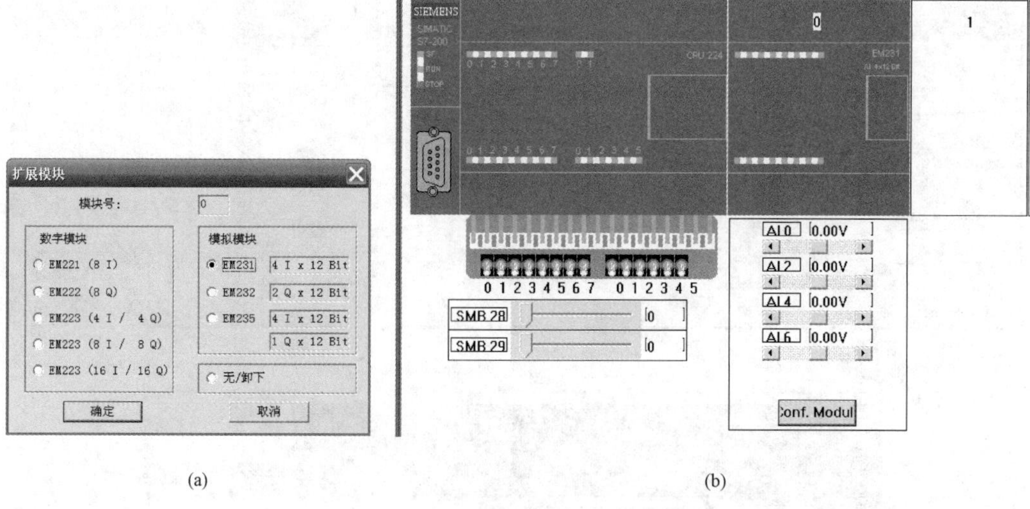


(a) (b)

图 2-17 在仿真软件中安装扩展模块

(a)“扩展模块”对话框；(b) CPU 模块右边增加的扩展模块

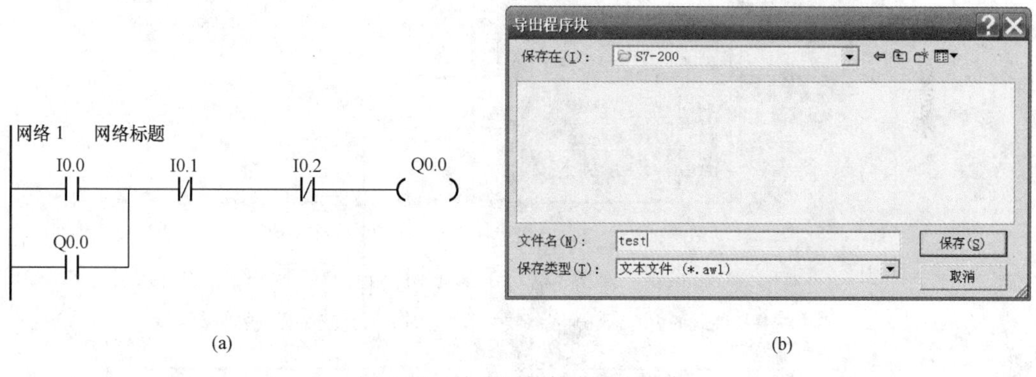


(a) (b)

图 2-18 从编程软件中导出程序

(a) 要导出的程序；(b)“导出程序块”对话框

2. 在仿真软件中装载程序

在仿真软件中装载 PLC 程序如图 2-19 所示。在仿真软件中执行菜单命令“程序→装载程序”，弹出“装载程序”对话框，如图 2-19 (a) 所示，从中选择要装载的选项，一般保持默认值，单击确定，弹出“打开”对话框，如图 2-19 (b) 所示，在该对话框中选择要装载的 test. awl 文件，单击打开，即将文件装载到仿真软件，在仿真软件中会出现程序块的语句表和梯形图窗口，如图 2-19 (c) 所示，不需要显示时可关闭它们。

3. 仿真程序

在仿真程序时，先单击工具栏上的▶（运行）按钮，让 PLC 进入 RUN 状态，RUN 指示灯变为亮（绿色），然后将 I0.0 输入端子开关上拨（开关闭合），I0.0 指示灯亮，同时输出端 Q0.0 对应的指示灯也亮，如图 2-20 所示，再将 I0.1 或 I0.2 输入端子开关上拨，发现 Q0.0 对应的指示灯不亮，这些与直接分析梯形图得到的结果是一致的，说明编写的梯形图正确。

若要停止仿真，单击工具栏上的■（停止）按钮，PLC 则进入 STOP 状态。

4. 变量状态监控

如果想了解 PLC 的变量（如 I0.0、Q0.0）的值，可执行菜单命令“查看→内存监视”，弹出“内

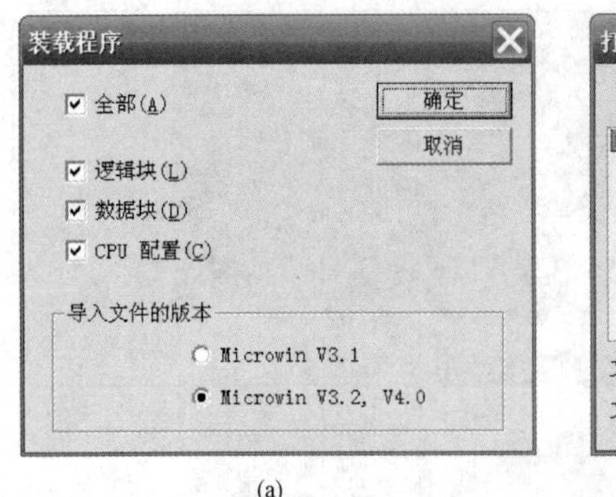


(a)

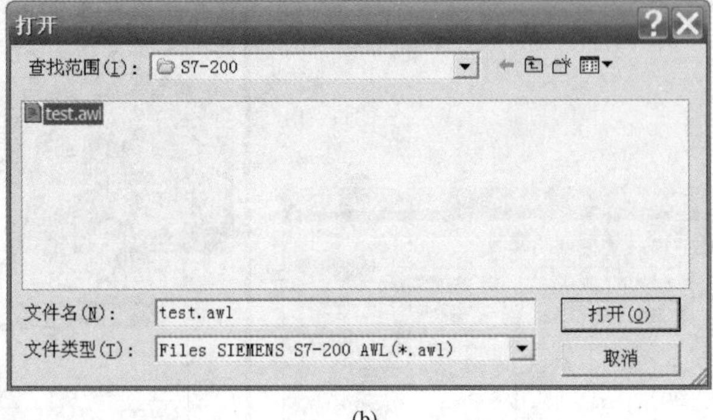


(b)

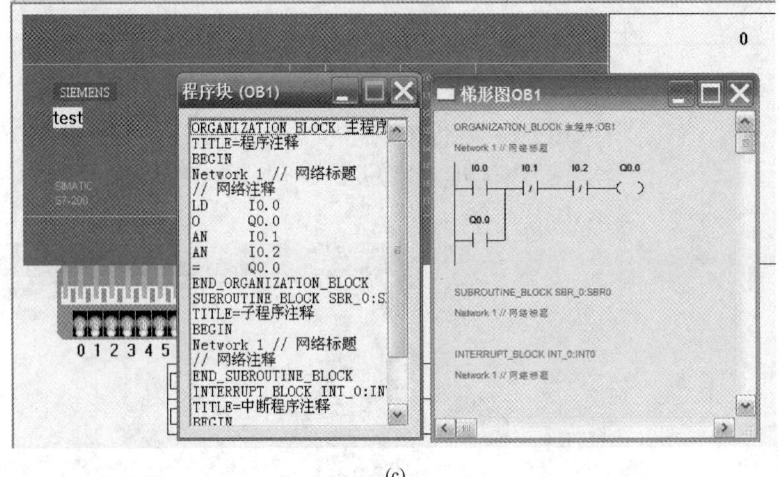


(c)

图 2-19 在仿真软件中装载 PLC 程序

(a) 选择要装载的内容；(b) 选择要装载的程序；(c) 程序装载成功

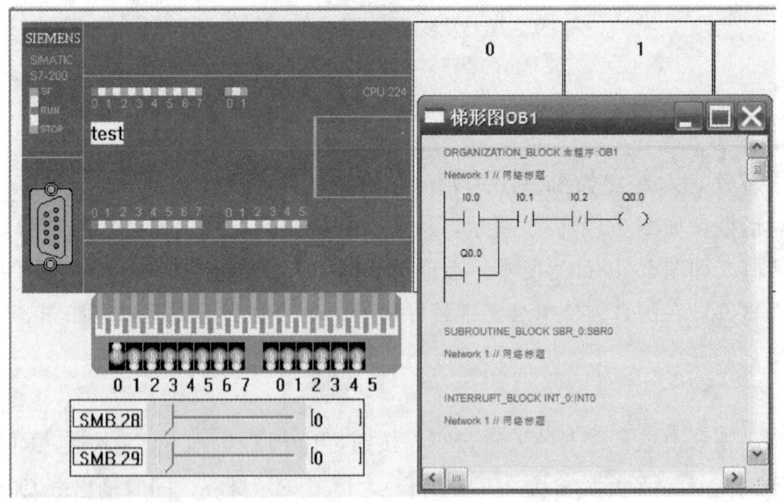


图 2-20 仿真程序

存表”对话框，如图 2-21 所示，在对话框的地址栏输入要查看的变量名（如 I0.0），再单击下方的“开始”按钮，在值栏即会显示该变量的值（2#1）。如果改变 PLC 输入端子开关的状态，该对话框中相应变量的值也会发生变化。

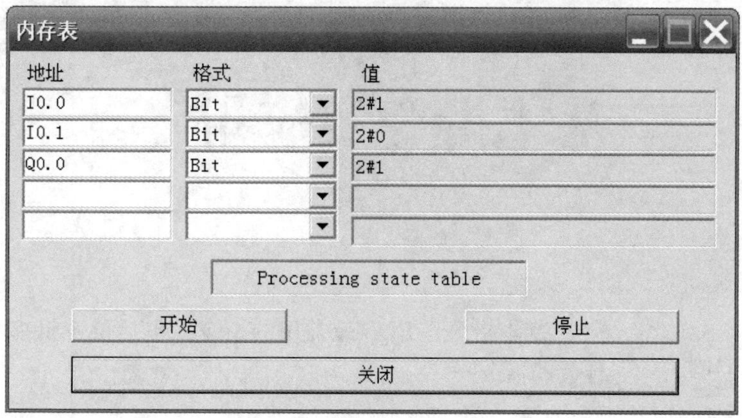
内存表
地址
格式
值
I0.0
Bit
2#1
I0.1
Bit
2#0
Q0.0
Bit
2#1
Processing state table
开始
停止
关闭

图 2-21 “内存表”对话框

# 第3章

# 基本指令及应用

基本指令是PLC最常用的指令，包括位逻辑指令、定时器指令和计数器指令。

## 3.1　位逻辑指令

在STEP 7-Micro/WIN软件的指令树区域，展开“位逻辑”指令包，可以查看到所有的位逻辑指令，如图3-1所示。位逻辑指令有16条，可大致分为触点指令、线圈指令、立即指令、RS触发器指令和空操作指令。

位逻辑
- -| |- 常开触点
- -|/|- 常闭触点
- -|I|- 立即常开触点
- -|/I|- 立即常闭触点
- -|NOT|- 取反
- -|P|- 上升沿检测触点
- -|N|- 下降沿检测触点
- -( ) 输出线圈
- -(I) 立即输出线圈
- -(S) 置位线圈
- -(SI) 立即置位线圈
- -(R) 复位线圈
- -(RI) 立即复位线圈
- SR 置位优先触发器
- RS 复位优先触发器
- NOP 空操作

图3-1　位逻辑指令

### 3.1.1　触点指令

触点指令可分为普通触点指令和边沿检测指令。

1. 普通触点指令

普通触点指令说明见表3-1。

**表3-1**　　普通触点指令说明

| 指令标识 | 梯形图符号及名称 | 说　明 | 可用软元件 | 举　例 |
|---|---|---|---|---|
| -\| \|- | ??.? -\| \|- 常开触点 | 当??.?位为1时，??.?常开触点闭合，为0时常开触点断开 | I、Q、M、SM、T、C、L、S、V | I0.1 A 当I0.1位为1时，I0.1常开触点处于闭合，左母线的能流通过触点流到A点 |
| -\|/\|- | ??.? -\| / \|- 常闭触点 | 当??.?位为0时，??.?常闭触点闭合，为1时常闭触点断开 | I、Q、M、SM、T、C、L、S、V | I0.1 A 当I0.1位为0时，I0.1常闭触点处于闭合，左母线的能流通过触点流到A点 |
| -\|NOT\|- | -\|NOT\|- 取反 | 当该触点左方有能流时，经能流取反后右方无能流，左方无能流时右方有能流 | | I0.1 A NOT B 当I0.1常开触点处于断开时，A点无能流，经能流取反后，B点有能流，这里的两个触点组合，功能与一个常闭触点相同 |

2. 边沿检测触点指令

边沿检测触点指令说明见表3-2。

表 3-2　　边沿检测触点指令说明

| 指令标识 | 梯形图符号及名称 | 说　明 | 举　例 |
|---|---|---|---|
| ┤P├ | ─┤ P ├─<br>上升沿检测触点 | 当该指令前面的逻辑运算结果有一个上升沿（0→1）时，会产生一个宽度为一个扫描周期的脉冲，驱动后面的输出线圈 | I0.4　Q0.4　Q0.5　P　N<br>I0.4　Q0.4　Q0.5　接通一个周期　接通一个周期<br>当 I0.4 触点由断开转为闭合时，会产生一个 0→1 的上升沿，P 触点接通一个扫描周期时间，Q0.4 线圈得电一个周期。<br>当 I0.4 触点由闭合转为断开时，产生一个 1→0 的下降沿，N 触点接通一个扫描周期时间，Q0.5 线圈得电一个周期 |
| ┤N├ | ─┤ N ├─<br>下降沿检测触点 | 当该指令前面的逻辑运算结果有一个下降沿（1→0）时，会产生一个宽度为一个扫描周期的脉冲，驱动后面的输出线圈 | |

## 3.1.2　线圈指令

1. 指令说明

线圈指令说明见表 3-3。

表 3-3　　线圈指令说明

| 指令标识 | 梯形图符号及名称 | 说　明 | 操作数 |
|---|---|---|---|
| -( ) | ??.?<br>─(　)<br>输出线圈 | 当有输入能流时，??.? 线圈得电，能流消失后，??.? 线圈马上失电 | ??.?（软元件）：I、Q、M、SM、T、C、V、S、L，数据类型为布尔型。<br>????（软元件的数量）：VB、IB、QB、MB、SMB、LB、SB、AC、＊VD、＊AC、＊LD、常量，数据类型为字节型，范围 1～255 |
| -( S ) | ??.?<br>─( S )<br>????<br>置位线圈 | 当有输入能流时，将??.? 开始的???? 个线圈置位（即让这些线圈都得电），能流消失后，这些线圈仍保持为 1（即仍得电） | |
| -( R ) | ??.?<br>─( R )<br>????<br>复位线圈 | 当有输入能流时，将??.? 开始的???? 个线圈复位（即让这些线圈都失电），能流消失后，这些线圈仍保持为 0（即失电） | |

2. 指令使用举例

线圈指令的使用举例如图 3-2 所示。当 I0.4 常开触点闭合时，将 M0.0～M0.2 线圈都置位，即让这 3 个线圈都得电，同时 Q0.4 线圈也得电，I0.4 常开触点断开后，M0.0～M0.2 线圈仍保持得电状态，而 Q0.4 线圈则失电。当 I0.5 常开触点闭合时，将 M0.0～M0.2 线圈都被复位，即这 3 个线圈都失电，同时 Q0.5 线圈得电，I0.5 常开触点断开后，M0.0～M0.2 线圈仍保持失电状态，Q0.5 线圈也失电。

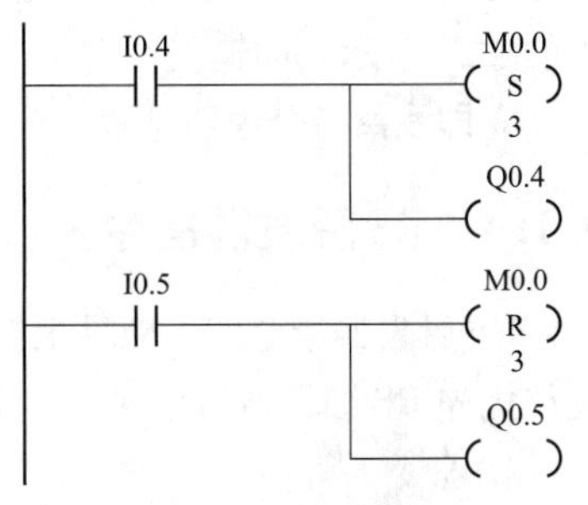


图 3-2　线圈指令的使用举例

### 3.1.3 立即指令

PLC的一般工作过程是：当操作输入端设备时（如按下I0.0端子外接按钮），该端的状态数据“1”存入输入映像寄存器I0.0中，PLC运行时先扫描读出输入映像寄存器的数据，然后根据读取的数据运行用户编写的程序，程序运行结束后将结果送入输出映像寄存器（如Q0.0），通过输出电路驱动输出端子外接的输出设备（如接触器线圈），然后PLC又重复上述过程。PLC完整运行一个过程需要的时间称为一个扫描周期，在PLC执行用户程序阶段时，即使输入设备状态发生变化（如按钮由闭合变为断开），PLC不会理会此时的变化，仍按扫描输入映像寄存器阶段读的数据执行程序，直到下一个扫描周期才读取输入端新状态。

如果希望PLC工作时能即时响应输入或即时产生输出，可使用立即指令。立即指令可分为立即触点指令和立即线圈指令。

1. 立即触点指令

立即触点指令又称立即输入指令，它只适用于输入量I，执行立即触点指令时，PLC会立即读取输入端子的值，再根据该值判断程序中的触点通/断状态，但并不更新该端子对应的输入映像寄存器的值，其他普通触点的状态仍由扫描输入映像寄存器阶段读取的值决定。

立即触点指令说明见表3-4。

表3-4 立即触点指令说明

| 指令标识 | 梯形图符号及名称 | 说明 | 举例 |
|---|---|---|---|
| ┤I├ | ??.? ┤ I ├ 立即常开触点 | 当PLC的??.?端子输入为ON时，??.?立即常开触点即刻闭合，PLC的??.?端子输入为OFF时，??.?立即常开触点即刻断开 | I0.0 I0.2 I0.3 Q0.0 I0.1<br>当PLC的I0.0端子输入为ON（如该端子外接开关闭合）时，I0.0立即常开触点立即闭合，Q0.0线圈随之得电，如果PLC的I0.1端子输入为ON，I0.1常开触点并不马上闭合，而是要等到PLC运行完后续程序并再次执行程序时才闭合。<br>同样地，PLC的I0.2端子输入为ON时，可以较PLC的I0.3端子输入为ON时更快使Q0.0线圈失电 |
| ┤/I├ | ??.? ┤ /I ├ 立即常闭触点 | 当PLC的??.?端子输入为ON时，??.?立即常闭触点即刻断开，PLC的??.?端子输入为OFF时，??.?立即常闭触点即刻闭合 | |

2. 立即线圈指令

立即线圈指令又称立即输出指令，该指令在执行时，将前面的运算结果立即送到输出映像寄存器而即时从输出端子产生输出，输出映像寄存器内容也被刷新。立即线圈指令只能用于输出量Q，线圈中的“I”表示立即输出。

立即线圈指令说明见表3-5。

### 3.1.4 RS触发器指令

RS触发器指令的功能是根据R、S端输入状态产生相应的输出，它分为置位优先SR触发器指令和复位优先RS触发器指令。

1. 指令说明

RS触发器指令说明见表3-6。

**表 3-5 立即线圈指令说明**

<table>
<tr><th>指令标识</th><th>梯形图符号及名称</th><th>说 明</th><th>举 例</th></tr>
<tr><td>-( I )</td><td>??.?<br>—( I )<br>立即线圈</td><td>当有输入能流时，?? .? 线圈得电，PLC 的?? .? 端子立即产生输出，能流消失后，?? .? 线圈失电，PLC 的?? .? 端子立即停止输出</td><td rowspan="3"> 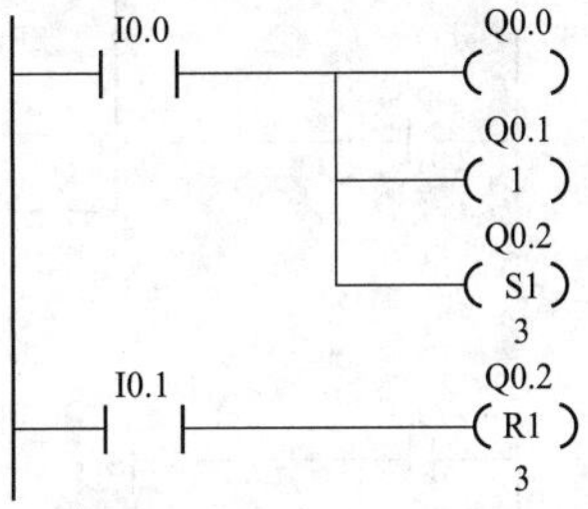当 I0.0 常开触点闭合时，Q0.0、Q0.1 和 Q0.2～Q0.4 线圈均得电，PLC 的 Q0.1～Q0.4 端子立即产生输出，Q0.0 端子需要在程序运行结束后才产生输出，I0.0 常开触点断开后，Q0.1 端子立即停止输出，Q0.0 端子需要在程序运行结束后才停止输出，而 Q0.2～Q0.4 端子仍保持输出。<br>当 I0.1 常开触点闭合时，Q0.2～Q0.4 线圈均失电，PLC 的 Q0.2～Q0.4 端子立即停止输出</td></tr>
<tr><td>-( SI )</td><td>??.?<br>—( SI )<br>????<br>立即置位线圈</td><td>当有输入能流时，将?? .? 开始的???? 个线圈置位，PLC 从?? .? 开始的???? 个端子立即产生输出，能流消失后，这些线圈仍保持为 1，其对应的 PLC 端子保持输出</td></tr>
<tr><td>-( RI )</td><td>??.?<br>—( RI )<br>????<br>立即复位线圈</td><td>当有输入能流时，将?? .? 开始的???? 个线圈复位，PLC 从?? .? 开始的???? 个端子立即停止输出，能流消失后，这些线圈仍保持为 0，其对应的 PLC 端子仍停止输出</td></tr>
</table>

**表 3-6 RS 触发器指令说明**

<table>
<tr><th>指令标识</th><th>梯形图符号及名称</th><th>说 明</th><th>操作数</th></tr>
<tr><td>SR</td><td> 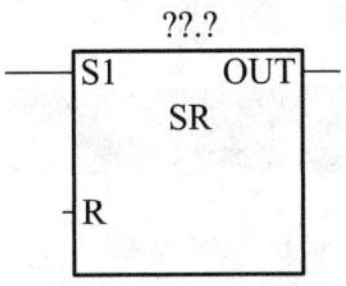??.?<br>S1 OUT<br>SR<br>R<br>置位优先触发器</td><td>当 S1、R 端同时输入 1 时，OUT＝1，?? .? ＝1。SR 置位优先触发器的输入/输出关系如下：
<table>
<tr><th>S1</th><th>R</th><th>OUT（??,?）</th></tr>
<tr><td>0</td><td>0</td><td>保持前一状态</td></tr>
<tr><td>0</td><td>1</td><td>0</td></tr>
<tr><td>1</td><td>0</td><td>1</td></tr>
<tr><td>1</td><td>1</td><td>1</td></tr>
</table></td><td rowspan="2">
<table>
<tr><th>输入/输出</th><th>数据类型</th><th>可用软元件</th></tr>
<tr><td>S1，R</td><td>BOOL</td><td>I、Q、V、M、SM、S、T、C</td></tr>
<tr><td>S、R1、OUT</td><td>BOOL</td><td>I、Q、V、M、SM、S、T、C、L</td></tr>
<tr><td>?? .?</td><td>BOOL</td><td>I、Q、V、M、S</td></tr>
</table></td></tr>
<tr><td>RS</td><td> 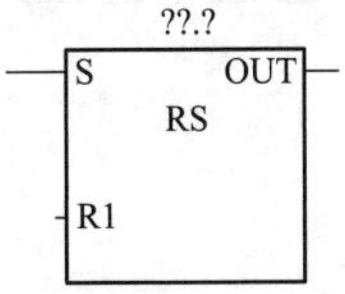??.?<br>S OUT<br>RS<br>R1<br>复位优先触发器</td><td>当 S、R1 端同时输入 1 时，OUT＝0，?? .? ＝0。RS 复位优先触发器的输入/输出关系如下：
<table>
<tr><th>S</th><th>R1</th><th>OUT（?? .?）</th></tr>
<tr><td>0</td><td>0</td><td>保持前一状态</td></tr>
<tr><td>0</td><td>1</td><td>0</td></tr>
<tr><td>1</td><td>0</td><td>1</td></tr>
<tr><td>1</td><td>1</td><td>0</td></tr>
</table></td></tr>
</table>

2. 指令使用举例

RS 触发器指令使用如图 3-3 所示。

图 3-3（a）使用了 SR 置位优先触发器指令，从右方的时序图可以看出：①当 I0.0 触点闭合（S1＝1）、I0.1 触点断开（R＝0）时，Q0.0 被置位为 1；②当 I0.0 触点由闭合转为断开（S1＝0）、I0.1 触点仍处于断开（R＝0）时，Q0.0 仍保持为 1；③当 I0.0 触点断开（S1＝0）、I0.1 触点闭合（R＝1）时，Q0.0 被复位为 0；④当 I0.0、I0.1 触点均闭合（S1＝0、R＝1）时，Q0.0 被置位为 1。

图 3-3（b）使用了 RS 复位优先触发器指令，其①～③种输入/输出情况与 SR 置位优先触发器指令相同，两者区别在于第④种情况，对于 SR 置位优先触发器指令，当 S1、R 端同时输入 1 时，Q0.0＝

1，对于RS复位优先触发器指令，当S、R1端同时输入1时，Q0.0=0。

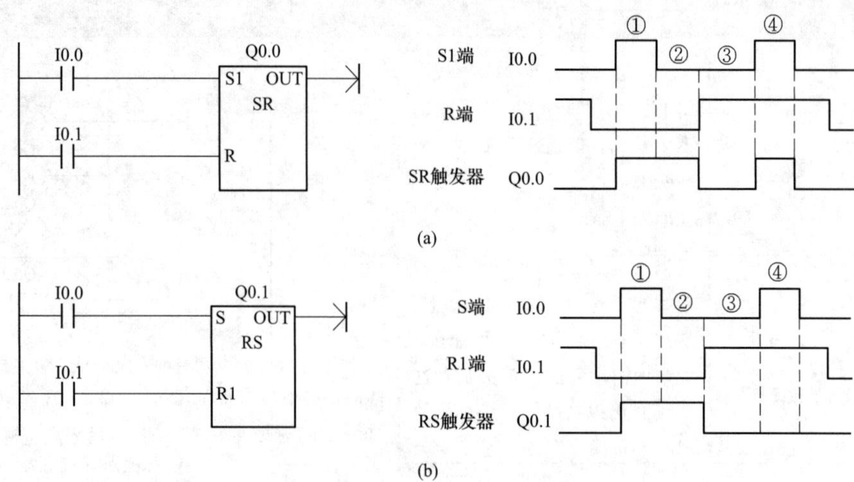


图 3-3 RS触发器指令使用举例

(a) SR置位优先触发器指令；(b) RS复位优先触发器指令

### 3.1.5 空操作指令

空操作指令的功能是让程序不执行任何操作，由于该指令本身执行时需要一定时间，故可延缓程序执行周期。

空操作指令说明见表3-7。

**表3-7 空操作指令说明**

| 指令标识 | 梯形图符号及名称 | 说明 | 举例 |
| --- | --- | --- | --- |
| NOP | ????<br>NOP<br>空操作 | 空操作指令，其功能是将让程序不执行任何操作。<br>N（????）=0～255，执行一次NOP指令需要的时间约为0.22us，执行N次NOP的时间约为0.22μs×N | M0.0 100 NOP<br>当M0.0触点闭合时，NOP指令执行100次 |

## 3.2 定时器

定时器是一种按时间动作的继电器，相当于继电器控制系统中的时间继电器。一个定时器可有多个常开触点和常闭触点，其定时单位有1ms、10ms、100ms三种。

根据工作方式不同，定时器可分为通电延时定时器（TON）、断电延时定时器（TOF）和记忆型通电延时定时器（TONR）三种，如图3-4所示，其有关规格见表3-8，TON、TOF是共享型定时器，当

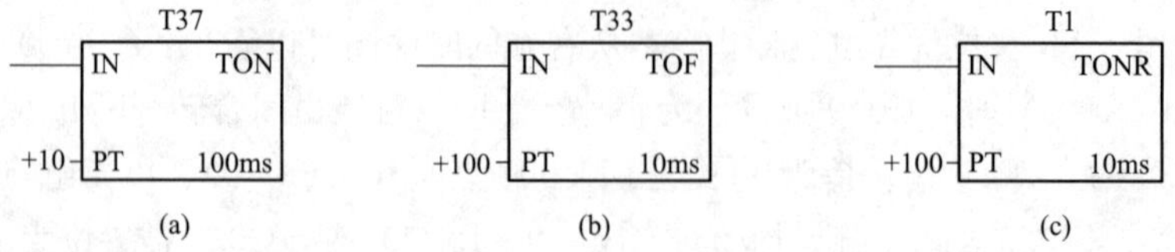


图 3-4 3种定时器

(a) 通电延时定时器（TON）；(b) 断电延时定时器（TOF）；(c) 记忆型通电延时定时器（TONR）

将某个编号的定时器用作 TON 时就不能再将它用作 TOF，如将 T32 用作 TON 定时器后，就不能将 T32 用作 TOF 定时器。

**表 3-8　3 种定时器的有关规格**

| 类型 | 定时器号 | 定时单位 | 最大定时值 |
|---|---|---|---|
| TONR | T0，T64 | 1ms | 32.767s |
| | T1～T4，T65～T68 | 10ms | 327.67s |
| | T5～T31，T69～T95 | 100ms | 3276.7s |
| TON、TOF | T32，T96 | 1ms | 32.767s |
| | T33～T36，T97～T100 | 10ms | 327.67s |
| | T37～T63，T101～T255 | 100ms | 3276.7s |

## 3.2.1　通电延时型定时器（TON）及使用举例

通电延时型定时器（TON）的特点是：当 TON 的 IN 端输入为 ON 时开始计时，计时达到设定时间值后状态变为 1，驱动同编号的触点产生动作，TON 达到设定时间值后会继续计时直到最大值，但后续的计时并不影响定时器的输出状态；在计时期间，若 TON 的 IN 端输入变为 OFF，定时器马上复位，计时值和输出状态值都清 0。

1. 指令说明

通电延时型定时器指令说明见表 3-9。

**表 3-9　通电延时型定时器指令说明**

<table>
<tr><th>指令标识</th><th>梯形图符号及名称</th><th>说　明</th><th colspan="3">参　数</th></tr>
<tr><td rowspan="4">TON</td><td rowspan="4">????<br>IN　TON<br>????-PT　??? ms<br>通电延时型定时器</td><td rowspan="4">当 IN 端输入为 ON 时，Txxx（上????）通电延时型定时器开始计时，计时时间为计时值（PT 值）×??? ms，到达计时值后，Txxx 定时器的状态变为 1 且继续计时，直到最大值 32767；当 IN 端输入为 OFF 时，Txxx 定时器的当前计时值清 0，同时状态也变为 0。<br>指令上方的???? 用于输入 TON 定时器编号，PT 旁的???? 用于设置定时值，ms 旁的??? 根据定时器编号自动生成，如定时器编号输入 T37，??? ms 自动变成 100ms</td><td>输入/输出</td><td>数据类型</td><td>操作数</td></tr>
<tr><td>Txxx</td><td>WORD</td><td>常数（T0 到 T255）</td></tr>
<tr><td>IN</td><td>BOOL</td><td>I、Q、V、M、SM、S、T、C、L</td></tr>
<tr><td>PT</td><td>INT</td><td>IW、QW、VW、MW、SMW、SW、LW、T、C、AC、AIW、*VD、*LD、*AC、常数</td></tr>
</table>

2. 指令使用举例

通电延时型定时器指令使用举例如图 3-5 所示。当 I0.0 触点闭合时，TON 定时器 T37 的 IN 端输入为 ON，开始计时，计时达到设定值 10（10×100ms=1s）时，T37 状态变为 1，T37 常开触点闭合，线圈 Q0.0 得电，T37 继续计时，直到最大值 32767，然后保持最大值不变；当 I0.0 触点断开时，T37 定时器的 IN 端输入为 OFF，T37 计时值和状态均清 0，T37 常开触点断开，线圈 Q0.0 失电。

## 3.2.2　断电延时型定时器（TOF）及使用举例

断电延时型定时器（TOF）的特点是：当 TOF 的 IN 端输入为 ON 时，TOF 的状态变为 1，同时计时值被清 0，当 TOF 的 IN 端输入变为 OFF 时，TOF 的状态仍保持为 1，同时 TOF 开始计时，当计

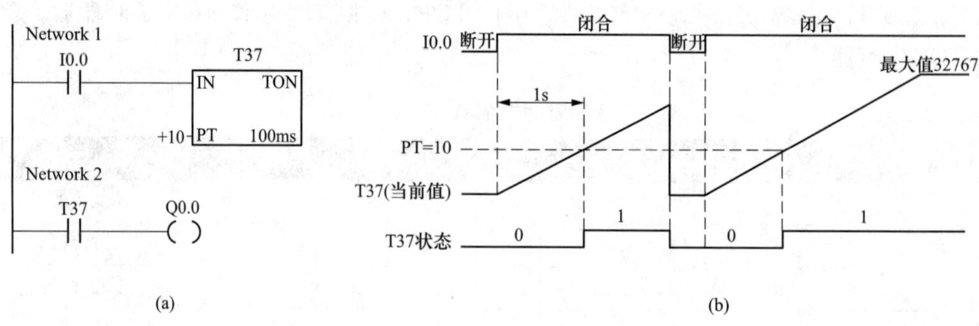


图 3-5　通电延时型定时器指令使用举例

(a) 梯形图；(b) 时序图

时值达到设定值后 TOF 的状态变为 0，当前计时值保持设定值不变。

也就是说，TOF 定时器在 IN 端输入为 ON 时状态为 1 且计时值清 0，IN 端变为 OFF（即输入断电）后状态仍为 1 但从 0 开始计时，计时值达到设定值时状态变为 0，计时值保持设定值不变。

1. 指令说明

断电延时型定时器指令说明见表 3-10。

**表 3-10　断电延时型定时器指令说明**

<table>
<tr><th>指令标识</th><th>梯形图符号及名称</th><th>说　明</th><th colspan="3">参　数</th></tr>
<tr><td rowspan="4">TOF</td><td rowspan="4">????<br>IN TOF<br>????-PT ??? ms<br>断电延时型定时器</td><td rowspan="4">当 IN 端输入为 ON 时，Txxx（上????）断电延时型定时器的状态变为 1，同时计时值清 0，当 IN 端输入变为 OFF 时，定时器的状态仍为 1，定时器开始计时值，到达设定计时值后，定时器的状态变为 0，当前计时值保持不变。<br>指令上方的???? 用于输入 TOF 定时器编号，PT 旁的???? 用于设置定时值，ms 旁的??? 根据定时器编号自动生成</td><td>输入/输出</td><td>数据类型</td><td>操作数</td></tr>
<tr><td>Txxx</td><td>WORD</td><td>常数（T0 到 T255）</td></tr>
<tr><td>IN</td><td>BOOL</td><td>I、Q、V、M、SM、S、T、C、L</td></tr>
<tr><td>PT</td><td>INT</td><td>IW、QW、VW、MW、SMW、SW、LW、T、C、AC、AIW、*VD、*LD、*AC、常数</td></tr>
</table>

2. 指令使用举例

断电延时型定时器指令使用举例如图 3-6 所示。当 I0.0 触点闭合时，TOF 定时器 T33 的 IN 端输入为 ON，T33 状态变为 1，同时计时值清 0；当 I0.0 触点闭合转为断开时，T33 的 IN 端输入为 OFF，T33 开始计时，计时达到设定值 100（100×10ms=1s）时，T33 状态变为 0，当前计时值不变；当 I0.0 重新闭合时，T33 状态变为 1，同时计时值清 0。

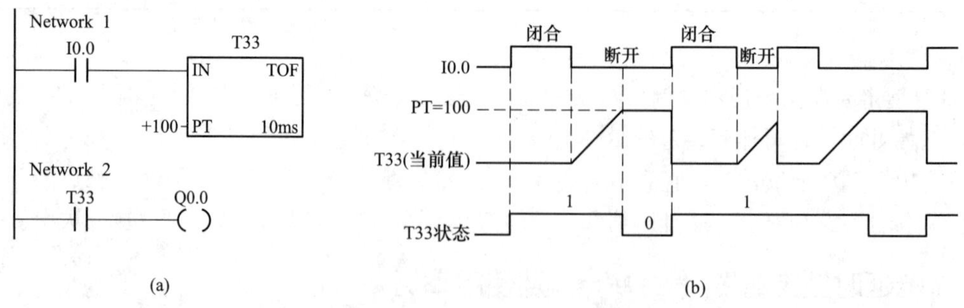


图 3-6　断电延时型定时器指令使用举例

(a) 梯形图；(b) 时序图

在 TOF 定时器 T33 通电时状态为 1，T33 常开触点闭合，线圈 Q0.0 得电，在 T33 断电后开始计时，计时达到设定值时状态变为 0，T33 常开触点断开，线圈 Q0.0 失电。

### 3.2.3 记忆型通电延时定时器（TONR）及使用举例

记忆型通电延时定时器（TONR）的特点是：当 TONR 输入端（IN）通电即开始计时，计时达到设定时间值后状态置 1，然后 TONR 会继续计时直到最大值，在后续的计时期间定时器的状态仍为 1；在计时期间，如果 TONR 的输入端失电，其计时值不会复位，而是将失电前瞬间的计时值记忆下来，当输入端再次通电时，TONR 会在记忆值上继续计时，直到最大值。

失电不会使 TONR 状态复位计时清 0，要让 TONR 状态复位计时清 0，必须用到复位指令（R）。

1. 指令说明

记忆型通电延时定时器指令说明见表 3-11。

**表 3-11　　记忆型通电延时定时器指令说明**

| 指令标识 | 梯形图符号及名称 | 说　明 | 参　数 |
|---|---|---|---|
| TONR | ????<br>IN TONR<br>????-PT ??? ms<br>记忆型通电延时定时器 | 当 IN 端输入为 ON 时，Txxx（上????）记忆型通电延时定时器开始计时，计时时间为计时值（PT 值）×??? ms，如果未到达计时值时 IN 输入变为 OFF，定时器将当前计时值保存下来，当 IN 端输入再次变为 ON 时，定时器在记忆的计时值上继续计时，到达设置的计时值后，Txxx 定时器的状态变为 1 且继续计时，直到最大值 32767。<br>指令上方的???? 用于输入 TONR 定时器编号，PT 旁的???? 用于设置定时值，ms 旁的??? 根据定时器编号自动生成 | 见下表 |

| 输入/输出 | 数据类型 | 操作数 |
|---|---|---|
| Txxx | WORD | 常数（T0 到 T255） |
| IN | BOOL | I、Q、V、M、SM、S、T、C、L |
| PT | INT | IW、QW、VW、MW、SMW、SW、LW、T、C、AC、AIW、*VD、*LD、*AC、常数 |

2. 指令使用举例

记忆型通电延时定时器指令使用举例如图 3-7 所示。

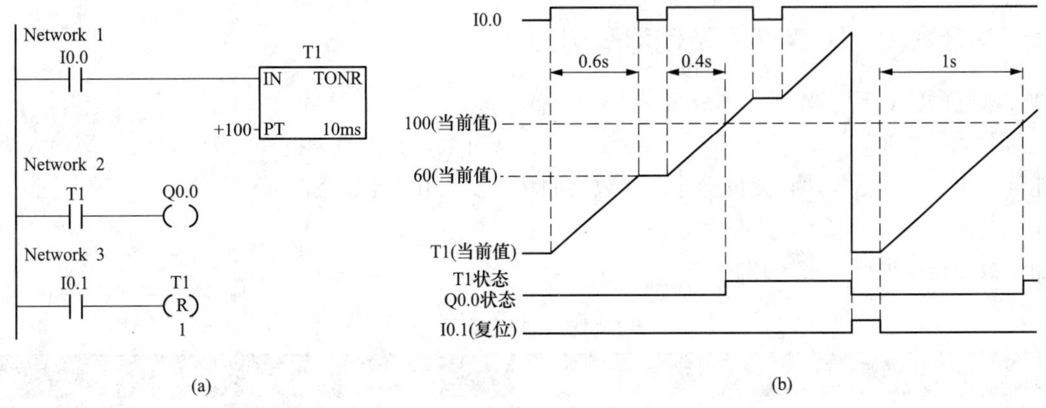


图 3-7　记忆型通电延时定时器指令使用举例

（a）梯形图；（b）时序图

当 I0.0 触点闭合时，TONR 定时器 T1 的 IN 端输入为 ON，开始计时，如果计时值未达到设定值时 I0.0 触点就断开，T1 将当前计时值记忆下来；当 I0.0 触点再闭合时，T1 在记忆的计时值上继续计时，当计时值达到设定值100（100×10ms=1s）时，T1状态变为1，T1常开触点闭合，线圈Q0.0得电，T1继续计时，直到最大计时值32767，在计时期间，如果I0.1触点闭合，复位指令（R）执行，T1被复位，T1状态变为0，计时值也被清0；当触点I0.1断开且I0.0闭合时，T1重新开始计时。

# 3.3 计数器

计数器的功能是对输入脉冲的计数。S7-200系列PLC有加计数器CTU（递增计数器）、减计数器CTD（递减计数器）和加减计数器CTUD（加减计数器）3种类型的计数器，如图3-8所示，计数器参数见表3-12。计数器的编号为C0～C255。3种计数器如图3-8所示。

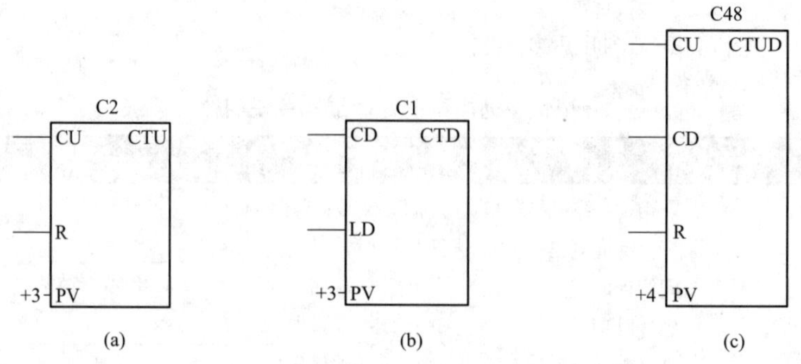


图3-8 3种计数器

（a）加计数器CTU；（b）减计数器CTD；（c）加减计数器CTUD

表3-12 计数器参数

| 输入/输出 | 数据类型 | 操作数 |
|---|---|---|
| Cxx | WORD | 常数（C0到C255） |
| CU、CD、LD、R | BOOL | I、Q、V、M、SM、S、T、C、L |
| PV | INT | IW、QW、VW、MW、SMW、SW、LW、T、C、AC、AIW、*VD、*LD、*AC、常数 |

## 3.3.1 加计数器（CTU）及使用举例

加计数器的特点是：当CTU输入端（CU）有脉冲输入时开始计数，每来一个脉冲上升沿计数值加1，当计数值达到设定值（PV）后状态变为1且继续计数，直到最大值32767，如果R端输入为ON或其他复位指令对计数器执行复位操作，计数器的状态变为0，计数值也清0。

1. 指令说明

加计数器指令说明见表3-13。

表3-13 加计数器指令说明

| 指令标识 | 梯形图符号及名称 | 说明 |
|---|---|---|
| CTU | ????<br>CU CTU<br>R<br>????-PV<br>加计数器 | 当R端输入为ON时，对Cxxx（上????）加计数器复位，计数器状态变为0，计数值也清0。<br>CU端每输入一个脉冲上升沿，CTU计数器的计数值就增1，当计数值达到PV值（计数设定值），计数器状态变为1且继续计数，直到最大值32767。<br>指令上方的???? 用于输入CTU计数器编号，PV旁的???? 用于输入计数设定值，R为计数器复位端 |

2. 指令使用举例

加计数器指令使用举例如图 3-9 所示。当 I0.1 触点闭合时，CTU 计数器的 R（复位）端输入为 ON，CTU 计数器的状态为 0，计数值也清 0。当 I0.0 触点第一次由断开转为闭合时，CTU 的 CU 端输入一个脉冲上升沿，CTU 计数值增 1，计数值为 1，I0.0 触点由闭合转为断开时，CTU 计数值不变；当 I0.0 触点第二次由断开转为闭合时，CTU 计数值又增 1，计数值为 2；当 I0.0 触点第三次由断开转为闭合时，CTU 计数值再增 1，计数值为 3，达到设定值，CTU 的状态变为 1；当 I0.0 触点第四次由断开转为闭合时，CTU 计数值变为 4，其状态仍为 1。如果这时 I0.1 触点闭合，CTU 的 R 端输入为 ON，CTU 复位，状态变为 0，计数值也清 0。CTU 复位后，若 CU 端输入脉冲，CTU 又开始计数。

在 CTU 计数器 C2 的状态为 1 时，C2 常开触点闭合，线圈 Q0.0 得电，计数器 C2 复位后，C2 触点断开，线圈 Q0.0 失电。

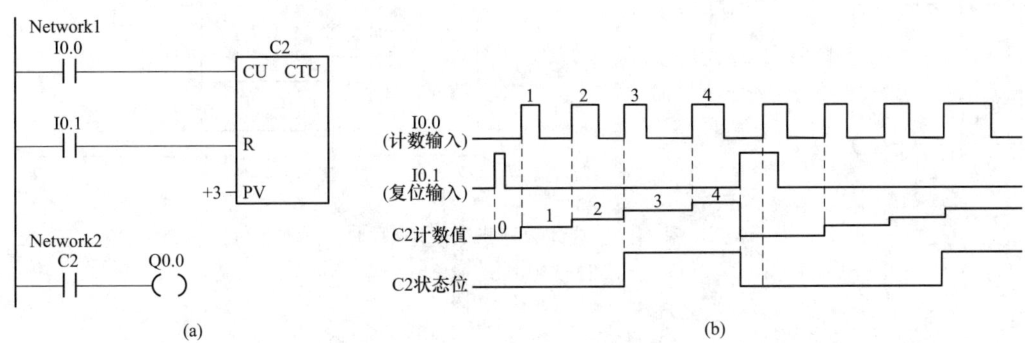


图 3-9 加计数器指令使用举例

(a) 梯形图；(b) 时序图

## 3.3.2 减计数器（CTD）及使用举例

减计数器的特点是：当 CTD 的 LD（装载）端输入为 ON 时，CTD 状态位变为 0、计数值变为设定值，装载后，计数器的 CD 端每输入一个脉冲上升沿，计数值就减 1，当计数值减到 0 时，CTD 的状态变为 1 并停止计数。

1. 指令说明

减计数器指令说明见表 3-14。

**表 3-14 减计数器指令说明**

| 指令标识 | 梯形图符号及名称 | 说　明 |
|---|---|---|
| CTD | ????<br>CD CTU<br>LD<br>????-PV<br>减计数器 | 当 LD 端输入为 ON 时，Cxxx（上????）减计数器状态变为 0，同时计数值变为 PV 值。<br>CD 端每输入一个脉冲上升沿，CTD 计数器的计数值就减 1，当计数值减到 0 时，计数器状态变为 1 并停止计数。<br>指令上方的???? 用于输入 CTD 计数器编号，PV 旁的???? 用于输入计数设定值，LD 为计数值装载控制端 |

2. 指令使用举例

减计数器指令使用举例如图 3-10 所示。当 I0.1 触点闭合时，CTD 计数器的 LD 端输入为 ON，CTD 的状态变为 0，计数值变为设定值 3。当 I0.0 触点第一次由断开转为闭合时，CTD 的 CD 端输入一个脉冲上升沿，CTD 计数值减 1，计数值变为 2，I0.0 触点由闭合转为断开时，CTD 计数值不变；

当I0.0触点第二次由断开转为闭合时，CTD计数值又减1，计数值变为1；当I0.0触点第三次由断开转为闭合时，CTD计数值再减1，计数值为0，CTD的状态变为1；当I0.0第四次由断开转为闭合时，CTD状态（1）和计数值（0）保持不变。如果这时I0.1触点闭合，CTD的LD端输入为ON，CTD状态也变为0，同时计数值由0变为设定值，在LD端输入为ON期间，CD端输入无效。LD端输入变为OFF后，若CD端输入脉冲上升沿，CTD又开始减计数。

在CTD计数器C1的状态为1时，C1常开触点闭合，线圈Q0.0得电，在计数器C1装载后状态位为0，C1触点断开，线圈Q0.0失电。

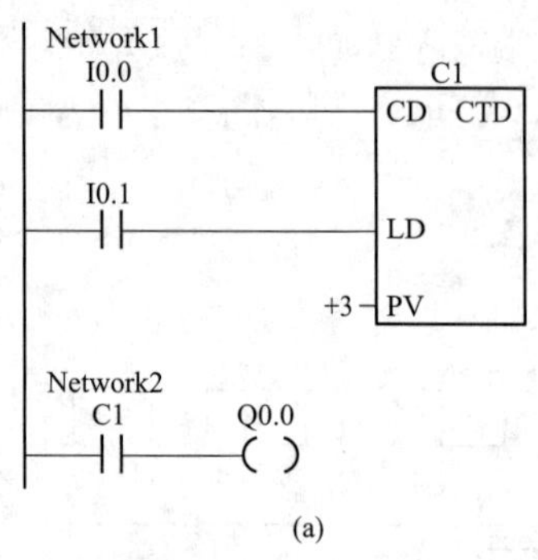


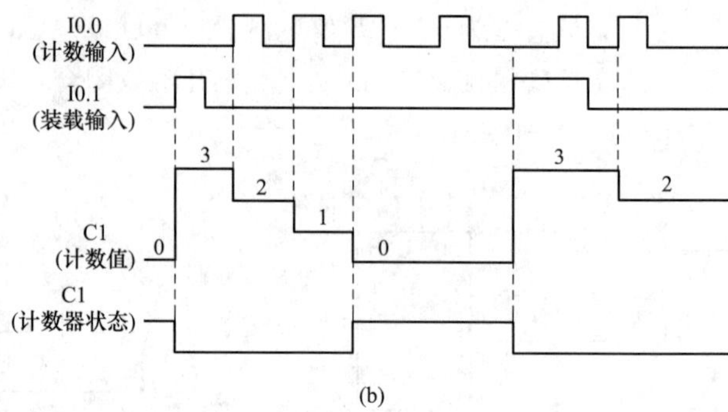


图3-10 减计数器指令使用举例

(a) 梯形图；(b) 时序图

### 3.3.3 加减计数器（CTUD）及使用举例

1. 加减计数器的特点

(1) 当CTUD的R端（复位端）输入为ON时，CTUD状态变为0，同时计数值清0。

(2) 在加计数时，CU端（加计数端）每输入一个脉冲上升沿，计数值就增1，CTUD加计数的最大值为32767，在达到最大值时再来一个脉冲上升沿，计数值会变为－32768。

(3) 在减计数时，CD端（减计数端）每输入一个脉冲上升沿，计数值就减1，CTUD减计数的最小值为－32768，在达到最小值时再来一个脉冲上升沿，计数值会变为32767。

(4) 不管是加计数或减计数，只要计数值等于或大于设定值时，CTUD的状态就为1。

2. 指令说明

加减计数器指令说明见表3-15。

表3-15 加减计数器指令说明

| 指令标识 | 梯形图符号及名称 | 说明 |
| --- | --- | --- |
| CTUD | ???? CU CTUD / CD / R / ????-PV 加减计数器 | 当R端输入为ON时，Cxxx（上????）加减计数器状态变为0，同时计数值清0。<br>CU端每输入一个脉冲上升沿，CTUD计数器的计数值就增1，当计数值增到最大值32767时，CU端再输入一个脉冲上升沿，计数值会变为－32768。<br>CD端每输入一个脉冲上升沿，CTUD计数器的计数值就减1，当计数值减到最小值－32768时，CD端再输入一个脉冲上升沿，计数值会变为32767。<br>不管是加计数或是减计数，只要当前计数值等于或大于PV值（设定值）时，CTUD的状态就为1。<br>指令上方的???? 用于输入CTD计数器编号，PV旁的???? 用于输入计数设定值，CU为加计数输入端，CD为减计数输入端，R为计数器复位端 |

3. 指令使用举例

加减计数器指令使用举例如图 3-11 所示。

当 I0.2 触点闭合时，CTUD 计数器 C48 的 R 端输入为 ON，CTUD 的状态变为 0，同时计数值清 0。

当 I0.0 触点第一次由断开转为闭合时，CTUD 计数值增 1，计数值为 1；当 I0.0 触点第二次由断开转为闭合时，CTUD 计数值又增 1，计数值为 2；当 I0.0 触点第三次由断开转为闭合时，CTUD 计数值再增 1，计数值为 3，当 I0.0 触点第四次由断开转为闭合时，CTUD 计数值再增 1，计数值为 4，达到计数设定值，CTUD 的状态变为 1；当 CU 端继续输入时，CTUD 计数值继续增大。如果 CU 端停止输入，而在 CD 端使用 I0.1 触点输入脉冲，每输入一个脉冲上升沿，CTUD 的计数值就减 1，当计数值减到小于设定值 4 时，CTUD 的状态变为 0，如果 CU 端又有脉冲输入，又会开始加计数，计数值达到设定值时，CTUD 的状态又变为 1。在加计数或减计数时，一旦 R 端输入为 ON，CTUD 状态和计数值都变为 0。

在 CTUD 计数器 C48 的状态为 1 时，C48 常开触点闭合，线圈 Q0.0 得电，C48 状态为 0 时，C48 触点断开，线圈 Q0.0 失电。

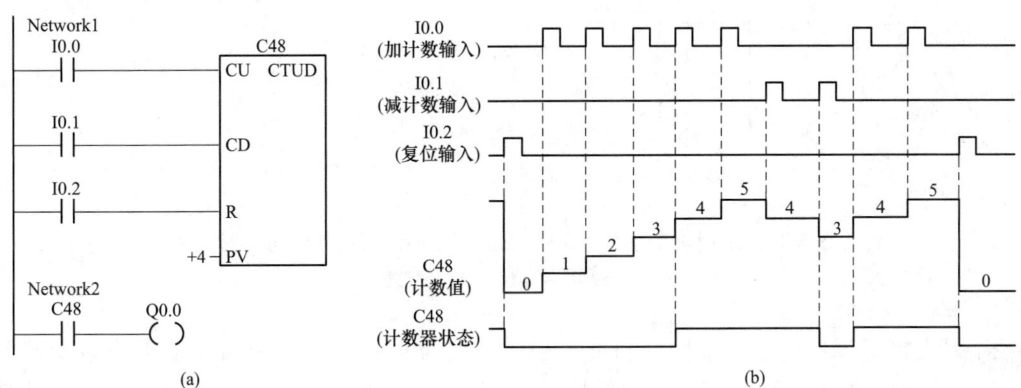


图 3-11 加减计数器指令使用举例

(a) 梯形图；(b) 时序图

## 3.4 PLC 常用控制电路

### 3.4.1 启动、自锁和停止控制电路

启动、自锁和停止控制是 PLC 最基本的控制功能。启动、自锁和停止控制可采用驱动指令（=），也可以采用置位/复位指令（S/R）来实现。

1. 采用驱动指令实现启动、自锁和停止控制

驱动指令（=）的功能是驱动线圈，它是一种常用的指令。用驱动指令实现启动、自锁和停止的 PLC 控制电路与梯形图如图 3-12 所示。

当按下启动按钮 SB1 时，PLC 内部梯形图程序中的启动触点 I0.0 闭合，输出线圈 Q0.0 得电，PLC 输出端子 Q0.0 内部的硬触点闭合，Q0.0 端子与 1L 端子之间内部硬触点闭合，接触器线圈 KM 得电，主电路中的 KM 主触点闭合，电动机得电启动。

输出线圈 Q0.0 得电后，除了会使 Q0.0、1L 端子之间的硬触点闭合外，还会使自锁触点 Q0.0 闭合，在启动触点 I0.0 断开后，依靠自锁触点闭合可使线圈 Q0.0 继续得电，电动机就会继续运转，从而实现自锁控制功能。

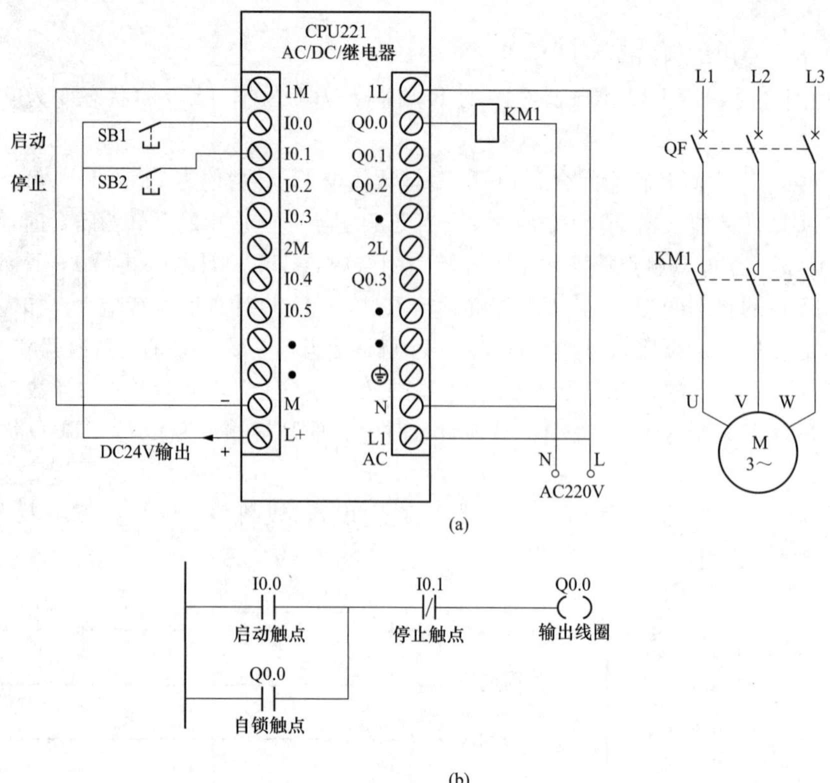


图 3-12　采用驱动指令实现启动、自锁和停止的 PLC 与梯形图

(a) PLC 控制电路；(b) 梯形图

当按下停止按钮 SB2 时，PLC 内部梯形图程序中的停止触点 I0.1 断开，输出线圈 Q0.0 失电，Q0.0、1L 端子之间的内部硬触点断开，接触器线圈 KM 失电，主电路中的 KM 主触点断开，电动机失电停转。

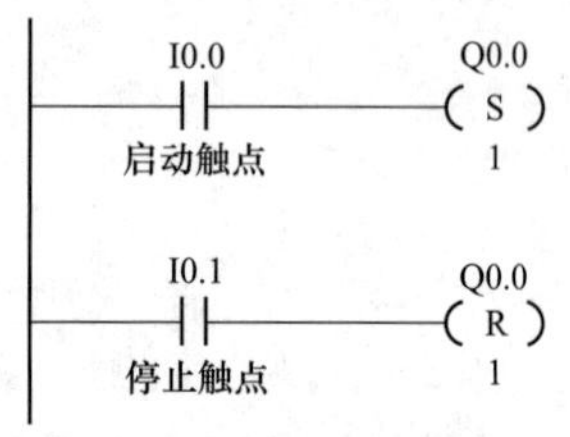


图 3-13　采用置位/复位指令实现启动、自锁和停止控制的梯形图

2. 采用置位/复位指令实现启动、自锁和停止控制

采用置位/复位指令（R/S）实现启动、自锁和停止控制的梯形图如图 3-13 所示，其 PLC 控制电路与图 3-12（a）相同。

当按下启动按钮 SB1 时，梯形图中的启动触点 I0.0 闭合，“S Q0.0，1”指令执行，指令执行结果将输出继电器线圈 Q0.0 置 1，相当于线圈 Q0.0 得电，Q0.0、1L 端子之间的内部硬触点接通，接触器线圈 KM 得电，主电路中的 KM 主触点闭合，电动机得电启动。线圈 Q0.0 置位后，松开启动按钮 SB1、启动触点 I0.0 断开，但线圈 Q0.0 仍保持“1”态，即仍维持得电状态，电动机就会继续运转，从而实现自锁控制功能。

当按下停止按钮 SB2 时，梯形图程序中的停止触点 I0.1 闭合，“R Q0.0，1”指令被执行，指令执行结果将输出线圈 Q0.0 复位（即置 0），相当于线圈 Q0.0 失电，Q0.0、1L 端子之间的内部硬触点断开，接触器线圈 KM 失电，主电路中的 KM 主触点断开，电动机失电停转。

采用置位复位指令和线圈驱动都可以实现启动、自锁和停止控制，两者的 PLC 外部接线都相同，仅给 PLC 编写的梯形图程序不同。

### 3.4.2　正、反转联锁控制电路

正、反转联锁控制的 PLC 控制电路与梯形图如图 3-14 所示。

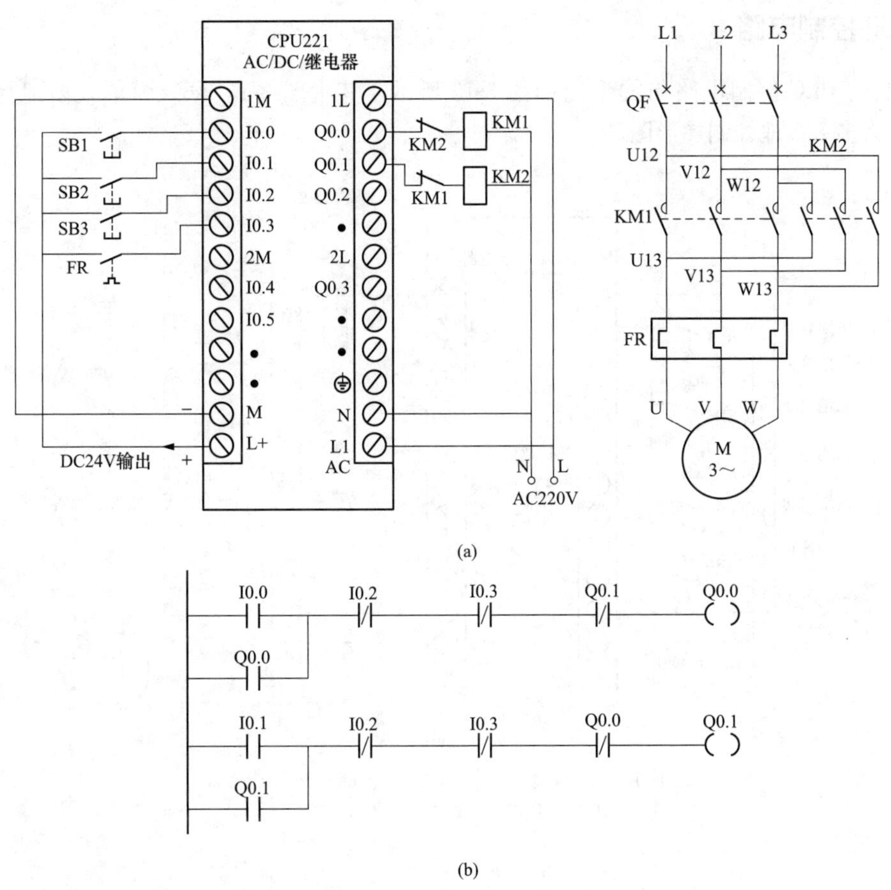


图 3-14　正、反转联锁 PLC 控制电路与梯形图

(a) PLC 控制电路；(b) 梯形图

(1) 正转联锁控制。按下正转按钮 SB1→梯形图程序中的正转触点 I0.0 闭合→线圈 Q0.0 得电→Q0.0 自锁触点闭合，Q0.0 联锁触点断开，Q0.0 端子与 1L 端子间的内硬触点闭合→Q0.0 自锁触点闭合，使线圈 Q0.0 在 I0.0 触点断开后仍可得电；Q0.0 联锁触点断开，使线圈 Q0.1 即使在 I0.1 触点闭合（误操作 SB2 引起）时也无法得电，实现联锁控制；Q0.0 端子与 1L 端子间的内硬触点闭合，接触器 KM1 线圈得电，主电路中的 KM1 主触点闭合，电动机得电正转。

(2) 反转联锁控制。按下反转按钮 SB2→梯形图程序中的反转触点 I0.1 闭合→线圈 Q0.1 得电→Q0.1 自锁触点闭合，Q0.1 联锁触点断开，Q0.1 端子与 1L 端子间的内硬触点闭合→Q0.1 自锁触点闭合，使线圈 Q0.1 在 I0.1 触点断开后继续得电；Q0.1 联锁触点断开，使线圈 Q0.0 即使在 I0.0 触点闭合（误操作 SB1 引起）时也无法得电，实现联锁控制；Q0.1 端子与 1L 端子间的内硬触点闭合，接触器 KM2 线圈得电，主电路中的 KM2 主触点闭合，电动机得电反转。

(3) 停转控制。按下停止按钮 SB3→梯形图程序中的两个停止触点 I0.2 均断开→线圈 Q0.0、Q0.1 均失电→接触器 KM1、KM2 线圈均失电→主电路中的 KM1、KM2 主触点均断开，电动机失电停转。

(4) 过热保护。如果电动机长时间过载运行，流过热继电器 FR 的电流会因长时间过流发热而动作，FR 触点闭合，PLC 的 I0.3 端子有输入→梯形图程序中的两个热保护常闭触点 I0.3 均断开→线圈 Q0.0、Q0.1 均失电→接触器 KM1、KM2 线圈均失电→主电路中的 KM1、KM2 主触点均断开，电动机失电停转，从而防止电动机长时间过流运行而烧坏。

### 3.4.3 多地控制电路

多地控制的PLC控制电路与梯形图如图3-15（b）为单人多地控制梯形图，图3-15（c）为多人多地控制梯形图。

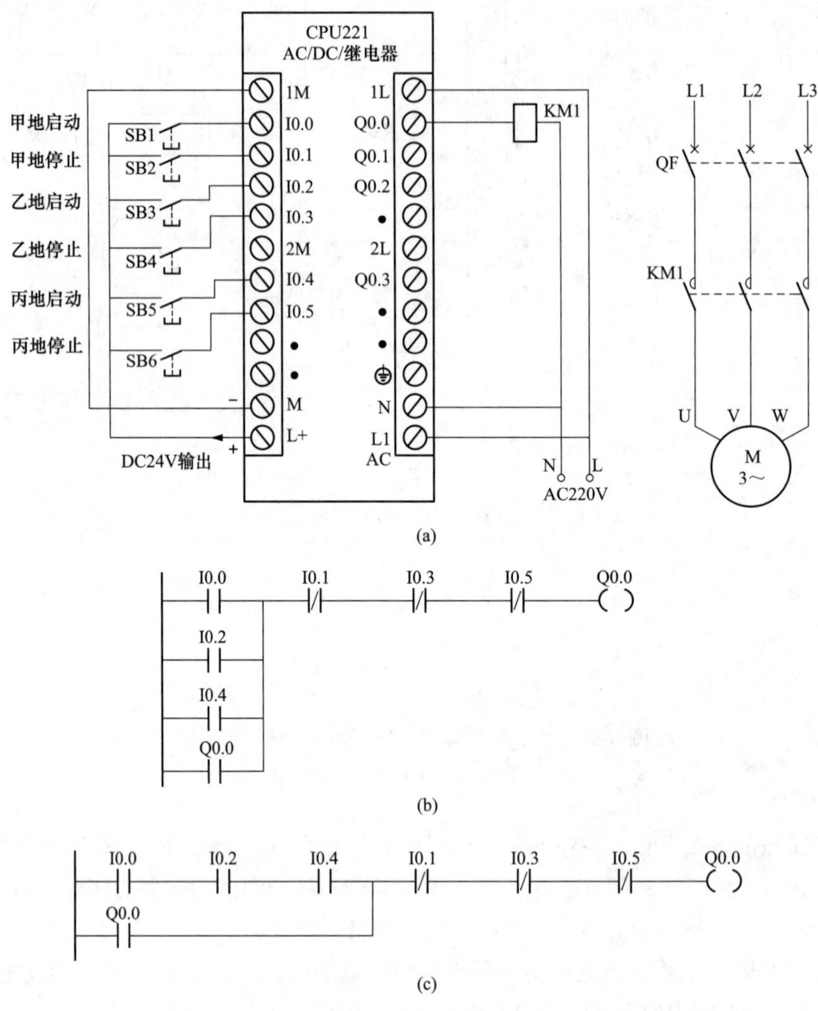


图3-15 多地控制的PLC控制电路与梯形图

（a）PLC控制电路；（b）单人多地控制梯形图；（c）多人多地控制梯形图

（1）单人多地控制。

1）甲地启动控制。在甲地按下启动按钮SB1时→I0.0常开触点闭合→线圈Q0.0得电→Q0.0常开自锁触点闭合，Q0.0端子内硬触点闭合→Q0.0常开自锁触点闭合锁定Q0.0线圈供电，Q0.0端子内硬触点闭合使接触器线圈KM得电→主电路中的KM主触点闭合，电动机得电运转。

2）甲地停止控制。在甲地按下停止按钮SB2时→I0.1常闭触点断开→线圈Q0.0失电→Q0.0常开自锁触点断开，Q0.0端子内硬触点断开→接触器线圈KM失电→主电路中的KM主触点断开，电动机失电停转。

3）乙地和丙地的启/停控制与甲地控制相同，利用图3-15（b）所示梯形图可以实现在任何一地进行启/停控制，也可以在一地进行启动，在另一地控制停止。

（2）多人多地控制。图 3-15（c）所示梯形图可以实现多人在多地同时按下启动按钮才能启动功能，在任意一地都可以进行停止控制。

1）启动控制。在甲、乙、丙三地同时按下按钮 SB1、SB3、SB5→I0.0、I0.2、I0.4 三个常开触点均闭合→线圈 Q0.0 得电→Q0.0 常开自锁触点闭合，Q0.0 端子的内硬触点闭合→Q0.0 线圈供电锁定，接触器线圈 KM 得电→主电路中的 KM 主触点闭合，电动机得电运转。

2）停止控制。在甲、乙、丙三地按下 SB2、SB4、SB6 中的某个停止按钮时→I0.1、I0.3、I0.5 三个常闭触点中某个断开→线圈 Q0.0 失电→Q0.0 常开自锁触点断开，Q0.0 端子内硬触点断开→Q0.0 常开自锁触点断开使 Q0.0 线圈供电切断，Q0.0 端子的内硬触点断开使接触器线圈 KM 失电→主电路中的 KM 主触点断开，电动机失电停转。

## 3.4.4 定时控制电路

1. 延时启动定时运行控制电路

延时启动定时运行控制的 PLC 控制电路梯形图如图 3-16 所示，其实现的功能是：按下启动按钮 3s 后，电动机开始运行，松开启动按钮后，运行 5s 会自动停止。

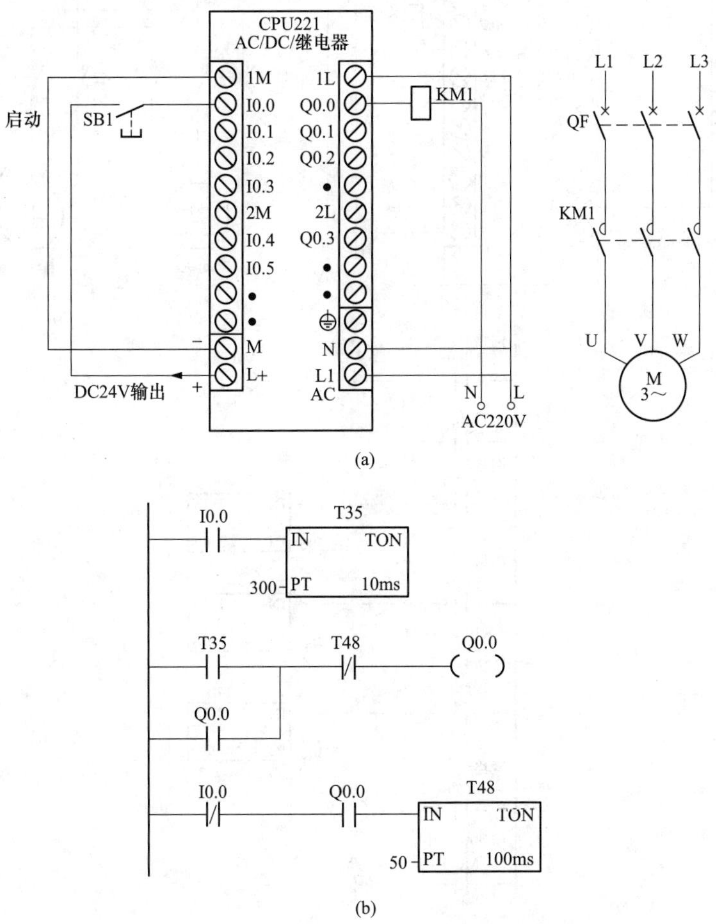


图 3-16 延时启动定时运行控制电路与梯形图

（a）PLC 控制电路；（b）梯形图

PLC 控制电路与梯形图说明如下：

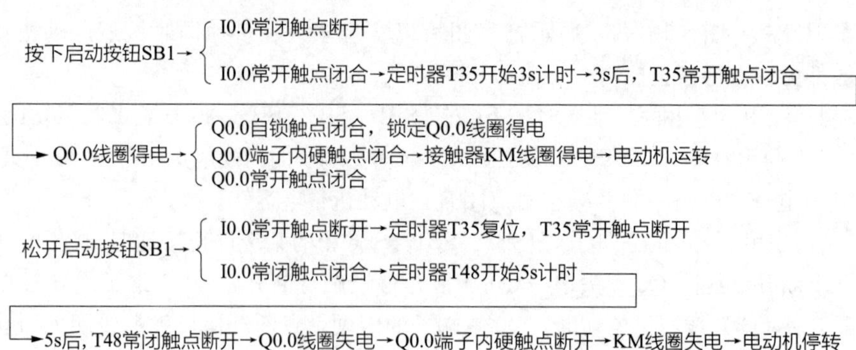


2. 多定时器组合控制电路

图3-17所示为一种典型的多定时器组合控制电路，其实现的功能是：按下启动按钮后电动机B马上运行，30s后电动机A开始运行，70s后电动机B停转，100s后电动机A停转。

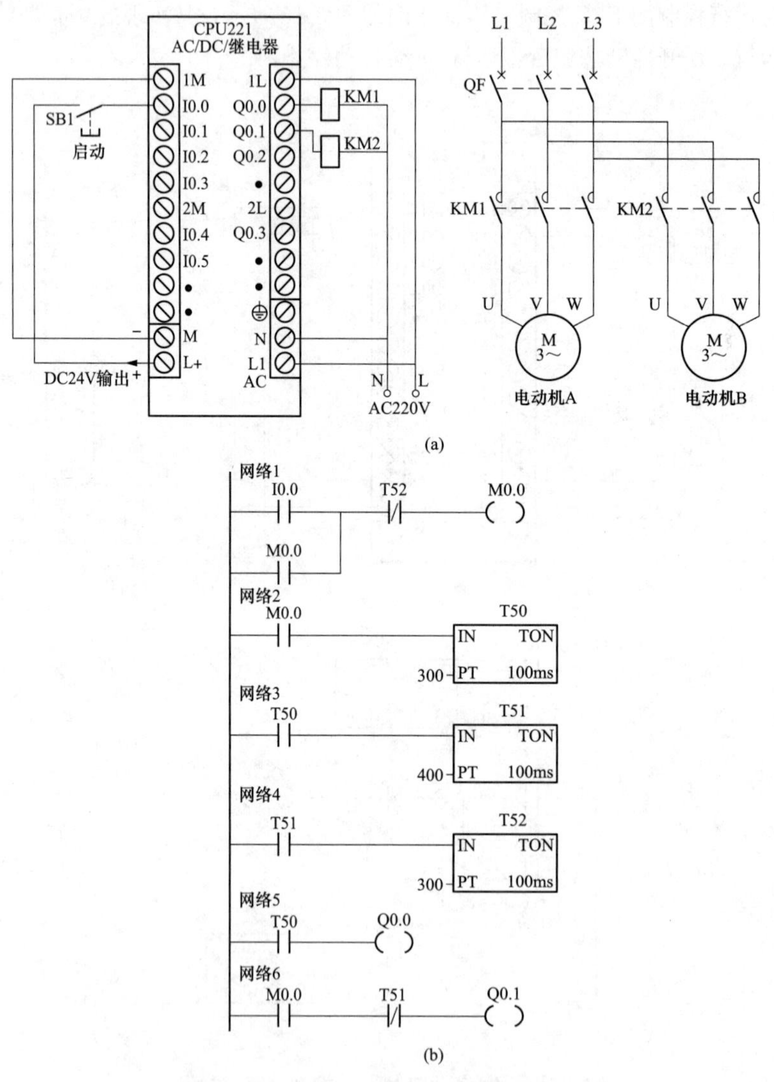


图3-17　一种典型的多定时器组合控制电路

(a) PLC控制电路；(b) 梯形图

PLC控制电路与梯形图说明如下：

按下启动按钮SB1→I0.0常开触点闭合→辅助继电器M0.0线圈得电

“网络1”中M0.0自锁触点闭合→锁定M0.0线圈供电
“网络6”中M0.0常开触点闭合→Q0.1线圈得电→Q0.1端子内硬触点闭合→接触器KM2线圈得电→电动机B运转
“网络2”中M0.0常开触点闭合→定时器T50开始30s计时

→30s后→定时器T50动作→
“网络5”中T50常开触点闭合→Q0.0线圈得电→KM1线圈得电→电动机A启动运行
“网络3”中T50常开触点闭合→定时器 T51开始40s计时

→40s后，定时器T51动作→
“网络6”中T51常闭触点断开→Q0.1线圈失电→KM2线圈失电→电动机B停转
“网络4”中T51常开触点闭合→定时器 T52开始30s计时

→30s后，定时器T52动作→“网络1”中T52 常闭触点断开→M0.0线圈失电→
“网络1”中M0.0自锁触点断开→解除M0.0线圈供电
“网络6”中M0.0 常开触点断开
“网络2”中M0.0 常开触点断开→定时器T50复位

→
“网络5”中T50常开触点断开→Q0.0线圈失电→KM1线圈失电→电动机 A停转
“网络3”中T50常开触点断开→定时器T51复位→“网络4”中T51常开触点断开→定时器T52复位→“网络1”中T52常闭触点恢复闭合

### 3.4.5 长定时控制电路

西门子 S7-200 PLC 的最大定时时间为 3276.7s（约 54min），采用定时器和计数器组合可以延长定时时间。定时器与计数器组合延长定时的 PLC 控制电路与梯形图如图 3-18 所示。

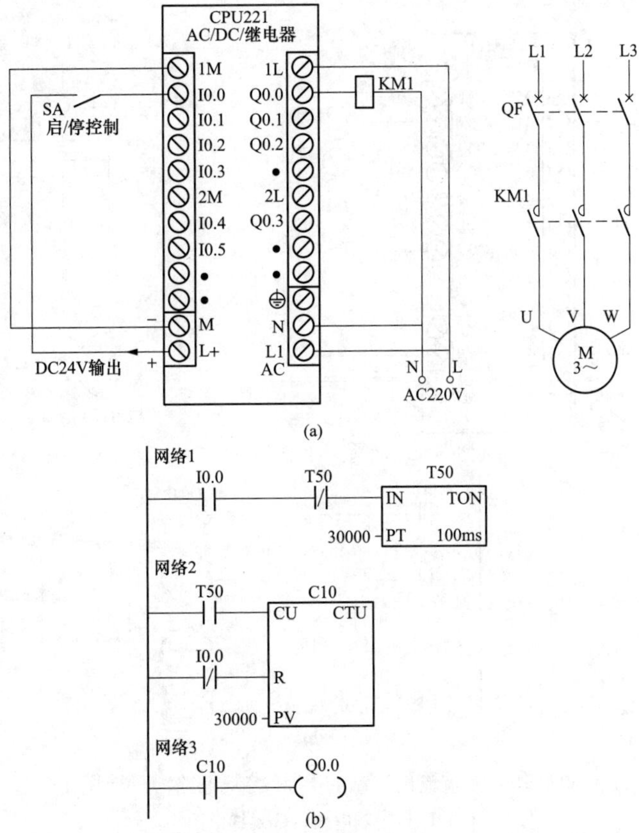


图 3-18 定时器与计数器组合延长定时的 PLC 控制电路与梯形图

（a）PLC 控制电路；（b）梯形图

线路与梯形图说明如下：

将开关SA闭合→
- "网络2"中I0.0常闭触点断开，计数器C10复位清0结束
- "网络1"中I0.0常开触点闭合→定时器T50开始3000s计时→3000s后，定时器T50动作→
  - "网络2"中T50常开触点闭合，计数器C10值增1，由0变为1
  - "网络1"中T50常闭触点断开→定时器T50复位→
    - "网络2"中T50常开触点闭合，计数器C10值保持为1
    - "网络1"中T50常闭触点闭合→

→因开关SA仍处于闭合，"网络1"中I0.0常开触点也保持闭合→ 定时器T50又开始3000s计时→3000s后，定时器T50动作→
- "网络2"中T50常开触点闭合，计数器C10值增1，由1变为2
- "网络1"中T50常闭触点断开→定时器T50复位
  - "网络2"中T50常开触点断开，计数器C10值保持为2
  - "网络1"中T50常闭触点闭合→定时器T50又开始计时，以后重复上述过程→

→当计数器C10计数值达到30000→计数器C10动作→"网络3"中常开触点C10闭合→Q0.0线圈得电→KM线圈得电→电动机运转

图3-18中的定时器T50定时单位为0.1s（100ms），它与计数器C10组合使用后，其定时时间$T=30000\times0.1\text{s}\times30000=90000000\text{s}=25000\text{h}$。若需重新定时，可将开关QS1断开，让［2］I0.0常闭触点闭合，对计数器C10执行复位，然后再闭合QS1，则会重新开始250000小时定时。

### 3.4.6 多重输出控制电路

多重输出控制的PLC控制电路与梯形图如图3-19所示。

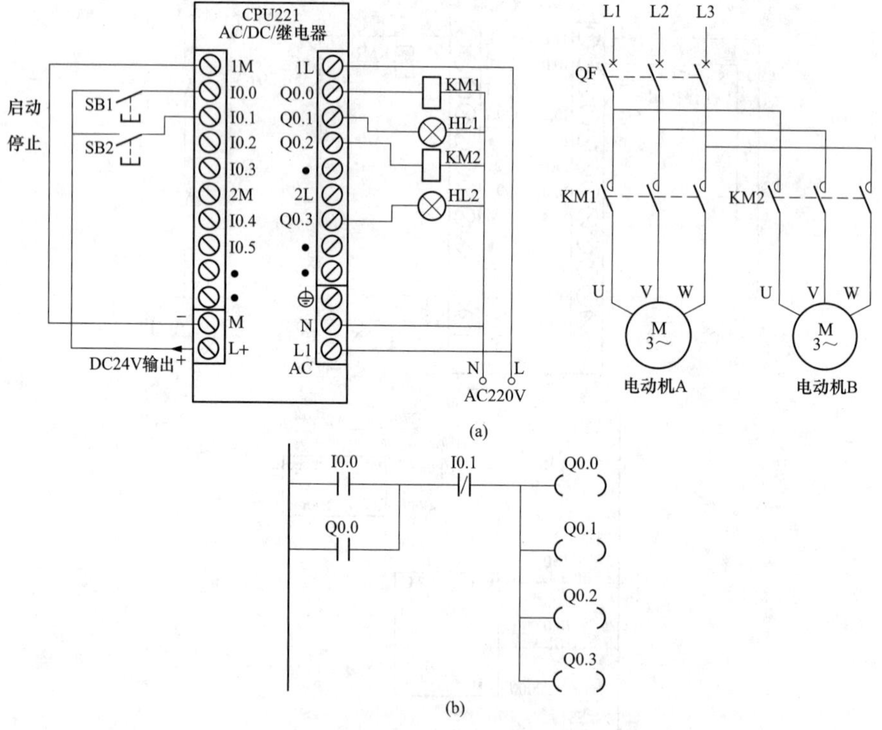


图3-19 多重输出控制的PLC控制电路与梯形图
（a）PLC控制电路；（b）梯形图

（1）启动控制。启动控制说明如下：

按下停止按钮SB2→I0.0 常开触点闭合

- Q0.0自锁触点闭合，锁定输出线圈Q0.0～Q0.3供电
- Q0.0线圈得电→Q0.0端子内硬触点闭合→KM1线圈得电→KM1主触点闭合→电动机A得电运转
- Q0.1线圈得电→Q0.1端子内硬触点闭合→HL1灯点亮
- Q0.2线圈得电→Q0.2端子内硬触点闭合→KM2线圈得电→KM2主触点闭合→电动机B得电运转
- Q0.3线圈得电→Q0.3端子内硬触点闭合→HL2灯点亮

（2）停止控制。停止控制说明如下：

按下停止按钮SB2→I0.0 常开触点断开

- Q0.0自锁触点断开，解除输出线圈Q0.0～Q0.3供电
- Q0.0线圈失电→Q0.0端子内硬触点断开→KM1线圈失电→KM1主触点断开→电动机A失电停转
- Q0.1线圈失电→Q0.1端子内硬触点断开→HL1熄灭
- Q0.2线圈失电→Q0.2端子内硬触点断开→KM2线圈失电→KM2主触点断开→电动机B失电停转
- Q0.3线圈失电→Q0.3端子内硬触点断开→HL2熄灭

### 3.4.7 过载报警控制电路

过载报警控制的 PLC 控制电路与梯形图如图 3-20 所示。

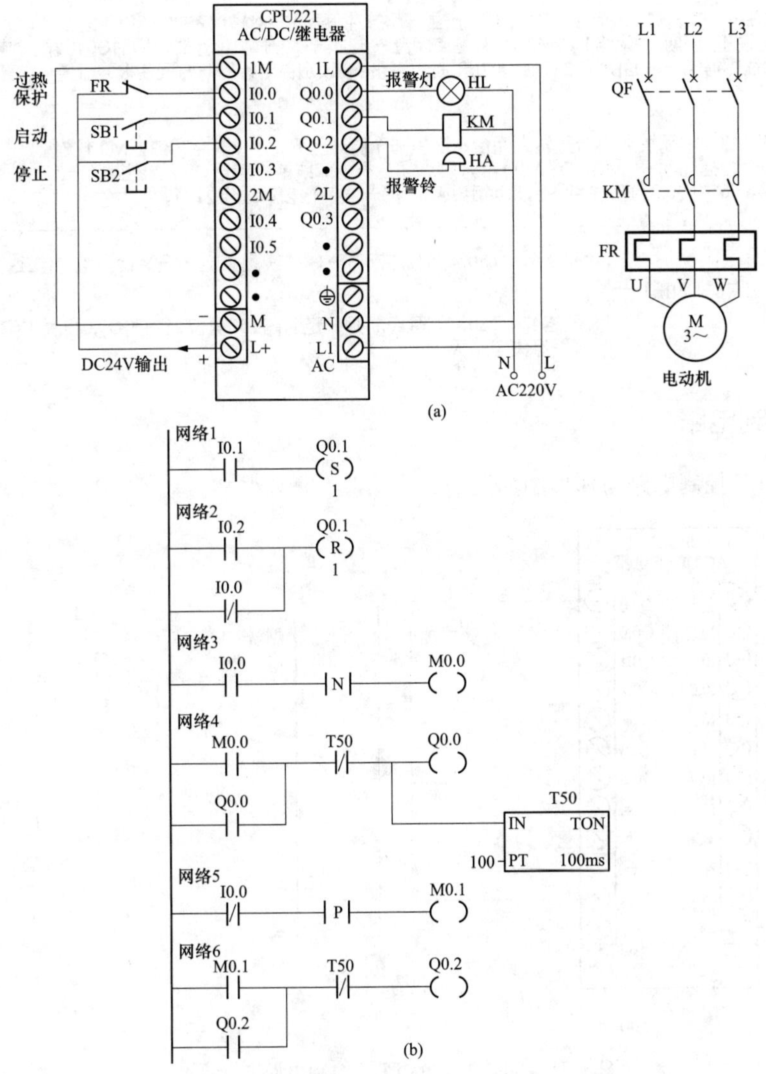


图 3-20 过载报警控制的 PLC 控制电路与梯形图

（a）PLC 控制电路；（b）梯形图

（1）启动控制。按下启动按钮 SB1→［1］I0.1 常开触点闭合→置位指令执行→Q0.1 线圈被置位，即 Q0.1 线圈得电→Q0.1 端子内硬触点闭合→接触器 KM 线圈得电→KM 主触点闭合→电动机得电运转。

（2）停止控制。按下停止按钮 SB2→［2］I0.2 常开触点闭合→复位指令执行→Q0.1 线圈被复位（置 0），即 Q0.1 线圈失电→Q0.1 端子内硬触点断开→接触器 KM 线圈失电→KM 主触点断开→电动机失电停转。

（3）过载保护及报警控制。过载保护及报警控制说明如下：

在正常工作时，FR过载保护触点闭合→
- "网络2"中I0.0常闭触点断开，Q0.1复位指令无法执行
- "网络3"中I0.0常开触点闭合，下降沿检测(N触点)无效，M0.0状态为0
- "网络5"中I0.0常闭触点断开，上降沿检测(P触点)无效，M0.1状态为0

当电动机过载运行时，热继电器FR发热元件动作，过载保护触点断开→
- "网络2"中I0.0常闭触点闭合→执行Q0.1复位指令→Q0.1线圈失电→Q0.1端子内硬触点断开→KM线圈失电→KM主触点断开→电动机失电停转
- "网络3"中I0.0常开触点由闭合转为断开，产生一个脉冲下降沿→N触点有效，M0.0线圈得电一个扫描周期→"网络4"中M0.0常开触点闭合→定时器T50开始10s计时，同时Q0.0线圈得电→Q0.0线圈得电一方面使"网络4"中Q0.0自锁触点闭合来锁定供电，另一方面使报警灯通电点亮
- "网络5"中I0.0常闭触点由断开转为闭合，产生一个脉冲上升沿→P触点有效，M0.1线圈得电一个扫描周期→"网络6"中M0.1常开触点闭合→Q0.2线圈得电→Q0.2线圈得电一方面使"网络6"中Q0.2自锁触点闭合来锁定供电，另一面使报警铃通电发声

→10s后，定时器T50置1→
- "网络6"中T50常闭触点断开→Q0.2线圈失电→报警铃失电，停止报警声
- "网络4"中T50常闭触点断开→定时器T50复位，同时Q0.0线圈失电→报警灯失电熄灭

## 3.4.8　闪烁控制电路

闪烁控制的 PLC 控制电路与梯形图如图 3-21 所示。

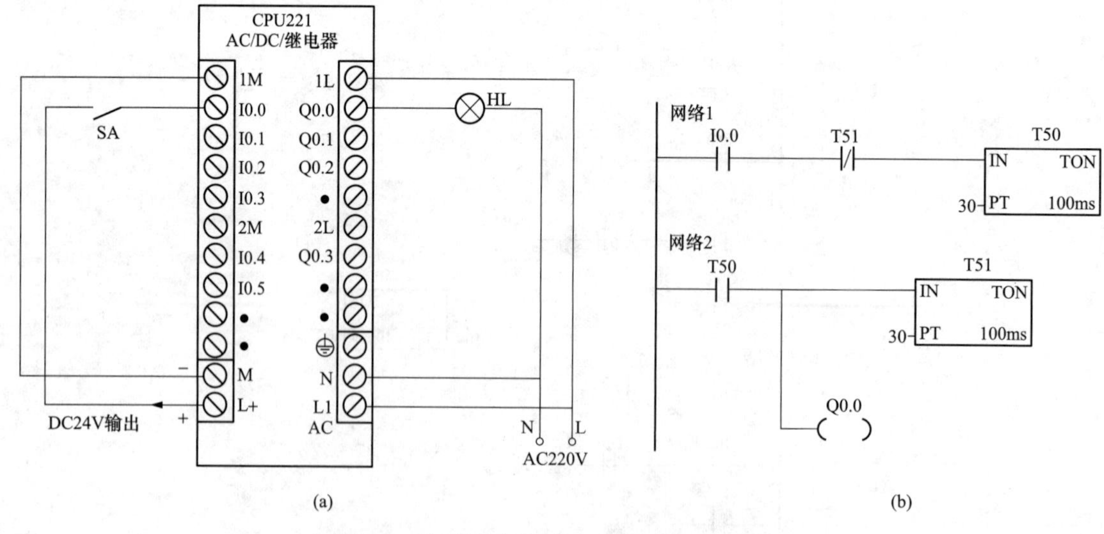


图 3-21　闪烁控制的 PLC 控制电路与梯形图

（a）PLC 控制电路；（b）梯形图

将开关 QS 闭合→I0.0 常开触点闭合→定时器 T50 开始 3s 计时→3s 后，定时器 T50 动作，T50 常开触点闭合→定时器 T51 开始 3s 计时，同时 Q0.0 得电，Q0.0 端子内硬触点闭合，灯 HL 点亮→3s 后，定时器 T51 动作，T51 常闭触点断开→定时器 T50 复位，T50 常开触点断开→Q0.0 线圈失电，同时定时器 T51 复位→Q0.0 线圈失电使灯 HL 熄灭；定时器 T51 复位使 T51 闭合，由于开关 QS 仍处于闭合，I0.0 常开触点也处于闭合，定时器 T50 又重新开始 3s 计时（此期间 T50 触点断开，灯处于熄灭状态）。

以后重复上述过程，灯 HL 保持 3s 亮、3s 灭的频率闪烁发光。

## 3.5 PLC 喷泉控制系统

### 3.5.1 控制要求

PLC 喷泉控制系统要求用两个按钮来控制 A、B、C3 组喷头工作（通过控制 3 组喷头的泵电动机来实现），3 组喷头排列及工作时序如图 3-22 所示。系统控制要求具体如下：当按下启动按钮后，A 组喷头先喷 5s 后停止，然后 B、C 组喷头同时喷，5s 后，B 组喷头停止、C 组喷头继续喷 5s 再停止，而后 A、B 组喷头喷 7s，C 组喷头在这 7s 的前 2s 内停止，后 5s 内喷水，接着 A、B、C3 组喷头同时停止 3s，以后重复前述过程。按下停止按钮后，3 组喷头同时停止喷水。

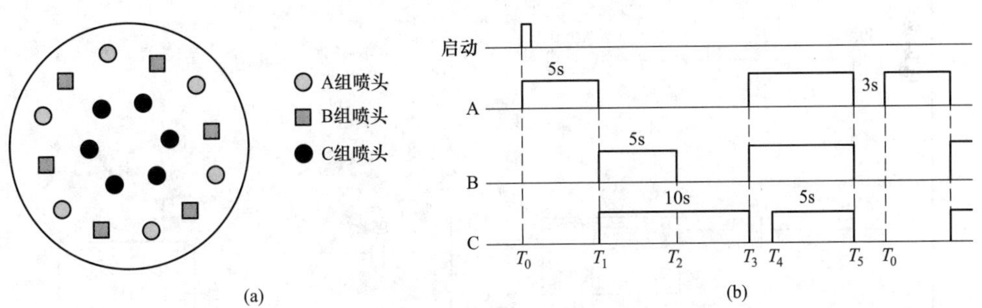


图 3-22 A、B、C 3 组喷头排列与时序图

（a）喷头排列；（b）工作时序

### 3.5.2 PLC 用到的外部设备及分配的 I/O 端子

喷泉控制需用到的输入/输出设备和对应的 PLC I/O 端子见表 3-16。

表 3-16 喷泉控制采用的输入/输出设备和对应的 PLC I/O 端子

| 输入 | | | 输出 | | |
|---|---|---|---|---|---|
| 输入设备 | 对应 PLC 端子 | 功能说明 | 输出设备 | 对应 PLC 端子 | 功能说明 |
| SB1 | I0.0 | 启动控制 | KM1 线圈 | Q0.0 | 驱动 A 组电动机工作 |
| SB2 | I0.1 | 停止控制 | KM2 线圈 | Q0.1 | 驱动 B 组电动机工作 |
| | | | KM3 线圈 | Q0.2 | 驱动 C 组电动机工作 |

### 3.5.3 PLC 喷泉控制系统电路

图 3-23 所示为 PLC 喷泉控制系统的电路图。

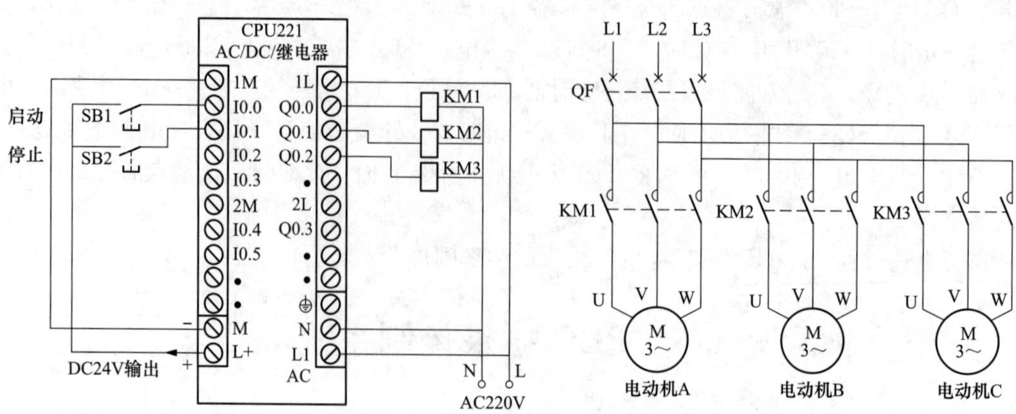


图 3-23　PLC 喷泉控制系统的电路图

## 3.5.4　PLC 喷泉控制系统的梯形图程序及详解

启动 STEP 7-Micro/WIN 编程软件，编写满足控制要求的梯形图程序，编写完成的梯形图如图 3-24 所示。

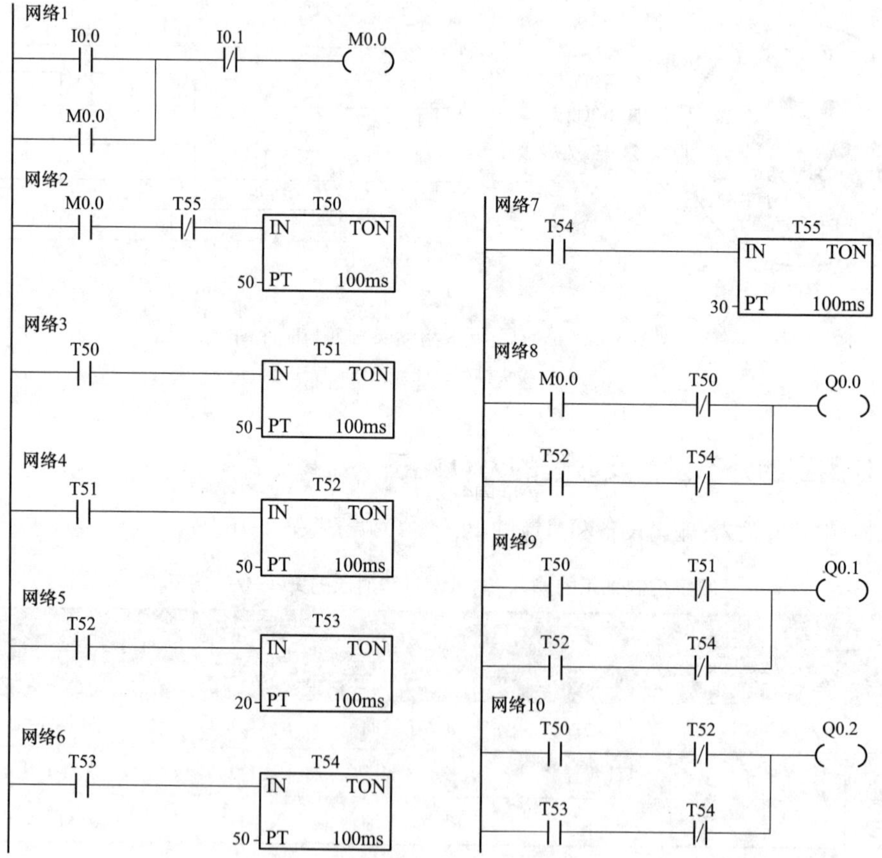


图 3-24　喷泉控制系统的梯形图程序

下面对照图 3-23 所示控制电路来说明梯形图的工作原理。

(1) 启动控制。启动控制说明如下：

按下启动按钮SB1→I0.0常开触点闭合→辅助继电器M0.0线圈得电→
- “网络1”中M0.0自锁触点闭合，锁定M0.0线圈供电
- “网络8”中M0.0常开触点闭合，Q0.0线圈得电→KM1线圈得电→电动机A运转→A组喷头工作
- “网络2”中M0.0常开触点闭合，定时器T50开始5s计时→

5s后，定时器T50动作→
- “网络8”中T50常闭触点断开→Q0.0线圈失电→电动机A停转→A组喷头停止工作
- “网络9”中T50常开触点闭合→Q0.1线圈得电→电动机B运转→B组喷头工作
- “网络10”中T50常开触点闭合→Q0.2线圈得电→电动机C运转→C组喷头工作
- “网络3”中T50常开触点闭合，定时器T51开始5s计时→

5s后，定时器T51动作→
- “网络9”中T51常闭触点断开→Q0.1线圈失电→电动机B停转→B组喷头停止工作
- “网络4”中T51常开触点闭合，定时器T52开始5s计时→

5s后，定时器T52动作→
- “网络8”中T52常开触点闭合→Q0.0线圈得电→电动机A停转→A组喷头开始工作
- “网络9”中T52常开触点闭合→Q0.1线圈得电→电动机B运转→B组喷头开始工作
- “网络10”中T52常闭触点断开→Q0.2线圈失电→电动机C停转→C组喷头停止工作
- “网络5”中T52常开触点闭合，定时器T53开始2s计时→

2s后，定时器T53动作→
- “网络10”中T53常开触点闭合→Q0.2线圈得电→电动机C运转→C组喷头开始工作
- “网络6”中T53常开触点闭合，定时器T54开始5s计时→

5s后，定时器T54动作→
- “网络8”中T54常闭触点断开→Q0.0线圈失电→电动机A停转→A组喷头停止工作
- “网络9”中T54常闭触点断开→Q0.1线圈失电→电动机B停转→B组喷头停止工作
- “网络10”中T54常闭触点断开→Q0.2线圈失电→电动机C停转→C组喷头停止工作
- “网络7”中T54常开触点闭合，定时器T55开始3s计时→

3s后，定时器T55动作→“网络2”中T55常闭触点断开→定时器T50复位→
- “网络8”中T50常闭触点闭合→Q0.0线圈得电→电动机A运转
- “网络3”中T50常开触点断开
- “网络10”中T50常开触点断开
- “网络3”中T50常开触点断开→定时器T51复位，T51所有触点复位，其中“网络4”中T51常开触点断开使定时器T52复位→T52所有触点复位，其中“网络5”中T52常开触点断开使定时器T53复位→T53所有触点复位，其中“网络6”中T53常开触点断开使定时器T54复位→T54所有触点复位，其中“网络7”中T54常开触点断开使定时器T55复位→“网络2”中T55常闭触点闭合，定时器T50开始5s计时，以后会重复前面的工作过程

（2）停止控制。停止控制说明如下：

按下停止按钮SB2→I0.1常闭触点断开→M0.0线圈失电→
- “网络1”中M0.0自锁触点断开，解除自锁
- “网络2”中M0.0常开触点断开→定时器T50复位→

→T50所有触点复位，其中“网络3”中T50常开触点断开→定时器T51复位→T51所有触点复位，其中“网络4”中T51常开触点断开使定时器T52复位→T52所有触点复位，其中“网络5”中T52常开触点断开使定时器T53复位→T53所有触点复位，其中“网络6”中T53常开触点断开使定时器T54复位→T54所有触点复位，其中“网络7”中T54常开触点断开使定时器T55复位→T55所有触点复位，“网络2”中T55常闭触点闭合→由于定时器T50～T55所有触点复位，Q0.0～Q0.2线圈均无法得电→KM1～KM3线圈失电→电动机A、B、C均停转

# 3.6 PLC交通信号灯控制系统

## 3.6.1 控制要求

系统要求用两个按钮来控制交通信号灯工作，交通信号灯排列和工作时序如图3-25所示。系统控制要求具体如下：当按下启动按钮后，南北红灯亮25s，在南北红灯亮25s的时间里，东西绿灯先亮20s再以1次/s的频率闪烁3次，接着东西黄灯亮2s，25s后南北红灯熄灭，熄灭时间维持30s，在这

30s时间里，东西红灯一直亮，南北绿灯先亮25s，然后以1次/s频率闪烁3次，接着南北黄灯亮2s。以后重复该过程。按下停止按钮后，所有的灯都熄灭。

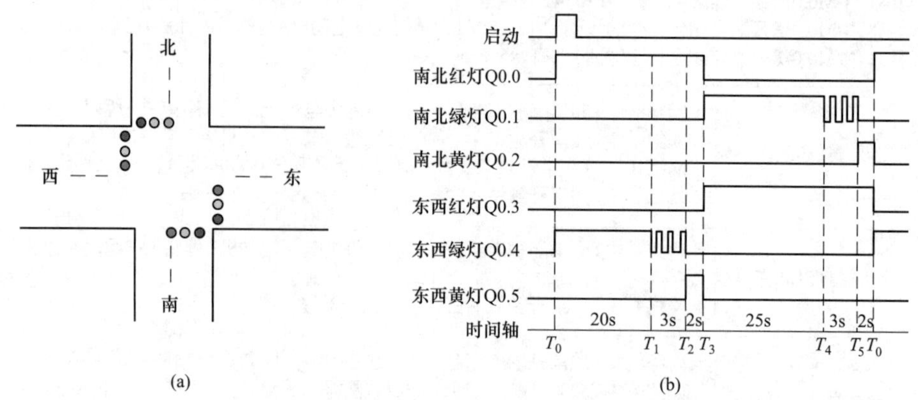


图3-25　交通信号灯排列与工作时序图

(a) 信号灯排列；(b) 工作时序图

## 3.6.2　PLC用到的外部设备及分配的I/O端子

交通信号灯控制系统需用到的输入/输出设备和对应的PLC I/O端子见表3-17。

**表3-17　交通信号灯控制采用的输入/输出设备和对应的PLC I/O端子**

| 输　入 | | | 输　出 | | |
|---|---|---|---|---|---|
| 输入设备 | 对应PLC端子 | 功能说明 | 输出设备 | 对应PLC端子 | 功能说明 |
| SB1 | I0.0 | 启动控制 | 南北红灯 | Q0.0 | 驱动南北红灯亮 |
| SB2 | I0.1 | 停止控制 | 南北绿灯 | Q0.1 | 驱动南北绿灯亮 |
| | | | 南北黄灯 | Q0.2 | 驱动南北黄灯亮 |
| | | | 东西红灯 | Q0.3 | 驱动东西红灯亮 |
| | | | 东西绿灯 | Q0.4 | 驱动东西绿灯亮 |
| | | | 东西黄灯 | Q0.5 | 驱动东西黄灯亮 |

## 3.6.3　PLC交通信号灯控制系统电路

图3-26所示为PLC交通信号灯控制系统的电路图。

## 3.6.4　PLC交通信号灯控制系统的梯形图程序及详解

启动STEP 7-Micro/WIN编程软件，编写满足控制要求的梯形图程序，编写完成的梯形图程序如图3-27所示。

在图3-27所示的梯形图中，采用了一个特殊的辅助继电器SM0.5，称为触点利用型特殊继电器，它利用PLC自动驱动线圈，用户只能利用它的触点，即画梯形图里只能画它的触点。SM0.5能产生周期为1s的时钟脉冲，其高低电平持续时间各为0.5s，以图3-27中梯形图“网络9”为例，当T50常开触点闭合，在1s内，SM0.5常闭触点接通、断开时间分别为0.5s，Q0.4线圈得电、失电时间也都为0.5s。

下面对照图3-26所示的电路和图3-25所示时序图来说明图3-27所示梯形图的工作原理。

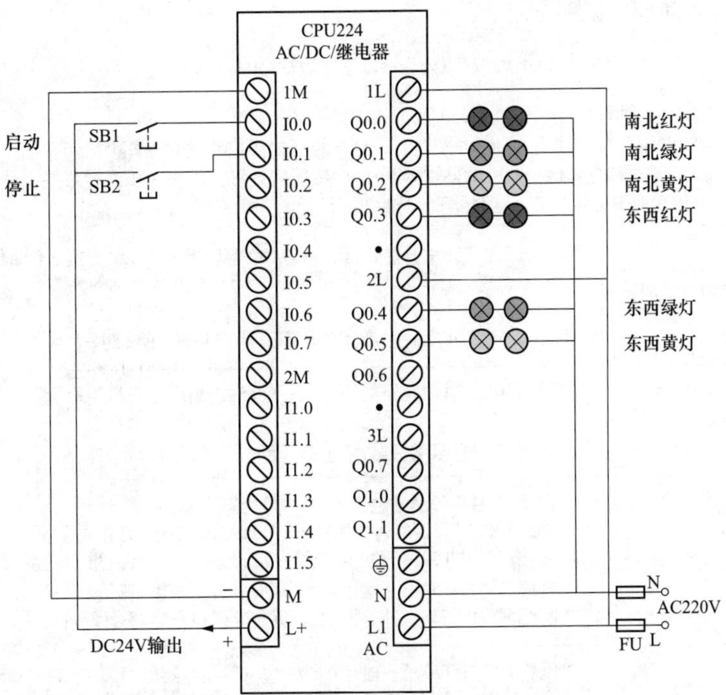


图 3-26 PLC 交通信号灯控制系统的电路图

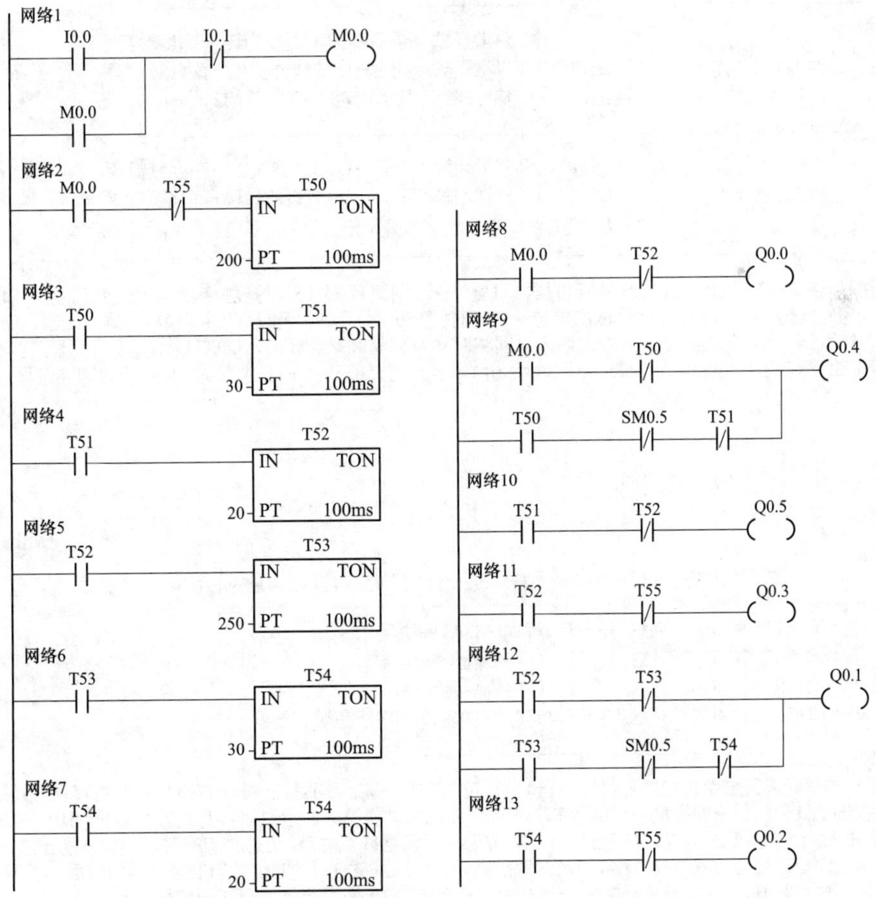


图 3-27 PLC 交通信号灯控制系统的梯形图程序

（1）启动控制。启动控制说明如下：

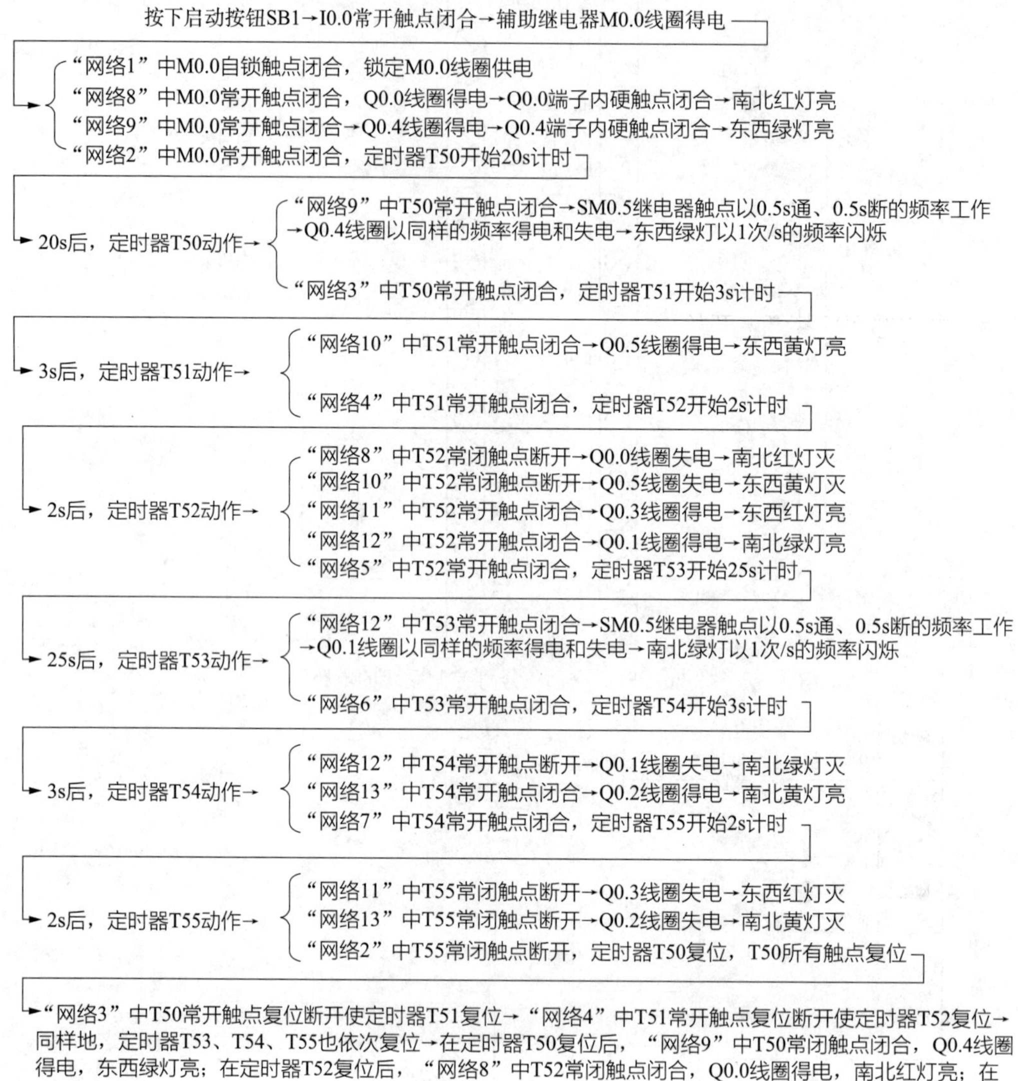


（2）停止控制。停止控制说明如下：

按下停止按钮SB2→I0.1常闭触点断开→辅助继电器M0.0线圈失电

→ "网络1"中M0.0自锁触点断开，解除M0.0线圈供电
"网络8"中M0.0常开触点断开，Q0.0线圈无法得电
"网络9"中M0.0常开触点断开→Q0.4线圈无法得电
"网络2"中M0.0常开触点断开，定时器T0复位，T0所有触点复位

→"网络3"中T50常开触点复位断开使定时器T51复位，T51所有触点均复位→其中"网络4"中T51常开触点复位断开使定时器T52复位→同样地，定时器T53、T54、T55也依次复位→在定时器T51复位后"网络10"中T51常开触点断开，Q0.5线圈无法得电；在定时器T52复位后，"网络11"中T52常开触点断开，Q0.3线圈无法得电；在定时器T53复位后，"网络12"中T53常开触点断开，Q0.1线圈无法得电；在定时器T54复位后，"网络13"中T54常开触点断开，Q0.2线圈无法得电→Q0.0～Q0.5线圈均无法得电，所有交通信号灯都熄灭。

# 3.7 PLC 多级传送带控制系统

## 3.7.1 控制要求

多级传送带控制系统要求用两个按钮来控制传送带按一定方式工作，多级传送带结构如图 3-28 所示。控制要求具体如下：当按下启动按钮后，电磁阀 YV 打开，开始落料，同时一级传送带电动机 M1 启动，将物料往前传送，6s 后二级传送带电动机 M2 启动，M2 启动 5s 后三级传送带电动机 M3 启动，M3 启动 4s 后四级传送带电动机 M4 启动。当按下停止按钮后，为了不让各传送带上有物料堆积，要求先关闭电磁阀 YV，6s 后让 M1 停转，M1 停转 5s 后让 M2 停转，M2 停转 4s 后让 M3 停转，M3 停转 53 后让 M4 停转。

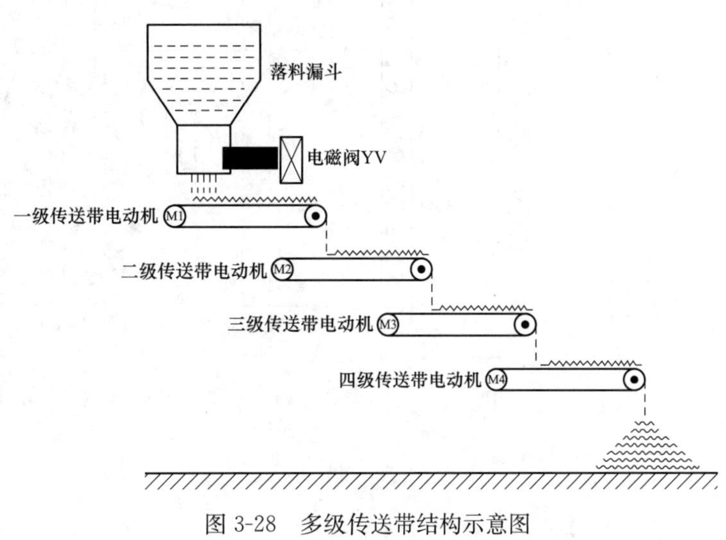

图 3-28 多级传送带结构示意图

## 3.7.2 PLC 用到的外部设备及分配的 I/O 端子

多级传送带控制系统需用到的输入/输出设备和对应的 PLC I/O 端子见表 3-18 。

表 3-18 多级传送带控制系统需用到的输入/输出设备和对应的 PLC I/O 端子

| 输入 | | | 输出 | | |
|---|---|---|---|---|---|
| 输入设备 | 对应 PLC 端子 | 功能说明 | 输出设备 | 对应 PLC 端子 | 功能说明 |
| SB1 | I0.0 | 启动控制 | KM1 线圈 | Q0.0 | 控制电磁阀 YV |
| SB2 | I0.1 | 停止控制 | KM2 线圈 | Q0.1 | 控制一级皮带电动机 M1 |
| | | | KM3 线圈 | Q0.2 | 控制二级皮带电动机 M2 |
| | | | KM4 线圈 | Q0.3 | 控制三级皮带电动机 M3 |
| | | | KM5 线圈 | Q0.4 | 控制四级皮带电动机 M4 |

## 3.7.3 PLC 多级传送带控制系统电路

图 3-29 所示为 PLC 多级传送带控制系统的电路图。

## 3.7.4 PLC 多级传送带控制系统的梯形图程序及详解

启动 STEP 7-Micro/WIN 编程软件，编写满足控制要求的梯形图程序，编写完成的梯形图程序如图 3-30 所示。

下面对照图 3-29 所示电路来说明图 3-30 所示梯形图的工作原理。

CPU224
AC/DC/继电器
1M
I0.0
I0.1
I0.2
I0.3
I0.4
I0.5
I0.6
I0.7
2M
I1.0
I1.1
I1.2
I1.3
I1.4
I1.5
M
L+
1L
Q0.0
Q0.1
Q0.2
Q0.3
2L
Q0.4
Q0.5
Q0.6
3L
Q0.7
Q1.0
Q1.1
N
L1
AC
SB1 启动
SB2 停止
DC24V输出
KM1
KM2
KM3
KM4
KM5
N L
AC220V
L1 L2 L3
QF
YV
U V W
M 3~
电动机M1
电动机M2
电动机M3
电动机M4

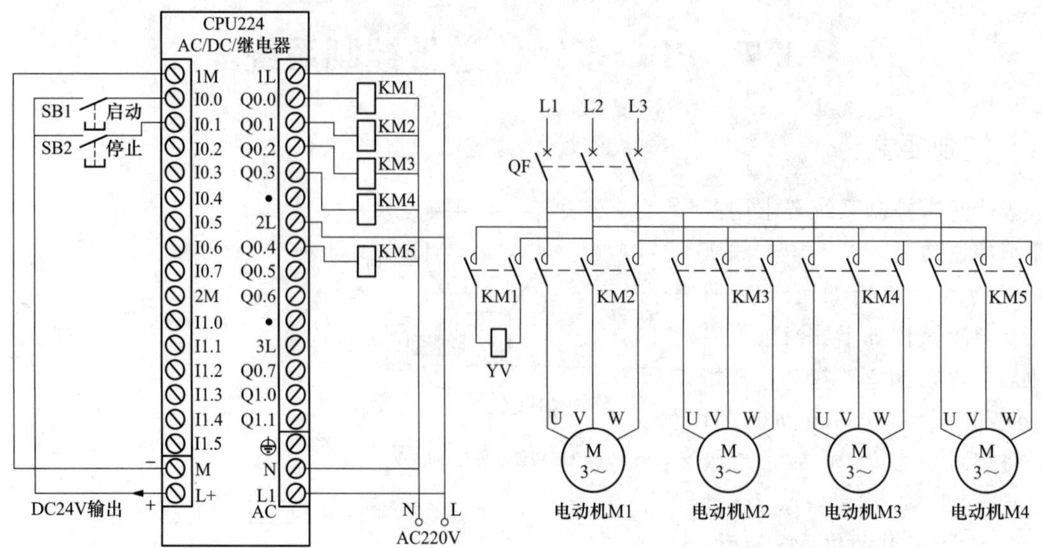

图 3-29 PLC 多级传送带控制系统的电路图

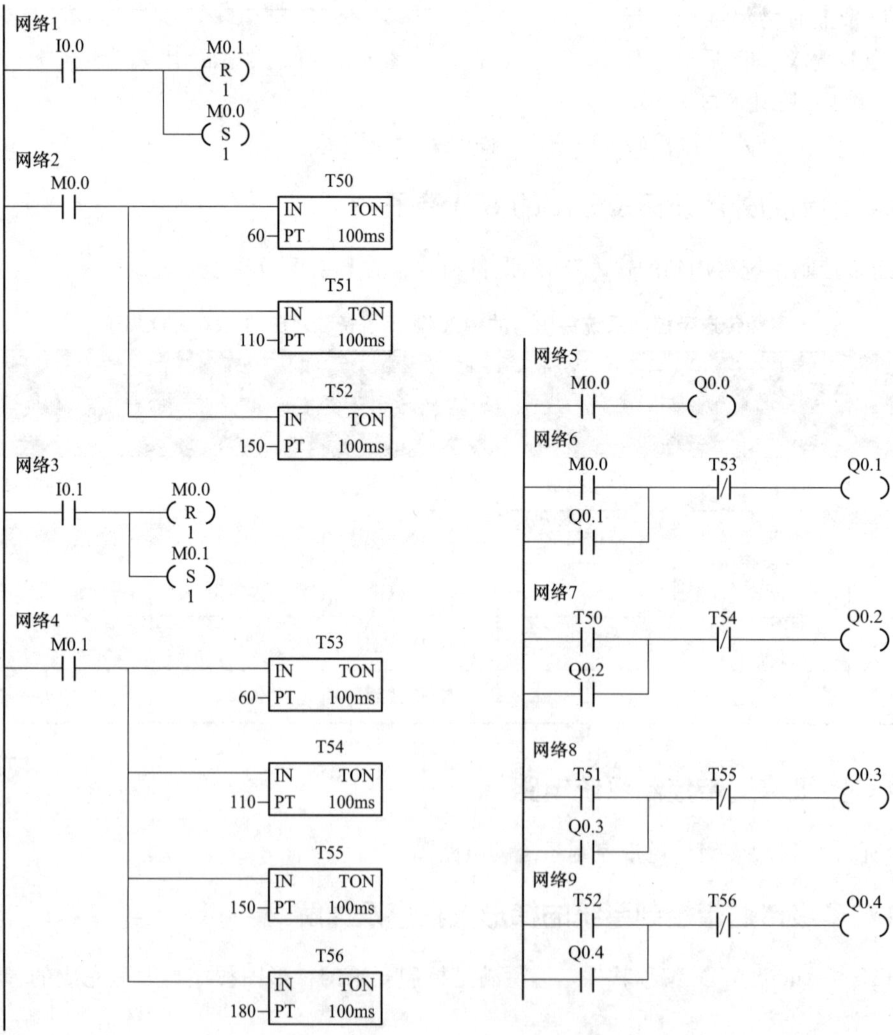

网络1
I0.0
M0.1
R
1
M0.0
S
1
网络2
M0.0
T50
IN TON
60 PT 100ms
T51
IN TON
110 PT 100ms
T52
IN TON
150 PT 100ms
网络3
I0.1
M0.0
R
1
M0.1
S
1
网络4
M0.1
T53
IN TON
60 PT 100ms
T54
IN TON
110 PT 100ms
T55
IN TON
150 PT 100ms
T56
IN TON
180 PT 100ms
网络5
M0.0
Q0.0
网络6
M0.0
T53
Q0.1
Q0.1
网络7
T50
T54
Q0.2
Q0.2
网络8
T51
T55
Q0.3
Q0.3
网络9
T52
T56
Q0.4
Q0.4

图 3-30 PLC 多级传送带控制系统的梯形图程序

（1）启动控制。启动控制说明如下：

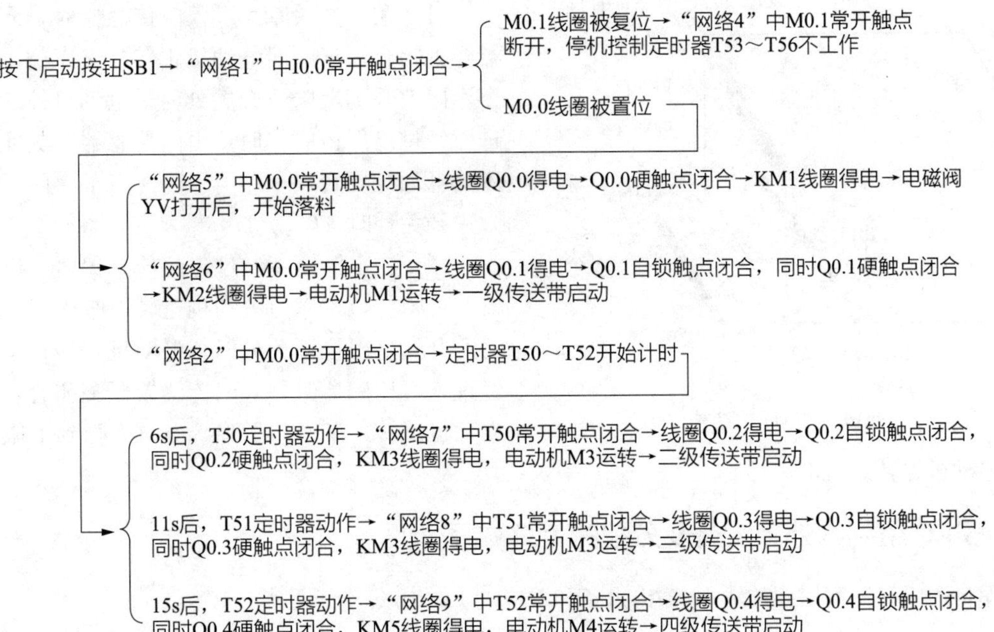


（2）停止控制。停止控制说明如下：

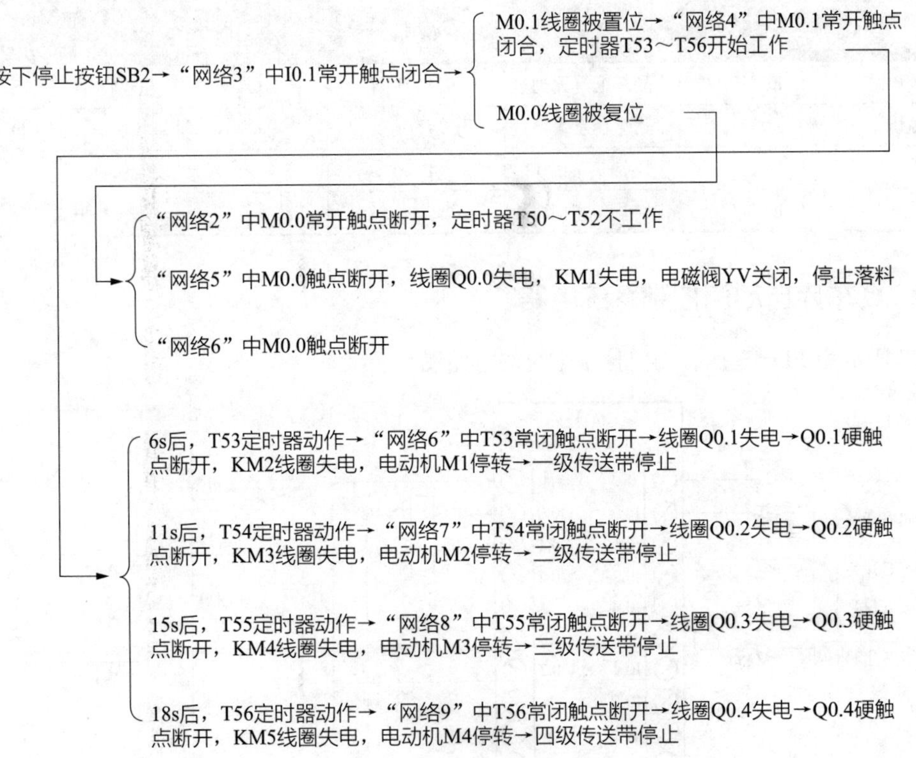


# 3.8 PLC车库自动门控制系统

## 3.8.1 控制要求

系统要求车库门在车辆进出时能自动打开关闭，车库门结构如图3-31所示。系统控制具体要求

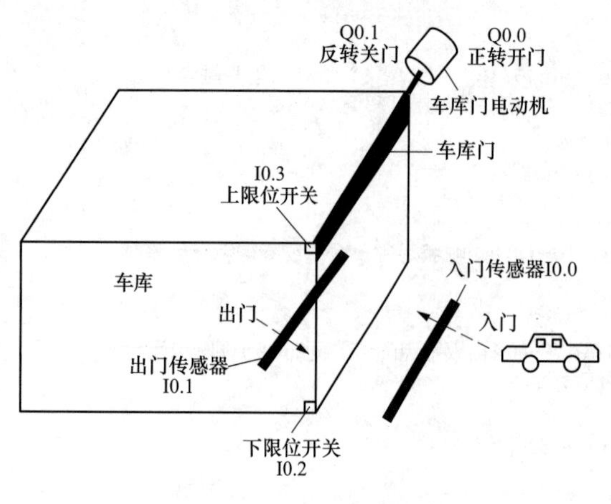


图 3-31　车库门结构

如下：

(1) 在车辆入库经过入门传感器时，入门传感器开关闭合，车库门电动机正转，车库门上升，当车库门上升到上限位开关处时，电动机停转；车辆进库经过出门传感器时，出门传感器开关闭合，车库门电动机反转，车库门下降，当车库门下降到下限位开关处时，电动机停转。

(2) 在车辆出库经过出门传感器时，出门传感器开关闭合，车库门电动机正转，车库门上升，当门上升到上限位开关处时，电动机停转；车辆出库经过入门传感器时，入门传感器开关闭合，车库门电动机反转，车库门下降，当门下降到下限位开关处时，电动机停转。

## 3.8.2　PLC 用到的外部设备及分配的 I/O 端子

车库自动门控制需用到的输入/输出设备和对应的 PLC I/O 端子见表 3-19 。

**表 3-19　车库自动门控制采用的输入/输出设备和对应的 PLC I/O 端子**

| 输　入 | | | 输　出 | | |
|---|---|---|---|---|---|
| 输入设备 | 对应 PLC 端子 | 功能说明 | 输出设备 | 对应 PLC 端子 | 功能说明 |
| 入门传感器开关 | I0.0 | 检测车辆有无通过 | KM1 线圈 | Q0.0 | 控制车库门上升（电动机正转） |
| 出门传感器开关 | I0.1 | 检测车辆有无通过 | KM2 线圈 | Q0.1 | 控制车库门下降（电动机反转） |
| 下限位开关 | I0.2 | 限制车库门下降 | | | |
| 上限位开关 | I0.3 | 限制车库门上升 | | | |

## 3.8.3　PLC 车库自动门控制系统电路

图 3-32 所示为 PLC 车库自动门控制系统的电路图。

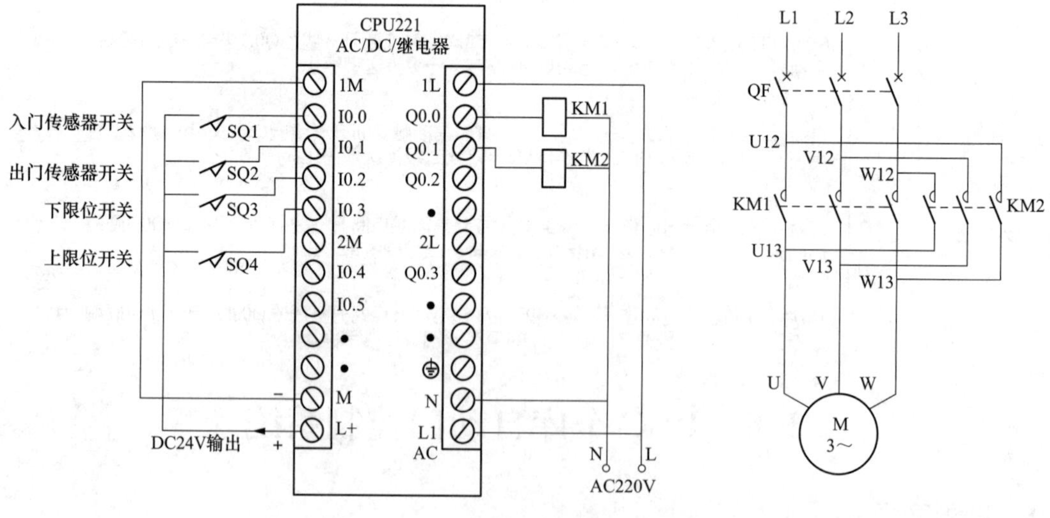


图 3-32　PLC 控制车库自动门的线路图

### 3.8.4 PLC车库自动门控制系统的梯形图程序及详解

启动STEP 7-Micro/WIN编程软件，编写满足控制要求的梯形图程序，编写完成的梯形图程序如图3-33所示。

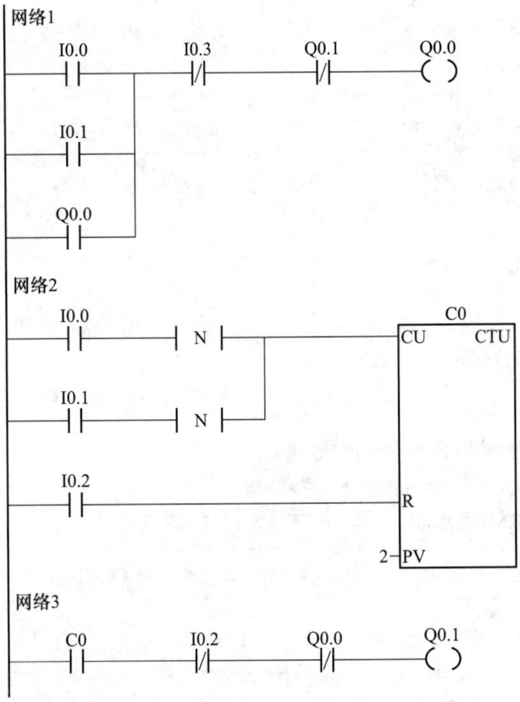

图3-33 车库自动门控制系统的梯形图程序

下面对照图3-32所示电路图来说明图3-33所示梯形图程序的工作原理。

1. 入门控制过程

入门控制过程说明如下：

车辆入门经过入门传感器时→传感器开关SQ1闭合→
- "网络2"中I0.0常开触点闭合→下降沿触点不动作
- "网络1"中I0.0常开触点闭合→Q0.0线圈得电→
  - "网络3"中Q0.0常闭触点断开，确保Q0.1线圈不会得电
  - "网络1"中Q.0.0自锁触点闭合→锁定Q0.0线圈得电
  - Q.0.0硬触点闭合→KM1线圈得电→电动机正转，将车库门升起→

→当车库门上升到上限位开关SQ4处时，SQ4闭合，"网络1"中I0.3常闭触点断开→Q0.0线圈失电→
- "网络3"中Q0.0常闭触点闭合，为Q0.1线圈得电做准备
- "网络1"中Q.0.0自锁触点断开→解除Q0.0线圈得电锁定
- Q.0.0硬触点断开→KM1线圈失电→电动机停转，车库门停止上升

车辆入门驶离入门传感器时→传感器开关SQ1断开→
- "网络1"中I0.0常开触点断开
- "网络2"中I0.0常开触点由闭合转为断开→下降沿触点动作→加计数器C0计数值由0增为1

车辆入门经过出门传感器时→传感器开关SQ2闭合→
- “网络1”中I0.1常开触点闭合→由于SQ4闭合使I0.3常闭触点断开，故Q0.0无法得电
- “网络2”中I0.1常开触点闭合→下降沿触点不动作

车辆入门驶离出门传感器时→传感器开关SQ2断开→
- “网络1”中I0.1常开触点断开
- “网络2”中I0.1常开触点由闭合转为断开→下降沿触点动作→加计数器C0计数值由1增为2

→计数器C0状态变为1→“网络3”中C0常开触点闭合→Q0.1线圈得电→KM2线圈得电→电动机反转，将车库门降下，当门下降到下限位开关SQ3时，“网络2”中I0.2常开触点闭合，计数器C0复位，“网络3”中C0常开触点断开，Q0.1线圈失电→KM2线圈失电→电动机停转，车辆入门控制过程结束。

2. 出门控制过程

出门控制过程说明如下：

车辆出门经过出门传感器时→传感器开关SQ2闭合→
- “网络2”中I0.1常开触点闭合→下降沿触点不动作
- “网络1”中I0.1常开触点闭合→Q0.0线圈得电

→
- “网络3”中Q0.0常闭触点断开，确保Q0.1线圈不会得电
- “网络1”中Q.0.0自锁触点闭合→锁定Q0.0线圈得电
- Q.0.0硬触点闭合→KM1线圈得电→电动机正转，将车库门升起

→当车库门上升到上限位开关SQ4处时，SQ4闭合，“网络1”中I0.3常闭触点断开→Q0.0线圈失电

→
- “网络3”中Q0.0常闭触点闭合，为Q0.1线圈得电做准备
- “网络1”中Q.0.0自锁触点断开→解除Q0.0线圈得电锁定
- Q.0.0硬触点断开→KM1线圈失电→电动机停转，车库门停止上升

车辆出门驶离出门传感器时→传感器开关SQ2断开→
- “网络1”中I0.1常开触点断开
- “网络2”中I0.1常开触点由闭合转为断开→下降沿触点动作→加计数器C0计数值由0增为1

车辆出门经过入门传感器时→传感器开关SQ1闭合→
- “网络1”中I0.0常开触点闭合→由于SQ4闭合使I0.3常闭触点断开，故Q0.0无法得电
- “网络2”中I0.0常开触点闭合→下降沿触点不动作

车辆出门驶离入门传感器时→传感器开关SQ1断开→
- “网络1”中I0.0常开触点断开
- “网络2”中I0.0常开触点由闭合转为断开→下降沿触点动作→加计数器C0计数值由1增为2

→计数器C0状态变为1→“网络3”中C0常开触点闭合→Q0.1线圈得电→KM2线圈得电→电动机反转，将车库门降下，当门下降到下限位开关SQ3时，“网络2”中I0.2常开触点闭合，计数器C0复位，“网络3”中C0常开触点断开，Q0.1线圈失电→KM2线圈失电→电动机停转，车辆出门控制过程结束。

# 第4章 顺序控制指令及应用

## 4.1 顺序控制与状态转移图

一个复杂的任务往往可以分成若干个小任务，当按一定的顺序完成这些小任务后，整个大任务也就完成了。**在生产实践中，顺序控制是指按照一定的顺序逐步控制来完成各个工序的控制方式。**在采用顺序控制时，为了直观表示出控制过程，可以绘制顺序控制图。

图 4-1 所示为一个 3 台电动机顺序控制图。图 4-1（a）中，每一个步骤称作一个工艺，所以又称工序图；**在 PLC 编程时，绘制的顺序控制图称为状态转移图或功能图，简称 SFC 图，**图 4-1（b）为图 4-1（a）对应的状态转移图。

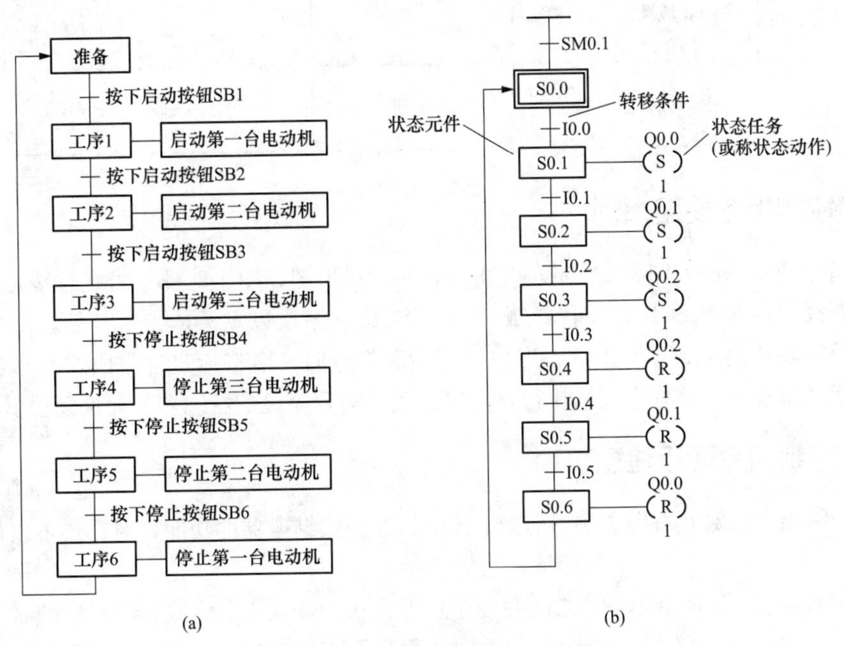


图 4-1　3 台电动机顺序控制图

（a）工序图；（b）状态转移图（SFC 图）

**顺序控制有转移条件、转移目标和工作任务 3 个要素。**在图 4-1（a）中，当上一个工序需要转到下一个工序时必须满足一定的转移条件，如工序 1 要转到下一个工序 2 时，须按下启动按钮 SB2，若不按下 SB2，就无法进行下一个工序 2，按下 SB2 即为转移条件。当转移条件满足后，需要确定转移目标，如工序 1 的转移目标是工序 2。每个工序都有具体的工作任务，如工序 1 的工作任务是“启动第一台电动机”。

PLC 编程时绘制的状态转移图与顺序控制图相似，图 4-1（b）中的状态元件（状态继电器）S0.1 相当于工序 1，“S Q0.0，1”相当于工作任务，S0.1 的转移目标是 S0.2，S0.6 的转移目标是 S0.0，

SM0.1 和 S0.0 用来完成准备工作，其中 SM0.1 为初始脉冲继电器，PLC 启动时触点会自动接通一个扫描周期，S0.0 为初始状态继电器，每个 SFC 图必须要有一个初始状态，绘制 SFC 图时，初始状态要加双线矩形框。

## 4.2 顺序控制指令

**顺序控制指令用来编写顺序控制程序，** S7-200 PLC 有 3 条常用的顺序控制指令，分别为 LSCR、SCRT 和 SCRE。

### 4.2.1 顺序控制指令名称及功能

顺序控制指令说明见表 4-1。

表 4-1　顺序控制指令说明

| 指令格式 | 功能说明 | 梯形图 |
| --- | --- | --- |
| LSCR　S_bit | S_bit 段顺控程序开始 | S0.1 SCR |
| SCRT　S_bit | S_bit 段顺控程序转移 | S0.2 ( SCRT ) |
| SCRE | 顺控程序结束 | ( SCRE ) |

### 4.2.2 顺序控制指令使用举例

顺序控制指令使用举例如图 4-2 所示，图 4-2（a）为梯形图，图 4-2（b）为状态转移图。从中可以看出，顺序控制程序由多个 SCR 程序段组成，每个 SCR 程序段以 LSCR 指令开始，以 SCRE 指令结束，程序段之间的转移使用 SCRT 指令，当执行 SCRT 指令时，会将指定程序段的状态器激活（即置 1），使之成为活动步程序，该程序段被执行，同时自动将前程序段的状态器和元件复位（即置 0）。

### 4.2.3 顺序控制指令使用注意事项

（1）顺序控制指令仅对状态继电器 S 有效，S 也具有一般继电器的功能，对它还可以使用其他继电器一样的指令。

（2）SCR 段程序（LSCR 至 SCRE 之间的程序）能否执行，取决于该段程序对应的状态继电器 S 是否被置位。另外，当前程序 SCRE（结束）与下一个程序 LSCR（开始）之间的程序不影响下一个 SCR 程序的执行。

（3）同一个状态继电器 S 不能用在不同的程序中，如主程序中用了 S0.2，在子程序中就不能再使用它。

（4）SCR 段程序中不能使用跳转指令 JMP 和 LBL，即不允许使用跳转指令跳入、跳出 SCR 程序或在 SCR 程序内部跳转。

（5）SCR 段程序中不能使用 FOR、NEXT 和 END 指令。

（6）在使用 SCRT 指令实现程序转移后，前 SCR 段程序变为非活动步程序，该程序段的元件会自动复位，如果希望转移后某元件能继续输出，可对该元件使用置位或复位指令。在非活动步程序中，PLC 通电常用触点 SM0.0 也处于断开状态。

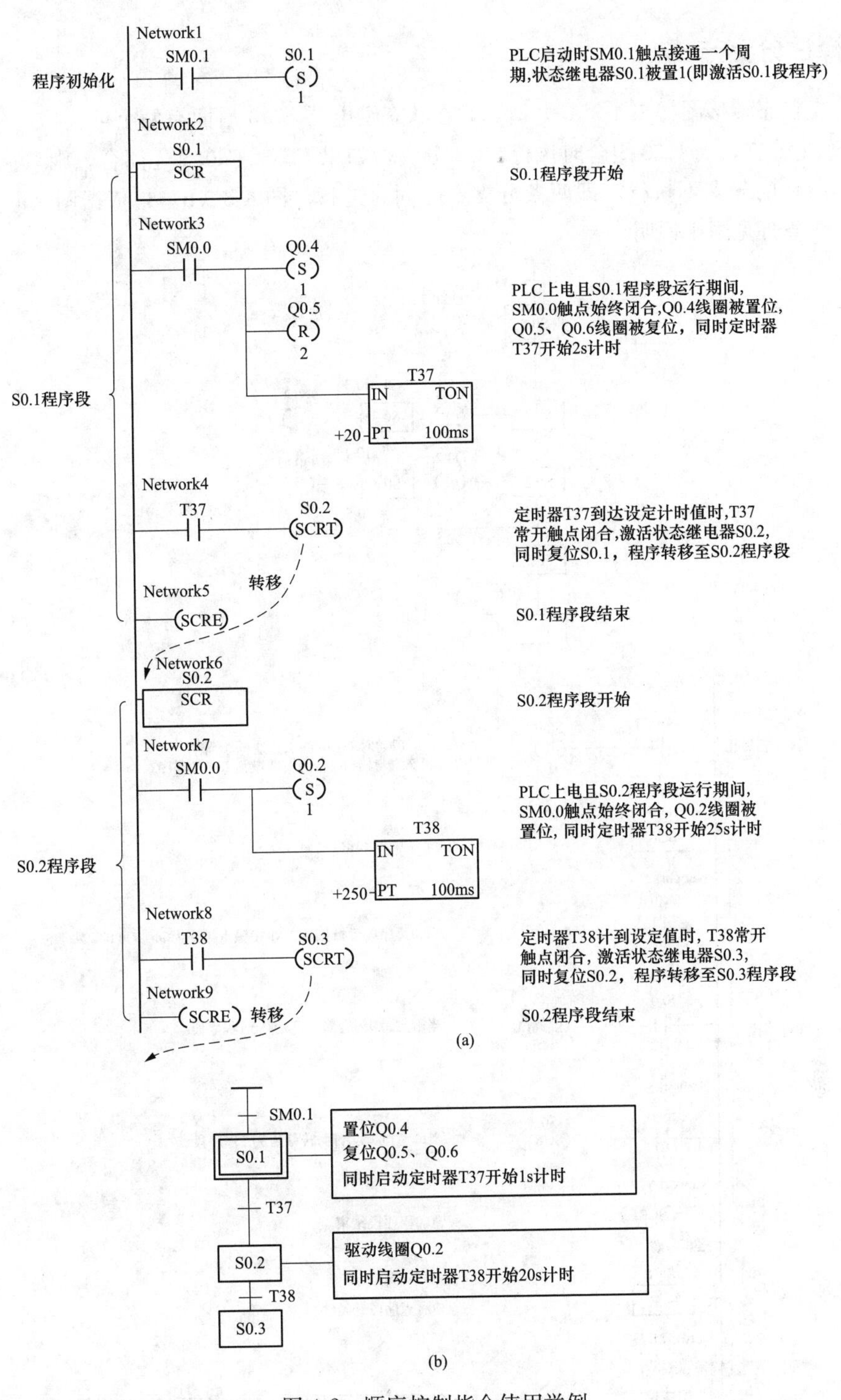


图 4-2 顺序控制指令使用举例

(a) 梯形图；(b) 状态转移图

## 4.3 顺序控制的几种方式

**顺序控制主要方式有单分支方式、选择性分支方式和并行分支方式。**图 4-2（b）所示的状态转移图为单分支方式，程序由前往后依次执行，中间没有分支，简单的顺序控制常采用这种单分支方式。较复杂的顺序控制可采用选择性分支方式或并行分支方式。

### 4.3.1 选择性分支方式

选择性分支状态转移图如图 4-3（a）所示，在状态继电器 S0.0 后面有两个可选择的分支，当 I0.0 闭合时执行 S0.1 分支，当 I0.3 闭合时执行 S0.3 分支，如果 I0.0 较 I0.3 先闭合，则只执行 I0.0 所在的分支，I0.3 所在的分支不执行，即两条分支不能同时进行。图 4-3（b）是依据图（a）画出的梯形图，梯形图工作原理见图中说明。

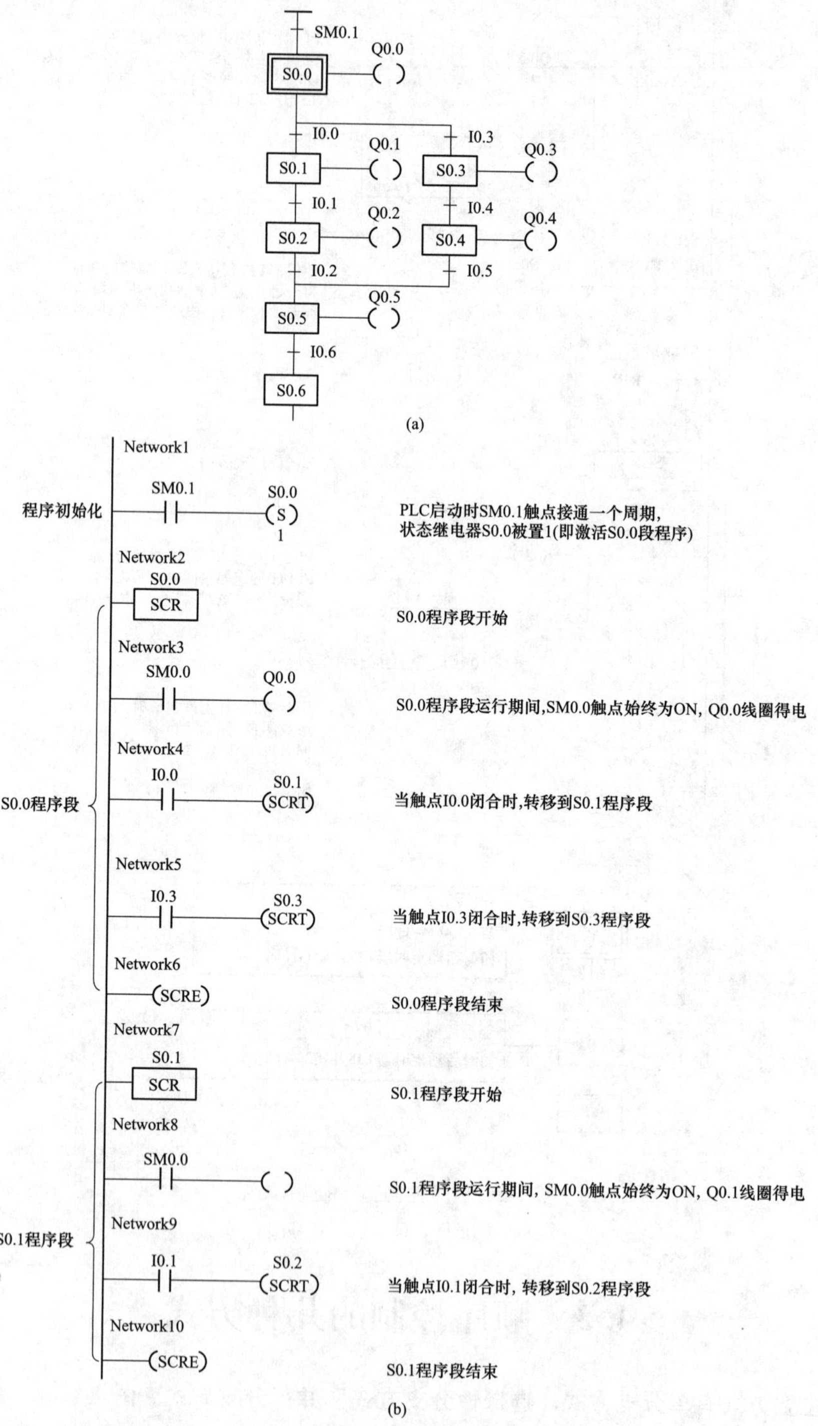


图 4-3 选择性分支方式状态转移图与梯形图（一）
（a）状态转移图；（b）梯形图（一）

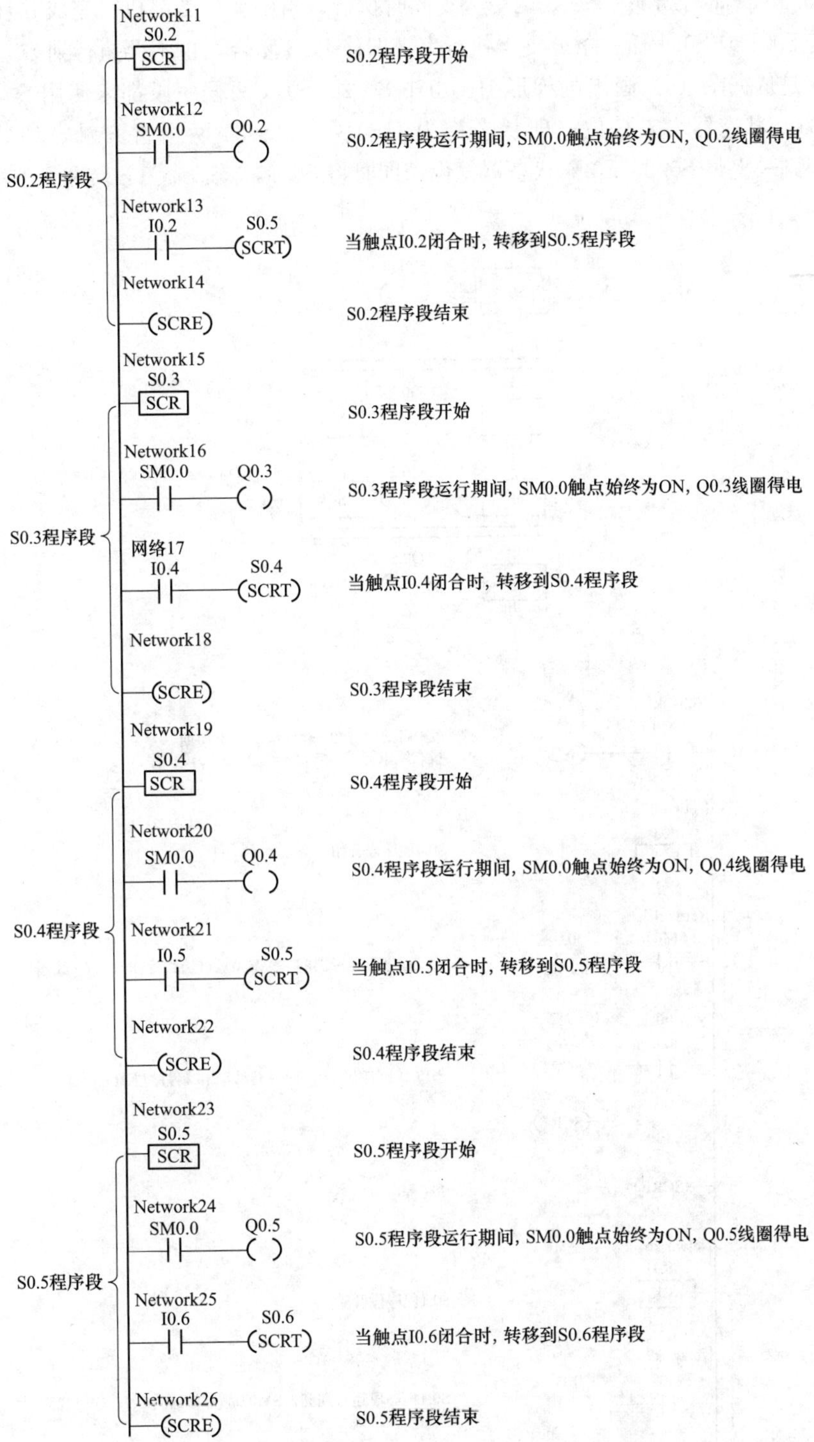

Network11
S0.2
SCR
S0.2程序段开始

Network12
SM0.0 Q0.2
S0.2程序段运行期间，SM0.0触点始终为ON，Q0.2线圈得电

S0.2程序段

Network13
I0.2 S0.5
(SCRT)
当触点I0.2闭合时，转移到S0.5程序段

Network14
(SCRE)
S0.2程序段结束

Network15
S0.3
SCR
S0.3程序段开始

Network16
SM0.0 Q0.3
S0.3程序段运行期间，SM0.0触点始终为ON，Q0.3线圈得电

S0.3程序段

网络17
I0.4 S0.4
(SCRT)
当触点I0.4闭合时，转移到S0.4程序段

Network18
(SCRE)
S0.3程序段结束

Network19
S0.4
SCR
S0.4程序段开始

Network20
SM0.0 Q0.4
S0.4程序段运行期间，SM0.0触点始终为ON，Q0.4线圈得电

S0.4程序段

Network21
I0.5 S0.5
(SCRT)
当触点I0.5闭合时，转移到S0.5程序段

Network22
(SCRE)
S0.4程序段结束

Network23
S0.5
SCR
S0.5程序段开始

Network24
SM0.0 Q0.5
S0.5程序段运行期间，SM0.0触点始终为ON，Q0.5线圈得电

S0.5程序段

Network25
I0.6 S0.6
(SCRT)
当触点I0.6闭合时，转移到S0.6程序段

Network26
(SCRE)
S0.5程序段结束

(b)

图 4-3 选择性分支方式状态转移图与梯形图（二）

（b）梯形图（二）

## 4.3.2 并行分支方式

并行分支方式状态转移图如图 4-4（a）所示，在状态器 S0.0 后面有两个并行的分支，并行分支用

双线表示，当I0.0闭合时S0.1和S0.3两个分支同时执行，当两个分支都执行完成并且I0.3闭合时才能往下执行，若S0.1或S0.4任一条分支未执行完，即使I0.3闭合，也不会执行到S0.5。

图4-4（b）是依据图（a）画出的梯形图。由于S0.2、S0.4两程序段都未使用SCRT指令进行转移，故S0.2、S0.4状态器均未复位（即状态都为1），S0.2、S0.4两个常开触点均处于闭合，如果I0.3触点闭合，则马上将S0.2、S0.4状态器复位，同时将S0.5状态器置1，转移至S0.5程序段。

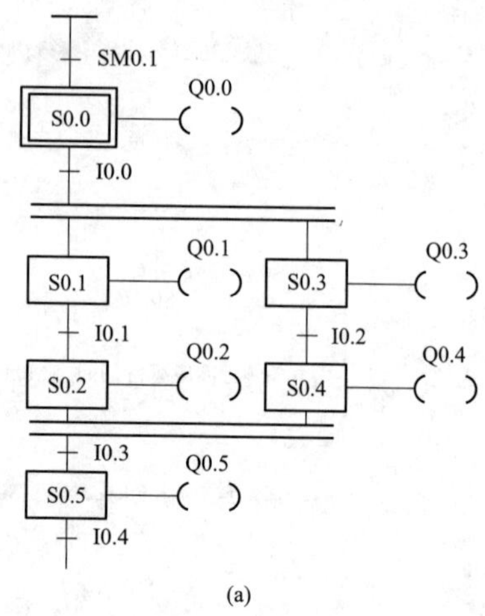


(a)

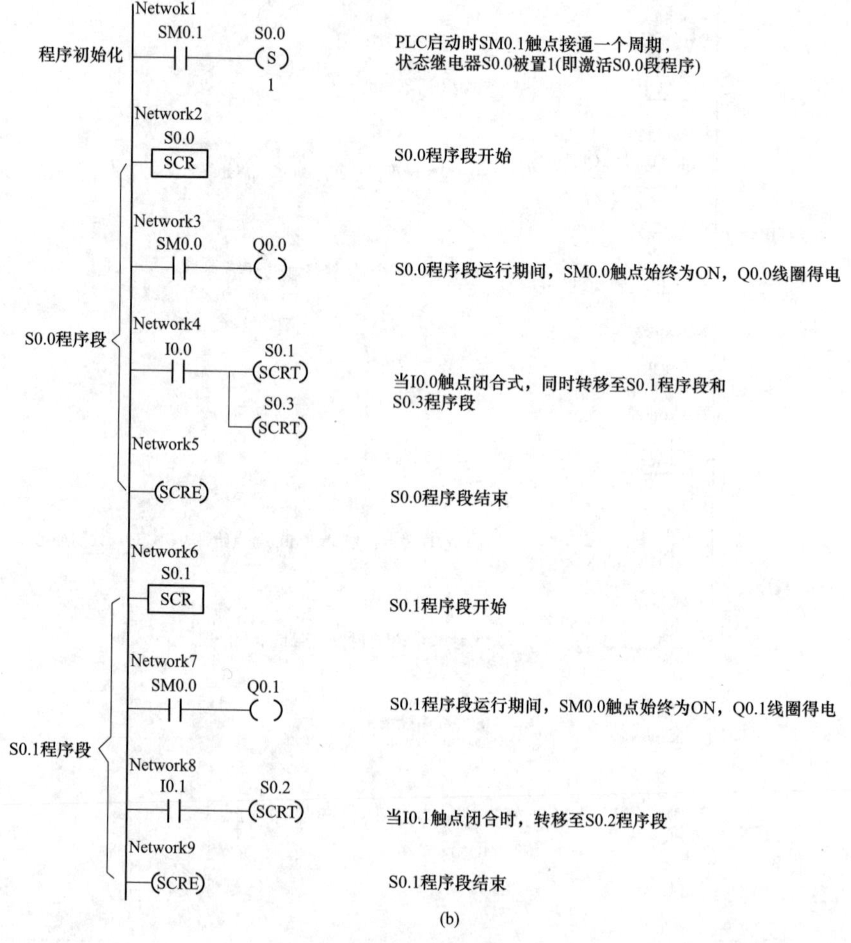


(b)

图4-4　并行分支方式（一）

（a）状态转移图；（b）梯形图（一）

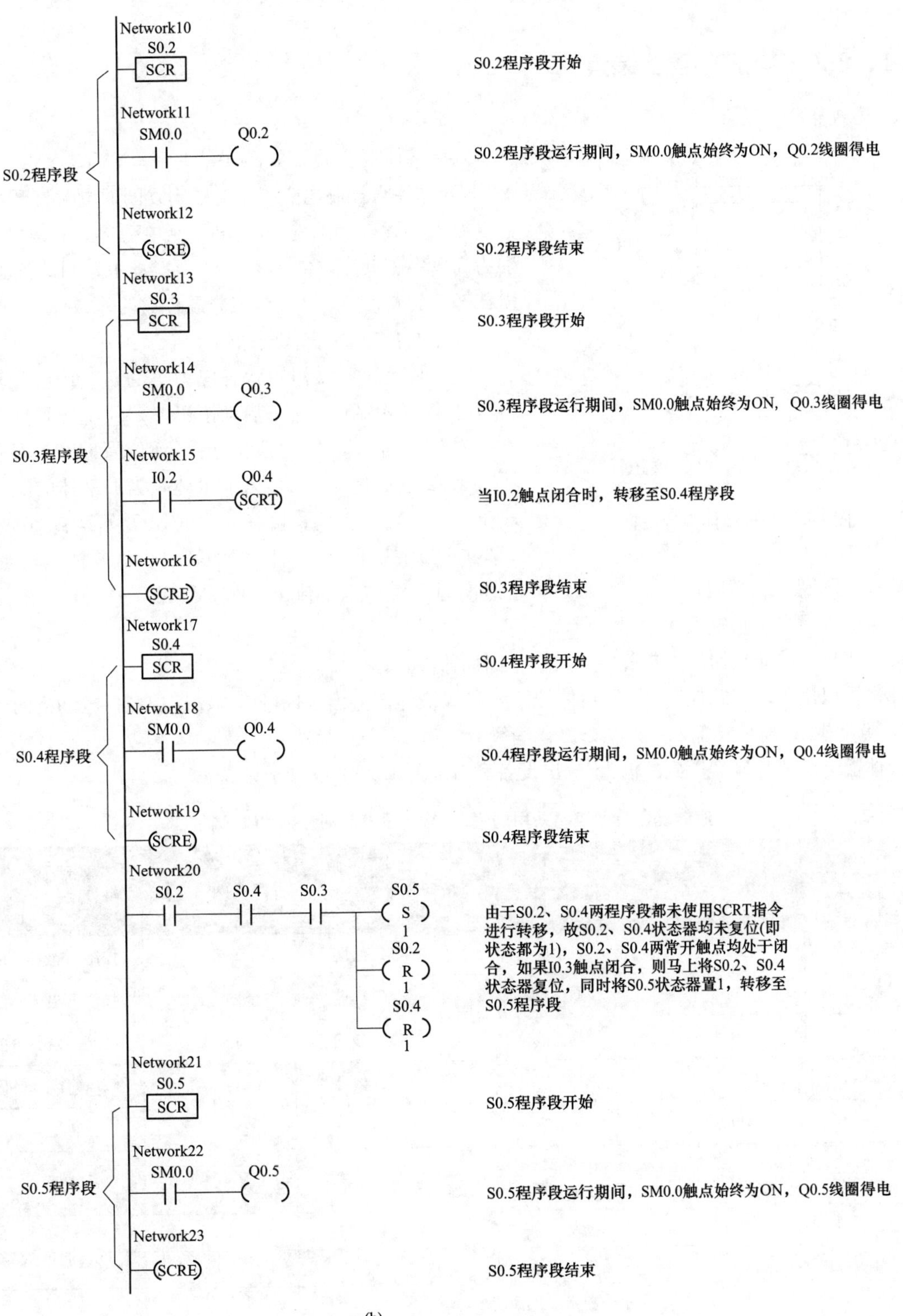


图 4-4 并行分支方式（二）

（b）梯形图（二）

# 4.4 顺序控制指令应用实例

## 4.4.1 PLC控制液体混合装置

1. 控制要求

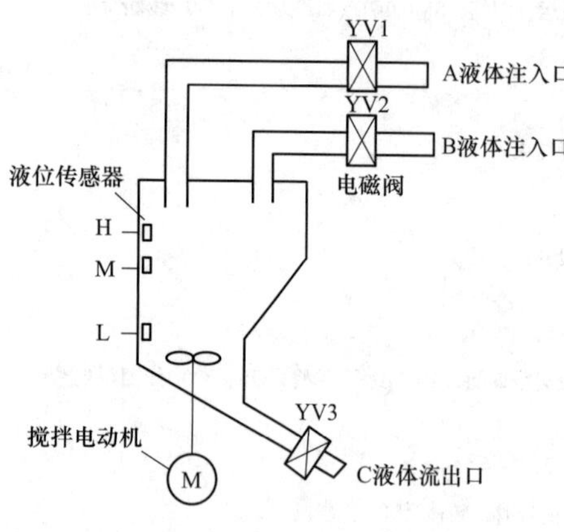


图 4-5 两种液体混合装置

两种液体混合装置如图 4-5 所示，YV1、YV2 分别为 A、B 液体注入控制电磁阀，电磁阀线圈通电时打开，液体可以流入，YV3 为 C 液体流出控制电磁阀，H、M、L 分别为高、中、低液位传感器，M 为搅拌电动机，通过驱动搅拌部件旋转使 A、B 液体充分混合均匀。

液体混合装置控制要求如下。

(1) 装置的容器初始状态应为空的，3 个电磁阀都关闭，电动机 M 停转。按下启动按钮，YV1 电磁阀打开，注入 A 液体，当 A 液体的液位达到 M 位置时，YV1 关闭；然后 YV2 电磁阀打开，注入 B 液体，当 B 液体的液位达到 H 位置时，YV2 关闭；接着电动机 M 开始运转 20s，而后 YV3 电磁阀打开，C 液体（A、B 混合液）流出，当 C 液体的液位下降到 L 位置时，开始 20s 计时，在此期间 C 液体全部流出，20s 后 YV3 关闭，一个完整的周期完成。以后自动重复上述过程。

(2) 当按下停止按钮后，装置要完成一个周期才停止。

(3) 可以用手动方式控制 A、B 液体的注入和 C 液体的流出，也可以手动控制搅拌电动机的运转。

2. 确定输入/输出设备，并为其分配合适的 I/O 端子

液体混合装置控制需用到的输入/输出设备和对应的 PLC I/O 端子见表 4-2。

**表 4-2　液体混合装置控制采用的输入/输出设备和对应的 PLC 端子**

| 输入 | | | 输出 | | |
|---|---|---|---|---|---|
| 输入设备 | 对应端子 | 功能说明 | 输出设备 | 对应端子 | 功能说明 |
| SB1 | I0.0 | 启动控制 | KM1 线圈 | Q0.0 | 控制 A 液体电磁阀 |
| SB2 | I0.1 | 停止控制 | KM2 线圈 | Q0.1 | 控制 B 液体电磁阀 |
| SQ1 | I0.2 | 检测低液位 L | KM3 线圈 | Q0.2 | 控制 C 液体电磁阀 |
| SQ2 | I0.3 | 检测中液位 M | KM4 线圈 | Q0.3 | 驱动搅拌电动机工作 |
| SQ3 | I0.4 | 检测高液位 H | | | |
| QS | Q1.0 | 手动/自动控制切换（ON：自动；OFF：手动） | | | |
| SB3 | Q1.1 | 手动控制 A 液体流入 | | | |
| SB4 | Q1.2 | 手动控制 B 液体流入 | | | |
| SB5 | Q1.3 | 手动控制 C 液体流出 | | | |
| SB6 | Q1.4 | 手动控制搅拌电动机 | | | |

3. PLC 控制电路图

图 4-6 所示为液体混合装置的 PLC 控制电路图。

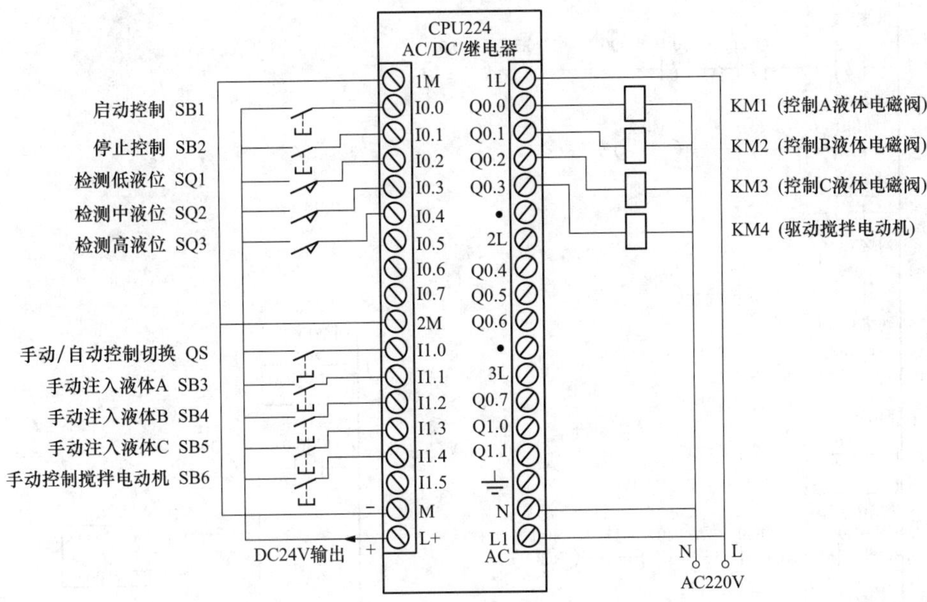


图 4-6 液体混合装置的 PLC 控制电路图

4. 编写 PLC 控制程序

(1) 绘制状态转移图。在编写较复杂的步进程序时，建议先绘制状态转移图，再按状态转移图的框架绘制梯形图。STEP 7-Micro/WIN 编程软件不具备状态转移图绘制功能，因此可采用手工或借助一般的图形软件绘制状态转移图。图 4-7 所示为液体混合装置控制的状态转移图。

(2) 绘制梯形图。启动 STEP 7-Micro/WIN 编程软件，按照图 4-7 所示的状态转移图编写梯形图，编写完成的梯形图程序如图 4- 8 所示。

5. 梯形图程序的工作原理

下面对照图 4-6 所示控制电路来说明图 4-8 所示梯形图程序的工作原理。

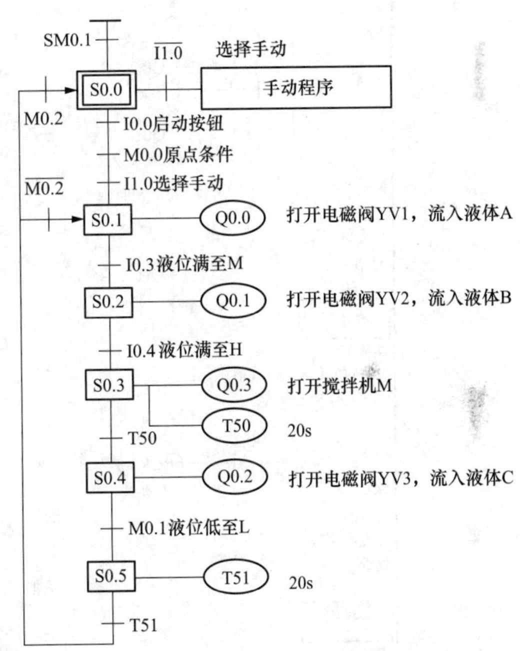


图 4-7 液体混合装置控制的状态转移图

液体混合装置有自动和手动两种控制方式，它由开关 QS 来决定（QS 闭合－自动控制；QS 断开－手动控制）。要让装置工作在自动控制方式，除了开关 QS 应闭合外，装置还须满足自动控制的初始条件（又称原点条件），否则系统将无法进入自动控制方式。装置的原点条件是 L、M、H 液位传感器的开关 SQ1、SQ2、SQ3 均断开，电磁阀 YV1、YV2、YV3 均关闭，电动机 M 停转。

(1) 检测原点条件。图 4-8 所示梯形图中的“网络 1”程序用来检测原点条件（或称初始条件）。在自动控制工作前，若装置中的液体未排完，或者电磁阀 YV1、YV2、YV3 和电动机 M 有一个或多个处于得电工作状态，即不满足原点条件，系统将无法进行自动控制工作状态。

程序检测原点条件的方法：若装置中的 C 液体位置高于传感器 L→SQ1 闭合→“网络 1”中 I0.2 常闭触点断开，M0.0 线圈无法得电；或者某原因让 Q0.0～Q0.3 线圈一个或多个处于得电状态，会使电磁阀 YV1、YV2、YV3 或电动机 M 处于通电工作状态，同时会使 Q0.0～Q0.3 常闭触点断开而让

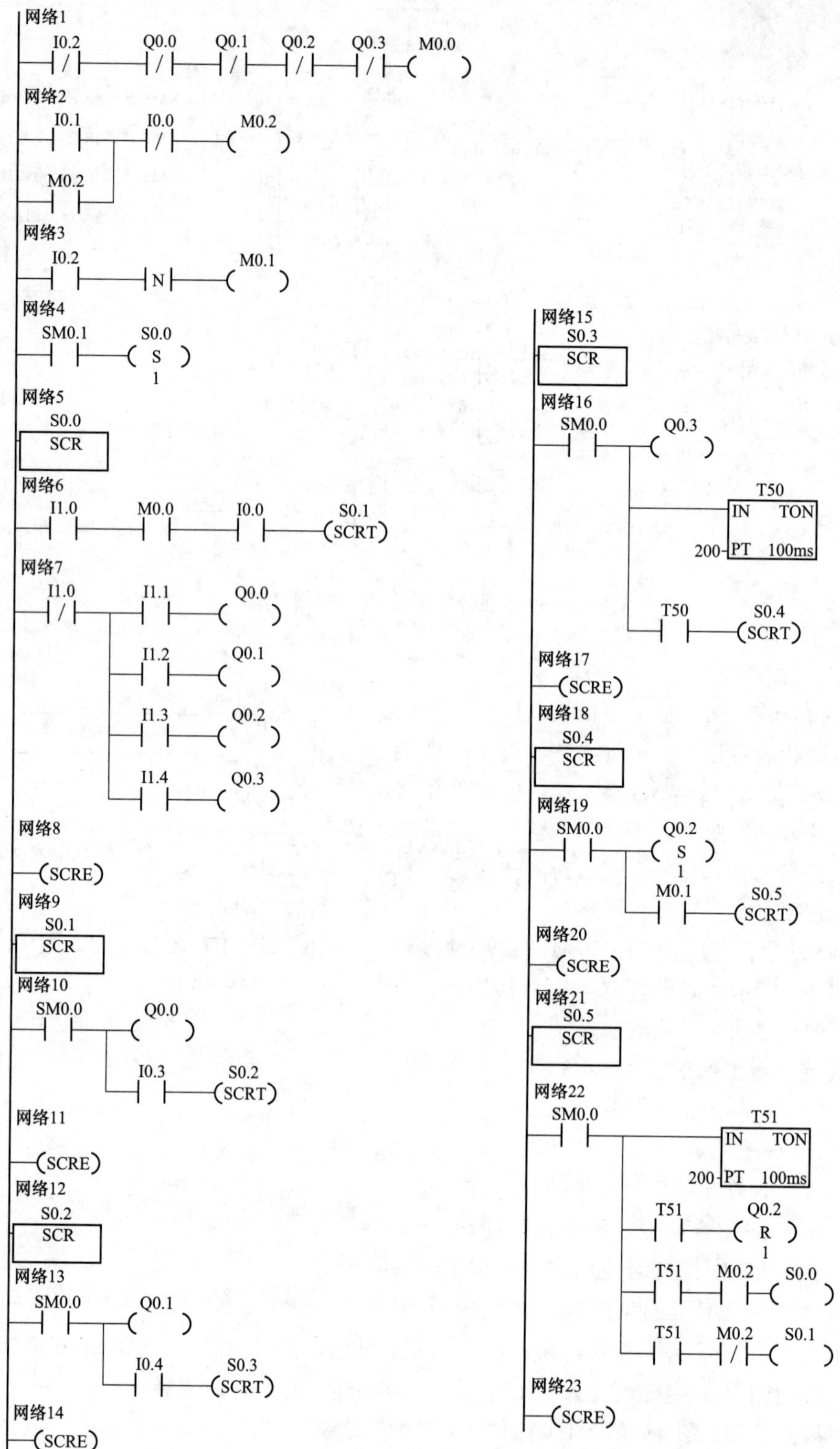

图 4-8　液体混合装置控制梯形图程序

M0.0 线圈无法得电，“网络 6”中 M0.0 常开触点断开，无法对状态继电器 S0.1 置位，也就不会转移执行 S0.1 程序段开始的自动控制程序。

如果是因为 C 液体未排完而使装置不满足自动控制的原点条件，可手工操作 SB5 按钮，使“网络

7”中 I1.3 常开触点闭合，Q0.2 线圈得电，接触器 KM3 线圈得电，KM3 触点（图 4-6 中未画出）闭合，接通电磁阀 YV3 线圈电源，YV3 打开，将 C 液体从装置容器中放完，液位传感器 L 的 SQ1 断开，“网络 1”中 I0.2 常闭触点闭合，M0.0 线圈得电，从而满足自动控制所需的原点条件。

（2）自动控制过程。在启动自动控制前，需要做一些准备工作，包括操作准备和程序准备。

1）操作准备：将手动/自动切换开关 QS 闭合，选择自动控制方式，图 4-8 的“网络 6”中 I1.0 常开触点闭合，为接通自动控制程序段做准备，“网络 7”中 I1.0 常闭触点断开，切断手动控制程序段。

2）程序准备：在启动自动控制前，“网络 1”中会检测原点条件，若满足原点条件，则辅助继电器线圈 M0.0 得电，“网络 6”中 M0.0 常开触点闭合，为接通自动控制程序段做准备。另外在 PLC 刚启动时，“网络 4”中 SM0.1 触点自动接通一个扫描周期，“S S0.0，1”指令执行，将状态继电器 S0.0 置位，使程序转移至 S0.0 程序段，也为接通自动控制程序段做准备。

3）启动自动控制：按下启动按钮 SB1→“网络 6”中 I0.0 常开触点闭合→执行“SCRT S0.1”，程序转移至 S0.1 程序段→由于“网络 10”中 SM0.0 触点在 S0.1 程序段运行期间始终闭合，Q0.0 线圈得电→Q0.0 端子内硬触点闭合→KM1 线圈得电→主电路中 KM1 主触点闭合（图 4-6 中未画出主电路部分）→电磁阀 YV1 线圈通电，阀门打开，注入 A 液体→当 A 液体高度到达液位传感器 M 位置时，传感器开关 SQ2 闭合→“网络 10”中 I0.3 常开触点闭合→执行“SCRT S0.2”，程序转移至 S0.2 程序段（同时 S0.1 程序段复位）→由于“网络 13”中 SM0.0 触点在 S0.2 程序段运行期间始终闭合，Q0.1 线圈得电，S0.1 程序段复位使 Q0.0 线圈失电→Q0.0 线圈失电使电磁阀 YV1 阀门关闭，Q0.1 线圈得电使电磁阀 YV2 阀门打开，注入 B 液体→当 B 液体高度到达液位传感器 H 位置时，传感器开关 SQ3 闭合→“网络 13”中 I0.4 常开触点闭合→执行“SCRT S0.3”，程序转移至 S0.3 程序段→“网络 16”中通电常闭触点 SM0.0 使 Q0.3 线圈得电→搅拌电动机 M 运转，同时定时器 T50 开始 20s 计时→20s 后，定时器 T50 动作→“网络 16”中 T50 常开触点闭合→执行“SCRT S0.4”，程序转移至 S0.4 程序段→“网络 19”中通电常闭触点 SM0.0 使 Q0.2 线圈被置位→电磁阀 YV3 打开，C 液体流出→当液体下降到液位传感器 L 位置时，传感器开关 SQ1 断开→“网络 3”中 I0.2 常开触点断开（在液体高于 L 位置时 SQ1 处于闭合状态），产生一个下降沿脉冲→下降沿脉冲触点为继电器 M0.1 线圈接通一个扫描周期→“网络 19”中 M0.1 常开触点闭合→执行“SCRT S0.5”，程序转移至 S0.5 程序段，由于 Q0.2 线圈是置位得电，故程序转移时 Q0.2 线圈不会失电→“网络 22”中通电常闭触点 SM0.0 使定时器 T51 开始 20s 计时→20s 后，“网络 22”中 T51 常开触点闭合，Q0.2 线圈被复位→电磁阀 YV3 关闭；与此同时，S0.1 线圈得电，“网络 9”中 S0.1 程序段激活，开始下一次自动控制。

4）停止控制：在自动控制过程中，若按下停止按钮 SB2→“网络 2”中 I0.1 常开触点闭合→“网络 2”中辅助继电器 M0.2 得电→“网络 2”中 M0.2 自锁触点闭合，锁定供电；“网络 22”中 M0.2 常闭触点断开，状态继电器 S0.1 无法得电，“网络 9”中 S0.1 程序段无法运行；“网络 22”中 M0.2 常开触点闭合，当程序运行到“网络 22”中时，T51 常开触点闭合，状态继电器 S0.0 得电，“网络 5”中 S0.0 程序段运行，但由于常开触点 I0.0 处于断开（SB1 断开），状态继电器 S0.1 无法置位，无法转移到 S0.1 程序段，自动控制程序部分无法运行。

（3）手动控制过程。将手动/自动切换开关 QS 断开，选择手动控制方式→“网络 6”中 I1.0 常开触点断开，状态继电器 S0.1 无法置位，无法转移到 S0.1 程序段，即无法进入自动控制程序；“网络 7”中 I1.0 常闭触点闭合，接通手动控制程序→按下 SB3，I1.1 常开触点闭合，Q0.0 线圈得电，电磁阀 YV1 打开，注入 A 液体→松开 SB3，I1.1 常闭触点断开，Q0.0 线圈失电，电磁阀 YV1 关闭，停止注入 A 液体→按下 SB4 注入 B 液体，松开 SB4 停止注入 B 液体→按下 SB5 排出 C 液体，松开 SB5 停止排出C液体→按下SB6搅拌液体，松开SB5停止搅拌液体。

## 4.4.2 PLC控制简易机械手

1. 控制要求

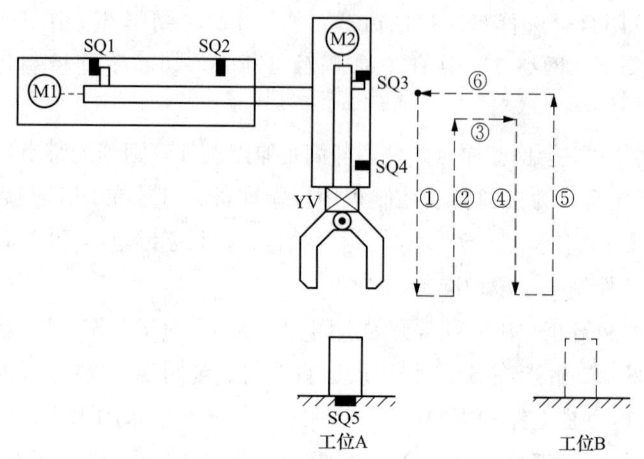


图4-9 简易机械手结构

简易机械手结构如图4-9所示。M1为控制机械手左右移动的电动机，M2为控制机械手上下升降的电动机，YV线圈用来控制机械手夹紧放松，SQ1为左到位检测开关，SQ2为右到位检测开关，SQ3为上到位检测开关，SQ4为下到位检测开关，SQ5为工件检测开关。

简易机械手控制要求如下。

(1) 机械手要将工件从工位A移到工位B处。

(2) 机械手的初始状态（原点条件）是机械手应停在工位A的上方，SQ1、SQ3均闭合。

(3) 若原点条件满足且SQ5闭合（工件A处有工件），按下启动按钮，机械按"原点→下降→夹紧→上升→右移→下降→放松→上升→左移→原点"步骤工作。

2. 确定输入/输出设备，并为其分配合适的I/O端子

简易机械手控制需用到的输入/输出设备和对应的PLC I/O端子见表4-3。

表4-3 简易机械手控制采用的输入/输出设备和对应的PLC I/O端子

| 输入 | | | 输出 | | |
|---|---|---|---|---|---|
| 输入设备 | 对应端子 | 功能说明 | 输出设备 | 对应端子 | 功能说明 |
| SB1 | I0.0 | 启动控制 | KM1线圈 | Q0.0 | 控制机械手右移 |
| SB2 | I0.1 | 停止控制 | KM2线圈 | Q0.1 | 控制机械手左移 |
| SQ1 | I0.2 | 左到位检测 | KM3线圈 | Q0.2 | 控制机械手下降 |
| SQ2 | I0.3 | 右到位检测 | KM4线圈 | Q0.3 | 控制机械手上升 |
| SQ3 | I0.4 | 上到位检测 | KM5线圈 | Q0.4 | 控制机械手夹紧 |
| SQ4 | I0.5 | 下到位检测 | | | |
| SQ5 | I0.6 | 工件检测 | | | |

3. PLC控制电路图

图4-10所示为简易机械手的PLC控制电路图。

4. 编写PLC控制程序

(1) 绘制状态转移图。

图4-11所示为简易机械手控制状态转移图。

(2) 绘制梯形图。启动STEP 7-Micro/WIN编程软件，按照图4-11所示的状态转移图编写梯形图，编写完成的梯形图程序如图4-12所示。

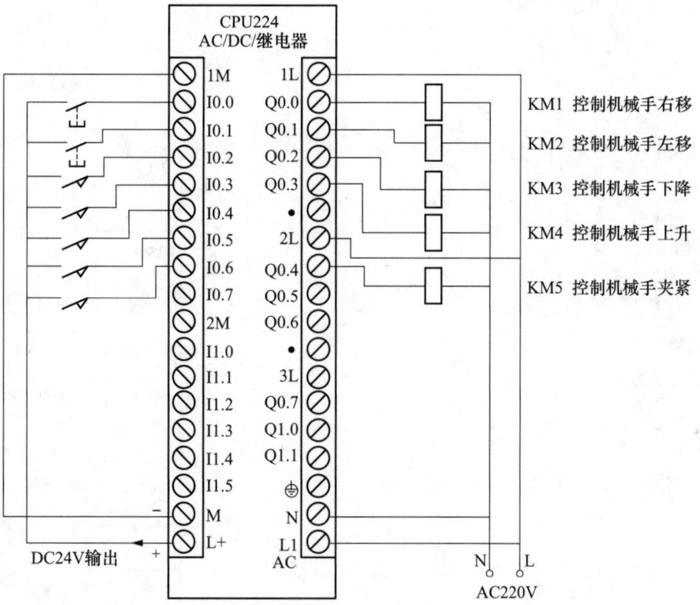

图 4-10 简易机械手的 PLC 控制电路图

5. 梯形图程序的工作原理

下面对照图 4-10 所示控制线路图来说明图 4-12 所示梯形图的工作原理。

武术运动员在表演武术时，通常会在表演场地某位置站立好，然后开始进行各种武术套路表演，表演结束后会收势成表演前的站立状态。同样地，大多数机电设备在工作前先要处于初始位置(相当于运动员的表演前的站立位置)，然后在程序的控制下，机电设备开始各种操作，操作结束又会回到初始位置，机电设备的初始位置也称原点。

(1) 工作控制。当 PLC 启动时，“网络 2” 中 SM0.1 会接通一个扫描周期，将状态继电器 S0.0 被置位，S0.0 程序段被激活，成为活动步程序。

1) 原点条件检测。机械手的原点条件是左到位（左限位开关 SQ1 闭合)、上到位（上限位开关 SQ3 闭合)，即机械手的初始位置应在左上角。若不满足原点条件，原点检测程序会使机械手返回到原点，然后才开始工作。“网络 4” 中为原点检测程序，当按下启动按钮 SB1→ “网络 1” 中 I0.0 常开触点闭合，辅助继电器 M0 线圈得电，M0.0 自锁触点闭合，锁定供电，同时 “网络 4” 中 M0.0 常开触点闭合，因 S0.0 状态器被置位，故 S0.0 常开触点闭合，Q0.4 线圈复位，接触器 KM5 线圈失电，机械手夹紧线圈失电而放松，“网络 4” 中的其他 M0.0 常开触点也均闭合。若机械手未左到位，开关 SQ1 断开，“网络 4” 中 I0.2 常闭触点闭合，Q0.1 线圈得电，接触器 KM1 线圈得电，通过电动机 M1 驱动机械手左移，左移到位后 SQ1 闭合，“网络 4” 中 I0.2 常闭触点断开；若机械手未上到位，开关 SQ3 断开，“网络 4” 中 I0.4 常闭触点闭合，Q0.3 线圈得电，接触器 KM4 线圈得电，通过电动机 M2 驱动

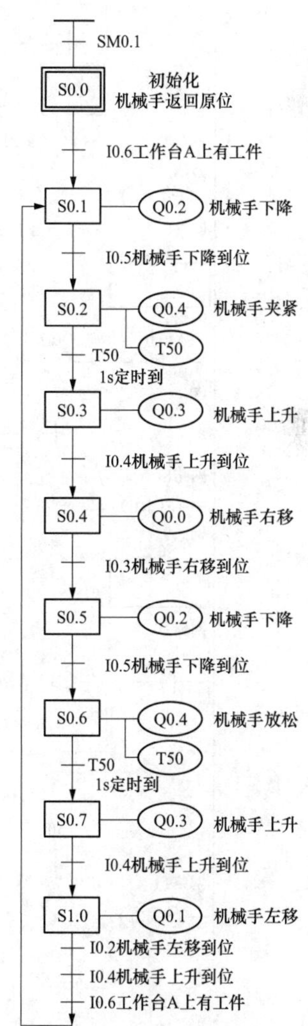

图 4-11 简易机械手控制状态转移图

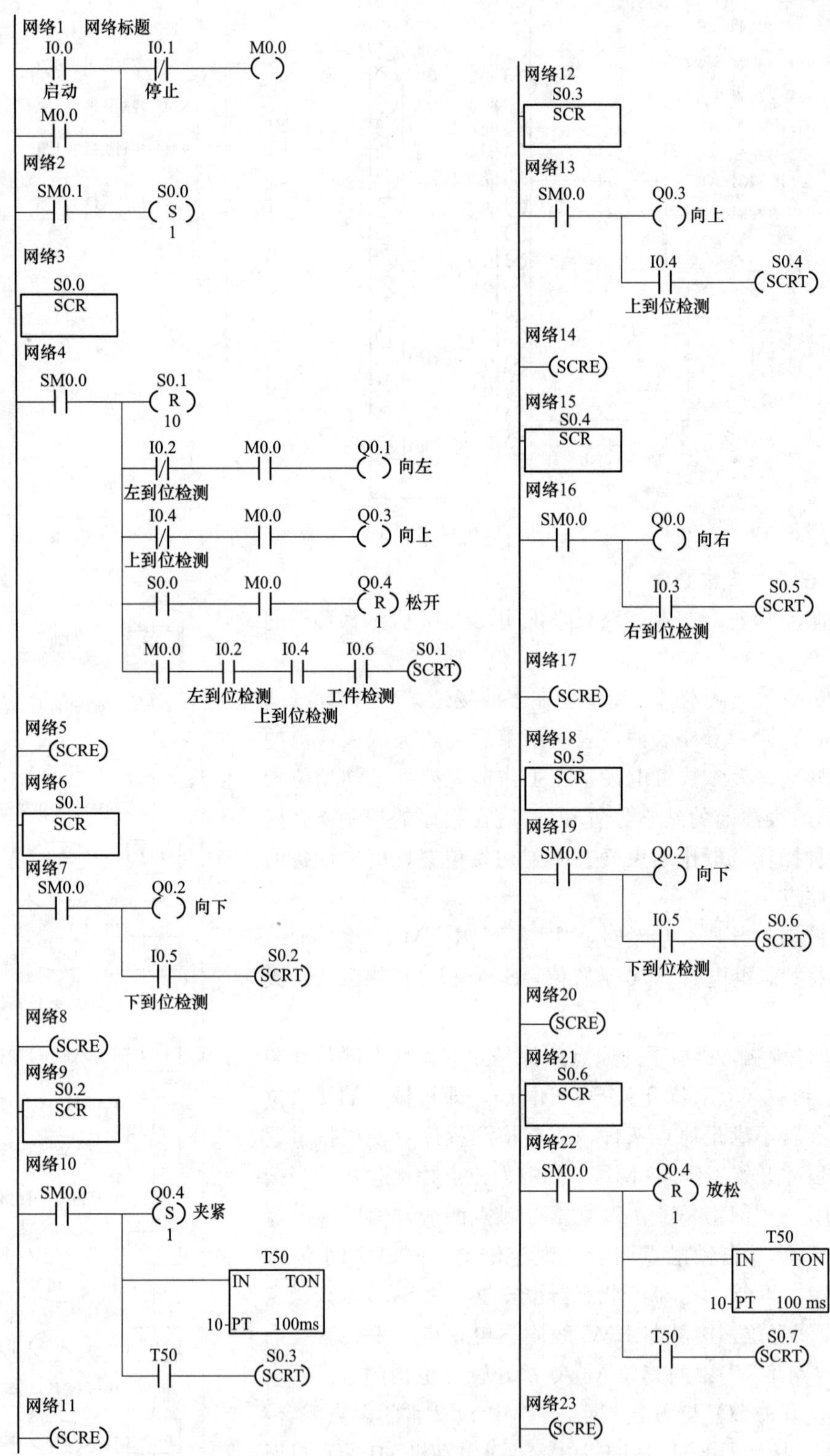

图 4-12 简易机械手控制梯形图程序（一）

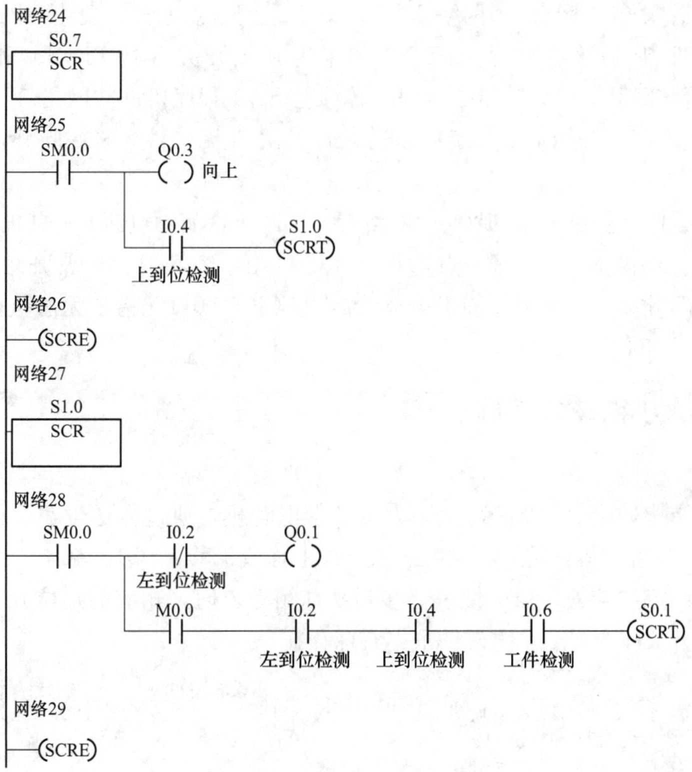

网络24
S0.7
SCR
网络25
SM0.0 Q0.3
( ) 向上
I0.4 S1.0
(SCRT)
上到位检测
网络26
(SCRE)
网络27
S1.0
SCR
网络28
SM0.0 I0.2 Q0.1
( )
左到位检测
M0.0 I0.2 I0.4 I0.6 S0.1
(SCRT)
左到位检测 上到位检测 工件检测
网络29
(SCRE)

图 4-12 简易机械手控制梯形图程序（二）

机械手上升，上升到位后 SQ3 闭合，“网络 4”中 I0.4 常闭触点断开。如果机械手左到位、上到位且工位 A 有工件（开关 SQ5 闭合），则“网络 4”中 I0.2、I0.4、I0.6 常开触点均闭合，执行“SCRT S0.1”指令，使 S0.1 程序段成为活动步程序，程序转移至 S0.1 程序段，开始控制机械手搬运工件。

2）机械手搬运工件控制。S0.1 程序段成为活动步程序后，“网络 7”中 SM0.0 通电常闭触点闭合→Q0.2 线圈得电，KM3 线圈得电，通过电动机 M2 驱动机械手下移，当下移到位后，下到位开关 SQ4 闭合，“网络 7”中 I0.5 常开触点闭合，执行“SCRT S0.2”指令，程序转移至 S0.2 程序段→“网络 10”中 SM0.0 通电常闭触点闭合，Q0.4 线圈被置位，接触器 KM5 线圈得电，夹紧线圈 YV 得电将工件夹紧，与此同时，定时器 T50 开始 1s 计时→1s 后，“网络 10”中 T50 常开触点闭合，执行“SCRT S0.3”指令，程序转移至 S0.3 程序段→“网络 13”中 SM0.0 通电常闭触点闭合→Q0.3 线圈得电，KM4 线圈得电，通过电动机 M2 驱动机械手上移，当上移到位后，开关 SQ3 闭合，“网络 13”中 I0.4 常开触点闭合，执行“SCRT S0.4”指令，程序转移至 S0.4 程序段→“网络 16”中 SM0.0 通电常闭触点闭合→Q0.0 线圈得电，KM1 线圈得电，通过电动机 M1 驱动机械手右移，当右移到位后，开关 SQ2 闭合，“网络 16”中 I0.3 常开触点闭合，执行“SCRT S0.5”指令，程序转移至 S0.5 程序段→“网络 19”中 SM0.0 通电常闭触点闭合→Q0.2 线圈得电，KM3 线圈得电，通过电动机 M2 驱动机械手下降，当下降到位后，开关 SQ4 闭合，“网络 19”中 I0.5 常开触点闭合，执行“SCRT S0.6”指令，程序转移至 S0.6 程序段→“网络 22”中 SM0.0 通电常闭触点闭合→Q0.4 线圈被复位，接触器 KM5 线圈失电，夹紧线圈 YV 失电将工件放下，与此同时，定时器 T50 开始 1s 计时→1s 后，“网络 22”中 T50 常开触点闭合，执行“SCRT S0.7”指令，程序转移至 S0.7 程序段→“网络 25”中 SM0.0 通电常闭触点闭合→Q0.3 线圈得电，KM4 线圈得电，通过电动机 M2 驱动机械手上升，当上升到位后，开关 SQ3 闭合，“网络 25”中 I0.4 常开触点闭合，执行“SCRT S1.0”指令，程序转移至 S1.0 程序段→“网络 28”中 SM0.0 通电常闭触点闭合→Q0.1 线圈得电，KM2 线圈得电，通过电动机 M1 驱动机械手左移，当左移到位后，开关 SQ1 闭合，“网络 28”中 I0.2 常闭触点断开，Q0.1 线圈失电，机械手停止左移，同时“网络 28”中 I0.2 常开触点闭合，如果上到位开关 SQ3（I0.4）和工件检测开关 SQ5（I0.6）均闭合，执行“SCRT S0.1”指令，程序转移至 S0.1 程序段→“网络 7”中 SM0.0 通电常闭触点闭合，Q0.2 线圈得电，开始下一次工件搬运。若工位 A 无工件，SQ5 断开，机械手会停在原点位置。

（2）停止控制。当按下停止按钮 SB2→“网络 1”中 I0.1 常闭触点断开→辅助继电器 M0.0 线圈失电→“网络 1、4、28”中的 M0.0 常开触点均断开，其中“网络 1”中 M0 常开触点断开解除 M0.0 线圈供电，“网络 4、28”中 M0.0 常开触点断开均会使“SCRT S0.1”指令无法执行，也就无法转移至 S0.1 程序段，机械手不工作。

### 4.4.3 PLC 控制大小铁球分拣机

1. 控制要求

大小铁球分拣机结构如图 4-13 所示。M1 为传送带电动机，通过传送带驱动机械手臂左向或右向移动；M2 为电磁铁升降电动机，用于驱动电磁铁 YA 上移或下移；SQ1、SQ4、SQ5 分别为混装球箱、小球球箱、大球球箱的定位开关，当机械手臂移到某球箱上方时，相应的定位开关闭合；SQ6 为接近开关，当铁球靠近时开关闭合，表示电磁铁下方有球存在。

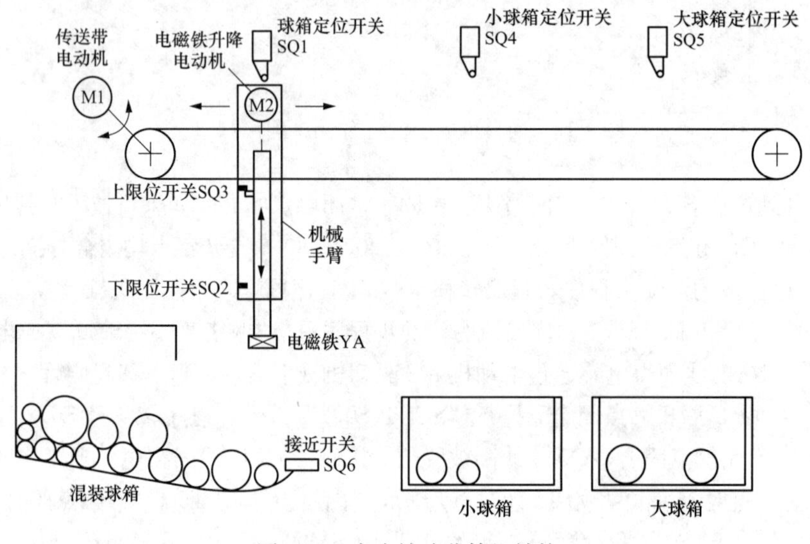


图 4-13 大小铁球分拣机结构

大小铁球分拣机控制要求及工作过程如下。

（1）分拣机要从混装球箱中将大小球分检出来，并将小球放入小球箱内，大球放入大球箱内。

（2）分拣机的初始状态（原点条件）是机械手臂应停在混装球箱上方，SQ1、SQ3 均闭合。

（3）在工作时，若 SQ6 闭合，则电动机 M2 驱动电磁铁下移，2s 后，给电磁铁通电从混装球箱中吸引铁球，若此时 SQ2 处于断开，表示吸引的是大球，若 SQ2 处于闭合，则吸引的是小球，然后电磁铁上移，SQ3 闭合后，电动机 M1 带动机械手臂右移，如果电磁铁吸引的为小球，机械手臂移至 SQ4 处停止，电磁铁下移，将小球放入小球箱（让电磁铁失电），而后电磁铁上移，机械手臂回归原位，如果电磁铁吸引的是大球，机械手臂移至 SQ5 处停止，电磁铁下移，将小球放入大球箱，而后电磁铁上移，机械手臂回归原位。

2. 确定输入/输出设备，并为其分配合适的 I/O 端子

大小铁球分拣机控制系统用到的输入/输出设备和对应的 PLC I/O 端子见表 4-4 。

表 4-4　　大小铁球分拣机控制采用的输入/输出设备和对应的 PLC I/O 端子

| 输入 | | | 输出 | | |
|---|---|---|---|---|---|
| 输入设备 | 对应端子 | 功能说明 | 输出设备 | 对应端子 | 功能说明 |
| SB1 | I0.0 | 启动控制 | HL | Q0.0 | 工作指示 |
| SQ1 | I0.1 | 混装球箱定位 | KM1 线圈 | Q0.1 | 电磁铁上升控制 |
| SQ2 | I0.2 | 电磁铁下限位 | KM2 线圈 | Q0.2 | 电磁铁下降控制 |
| SQ3 | I0.3 | 电磁铁上限位 | KM3 线圈 | Q0.3 | 机械手臂左移控制 |
| SQ4 | I0.4 | 小球球箱定位 | KM4 线圈 | Q0.4 | 机械手臂右移控制 |
| SQ5 | I0.5 | 大球球箱定位 | KM5 线圈 | Q0.5 | 电磁铁吸合控制 |
| SQ6 | I0.6 | 铁球检测 | | | |

3. PLC 控制电路图

图 4-14 所示为大小铁球分拣机的 PLC 控制电路图。

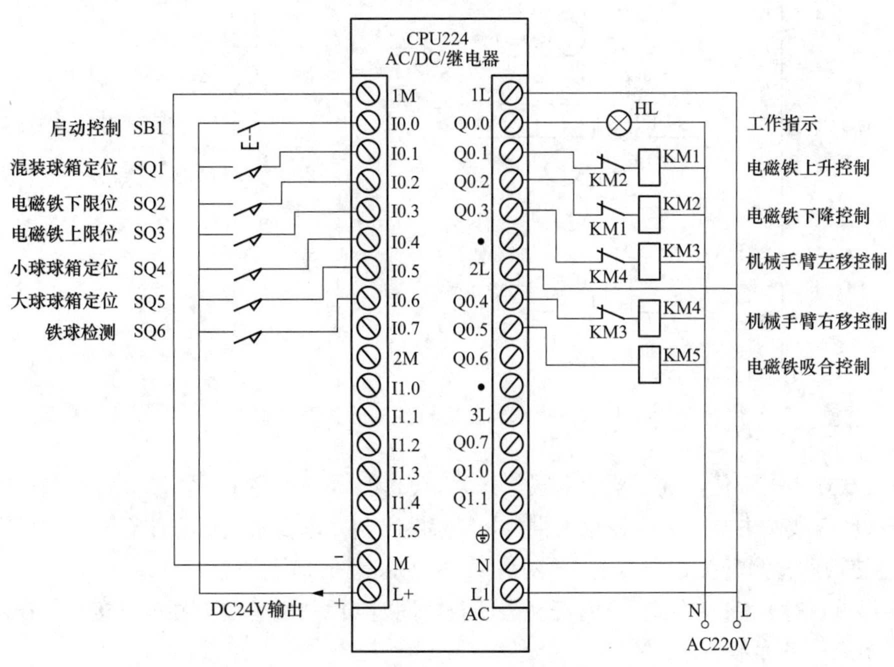


图 4-14　大小铁球分拣机的 PLC 控制电路图

4. 编写 PLC 控制程序

（1）绘制状态转移图。分拣机检球时抓的可能为大球，也可能抓的为小球，若抓的为大球时则执行抓取大球控制，若抓的为小球则执行抓取小球控制，这是一种选择性控制，编程时应采用选择性分支方式。图 4-15 所示为大小铁球分拣机控制的状态转移图。

（2）绘制梯形图。启动 STEP 7-Micro/WIN 编程软件，根据图 4-15 所示的状态转移图编写梯形图，编写完成的梯形图程序如图 4-16 所示。

5. 梯形图程序的工作原理

下面对照图 4-13 所示的分拣机结构图和图 4-14 所示的控制线路图和来说明图 4-16 所示梯形图程序的工作原理。

（1）检测原点条件。图 4-16 梯形图程序中的“网络 1”用来检测分拣机是否满足原点条件。分拣机的原点条件有：①机械手臂停止混装球箱上方（会使定位开关 SQ1 闭合，“网络 1”中 I0.1 常开触点

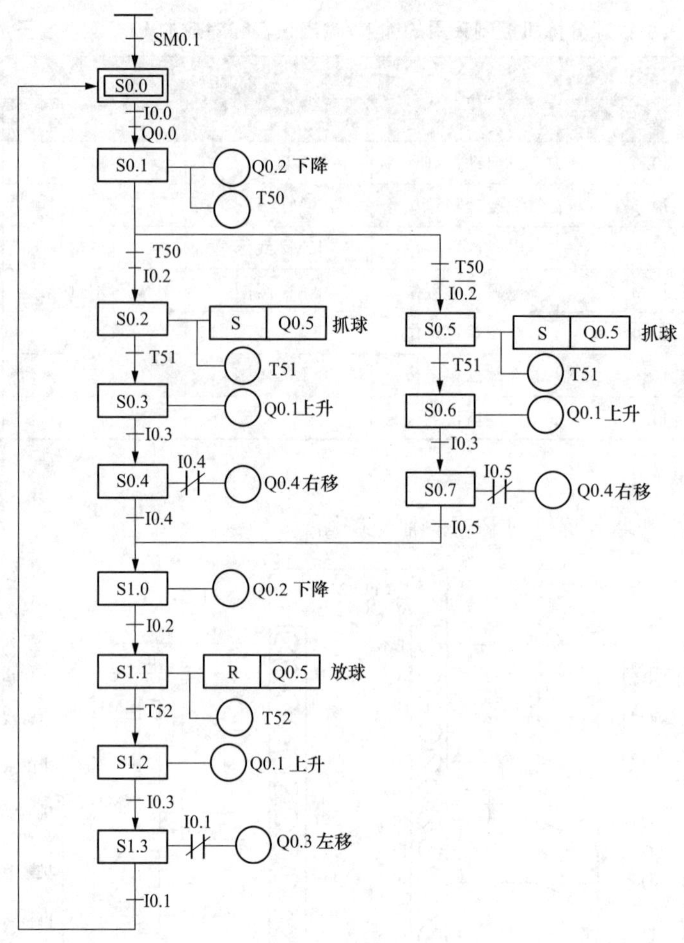


图 4-15　大小铁球分拣机控制的状态转移图

闭合)；②电磁铁处于上限位位置（会使上限位开关 SQ3 闭合，“网络 1”中 I0.3 常开触点闭合)；③电磁铁未通电（Q0.5 线圈失电，电磁铁也无供电，“网络 1”中 Q0.5 常闭触点闭合)；④有铁球处于电磁铁正下方（会使铁球检测开关 SQ6 闭合，“网络 1”中 I0.6 常开触点闭合)。这 4 点都满足后，“网络 1”中 Q0.0 线圈得电，“网络 4”中 Q0.0 常开触点闭合，同时 Q0.0 端子的内硬触点接通，指示灯 HL 亮，HL 不亮，说明原点条件不满足。

(2) 工作过程。当 PLC 上电启动时，SM0.1 会接通一个扫描周期，将状态继电器 S0.0 被置位，S0.0 程序段被激活，成为活动步程序。按下启动按钮 SB1→“网络 4”中 I0.0 常开触点闭合→由于 SM0.0 和 Q0.0 触点均闭合，故执行“SCRT S0.1”指令，程序转移至 S0.1 程序段→“网络 7”中 SM0.0 通电常闭触点闭合→“网络 7”中 Q0.2 线圈得电，通过接触器 KM2 使电动机 M2 驱动电磁铁下移，与此同时，定时器 T50 开始 2s 计时→2s 后，“网络 7”中两个 T50 常开触点均闭合，若下限位开关 SQ2 处于闭合，表明电磁铁接触为小球，“网络 7”中 I0.2 常开触点闭合，“网络 7”中 I0.2 常闭触点断开，执行“SCRT S0.2”指令，程序转移至 S0.2 程序段，开始抓小球控制程序，若下限位开关 SQ2 处于断开，表明电磁铁接触为大球，“网络 7”中 I0.2 常开触点断开，“网络 7”中 I0.2 常闭触点闭合，执行“SCRT S0.5”指令，程序转移至 S0.5 程序段，开始抓大球控制程序。

1) 小球抓取控制（S0.2～S0.4 程序段)。程序转移至 S0.2 程序段后→“网络 10”中 SM0.0 通电常闭触点闭合→Q0.5 线圈被置位，通过 KM5 使电磁铁通电抓住小球，同时定时器 T51 开始 1s 计时→1s 后，“网络 10”中 T51 常开触点闭合，执行“SCRT S0.3”指令，程序转移至 S0.3 程序段→“网络

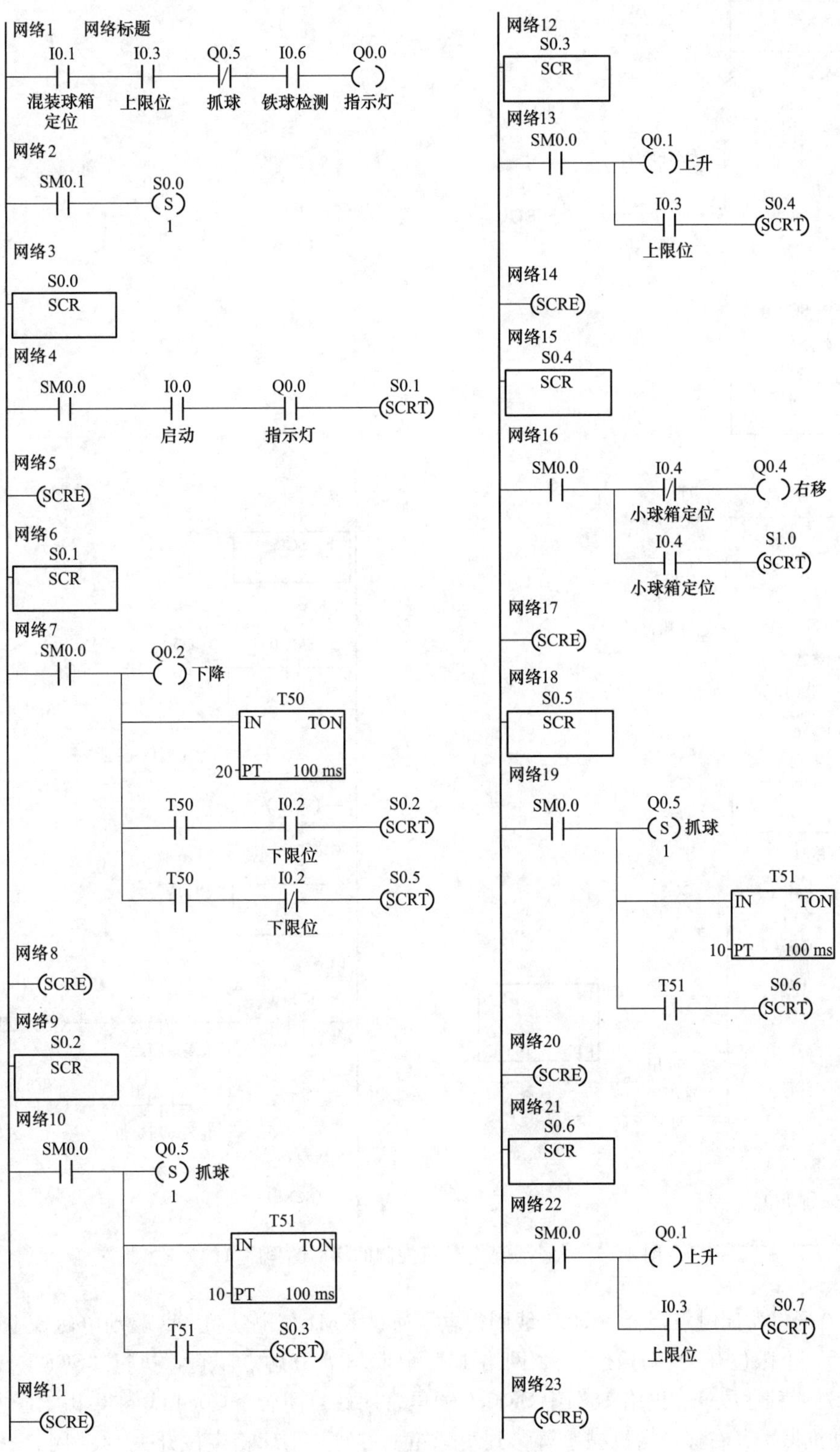


图 4-16 大小铁球分拣机控制的梯形图程序（一）

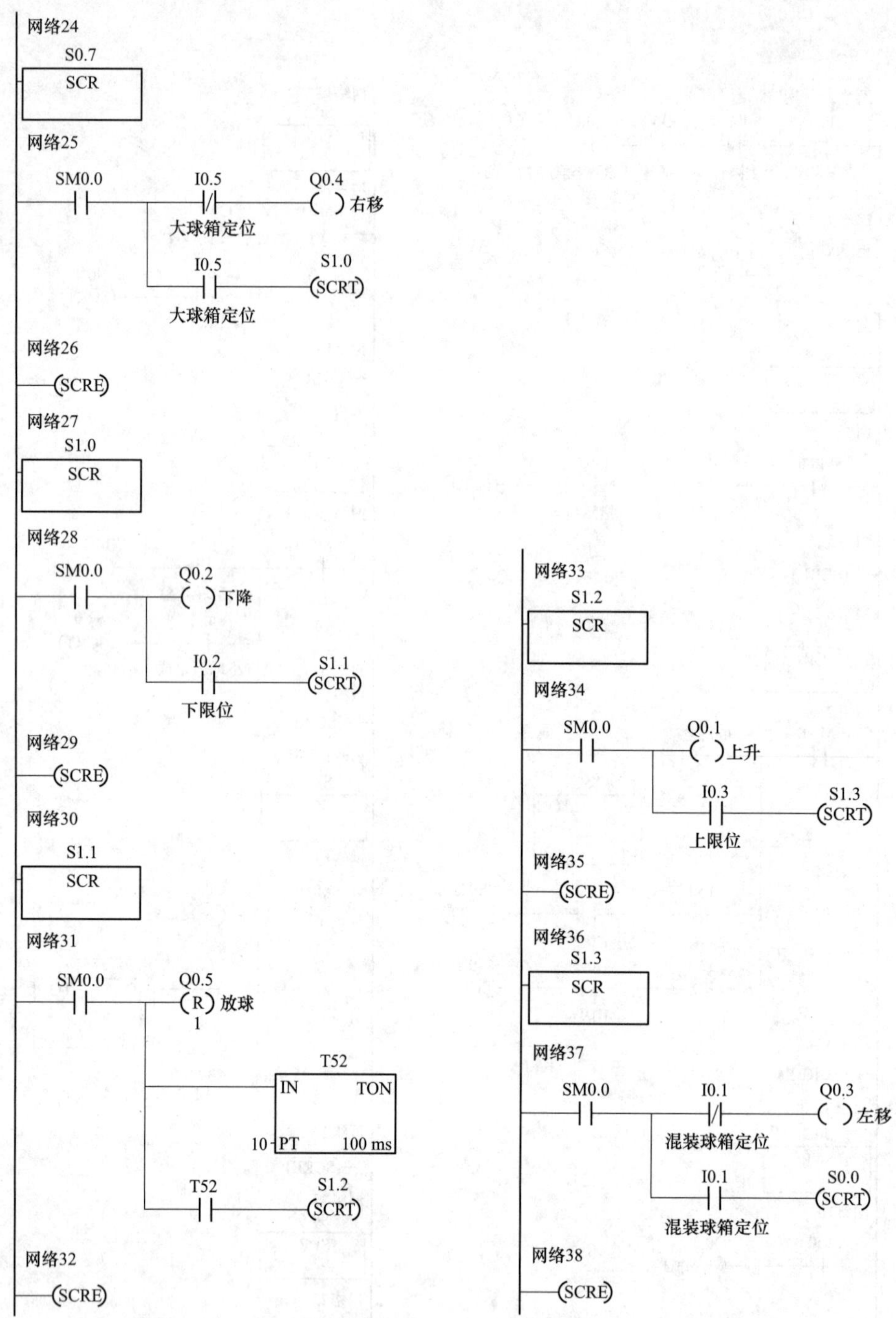


图 4-16　大小铁球分拣机控制的梯形图程序（二）

13”中 SM0.0 通电常闭触点闭合→Q0.1 线圈得电，通过 KM1 使电动机 M2 驱动电磁铁上升→当电磁铁上升到位后，上限位开关 SQ3 闭合，“网络 13”中 I0.3 常开触点闭合，执行“SCRT S0.4”指令，程序转移至 S0.4 程序段→“网络 16”中 SM0.0 通电常闭触点闭合→Q0.4 线圈得电，通过 KM4 使电动机 M1 驱动机械手臂右移→当机械手臂移到小球箱上方时，小球箱定位开关 SQ4 闭合→“网络 16”中 I0.4 常闭触点断开，Q0.4 线圈失电，机械手臂停止移动，同时“网络 16”中 I0.4 常开触点闭合，执行“SCRT S1.0”指令，程序转移至 S1.0 程序段，开始放球控制。

2）放球并返回控制（S1.0～S1.3 程序段）。程序转移至 S1.0 程序段后→“网络 28”中 SM0.0 通电常闭触点闭合，Q0.2线圈得电，通过KM2使电动机M2驱动电磁铁下降，当下降到位后，下限位开关SQ2闭合→“网络28”中I0.2常开触点闭合，执行“SCRT S1.1”指令，程序转移至S1.1程序段→“网络31”中SM0.0通电常闭触点闭合→Q0.5线圈被复位，电磁铁失电，将球放入球箱，与此同时，定时器T52开始1s计时→1s后，“网络31”中T52常开触点闭合，执行“SCRT S1.2”指令，程序转移至S1.2程序段→“网络34”中SM0.0通电常闭触点闭合，Q0.1线圈得电，通过KM1使电动机M2驱动电磁铁上升→当电磁铁上升到位后，上限位开关SQ3闭合，“网络34”中I0.3常开触点闭合，执行“SCRT S1.3”指令，程序转移至S1.3程序段→“网络37”中SM0.0通电常闭触点闭合，Q0.3线圈得电，通过KM3使电动机M1驱动机械手臂左移→当机械手臂移到混装球箱上方时，混装球箱定位开关SQ1闭合→“网络37”中I0.1常闭触点断开，Q0.3线圈失电，电动机M1停转，机械手臂停止移动，与此同时，“网络37”中I0.1常开触点闭合，执行“SCRT S0.0”指令，程序转移至S0.0程序段→［4］SM0.0通电常闭触点闭合，若按下启动按钮SB1，则开始下一次抓球过程。

3）大球抓取过程（S0.5～S0.7程序段）。程序转移至S0.5程序段后→“网络19”中SM0.0通电常闭触点闭合，Q0.5线圈被置位，通过KM5使电磁铁通电抓取大球，同时定时器T51开始1s计时→1s后，“网络19”中T51常开触点闭合，执行“SCRT S0.6”指令，程序转移至S0.6程序段→“网络22”中SM0.0通电常闭触点闭合，Q0.1线圈得电，通过KM1使电动机M2驱动电磁铁上升→当电磁铁上升到位后，上限位开关SQ3闭合，“网络22”中I0.3常开触点闭合，执行“SCRT S0.7”指令，程序转移至S0.7程序段→“网络25”中SM0.0通电常闭触点闭合，Q0.4线圈得电，通过KM4使电动机M1驱动机械手臂右移→当机械手臂移到大球箱上方时，大球箱定位开关SQ5闭合→“网络25”中I0.5常闭触点断开，Q0.4线圈失电，机械手臂停止移动，同时“网络25”中I0.5常开触点闭合，执行“SCRT S1.0”指令，程序转移至S1.0程序段，开始放球过程。

大球的放球与返回控制过程与小球完全一样，不再叙述。

# 第5章 功能指令及应用

基本指令和顺序控制指令是PLC最常用的指令，为了适应现代工业自动控制需要，PLC制造商开始逐步为PLC增加了很多功能指令，**功能指令使PLC具有强大的数据运算和特殊处理功能，从而大大扩展了PLC的使用范围。**

## 5.1 功能指令使用基础

### 5.1.1 数据类型

1. 字长

S7-200 PLC的存储单元（即编程元件）存储的数据都是二进制数。**数据的长度称为字长，字长可分为位（1位二进制数，用bit表示）、字节（8位二进制数，用B表示）、字（16位二进制数，用W表示）和双字（32位二进制数，用D表示）。**

2. 数据的类型和范围

S7-200 PLC的存储单元存储的数据类型可分为布尔型、整数型和实数型（浮点数）。

（1）布尔型。**布尔型数据只有1位，又称位型，用来表示开关量（或称数字量）的两种不同状态。**当某编程元件为1，称该元件为1状态，或称该元件处于ON，该元件对应的线圈"通电"，其常开触点闭合、常闭触点断开；当该元件为0时，称该元件为0状态，或称该元件处于OFF，该元件对应的线圈"失电"，其常开触点断开、常闭触点闭合。如输出继电器Q0.0的数据为布尔型。

（2）整数型。**整数型数据不带小数点，它分为无符号整数和有符号整数，有符号整数需要占用1个最高位表示数据的正负，通常规定最高位为0表示数据为正数，为1表示数据为负数。**表5-1列出了不同字长的整数表示的数值范围。

**表5-1　不同字长的整数表示的数值范围**

| 整数长度 | 无符号整数表示范围 | | 有符号整数表示范围 | |
|---|---|---|---|---|
| | 十进制表示 | 十六进制表示 | 十进制表示 | 十六进制表示 |
| 字节B（8位） | 0～255 | 0～FF | －128～127 | 80～7F |
| 字W（16位） | 0～65535 | 0～FFFF | －32768～32767 | 8000～7FFF |
| 双字D（32位） | 0～4294967295 | 0～FFFFFFFF | －2147483648～2147483647 | 80000000～7FFFFFFF |

（3）实数型。**实数型数据也称为浮点型数据，是一种带小数位的数据，它采用32位来表示（即字长为双字），其数据范围很大，正数范围为＋1.175495E－38～＋3.402823E＋38，负数范围为－1.175495E－38～－3.402823E＋38，E－38表示$10^{-38}$。**

3. 常数的编程书写格式

常数在编程时经常要用到。常数的长度可为字节、字和双字，常数在PLC中也是以二进制数形式存储的，但编程时常数可以十进制、十六进制、二进制、ASCII码或浮点数（实数）形式编写，然后由编程软件自动编译成二进制数下载到 PLC 中。

常数的编程书写格式见表 5-2。

**表 5-2　　常数的编程书写格式**

| 常数 | 编程书写格式 | 举　例 |
|---|---|---|
| 十进制 | 十进制值 | 2105 |
| 十六进制 | 16#十六进制值 | 16#3F67A |
| 二进制 | 2#二进制值 | 2#1010000111010011 |
| ASCII 码 | 'ASCII 码文本' | 'very good' |
| 浮点数（实数） | 按 ANSI/IEEE 754—1985 标准 | +1.038267E-36（正数） |
| | | −1.038267E-36（负数） |

## 5.1.2　寻址方式

在 S7-200 PLC 中，数据是存在存储器中的，为了存取方便，需要对存储器的每个存储单元进行编址。在访问数据时，只要找到某单元的地址，就能对该单元的数据进行存取。**S7-200 PLC 的寻址方式主要有直接寻址和间接寻址两种。**

1. 直接寻址

（1）编址。要了解存储器的寻址方法，须先掌握其编址方法。S7-200 PLC 的存储单元编址有一定的规律，它将存储器按功能不同划分成若干个区，如 I 区（输入继电器区）、Q 区（输出继电器区）、M 区、SM 区、V 区、L 区…，由于每个区又有很多存储单元，这些单元需要进行编址。**PLC 存储区常采用以下方式编址。**

1）**I、Q、M、SM、S 区按位顺序编址**，如 I0.0…I15.7、M0.0～31.7。

2）**V、L 区按字节顺序编址**，如 VB0～VB2047、LB0～LB63。

3）**AI、AQ 区按字顺序编址**，如 AIW0～AIW30、AQW0～AQW30。

4）**T、C、HC、AC 区直接按编号大小编址**，如 T0～T255、C0～C255、AC0～AC3。

（2）直接寻址。**直接寻址是通过直接指定要访问存储单元的区域、长度和位置来查找到该单元。** S7-200 PLC 直接寻址方法主要有位寻址和字节/字/双字寻址。

1）位寻址。位寻址格式为：

**位单元寻址＝存储区名（元件名）＋字节地址.位地址**

如寻址时给出 I2.3，要查找的地址是 I 存储区第 2 字节的第 3 位，如图 5-1 所示。

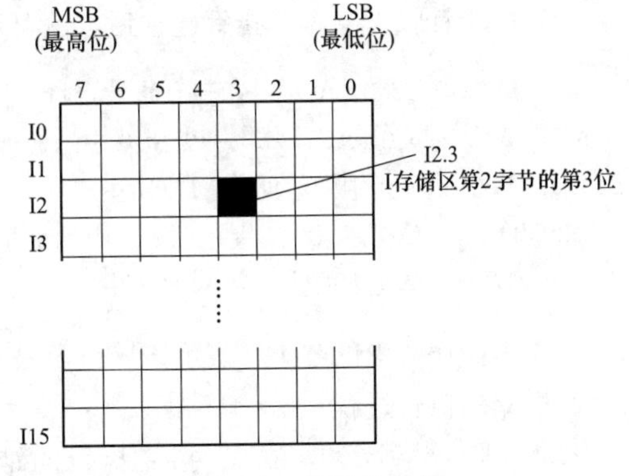

图 5-1　位寻址举例

可进行位寻址的存储区有 I、Q、M、SM、L、V、S。

2）字节/字/双字寻址。字节/字/双字寻址是以字节、字或双字为单位进行的，字节/字/双字寻址格式为：

**字节/字/双字寻址＝存储区名（元件名）＋字长（字节、字或双字）＋首字节地址**

如寻址时给出 VB100，要查找的地址为 V 存储区的第 100 字节，若给出 VW100，要查找的地址则为 V 存储区的第 100、101 两个字节，若给出 VD100，要查找的地址为 V 存储区的第 100～103 这 4 个字节。VB100、VW100、VD100 之间的关系如图 5-2 所示，VW100 即为 VB100 和 VB101，VD100 即为

VB100～VB103，当VW100单元存储16位二进制数时，VB100存高字节（高8位），VB101存低字节（低8位），当VD100单元存储32位二进制数时，VB100存最高字节，VB103存最低字节。

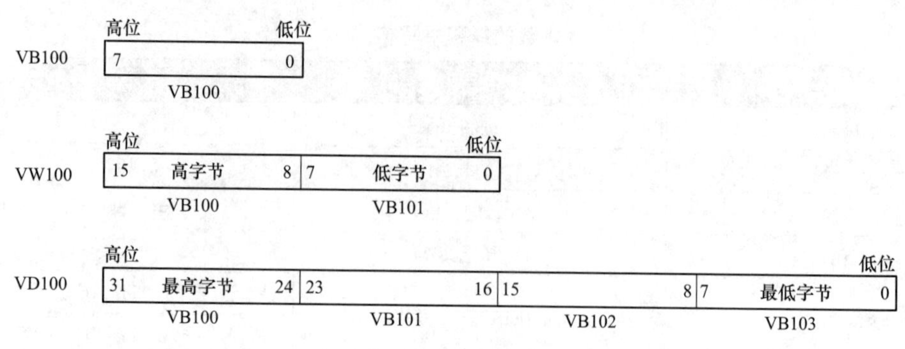


图5-2　VB100、VW100、VD100之间的关系

可进行字节寻址的存储区有I、Q、M、SM、L、V、AC（仅低8位）、常数；可进行字寻址的存储区有I、Q、M、SM、L、V、T、C、AC（仅低16位）、常数；可进行双字寻址的存储区有I、Q、M、SM、L、V、AC（32位）、常数。

2. 间接寻址

**间接寻址是指不直接给出要访问单元的地址，而是将该单元的地址存在某些特殊存储单元中，这个用来存储地址的特殊存储单元称为指针，指针只能由V、L或AC（累加器）来承担**。采用间接寻址方式在访问连续地址中的数据时很方便，使编程非常灵活。

**间接寻址存取数据一般有：建立指针、用指针存取数据和修改指针3个过程。**

（1）建立指针。建立指针必须用双字传送指令（MOVD），利用该指令将要访问单元的地址存入指针（用来存储地址的特殊存储单元）中。指针建立举例如下：

MOVD　&VB200，AC1　//将存储单元VB200的地址存入累加器AC1中

指令中操作数前的"&"为地址符号，"&VB200"表示VB200的地址（而不是VB200中存储的数据），"//"为注释符号，它后面的文字用来对指令注释说明，软件不会对它后面的内容编译。**在建立指针时，指令中的第2个操作数的字长必须是双字存储单元，如AC、VD、LD。**

（2）用指针存取数据。指针建立后，就可以利用指针来存取数据。举例如下：

MOVD　&VB200，AC0　//建立指针，将存储单元VB200的地址存入累加器AC0中

MOVW　＊AC0，AC1　//以AC0中的地址（VB200的地址）作为首地址，将连续两个字节（一个字，即VB200、VB201）单元中的数据存入AC1中

MOVD　＊AC0，AC1　//以AC0中的地址（VB200的地址）作为首地址，将连续4个字节（双字，即VB200～VB203）单元中的数据存入AC1中

指令中操作数前的"＊"表示该操作数是一个指针（存有地址的存储单元）。下面通过图5-3来说明上述指令的执行过程。

"MOVD　&VB200，AC0"指令执行的结果是AC0中存入存储单元VB200的地址；"MOVW　＊AC0，AC1"指令执行的结果是以AC0中的VB200地址作为首地址，将连续两个字节单元（VB200、VB201）中的数据存入AC1中，如果VB200、VB201单元中的数据分别为12、34，该指令执行后，AC1的低16位就存入了"1234"；"MOVD　＊AC0，AC1"指令执行的结果是以AC0中的VB200地址作为首地址，将连续4个字节单元（VB200～VB203）中的数据存入AC1中，该指令执行后，AC1中就存入了"12345678"。

（3）修改指针。**指针（用来存储地址的特殊存储单元）的字长为双字（32位），修改指针值需要用**

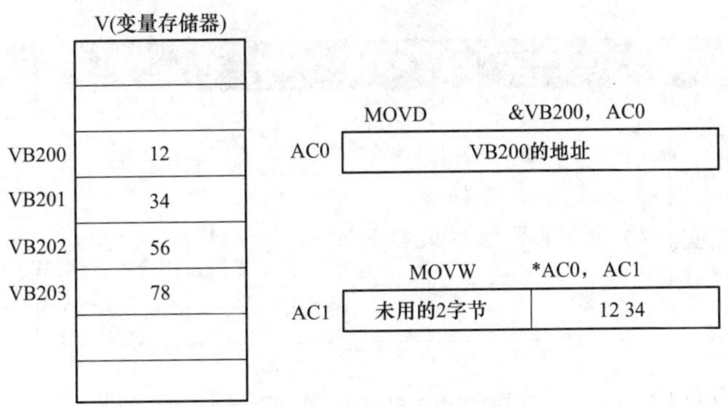


图 5-3 间接寻址说明图

**双字指令**。常用的双字指令有双字加法指令（ADDD）和双字加 1 指令（INCD）。在修改指针值、存取字节时，指针值加 1，存取字时，指针值加 2，存取双字时，指针值加 4。修改指针值举例如下：

MOVD &VB200，AC0 //建立指针

INCD AC0 //将 AC0 中的值加 1（即地址值增 1）

INCD AC0 //将 AC0 中的地址值再增 1

MOVW * AC0，AC1 //读指针，以 AC0 中的新地址作为首地址，将它所对应连续两个字节单元中的数据存入 AC1 中

以图 5-3 为例，上述程序执行的结果以 AC0 中的 VB202 单元地址为首地址，将 VB202、VB203 单元中的数据 56、78 被存入 AC1 的低 16 位。

# 5.2 传送指令

**传送指令的功能是在编程元件之间传送数据。传送指令可分为单一数据传送指令、字节立即传送指令和数据块传送指令。**

## 5.2.1 单一数据传送指令

**单一数据传送指令用于传送一个数据，根据传送数据的字长不同，可分为字节、字、双字和实数传送指令。单一数据传送指令的功能是在 EN 端有输入（即 EN=1）时，将 IN 端指定单元中的数据送入 OUT 端指定的单元中。**

单一数据传送指令说明见表 5-3。

**表 5-3** 单一数据传送指令说明

| 指令名称 | 梯形图与指令格式 | 功能说明 | 举例 |
|---|---|---|---|
| 字节传送（MOV_B） | MOV_B：EN ENO；????-IN OUT-????<br>MOVB IN，OUT | 将 IN 端指定字节单元中的数据送入 OUT 端指定的字节单元 | I0.1 —\| \|— MOV_B：EN ENO；IB0-IN OUT-QB0<br>当 I0.1 触点闭合时，将 IB0（I0.0～I0.7）单元中的数据送入 QB0（Q0.0～Q0.7）单元中。IN 端也可以输入常数，如将 IB0 改为“3”，则将“3”送入 QB0 |

续表

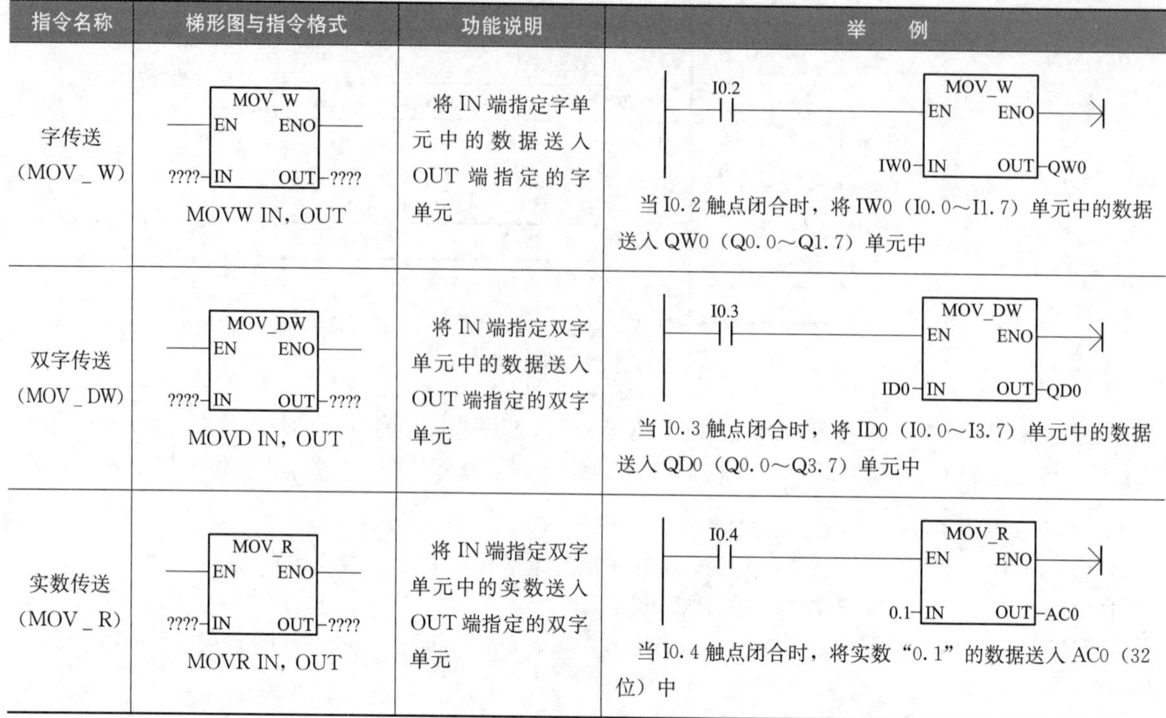

| 指令名称 | 梯形图与指令格式 | 功能说明 | 举　例 |
|---|---|---|---|
| 字传送（MOV_W） | MOV_W：EN、ENO；????-IN、OUT-????<br>MOVW IN，OUT | 将 IN 端指定字单元中的数据送入 OUT 端指定的字单元 | I0.2 触点；MOV_W：EN、ENO；IW0-IN、OUT-QW0<br>当 I0.2 触点闭合时，将 IW0（I0.0～I1.7）单元中的数据送入 QW0（Q0.0～Q1.7）单元中 |
| 双字传送（MOV_DW） | MOV_DW：EN、ENO；????-IN、OUT-????<br>MOVD IN，OUT | 将 IN 端指定双字单元中的数据送入 OUT 端指定的双字单元 | I0.3 触点；MOV_DW：EN、ENO；ID0-IN、OUT-QD0<br>当 I0.3 触点闭合时，将 ID0（I0.0～I3.7）单元中的数据送入 QD0（Q0.0～Q3.7）单元中 |
| 实数传送（MOV_R） | MOV_R：EN、ENO；????-IN、OUT-????<br>MOVR IN，OUT | 将 IN 端指定双字单元中的实数送入 OUT 端指定的双字单元 | I0.4 触点；MOV_R：EN、ENO；0.1-IN、OUT-AC0<br>当 I0.4 触点闭合时，将实数“0.1”的数据送入 AC0（32 位）中 |

字节、字、双字和实数传送指令允许使用的操作数见表 5-4。

**表 5-4　字节、字、双字和实数传送指令允许使用的操作数**

| 单一数据传送指令 | 输入/输出 | 允许使用的操作数 | 数据类型 |
|---|---|---|---|
| MOVB | IN | IB、QB、VB、MB、SMB、SB、LB、AC、*VD、*LD、*AC、常数 | 字节 |
| | OUT | IB、QB、VB、MB、SMB、SB、LB、AC、*VD、*LD、*AC | |
| MOVW | IN | IW、QW、VW、MW、SMW、SW、T、C、LW、AC、AIW、*VD、*AC、*LD、常数 | 字、整数型 |
| | OUT | IW、QW、VW、MW、SMW、SW、T、C、LW、AC、AQW | |
| MOVD | IN | ID、QD、VD、MD、SMD、SD、LD、HC、&VB、&IB、&QB、&MB、&SB、&T、&C、&SMB、&AIW、&AQW、AC、*VD、*LD、*AC、常数 | 双字、双整数型 |
| | OUT | AC、*VD、*LD、*AC | |
| MOVR | IN | ID、QD、VD、MD、SMD、SD、LD、AC、*VD、*LD、*AC、常数 | 实数型 |
| | OUT | ID、QD、VD、MD、SMD、SD、LD、AC、*VD、*LD、*AC | |

### 5.2.2　字节立即传送指令

**字节立即传送指令的功能是在 EN 端（使能端）有输入时，在物理 I/O 端和存储器之间立即传送一个字节数据。字节立即传送指令可分为字节立即读指令和字节立即写指令，它们不能访问扩展模块。**

字节立即传送指令说明见表 5-5。

表 5-5　　字节立即传送指令说明

| 指令名称 | 梯形图与指令格式 | 功能说明 | 举　例 |
|---|---|---|---|
| 字节立即读（MOV_BIR） |  MOV_BIR EN ENO ????-IN OUT-???? BIR IN，OUT | 将 IN 端指定的物理输入端子的数据立即送入 OUT 端指定的字节单元，物理输入端子对应的输入寄存器不会被刷新 | 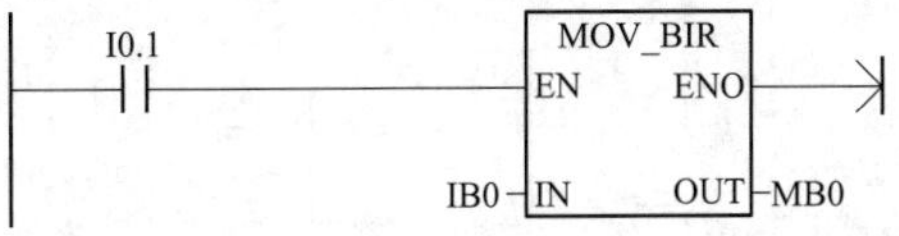 I0.1 MOV_BIR EN ENO IB0-IN OUT-MB0<br>当 I0.1 触点闭合时，将 IB0（I0.0～I0.7）端子输入值立即送入 MB0（M0.0～M0.7）单元中，IB0 输入继电器中的数据不会被刷新 |
| 字节立即写（MOV_BIW） | 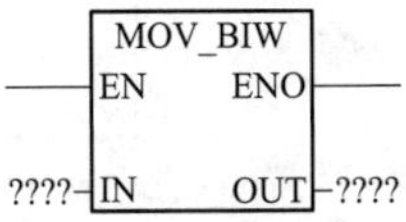 MOV_BIW EN ENO ????-IN OUT-???? BIW IN，OUT | 将 IN 端指定字节单元中的数据立即送到 OUT 端指定的物理输出端子，同时刷新输出端子对应的输出寄存器 | 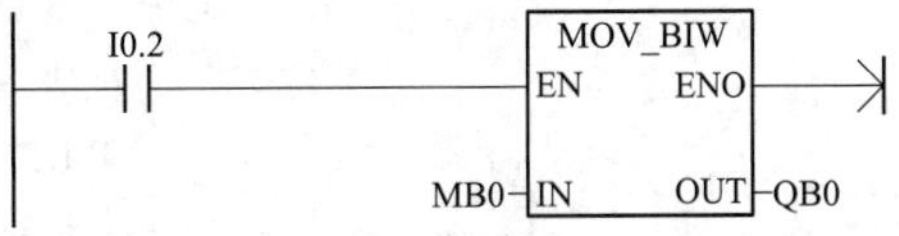 I0.2 MOV_BIW EN ENO MB0-IN OUT-QB0<br>当 I0.2 触点闭合时，将 MB0 单元中的数据立即送到 QB0（Q0.0～Q0.7）端子，同时刷新输出继电器 QB0 中的数据 |

字节立即读写指令允许使用的操作数见表 5-6。

表 5-6　　字节立即读写指令允许使用的操作数

| 立即读写指令 | 输入/输出 | 允许使用的操作数 | 数据类型 |
|---|---|---|---|
| BIR | IN | IB、＊VD、＊LD、＊AC | 字节型 |
| | OUT | IB、QB、VB、MB、SMB、SB、LB、AC、＊VD、＊LD、＊AC | |
| BIW | IN | IB、QB、VB、MB、SMB、SB、LB、AC、＊VD、＊LD、＊AC、常数 | 字节型 |
| | OUT | QB、＊VD、＊LD、＊AC | |

## 5.2.3　数据块传送指令

**数据块传送指令的功能是在 EN 端（使能端）有输入时，将 IN 端指定首地址的 N 个单元中的数据送入 OUT 端指定首地址的 N 个单元中。数据块传送指令可分为字节块、字块及双字块传送指令。**

数据块传送指令说明见表 5-7。

表 5-7　　数据块传送指令说明

| 指令名称 | 梯形图与指令格式 | 功能说明 | 举　例 |
|---|---|---|---|
| 字节块传送（BLKMOV_B） | 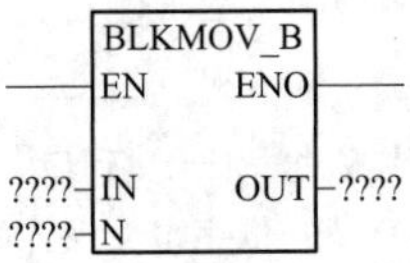 BLKMOV_B EN ENO ????-IN OUT-???? ????-N BMB IN，OUT，N | 将 IN 端指定首地址的 N 个字节单元中的数据送入 OUT 端指定首地址的 N 个字节单元中 | 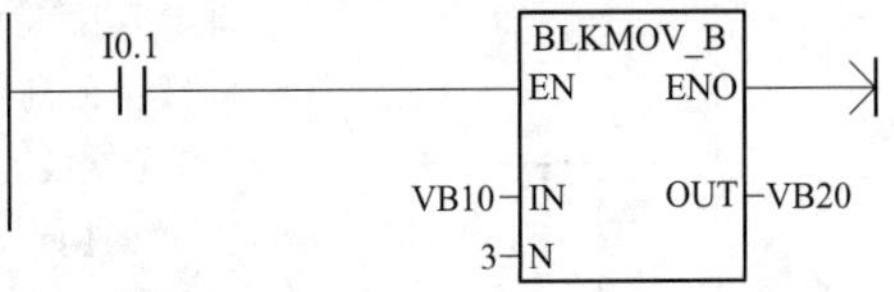 I0.1 BLKMOV_B EN ENO VB10-IN OUT-VB20 3-N<br>当 I0.1 触点闭合时，将 VB10 为首地址的 3 个连续字节单元中的数据送入 VB20 为首地址的 3 个连续字节单元中，其中 VB10→VB20、VB11→VB21、VB12→VB22 |

续表

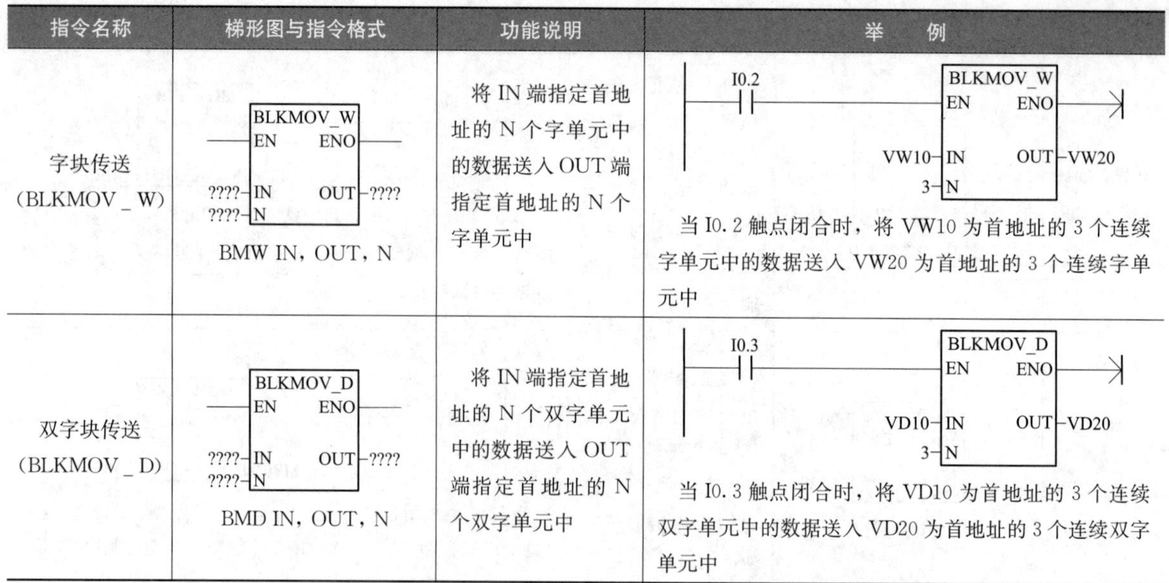

| 指令名称 | 梯形图与指令格式 | 功能说明 | 举例 |
|---|---|---|---|
| 字块传送（BLKMOV _ W） | BLKMOV_W: EN ENO; ????-IN OUT-????; ????-N<br>BMW IN，OUT，N | 将IN端指定首地址的N个字单元中的数据送入OUT端指定首地址的N个字单元中 | I0.2 — BLKMOV_W: EN ENO; VW10-IN OUT-VW20; 3-N<br>当I0.2触点闭合时，将VW10为首地址的3个连续字单元中的数据送入VW20为首地址的3个连续字单元中 |
| 双字块传送（BLKMOV _ D） | BLKMOV_D: EN ENO; ????-IN OUT-????; ????-N<br>BMD IN，OUT，N | 将IN端指定首地址的N个双字单元中的数据送入OUT端指定首地址的N个双字单元中 | I0.3 — BLKMOV_D: EN ENO; VD10-IN OUT-VD20; 3-N<br>当I0.3触点闭合时，将VD10为首地址的3个连续双字单元中的数据送入VD20为首地址的3个连续双字单元中 |

字节、字、双字块传送指令允许使用的操作数见表5-8。

**表5-8　字节、字、双字块传送指令允许使用的操作数**

| 块传送指令 | 输入/输出 | 允许使用的操作数 | 数据类型 | 参数（N） |
|---|---|---|---|---|
| BMB | IN | IB、QB、VB、MB、SMB、SB、LB、＊VD、＊LD、＊AC | 字节 | IB、QB、VB、MB、SMB、SB、LB、AC、常数、＊VD、＊LD、＊AC字节型 |
| | OUT | IB、QB、VB、MB、SMB、SB、LB、＊VD、＊LD、＊AC | | |
| BMW | IN | IW、QW、VW、SMW、SW、T、C、LW、AIW、＊VD、＊LD、＊AC | 字、整数型 | |
| | OUT | IW、QW、VW、MW、SMW、SW、T、C、LW、AQW、＊VD、＊LD、＊AC | | |
| BMD | IN | ID、QD、VD、MD、SMD、SD、LD、＊VD、＊LD、＊AC | 双字、双整数型 | |
| | OUT | ID、QD、VD、MD、SMD、SD、LD、＊VD、＊LD、＊AD | | |

## 5.2.4　字节交换指令

**字节指令的功能是在EN有输入时，将IN端指定单元中的数据的高字节与低字节交换。**

字节交换指令说明见表5-9。

**表5-9　字节交换指令说明**

| 指令名称 | 梯形图与指令格式 | 功能说明 | 举例 |
|---|---|---|---|
| 字节交换（SWAP） | SWAP: EN ENO; ????-IN<br>SWAP IN | 将IN端指定单元中的数据的高字节与低字节交换。<br>IN端的操作数类型为字型，具体有IW、QW、VW、MW、SMW、SW、LW、T、C、AC、＊VD、＊LD、＊AC | I0.1 — P — SWAP: EN ENO; VW20-IN<br>当I0.1触点闭合时，P触点接通一个扫描周期，EN=1，SWAP指令将VW20单元的高字节与低字节交换，如交换前VW20=16＃1066，交换后变为VW20=16＃6610。<br>字节交换SWAP指令常用脉冲型触点驱动，采用普通触点会在每次扫描时将字节交换一次，很可能得不到希望的结果 |

# 5.3 比较指令

**比较指令又称触点比较指令，其功能是将两个数据按指定条件进行比较，条件成立时触点闭合，否则触点断开。**根据比较数据类型不同，可分为字节比较、整数比较、双字整数比较、实数比较和字符串比较；根据比较运算关系不同，数值比较可分为＝（等于）、＞＝（大于或等于）、＜（小于）、＜＝（小于或等于）和＜＞（不等于）共 6 种，而字符串比较只有＝（等于）和＜＞（不等于）共 2 种。比较指令有与（LD）、串联（A）和并联（O）3 种触点。

## 5.3.1 字节触点比较指令

**字节触点比较指令用于比较两个字节型整数值 IN1 和 IN2 的大小，字节比较的数值是无符号的。**

字节触点比较指令说明见表 5-10。

**表 5-10　　字节触点比较指令说明**

| 梯形图与指令格式 | 功能说明 | 举　例 | 操作数（IN1/IN2） |
|---|---|---|---|
| ????<br>┤==B├<br>????<br>LDB= IN1，IN2 | 当 IN1＝IN2 时，“＝＝B”触点闭合 | 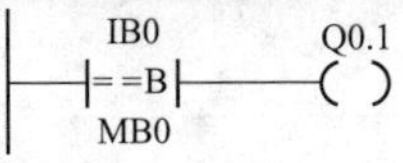 IB0 ┤==B├ MB0 —( ) Q0.1<br>LDB=IB0，MB0<br>=　Q0.1<br>当 IB0＝MB0（即两单元的数据相等）时，“＝＝B”触点闭合，Q0.1 线圈得电 | IB、QB、VB、MB、SMB、SB、LB、AC、＊VD、＊LD、＊AC、常数（字节型） |
| ????<br>┤<>B├<br>????<br>LDB<> IN1，IN2 | 当 IN1≠IN2 时，“<>B”触点闭合 | 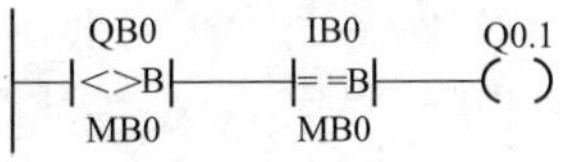 QB0 ┤<>B├ MB0 — IB0 ┤==B├ MB0 —( ) Q0.1<br>LDB<>QB0，MB0<br>AB=　IB0，MB0<br>=　Q.1<br>当 QB0≠MB0，且 IB0＝MB0 相等时，两触点均闭合，Q0.1 线圈得电。注：“串联＝＝B”比较指令用“AB=”表示 | |
| ????<br>┤>=B├<br>????<br>LDB>= IN1，IN2 | 当 IN1≥IN2 时，“>=B”触点闭合 | 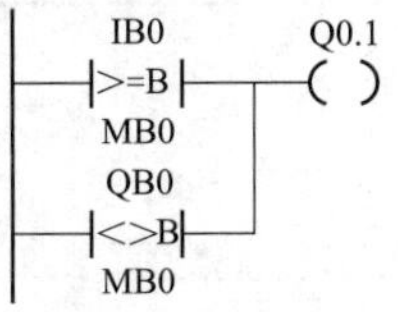 IB0 ┤>=B├ MB0 —( ) Q0.1<br>QB0 ┤<>B├ MB0（并联）<br>LDB>　IB0，MB0<br>OB<>QB0，MB0<br>=　Q.1<br>当 IB0≥MB0 时，>＝B 触点闭合，或 QB0≠MB0 时，<>B 触点闭合，Q0.1 线圈均会得电。注：“并联<>B”比较指令用“OB<>”表示 | |
| ????<br>┤<=B├<br>????<br>LDB<= IN1，IN2 | 当 IN1≤IN2 时，“<=B”触点闭合 | 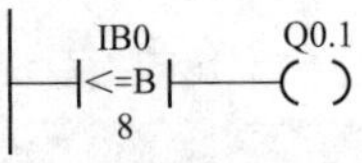 IB0 ┤<=B├ 8 —( ) Q0.1<br>LDB<=IB0，MB0，8<br>=　Q0.1<br>当 IB0 单元中的数据小于或等于 8 时，触点闭合，Q0.1 线圈得电 | |
| ????<br>┤>B├<br>????<br>LDB> IN1，IN2 | 当 IN1>IN2 时，“>B”触点闭合 | 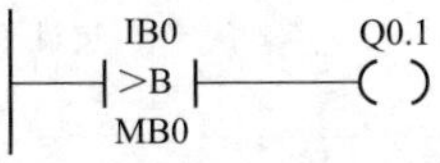 IB0 ┤>B├ MB0 —( ) Q0.1<br>LDB>　IB0，MB0<br>=　Q0.1<br>当 IB0>MB0 时，“>B”触点闭合，Q0.1 线圈得电 | |
| ????<br>┤<B├<br>????<br>LDB< IN1，IN2 | 当 IN1<IN2 时，“<B”触点闭合 | 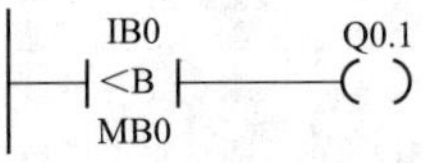 IB0 ┤<B├ MB0 —( ) Q0.1<br>LDB<　IB0，MB0<br>=　Q0.1<br>当 IB0<MB0 时，“<B”触点闭合，Q0.1 线圈得电 | |

### 5.3.2 整数触点比较指令

**整数触点比较指令用于比较两个字型整数值 IN1 和 IN2 的大小，整数比较的数值是有符号的，**比较的整数范围是－32768～＋32767，用十六进制表示为16＃8000～16＃7FFFF。

整数触点比较指令说明见表5-11。

**表5-11　整数触点比较指令说明**

| 梯形图与指令格式 | 功能说明 | 操作数（IN1/IN2） |
|---|---|---|
| ????<br>┤==I├ LDW= IN1，IN2<br>???? | 当IN1＝IN2时，"＝＝I"触点闭合 | IW，QW，VW，MW，SMW，SW，LW，T，C，AC，AIW ＊VD、＊LD，＊AC、常数（整数型） |
| ????<br>┤<>I├ LDW<> IN1，IN2<br>???? | 当IN1≠IN2时，"<>I"触点闭合 | |
| ????<br>┤>=I├ LDW>= IN1，IN2<br>???? | 当IN1≥IN2时，">＝I"触点闭合 | |
| ????<br>┤<=I├ LDW<= IN1，IN2<br>???? | 当IN1≤IN2时，"<＝I"触点闭合 | |
| ????<br>┤>I├ LDW> IN1，IN2<br>???? | 当IN1>IN2时，">I"触点闭合 | |
| ????<br>┤<I├ LDW< IN1，IN2<br>???? | 当IN1<IN2时，"<I"触点闭合 | |

### 5.3.3 双字整数触点比较指令

**双字整数触点比较指令用于比较两个双字型整数值 IN1 和 IN2 的大小，双字整数比较的数值是有符号的，**比较的整数范围是－2147483648～＋2147483647，用十六进制表示为16＃80000000～16＃7FFFFFFF。

双字整数触点比较指令说明见表5-12。

**表5-12　双字整数触点比较指令说明**

| 梯形图与指令格式 | 功能说明 | 操作数（IN1/IN2） |
|---|---|---|
| ????<br>┤==D├ LDD= IN1，IN2<br>???? | 当IN1＝IN2时，"＝＝D"触点闭合 | ID、QD、VD、MD、SMD、SD、LD、AC、HC、＊VD、＊LD、＊AC、常数（双整数型） |
| ????<br>┤<>D├ LDD<> IN1，IN2<br>???? | 当IN1≠IN2时，"<>D"触点闭合 | |
| ????<br>┤>=D├ LDD>= IN1，IN2<br>???? | 当IN1≥IN2时，">＝D"触点闭合 | |

续表

| 梯形图与指令格式 | 功能说明 | 操作数（IN1/IN2） |
|---|---|---|
| ???? ┤<=D├ ???? LDD<= IN1，IN2 | 当 IN1≤IN2 时，“<=D” 触点闭合 | ID、QD、VD、MD、SMD、SD、LD、AC、HC、＊VD、＊LD、＊AC、常数（双整数型） |
| ???? ┤>D├ ???? LDD> IN1，IN2 | 当 IN1>IN2 时，“>D” 触点闭合 | |
| ???? ┤<D├ ???? LDD< IN1，IN2 | 当 IN1<IN2 时，“<D” 触点闭合 | |

### 5.3.4 实数触点比较指令

**实数触点比较指令用于比较两个双字长实数值 IN1 和 IN2 的大小，实数比较的数值是有符号的，**负实数范围是$-1.175495^{-38}\sim-3.402823^{+38}$，正实数范围是$+1.175495^{-38}\sim+3.402823^{+38}$。

实数触点比较指令说明见表 5-13。

**表 5-13　　实数触点比较指令说明**

| 梯形图与指令格式 | 功能说明 | 操作数（IN1/IN2） |
|---|---|---|
| ???? ┤==R├ ???? LDR= IN1，IN2 | 当 IN1=IN2 时，“= =R” 触点闭合 | ID、QD，VD，MD，SMD，SD，LD，AC，＊VD、＊LD、＊AC、常数（实数型） |
| ???? ┤<>R├ ???? LDR<> IN1，IN2 | 当 IN1≠IN2 时，“<>R” 触点闭合 | |
| ???? ┤>=R├ ???? LDR>= IN1，IN2 | 当 IN1≥IN2 时，“>=R” 触点闭合 | |
| ???? ┤<=R├ ???? LDR<= IN1，IN2 | 当 IN1≤IN2 时，“<=R” 触点闭合 | |
| ???? ┤>R├ ???? LDR> IN1，IN2 | 当 IN1>IN2 时，“>R” 触点闭合 | |
| ???? ┤<R├ ???? LDR< IN1，IN2 | 当 IN1<IN2 时，“<R” 触点闭合 | |

### 5.3.5 字符串触点比较指令

**字符串触点比较指令用于比较字符串 IN1 和 IN2 的 ASCII 码，满足条件时触点闭合，否则断开。**

字符串触点比较指令说明见表 5-14。

表 5-14　　字符串触点比较指令说明

| 梯形图与指令格式 | 功能说明 | 操作数(IN1/IN2) |
|---|---|---|
| ????<br>─┤==S├─　LDS= IN1，IN2<br>???? | 当 IN1=IN2 时，“==S”触点闭合 | VB、LB、*VD、*LD、*AC，常数（IN2 不能为常数）（字符型） |
| ????<br>─┤<>S├─　LDS<>　IN1，IN2<br>???? | 当 IN1≠IN2 时，“<>S”触点闭合 | |

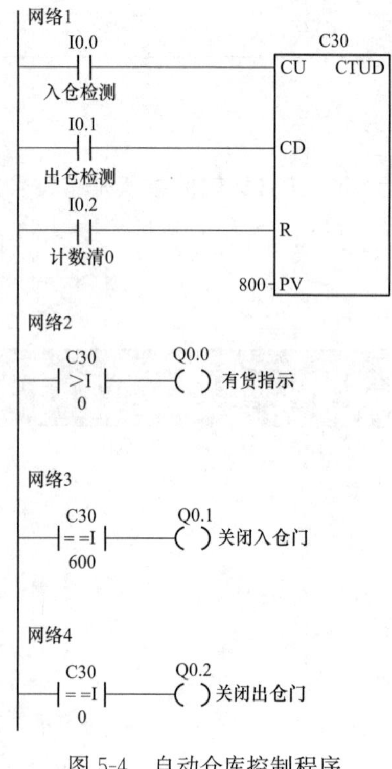

图 5-4　自动仓库控制程序

### 5.3.6　比较指令应用举例

有一个PLC控制的自动仓库，该自动仓库最多装货量为600，在装货数量达到600时入仓门自动关闭，在出货时货物数量为0自动关闭出仓门，仓库采用一只指示灯来指示是否有货，灯亮表示有货。图5-4所示为自动仓库控制程序。I0.0用作入仓检测，I0.1用作出仓检测，I0.2用作计数清0，Q0.0用作有货指示，Q0.1用来关闭入仓门，Q0.2用来关闭出仓门。

自动仓库控制程序工作原理：装货物前，让I0.2闭合一次，对计数器C30进行复位清0。在装货时，每入仓一个货物，I0.0闭合一次，计数器C30的计数值增1，当C30计数值大于0时，“网络2”中>I触点闭合，Q0.0得电，有货指示灯亮，当C30计数值等于600时，“网络3”中==I触点闭合，Q0.1得电，关闭入仓门，禁止再装入货物；在卸货时，每出仓一个货物，I0.1闭合一次，计数器C30的计数值减1，当C30计数值为0时，“网络2”中>I触点断，Q0.0失电，有货指示灯灭，同时“网络4”中==I触点闭合，Q0.2得电，关闭出仓门。

## 5.4　数学运算指令

数学运算指令可分为加减乘除运算指令和浮点数函数运算指令。加减乘除运算指令包括加法指令、减法指令、乘法指令、除法指令、加1指令和减1指令；浮点数函数运算指令主要包括正弦指令、余弦指令、正切指令、平方根指令、自然对数指令和自然指数指令等。

### 5.4.1　加减乘除运算指令

加减乘除运算指令包括加法、减法、乘法、除法、加1和减1指令。

1. 加法指令

加法指令的功能是将两个有符号的数相加后输出，它可分为整数加法指令（ADD_I）、双整数加法指令（ADD_DI）和实数加法指令（ADD_R）。

(1) 指令说明。加法指令说明见表5-15。

**表 5-15** 加法指令说明

| 加法指令 | 梯形图 | 功能说明 | 操作数 | |
|---|---|---|---|---|
| | | | IN1、IN2 | OUT |
| 整数加法指令（ADD _ I） | ADD_I<br>EN ENO<br>????-IN1 OUT-????<br>????-IN2 | 将 IN1 端指定单元的整数与 IN1 端指定单元的整数相加，结果存入 OUT 端指定的单元中，即<br>IN1＋IN2＝OUT | IW，QW，VW，MW，SMW，SW，T，C，LW，AC，AIW，＊VD，＊AC、＊LD、常数 | IW，QW，VW，MW，SMW，SW，LW，T，C，AC，＊VD，＊AC，＊LD |
| 双整数加法指令（ADD _ DI） | ADD_DI<br>EN ENO<br>????-IN1 OUT-????<br>????-IN2 | 将 IN1 端指定单元的双整数与 IN1 端指定单元的双整数相加，结果存入 OUT 端指定的单元中，即<br>IN1＋IN2＝OUT | ID，QD，VD，MD. SMD. SD，LD. AC. HC. ＊VD，＊LD，＊AC、常数 | ID、QD，VD，MD，SMD，SD，LD，AC，＊VD，＊LD，＊AC |
| 实数加法指令（ADD _ R） | ADD_R<br>EN ENO<br>????-IN1 OUT-????<br>????-IN2 | 将 IN1 端指定单元的实数与 IN1 端指定单元的实数相加，结果存入 OUT 端指定的单元中，即<br>IN1＋IN2＝OUT | ID，QD，VD. MD，SMD. SD. LD，AC. ＊VD，＊LD. ＊AC、常数 | |

（2）指令使用举例。加法指令使用举例如图 5-5 所示。当 I0.0 触点闭合时，P 触点接通一个扫描周期，ADD _ I 和 ADD _ DI 指令同时执行，ADD _ I 指令将 VW10 单元中的整数（16 位）与＋200 相加，结果送入 VW30 单元中，ADD _ DI 指令将 MD0、MD10 单元中的双整数（32 位）相加，结果送入 MD20 单元中；当 I0.1 触点闭合时，ADD _ R 指令执行，将 AC0、AC1 单元中的实数（32 位）相加，结果保存在 AC1 单元中。

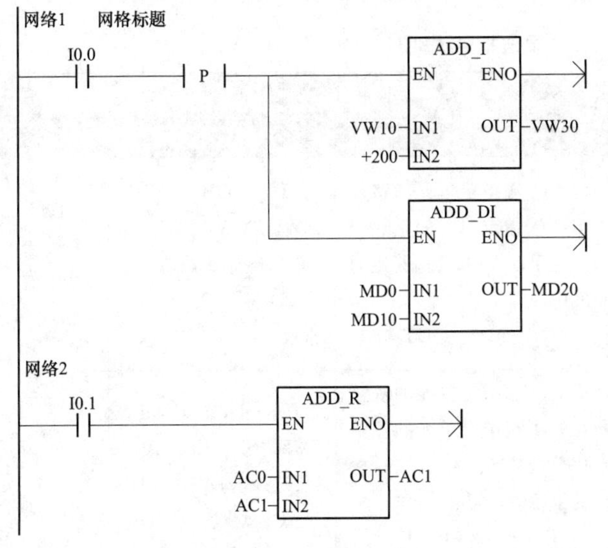


```
网络1    网格标题
LD       I0.0
EU
MOVW     VW10，VW30
+I       +200，VW30
MOVD     MD0，MD20
+D       MD10，MD20

网络2
LD       I0.1
+R       AC0，AC1
```

图 5-5 加法指令使用举例

2. 减法指令

**减法指令的功能是将两个有符号的数相减后输出，它可分为整数减法指令（SUB _ I）、双整数减法指令（SUB _ DI）和实数减法指令（SUB _ R）。**

减法指令说明见表5-16。

**表5-16　　减法指令说明**

| 减法指令 | 梯形图 | 功能说明 | 操作数 | |
|---|---|---|---|---|
| | | | IN1、IN2 | OUT |
| 整数减法指令（SUB _ I） | SUB_I<br>EN　ENO<br>????-IN1　OUT-????<br>????-IN2 | 将IN1端指定单元的整数与IN1端指定单元的整数相减，结果存入OUT端指定的单元中，即<br>IN1－IN2＝OUT | IW，QW，VW，MW，SMW，SW，T，C，LW，AC，AIW，＊VD，＊AC、＊LD、常数 | IW，QW，VW，MW，SMW，SW，LW，T，C，AC，＊VD，＊AC，＊LD |
| 双整数减法指令（SUB _ DI） | SUB_DI<br>EN　ENO<br>????-IN1　OUT-????<br>????-IN2 | 将IN1端指定单元的双整数与IN1端指定单元的双整数相减，结果存入OUT端指定的单元中，即<br>IN1－IN2＝OUT | ID，QD，VD，MD. SMD. SD，LD. AC. HC. ＊VD，＊LD，＊AC、常数 | ID、QD，VD，MD，SMD，SD，LD，AC，＊VD，＊LD，＊AC |
| 实数减法指令（SUB _ R） | SUB_R<br>EN　ENO<br>????-IN1　OUT-????<br>????-IN2 | 将IN1端指定单元的实数与IN1端指定单元的实数相减，结果存入OUT端指定的单元中，即<br>IN1－IN2＝OUT | ID，QD，VD. MD，SMD. SD. LD，AC. ＊VD，＊LD. ＊AC、常数 | |

3．乘法指令

**乘法指令的功能是将两个有符号的数相乘后输出，它可分为整数乘法指令（MUL _ I）、双整数乘法指令（MUL _ DI）、实数乘法指令（MUL _ R）和完全乘法指令（MUL）。**

乘法指令说明见表5-17。

**表5-17　　乘法指令说明**

| 乘法指令 | 梯形图 | 功能说明 | 操作数 | |
|---|---|---|---|---|
| | | | IN1、IN2 | OUT |
| 整数乘法指令（MUL _ I） | MUL_I<br>EN　ENO<br>????-IN1　OUT-????<br>????-IN2 | 将IN1端指定单元的整数与IN1端指定单元的整数相乘，结果存入OUT端指定的单元中，即<br>IN1×IN2＝OUT | IW，QW，VW，MW，SMW，SW，T，C，LW，AC，AIW，＊VD，＊AC、＊LD、常数 | IW，QW，VW，MW，SMW，SW，LW，T，C，AC，＊VD，＊AC，＊LD |
| 双整数乘法指令（MUL _ DI） | MUL_DI<br>EN　ENO<br>????-IN1　OUT-????<br>????-IN2 | 将IN1端指定单元的双整数与IN1端指定单元的双整数相乘，结果存入OUT端指定的单元中，即<br>IN1×IN2＝OUT | ID，QD，VD，MD. SMD. SD，LD. AC. HC. ＊VD，＊LD，＊AC、常数 | ID、QD，VD，MD，SMD，SD，LD，AC，＊VD，＊LD，＊AC |
| 实数乘法指令（MUL _ R） | MUL_R<br>EN　ENO<br>????-IN1　OUT-????<br>????-IN2 | 将IN1端指定单元的实数与IN1端指定单元的实数相乘，结果存入OUT端指定的单元中，即<br>IN1×IN2＝OUT | ID，QD，VD. MD，SMD. SD. LD，AC. ＊VD，＊LD. ＊AC、常数 | |

续表

| 乘法指令 | 梯形图 | 功能说明 | 操作数 | |
|---|---|---|---|---|
| | | | IN1、IN2 | OUT |
| 完全整数乘法指令（MUL） | MUL: EN ENO; ????-IN1 OUT-????; ????-IN2 | 将IN1端指定单元的整数与IN1端指定单元的整数相乘，结果存入OUT端指定的单元中，即<br>IN1×IN2=OUT<br>完全整数乘法指令是将两个有符号整数（16位）相乘，产生一个32位双整数存入OUT单元中，因此IN端操作数类型为字型，OUT端的操作数为双字型 | IW，QW，VW，MW，SMW，SW，T，C，LW，AC，AIW，＊VD，＊AC、＊LD、常数 | ID、QD，VD，MD，SMD，SD，LD，AC，＊VD，＊LD，＊AC |

4. 除法指令

**除法指令的功能是将两个有符号的数相除后输出，它可分为整数除法指令（DIV _ I）、双整数除法指令（DIV _ DI）、实数除法指令（DIV _ R）和带余数除法指令（DIV）。**

除法指令说明见表5-18。

**表5-18 除法指令说明**

| 除法指令 | 梯形图 | 功能说明 | 操作数 | |
|---|---|---|---|---|
| | | | IN1、IN2 | OUT |
| 整数除法指令（DIV _ I） | DIV_I: EN ENO; ????-IN1 OUT-????; ????-IN2 | 将IN1端指定单元的整数与IN1端指定单元的整数相除，结果存入OUT端指定的单元中，即<br>IN1/IN2=OUT | IW，QW，VW，MW，SMW，SW，T，C，LW，AC，AIW，＊VD，＊AC、＊LD、常数 | IW，QW，VW，MW，SMW，SW，LW，T，C，AC，＊VD，＊AC，＊LD |
| 双整数除法指令（DIV _ DI） | DIV_DI: EN ENO; ????-IN1 OUT-????; ????-IN2 | 将IN1端指定单元的双整数与IN1端指定单元的双整数相除，结果存入OUT端指定的单元中，即<br>IN1/IN2=OUT | ID，QD，VD，MD. SMD. SD，LD. AC. HC. ＊VD，＊LD，＊AC、常数 | ID、QD，VD，MD，SMD，SD，LD，AC，＊VD，＊LD，＊AC |
| 实数除法指令（DIV _ R） | DIV_R: EN ENO; ????-IN1 OUT-????; ????-IN2 | 将IN1端指定单元的实数与IN1端指定单元的实数相除，结果存入OUT端指定的单元中，即<br>IN1/IN2=OUT | ID，QD，VD. MD，SMD. SD. LD，AC. ＊VD，＊LD. ＊AC、常数 | |
| 带余数的整数除法指令（DIV） | DIV: EN ENO; ????-IN1 OUT-????; ????-IN2 | 将IN1端指定单元的整数与IN1端指定单元的整数相除，结果存入OUT端指定的单元中，即<br>IN1/IN2=OUT<br>该指令是将两个16位整数相除，得到一个32位结果，其中低16位为商，高16位为余数。因此IN端操作数类型为字型，OUT端的操作数为双字型 | IW，QW，VW，MW，SMW，SW，T，C，LW，AC，AIW，＊VD，＊AC、＊LD、常数 | ID、QD，VD，MD，SMD，SD，LD，AC，＊VD，＊LD，＊AC |

5. 加1指令

**加1指令的功能是将IN端指定单元的数加1后存入OUT端指定的单元中，它可分为字节加1指令（INC_B）、字加1指令（INC_W）和双字加1指令（INC_DW）。**

加1指令说明见表5-19。

**表5-19 加1指令说明**

| 加1指令 | 梯形图 | 功能说明 | 操作数 | |
|---|---|---|---|---|
| | | | IN1 | OUT |
| 字节加1指令（INC_B） | INC_B<br>EN ENO<br>????-IN OUT-???? | 将IN1端指定字节单元的数加1，结果存入OUT端指定的单元中，即<br>IN+1=OUT<br>如果IN、OUT操作数相同，则为IN增1 | IB、QB，VB，MB，SMB，SB，LB，AC，＊VD，＊LD，＊AC、常数 | IB、QB，VB，MB，SMB，SB，LB，AC，＊VD，＊AC，＊LD |
| 字加1指令（INC_W） | INC_W<br>EN ENO<br>????-IN OUT-???? | 将IN1端指定字单元的数加1，结果存入OUT端指定的单元中，即<br>IN+1=OUT | IW，QW，VW，MW，SMW，SW，LW，T，C，AC，AIW，＊VD，＊LD、＊AC、常数 | IW，QW，VW，MW，SMW，SW，T，C，LW，AC，＊VD、＊LD，＊AC |
| 双字加1指令（INC_DW） | INC_DW<br>EN ENO<br>????-IN OUT-???? | 将IN1端指定双字单元的数加1，结果存入OUT端指定的单元中，即<br>IN+1=OUT | ID，QD，VD，MD，SMD，SD，LD，AC，HC，＊VD，＊LD，＊AC、常数 | ID、QD，VD，MD，SMD，SD，LD，AC，＊VD，＊LD，＊AC |

6. 减1指令

**减1指令的功能是将IN端指定单元的数减1后存入OUT端指定的单元中，它可分为字节减1指令（DEC_B）、字减1指令（DEC_W）和双字减1指令（DEC_DW）。**

减1指令说明见表5-20。

**表5-20 减1指令说明**

| 减1指令 | 梯形图 | 功能说明 | 操作数 | |
|---|---|---|---|---|
| | | | IN1 | OUT |
| 字节减1指令（DEC_B） | DEC_B<br>EN ENO<br>????-IN OUT-???? | 将IN1端指定字节单元的数减1，结果存入OUT端指定的单元中，即<br>IN−1=OUT<br>如果IN、OUT操作数相同，则为IN减1 | IB、QB，VB，MB，SMB，SB，LB，AC，＊VD，＊LD，＊AC、常数 | IB、QB，VB，MB，SMB，SB，LB，AC，＊VD，＊AC，＊LD |
| 字减1指令（DEC_W） | DEC_W<br>EN ENO<br>????-IN OUT-???? | 将IN1端指定字单元的数减1，结果存入OUT端指定的单元中，即<br>IN−1=OUT | IW，QW，VW，MW，SMW，SW，LW，T，C，AC，AIW，＊VD，＊LD、＊AC、常数 | IW，QW，VW，MW，SMW，SW，T，C，LW，AC，＊VD、＊LD，＊AC |

续表

| 减 1 指令 | 梯形图 | 功能说明 | 操作数 | |
|---|---|---|---|---|
| | | | IN1 | OUT |
| 双字减 1 指令（DEC _ DW） | DEC_DW<br>EN ENO<br>????-IN OUT-???? | 将 IN1 端指定双字单元的数减 1，结果存入 OUT 端指定的单元中，即<br>IN−1=OUT | ID，QD，VD，MD，SMD，SD，LD，AC，HC，＊VD，＊LD，＊AC、常数 | ID、QD，VD，MD，SMD，SD，LD，AC，＊VD，＊LD，＊AC |

7. 加减乘除运算指令应用举例

图 5-6 所示为实现 $Y=\dfrac{X+30}{6}\times 2-8$ 运算的程序。

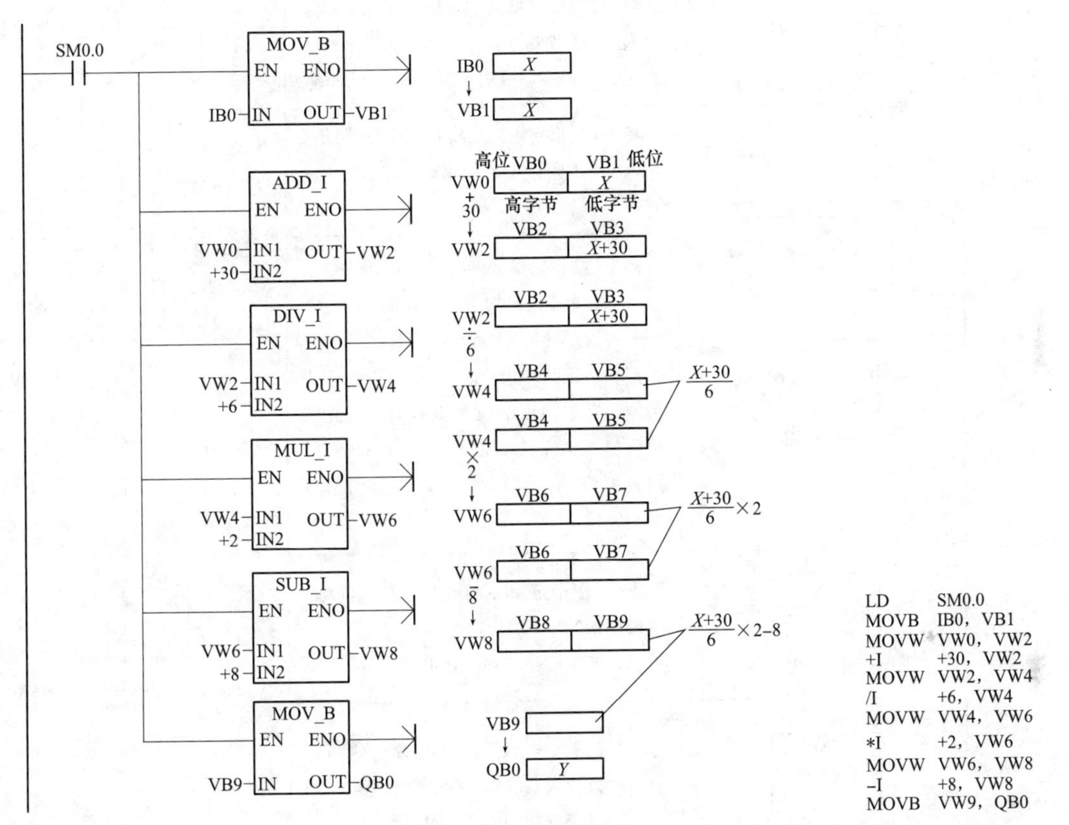


图 5-6　加减乘除运算指令应用举例

在 PLC 运行时 SM0.0 触点始终闭合，先执行 MOV _ B 指令，将 IB0 单元的一个字节数据（由于 IB0.0～IB0.7 端子输入）送入 VB1 单元，然后由 ADD _ I 指令将 VW0 单元数据（即 VB0、VB1 单元的数据，VB1 为低字节）加 30 后存入 VW2 单元中，再依次执行除、乘和减指令，最后将 VB9 中的运算结果作为 Y 送入 QB0 单元，由 Q0.0～Q0.7 端子外接的显示装置将 Y 值显示出来。

## 5.4.2　浮点数函数运算指令

**浮点数函数运算指令包括实数加、减、乘、除指令和正弦、余弦、正切、平方根、自然对数、自然指数指令及 PID 指令。**实数加、减、乘、除指令在前面的加减乘除指令中已介绍过，PID 指令是一条很重要的指令，将在后面详细说明，下面仅介绍浮点数函数运算指令，即正弦、余弦、正切、平方根、自然对数、自然指数指令。

浮点数函数运算指令说明见表 5-21。

**表 5-21　　浮点数函数运算指令说明**

<table>
<tr><th rowspan="2">浮点数函数运算指令</th><th rowspan="2">梯形图</th><th rowspan="2">功能说明</th><th colspan="2">操作数</th></tr>
<tr><th>IN</th><th>OUT</th></tr>
<tr><td>平方根指令（SQRT）</td><td>SQRT<br>EN ENO<br>????-IN OUT-????</td><td>将 IN 端指定单元的实数（即浮点数）取平方根，结果存入 OUT 端指定的单元中，即<br>SQRT（IN）＝OUT<br>也即 $\sqrt{IN}$＝OUT</td><td rowspan="6">ID，QD，VD，MD，SMD，SD，LD，AC，＊VD，＊LD，＊AC、常数</td><td rowspan="6">ID，QD，VD，MD，SMD，SD，LD，AC，＊VD，＊LD，＊AC</td></tr>
<tr><td>正弦指令（SIN）</td><td>SIN<br>EN ENO<br>????-IN OUT-????</td><td>将 IN 端指定单元的实数取正弦，结果存入 OUT 端指定的单元中，即<br>SIN（IN）＝OUT</td></tr>
<tr><td>余弦指令（COS）</td><td>COS<br>EN ENO<br>????-IN OUT-????</td><td>将 IN 端指定单元的实数取余弦，结果存入 OUT 端指定的单元中，即<br>COS（IN）＝OUT</td></tr>
<tr><td>正切指令（TAN）</td><td>TAN<br>EN ENO<br>????-IN OUT-????</td><td>将 IN 端指定单元的实数取正切，结果存入 OUT 端指定的单元中，即<br>TAN（IN）＝OUT<br>正切、正弦和余弦的 IN 值要以弧度为单位，在求角度的三角函数时，要先将角度值乘以 π/180（即 0.01745329）转换成弧度值，再存入 IN，然后用指令求 OUT</td></tr>
<tr><td>自然对数指令（LN）</td><td>LN<br>EN ENO<br>????-IN OUT-????</td><td>将 IN 端指定单元的实数取自然对数，结果存入 OUT 端指定的单元中，即<br>LN（IN）＝OUT</td></tr>
<tr><td>自然指数指令（EXP）</td><td>EXP<br>EN ENO<br>????-IN OUT-????</td><td>将 IN 端指定单元的实数取自然指数值，结果存入 OUT 端指定的单元中，即<br>EXP（IN）＝OUT</td></tr>
</table>

# 5.5　逻辑运算指令

**逻辑运算指令包括取反指令、与指令、或指令和异或指令，每种指令又分为字节、字和双字指令。**

## 5.5.1　取反指令

取反指令的功能是 IN 端指定单元的数据逐位取反，结果存入 OUT 端指定的单元中。取反指令可分为字节取反指令（INV _ B）、字取反指令（INV _ W）和双字取反指令（INV _ DW）。

1. 指令说明

取反指令说明见表 5-22。

表 5-22 取反指令说明

| 取反指令 | 梯形图 | 功能说明 | 操作数 | |
|---|---|---|---|---|
| | | | IN1 | OUT |
| 字节取反指令 (INV _ B) | INV_B<br>EN ENO<br>????-IN OUT-???? | 将 IN 端指定字节单元中的数据逐位取反，结果存入 OUT 端指定的单元中 | IB、QB，VB，MB，SMB，SB，LB，AC，＊VD，＊LD，＊AC、常数 | IB、QB，VB，MB，SMB，SB，LB，AC，＊VD，＊AC，＊LD |
| 字取反指令 (INV _ W) | INV_W<br>EN ENO<br>????-IN OUT-???? | 将 IN 端指定字单元中的数据逐位取反，结果存入 OUT 端指定的单元中 | IW，QW，VW，MW，SMW，SW，LW，T，C，AC，AIW，＊VD，＊LD、＊AC、常数 | IW，QW，VW，MW，SMW，SW，T，C，LW，AIW，AC，＊VD、＊LD，＊AC |
| 双字取反指令 (INV _ DW) | INV_DW<br>EN ENO<br>????-IN OUT-???? | 将 IN 端指定双字单元中的数据逐位取反，结果存入 OUT 端指定的单元中 | ID，QD，VD，MD，SMD，SD，LD，AC，HC，＊VD，＊LD，＊AC、常数 | ID、QD，VD，MD，SMD，SD，LD，AC，＊VD，＊LD，＊AC |

2. 指令使用举例

取反指令使用举例如图 5-7 所示，当 I1.0 触点闭合时，执行 INV _ W 指令，将 AC0 中的数据逐位取反。

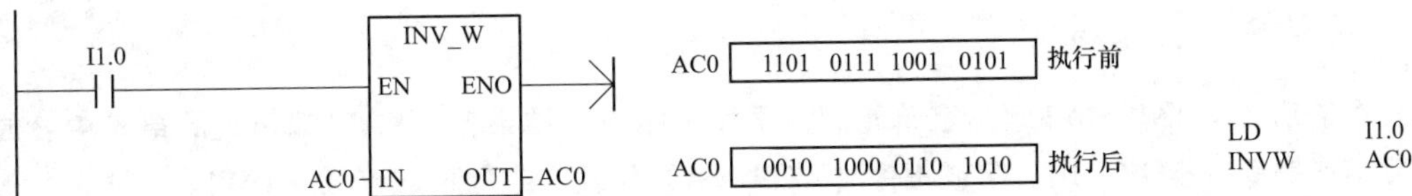


图 5-7 取反指令使用举例

## 5.5.2 与指令

**与指令的功能是 IN1、IN2 端指定单元的数据按位相与，结果存入 OUT 端指定的单元中。与指令可分为字节与指令（WAND _ B）、字与指令（WAND _ W）和双字与指令（WAND _ DW）。**

1. 指令说明

与指令说明见表 5-23。

表 5-23 与指令说明

| 与指令 | 梯形图 | 功能说明 | 操作数 | |
|---|---|---|---|---|
| | | | IN1 | OUT |
| 字节与指令 (WAND _ B) | WAND_B<br>EN ENO<br>????-IN1 OUT-????<br>????-IN2 | 将 IN1、IN2 端指定字节单元中的数据按位相与，结果存入 OUT 端指定的单元中 | IB、QB，VB，MB，SMB，SB，LB，AC，＊VD，＊LD，＊AC、常数 | IB、QB，VB，MB，SMB，SB，LB，AC，＊VD，＊AC，＊LD |

续表

| 与指令 | 梯形图 | 功能说明 | 操作数 | |
|---|---|---|---|---|
| | | | IN1 | OUT |
| 字与指令（WAND _ W） | WAND_W: EN ENO; ????-IN1 OUT-????; ????-IN2 | 将 IN1、IN2 端指定字单元中的数据按位相与，结果存入 OUT 端指定的单元中 | IW，QW，VW，MW，SMW，SW，LW，T，C，AC，AIW，＊VD，＊LD、＊AC、常数 | IW，QW，VW，MW，SMW，SW，T，C，LW，AIW，AC，＊VD、＊LD，＊AC |
| 双字与指令（WAND _ DW） | WAND_DW: EN ENO; ????-IN1 OUT-????; ????-IN2 | 将 IN1、IN2 端指定双字单元中的数据按位相与，结果存入 OUT 端指定的单元中 | ID，QD，VD，MD，SMD，SD，LD，AC，HC，＊VD，＊LD，＊AC、常数 | ID、QD，VD，MD，SMD，SD，LD，AC，＊VD，＊LD，＊AC |

2. 指令使用举例

与指令使用举例如图 5-8 所示，当 I1.0 触点闭合时，执行 WAND _ W 指令，将 AC1、AC0 中的数据按位相与，结果存入 AC0。

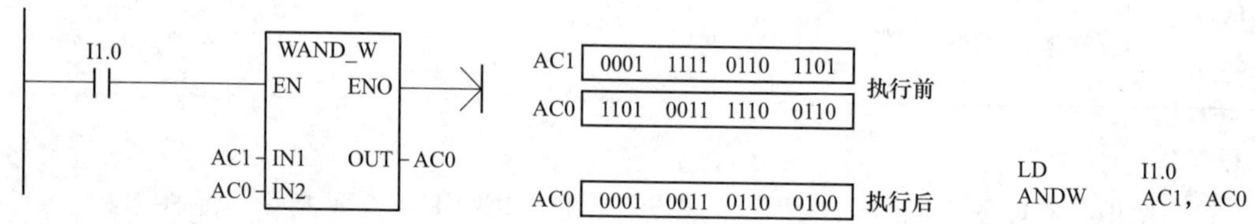


图 5-8　与指令使用举例

## 5.5.3　或指令

**或指令的功能是 IN1、IN2 端指定单元的数据按位相或，结果存入 OUT 端指定的单元中。或指令可分为字节或指令（WOR _ B）、字或指令（WOR _ W）和双字或指令（WOR _ DW）。**

1. 指令说明

或指令说明见表 5-24。

**表 5-24**　　**或指令说明**

| 或指令 | 梯形图 | 功能说明 | 操作数 | |
|---|---|---|---|---|
| | | | IN1 | OUT |
| 字节或指令（WOR _ B） | WOR_B: EN ENO; ????-IN1 OUT-????; ????-IN2 | 将 IN1、IN2 端指定字节单元中的数据按位相或，结果存入 OUT 端指定的单元中 | IB、QB，VB，MB，SMB，SB，LB，AC，＊VD，＊LD，＊AC、常数 | IB、QB，VB，MB，SMB，SB，LB，AC，＊VD，＊AC，＊LD |
| 字或指令（WOR _ W） | WOR_W: EN ENO; ????-IN1 OUT-????; ????-IN2 | 将 IN1、IN2 端指定字单元中的数据按位相或，结果存入 OUT 端指定的单元中 | IW，QW，VW，MW，SMW，SW，LW，T，C，AC，AIW，＊VD，＊LD、＊AC、常数 | IW，QW，VW，MW，SMW，SW，T，C，LW，AIW，AC，＊VD、＊LD，＊AC |
| 双字或指令（WOR _ DW） | WOR_DW: EN ENO; ????-IN1 OUT-????; ????-IN2 | 将 IN1、IN2 端指定双字单元中的数据按位相或，结果存入 OUT 端指定的单元中 | ID，QD，VD，MD，SMD，SD，LD，AC，HC，＊VD，＊LD，＊AC、常数 | ID、QD，VD，MD，SMD，SD，LD，AC，＊VD，＊LD，＊AC |

2. 指令使用举例

或指令使用举例如图 5-9 所示，当 I1.0 触点闭合时，执行 WOR_W 指令，将 AC1、VW100 中的数据按位相或，结果存入 VW100。

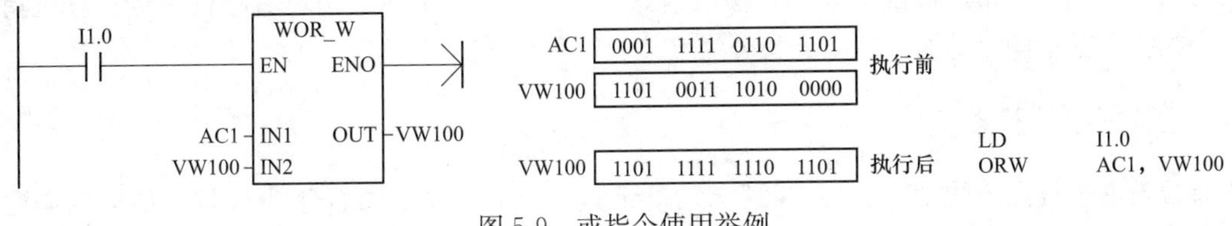


图 5-9 或指令使用举例

## 5.5.4 异或指令

**异或指令的功能是 IN1、IN2 端指定单元的数据按位进行异或运算，结果存入 OUT 端指定的单元中。**异或运算时，两位数相同，异或结果为 0，相反异或结果为 1。**异或指令可分为字节异或指令（WXOR_B）、字异或指令（WXOR_W）和双字异或指令（WXOR_DW）。**

1. 指令说明

异或指令说明见表 5-25。

**表 5-25** **异或指令说明**

| 异或指令 | 梯形图 | 功能说明 | 操作数 | |
|---|---|---|---|---|
| | | | IN1 | OUT |
| 字节异或指令（WXOR_B） | WXOR_B: EN ENO; ????-IN1 OUT-????; ????-IN2 | 将 IN1、IN2 端指定字节单元中的数据按位相异或，结果存入 OUT 端指定的单元中 | IB、QB，VB，MB，SMB，SB，LB，AC，* VD，* LD，* AC、常数 | IB、QB，VB，MB，SMB，SB，LB，AC，* VD，* AC，* LD |
| 字异或指令（WXOR_W） | WXOR_W: EN ENO; ????-IN1 OUT-????; ????-IN2 | 将 IN1、IN2 端指定字单元中的数据按位相异或，结果存入 OUT 端指定的单元中 | IW，QW，VW，MW，SMW，SW，LW，T，C，AC，AIW，* VD，* LD、* AC、常数 | IW，QW，VW，MW，SMW，SW，T，C，LW，AIW，AC，* VD、* LD，* AC |
| 双字异或指令（WXOR_DW） | WXOR_DW: EN ENO; ????-IN1 OUT-????; ????-IN2 | 将 IN1、IN2 端指定双字单元中的数据按位相异或，结果存入 OUT 端指定的单元中 | ID，QD，VD，MD，SMD，SD，LD，AC，HC，* VD，* LD，* AC、常数 | ID、QD，VD，MD，SMD，SD，LD，AC，* VD，* LD，* AC |

2. 指令使用举例

异或指令使用举例如图 5-10 所示，当 I1.0 触点闭合时，执行 WXOR_W 指令，将 AC1、AC0 中的数据按位相异或，结果存入 AC0。

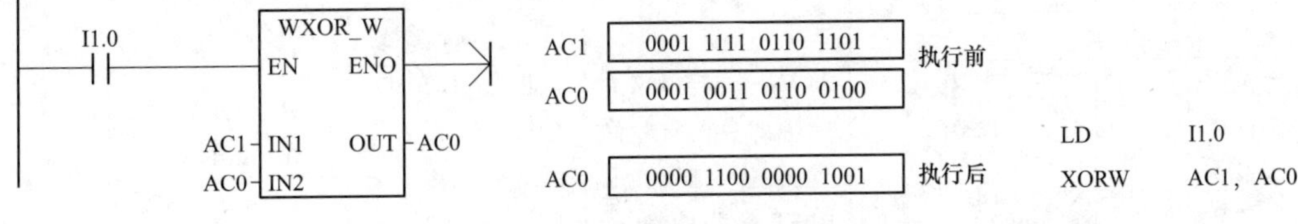


图 5-10 异或指令使用举例

# 5.6 移位与循环指令

**移位与循环指令包括左移位指令、右移位指令、循环左移位指令、循环右移位指令和移位寄存器指令，**根据操作数不同，前面 4 种指令又分为字节、字和双字型指令。

## 5.6.1 左移位与右移位指令

**左移位与右移位指令的功能是将 IN 端指定单元的各位数向左或向右移动 N 位，结果保存在 OUT 端指定的单元中。**根据操作数不同，左移位与右移位指令又分为字节、字和双字型指令。

1. 指令说明

左移位与右移位指令说明见表 5-26。

表 5-26 左移位与右移位指令说明

<table>
<tr><th colspan="2" rowspan="2">指令名称</th><th rowspan="2">梯形图</th><th rowspan="2">功能说明</th><th colspan="3">操作数</th></tr>
<tr><th>IN1</th><th>OUT</th><th>N</th></tr>
<tr><td rowspan="3">左移位指令</td><td>字节<br>左移位指令<br>(SHL _ B)</td><td>SHL_B<br>EN ENO<br>????-IN OUT-????<br>????-N</td><td>将 IN 端指定字节单元中的数据向左移动 N 位，结果存入 OUT 端指定的单元中</td><td>IB、QB，VB，MB，SMB，SB，LB，AC，＊VD，＊LD，＊AC、常数</td><td>IB、QB，VB，MB，SMB，SB，LB，AC，＊VD，＊AC，＊LD</td><td rowspan="6">IB、QB，VB，MB，SMB，SB，LB，AC，＊VD，＊LD，＊AC、常数</td></tr>
<tr><td>字<br>左移位指令<br>(SHL _ W)</td><td>SHL_W<br>EN ENO<br>????-IN OUT-????<br>????-N</td><td>将 IN 端指定字单元中的数据向左移动 N 位，结果存入 OUT 端指定的单元中</td><td>IW，QW，VW，MW，SMW，SW，LW，T，C，AC，AIW，＊VD，＊LD、＊AC、常数</td><td>IW，QW，VW，MW，SMW，SW，T，C，LW，AIW，AC，＊VD、＊LD，＊AC</td></tr>
<tr><td>双字<br>左移位指令<br>(SHL _ DW)</td><td>SHL_DW<br>EN ENO<br>????-IN OUT-????<br>????-N</td><td>将 IN 端指定双字单元中的数据向左移动 N 位，结果存入 OUT 端指定的单元中</td><td>ID，QD，VD，MD，SMD，SD，LD，AC，HC，＊VD，＊LD，＊AC、常数</td><td>ID、QD，VD，MD，SMD，SD，LD，AC，＊VD，＊LD，＊AC</td></tr>
<tr><td rowspan="3">右移位指令</td><td>字节<br>右移位指令<br>(SHR _ B)</td><td>SHR_B<br>EN ENO<br>????-IN OUT-????<br>????-N</td><td>将 IN 端指定字节单元中的数据向右移动 N 位，结果存入 OUT 端指定的单元中</td><td>IB、QB，VB，MB，SMB，SB，LB，AC，＊VD，＊LD，＊AC、常数</td><td>IB、QB，VB，MB，SMB，SB，LB，AC，＊VD，＊AC，＊LD</td></tr>
<tr><td>字<br>右移位指令<br>(SHR _ W)</td><td>SHR_W<br>EN ENO<br>????-IN OUT-????<br>????-N</td><td>将 IN 端指定字单元中的数据向右移动 N 位，结果存入 OUT 端指定的单元中</td><td>IW，QW，VW，MW，SMW，SW，LW，T，C，AC，AIW，＊VD，＊LD、＊AC、常数</td><td>IW，QW，VW，MW，SMW，SW，T，C，LW，AIW，AC，＊VD、＊LD，＊AC</td></tr>
<tr><td>双字<br>右移位指令<br>(SHR _ DW)</td><td>SHR_DW<br>EN ENO<br>????-IN OUT-????<br>????-N</td><td>将 IN 端指定双字单元中的数据向左移动 N 位，结果存入 OUT 端指定的单元中</td><td>ID，QD，VD，MD，SMD，SD，LD，AC，HC，＊VD，＊LD，＊AC、常数</td><td>ID、QD，VD，MD，SMD，SD，LD，AC，＊VD，＊LD，＊AC</td></tr>
</table>

2. 指令使用举例

移位指令使用举例如图 5-11 所示，当 I1.0 触点闭合时，执行 SHL_W 指令，将 VW200 中的数据向左移 3 位，最后一位移出值“1”保存在溢出标志位 SM1.1 中。

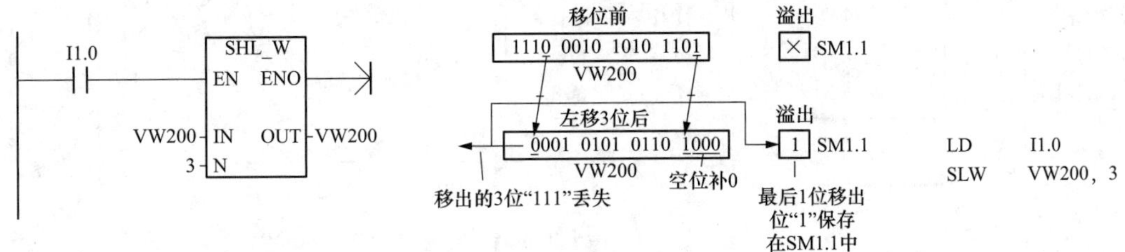


图 5-11 移位指令使用举例

移位指令对移走而变空的位自动补 0。如果将移位数 N 设为大于或等于最大允许值（对于字节操作为 8，对于字操作为 16，对于双字操作为 32），移位操作的次数自动为最大允许位。如果移位数 N 大于 0，溢出标志位 SM1.1 保存最后一次移出的位值；如果移位操作的结果为 0，零标志位 SM1.0 置 1。字节操作是无符号的，对于字和双字操作，当使用有符号数据类型时，符号位也被移动。

## 5.6.2 循环左移与右移指令

**循环左移位与右移位指令的功能是将 IN 端指定单元的各位数向左或向右循环移动 N 位，结果保存在 OUT 端指定的单元中。循环移位是环形的，一端移出的位会从另一端移入。**根据操作数不同，左移位与右移位指令又分为字节、字和双字型指令。

1. 指令说明

循环左移位与右移位指令说明见表 5-27。

**表 5-27 循环左移位与右移位指令说明**

| 指令名称 | | 梯形图 | 功能说明 | 操作数 | | |
|---|---|---|---|---|---|---|
| | | | | IN1 | OUT | N |
| 循环左移位指令 | 字节循环左移位指令（ROL_B） | ROL_B<br>EN ENO<br>????-IN OUT-????<br>????-N | 将 IN 端指定字节单元中的数据向左循环移动 N 位，结果存入 OUT 端指定的单元中 | IB、QB，VB，MB，SMB，SB，LB，AC，＊VD，＊LD，＊AC、常数 | IB、QB，VB，MB，SMB，SB，LB，AC，＊VD，＊AC，＊LD | IB、QB，VB，MB，SMB，SB，LB，AC，＊VD，＊LD，＊AC、常数 |
| | 字循环左移位指令（ROL_W） | ROL_W<br>EN ENO<br>????-IN OUT-????<br>????-N | 将 IN 端指定字单元中的数据向左循环移动 N 位，结果存入 OUT 端指定的单元中 | IW，QW，VW，MW，SMW，SW，LW，T，C，AC，AIW，＊VD，＊LD、＊AC、常数 | IW，QW，VW，MW，SMW，SW，T，C，LW，AIW，AC，＊VD、＊LD，＊AC | |
| | 双字循环左移位指令（ROL_DW） | ROL_DW<br>EN ENO<br>????-IN OUT-????<br>????-N | 将 IN 端指定双字单元中的数据向左循环移动 N 位，结果存入 OUT 端指定的单元中 | ID，QD，VD，MD，SMD，SD，LD，AC，HC，＊VD，＊LD，＊AC、常数 | ID、QD，VD，MD，SMD，SD，LD，AC，＊VD，＊LD，＊AC | |

续表

| 指令名称 | | 梯形图 | 功能说明 | 操作数 | | |
|---|---|---|---|---|---|---|
| | | | | IN1 | OUT | N |
| 循环右移位指令 | 字节循环右移位指令(ROR _ B) | ROR_B<br>EN ENO<br>????-IN OUT-????<br>????-N | 将IN端指定字节单元中的数据向右循环移动N位，结果存入OUT端指定的单元中 | IB、QB，VB，MB，SMB，SB，LB，AC，＊VD，＊LD，＊AC、常数 | IB、QB，VB，MB，SMB，SB，LB，AC，＊VD，＊AC，＊LD | IB、QB，VB，MB，SMB，SB，LB，AC，＊VD，＊LD，＊AC、常数 |
| 循环右移位指令 | 字循环右移位指令(ROR _ W) | ROR_W<br>EN ENO<br>????-IN OUT-????<br>????-N | 将IN端指定字单元中的数据向右循环移动N位，结果存入OUT端指定的单元中 | IW，QW，VW，MW，SMW，SW，LW，T，C，AC，AIW，＊VD，＊LD、＊AC、常数 | IW，QW，VW，MW，SMW，SW，T，C，LW，AIW，AC，＊VD、＊LD，＊AC | IB、QB，VB，MB，SMB，SB，LB，AC，＊VD，＊LD，＊AC、常数 |
| 循环右移位指令 | 双字循环右移位指令(ROR _ DW) | ROR_DW<br>EN ENO<br>????-IN OUT-????<br>????-N | 将IN端指定双字单元中的数据向左循环移动N位，结果存入OUT端指定的单元中 | ID，QD，VD，MD，SMD，SD，LD，AC，HC，＊VD，＊LD，＊AC、常数 | ID、QD，VD，MD，SMD，SD，LD，AC，＊VD，＊LD，＊AC | IB、QB，VB，MB，SMB，SB，LB，AC，＊VD，＊LD，＊AC、常数 |

2. 指令使用举例

循环移位指令使用举例如图5-12所示，当I1.0触点闭合时，执行ROR _ W指令，将AC0中的数据循环右移2位，最后一位移出值“0”同时保存在溢出标志位SM1.1中。

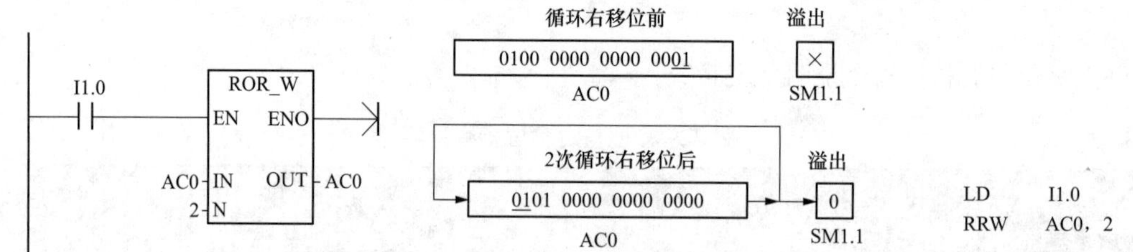


图5-12 循环移位指令使用举例

如果移位数N大于或者等于最大允许值（字节操作为8，字操作为16，双字操作为32），在执行循环移位之前，会执行取模操作，如对于字节操作，取模操作过程是将N除以8取余数作为实际移位数，字节操作实际移位数是0～7，字操作是0～15，双字操作是0～31。如果移位次数为0，循环移位指令不执行。

执行循环移位指令时，最后一个移位值会同时移入溢出标志位SM1.1。当循环移位结果是0时，零标志位（SM1.0）被置1。字节操作是无符号的，对于字和双字操作，当使用有符号数据类型时，符号位也被移位。

## 5.6.3 移位寄存器令

**移位寄存器指令的功能是将一个数值移入移位寄存器中。使用该指令，每个扫描周期，整个移位寄存器的数据移动一位。**

1. 指令说明

移位寄存器指令说明见表5-28。

表 5-28 移位寄存器指令说明

| 指令名称 | 梯形图及指令格式 | 功能说明 | 操作数 | |
|---|---|---|---|---|
| | | | DATA、S _ BIT | N |
| 移位寄存器指令（SHRB） | SHRB<br>EN ENO<br>????-DATA<br>????-S_BIT<br>????-N<br>SHRB DATA，S _ BIT，N | 将 S _ BIT 端为最低地址的 N 个位单元设为移动寄存器，DATA 端指定数据输入的位单元。<br>N 指定移位寄存器的长度和移位方向。当 N 为正值时正向移动，输入数据从最低位 S _ BIT 移入，最高位移出，移出的数据放在溢出标志位 SM1.1 中；当 N 为负值时反向移动，输入数据从最高位移入，最低位 S _ BIT 移出，移出的数据放在溢出标志位 SM1.1。<br>移位寄存器的最大长度为 64 位，可正可负 | I、Q、V、M、SM、S、T、C、L<br>（位型） | IB、QB、VB、MB、SMB、SB、LB、AC、*VD、*LD、*AC、常数<br>（字节型） |

2. 指令使用举例

移位寄存器指令使用举例如图 5-13 所示，当 I1.0 触点第一次闭合时，P 触点接通一个扫描周期，执行 SHRB 指令，将 V100.0（S _ BIT）为最低地址的 4（N）个连续位单元 V100.3～V100.0 定义为一个移位寄存器，并把 I0.3（DATA）位单元送来的数据“1”移入 V100.0 单元中，V100.3～V100.0 原先的数据都会随之移动一位，V100.3 中先前的数据“0”被移到溢出标志位 SM1.1 中；当 I1.0 触点第二次闭合时，P 触点又接通一个扫描周期，又执行 SHRB 指令，将 I0.3 送来的数据“0”移入 V100.0 单元中，V100.3～V100.1 的数据也都会移动一位，V100.3 中的数据“1”被移到溢出标志位 SM1.1 中。

在图 5-13 中，如果 N=−4，I0.3 位单元送来的数据会从移位寄存器的最高位 V100.3 移入，最低位 V100.0 移出的数据会移到溢出标志位 SM1.1 中。

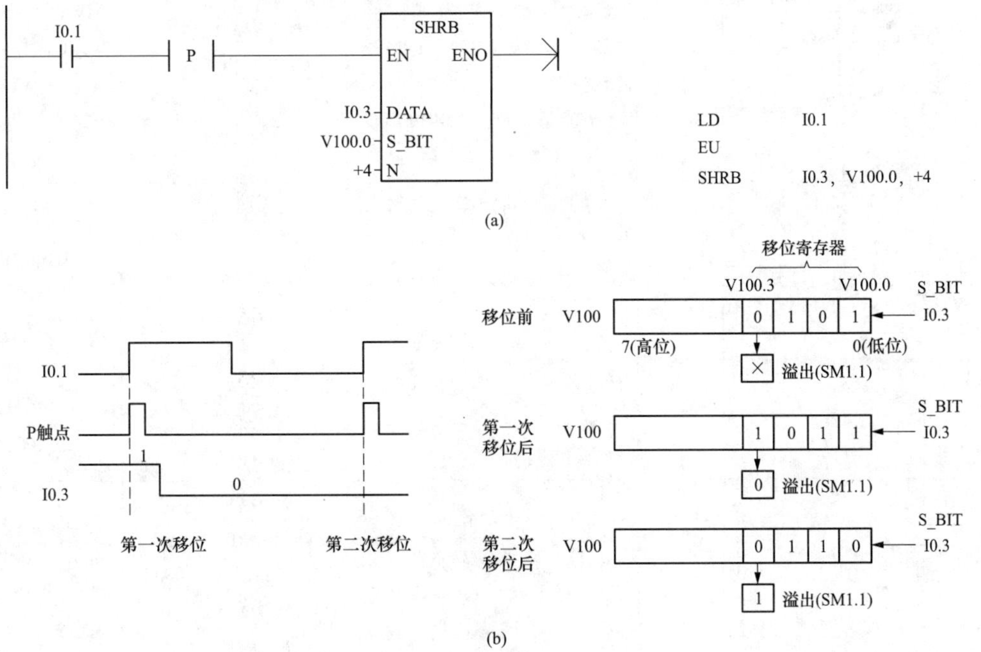


图 5-13 移位寄存器指令使用举例

# 5.7 转换指令

PLC的主要数据类型有字节型、整数型、双整数型和实数型，数据的编码类型主要有二进制、十进制、十六进制、BCD码和ASCII码等。在编程时，指令对操作数类型有一定的要求，如字节型与字型数据不能直接进行相加运算。为了让指令能对不同类型数据进行处理，要先对数据的类型进行转换。

**转换指令是一种转换不同类型数据的指令。转换指令可分为标准转换指令、ASCII转换指令、字符串转换指令和编码、解码指令。**

## 5.7.1 标准转换指令

**标准转换指令可分为数字转换指令、四舍五入取整指令和段译码指令。**

1. 数字转换指令

**数字转换指令有字节与整数间的转换指令、整数与双整数间的转换指令、BCD码与整数间的转换指令和双整数转实数指令等。**

**BCD码是一种用4位二进制数组合来表示十进制数的编码。**BCD码的0000～1001分别对应十进制数的0～9。一位十进制数的二进制编码和BCD码是相同的，如6的二进制编码0110，BCD码也为0110；但多位数十进制数两种编码是不同的，如64的8位二进制编码为0100 0000，BCD码则为0110 0100，由于BCD码采用4位二进制数来表示1位十进制数，故16位BCD码能表示十进制数范围是0000～9999。

(1) 指令说明。数字转换指令说明见表5-29。

表5-29 数字转换指令说明

| 指令名称 | 梯形图 | 功能说明 | 操作数 | |
|---|---|---|---|---|
| | | | IN | OUT |
| 字节转整数指令<br>(B_I) | B_I<br>EN ENO<br>????-IN OUT-???? | 将IN端指定字节单元中的数据（8位）转换成整数（16位），结果存入OUT端指定的单元中。<br>字节是无符号的，因而没有符号位扩展 | IB、QB，VB，MB，SMB，SB，LB，AC，*VD，*LD，*AC、常数<br>（字节型） | IW，QW，VW，MW，SMW，SW，T，C，LW，AIW，AC，*VD、*LD，*AC<br>（整数型） |
| 整数转字节指令<br>(I_B) | I_B<br>EN ENO<br>????-IN OUT-???? | 将IN端指定单元的整数（16位）转换成字节数据（8位），结果存入OUT端指定的单元中。<br>IN中只有0～255范围内的数值能被转换，其他值不会转换，但会使溢出位SM1.1会置1 | IW，QW，VW，MW，SMW，SW，LW，T，C，AC，AIW，*VD，*LD、*AC、常数<br>（整数型） | IB、QB，VB，MB，SMB，SB，LB，AC，*VD，*LD，*AC<br>（字节型） |
| 整数转双整数指令<br>(I_DI) | I_DI<br>EN ENO<br>????-IN OUT-???? | 将IN端指定单元的整数（16位）转换成双整数（32位），结果存入OUT端指定的单元中。符号位扩展到高字节中 | IW，QW，VW，MW，SMW，SW，LW，T，C，AC，AIW，*VD，*LD、*AC、常数<br>（整数型） | ID、QD，VD，MD，SMD，SD，LD，AC，*VD，*LD，*AC<br>（双整数型） |

续表

| 指令名称 | 梯形图 | 功能说明 | 操作数 | |
|---|---|---|---|---|
| | | | IN | OUT |
| 双整数转整数指令（DI _ I） | DI_I<br>EN ENO<br>????-IN OUT-???? | 将 IN 端指定单元的双整数转换成整数，结果存入 OUT 端指定的单元中。<br>若需转换的数值太大无法在输出中表示，则不会转换，但会使溢出标志位 SM1.1 置 1 | ID，QD，VD，MD，SMD，SD，LD，AC，HC，＊VD，＊LD，＊AC、常数<br>（双整数型） | IW，QW，VW，MW，SMW，SW，T，C，LW，AIW，AC，＊VD、＊LD，＊AC<br>（整数型） |
| 双整数转实数指令（DI _ R） | DI_R<br>EN ENO<br>????-IN OUT-???? | 将 IN 端指定单元的双整数（32 位）转换成实数（32 位），结果存入 OUT 端指定的单元中 | ID，QD，VD，MD，SMD，SD，LD，AC，HC，＊VD，＊LD，＊AC、常数<br>（双整数型） | ID、QD，VD，MD，SMD，SD，LD，AC，＊VD，＊LD，＊AC<br>（实数型） |
| 整数转 BCD 码指令（I _ BCD） | I_BCD<br>EN ENO<br>????-IN OUT-???? | 将 IN 端指定单元的整数（16 位）转换成 BCD 码（16 位），结果存入 OUT 端指定的单元中。<br>IN 是 0～9999 范围的整数，如果超出该范围，会使 SM1.6 置 1 | IW，QW，VW，MW，SMW，SW，LW，T，C，AC，AIW，＊VD，＊LD、＊AC、常数<br>（整数型） | IW，QW，VW，MW，SMW，SW，T，C，LW，AIW，AC，＊VD、＊LD，＊AC<br>（整数型） |
| BCD 码转整数指令（BCD _ I） | BCD_I<br>EN ENO<br>????-IN OUT-???? | 将 IN 端指定单元的 BCD 码转换成整数，结果存入 OUT 端指定的单元中。<br>IN 是 0～9999 范围的 BCD 码 | | |

（2）指令使用举例。数字转换指令使用举例如图 5-14 所示，当 I0.0 触点闭合时，执行 I _ DI 指令，将 C10 中的整数转换成双整数，然后存入 AC1 中。当 I0.1 触点闭合时，执行 BCD _ I 指令，将 AC0 中的 BCD 码转换成整数，如指令执行前 AC0 中的 BCD 码为 0000 0001 0010 0110（即 126），BCD _ I 指令执行后，AC0 中的 BCD 码被转换成整数 0000000001111110。

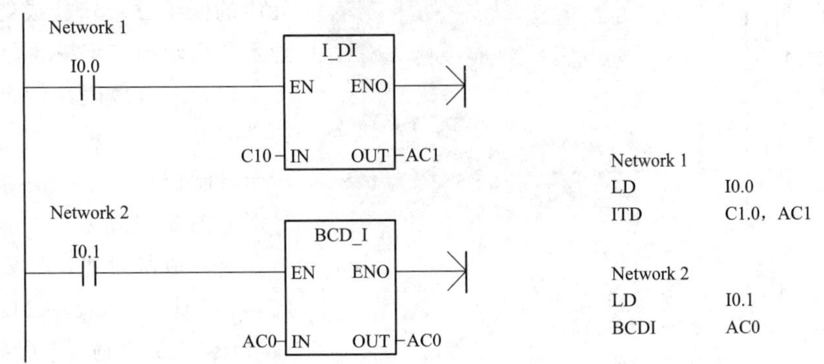


图 5-14 数字转换指令使用举例

2. 四舍五入取整指令

（1）指令说明。四舍五入取整指令说明见表 5-30。

**表 5-30　　四舍五入取整指令说明**

| 指令名称 | 梯形图 | 功能说明 | 操作数 | |
|---|---|---|---|---|
| | | | IN | OUT |
| 四舍五入取整指令（ROUND） | ROUND<br>EN　ENO<br>????-IN　OUT-???? | 将IN端指定单元的实数换成双整数，结果存入OUT端指定的单元中。<br>在转换时，如果实数的小数部分大于0.5，则整数部分加1，再将加1后的整数送入OUT单元中，如果实数的小数部分小于0.5，则将小数部分舍去，只将整数部分送入OUT单元。<br>如果要转换的不是一个有效的或者数值太大的实数，转换不会进行，但会使溢出标志位SM1.1置1 | ID、QD、VD、MD、SMD、SD、LD、AC、＊VD、＊LD、＊AC、常数（实数型） | ID、QD、VD、MD、SMD、SD、LD、AC、＊VD、＊LD、＊AC（双整数型） |
| 舍小数点取整指令（TRUNC） | TRUNC<br>EN　ENO<br>????-IN　OUT-???? | 将IN端指定单元的实数换成双整数，结果存入OUT端指定的单元中。<br>在转换时，将实数的小数部分舍去，仅将整数部分送入OUT单元中 | | |

（2）指令使用举例。四舍五入取整指令使用举例如图5-15所示，当I0.0触点闭合时，执行ROUND指令，将VD8中的实数采用四舍五入取整的方式转换成双整数，然后存入VD12中。

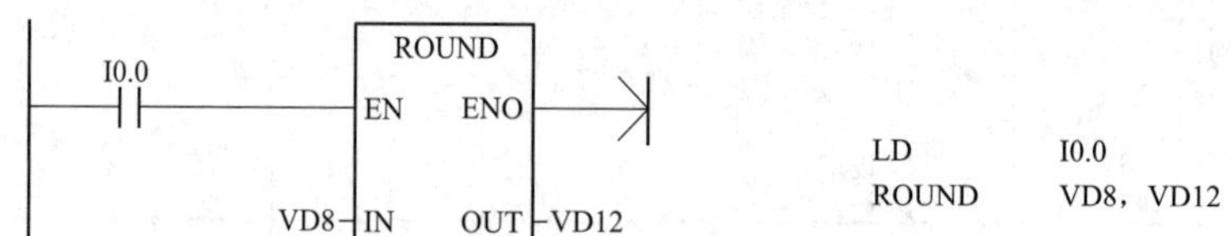


图5-15　四舍五入取整指令使用举例

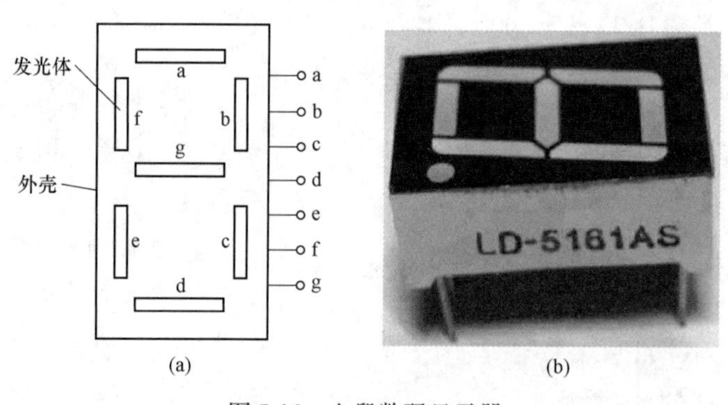


图5-16　七段数码显示器
（a）结构；（b）外形

3. 段译码指令

**段译码指令的功能是将IN端指定单元中的低4位数转换成能驱动七段数码显示器显示相应字符的七段码。**

（1）七段数码显示器与七段码。七段数码显示器一种采用七段发光体来显示十进制数0～9的显示装置，其结构和外形如图5-16所示，当某段加有高电平"1"时，该段发光，如要显示十进制数"5"，可让gfedcba＝1101101，这里的1101101为7段码，七段码只有7位，通常在最高位补0组成8位（一个字节）。段译码指令IN端指定单元中的低4位实际上是十进制数的二进制编码值，经指令转换后变成七段码存入OUT端指定的单元中。十进制数、二进制数、七段码及显示的字符对应关系见表5-31。

表 5-31　　十进制数、二进制数、七段码及显示字符的对应关系

| 十进制数 | 二进制制<br>（IN 低 4 位） | 七段码（OUT）<br>-g f e d c b a | 显示字符 | 七段码<br>显示器 |
|---|---|---|---|---|
| 0 | 0 0 0 0 | 0 0 1 1　1 1 1 1 | | |
| 1 | 0 0 0 1 | 0 0 0 0　0 1 1 0 | | |
| 2 | 0 0 1 0 | 0 1 0 1　1 0 1 1 | | |
| 3 | 0 0 1 1 | 0 1 0 0　1 1 1 1 | | |
| 4 | 0 1 0 0 | 0 1 1 0　0 1 1 0 | | |
| 5 | 0 1 0 1 | 0 1 1 0　1 1 0 1 | | |
| 6 | 0 1 1 0 | 0 1 1 1　1 1 0 1 | | |
| 7 | 0 1 1 1 | 0 0 0 0　0 1 1 1 | | |
| 8 | 1 0 0 0 | 0 1 1 1　1 1 1 1 | | |
| 9 | 1 0 0 1 | 0 1 1 0　0 1 1 1 | | |
| A | 1 0 1 0 | 0 1 1 1　0 1 1 1 | | |
| B | 1 0 1 1 | 0 1 1 1　1 1 0 0 | | |
| C | 1 1 0 0 | 0 0 1 1　1 0 0 1 | | |
| D | 1 1 0 1 | 0 1 0 1　1 1 1 0 | | |
| E | 1 1 1 0 | 0 1 1 1　1 0 0 1 | | |
| F | 1 1 1 1 | 0 1 1 1　0 0 0 1 | | |

（2）指令说明。段译码指令说明见表 5-32。

表 5-32　　段译码指令说明

| 指令名称 | 梯形图 | 功能说明 | 操作数 | |
|---|---|---|---|---|
| | | | IN | OUT |
| 段译码指令（SEG） | SEG：EN ENO；????-IN OUT-???? | 将 IN 端指定单元的低 4 位数换成七段码，结果存入 OUT 端指定的单元中 | IB、QB，VB，MB，SMB，SB，LB，AC，＊VD，＊LD，＊AC、常数（字节型） | IB、QB，VB，MB，SMB，SB，LB，AC，＊VD，＊LD，＊AC（字节型） |

（3）指令使用举例。段译码指令使用举例如图 5-17 所示，当 I0.0 触点闭合时，执行 SEG 指令，将 VB40 中的低 4 位数转换成七段码，然后存入 AC0 中，如 VB0 中的数据为 00000110，执行 SEG 指令后，低 4 位 0110 转换成七段码 01111101，存入 AC0 中。

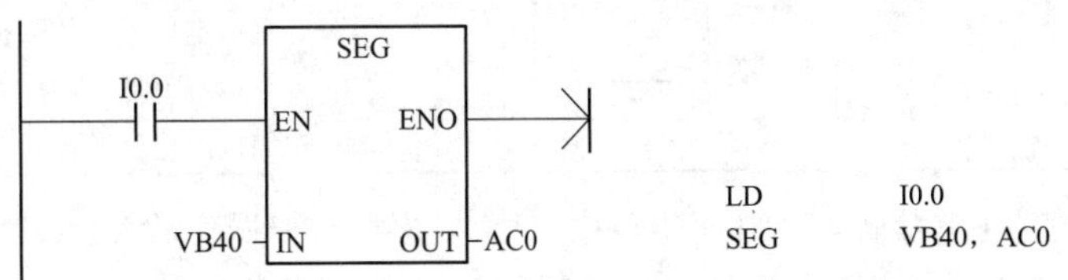


图 5-17　段译码指令使用举例

## 5.7.2　ASCII 码转换指令

**ASCII 码转换指令包括整数、双整数、实数转 ASCII 码指令和十六进制数与 ASCII 码转换指令。**

1. ASCII 码知识

**ASCII 码意为美国标准信息交换码，是一种使用 7 位或 8 位二进制数编码的方案，最多可以对 256 个字符（包括字母、数字、标点符号、控制字符及其他符号）进行编码。**ASCII 编码表见表 5-33。计算机等很多数字设备的字符采用 ASCII 编码方式，如当按下键盘上的“8”键时，键盘内的编码电路就将

该键编码成 011 1000，再送入计算机处理，在 7 位 ASCII 码最高位加 0 就是 8 位 ASCII 码。

**表 5-33　　ASCII 编码表**

| $b_7\ b_6\ b_5$ / $b_4\ b_3\ b_2\ b_1$ | 000 | 001 | 010 | 011 | 100 | 101 | 110 | 111 |
|---|---|---|---|---|---|---|---|---|
| 0000 | nul | dle | sp | 0 | @ | P | 、 | p |
| 0001 | soh | dc1 | ! | 1 | A | Q | a | q |
| 0010 | stx | dc2 | ″ | 2 | B | R | b | r |
| 0011 | etx | dc3 | # | 3 | C | S | c | s |
| 0100 | eot | dc4 | $ | 4 | D | T | d | t |
| 0101 | enq | nak | % | 5 | E | U | e | n |
| 0110 | ack | svn | & | 6 | F | V | f | v |
| 0111 | bel | etb | ’ | 7 | G | W | g | w |
| 1000 | bs | can | ( | 8 | H | X | h | x |
| 1001 | ht | em | ) | 9 | I | Y | i | y |
| 1010 | lf | sub | * | : | J | Z | j | z |
| 1011 | vt | esc | + | ; | K | [ | k | { |
| 1100 | ff | fs | , | 〈 | L | \ | l | \| |
| 1101 | cr | gs | — | = | M | ] | m | } |
| 1110 | so | rs | . | 〉 | N | ^ | n | ~ |
| 1111 | si | ns | / | ! | O | _ | o | del |

2. 整数转 ASCII 码指令

（1）指令说明。整数转 ASCII 码指令说明见表 5-34。

**表 5-34　　整数转 ASCII 码指令说明**

| 指令名称 | 梯形图 | 功能说明 | 操作数 | |
|---|---|---|---|---|
| | | | IN | FMT、OUT |
| 整数转 ASCII 码指令（ITA） | ITA<br>EN　ENO<br>????-IN　OUT-????<br>????-FMT | 将 IN 端指定单元中的整数转换成 ASCII 码字符串，存入 OUT 端指定首地址的 8 个连续字节单元中。<br>FMT 端指定单元中的数据用来定义 ASCII 码字符串在 OUT 存储区的存放形式 | IW，QW，VW，MW，SMW，SW，LW，T，C，AC，AIW，*VD，*LD、*AC、常数<br>（整数型） | IB、QB，VB，MB，SMB，SB，LB，AC，*VD，*LD，*AC、常数<br>OUT 禁用 AC 和常数<br>（字节型） |

在整数转 ASCII 码指令中，IN 端为整数型操作数，FMT 端指定字节单元中的数据用来定义 ASCII 码字符串在 OUT 存储区的存放格式，OUT 存储区是指 OUT 端指定首地址的 8 个连续字节单元，又称输出存储区。FMT 端单元中的数据定义如下：

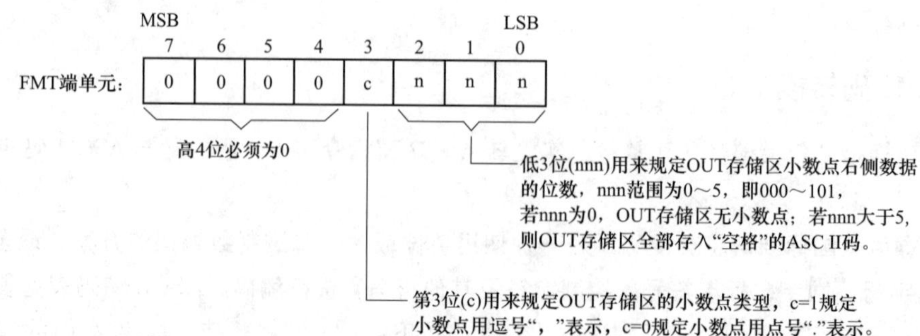

(2) 指令使用举例。整数转 ASCII 码指令使用举例如图 5-18 所示，当 I0.0 触点闭合时，执行 ITA 指令，将 IN 端 VW10 中的整数转换成 ASCII 码字符串，保存在 OUT 端指定首地址的 8 个连续单元（VB12～VB19）构成的存储区中，ASCII 码字符串在存储区的存放形式由 FMT 端 VB0 单元中的数据低 4 位规定。

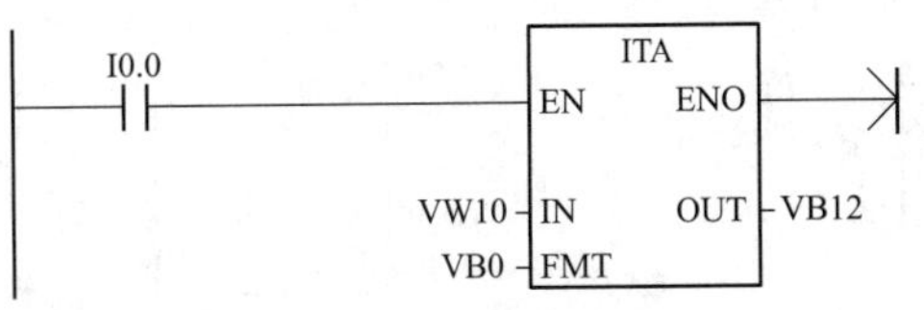


图 5-18 整数转 ASCII 码指令使用举例

如 VW10 中整数为 12，VB0 中的数据为 3（即 00000011），执行 ITA 指令后，VB12～VB19 单元中存储的 ASCII 码字符串为“0.012”，各单元具体存储的 ASCII 码见表 5-35，其中 VB19 单元存储的为“2”的 ASCII 码“00110010”。

**表 5-35 FMT 单元取不同值时存储区中 ASCII 码的存储形式**

| FMT | IN | OUT | | | | | | | |
|---|---|---|---|---|---|---|---|---|---|
| VB0 | VW10 | VB12 | VB13 | VB14 | VB15 | VB16 | VB17 | VB18 | VB19 |
| 3 (00000011) | 12 | | | | 0 | . | 0 | 1 | 2 |
| | 1234 | | | | 1 | . | 2 | 3 | 4 |
| 11 (0001011) | —12345 | | — | 1 | 2 | , | 3 | 4 | 5 |
| 0 (00000000) | —12345 | | | — | 1 | 2 | 3 | 4 | 5 |
| 7 (00000111) | —12345 | 空格 ASCII码 | 空格 ASCII码 | 空格 ASCII码 | 空格 ASCII码 | 空格 ASCII码 | 空格 ASCII码 | 空格 ASCII码 | 空格 ASCII码 |

输出存储区的 ASCII 码字符串格式有以下规律。

1）正数值写入输出存储区时没有符号位。

2）负数值写入输出存储区时以负号（—）开头。

3）除小数点左侧最靠近的 0 外，其他左侧 0 去掉。

4）输出存储区中的数值是右对齐的。

3. 双整数转 ASCII 码指令

(1) 指令说明。双整数转 ASCII 码指令说明见表 5-36。

**表 5-36 双整数转 ASCII 码指令说明**

| 指令名称 | 梯形图 | 功能说明 | 操作数 | |
|---|---|---|---|---|
| | | | IN | FMT、OUT |
| 双整数转 ASCII码 指令 (DTA) | DTA<br>EN ENO<br>????-IN OUT-????<br>????-FMT | 将 IN 端指定单元中的双整数转换成 ASCII 码字符串，存入 OUT 端指定首地址的 12 个连续字节单元中。<br>FMT 端指定单元中的数据用来定义 ASCII 码字符串在 OUT 存储区的存放形式 | ID，QD，VD，MD，SMD，SD，LD，AC，HC，＊VD，＊LD，＊AC、常数<br>（双整数型） | IB、QB，VB，MB，SMB，SB，LB，AC，＊VD，＊LD，＊AC、常数<br>OUT 禁用 AC 和常数<br>（字节型） |

在 DTA 指令中，IN 端为双整数型操作数，FMT 端字节单元中的数据用来指定 ASCII 码字符串在 OUT 存储区的存放格式，OUT 存储区是指 OUT 端指定首地址的 12 个连续字节单元。FMT 端单元中的数据定义与整数转 ASCII 码指令相同。

(2) 指令使用举例。双整数转 ASCII 码指令使用举例如图 5-19 所示，当 I0.0 触点闭合时，执行 DTA 指令，将 IN 端 VD10 中的双整数转换成 ASCII 码字符串，保存在 OUT 端指定首地址的 8 个连续单元（VB14～VB25）构成的存储区中，ASCII 码字符串在存储区的存放形式由 VB0 单元（FMT 端指

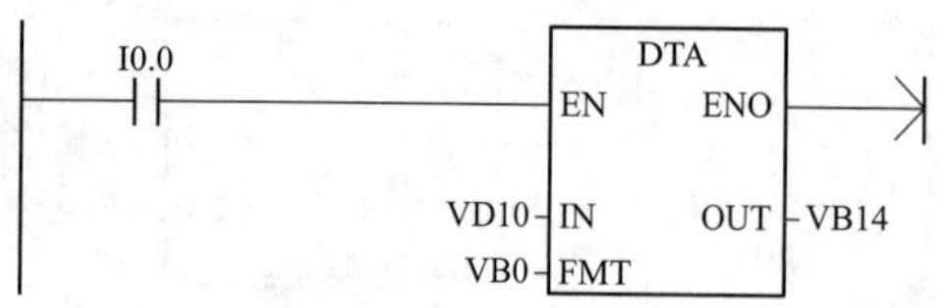

图 5-19 双整数转 ASCII 码指令使用举例

定）中的低 4 位数据规定。

如 VD10 中双整数为 3456789，VB0 中的数据为 3（即 00000011），执行 DTA 指令后，VB14～VB25 中存储的 ASCII 码字符串为“3456.789”。

输出存储区的 ASCII 码字符串格式有以下规律。

1）正数值写入输出存储区时没有符号位。

2）负数值写入输出存储区时以负号（—）开头。

3）除小数点左侧最靠近的 0 外，其他左侧 0 去掉。

4）输出存储区中的数值是右对齐的。

4. 实数转 ASCII 码指令

（1）指令说明。实数转 ASCII 码指令说明见表 5-37。

表 5-37 实数转 ASCII 码指令说明

| 指令名称 | 梯形图 | 功能说明 | 操作数 | |
|---|---|---|---|---|
| | | | IN | FMT、OUT |
| 实数转 ASCII 码指令（RTA） | RTA<br>EN ENO<br>????-IN OUT-????<br>????-FMT | 将 IN 端指定单元中的实数转换成 ASCII 码字符串，存入 OUT 端指定首地址的 3～15 个连续字节单元中。<br>FMT 端指定单元中的数据用来定义 OUT 存储区的长度和 ASCII 码字符串在 OUT 存储区的存放形式 | ID，QD，VD，MD，SMD，SD，LD，AC，HC，＊VD，＊LD，＊AC、常数<br>（实数型） | IB、QB，VB，MB，SMB，SB，LB，AC，＊VD，＊LD，＊AC、常数<br>OUT 禁用 AC 和常数<br>（字节型） |

在 RTA 指令中，IN 端为实数型操作数，FMT 端指定单元中的数据用来定义 OUT 存储区的长度和 ASCII 码字符串在 OUT 存储区的存放形式。FMT 端单元中的数据定义如下：

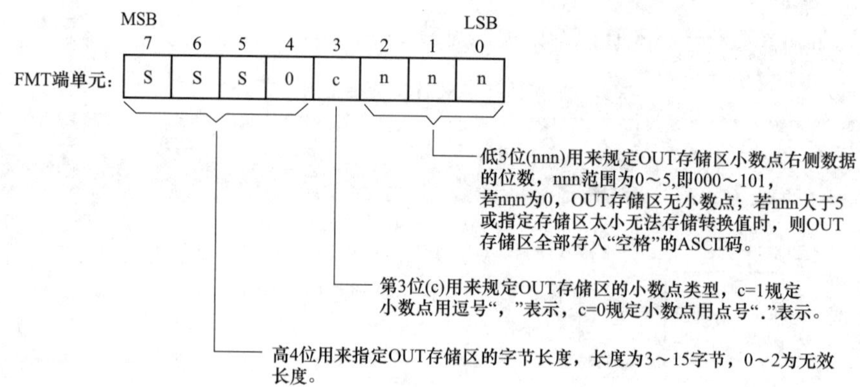


（2）指令使用举例。实数转 ASCII 码指令使用举例如图 5-20 所示，当 I0.0 触点闭合时，执行 RTA 指令，将 IN 端 VD10 中的实数转换成 ASCII 码字符串，保存在 OUT 端指定首地址的存储区中，存储区的长度由 FMT 端 VB0 单元中的数据高 4 位规定，ASCII 码字符串在存储区的存放形式由 FMT 端 VB0 单元中的低 4 位数据规定。

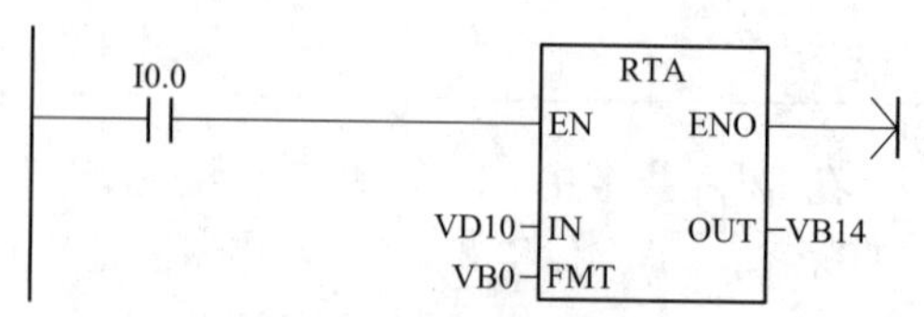

图 5-20 实数转 ASCII 码指令使用举例

如 VD10 中实数为 1234.5，VB0 中的数据为 97（即 01100001），执行 RTA 指令后，VB14～VB19

中存储的 ASCII 码字符串为"1234.5"。FMT 单元取不同值时存储区中 ASCII 码的存储格式见表 5-38。

**表 5-38　FMT 单元取不同值时存储区中 ASCII 码的存储格式**

| FMT | IN | OUT | | | | | |
|---|---|---|---|---|---|---|---|
| VB0 | VD10 | VB14 | VB15 | VB16 | VB17 | VB18 | VB19 |
| 97（0110 0001） | 1234.5 | 1 | 2 | 3 | 4 | . | 5 |
| | −0.0004 | | | | 0 | . | 0 |
| | −3.67526 | | | | 3 | . | 7 |
| | 1.95 | | | | 2 | . | 0 |

输出存储区的 ASCII 码字符串格式有以下规律。

1）正数值写入输出存储区时没有符号位。

2）负数值写入输出存储区时以负号（−）开头。

3）除小数点左侧最靠近的 0 外，其他左侧 0 去掉。

4）若小数点右侧数据超过规定位数，会按四舍五入去掉低位以满足位数要求。

5）输出存储区的大小应至少比小数点右侧的数字位数多 3 个字节。

6）输出存储区中的数值是右对齐的。

5. ASCII 码转十六进制数指令

（1）指令说明。ASCII 码转十六进制数指令说明见表 5-39。

**表 5-39　ASCII 码转十六进制数指令说明**

| 指令名称 | 梯形图 | 功能说明 | 操作数 | |
|---|---|---|---|---|
| | | | IN、OUT | LEN |
| ASCII 码转十六进制数指令（ATH） | ATH<br>EN ENO<br>????-IN OUT-????<br>????-LEN | 将 IN 端指定首地址、LEN 端指定长度的连续字节单元中的 ASCII 码字符串转换成十六进制数，存入 OUT 端指定首地址的连续字节单元中。<br>IN 端用来指定待转换字节单元的首地址，LEN 用来指定待转换连续字节单元的个数，OUT 端用来指定转换后数据存放单元的首地址 | IB、QB，VB，MB，SMB，SB，LB，*VD，*LD，*AC<br>（字节型） | IB、QB，VB，MB，SMB，SB，LB，AC，*VD，*LD，*AC、常数<br>（字节型） |

（2）指令使用举例。ASCII 码转十六进制数指令使用举例如图 5-21 所示，当 I1.0 触点闭合时，执行 ATH 指令，将 IN 端 VB30 为首地址的连续 3 个（LEN 端指定）字节单元（VB30～VB32）中的 ASCII 码字符串转换成十六进制数，保存在 OUT 端 VB40 为首地址的连续字节单元中。

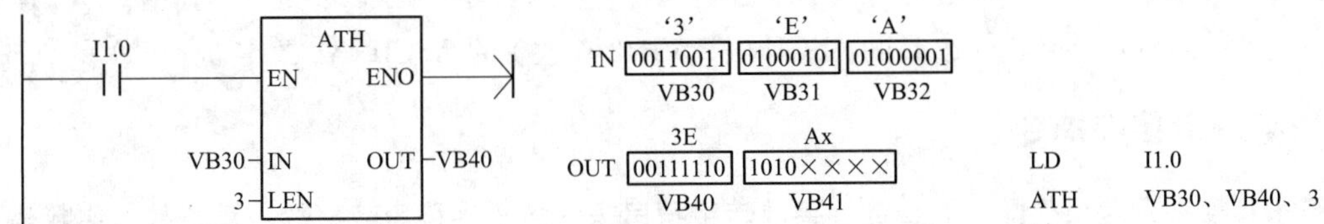


图 5-21　ASCII 码转十六进制数指令使用

如 VB30、VB31、VB32 单元中的 ASCII 码字符分别是 3（00110011）、E（01000101）、

A（01000001），执行ATH指令后，VB30～VB32中的ASCII码转换成十六进制数，并存入VB40、VB41单元，其中VB40存放十六进制数3E（即0011 1110）、VB41存放Ax（即1010 xxxx），x表示VB41原先的数值不变。

在ATH、HTA指令中，有效的ASCII码字符为0～9、A～F，用二进制数表示为00110011～00111001、01000001～01000110，用十六进制表示为33～39、41～46。另外，ATH、HTA指令可转换的ASCII码和十六进制数字的最大个数为255个。

6. 十六进制数转ASCII码指令

（1）指令说明。

十六进制数转ASCII码指令说明见表5-40。

**表5-40　　十六进制数转ASCII码指令说明**

| 指令名称 | 梯形图 | 功能说明 | 操作数 | |
|---|---|---|---|---|
| | | | IN、OUT | LEN |
| 十六进制数转ASCII码指令（HTA） | HTA<br>EN　ENO<br>????-IN　OUT-????<br>????-LEN | 将IN端指定首地址、LEN端指定长度的连续字节单元中的十六进制数转换成ASCII码字符，存入OUT端指定首地址的连续字节单元中。<br>IN端用来指定待转换字节单元的首地址，LEN用来指定待转换连续字节单元的个数，OUT端用来指定转换后数据存放单元的首地址 | IB、QB，VB，MB，SMB，SB，LB，＊VD，＊LD，＊AC（字节型） | IB、QB，VB，MB，SMB，SB，LB，AC，＊VD，＊LD，＊AC、常数（字节型） |

（2）指令使用举例。十六进制数转ASCII码指令使用举例如图5-22所示，当I1.0触点闭合时，执行HTA指令，将IN端VB30为首地址的连续2个（LEN端指定）字节单元（VB30、VB31）中的十六进制数转换成ACII码字符，保存在OUT端VB40为首地址的连续字节单元中。

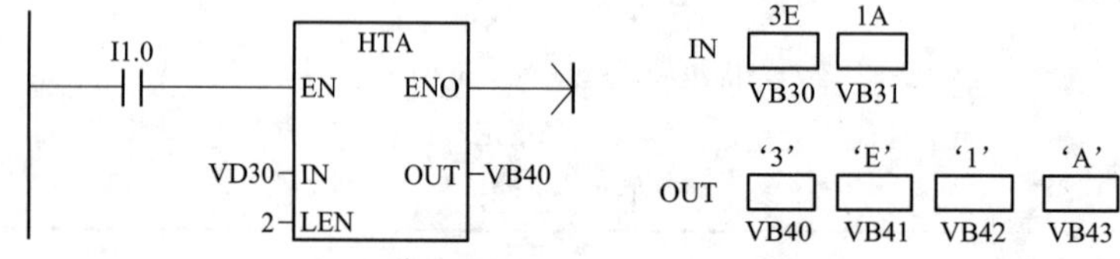


图5-22　十六进制数转ASCII码指令使用举例

如VB30、VB31单元中的十六进制数分别是3E（0011 1110）、1A（00011010），执行HTA指令后，VB30、VB31中的十六进制数转换成ASCII码，并存入VB40～VB43单元中，其中VB40存放3的ASCII码（00110011）、VB41存放E的ASCII码、VB42存放1的ASCII码、VB43存放A的ASCII码。

## 5.7.3　字符串转换指令

**字符串转换指令包括整数、双整数、实数转字符串指令和子字符串转整数、双整数、实数指令。**

1. 整数、双整数、实数转字符串指令

（1）指令说明。整数、双整数、实数转字符串指令说明见表5-41。

**表 5-41　　　　整数、双整数、实数转字符串指令说明**

<table>
<tr><th rowspan="2">指令名称</th><th rowspan="2">梯形图</th><th rowspan="2">功能说明</th><th colspan="3">操作数</th></tr>
<tr><th>IN</th><th>FMT、</th><th>OUT</th></tr>
<tr><td>整数转字符串指令<br>(I _ S)</td><td>I_S<br>EN ENO<br>????-IN OUT-????<br>????-FMT</td><td>将 IN 端指定单元中的整数转换成 ASCII 码字符串，存入 OUT 端指定首地址的 9 个连续字节单元中。<br>FMT 端指定单元中的数据用来定义 ASCII 码字符串在 OUT 存储区的存放形式</td><td>IW、QW、VW、MW、SMW、SW、T、C、LW、AIW、*VD、*LD、*AC、常数<br>（整数型）</td><td rowspan="3">IB、QB、VB、MB、SMB、SB、LB、AC、*VD、*LD、*AC、常数<br>（字节型）</td><td rowspan="3">VB、LB、*VD、*LD、*AC<br>（字符型）</td></tr>
<tr><td>双整数转字符串指令<br>(DI _ S)</td><td>DI_S<br>EN ENO<br>????-IN OUT-????<br>????-FMT</td><td>将 IN 端指定单元中的双整数转换成 ASCII 码字符串，存入 OUT 端指定首地址的 13 个连续字节单元中。<br>FMT 端指定单元中的数据用来定义 ASCII 码字符串在 OUT 存储区的存放形式</td><td>ID、QD、VD、MD、SMD、SD、LD、AC、HC、*VD、*LD、*AC、常数<br>（双整数型）</td></tr>
<tr><td>实数转字符串指令<br>(R _ S)</td><td>R_S<br>EN ENO<br>????-IN OUT-????<br>????-FMT</td><td>将 IN 端指定单元中的实数转换成 ASCII 码字符串，存入 OUT 端指定首地址的 3～15 个连续字节单元中。<br>FMT 端指定单元中的数据用来定义 OUT 存储区的长度和 ASCII 码字符串在 OUT 存储区的存放形式</td><td>ID、QD、VD、MD、SMD、SD、LD、AC、*VD、*LD、*AC、常数<br>（实数型）</td></tr>
</table>

整数、双整数、实数转字符串指令中 FMT 的定义与整数、双整数、实数转 ASCII 码指令基本相同，两者的区别在于：字符串转换指令中 OUT 端指定的首地址单元用来存放字符串的长度，其后单元才存入转换后的字符串，对于整数、双整数转字符串指令，OUT 首地址单元的字符串长度值分别固定为 8、12，对于实数转字符串指令，OUT 首地址单元的字符串长度值由 FMT 的高 4 位来决定。

（2）指令使用举例。图 5-23 为实数转字符串指令使用举例，当 I0.0 触点闭合时，执行 R _ S 指令，将 IN 端 VD10 中的实数转换成 ASCII 码字符串，保存在 OUT 端指定首地址的存储区中，存储区的长度由 FMT 端 VB0 单元中的数据高 4 位规定，ASCII 码字符串在存储区的存放形式由 FMT 端 VB0 单元中的低 4 位数据规定。

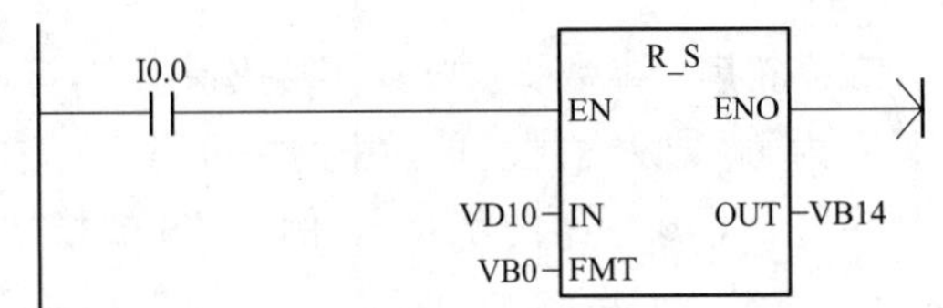


图 5-23　实数转字符串指令使用举例

如 VD10 中实数为 1234.5，VB0 中的数据为 97（即 01100001），执行 R _ S 指令后，VB14～VB20 中存储的 ASCII 码字符串为“61234.5”。FMT 单元取不同值时存储区中 ASCII 码字符串的存储形式见表 5-42。

表 5-42　　FMT 单元取不同值时存储区中 ASCII 码字符串的存储形式

| FMT | IN | OUT | | | | | | |
|---|---|---|---|---|---|---|---|---|
| VB0 | VD10 | VB14 | VB15 | VB16 | VB17 | VB18 | VB19 | VB20 |
| 97 (0110 0001) | 1234.5 | 6 | 1 | 2 | 3 | 4 | . | 5 |
| | −0.0004 | 6 | | | | 0 | . | 0 |
| | −3.67526 | 6 | | | — | 3 | . | 7 |
| | 1.95 | 6 | | | | 2 | . | 0 |

**整数、双整数、实数转字符串指令中的输出存储区存放 ASCII 码字符串格式与整数、双整数、实数转 ASCII 码指令基本相同，主要区别在于前者的输出存储区首地址单元存放字符串长度，其后才存入字符串。**

2. 字符串转整数、双整数、实数指令

（1）指令说明。字符串转整数、双整数、实数指令说明见表 5-43。

表 5-43　　字符串转整数、双整数、实数指令说明

| 指令名称 | 梯形图 | 功能说明 | 操作数 | | |
|---|---|---|---|---|---|
| | | | IN | INDX | OUT |
| 字符串转整数指令（S_I） | S_I：EN ENO；????-IN OUT-????；????-INDX | 将 IN 端指定首地址的第 INDX 个及后续单元中的字符串转换成整数，存入 OUT 端指定的单元中 | IB、QB、VB、MB、SMB、SB、LB、＊VD、＊LD、＊AC、常数（字符型） | VB、IB、QB、MB、SMB、SB、LB、AC、＊VD、＊LD、＊AC、常数（字节型） | VW、IW、QW、MW、SMW、SW、T、C、LW、AC、AQW、＊VD、＊LD、＊AC（整数型） |
| 字符串转双整数指令（S_DI） | S_DI：EN ENO；????-IN OUT-????；????-INDX | 将 IN 端指定首地址的第 INDX 个及后续单元中的字符串转换成双整数，存入 OUT 端指定的单元中 | | | VD、ID、QD、MD、SMD、SD、LD、AC、＊VD、＊LD、＊AC（双整数型和实数型） |
| 字符串转实数指令（S_R） | S_R：EN ENO；????-IN OUT-????；????-INDX | 将 IN 端指定首地址的第 INDX 个及后续单元中的字符串转换成实数，存入 OUT 端指定的单元中 | | | |

在字符串转整数、双整数、实数指令中，INDX 端用于设置开始转换单元相对首地址的偏移量，通常设置为 1，即从首地址单元中的字符串开始转换。INDX 也可以被设置为其他值，可以用于避开转换非法字符（非 0～9 的字符），例如 IN 端指定首地址为 VB10，VB10～VB17 单元存储的字符串为"Key：1236"，如果将 INDX 设为 5，则转换从 VB14 单元开始，VB10～VB13 单元中的字符串"Key"不会被转换。

字符串转实数指令不能用于转换以科学计数法或者指数形式表示实数的字符串，强行转换时，指令不会产生溢出错误（SM1.1＝1），但会转换指数之前的字符串，然后停止转换，如转换字符串"1.234E6"时，转换后的实数值为 1.234，并且没有错误提示。

指令在转换时，当到达字符串的结尾或者遇到第一个非法字符时，转换指令结束。当转换产生的

整数值过大以致输出值无法表示时，溢出标志（SM1.1）会置位。

（2）指令使用举例。字符串转整数、双整数、实数指令使用举例如图 5-24 所示，当 I0.0 触点闭合时，依次执行 S_I、S_D、S_D 指令。S_I 指令将相对 VB0 偏移量为 7 的 VB6 及后续单元中的字符串转换成整数，并保存在 VW100 单元中；S_DI 指令将相对 VB0 偏移量为 7 的 VB7 及后续单元中的字符串转换成双整数，并保存在 VD200 单元中；S_R 指令将相对 VB0 偏移量为 7 的 VB7 及后续单元中的字符串转换成整数，并保存在 VD300 单元中。

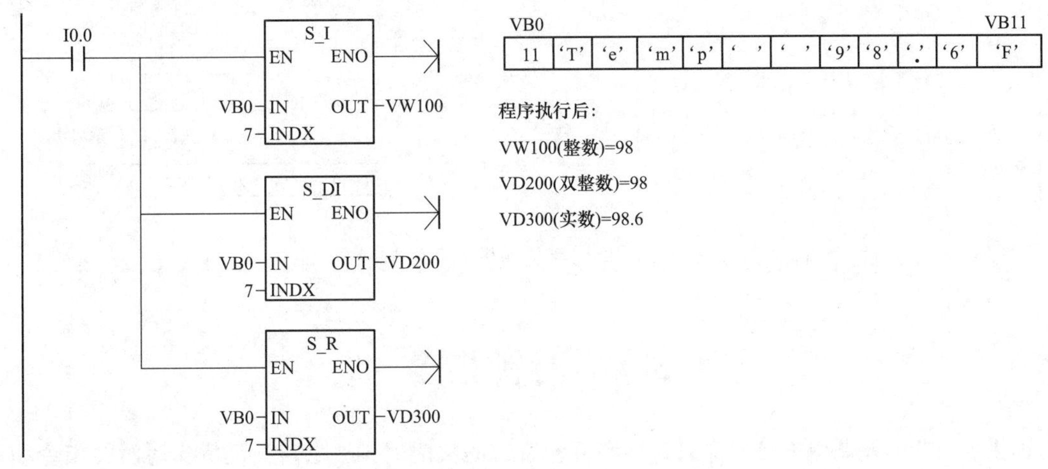


图 5-24 字符串转整数、双整数、实数指令使用举例

如果 VB0～VB11 单元中存储的 ASCII 码字符串为“11、T、3、m、p、空格、空格、9、8、.、6、F”，执行 S_I、S_D、S_D 指令后，在 VW100 单元中得到整数 98，在 VD200 单元中得到双整数 98，在 VD300 单元中得到整数 98.6。

## 5.7.4 编码与解码指令

1. 指令说明

编码与解码指令说明见表 5-44。

**表 5-44 编码与解码指令说明**

| 编码与解码指令 | 梯形图 | 功能说明 | 操作数 | |
|---|---|---|---|---|
| | | | IN | OUT |
| 编码指令（ENCO） | ENCO<br>EN ENO<br>???? IN OUT ???? | 将 IN 字单元中最低有效位（即最低位中的 1）的位号写入 OUT 字节单元的低半字节中 | IW、QW、VW、MW、SMW、SW、LW、T、C、AC、AIW、＊VD、＊LD、＊AC、常数（整数型） | IB、QB、VB、MB、SMB、SB、LB、AC、＊VD、＊LD、＊AC（字节型） |
| 解码指令（DECO） | DECO<br>EN ENO<br>???? IN OUT ???? | 根据 IN 字节单元中低半字节表示的位号，将 OUT 字单元相应的位值置 1，字单元其他的位值全部清 0 | IB、QB、VB、MB、SMB、SB、LB、AC、＊VD、＊LD、＊AC、常数（字节型） | IW、QW、VW、MW、SMW、SW、T、C、LW、AC、AQW、＊VD、＊LD、＊AC（整数型） |

2. 指令使用举例

编码与解码指令使用举例如图 5-25 所示，当 I0.0 触点闭合时，执行 DECO 和 ENCO 指令，在执行ENCO（编码）指令时，将AC3中最低有效位1的位号“9”写入VB50单元的低4位，在执行DECO指令时，根据将AC2中低半字节表示的位号“3”将VW40中的第3位置1，其他位全部清0。

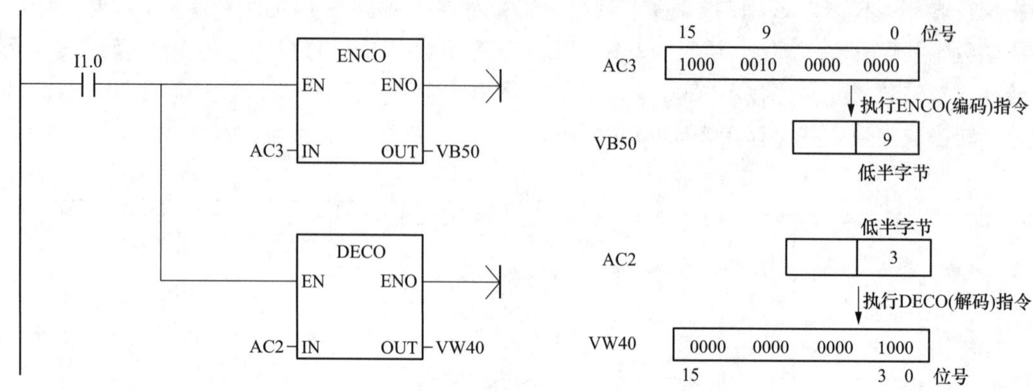


图5-25 编码与解码指令使用举例

## 5.8 时钟指令

**时钟指令的功能是调取系统的实时时钟和设置系统的实时时钟，它包括读取实时时钟指令和设置实时时钟指令（又称写实时时钟指令）。**这里的系统实时时钟是指PLC内部时钟，其时间值会随实际时间变化而变化，在PLC切断外接电源时依靠内部电容或电池供电。

1. 时钟指令说明

时钟指令说明见表5-45。

**表5-45** **时钟指令说明**

| 指令名称 | 梯形图 | 功能说明 | 操作数<br>T |
|---|---|---|---|
| 设置实时时钟指令（TODW） | SET_RTC<br>EN ENO<br>????-T | 将T端指定首地址的8个连续字节单元中的日期和时间值写入系统的硬件时钟 | IB、QB、VB、MB、SMB、SB、LB、*VD、*LD、*AC（字节型） |
| 读取实时时钟指令（TODR） | READ_RTC<br>EN ENO<br>????-T | 将系统的硬件时钟的日期和时间值读入T端指定首地址的8个连续字节单元中 | |

时钟指令T端指定首地址的8个连续字节单元（T～T+7）存放不同的日期时间值，其格式为：

| T | T+1 | T+2 | T+3 | T+4 | T+5 | T+6 | T+7 |
|---|---|---|---|---|---|---|---|
| 年<br>00—99 | 月<br>01—12 | 日<br>01—31 | 小时<br>00—23 | 分钟<br>00—59 | 秒<br>00—59 | 0 | 星期几<br>0—7<br>1=星期日 7=星期六<br>0禁止星期 |

在使用时钟指令时应注意以下要点。

（1）日期和时间的值都要用BCD码表示。如：对于年，16#10（即00010000）表示2010年；对于小时16#22表示晚上10点；对于星期16#07表示星期六。

(2) 在设置实时时钟时，系统不会检查时钟值是否正确，如 2 月 31 日虽是无效日期，但系统仍可接受，因此要保证设置时输入时钟数据正确。

(3) 在编程时，不能在主程序和中断程序中同时使用读写时钟指令，否则会产生错误，中断程序中的实时时钟指令不能执行。

(4) 只有 CPU224 型以上的 PLC 才有硬件时钟，低端型号的 PLC 要使用实时时钟，须外插带电池的实时时钟卡。

(5) 对于没有使用过时钟指令的 PLC，在使用指令前需要设置实时时钟，既可使用 TODW 指令来设置，也可以在编程软件中执行菜单命令“PLC→实时时钟”来设置和启动实时时钟。

2. 时钟指令使用举例

时钟指令使用举例如图 5-26 所示，其实现的控制功能是：在 12：00～20：00 让 Q0.0 线圈得电，在 7：30～22：30 让 Q0.1 线圈得电。

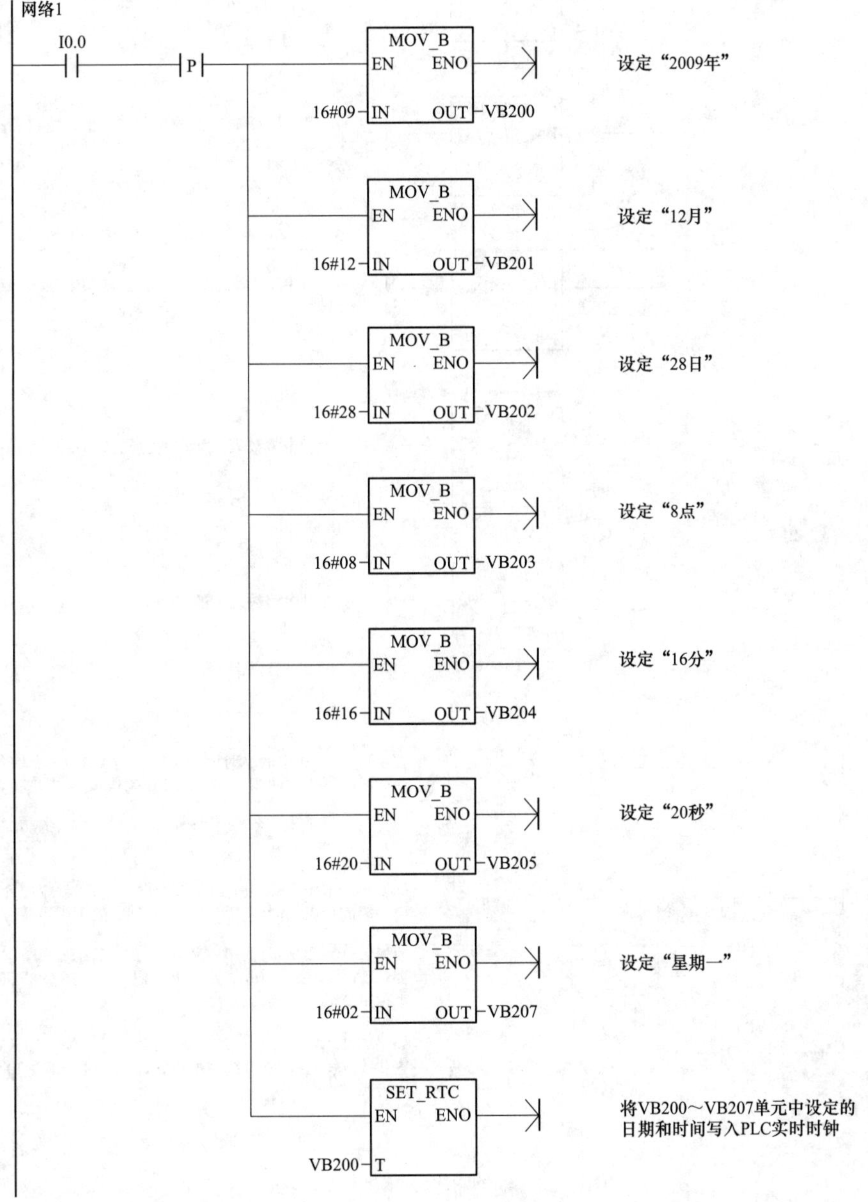


图 5-26 时钟指令使用举例（一）

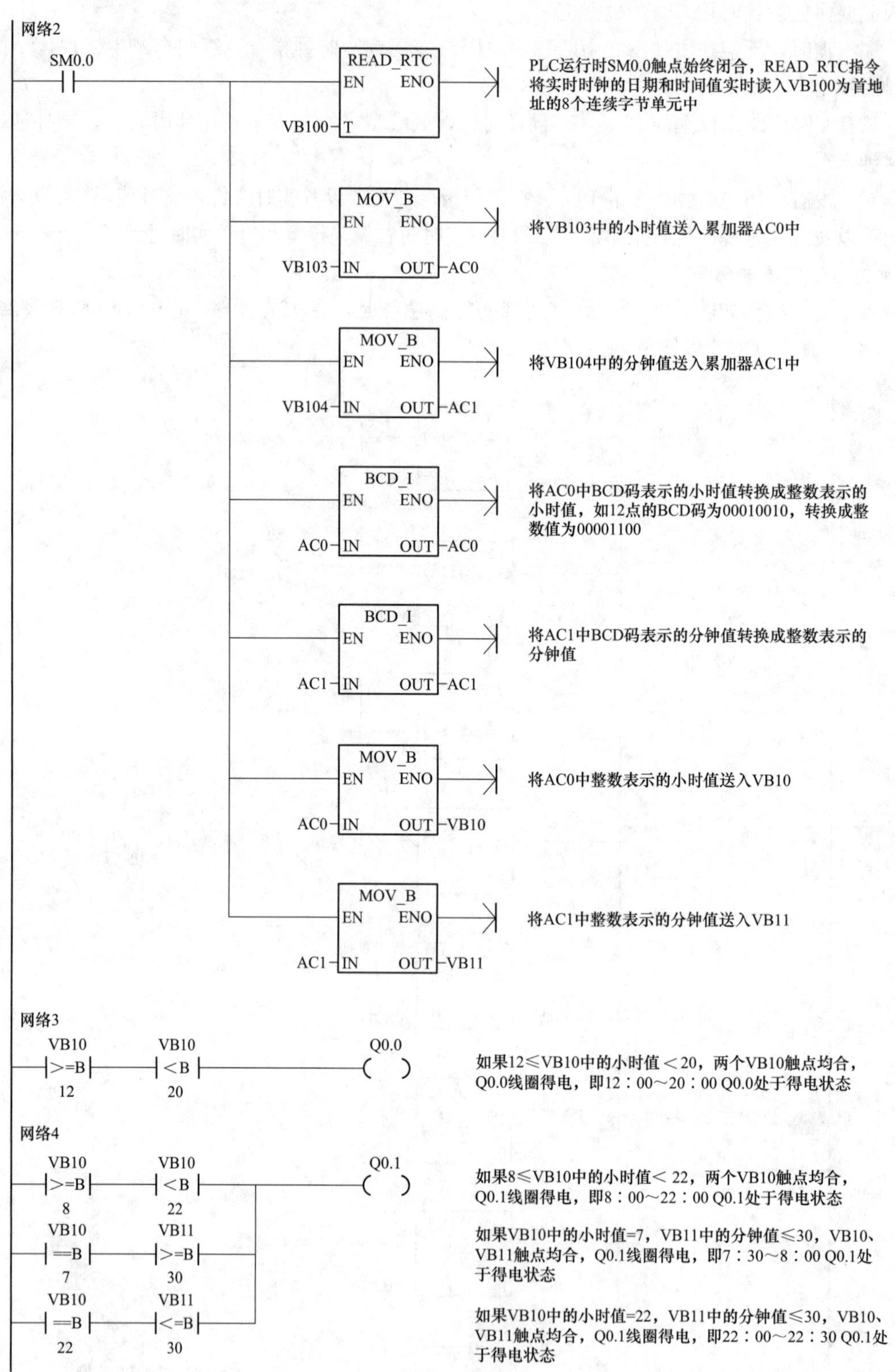


图 5-26　时钟指令使用举例（二）

“网络 1”用于设置 PLC 的实时时钟：当 I0.0 触点闭合时，上升沿 P 触点接通一个扫描周期，开始由上往下执行 MOV_B 和 SET_RTC 指令，指令执行的结果是将 PLC 的实时时钟设置为“2009 年 12 月 28 日 8 点 16 分 20 秒星期一”。“网络 2”用于读取实时时钟，并将实时读取的 BCD 码小时、分钟值转换成整数表示的小时、分钟值。“网络 3”的功能是让 Q0.0 线圈在 12：00～20：00 内得电。“网络 4”的功能是让 Q0.1 线圈在 7：30～22：30 内得电，它将整个时间分成 8：00～22：00、7：30～8：00 和 22：00～22：30 3 段来控制。

# 5.9 程序控制指令

## 5.9.1 跳转与标签指令

1. 指令说明

跳转与标签指令说明见表 5-46。

表 5-46 跳转与标签指令说明

| 指令名称 | 梯形图 | 功能说明 | 操作数 |
|---|---|---|---|
| | | | N |
| 跳转指令（JMP） | ????<br>—( JMP ) | 让程序跳转并执行标签为 N（????）的程序段 | 常数（0 到 255）（字型） |
| 标签指令（LBL） | ????<br>LBL | 用来对某程序段进行标号，为跳转指令设定跳转目转 | |

**跳转与标签指令可用在主程序、子程序或者中断程序中，但跳转和与之相应的标号指令必须位于同性质程序段中，即不能从主程序跳到子程序或中断程序，也不能从子程序或中断程序跳出。在顺序控制 SCR 程序段中也可使用跳转指令，但相应的标号指令必须也在同一个 SCR 段中。**

2. 指令使用举例

跳转与标签指令使用举例如图 5-27 所示，当 I0.2 触点闭合时，JMP 4 指令执行，程序马上跳转到网络 10 处的 LBL 4 标签，开始执行该标签后面的程序段，如果 I0.2 触点未闭合，程序则从“网络 2”依次往下执行。

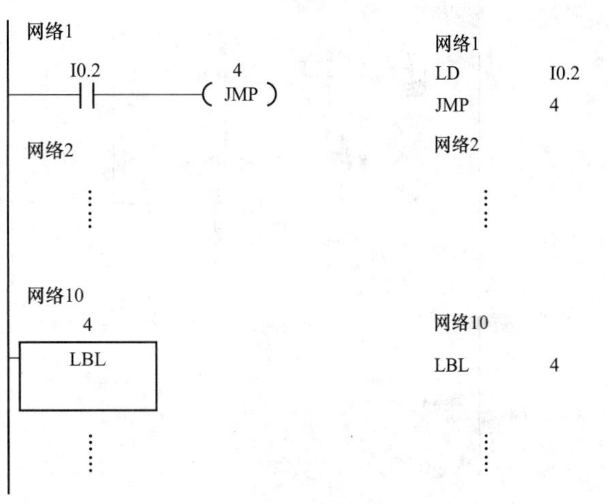

图 5-27 跳转与标签指令使用举例

## 5.9.2 循环指令

**循环指令包括 FOR、NEXT 两条指令，这两条指令必须成对使用，当需要某个程序段反复执行多次时，可以使用循环指令。**

1. 指令说明

循环指令说明见表 5-47。

表 5-47　　循环指令说明

| 指令名称 | 梯形图 | 功能说明 | 操作数 | |
|---|---|---|---|---|
| | | | INDX | INIT、FINAL |
| 循环开始指令（FOR） | FOR：EN ENO；????-INDX；????-INIT；????-FINAL | 循环程序段开始，INDX端指定单元用作对循环次数进行计数，INIT端为循环起始值，FINAL端为循环结束值 | IW、QW、VW、MW、SMW、SW、T、C、LW、AIW、AC、＊VD、＊LD、＊AC（整数型） | VW、IW、QW、MW、SMW、SW、T、C、LW、AC、AIW、＊VD、＊AC、常数（整数型） |
| 循环结束指令（NEXT） | ——(NEXT) | 循环程序段结束 | | |

2. 指令使用举例

循环指令使用举例如图 5-28 所示，该程序有两个循环程序段（循环体），循环程序段 2（网络 2～网络 3）处于循环程序段 1（网络 1～网络 4）内部，这种一个程序段包含另一个程序段的形式称为嵌套，一个 FOR、NEXT 循环体内部最多可嵌套 8 个 FOR、NEXT 循环体。

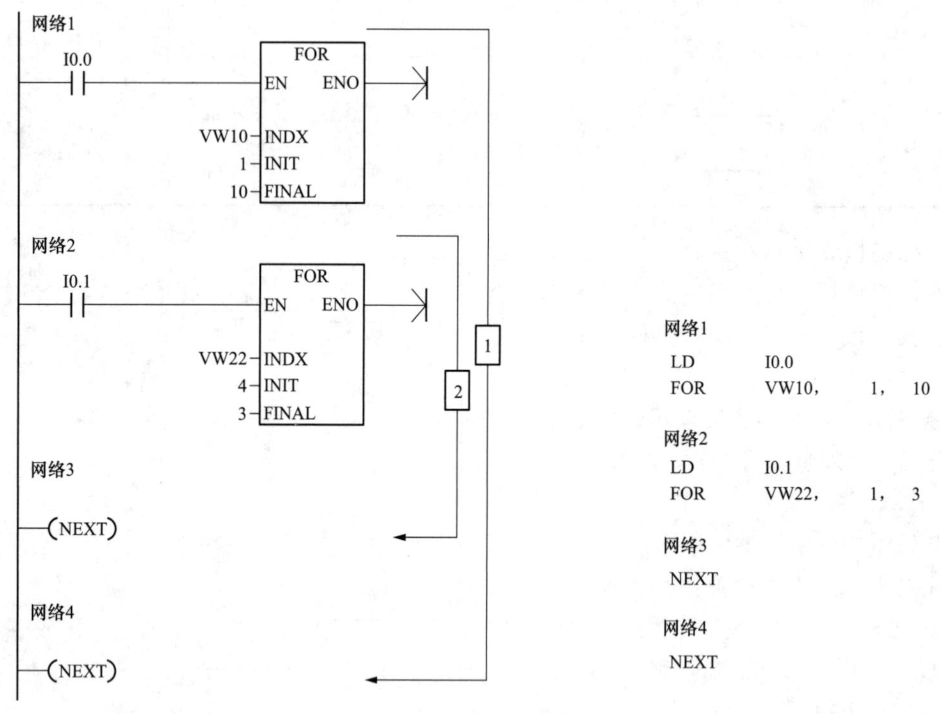


图 5-28　循环指令使用举例

在图 5-28 中，当 I0.0 触点闭合时，循环程序段 1 开始执行，如果在 I0.0 触点闭合期间 I0.1 触点也闭合，那么在循环程序段 1 执行一次时，内部嵌套的循环程序段 2 需要反复执行 3 次，循环程序段 2 每执行完一次后，INDX 端指定单元 VW22 中的值会自动增 1（在第一次执行 FOR 指令时，INIT 值会传送给 INDX），循环程序段 2 执行 3 次后，VW22 中的值由 1 增到 3，然后程序执行网络 4 的 NEXT 指令，该指令使程序又回到“网络 1”，开始下一次循环。

使用循环指令的要点如下。

（1）FOR、NEXT 指令必须成对使用；

（2）循环允许嵌套，但不能超过 8 层；

（3）每次使循环指令重新有效时，指令会自动将 INIT 值传送给 INDX；

（4）当 INDX 值大于 FINAL 值时，循环不被执行；

（5）在循环程序执行过程中，可以改变循环参数。

### 5.9.3 结束、停止和监视定时器复位指令

1. 指令说明

结束、停止和监视定时器复位指令说明见表 5-48。

表 5-48 结束、停止和监视定时器复位指令说明

| 指令名称 | 梯形图 | 功能说明 |
|---|---|---|
| 条件结束指令（END） | —( END ) | 该指令的功能是根据前面的逻辑条件终止当前扫描周期。它可以用在主程序中，不能用在子程序或中断程序中 |
| 停止指令（STOP） | —( STOP ) | 该指令的功能是让 PLC 从 RUN（运行）模式到 STOP（停止）模式，从而可以立即终止程序的执行。<br>如果在中断程序中使用 STOP 指令，可使该中断立即终止，并且忽略所有等特的中断，继续扫描执行主程序的剩余部分，然后在主程序的结束处完成从 RUN 到 STOP 模式的转变 |
| 监视定时器复位指令（WDR） | —( WDR ) | 监视定时器又称看门狗，其定时时间为 500ms，每次扫描会自动复位，然后开始对扫描时间进行计时，若程序执行时间超过 500ms，监视定时器会使程序停止执行，一般情况下程序执行周期小于 500ms，监视定时器不起作用。<br>在程序适当位置插入 WDR 指令对监视定时器进行复位，可以延长程序执行时间 |

2. 指令使用举例

结束、停止和监视定时器复位指令使用举例如图 5-29 所示。当 PLC 的 I/O 端口发生错误时，SM5.0 触点闭合，STOP 指令执行，让 PLC 由 RUN 转为 STOP 模式；当 I0.0 触点闭合时，WDR 指令执行，监视定时器复位，重新开始计时；当 I0.1 触点闭合时，END 指令执行，结束当前的扫描周期，后面的程序不会执行，即 I0.2 触点闭合时 Q0.0 线圈也不会得电。

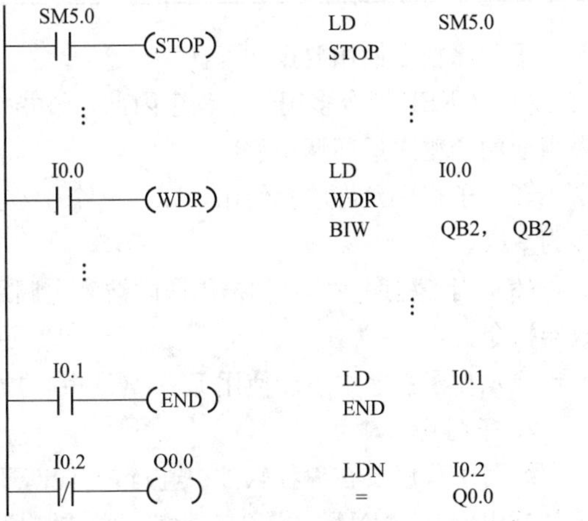

```
SM5.0                      LD    SM5.0
─┤ ├────(STOP)             STOP
  ⋮                          ⋮
I0.0                       LD    I0.0
─┤ ├────(WDR)              WDR
                           BIW   QB2, QB2
  ⋮                          ⋮
I0.1                       LD    I0.1
─┤ ├────(END)              END
I0.2     Q0.0              LDN   I0.2
─┤/├────(  )               =     Q0.0
```

图 5-29 结束、停止和监视定时器复位指令使用举例

在使用 WDR 指令时，如果用循环指令去阻止扫描完成或过度延迟扫描时间，下列程序只有在扫描周期完成后才能执行：①通信（自由端口方式除外）；②I/O 更新（立即 I/O 除外）；③强制更新；④SM 位更新（不能更新 SM0、SM5～SM29）；⑤运行时间诊断；⑥如果扫描时间超过 25s，10ms 和 100ms 定时器将不会正确累计时间；⑦在中断程序中的 STOP 指令。

# 5.10 子程序指令

## 5.10.1 子程序

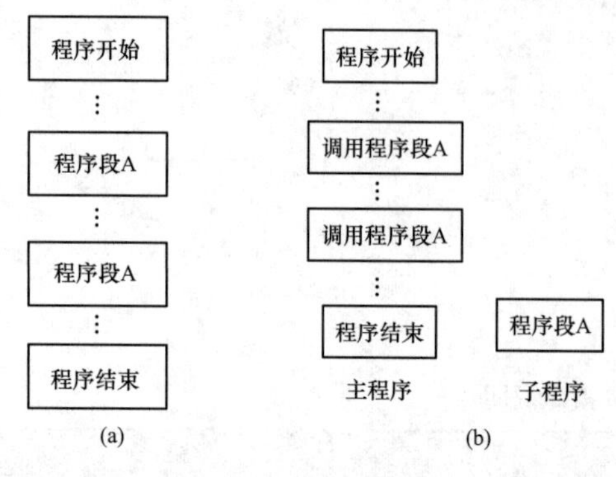


图 5-30 两种程序结构

(a) 单主程序结构；(b) 主、子程序结构

在编程时经常会遇到相同的程序段需要多次执行的情况，如图 5-30 所示，程序段 A 要执行两次，编程时要写两段相同的程序段，这样比较麻烦，解决这个问题的方法是将需要多次执行的程序段从主程序中分离出来，单独写成一个程序，这个程序称为子程序，然后在主程序相应的位置进行子程序调用即可。

在编写复杂的 PLC 程序时，可以将全部的控制功能划分为几个功能块，每个功能块的控制功能可用子程序来实现，这样会使整个程序结构清晰简单、易于调试、查找错误和维护。

## 5.10.2 子程序指令

**子程序指令有子程序调用指令（CALL）和子程序条件返回指令（CRET）两条。**

1. 指令说明

子程序指令说明见表 5-49。

**表 5-49　子程序指令说明**

| 指令名称 | 梯形图 | 功能说明 |
|---|---|---|
| 子程序调用指令（CALL） | SBR_N<br>EN | 用于调用并执行名称为 SBR _ N 的子程序。调用子程序时可以带参数也可以不带参数。子程序执行完成后，返回到调用程序的子程序调用指令的下一条指令。<br>N 为常数，对于 CPU 221、CPU 222 和 CPU 224，N＝0～63；对于 CPU 224XP 和 CPU 226，N=0～127 |
| 子程序条件返回指令（CRET） | ——( RET ) | 根据该指令前面的条件决定是否终止当前子程序而返回调用程序 |

子程序指令使用要点如下。

（1）CREF 指令多用于子程序内部，该指令是否执行取决于它前面的条件，该指令执行的结果是结束当前的子程序返回调用程序。

（2）子程序允许嵌套使用，即在一个子程序内部可以调用另一个子程序，但子程序的嵌套深度最多为 9 级。

（3）当子程序在一个扫描周期内被多次调用时，在子程序中不能使用上升沿、下降沿、定时器和计数器指令。

（4）在子程序中不能使用 END（结束）指令。

2. 子程序的建立

编写子程序要在编程软件中进行，打开 STEP 7-Micro/WIN 编程软件，在程序编辑区下方有“主程序”“SBR _ 0”“INT _ 0” 3 个标签，单击“SBR _ 0”标签即可切换到子程序编辑页面，如图 5-31（a）所示，在该页面就可以编写名称为“SBR _ 0”的子程序。

如果需要编写第 2 个或更多的子程序，可执行菜单命令“编辑→插入→子程序”，即在程序编辑区下方增加一个子程序名为“SBR _ 1”的标签，同时在指令树的“调用子程序”下方也多出一个

“SBR _ 1”指令，如图 5-31（b）所示。在程序编辑区下方子程序名标签上右击，在弹出的菜单中选择重命名，标签名变成可编辑状态，输入新子程序名即可。

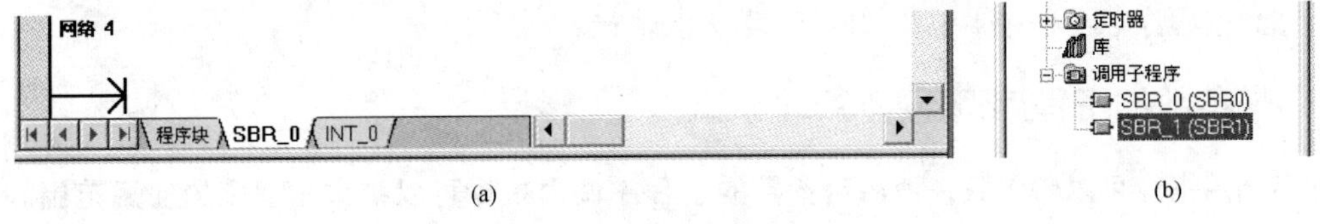


(a) (b)

图 5-31 切换与建立子程序

3. 子程序指令使用举例

子程序指令使用如图 5-32 所示，其中图 5-32（a）为主程序的梯形图和指令语句表，图 5-32（b）为子程序 0 的梯形图，图 5-32（c）为子程序 1 的梯形图。

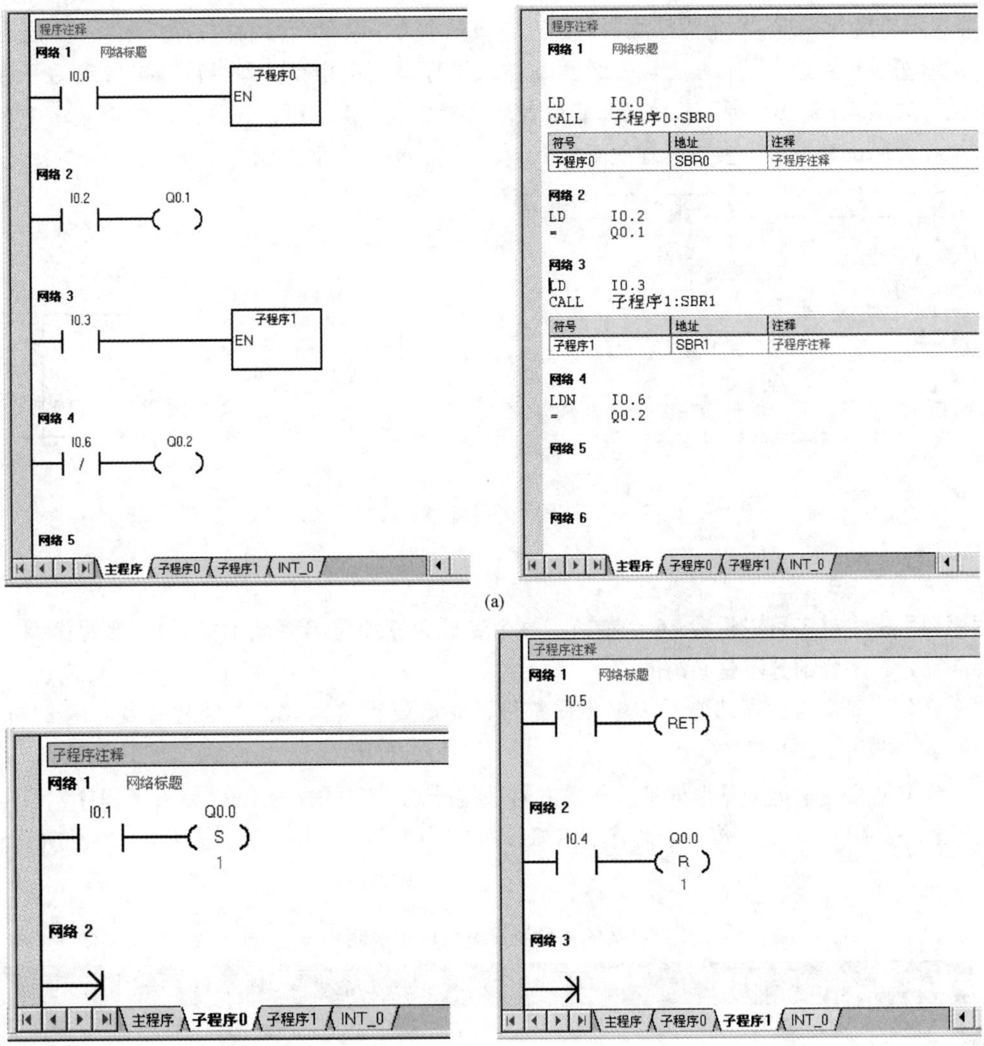

程序注释

网络 1 网络标题

```
LD      I0.0
CALL    子程序0:SBR0
```

| 符号 | 地址 | 注释 |
|---|---|---|
| 子程序0 | SBR0 | 子程序注释 |

网络 2

```
LD      I0.2
=       Q0.1
```

网络 3

```
LD      I0.3
CALL    子程序1:SBR1
```

| 符号 | 地址 | 注释 |
|---|---|---|
| 子程序1 | SBR1 | 子程序注释 |

网络 4

```
LDN     I0.6
=       Q0.2
```

网络 5

网络 6

主程序 子程序0 子程序1 INT_0

(a)

子程序注释

网络 1 网络标题 I0.1 Q0.0 S 1

网络 2

主程序 子程序0 子程序1 INT_0

(b)

子程序注释

网络 1 网络标题 I0.5 RET

网络 2 I0.4 Q0.0 R 1

网络 3

主程序 子程序0 子程序1 INT_0

(c)

图 5-32 子程序指令使用举例

（a）主程序及指令语句表；（b）子程序 0；（c）子程序 1

主、子程序执行的过程是：当 I0.0 触点闭合时，调用子程序 0 指令执行，转入执行子程序 0，在子程序 0 中，如果 I0.1 触点闭合，则将 Q0.0 线圈置位，然后又返回到主程序，开始执行调用子程序 0 指令的下一条指令（即“网络 2”），当程序运行到“网络 3”时，如果 I0.3 触点闭合，调用子程序 1

指令执行，转入执行子程序 1，如果 I0.3 触点断开，则执行“网络 4”中的指令，不会执行子程序 1。若 I0.3 触点闭合，转入执行子程序 1 后，如果 I0.5 触点处于闭合状态，条件返回指令执行，提前从子程序 1 返回到主程序，子程序 1 中的“网络 2”无法执行。

### 5.10.3 带参数的子程序调用指令

**子程序调用指令可以带参数，使用带参数的子程序调用指令可以扩大子程序的使用范围。**在子程序调用时，如果存在数据传递，通常要求子程序调用指令带有相应的参数。

1. 参数的输入

子程序调用指令默认是不带参数的，也无法在指令梯形图符号上直接输入参数，使用子程序编辑页面上方的局部变量表可给子程序调用指令设置参数。

子程序调用指令参数的设置方法是：打开 STEP 7-Micro/WIN 编程软件，单击程序编辑区下方的 SBR _ 0 标签，切换到 SBR _ 0 子程序编辑页面，在页面上方的局部变量表内按图 5-33（a）所示进行输入设置，然后切换到主程序编辑页面，在该页面输入子程序调用指令，即可得到带参数的子程序调用指令梯形图，如图 5-33（b）所示。在局部变量表某项参数上右击，可以在弹出的快捷菜单中对参数进行增删等操作。局部变量表中参数的地址编号 LB0、LB1、…是自动生成的。

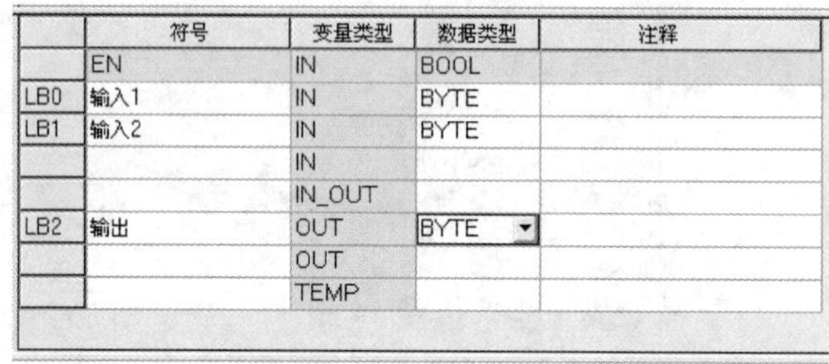

| | 符号 | 变量类型 | 数据类型 | 注释 |
|---|---|---|---|---|
| | EN | IN | BOOL | |
| LB0 | 输入1 | IN | BYTE | |
| LB1 | 输入2 | IN | BYTE | |
| | | IN | | |
| | | IN_OUT | | |
| LB2 | 输出 | OUT | BYTE | |
| | | OUT | | |
| | | TEMP | | |

(a)

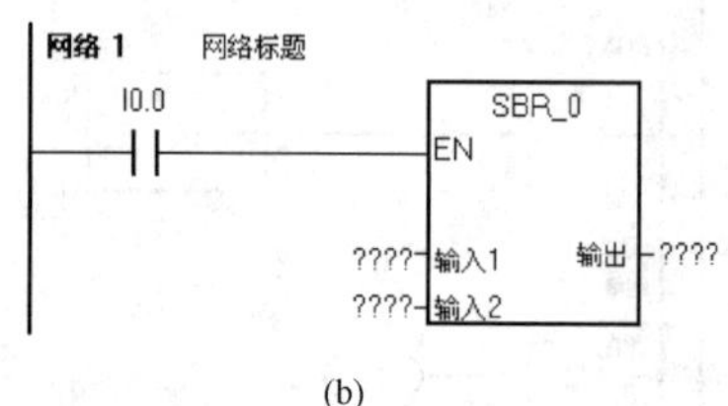


(b)

图 5-33　子程序调用指令参数的设置

2. 指令参数说明

**子程序调用指令最多可以设置 16 个参数，每个参数包括变量名（又称符号）、变量类型、数据类型和注释 4 部分，注释部分不是必需的。**

（1）变量名。变量名在局部变量表中称作符号，它需要直接输入，变量名最多可用 23 个字符表示，并且第一个字符不能为数字。

（2）变量类型。变量类型是根据参数传递方向来划分的，它可分为 IN（传入子程序）、IN _ OUT（传入和传出子程序）、OUT（传出子程序）和 TEMP（暂变量）4 种类型。参数的 4 种变量类型详细说明见表 5-50。

**表 5-50　　参数的 4 种变量类型详细说明**

| 变量类型 | 说　明 |
|---|---|
| IN | 将参数传入子程序。该参数可以是直接寻址（如 VB10）、间接寻址（如 * AC1）、常数（如 16＃1234），也可以是一个地址（如 &VB100） |
| IN _ OUT | 调用子程序时，该参数指定位置的值被传入子程序，子程序返回的结果值被到同样位置。该参数可采用直接或间接寻址，常数（如 16＃1234）和地址（如 &VB100）不允许作为输入/输出参数 |
| OUT | 子程序执行得到的结果值被返回到该参数位置。该参数可采用直接或间接寻址，常数和地址不允许作为输出参数 |
| TEMP | 在子程序内部用来暂存数据，任何不用于传递数据的局部存储器都可以在子程序中作为临时存储器使用 |

（3）数据类型。参数的数据类型有布尔型（BOOL）、字节型（BYTE）、字型（WORD）、双字型（DWORD）、整数型（INT）、双整数型（DINT）、实数型（REAL）和字符型（STRING）。

3. 指令使用注意事项

在使用带参数子程序调用指令时，要注意以下事项。

（1）常数参数必须指明数据类型。如输入一个无符号双字常数 12345 时，该常数必须指定为 DW#12345，如果遗漏常数的数据类型，该常数可能会被当作不同的类型使用。

（2）输入或输出参数没有自动数据类型转换功能。如局部变量表明一个参数为实数型，而在调用时使用一个双字，子程序中的值就是双字。

（3）在带参数调用的子程序指令中，参数必须按照一定顺序排列，参数排列顺序依次是：输入、输入/输出、输出和暂变量。如果用语句表编程，CALL 指令的格式是：

CALL 子程序号，参数 1，参数 2，…，参数 $n$

4. 指令使用举例

带参数的子程序调用指令使用举例如图 5-34 所示，该程序可以实现 $Y=(X+20)\times 3\div 8$ 运算。图 5-34（a）为主程序，图 5-34（b）为子程序及局部变量表。

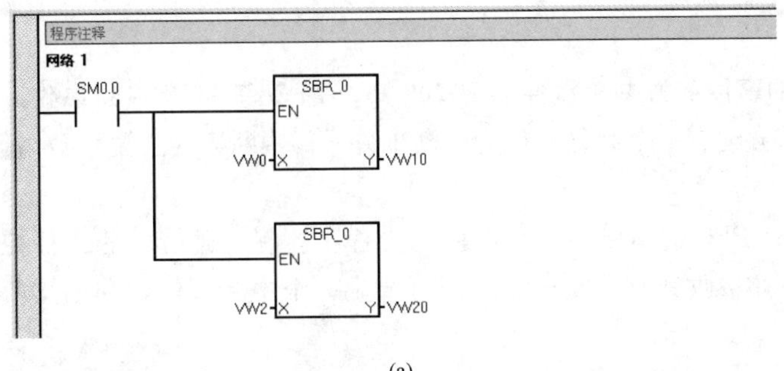


(a)

| | 符号 | 变量类型 | 数据类型 | 注释 |
|---|---|---|---|---|
| | EN | IN | BOOL | |
| LW0 | X | IN | WORD | |
| | | IN_OUT | | |
| LW2 | Y | OUT | WORD | |
| | | OUT | | |
| | | TEMP | | |

(b)

图 5-34 带参数的子程序调用指令使用举例

（a）主程序；（b）子程序及局部变量表

程序执行过程：在主程序中，通电常闭触点 SM0.0 处于闭合状态，首先执行第一个带参数子程序调用指令，转入执行子程序，同时将 VW0 单元中的数据作为 X 值传入子程序的 LW0 单元（局部变量存储器），在子程序中，ADD_I指令先将LW0中的值+20，结果存入LW10中，然后MUL_I指令将LW10中的值×3，结果存入LW12中，DIV_I指令再将LW12中的值÷8，结果存入LW2中，最后子程序结束返回到主程序，同时子程序LW2中的数据作为Y值被传入主程序的VW10单元中。子程序返回到主程序后，接着执行主程序中的第二个带参数子程序调用指令，又将VW2中的数据作为$X$值传入子程序进行（$X$+20）×3÷8运算，运算结果作为$Y$值返回到VW20单元中。

## 5.11 中断与中断指令

在生活中，人们经常遇到这样的情况：当你正在书房看书时，突然客厅的电话响了，你会停止看书，转而去接电话，接完电话后又继续去看书。**这种停止当前工作，转而去做其他工作，做完后又返回来做先前工作的现象称为中断。**

PLC也有类似的中断现象，当系统正在执行某程序时，如果突然出现意外事情，它就需要停止当前正在执行的程序，转而去处理意外事情，处理完后又接着执行原来的程序。

### 5.11.1 中断事件与中断优先级

1. 中断事件

**让PLC产生中断的事件称为中断事件。S7-200 PLC最多有34个中断事件，**为了识别这些中断事件，给每个中断事件都分配有一个编号，称为中断事件号。**中断事件主要可分为通信中断、I/O中断和定时中断3类。**

（1）通信中断事件。PLC的串口通信可以由用户程序控制，通信口的这种控制模式称为自由端口通信模式。在该模式下，接收完成、发送完成均可产生一个中断事件，利用接收、发送中断可以简化程序对通信的控制。

（2）I/O中断事件。I/O中断事件包括外部输入上升沿或下降沿中断、高速计数器（HSC）中断和高速脉冲输出（PTO）中断。外部输入中断是利用I0.0～I0.3端口的上升沿或下降沿产生中断请求，这些输入端口可用作连接某些一旦发生就必须及时处理的外部事件；高速计数器中断可以响应当前值等于预设值、计数方向改变、计数器外部复位等事件引起的中断；高速脉冲输出中断可以用来响应给定数量的脉冲输出完成后产生的中断，常用作步进电动机的控制。

（3）定时中断事件。定时中断事件包括定时中断和定时器中断。

1）定时中断可以用来支持一个周期性的活动，以1ms为计量单位，周期时间可以是1～255ms。对于定时中断0，必须把周期时间值写入SMB34；对定时中断1，必须把周期时间值写入SMB35。每当到达定时值时，相关定时器溢出，执行中断程序。定时中断可以用固定的时间间隔去控制模拟量输入的采样或者执行一个PID回路。如果某个中断程序已连接到一个定时中断事件上，为改变定时中断的时间间隔，首先必须修改SM3.4或SM3.5的值，然后重新把中断程序连接到定时中断事件上。当重新连接时，定时中断功能清除前一次连接时的定时值，并用新值重新开始计时。定时中断一旦允许，中断就连续地运行，每当定时时间到时就会执行被连接的中断程序。如果退出RUN模式或分离定时中断，则定时中断被禁止。如果执行了全局中断禁止指令，定时中断事件仍会继续出现，每个出现的定时中断事件将进入中断队列，直到中断允许或队列满。

2）定时器中断可以利用定时器来对一个指定的时间段产生中断，这类中断只能使用分辨率为1ms的定时器T32和T96来实现。当所用定时器的当前值等于预设值时，在CPU的1ms定时刷新中，执行被连接的中断程序。

2. 中断优先级

PLC可以接受的中断事件很多，但如果这些中断事件同时发出中断请求，要同时处理这些请求是不可能的，正确的方法是对这些中断事件进行优先级别排队，先响应优先级别高的中断事件请求，然后再响应优先级别低的中断事件请求。

S7-200 PLC的中断事件优先级别从高到低的类别依次是：通信中断事件、I/O中断事件、定时中断事件。由于每类中断事件中又有多种中断事件，所以每类中断事件内部也要进行优先级别排队。所有中断事件的优先级别顺序见表5-51。

**表5-51　中断事件的优先级别顺序**

| 中断优先级 | 中断事件编号 | 中断事件说明 | | 组内优先级 |
|---|---|---|---|---|
| 通信中断（最高） | 8 | 端口0： | 接收字符 | 0 |
| | 9 | 端口0： | 发送完成 | 0 |
| | 23 | 端口0： | 接收消息完成 | 0 |
| | 24 | 端口1： | 接收消息完成 | 1 |
| | 25 | 端口1： | 接收字符 | 1 |
| | 26 | 端口1： | 发送完成 | 1 |
| I/O中断（中等） | 19 | PTO | 0完成中断 | 0 |
| | 20 | PTO | 1完成中断 | 1 |
| | 0 | 上升沿 | I0.0 | 2 |
| | 2 | 上升沿 | I0.1 | 3 |
| | 4 | 上升沿 | I0.2 | 4 |
| | 6 | 上升沿 | I0.3 | 5 |
| | 1 | 下降沿 | I0.0 | 6 |
| | 3 | 下降沿 | I0.1 | 7 |
| | 5 | 下降沿 | I0.2 | 8 |
| | 7 | 下降沿 | I0.3 | 9 |
| | 12 | HSC0 | CV=PV（当前值=预设值） | 10 |
| | 27 | HSC0 | 输入方向改变 | 11 |
| | 28 | HSC0 | 外部复位 | 12 |
| | 13 | HSC1 | CV=PV（当前值=预设值） | 13 |
| | 14 | HSC1 | 输入方向改变 | 14 |
| | 15 | HSC1 | 外部复位 | 15 |
| | 16 | HSC2 | CV=PV（当前值=预设值） | 16 |
| | 17 | HSC2 | 输入方向改变 | 17 |
| | 18 | HSC2 | 外部复位 | 18 |
| | 32 | HSC3 | CV=PV（当前值=预设值） | 19 |
| | 29 | HSC4 | CV=PV（当前值=预设值） | 20 |
| | 30 | HSC4 | 输入方向改变 | 21 |
| | 31 | HSC4 | 外部复位 | 22 |
| | 33 | HSC5 | CV=PV（当前值=预设值） | 23 |
| 定时中断（最低） | 10 | 定时中断0 | SMB34 | 0 |
| | 11 | 定时中断1 | SMB35 | 1 |
| | 21 | 定时器T32 | CT=PT中断 | 2 |
| | 22 | 定时器T96 | CT=PT中断 | 3 |

PLC的中断处理规律主要如下。

（1）当多个中断事件发生时，按事件的优先级顺序依次响应，对于同级别的事件，则按先发生先响应的原则。

（2）在执行一个中断程序时，不会响应更高级别的中断请求，直到当前中断程序执行完成。

（3）在执行某个中断程序时，若有多个中断事件发生请求，这些中断事件则按优先级顺序排成中断队列等候，中断队列能保存的中断事件个数有限，如果超出了队列的容量，则会产生溢出，将某些特殊标志继电器置位，S7-200系列PLC的中断队列容量及溢出置位继电器见表5-52。

**表5-52　S7-200系列PLC的中断队列容量及溢出置位继电器**

| 中断队列 | CPU211、CPU222、CPU224 | CPU224XP和CPU226 | 溢出置位 |
| --- | --- | --- | --- |
| 通信中断队列 | 4 | 8 | SM4.0 |
| I/O中断队列 | 16 | 16 | SM4.1 |
| 定时中断队列 | 8 | 8 | SM4.2 |

## 5.11.2　中断指令

**中断指令有中断允许指令（ENI）、中断禁止指令（DISI）、中断连接指令（ATCH）、中断分离指令（DTCH）、清除中断事件指令（CEVNT）和中断条件返回指令（CRETI）6条。**

1. 指令说明

中断指令说明见表5-53。

**表5-53　中断指令说明**

<table>
<tr><th rowspan="2">指令名称</th><th rowspan="2">梯形图</th><th rowspan="2">功能说明</th><th colspan="2">操作数</th></tr>
<tr><th>IND</th><th>EVNT</th></tr>
<tr><td>中断允许指令<br>(ENI)</td><td>—( ENI )</td><td>允许所有中断事件发出的请求</td><td rowspan="6">常数<br>(0～127)<br>(字节型)</td><td rowspan="6">常数<br>CPU 221、CPU 222：<br>0～12、19～23、27～33；<br>CPU 224：<br>0～23、27～33；<br>CPU 224XP、CPU 226：<br>0～33<br>(字节型)</td></tr>
<tr><td>中断禁止指令<br>(DISI)</td><td>—( DISI )</td><td>禁止所有中断事件发出的请求</td></tr>
<tr><td>中断连接指令<br>(ATCH)</td><td>ATCH<br>EN ENO<br>????-INT<br>????-EVNT</td><td>将EVNT端指定的中断事件与INT端指定的中断程序关联起来，并允许该中断事件</td></tr>
<tr><td>中断分离指令<br>(DTCH)</td><td>DTCH<br>EN ENO<br>????-EVNT</td><td>将EVNT端指定的中断事件断开，并禁止该中断事件</td></tr>
<tr><td>清除中断事件指令<br>(CEVNT)</td><td>CLR_EVNT<br>EN ENO<br>????-EVNT</td><td>清除EVNT端指定的中断事件</td></tr>
<tr><td>中断条件返回指令<br>(CRETI)</td><td>—( RETI )</td><td>若前面的条件使该指令执行，可让中断程序中返回</td></tr>
</table>

2. 中断程序的建立

**中断程序是为处理中断事件而事先写好的程序，它不像子程序要用指令调用，而是当中断事件发生后系统会自动执行中断程序，如果中断事件未发生，中断程序就不会执行。**在编写中断程序时，要求程序越短越好，并且在中断程序中不能使用 DISI、ENI、HDEF、LSCR 和 END 指令。

编写中断程序要在编程软件中进行，打开 STEP 7-Micro/WIN 编程软件，在程序编辑区下方有“主程序”“SBR _ 0”“INT _ 0”三个标签，单击“INT _ 0”标签即可切换到中断程序编辑页面，在该页面就可以编写名称为“INT _ 0”的中断程序。

如果需要编写第 2 个或更多的中断程序，可执行菜单命令“编辑→插入→中断程序”，即在程序编辑区下方增加一个中断程序名称为“INT _ 1”的标签，在标签上单击右键，在弹出的菜单中可进行更多操作，如图 5-35 所示。

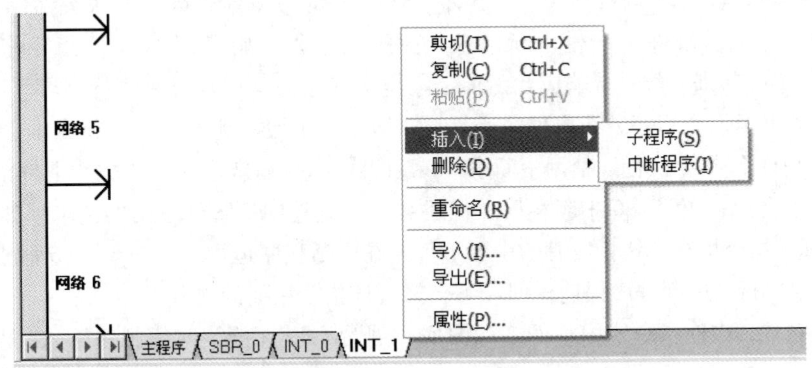


图 5-35 新增中断程序的操作方式

3. 指令使用举例

(1) 使用举例一。中断指令使用举例一如图 5-36 所示，图 5-36 (a) 为主程序，图 5-36 (b) 为名称为 INT _ 0 的中断程序。

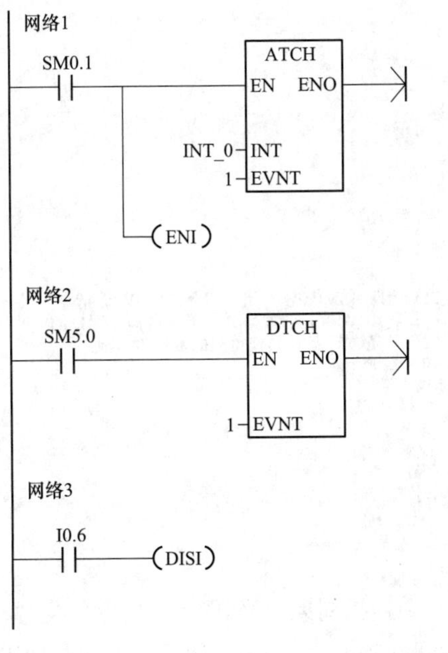


PLC第一次扫描时SM0.1触点闭合，中断连接ATCH指令首先执行，将中断事件1与INT_0中断程序连接起来，然后中断允许ENI指令执行，允许系统接收所有的中断事件。

当检测到I/O发生错误时，SM5.0置位，该触点闭合，中断分离DTCH指令执行，分离中断事件1，即不接受中断事件1发出的中断请求。

如果I0.6触点处于闭合状态，中断禁止DISI指令执行，禁止所有的中断事件，即不接受任何的中断请求。

(a)

图 5-36 中断指令使用举例一（一）

(a) 主程序

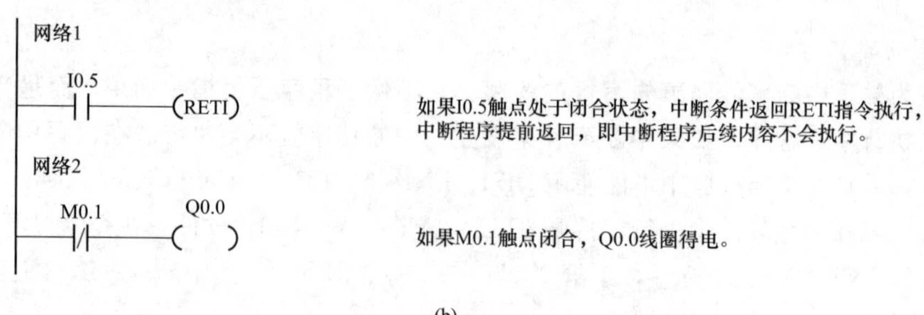


图 5-36　中断指令使用举例一（二）

（b）中断程序（INT _ 0）

在主程序运行时，若 I0.0 端口输入一个脉冲下降沿（如 I0.0 端口外接开关突然断开），马上会产生一个中断请求，即中断事件 1 产生中断请求，由于在主程序中已用 ATCH 指令将中断事件 1 与 INT _ 0 中断程序连接起来，故系统响应此请求，停止主程序的运行，转而执行 INT _ 0 中断程序，中断程序执行完成后又返回主程序。在主程序运行时，如果系统检测到 I/O 发生错误，会使 SM5.0 触点闭合，中断分离 DTCH 指令执行，禁用中断事件 1，即当 I0.0 端口输入一个脉冲下降沿时，系统不理会该中断，也就不会执行 INT _ 0 中断程序，但还会接受其他中断事件发出的请求；如果 I0.6 触点闭合，中断禁止 DISI 指令执行，禁止所有的中断事件。在中断程序运行时，如果 I0.5 触点闭合，中断条件返回 RETI 指令执行，中断程序提前返回，不会执行该指令后面的内容。

（2）使用举例二。中断指令使用举例二如图 5-37 所示，其功能为对模拟量输入信号每 10ms 采样一次。

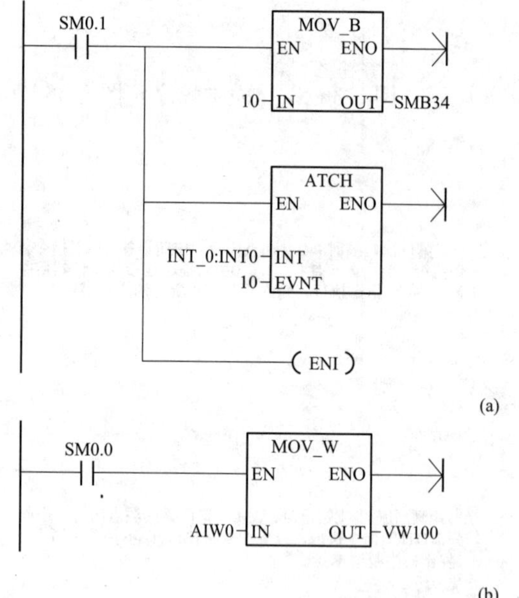


PLC第一次扫描时SM0.1触点闭合，首先MOV_B指令执行，将10传送至SMB34(定时中断的时间间隔存储器)，设置定时中断时间间隔为10ms，然后中断连接ATCH指令执行，将中断事件10与INT_0中断程序连接起来，更执行中断允许ENI指令，允许系统接收所有的中断事件。

在PLC运行时SM0.0触点始终闭合，MOV_W指令执行，将AIW0单元的数据(PLC模拟量输入端口的模拟信号经内部模/数转换得到的数据)传送到VW100单元中。

图 5-37　中断指令使用举例二

（a）主程序；（b）中断程序（INT _ 0）

在主程序运行时，PLC 第一次扫描时 SM0.1 触点接通一个扫描周期，MOV _ B 指令首先执行，将常数 10 送入定时中断时间存储器 SMB34 中，将定时中断时间间隔设为 10ms，然后中断连接 ATCH 指令执行，将中断事件 10（即定时器中断 0）与 INT _ 0 中断程序连接起来，再执行中断允许 ENI 指令，允许所有的中断事件。当定时中断存储器 SMB34 10ms 定时时间间隔到，会向系统发出中断请求，由于该中断事件对应的 INT _ 0 中断程序，所以 PLC 马上执行 INT _ 0 中断程序，将模拟量输入 AIW0 单元中的数据传送到 VW100 单元中，当 SMB34 下一个 10ms 定时时间间隔到，又会发出中断请求，从而又执行一次中断程序，这样程序就可以每隔 10ms 时间对模拟输入 AIW0 单元数据采样一次。

# 5.12 高速计数器指令

普通计数器的计数速度与 PLC 的扫描周期有关，扫描周期越长，计数速度越慢，即计数频率越低，一般仅几十赫兹，普通计数器适用于计数速度要求不高的场合。为了满足高速计数要求，S7-200 PLC 专门设计了高速计数器，其计数速度很快，CPU22X 系列 PLC 计数频率最高为 30kHz，CPU224XP CN 最高计数频率达 230kHz，并且不受 PLC 扫描周期影响。

在 S7-200 系列 PLC 中，CPU 224、CPU 224XP 和 CPU 226 支持 HSC0～HSC5 6 个高速计数器；而 CPU 221 和 CPU 222 支持 HSC0、HSC3、HSC4 和 HSC5 4 个高速计数器，不支持 HSC1 和 HSC2。高速计数器有 0～12 种（即 13 种）工作模式。

## 5.12.1 指令说明

**高速计数器指令包括高速计数器定义指令（HDEF）和高速计数器指令（HSC）。**

高速计数器指令说明见表 5-54。

**表 5-54** **高速计数器指令说明**

| 指令名称 | 梯形图 | 功能说明 | 操作数 | |
|---|---|---|---|---|
| | | | HSC、MODE | N |
| 高速计数器定义指令（HDEF） | HDEF<br>EN ENO<br>????- HSC<br>????- MODE | 让 HSC 端指定的高速计数器工作在 MODE 端指定的模式下。<br>HSC 端用来指定高速计数器的编号，MODE 端用来指定高速计数器的工作模式 | 常数<br>HSC：0～5<br>MODE：0～12<br>（字节型） | 常数<br>N：0～5<br>（字型） |
| 高速计数器指令（HSC） | HSC<br>EN ENO<br>????- N | 让编号为 N 的高速计数器按 HDEF 指令设定的模式，并按有关特殊存储器某些位的设置和控制工作 | | |

## 5.12.2 高速计数器的计数模式

**高速计数器有内部控制方向的单相加/减计数、外部控制方向的单相加/减计数、双相脉冲输入的加/减计数和双相脉冲输入的正交加/减计数 4 种计数模式。**

1. 内部控制方向的单相加/减计数

**在该计数模式下，只有一路脉冲输入，计数器的计数方向（即加计数或减计数）由特殊存储器某位值来决定，该位值为 1 为加计数，该位值为 0 为减计数。**内部控制方向的单相加/减计数说明如图 5-38 所示，以高速计数器 HSC0 为例，它采用 I0.0 端子为计数脉冲输入端，SM37.3 的位值决定计数方向，SMD42 用于写入计数预置值。当高速计速器的计数值达到预置值时会产生中断请求，触发中断程序的执行。

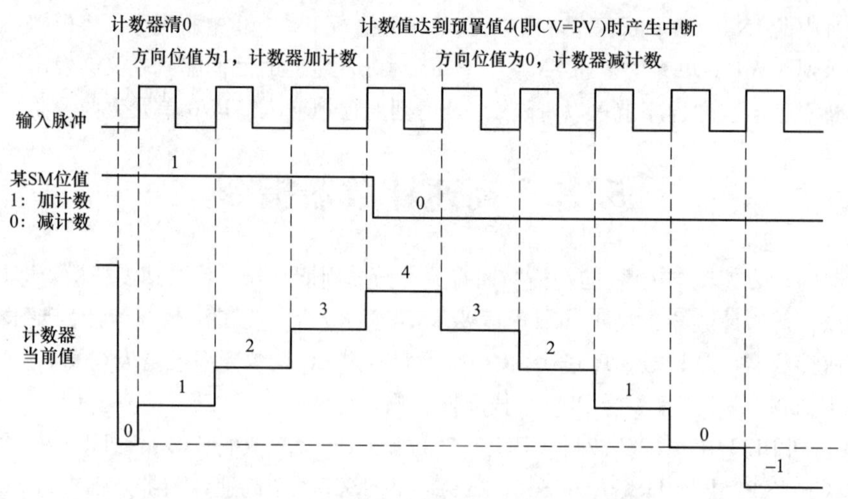


图 5-38　内部控制方向的单相加/减计数说明

2. 外部控制方向的单相加/减计数

**在该计数模式下，只有一路脉冲输入，计数器的计数方向由某端子输入值来决定，该位值为 1 为加计数，该位值为 0 为减计数。**外部控制方向的单相加/减计数说明如图 5-39 所示，以高速计数器 HSC4 为例，它采用 I0.3 端子作为计数脉冲输入端，I0.4 端子输入值决定计数方向，SMD152 用于写入计数预置值。

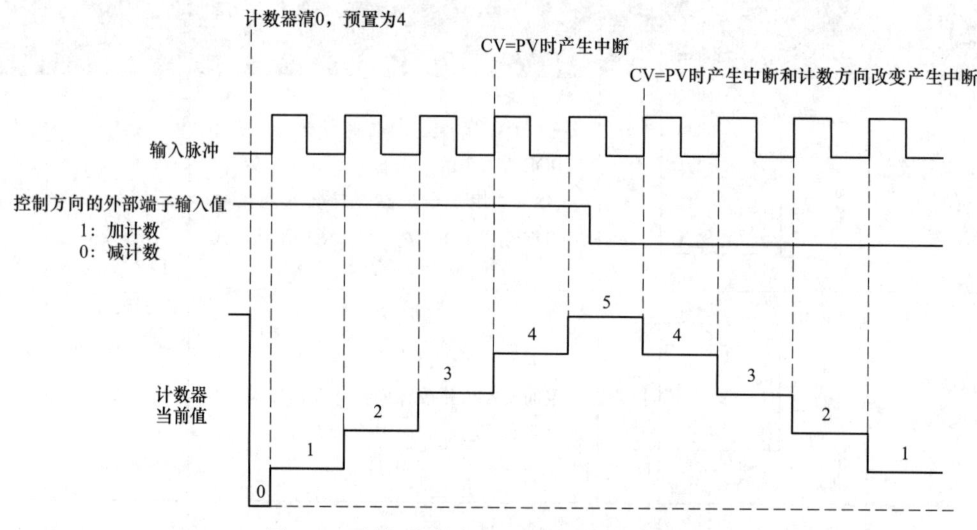


图 5-39　外部控制方向的单相加/减计数说明

3. 双相脉冲输入的加/减计数

**在该计数模式下，有两路脉冲输入端，一路为加计数输入端，另一路为减计数输入端。**双相脉冲输入的加/减计数说明如图 5-40 所示，以高速计数器 HSC0 为例，当其工作模式为 6 时，它采用 I0.0 端子作为加计数脉冲输入端，I0.1 为减计数脉冲输入端，SMD42 用于写入计数预置值。

4. 双相脉冲输入的正交加/减计数

**在该计数模式下，有两路脉冲输入端，一路为 A 脉冲输入端，另一路为 B 脉冲输入端，A、B 脉冲相位相差 90°（即正交），A、B 两脉冲相差 1/4 周期。**若 A 脉冲超前 B 脉冲 90°，为加计数；若 A 脉冲滞后 B 脉冲 90°，为减计数。**在这种计数模式下，可选择 1x 模式或 4x 模式，**1X 模式又称单倍频模式，当输入一个脉冲时计数器值增 1 或减 1，4x 模式又称四倍频模式，当输入一个脉冲时计数器值增 4 或减

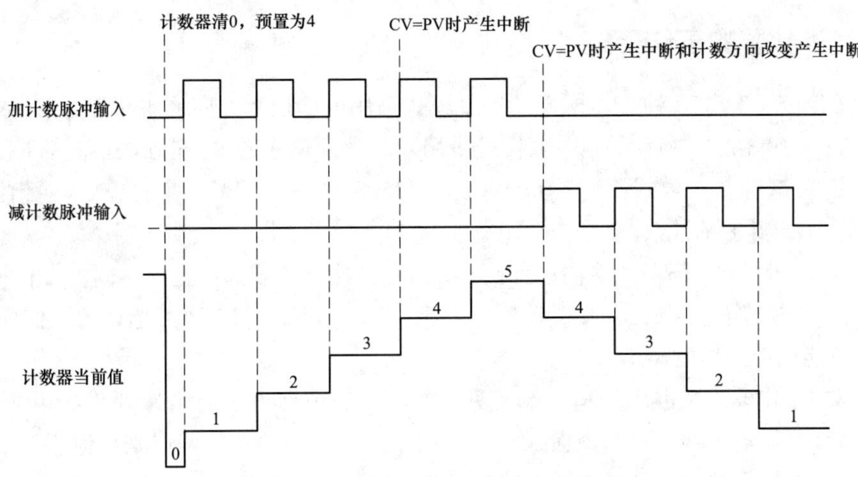


图 5-40 双相脉冲输入的加/减计数说明

4。1x 模式和 4x 模式的双相脉冲输入的加/减计数说明如图 5-41 所示。

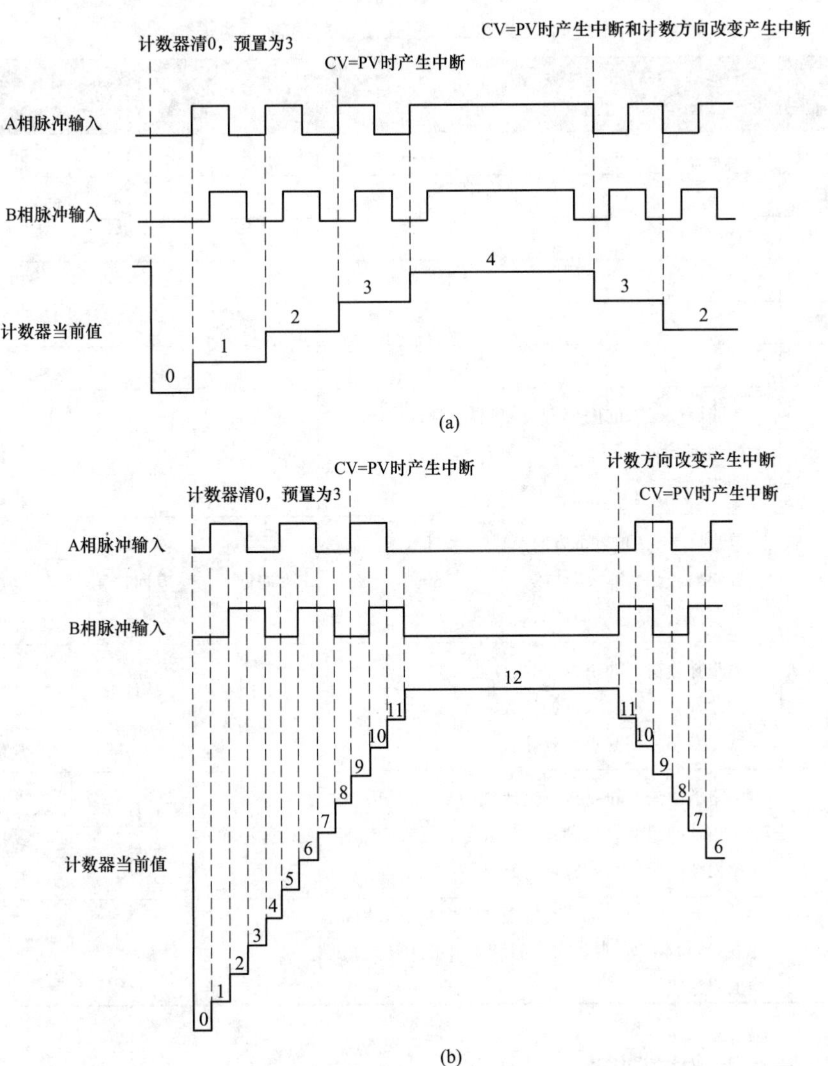


图 5-41 双相脉冲输入的加/减计数说明

（a）1x 模式；（b）4x 模式

### 5.12.3 高速计数器的工作模式

高速计数器有 0～12 共 13 种工作模式。0～2 模式采用内部控制方向的单相加/减计数；3～5 模式采用外部控制方向的单相加/减计数；6～8 模式采用双相脉冲输入的加/减计数；9～11 模式采用双相脉冲输入的正交加/减计数；模式 12 只有 HSC0 和 HSC3 支持，HSC0 用于 Q0.0 输出脉冲的计数，HSC3 用于 Q0.1 输出脉冲的计数。

S7-200 PLC 有 HSC0～HSC5 6 个高速计数器，每个高速计数器都可选择不同的工作模式。HSC0、HSC4 可选择的工作模式有 0、1、3、4、6、7、8、9、10；HSC1、HSC2 可选择的工作模式有 0～11；HSC3、HSC5 只能选择工作模式 0。

高速计数器的工作模式及占用的输入端子见表 5-55，表中列出了与高速计数器相关的脉冲输入、方向控制、复位和启动输入端。同一个输入端不能用于两种不同的功能，但是任何一个没有被高速计数器当前模式使用的输入端，均可以被用作其他用途，如若 HSC0 工作在模式 1，会占用 I0.0 和 I0.2，则 I0.1 可以被 HSC3 占用。HSC0 的所有模式（模式 12 除外）总是使用 I0.0，HSC4 的所有模式总是使用 I0.3，因此在使用这些计数器时，相应的输入端不能用于其他功能。

表 5-55 高速计数器的工作模式及占用的输入端子

<table>
<tr><th colspan="2">高速计数器与工作模式编号</th><th>说　明</th><th colspan="4">占用的输入端子及其功能</th></tr>
<tr><td rowspan="6">高速计数器</td><td>HSC0</td><td></td><td>I0.0</td><td>I0.1</td><td>I0.2</td><td></td></tr>
<tr><td>HSC4</td><td></td><td>I0.3</td><td>I0.4</td><td>I0.5</td><td></td></tr>
<tr><td>HSC1</td><td></td><td>I0.6</td><td>I0.7</td><td>I1.0</td><td>I1.1</td></tr>
<tr><td>HSC2</td><td></td><td>I1.2</td><td>I1.3</td><td>I1.4</td><td>I1.5</td></tr>
<tr><td>HSC3</td><td></td><td>I0.1</td><td></td><td></td><td></td></tr>
<tr><td>HSC5</td><td></td><td>I0.4</td><td></td><td></td><td></td></tr>
<tr><td rowspan="13">工作模式</td><td>0</td><td rowspan="3">单路脉冲输入的内部方向控制加/减计数。<br>控制字 SM37.3=0，减计数；<br>控制字 SM37.3=1，加计数</td><td rowspan="3">脉冲输入</td><td></td><td></td><td></td></tr>
<tr><td>1</td><td></td><td>复位</td><td></td></tr>
<tr><td>2</td><td></td><td>复位</td><td>启动</td></tr>
<tr><td>3</td><td rowspan="3">单路脉冲输入的外部方向控制加/减计数。<br>方向控制端=0，减计数；<br>方向控制端=1，加计数</td><td rowspan="3">脉冲输入</td><td rowspan="3">方向控制</td><td></td><td></td></tr>
<tr><td>4</td><td>复位</td><td></td></tr>
<tr><td>5</td><td>复位</td><td>启动</td></tr>
<tr><td>6</td><td rowspan="3">两路脉冲输入的单相加/减计数。<br>加计数有脉冲输入，加计数；<br>减计数端脉冲输入，减计数</td><td rowspan="3">加计数<br>脉冲输入</td><td rowspan="3">减计数<br>脉冲输入</td><td></td><td></td></tr>
<tr><td>7</td><td>复位</td><td></td></tr>
<tr><td>8</td><td>复位</td><td>启动</td></tr>
<tr><td>9</td><td rowspan="3">两路脉冲输入的双相正交计数；<br>A 相脉冲超前 B 相脉冲，加计数；<br>A 相脉冲滞后 B 相脉冲，减计数</td><td rowspan="3">A 相脉冲输入</td><td rowspan="3">B 相脉<br>冲输入</td><td></td><td></td></tr>
<tr><td>10</td><td>复位</td><td></td></tr>
<tr><td>11</td><td>复位</td><td>启动</td></tr>
<tr><td>12</td><td>只有 HSC0 和 HSC3 支持模式 12，HSC0 用于计数 Q0.0 输出的脉冲数，HSC3 用于计数 Q0.1 输出的脉冲数</td><td></td><td></td><td></td><td></td></tr>
</table>

### 5.12.4 高速计数器的控制字节

**高速计数器定义 HDEF 指令只能让某编号的高速计数器工作在某种模式，无法设置计数器的方向**

**和复位、启动电平等内容。为此，每个高速计数器都备有一个专用的控制字节来对计数器进行各种控制设置。**

1. 控制字节功能说明

高速计数器控制字节的各位功能说明见表 5-56。如高速计数器 HSC0 的控制字节是 SMB37，其中 SM37.0 位用来设置复位有效电平，当该位为 0 时高电平复位有效，该位为 1 时低电平复位有效。

**表 5-56　　高速计数器控制字节的各位功能说明**

| HSC0 (SMB37) | HSC1 (SMB47) | HSC2 (SMB57) | HSC3 (SMB137) | HSC4 (SMB147) | HSC5 (SMB157) | 说明 |
|---|---|---|---|---|---|---|
| SM37.0 | SM47.0 | SM57.0 | | SM147.0 | | 复位有效电平控制<br>（0：复位信号高电平有效；1：低电平有效） |
| | SM47.1 | SM57.1 | | | | 启动有效电平控制<br>（0：启动信号高电平有效；1：低电平有效） |
| SM37.2 | SM47.2 | SM57.2 | | SM147.2 | | 正交计数器计数速率选择<br>（0：4x 计数速率；1：1x 计数速率） |
| SM37.3 | SM47.3 | SM57.3 | SM137.3 | SM147.3 | SM157.3 | 计数方向控制位<br>（0：减计数；1：加计数） |
| SM37.4 | SM47.4 | SM57.4 | SM137.4 | SM147.4 | SM157.4 | 将计数方向写入 HSC<br>（0：无更新；1：更新计数方向） |
| SM37.5 | SM47.5 | SM57.5 | SM137.5 | SM147.5 | SM157.5 | 将新预设值写入 HSC<br>（0：无更新；1：更新预置值） |
| SM37.6 | SM47.6 | SM57.6 | SM137.6 | SM147.6 | SM157.6 | 将新的当前值写入 HSC<br>（0：无更新；1：更新初始值） |
| SM37.7 | SM47.7 | SM57.7 | SM137.7 | SM147.7 | SM157.7 | HSC 指令执行允许控制<br>（0：禁用 HSC；1：启用 HSC） |

2. 控制字节的设置举例

控制字节的设置举例如图 5-42 所示。PLC 第一次扫描时 SM0.1 触点接通一个扫描周期，首先 MOV_B 指令执行，将十六进制数 F8（即 11111000）送入 SMB47 单元，则 SM47.7～SM47.0 为 11111000，这样就将高速计数器 HSC1 的复位、启动设为高电平，正交计数设为 4x 模式，然后 HDEF 指令执行，将高 HSC1 工作模式设为模式 11（正交计数）。

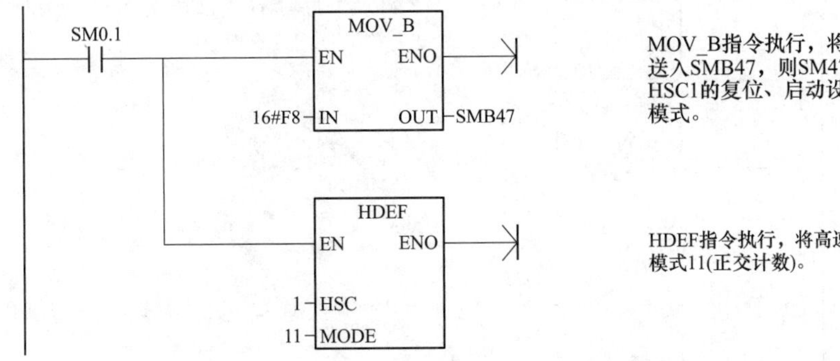


图 5-42　控制字节的设置举例

## 5.12.5　高速计数器计数值的读取与预设

1. 计数值的读取

高速计数器的当前计数值都保存在 HC 存储单元中，高速计数器 HSC0～HSC5 的当前值分别保存在 HC0～HC5 单元中，这些单元中的数据为只读类型，即不能向这些单元写入数据。

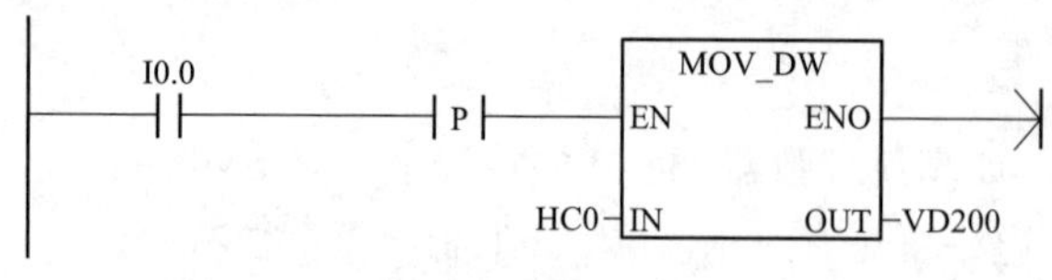


图 5-43　高速计数器计数值的读取

高速计数器计数值的读取如图 5-43 所示。当 I0.0 触点由断开转为闭合时，上升沿 P 触点接通一个扫描周期，MOV _ DW 指令执行，将高速计数器 HSC0 当前的计数值（保存 HC0 单元中）读入并保存在 VD200 单元。

2. 计数值的设置

**每个高速计数器都用两个单元分别存放当前计数值（CV）和预设计数值（PV），这两个值都是 32 位。**在高速计数器工作时，当 CV=PV 时会触发一个中断。当前计数值可从 HC 单元中读取，预设值则无法直接读取。要将新的 CV 值或 PV 值载入高速计数器，必须先设置相应的控制字节和特殊存储双字单元，再执行 HSC 指令以将新值传送到高速计数器。

各高速计数器存放 CV 值和 PV 值的存储单元见表 5-57，如高速计数器 HSC0 采用 SMD38 双字单元存放新 CV 值，采用 SMD42 双字单元存放新 PV 值。

**表 5-57　各高速计数器存放 CV 值和 PV 值的存储单元**

| 计数值 | HSC0 | HSC1 | HSC2 | HSC3 | HSC4 | HSC5 |
|---|---|---|---|---|---|---|
| 新当前计数值（新 CV 值） | SMD38 | SMD48 | SMD58 | SMD138 | SMD148 | SMD158 |
| 新预设计数值（新 PV 值） | SMD42 | SMD52 | SMD62 | SMD142 | SMD152 | SMD162 |

高速计数器计数值的设置程序如图 5-44 所示。当 I0.2 触点由断开转为闭合时，上升沿 P 触点接通一个扫描周期，首先第 1 个 MOV _ DW 指令执行，将新 CV 值（当前计数值）“100”送入 SMD38 单元，然后第 2 个 MOV _ DW 指令执行，将新 PV 值（预设计数值）“200”送入 SMD38 单元，接着高速计数器 HSC0 的控制字节中的 SM37.5、SM37.6 两位得电为 1，允许 HSC0 更新 CV 值和 PV 值，最后 HSC 指令执行，将新 CV 值和 PV 值载入高速计数器 HSC0。

在执行 HSC 指令前，设置控制字节和修改 SMD 单元中的新 CV 值、PV 值不影响高速计数器的运行，执行 HSC 指令后，高速计数器才按设置的值工作。

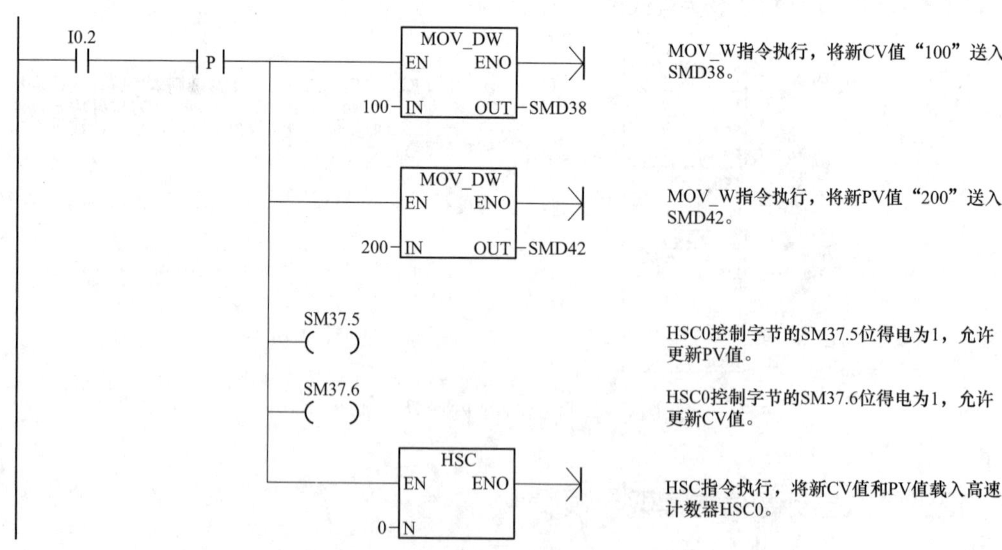


图 5-44　高速计数器计数值的设置程序

## 5.12.6 高速计数器的状态字节

每个高速计数器都有一个状态字节，该字节用来指示当前计数值与预置计数值的关系和当前计数方向。高速计数器的状态字节见表 5-58，其中每个状态字节的 0～4 位不用。监视高速计数器状态的目的是使其他事件能够产生中断以完成更重要的操作。

表 5-58　　高速计数器的状态字节

| HSC0 | HSC1 | HSC2 | HSC3 | HSC4 | HSC5 | 说明 |
|---|---|---|---|---|---|---|
| SM36.5 | SM46.5 | SM56.5 | SM136.5 | SM146.5 | SM156.5 | 当前计数方向状态位；0=减计数；1=加计数 |
| SM36.6 | SM46.6 | SM56.6 | SM136.6 | SM146.6 | SM156.6 | 当前值等于预设值状态位；0=不等；1=相等 |
| SM36.7 | SM46.7 | SM56.7 | SM136.7 | SM146.7 | SM156.7 | 当前值大于预设值状态位；0=小于等于；1=大于 |

## 5.12.7 高速计数器指令的使用

1. 指令使用步骤

**高速计数器指令的使用较为复杂，一般使用步骤如下。**

（1）**根据计数要求设置高速计数器的控制字节。**如让 HSC1 的控制字节 SMB47＝16＃F8，则将 HSC1 设为允许计数、允许写入计数初始值、允许写入计数预置值、更新计数方向为加计数、正交计数为 4x 模式、高电平复位、高电平启动。

（2）**执行 HDEF 指令，将某编号的高速计数器设为某种工作模式。**

（3）**将计数初始值写入当前值存储器。**当前值存储器是指 SMD38、SMD48、SMD58、SMD138、SMD148 和 SMD158。

（4）**将计数预置值写入预置值存储器。**预置值存储器是指 SMD42、SMD52、SMD62、SMD142、SMD152 和 SMD162。如果往预置值存储器写入 16＃00，则高速计数器不工作。

（5）**为了捕捉当前值（CV）等于预置值（PV），可用中断连接 ATCH 指令将条件 CV＝PV 中断事件（如中断事件 13）与某中断程序连接起来。**

（6）**为了捕捉计数方向改变，可用中断连接 ATCH 指令将方向改变中断事件（如中断事件 14）与某中断程序连接起来。**

（7）**为了捕捉计数器外部复位，可用中断连接 ATCH 指令将外部复位中断事件（如中断事件 15）与某中断程序连接起来。**

（8）**执行中断允许 ENI 指令，允许系统接受高速计数器（HSC）产生的中断请求。**

（9）**执行 HSC 指令，启动某高速计数器按前面的设置工作。**

（10）**编写相关的中断程序。**

2. 指令的应用举例

高速计数器（HDEF、HSC）指令的应用举例如图 5-45 所示。在主程序中，PLC 第一次扫描时 SM0.1 触点接通一个扫描周期，由上往下执行指令，依次进行高速计数器 HSC1 控制字节的设置、工作模式的设置、写入初始值、写入预置值、中断事件与中断程序连接、允许中断、启动 HSC1 工作。

HSC1 开始计数后，如果当前计数值等于预置值，此为中断事件 13，由于已将中断事件 13 与 INT_0 中断程序连接起来，产生中断事件 13 后系统马上执行 INT_0 中断程序。在中断程序中，

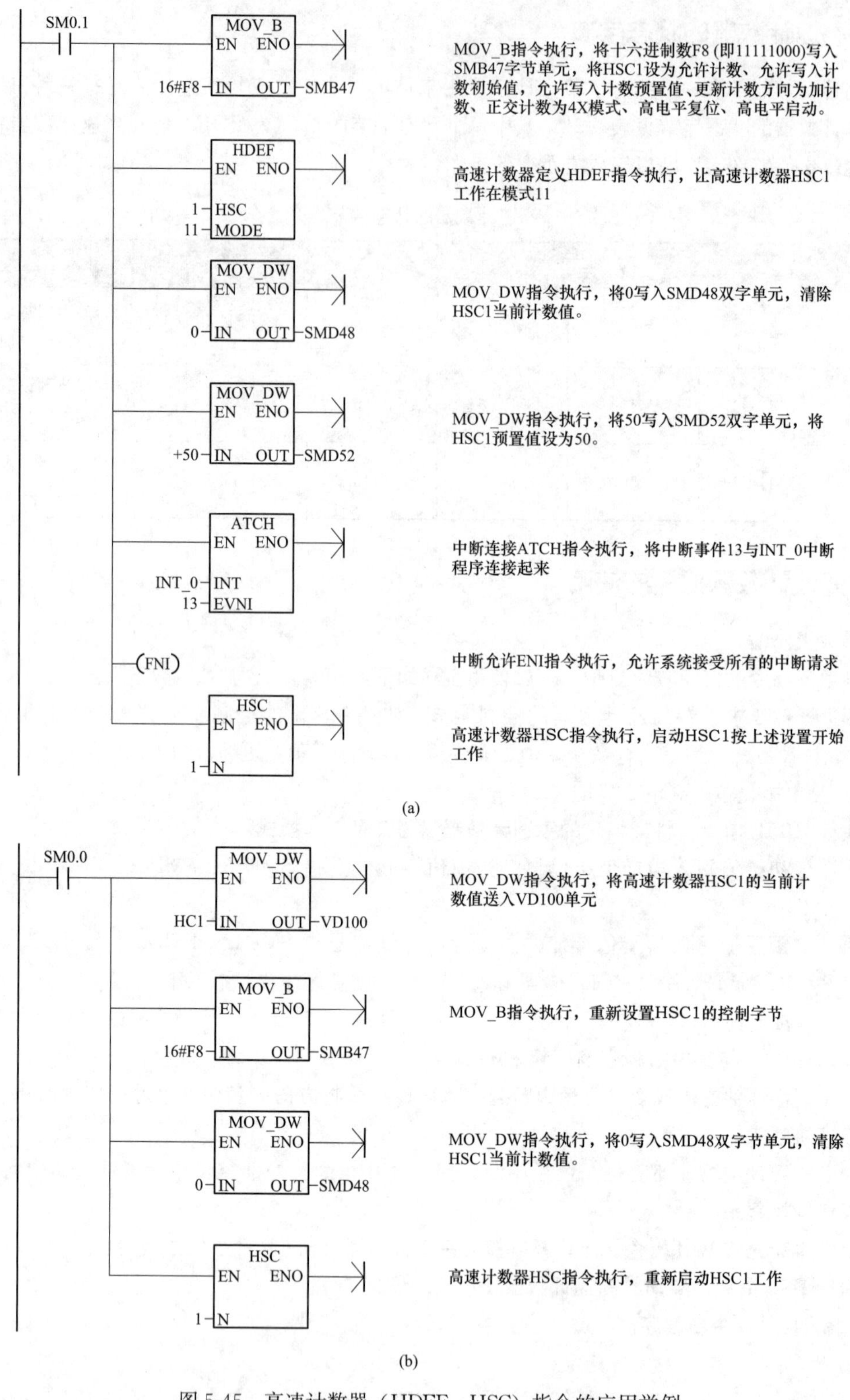


图 5-45　高速计数器（HDEF、HSC）指令的应用举例

（a）主程序；（b）中断程序（INT_0）

SM0.0 触点闭合，由上往下执行指令，先读出 HSC1 的当前计数值，然后重新设置 HSC1 并对当前计数值清 0，再启动 HSC1 重新开始工作。

# 5.13 高速脉冲输出指令

**S7-200 PLC 内部有两个高速脉冲发生器，通过设置可让它们产生占空比为 50%、周期可调的方波脉冲（即 PTO 脉冲），或者产生占空比及周期均可调节的脉宽调制脉冲（即 PWM 脉冲）。**占空比是指高电平时间与周期时间的比值。PTO 脉冲和 PWM 脉冲如图 5-46 所示。

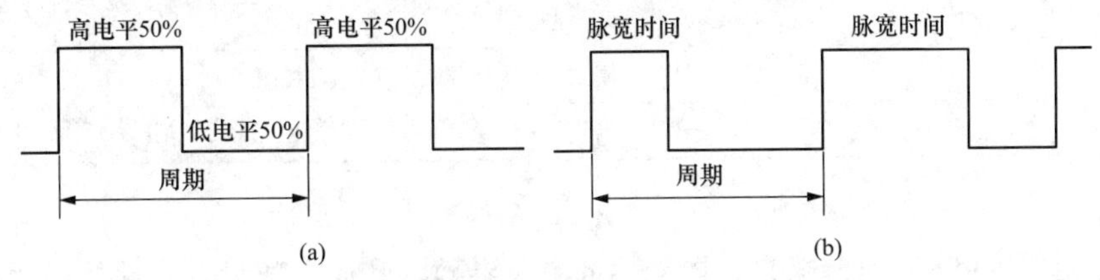


图 5-46　PTO 脉冲和 PWM 脉冲说明

(a) PTO 脉冲；(b) PWM 脉冲

在使用脉冲发生器功能时，其产生的脉冲从 Q0.0 和 Q0.1 端子输出，当指定一个发生器输出端为 Q0.0 时，另一个发生器的输出端自动为 Q0.1，若不使用脉冲发生器，这两个端子恢复普通端子功能。**要使用高速脉冲发生器功能，PLC 应选择晶体管输出型，以满足高速输出要求。**

## 5.13.1 指令说明

高速脉冲输出指令说明见表 5-59。

**表 5-59　高速脉冲输出指令说明**

| 指令名称 | 梯形图 | 功能说明 | 操作数 |
|---|---|---|---|
| | | | Q0.X |
| 高速脉冲输出指令（PLS） | PLS：EN　ENO；????-Q0.X | 根据相关特殊存储器（SM）的控制和参数设置要求，启动高速脉冲发生器从 Q0.X 指定的端子输出相应的 PTO 或 PWM 脉冲 | 常数<br>0：Q0.0；<br>1：Q0.1<br>（字型） |

## 5.13.2 高速脉冲输出的控制字节、参数设置和状态位

**要让高速脉冲发生器产生符合要求的脉冲，须对其进行有关控制及参数设置，另外，通过读取其工作状态可触发需要的操作。**

1. 控制字节

**高速脉冲发生器的控制采用一个 SM 控制字节（8 位），用来设置脉冲输出类型（PTO 或 PWM）、脉冲时间单位等内容。**高速脉冲发生器的控制字节说明见表 5-60，如当 SM67.6=0 时，让 Q0.0 端子输出 PTO 脉冲；当 SM77.3=1 时，让 Q0.1 端子输出时间单位为 ms 的脉冲。

**表 5-60　高速脉冲发生器的控制字节说明**

| 控制字节 | | 说　明 |
|---|---|---|
| Q0.0 | Q0.1 | |
| SM67.0 | SM77.0 | PTO/PWM 更新周期：　0=无更新；　1=更新周期 |
| SM67.1 | SM77.1 | PWM 更新脉宽时间：　0=无更新；　1=更新脉宽 |

续表

| 控制字节 | | 说明 | | |
|---|---|---|---|---|
| Q0.0 | Q0.1 | | | |
| SM67.2 | SM77.2 | PTO更新脉冲计数值： | 0=无更新； | 1=更新脉冲计数 |
| SM67.3 | SM77.3 | PTO/PWM时间基准： | 0=1μs/刻度； | 1=1ms/刻度 |
| SM67.4 | SM77.4 | PWM更新方法： | 0=异步； | 1=同步 |
| SM67.5 | SM77.5 | PTO单个/多个段操作： | 0=单位； | 1=多个 |
| SM67.6 | SM77.6 | PTO/PWM模式选择： | 0=PTO； | 1=PWM |
| SM67.7 | SM77.7 | PTO/PWM启用： | 0=禁止； | 1=启用 |

2. 参数设置

**高速脉冲发生器采用SM存储器来设置脉冲的有关参数。**脉冲参数设置存储器说明见表5-61，如SM67.3=1，SMW68=25，则将脉冲周期设为25ms。

**表5-61　　脉冲参数设置存储器说明**

| 脉冲参数设置存储器 | | 说明 | |
|---|---|---|---|
| Q0.0 | Q0.1 | | |
| SMW68 | SMW78 | PTO/PWM周期数值范围： | 2～65535 |
| SMW70 | SMW80 | PWM脉宽数值范围： | 0～65535 |
| SMD72 | SMD82 | PTO脉冲计数数值范围： | 1～4294967295 |

3. 状态位

**高速脉冲发生器的状态采用SM位来显示，通过读取状态位信息可触发需要的操作。**高速脉冲发生器的状态位说明见表5-62，如SM66.7=1表示Q0.0端子脉冲输出完成。

**表5-62　　高速脉冲发生器的状态位说明**

| 状态位 | | 说明 | | |
|---|---|---|---|---|
| Q0.0 | Q0.1 | | | |
| SM66.4 | SM76.4 | PTO包络液中止（增量计算错误）： | 0=无错 | 1=中止 |
| SM66.5 | SM76.5 | 由于用户中止了PTO包络： | 0=不中止 | 1=中止 |
| SM66.6 | SM76.6 | PTO/PWM管线上溢/下溢 | 0=无上溢 | 1=溢出/下溢 |
| SM66.7 | SM76.7 | PTO空闲 | 0=在进程中 | 1=PTO空闲 |

## 5.13.3 PTO脉冲的产生与使用

**PTO脉冲是一种占空比为50%、周期可调节的方波脉冲。PTO脉冲的周期范围为10～65535μs或2～65535ms，为16位无符号数；PTO脉冲数范围为1～4294967295，为32位无符号数。**

在设置脉冲个数时，若将脉冲个数设为0，系统会默认为个数为1；在设置脉冲周期时，如果周期小于两个时间单位，系统会默认周期值为两个时间单位，如时间单位为ms，周期设为1.3ms，系统会默认周期为2ms，另外，如果将周期值设为奇数值（如75ms），产生的脉冲波形会失真。

PTO脉冲可分为单段脉冲串和多段脉冲串，多段脉冲串由多个单段脉冲串组成。

1. 单段脉冲串的产生

要让Q0.0或Q0.1端子输出单段脉冲串，须先对相关的控制字节和参数进行设置，再执行高速脉冲输出PLS指令。

图 5-47 是一段用来产生单段脉冲串的程序。在 PLC 首次扫描时，SM0.1 触点闭合一个扫描周期，复位指令将 Q0.0 输出映像寄存器（即 Q0.0 线圈）置 0，以便将 Q0.0 端子用作高速脉冲输出；当 I0.1 触点闭合时，上升沿 P 触点接通一个扫描周期，MOV _ B、MOV _ W 和 MOV _ DW 依次执行，对高速脉冲发生器的控制字节和参数进行设置，然后执行高速脉冲输出 PLS 指令，让高速脉冲发生器按设置产生单段 PTO 脉冲串并从 Q0.0 端子输出。在 PTO 脉冲串输出期间，如果 I0.2 触点闭合，MOV _ B、MOV _ DW 依次执行，将控制字节设为禁止脉冲输出、脉冲个数设为 0，然后执行 PLS 指令，高速脉冲发生器马上按新的设置工作，即停止从 Q0.0 端子输出脉冲。单段 PTO 脉冲串输出完成后，状态位 SM66.7 会置 1，表示 PTO 脉冲输出结束。

若网络 2 中不使用边沿 P 触点，那么在单段 PTO 脉冲串输出完成后如果 I0.1 触点仍处于闭合，则会在前一段脉冲串后面继续输出相同的下一段脉冲串。

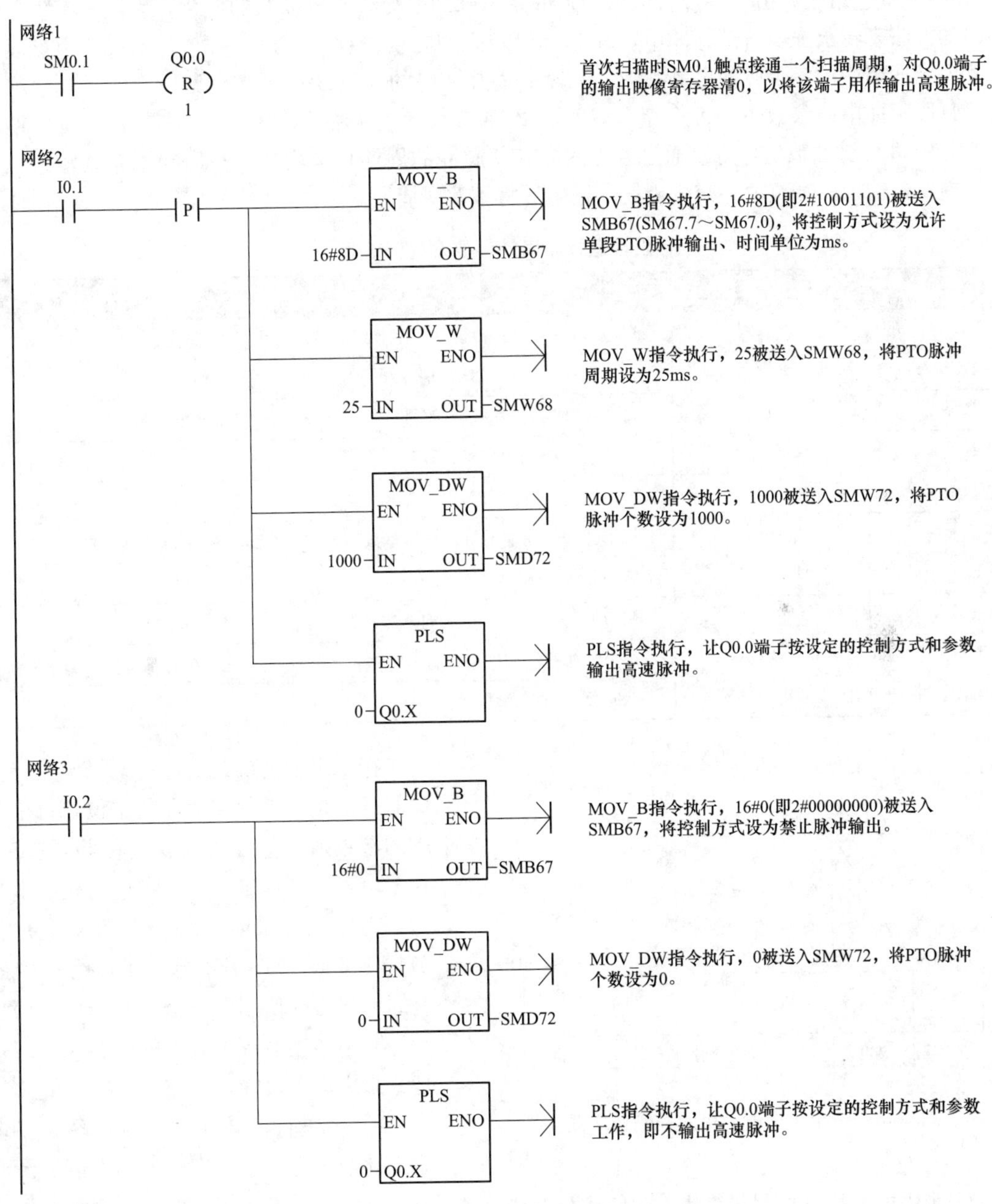


图 5-47　一段用来产生单段脉冲串的程序

2. 多段脉冲串的产生

**多段脉冲串有单段管道脉冲串和多段管道脉冲串两种类型。**

（1）单段管道脉冲串。**单段管道脉冲串是由多个单段脉冲串组成，每个单段脉冲串的参数可以不同，但单段脉冲串中的每个脉冲参数要相同。**由于控制单元参数只能对单段脉冲串产生作用，因此在输出单段管道脉冲串时，要求执行PLS指令产生首段脉冲串后，马上按第二段脉冲串要求刷新控制参数单元，并再次执行PLS指令，这样首段脉冲串输出完成后，会接着按新的控制参数输出第二段脉冲串。单段管道脉冲串的每个脉冲串可采用不同参数，这样易出现脉冲串之间连接不平稳，在输出多个参数不同的脉冲串时，编程也很复杂。

（2）多段管道脉冲串。**多段管道脉冲串也由多个单段脉冲串组成，每个单段脉冲串的参数可以不同，单段脉冲串中的每个脉冲参数也可以不同。**

1）参数设置包络表。由于多段管道脉冲串的各个脉冲串允许有较复杂的变化，无法用产生单段管道脉冲串的方法来输出多段管道脉冲串，S7-200 PLC采用在变量存储区建立一个包络表，由该表来设置多段管道脉冲串中的各个脉冲串的参数。多段管道脉冲串的参数设置包络表见表5-63。从包络表可以看出，每段脉冲串的参数占用8个字节，其中2字节为16位初始周期值，2字节为16位周期增量值，4字节为32位脉冲数值，可以通过编程的方式使脉冲的周期自动增减，在周期增量处输入一个正值会增加周期，输入一个负值会减少周期，输入0将不改变周期。

**表5-63　多段管道脉冲串的参数设置包络表**

| 变量存储单元 | 脉冲串段号 | 说　明 |
|---|---|---|
| $VB_n$ | | 段数（1～255）；数值0产生非致命错误，无PTO输出 |
| $VB_{n+1}$ | 1 | 初始周期（2～65535个时基单位） |
| $VB_{n+3}$ | | 每个脉冲的周期增量（符号整数：−32768～32767个时基单位） |
| $VB_{n+5}$ | | 脉冲数（1～4294967295） |
| $VB_{n+9}$ | 2 | 初始周期（2～65535个时基单位） |
| $VB_{n+11}$ | | 每个脉冲的周期增量（符号整数：−32768～32767个时基单位） |
| $VB_{n+13}$ | | 脉冲数（1～4294967295） |
| $VB_{n+17}$ | 3 | 初始周期（2～65535个时基单位） |
| $VB_{n+19}$ | | 每个脉冲的周期增量（符号整数：−32768～32767个时基单位） |
| $VB_{n+21}$ | | 脉冲数（1～4294967295） |

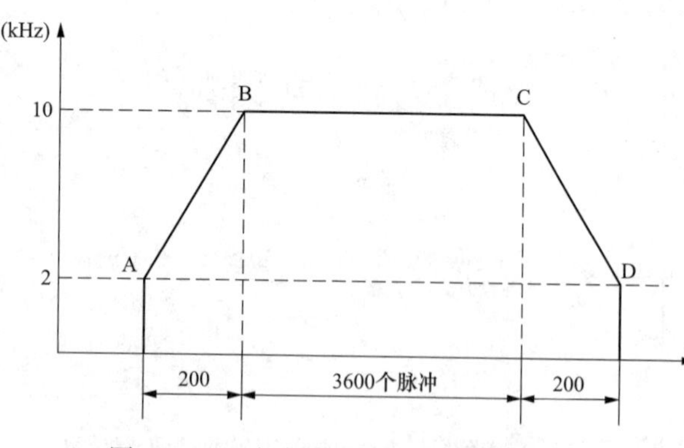

图5-48　一个步进电动机的控制包络线

在多段管道模式下，系统仍使用特殊存储器区的相应控制字节和状态位，每个脉冲串的参数则从包络表的变量存储器区读出。在多段管道编程时，必须将包络表的变量存储器起始地址（即包络表中的$n$值）装入SMW168或SMW178中，在包络表中的所有周期值必须使用同一个时间单位，而且在运行时不能改变包络表中的内容，执行PLS指令来启动多段管道操作。

2）多段管道脉冲串的应用举例。多段管道脉冲串常用于步进电机的控制。图5-48所示为一个步进电动机的控制包络线，包络线分3段：第1段（AB段）为加速运行，电动机的起始频率为2kHz（周期为500μs），终止频率为10kHz（周期为100μs），要求运行脉冲数目为200个；第2段

(BC段）为恒速运行，电机的起始和终止频率均为10kHz（周期为100μs），要求运行脉冲数目为3600个；第3段（CD段）为减速运行，电机的起始频率为10kHz（周期为100μs），终止频率为2kHz（500μs），要求运行脉冲数目为200个。

列包络表除了要知道段脉冲的起始周期和脉冲数目外，还须知道每个脉冲的周期增量，周期增量可用下面公式计算获得

周期增量值=（段终止脉冲周期值－段起始脉冲周期值）/该段脉冲数

如AB段周期增量值=（100μs－500μs）/200=－2μs。

根据步进电动机的控制包络线可列出相应的包络表，包络表见表5-64。

**表5-64　根据步进电动机的控制包络线列出的包络表**

| 变量存储器地址 | 段　号 | 参数值 | 说　明 |
|---|---|---|---|
| VB200 | | 3 | 段数 |
| VB201 | 段1 | 500μs | 初始周期 |
| VB203 | | －2μs | 每个脉冲的周期增量 |
| VB205 | | 200 | 脉冲数 |
| VB209 | 段2 | 100μs | 初始周期 |
| VB211 | | 0 | 每个脉冲的周期增量 |
| VB212 | | 3600 | 脉冲数 |
| VB217 | 段3 | 100μs | 初始周期 |
| VB219 | | 2μs | 每个脉冲的周期增量 |
| VB221 | | 200 | 脉冲数 |

根据包络表可编写出步进电动机的控制程序，如图5-49所示。该程序由主程序、SBR_0子程序和INT_0中断程序组成。

在主程序中，PLC首次扫描时SM0.1触点闭合一个扫描周期，先将Q0.0端子输出映像寄存器置0，以便将该端子用作高速脉冲输出，然后执行子程序调用指令转入SBR_0子程序。在SBR_0子程序中，“网络1”用于设置多段管道脉冲串的参数包络表（段数、第1段参数、第2段参数和第3段参数），“网络2”先设置脉冲输出的控制字节，并将包络表起始单元地址号送入SMW168单元，然后用中断连接指令将INT_0中断程序与中断事件19（PTO 0脉冲串输出完成产生中断）连接起来，再用ENI指令允许所有的中断，最后执行PLS指令，让高速脉冲发生器按设定的控制方式和参数（由包络表设置）工作，即从Q0.0端子输出多段管道脉冲串，去驱动步进电动机按加速、恒速和减速顺序运行。当Q0.0端子的多管道PTO脉冲输出完成后，马上会向系统发出中断请求，系统则执行INT_0中断程序，Q1.0线圈得电。

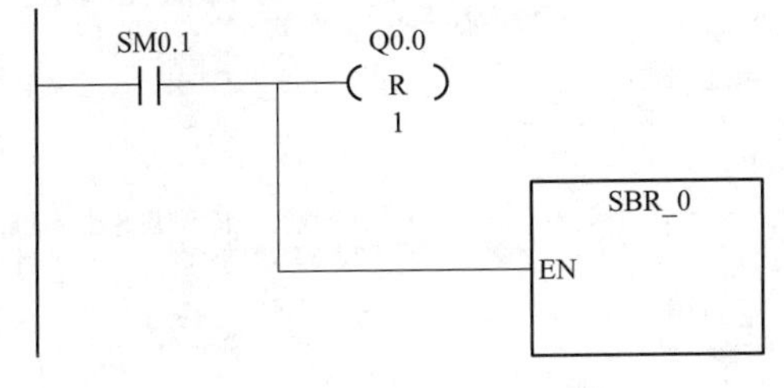


PLC首次扫描时SM0.1触点闭合一个扫描周期，先将Q0.0端子的输出映像寄存器置0，然后去执行SBR_0子程序。

(a)

图5-49　步进电机控制程序（一）

(a) 主程序

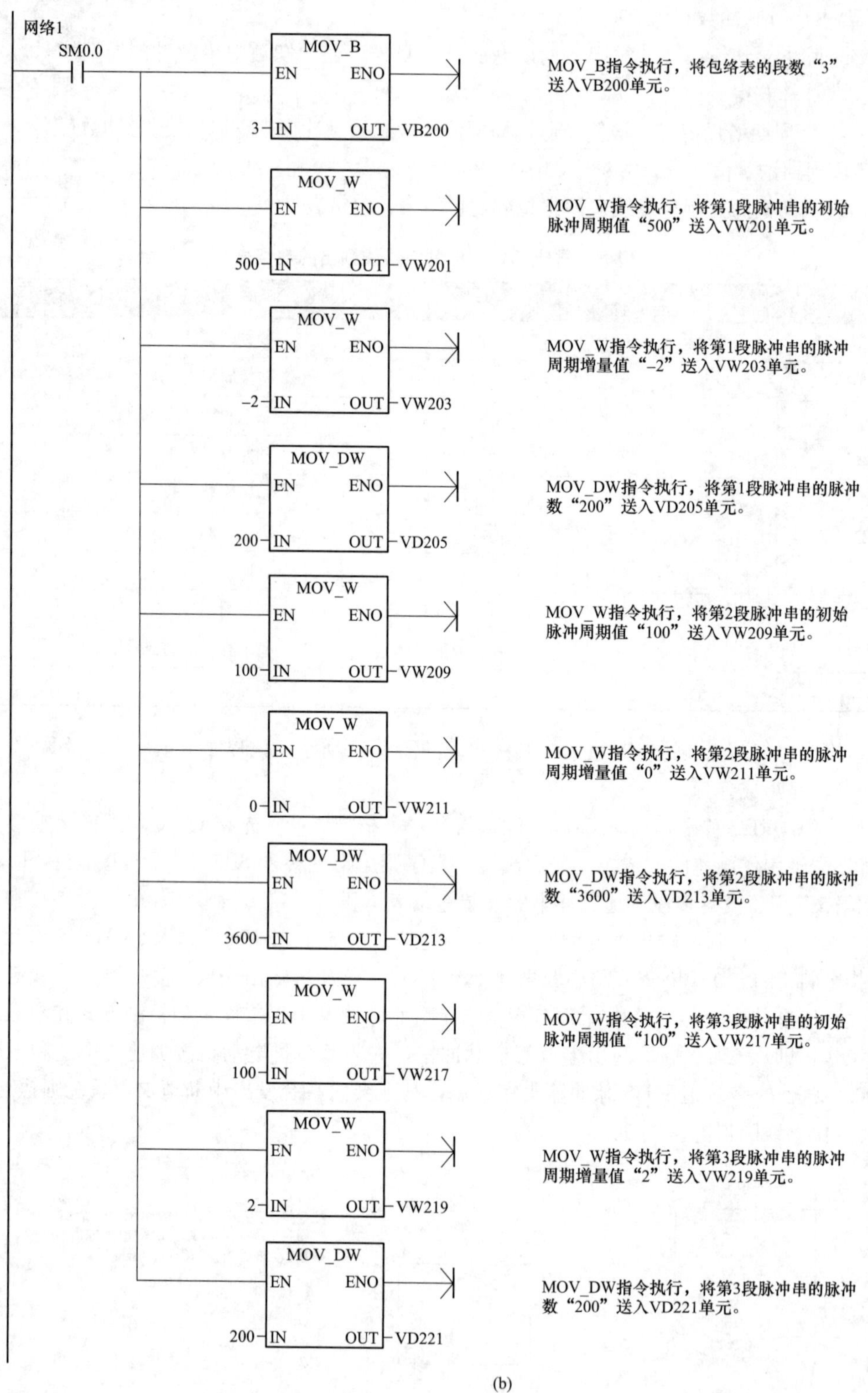


图 5-49　步进电机控制程序（二）

（b）子程序（SBR _ 0）（一）

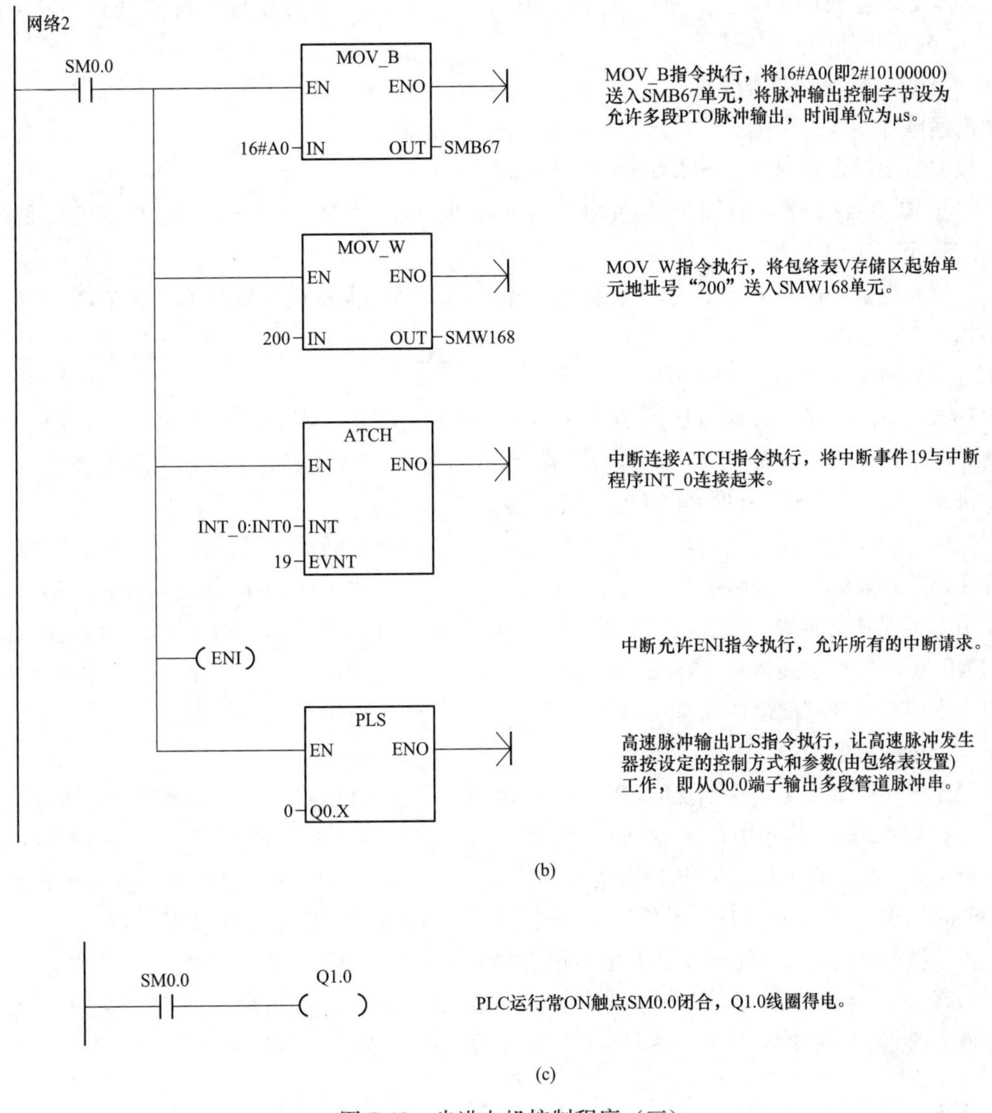


图 5-49 步进电机控制程序（三）

(b) 子程序（SBR _ 0）（二）；(c) 中断程序（INT _ 0）

## 5.13.4 PWM 脉冲的产生与使用

**PWM 脉冲是一种占空比和周期都可调节的脉冲。PWM 脉冲的周期范围为 10～65535μs 或 2～65535ms，为 16 位无符号数**，在设置脉冲周期时，如果周期小于两个时间单位，系统会默认周期值为两个时间单位；PWM 脉宽时间为 0～65535μs 或 0～65535 ms，为 16 位无符号数，若设定的脉宽等于周期（即占空比为 100%），输出一直接通；若设定脉宽等于 0（即占空比为 0%），输出断开。

1. 波形改变方式

PWM 脉冲的波形改变方式有同步更新和异步更新两种。

(1) 同步更新。如果不需改变时间基准，则可以使用同步更新方式，利用同步更新，信号波形特性的变化发生在周期边沿，使波形能平滑转换。

(2) 异步更新。如果需要改变 PWM 发生器的时间基准，就要使用异步更新，异步更新会使 PWM 功能被瞬时禁止，PWM 信号波形过渡不平滑，这会引起被控设备的振动。

由于异步更新生成的 PWM 脉冲有较大的缺陷，一般情况下应尽量使用脉宽变化、周期不变的 PWM 脉冲，这样可使用同步更新。

2. 产生 PWM 脉冲的编程方法

要让高速脉冲发生器产生 PWM 脉冲，可按以下步骤编程：

(1) 根据需要设置控制字节 SMB67 或 SMB68。

(2) 根据需要设置脉冲的周期值和脉宽值。周期值在 SMW68 或 SMW78 中设置，脉宽值在 SMW70 或 SMW80 中设置。

(3) 执行高速脉冲输出 PLS 指令，系统则会让高速脉冲发生器按设置从 Q0.0 或 Q0.1 端子输出 PWM 脉冲。

3. 产生 PWM 脉冲的编程实例

图 5-50 所示为一个产生 PWM 脉冲的程序，其实现的功能是：让 PLC 从 Q0.0 端子输出 PWM 脉冲，要求 PWM 脉冲的周期固定为 5s，初始脉宽为 0.5s，每周期脉宽递增 0.5s，当脉宽达到 4.5s 后开始递减，每周期递减 0.5s，直到脉宽为 0。以后重复上述过程。

该程序由主程序、SBR _ 0 子程序和 INT _ 0、INT _ 1 两个中断程序组成，SBR _ 0 子程序为 PWM 初始化程序，用来设置脉冲控制字节和初始脉冲参数，INT _ 0 中断程序用于实现脉宽递增，INT _ 1 中断程序用于实现脉宽递减。由于程序采用中断事件 0（I0.0 上升沿中断）产生中断，因此要将脉冲输出端子 Q0.0 与 I0.0 端子连接，这样在 Q0.0 端子输出脉冲上升沿时，I0.0 端子会输入脉冲上升沿，从而触发中断程序，实现脉冲递增或递减。

程序工作过程说明如下：

在主程序中，PLC 上电首次扫描时 SM0.1 触点接通一个扫描周期，子程序调用指令执行，转入执行 SBR _ 0 子程序。在子程序中，先将 M0.0 线圈置 1，然后设置脉冲的控制字节和初始参数，再允许所有的中断，最后执行高速脉冲输出 PLS 指令，让高速脉冲发生器按设定的控制字节和参数产生并从 Q0.0 端子输出 PWM 脉冲，同时从子程序返回到主程序“网络 2”，由于“网络 2”“网络 3”指令条件不满足，程序执行“网络 4”，M0.0 常开触点闭合（在子程序中 M0.0 线圈被置 1），中断连接 ATCH 指令执行，将 INT _ 0 中断程序与中断事件 0（I0.0 上升沿中断）连接起来。当 Q0.0 端子输出脉冲上升沿时，I0.0 端子输入脉冲上升沿，中断事件 0 马上发出中断请求，系统响应该中断而执行 INT _ 0 中断程序。

在 INT _ 0 中断程序中，ADD _ I 指令将脉冲宽度值增加 0.5s，再执行 PLS 指令，让 Q0.0 端子输出完前一个 PWM 脉冲后按新设置的宽度输出下一个脉冲，接着执行中断分离 DTCH 指令，将中断事件 0 与 INT _ 0 中断程序分离，然后从中断程序返回主程序。在主程序中，又执行中断连接 ATCH 指令，又将 INT _ 0 中断程序与中断事件 0 连接起来，在 Q0.0 端子输出第二个 PWM 脉冲上升沿时，又会产生中断而再次执行 INT _ 0 中断程序，将脉冲宽度值再增加 0.5s，然后执行 PLS 指令让 Q0.0 端子输出的第三个脉冲宽度增加 0.5s。以后 INT _ 0 中断程序会重复执行，直到 SMW70 单元中的数值增加到 4500。

当 SMW70 单元中的数值增加到 4500 时，主程序中的“SMW70 | >=I | 4500”触点闭合，将 M0.0 线圈复位，网络 4 中的 M0.0 常开触点断开，中断连接 ATCH 指令无法执行，INT _ 0 中断程序也无法执行，“网络 5”中的 M0.0 常闭触点闭合，中断连接 ATCH 指令执行，将 INT _ 1 中断程序与中断事件 0 连接起来。当 Q0.0 端子输出脉冲上升沿（I0.0 端子输入脉冲上升沿）时，中断事件 0 马上发出中断请求，系统响应该中断而执行 INT _ 1 中断程序。

在 INT _ 1 中断程序中，将脉冲宽度值减 0.5s，再执行 PLS 指令，让 Q0.0 端子输出 PWM 脉冲宽度减 0.5s，接着执行中断分离 DTCH 指令，分离中断，然后从中断程序返回主程序。在主程序中，又执行“网络 5”中的中断连接 ATCH 指令，又将 INT _ 1 中断程序与中断事件 0 连接起来，在 Q0.0 端

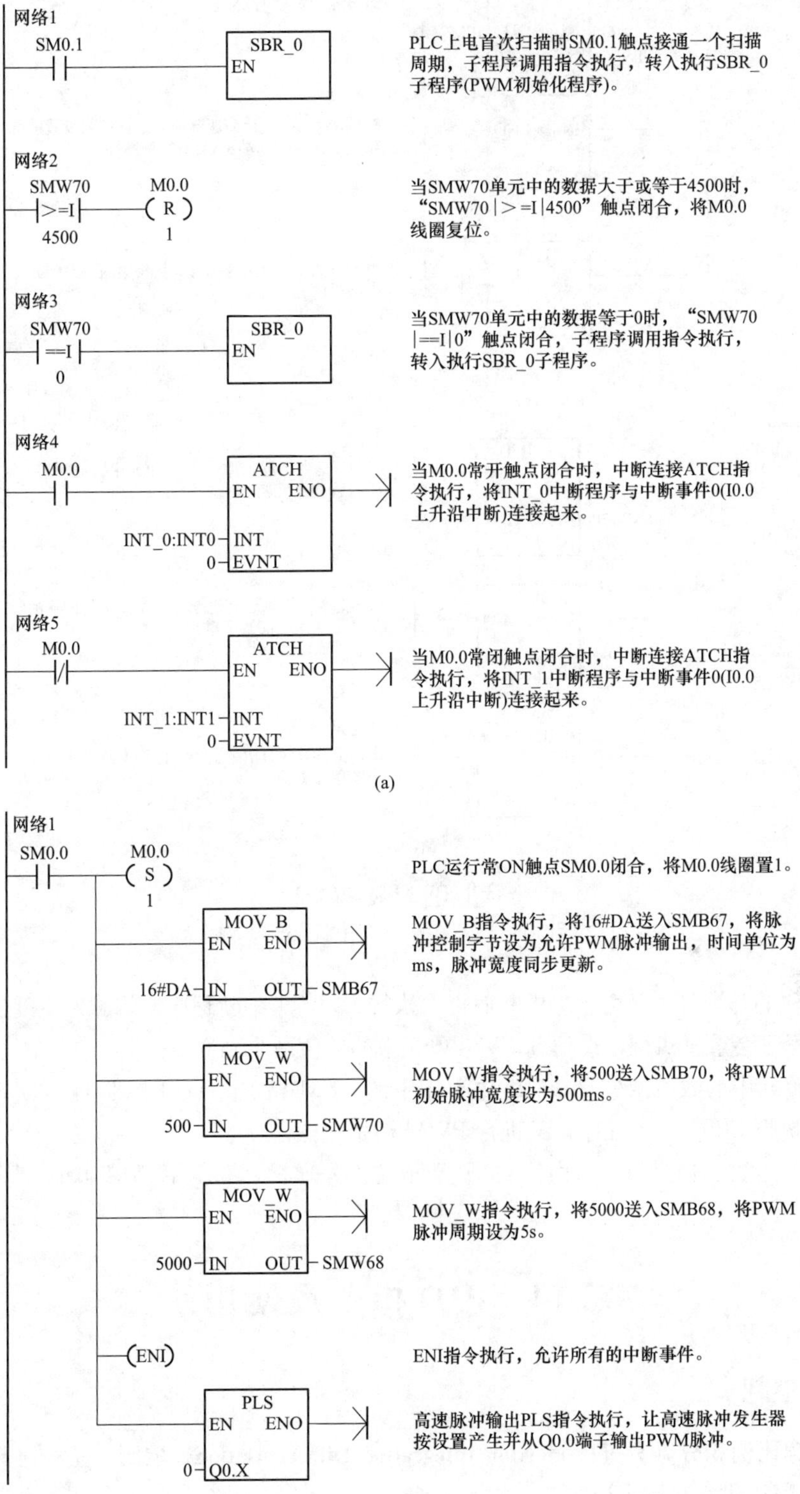

网络1
SM0.1 ——| |—— SBR_0 EN

PLC上电首次扫描时SM0.1触点接通一个扫描周期，子程序调用指令执行，转入执行SBR_0子程序(PWM初始化程序)。

网络2
SMW70 |>=I| 4500 —— M0.0 (R) 1

当SMW70单元中的数据大于或等于4500时，"SMW70|>=I|4500"触点闭合，将M0.0线圈复位。

网络3
SMW70 |==I| 0 —— SBR_0 EN

当SMW70单元中的数据等于0时，"SMW70|==I|0"触点闭合，子程序调用指令执行，转入执行SBR_0子程序。

网络4
M0.0 ——| |—— ATCH EN ENO; INT_0:INT0 - INT; 0 - EVNT

当M0.0常开触点闭合时，中断连接ATCH指令执行，将INT_0中断程序与中断事件0(I0.0上升沿中断)连接起来。

网络5
M0.0 ——|/|—— ATCH EN ENO; INT_1:INT1 - INT; 0 - EVNT

当M0.0常闭触点闭合时，中断连接ATCH指令执行，将INT_1中断程序与中断事件0(I0.0上升沿中断)连接起来。

(a)

网络1
SM0.0 ——| |—— M0.0 (S) 1

PLC运行常ON触点SM0.0闭合，将M0.0线圈置1。

MOV_B EN ENO; 16#DA - IN OUT - SMB67

MOV_B指令执行，将16#DA送入SMB67，将脉冲控制字节设为允许PWM脉冲输出，时间单位为ms，脉冲宽度同步更新。

MOV_W EN ENO; 500 - IN OUT - SMW70

MOV_W指令执行，将500送入SMB70，将PWM初始脉冲宽度设为500ms。

MOV_W EN ENO; 5000 - IN OUT - SMW68

MOV_W指令执行，将5000送入SMB68，将PWM脉冲周期设为5s。

(ENI)

ENI指令执行，允许所有的中断事件。

PLS EN ENO; 0 - Q0.X

高速脉冲输出PLS指令执行，让高速脉冲发生器按设置产生并从Q0.0端子输出PWM脉冲。

(b)

图 5-50 产生 PWM 脉冲的程序（一）

(a) 主程序；(b) 子程序（SBR _ 0）

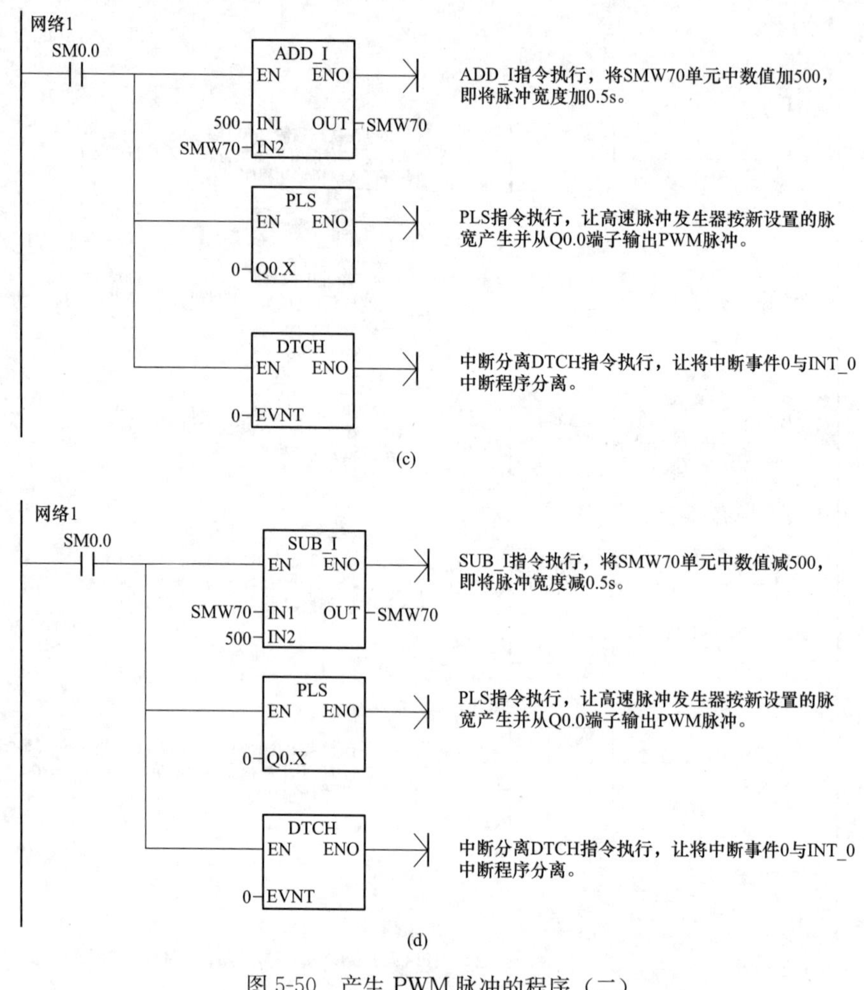


图 5-50 产生 PWM 脉冲的程序（二）

(c) 中断程序（INT _ 0）；(d) 中断程序（INT _ 1）

子输出 PWM 脉冲上升沿时，又会产生中断而再次执行 INT _ 1 中断程序，将脉冲宽度值再减 0.5s。以后 INT _ 1 中断程序会重复执行，直到 SMW70 单元中的数值减少到 0。

当 SMW70 单元中的数值减少到 0 时，主程序中的“SMW70 | ＝＝I | 0”触点闭合，子程序调用指令执行，转入执行 SBR _ 0 子程序，又进行 PWM 初始化操作。

以后程序重复上述工作过程，从而使 Q0.0 端子输出先递增 0.5s、后递减 0.5s、周期为 5s 连续的 PWM 脉冲。

# 5.14 PID 指令及使用

## 5.14.1 PID 控制

**PID 控制又称比例积分微分（Proportion Integration Differentiation）控制，是一种闭环控制。**下面以图 5-51 所示的恒压供水系统来说明 PID 控制原理。

电动机驱动水泵将水抽入水池，水池中的水除了经出水口提供用水外，还经阀门送到压力传感器，传感器将水压大小转换成相应的电信号 $X_f$，$X_f$ 反馈到比较器与给定信号 $X_i$ 进行比较，得到偏差信号 $\Delta X$（$\Delta X = X_i - X_f$）。

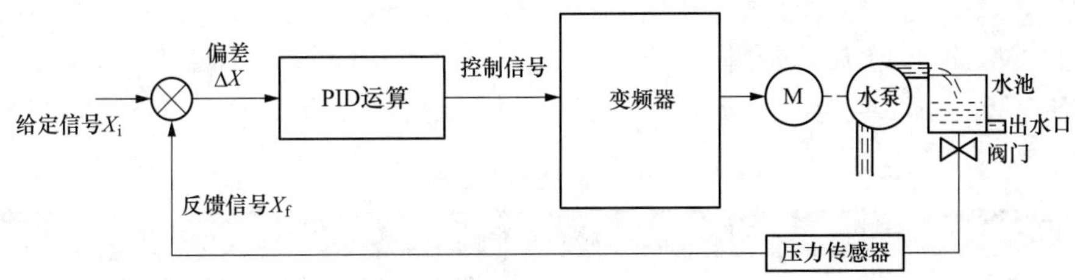


图 5-51 恒压供水系统的 PID 控制

若 $\Delta X>0$，表明水压小于给定值，偏差信号经 PID 运算得到控制信号，控制变频器，使之输出频率上升，电动机转速加快，水泵抽水量增多，水压增大。

若 $\Delta X<0$，表明水压大于给定值，偏差信号经 PID 运算得到控制信号，控制变频器，使之输出频率下降，电动机转速变慢，水泵抽水量减少，水压下降。

若 $\Delta X=0$，表明水压等于给定值，偏差信号经 PID 运算得到控制信号，控制变频器，使之输出频率不变，电动机转速不变，水泵抽水量不变，水压不变。

由于控制回路的滞后性，会使水压值总与给定值有偏差。如当用水量增多水压下降时，$\Delta X>0$，控制电动机转速变快，提高水泵抽水量，从压力传感器检测到水压下降到控制电动机转速加快，提高抽水量，恢复水压需要一定时间。通过提高电动机转速恢复水压后，系统又要将电动机转速调回正常值，这也要一定时间，在这段回调时间内水泵抽水量会偏多，导致水压又增大，又需进行反调。这样的结果是水池水压会在给定值上下波动（振荡），即水压不稳定。

采用了 PID 运算可以有效减小控制环路滞后和过调问题（无法彻底消除）。**PID 运算包括 P 运算、I 运算和 D 运算。P（比例）运算是将偏差信号 ΔX 按比例放大，提高控制的灵敏度；I（积分）运算是对偏差信号进行积分运算，消除 P 运算比例引起的误差和提高控制精度，但积分运算使控制具有滞后性；D（微分）运算是对偏差信号进行微分运算，使控制具有超前性和预测性。**

## 5.14.2 PID 指令介绍

1. 指令说明

PID 指令说明见表 5-65。

**表 5-65 PID 指令说明**

| 指令名称 | 梯形图 | 功能说明 | 操作数 | |
|---|---|---|---|---|
| | | | TBL | LOOP |
| PID 指令（PID） | PID<br>EN ENO<br>????-TBL<br>????-LOOP | 从 TBL 指定首地址的参数表中取出有关值对 LOOP 回路进行 PID 运算。<br>TBL：PID 参数表的起始地址；<br>LOOP：PID 回路号 | VB（字节型） | 常数 0~7（字节型） |

2. PID 控制回路参数表

PID 运算由 P（比例）、I（积分）和 D（微分）3 项运算组成，PID 运算公式为

$$M_n=[K_c\times(SP_n-PV_n)]+[K_c\times(T_s/T_i)\times(SP_n-PV_n)+M_x]$$
$$+[K_c\times(T_d/T_s)\times(SP_n-PV_n)]$$

式中，$M_n$ 为 PID 运算输出值，$[K_c\times(SP_n-PV_n)]$ 为比例运算项，$[K_c\times(T_s/T_i)\times(SP_n-PV_n)+M_x]$ 为积分运算项，$[K_c\times(T_d/T_s)\times(SP_n-PV_n)]$ 为微分运算项。

要进行 PID 运算，须先在 PID 控制回路参数表中设置运算公式中的变量值。PID 控制回路参数表见

表5-66。在表中，过程变量（$PV_n$）相当于图5-51中的反馈信号，设定值（$SP_n$）相当于图5-51中的给定信号，输出值（$M_n$）为PID运算结果值，相当于图5-51中的控制信号，如果将过程变量（$PV_n$）值存放在VD200双字单元，那么设定值（$SP_n$）、输出值（$M_n$）则要分别存放在VD204、VD208单元。

**表5-66　PID控制回路参数表**

| 地址偏移量 | 变量名 | 格式 | 类型 | 说　明 |
|---|---|---|---|---|
| 0 | 过程变量（$PV_n$） | 实型 | 输入 | 过程变量，必须在0.0～1.0之间 |
| 4 | 设定值（$SF_n$） | 实型 | 输入 | 设业值必须标定在0.0和1.0之间 |
| 8 | 输出值（$M_n$） | 实型 | 输入/输出 | 输出值必须在0.0～1.0之间 |
| 12 | 增益（$K_c$） | 实型 | 输入 | 增益是比例常数，可正可负 |
| 16 | 采样时间（$T_s$） | 实型 | 输入 | 采样时间单位为s，必须是正数 |
| 20 | 积分时间（$T_i$） | 实型 | 输入 | 积分时间单位为min，必须是正数 |
| 24 | 微分时间（$T_d$） | 实型 | 输入 | 微分时间单位为min，必须是正数 |
| 28 | 上一次的积分值（$M_x$） | 实型 | 输入/输出 | 积分项前项、必须在0.0～1.0之间 |
| 32 | 上一次过程变量值（$PV_{n-1}$） | 实型 | 输入/输出 | 是近一次运算的过程变量值 |

3. PID运算项的选择

**PID运算由P（比例）、I（积分）和D（微分）3项运算组成，可以根据需要选择其中的一项或两项运算。**

（1）如果不需要积分运算，应在参数表中将积分时间（$T_i$）设为无限大，这样（$T_s/T_i$）值接近0，虽然没有积分运算，但由于有上一次的积分值$M_x$，积分项的值也不为0。

（2）如果不需要微分运算，应将微分时间（$T_d$）设为0.0。

（3）如果不需要比例运算，但需要积分或微分回路，可以把增益（$K_c$）设为0.0，系统会在计算积分项和微分项时，把增益（$K_c$）当作1.0看待。

4. PID输入量的转换与标准化

**PID控制电路有设定值和过程变量两个输入量。**设定值通常是人为设定的参照值，如设置的水压值；过程变量值来自受控对象，如压力传感器检测到的水压值。**由于现实中的设定值和过程变量值的大小、范围和工程单位可能不一样，在执行PID指令进行PID运算前，必须先把输入量转换成标准的浮点型数值。**

PID输入量的转换与标准化过程如下。

（1）将输入量从16位整数值转换成32位实数（浮点数）。该转换程序如图5-52所示。

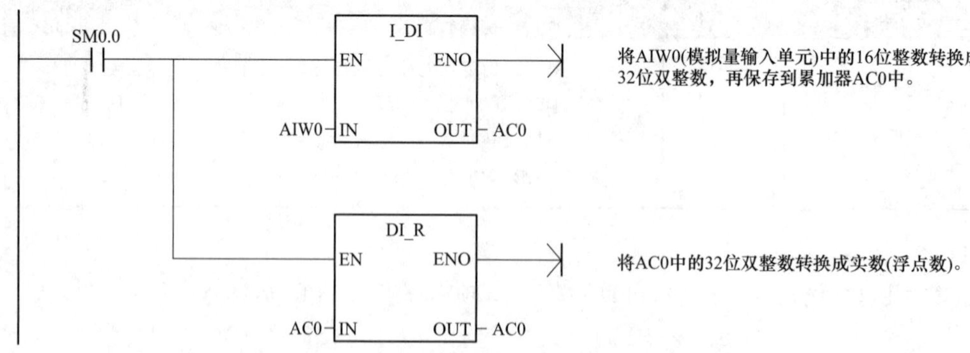


图5-52　16位整数值转换成32位实数的程序

（2）将实数转换成0.0～1.0的标准化数值。转换表达式为：输入量的标准化值＝输入量的实数值/跨度＋偏移量。跨度值通常取32000（针对0～32000单极性数值）或64000（针对－32000～＋32000

双极性数值)；偏移量取 0.0（单极性数值）或 0.5（双极性数值）。该转换程序如图 5-53 所示。

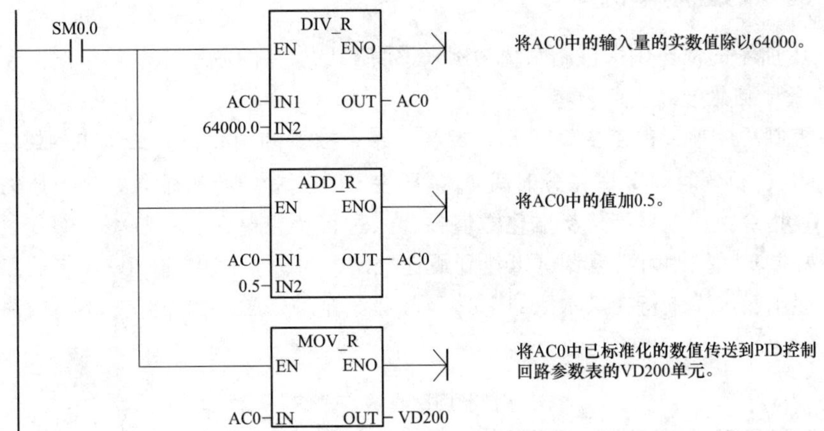


图 5-53 实数转换成 0.0～1.0 的标准化数值的程序

5. PID 输出量的转换

在 PID 运算前，需要将实际输入量转换成 0.0～1.0 的标准值，然后进行 PID 运算，PID 运算后得到的输出量也是 0.0～1.0 的标准值，这样的数值无法直接驱动 PID 的控制对象，因此需要将 PID 运算输出的 0.0～1.0 标准值按比例转换成 16 位整数，再送到模拟量输出单元，通过模拟量输出端子输出。

PID 输出量的转换表达式为：PID 输出量整数值＝（PID 运算输出量标准值－偏移量）×跨度

PID 输出量的转换程序如图 5-54 所示。

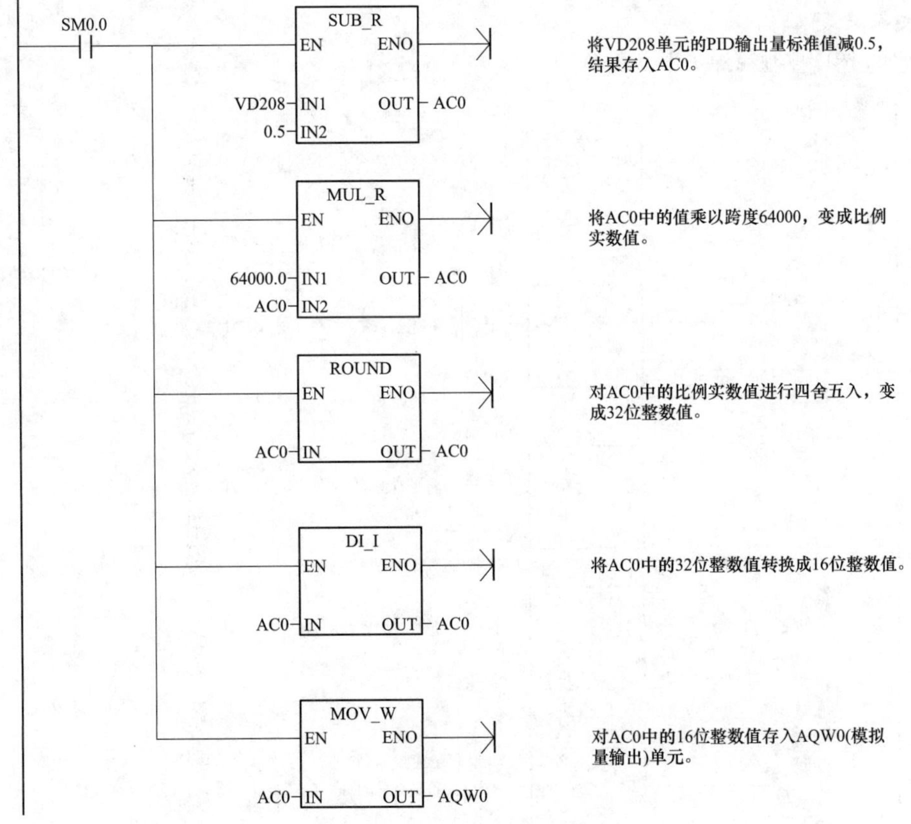


图 5-54 PID 输出量的转换程序

## 5.14.3 PID指令的应用举例

下面以图5-51所示的恒压供水控制系统为例来说明PID指令的应用。

1. 确定PID控制回路参数表的内容

**在编写PID控制程序前，首先要确定PID控制回路参数表的内容，参数表中的给定值$SP_n$、增益值$K_c$、采样时间$T_s$、积分时间$T_i$、微分时间$T_d$需要在PID指令执行前输入，来自压力传感器的过程变量值需要在PID指令执行前转换成标准化数值并存入过程变量单元。**参数表中的变量值要根据具体情况来确定，还要在实际控制时反复调试以达到最佳控制效果。本例中的PID控制回路参数表的值见表5-67，因为希望水箱水压维持在满水压的70%，故将给定值$SP_n$设为0.7，不需要微分运算，将微分时间设为0。

**表5-67　PID控制回路参数表的值**

| 变量存储地址 | 变量名 | 数　值 |
|---|---|---|
| VB100 | 过程变量当前值$PV_n$ | 来自压力传感器，并经A/D转换和标准化处理得到的标准化数值 |
| VB104 | 给定值$SP_n$ | 0.7 |
| VB108 | 输出值$M_n$ | PID回路的输出值（标准化数值） |
| VB112 | 增益$K_c$ | 0.3 |
| VB116 | 采样时间$T_s$ | 0.1 |
| VB120 | 积分时间$T_i$ | 30 |
| VB124 | 微分时间$T_d$ | 0（关闭微分作用） |
| VB128 | 上一次积分值$M_x$ | 根据PID运算结果更新 |
| VB132 | 上一次过程变量$PV_{n-1}$ | 最近一次PID的变量值 |

2. PID控制程序

恒压供水的PID控制程序如图5-55所示。

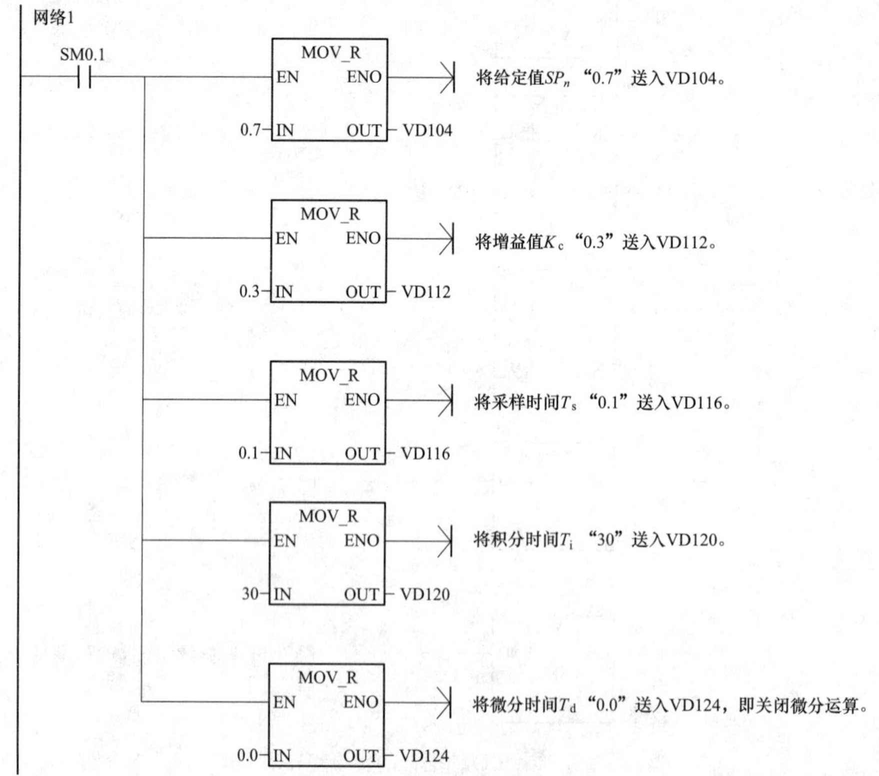


图5-55　恒压供水的PID控制程序（一）

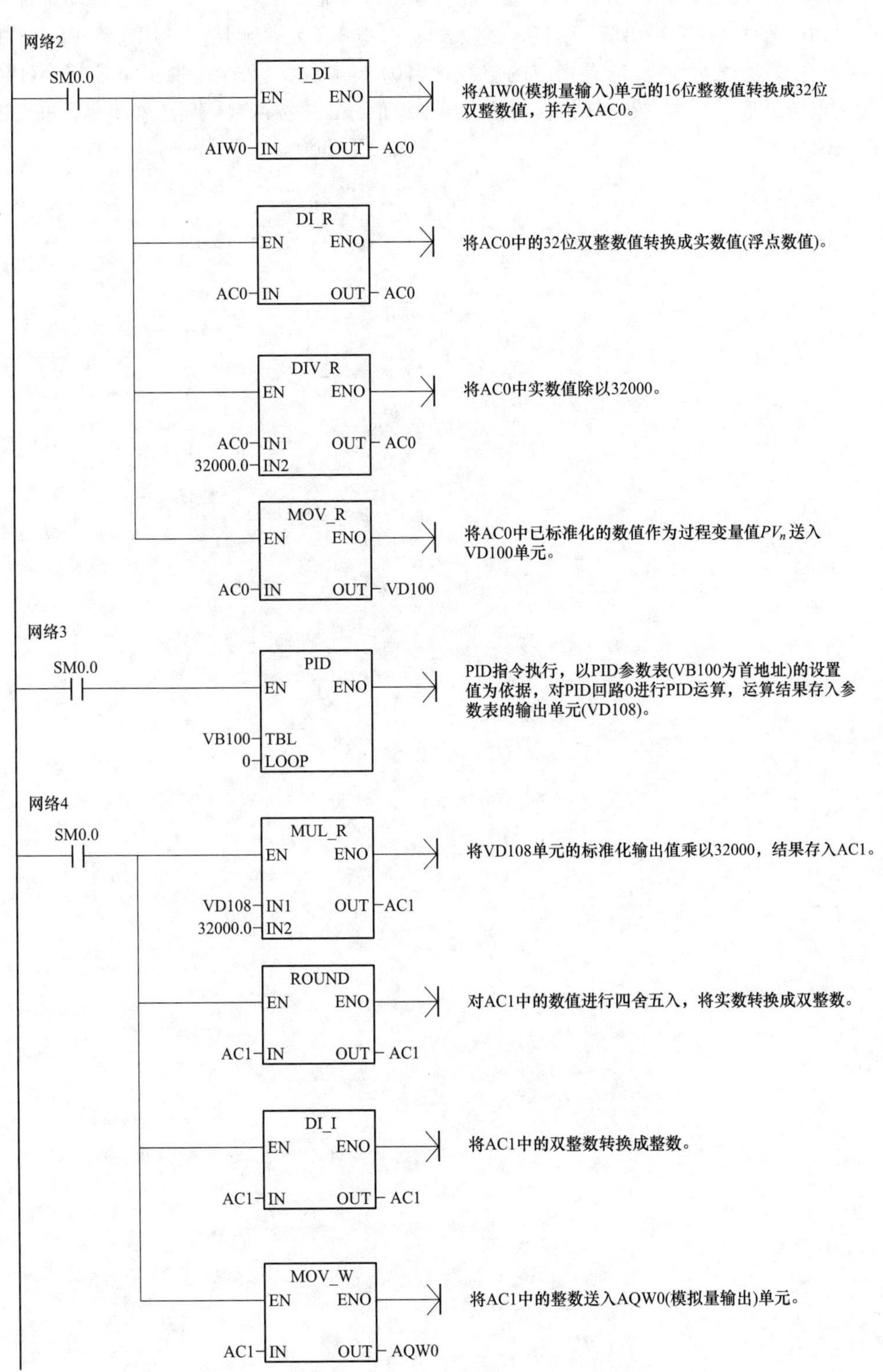


图 5-55 恒压供水的 PID 控制程序（二）

在程序中，“网络 1”用于设置 PID 控制回路的参数表，包括设置给定值 $SP_n$、增益值 $K_c$、采样时间 $T_s$、积分时间 $T_i$ 和微分时间 $T_d$；“网络 2”用于将模拟量输入 AIW0 单元中的整数值转换成 0.0～

1.0 的标准化数值，再作为过程变量值 $PV_n$ 存入参数表的 VD100 单元，AIW0 单元中的整数值由压力传感器产生的模拟信号经 PLC 的 A/D（模/数）转换模块转换而来；“网络 3”用于启动系统从参数表取变量值进行 PID 运算，运算输出值 $M_n$ 存入参数表的 VD108 单元；“网络 4”用于将 VD108 中的标准化输出值（0.0～1.0）按比例转换成相应的整数值（0～32000），再存入模拟量输出 AQW0 单元，AQW0 单元的整数经 D/A（数/模）转换模块转换成模拟信号，去控制变频器工作频率，进而控制水泵电机的转速来调节水压。

# 第6章 PLC通信

在科学技术迅速发展的推动下，为了提高效率，越来越多的企业工厂使用可编程设备（如工业控制计算机、PLC、变频器、机器人和数控机床等），为了便于管理和控制，需要将这些设备连接起来，实现分散控制和集中管理，要实现这一点，就必须掌握这些设备的通信技术。

## 6.1 通信基础知识

**通信是指一地与另一地之间的信息传递。**PLC 通信是指 PLC 与计算机、PLC 与 PLC、PLC 与人机界面（触摸屏）和 PLC 与其他智能设备之间的数据传递。

### 6.1.1 通信方式

1. 有线通信和无线通信

**有线通信是指以导线、电缆、光缆、纳米材料等看得见的材料为传输媒质的通信。无线通信是指以看不见的材料（如电磁波）为传输媒质的通信，**常见的无线通信有微波通信、短波通信、移动通信和卫星通信等。

2. 并行通信与串行通信

（1）并行通信。同时传输多位数据的通信方式称为并行通信。并行通信如图 6-1 所示，计算机中的 8 位数据 10011101 通过 8 条数据线同时送到外部设备中。并行通信的特点是数据传输速度快，它由于需要的传输线多，故成本高，只适合近距离的数据通信。PLC 主机与扩展模块之间通常采用并行通信。

（2）串行通信。**逐位依次传输数据的通信方式称为串行通信。**串行通信如图 6-2 所示，计算机中的 8 位数据 10011101 通过一条数据逐位传送到外部设备中。串行通信的特点是数据传输速度慢，但由于只需要一条传输线，故成本低，适合远距离的数据通信。PLC 与计算机、PLC 与 PLC、PLC 与人机界面之间通常采用串行通信。

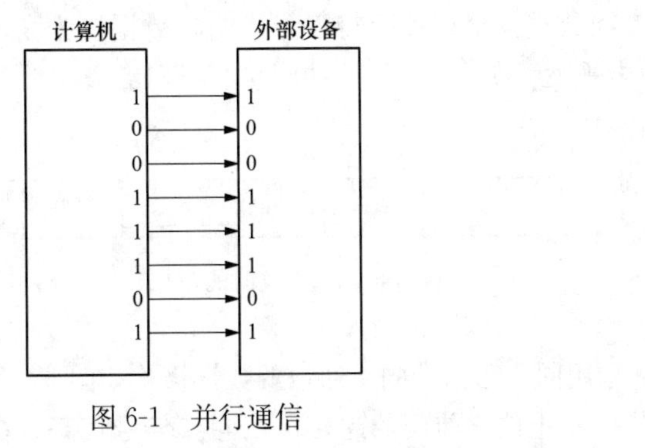


图 6-1　并行通信

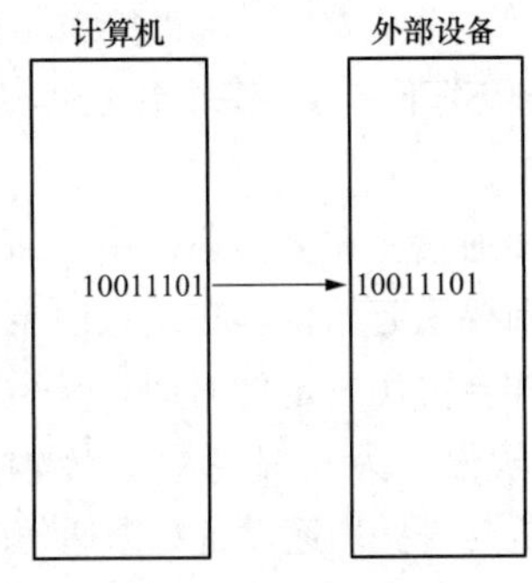


图 6-2　串行通信

3. 异步通信和同步通信

**串行通信又可分为异步通信和同步通信。PLC 与其他设备通常采用串行异步通信方式。**

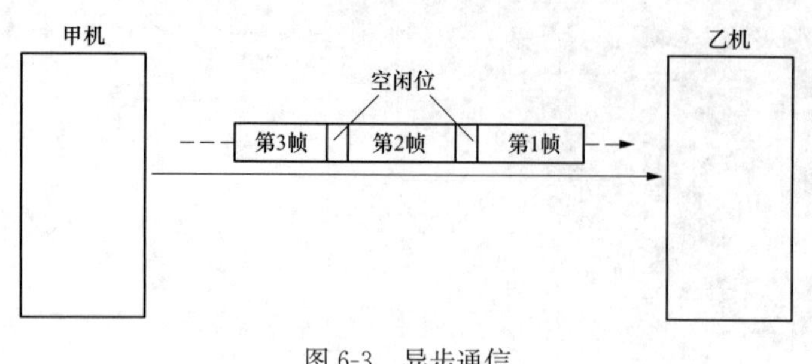


图 6-3 异步通信

（1）异步通信。**在异步通信中，数据是一帧一帧地传送的。**异步通信如图 6-3 所示，**这种通信是以帧为单位进行数据传输，一帧数据传送完成后，可以接着传送下一帧数据，也可以等待，等待期间为空闲位（高电平）。**

串行通信时，数据以帧为单位传送，帧数据有一定的格式。帧数据格式如图 6-4 所示，从中可以看出，**一帧数据由起始位、数据位、奇偶校验位和停止位组成。**

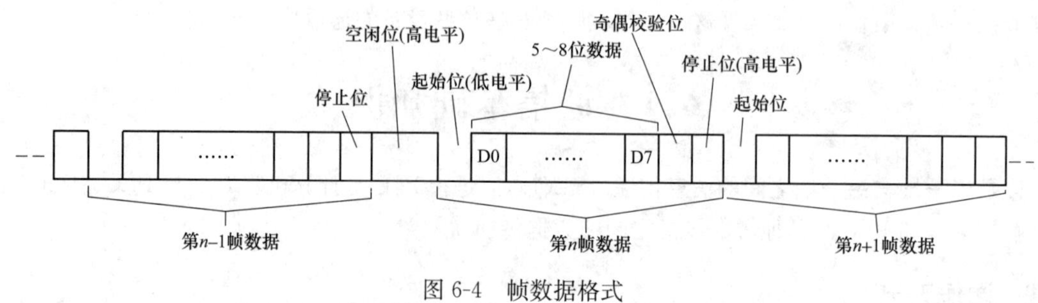


图 6-4 帧数据格式

1）**起始位。起始位表示一帧数据的开始，起始位一定为低电平。**当甲机要发送数据时，先送一个低电平（起始位）到乙机，乙机接收到起始信号后，马上开始接收数据。

2）**数据位。数据位是要传送的数据，紧跟在起始位后面。**数据位的数据为 5～8 位，传送数据时是从低位到高位逐位进行的。

3）**奇偶校验位。奇偶校验位用于检验传送的数据有无错误。**奇偶校验是检查数据传送过程中有无发生错误的一种校验方式，它分为奇校验和偶校验。奇校验是指数据和校验位中 1 的总个数为奇数，偶校验是指数据和校验位中 1 的总个数为偶数。以奇校验为例，如果发送设备传送的数据中有偶数个 1，为保证数据和校验位中 1 的总个数为奇数，奇偶校验位应为 1，如果在传送过程中数据产生错误，其中一个 1 变为 0，那么传送到接收设备的数据和校验位中 1 的总个数为偶数，外部设备就知道传送过来的数据发生错误，会要求重新传送数据。数据传送采用奇校验或偶校验均可，但要求发送端和接收端的校验方式一致。在帧数据中，奇偶校验位也可以不用。

4）**停止位：停止位表示一帧数据的结束。**停止位可以是 1 位、1.5 位或 2 位，但一定为高电平。

一帧数据传送结束后，可以接着传送第二帧数据，也可以等待，等待期间数据线为高电平（空闲位）。如果要传送下一帧，只要让数据线由高电平变为低电平（下一帧起始位开始），接收器就开始接收下一帧数据。

（2）同步通信。在异步通信中，每一帧数据发送前要用起始位，在结束时要用停止位，这样会占用一定的时间，导致数据传输速度较慢。为了提高数据传输速度，在计算机与一些高速设备数据通信时，常采用同步通信。同步通信的数据格式如图 6-5 所示。

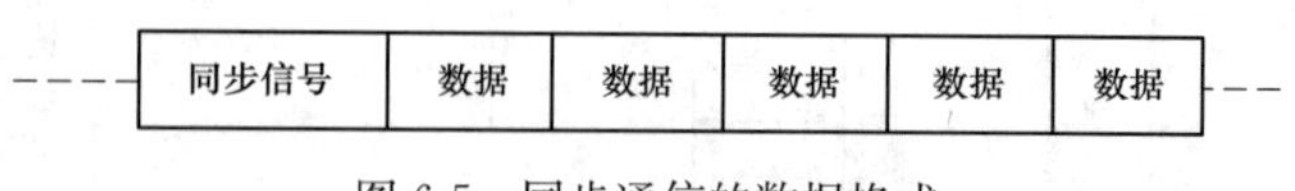


图 6-5 同步通信的数据格式

从中可以看出，同步通信的数据后面取消了停止位，前面的起始位用同步信号代替，在同步信号后面可以跟很多数据，所以同步通信传输速度快，但由于同步通信要求发送端和接收端严格保持同步，这需要用复杂的电路来保证，所以 PLC 不采用这种通信方式。

4. 单工通信和双工通信

**在串行通信中，根据数据的传输方向不同，可分为单工通信、半双工通信和全双工通信，3种通信方式，**如图6-6所示。

(1) 单工通信。**在单工通信方式下，数据只能往一个方向传送。**单工通信如图6-6 (a) 所示，数据只能由发送端 (T) 传输给接收端 (R)。

(2) 半双工通信。**在半双工通信方式下，数据可以双向传送，但同一时间内，只能往一个方向传送，只有一个方向的数据传送完成后，才能往另一个方向传送数据。**半双工通信如图6-6 (b) 所示，通信的双方都有发送器和接收器，一方发送时，另一方接收，由于只有一条数据线，所以双方不能在发送时同时进行接收。

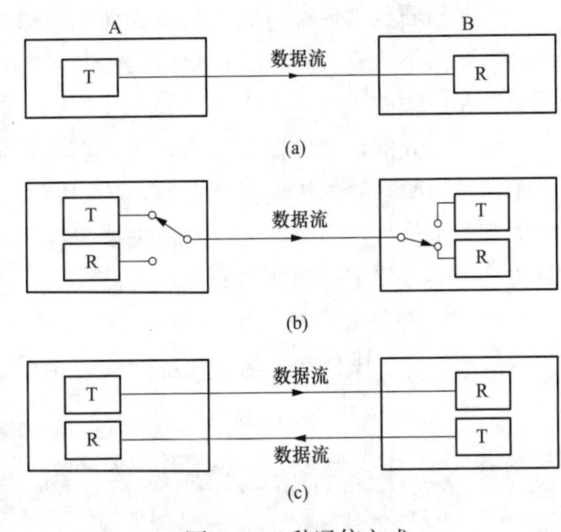

图6-6 3种通信方式
(a) 单工通信；(b) 半双工通信；(c) 全双工通信

(3) 全双工通信。**在全双工通信方式下，数据可以双向传送，通信的双方都有发送器和接收器，由于有两条数据线，所以双方在发送数据的同时可以接收数据。**全双工通信如图6-6 (c) 所示。

## 6.1.2 通信传输介质

**有线通信采用传输介质主要有双绞线、同轴电缆和光缆3种，**如图6-7所示。

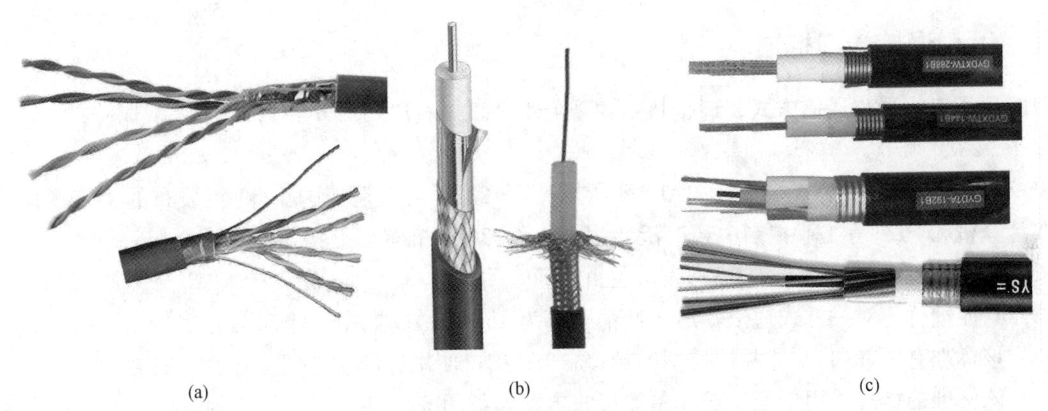

图6-7 3种通信传输介质
(a) 双绞线；(b) 同轴电缆；(c) 光缆

1. 双绞线

双绞线是将两根导线扭绞在一起，以减少电磁波的干扰，如果再加上屏蔽套层，则抗干扰能力更好。双绞线的成本低、安装简单，RS-232C，RS-422A和RS-485等接口多用双绞线电缆进行通信连接。

2. 同轴电缆

同轴电缆的结构是从内到外依次为内导体（芯线）、绝缘线、屏蔽层及外保护层。由于从截面看这4层构成了4个同心圆，故称为同轴电缆。根据通频带不同，同轴电缆可分为基带（50Ω）和宽带（75Ω）两种，其中基带同轴电缆常用于Ethernet（以太网）中。同轴电缆的传送速率高、传输距离远，但价格较双绞线高。

3. 光缆

光缆是由石英玻璃经特殊工艺拉成细丝结构，这种细丝的直径比头发丝还要细，一般直径在 8～95μm（单模光缆）及 50/62. 5μm（多模光缆，50μm 为欧洲标准，62. 5μm 为美国标准），但它能传输的数据量却是巨大的。

光缆是以光的形式传输信号的，其优点是传输的为数字的光脉冲信号，不会受电磁干扰，不怕雷击，不易被窃听，数据传输安全性好，传输距离长，且带宽宽、传输速度快。但由于通信双方发送和接收的都是电信号，因此通信双方都需要价格昂贵光纤设备进行光电转换，另外光纤连接头的制作与光纤连接需要专门工具和专门的技术人员。

4. 通信传输介质参数特性

双绞线、同轴电缆和光缆参数特性见表 6-1。

**表 6-1　双绞线、同轴电缆和光缆参数特性**

| 特性 | 双绞线 | 同轴电缆 | | 光缆 |
|---|---|---|---|---|
| | | 基带（50Ω） | 宽带（75Ω） | |
| 传输速率 | 1～4Mbit/s | 1～10Mbit/s | 1～450Mbit/s | 10～500Mbit/s |
| 网络段最大长度 | 1. 5km | 1～3km | 约 10km | 90km |
| 抗电磁干扰能力 | 弱 | 中 | 中 | 强 |

# 6. 2　S7-200 PLC 通信硬件

## 6. 2. 1　PLC 通信接口标准

**PLC 采用串行异步通信方式**，通信接口主要有 RS-232C、RS-422A 和 RS-485 3 种标准。

1. RS-232C 接口

**RS-232C 接口又称 COM 接口**，如图 6-8 所示。RS-232C 接口是美国 1969 年公布的串行通信接口，至今在计算机和 PLC 等工业控制中还广泛使用。RS-232C 标准有以下特点。

(1) 采用负逻辑，用＋5～＋15V 表示逻辑“0”，用－5～－15V 表示逻辑“1”。

(2) 只能进行一对一方式通信，最大通信距离为 15m，最高数据传输速率为 20kbit/s。

(3) 该标准有 9 针和 25 针两种类型的接口，9 针接口使用更广泛，PLC 采用 9 针接口。

(4) 该标准的接口采用单端发送、单端接收电路，如图 6-8 (b) 所示，这种电路的抗干扰性较差。

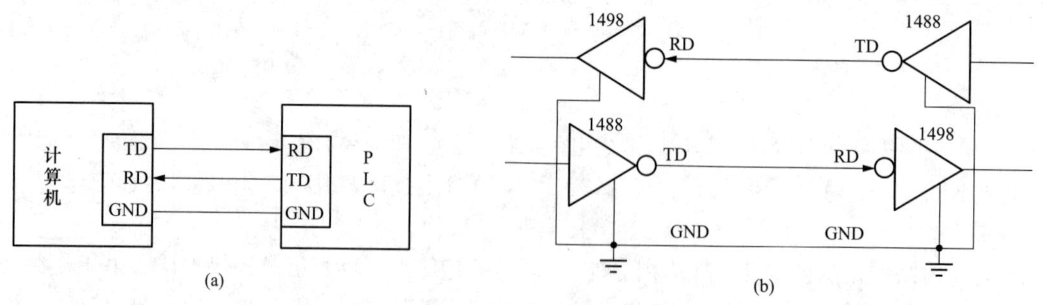


图 6-8　RS-232C 接口

(a) 信号连接；(b) 电路结构

2. RS-422A 接口

**RS-422A 接口采用平衡驱动差分接收电路，**如图 6-9 所示，该电路采用极性相反的两根导线传送信号，这两根线都不接地，当 B 线电压较 A 线电压高时，规定传送的为“1”电平，当 A 线电压较 B 线电压高时，规定传送的为“0”电平，A、B 线的电压差可从零的几伏到近十伏。采用平衡驱动差分接收电路作接口电路，可使 RS-422A 接口有较强的抗干扰性。

**RS-422A 接口采用发送和接收分开处理，数据传送采用 4 根导线。**RS-422A 接口的电路结构如图 6-10 所示，**由于发送和接收独立，两者可同时进行，故 RS-422A 通信是全双工方式。**与 RS-232C 接口相比，RS-422A 接口的通信速率和传输距离有了很大的提高，在最高通信速率 10Mbit/s 时最大通信距离为 12m，在通信速率为 100kbit/s 时最大通信距离可达 1200m，一台发送端可接 12 个接收端。

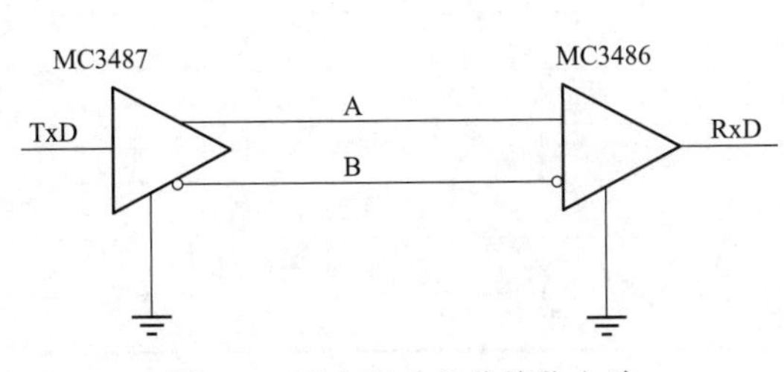


图 6-9　平衡驱动差分接收电路

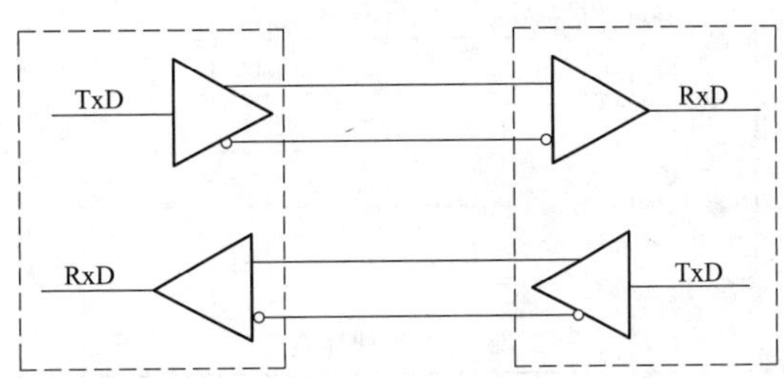


图 6-10　RS-422 接口的电路结构

3. RS-485 接口

**RS-485 接口是 RS-422A 接口的变形，RS-485 接口只有一对平衡驱动差分信号线，**其电路结构如图 6-11 所示，**发送和接收不能同时进行，属于半双工通信方式。**使用 RS-485 接口与双绞线可以组成分布式串行通信网络，如图 6-12 所示，网络中最多可接 32 个站。

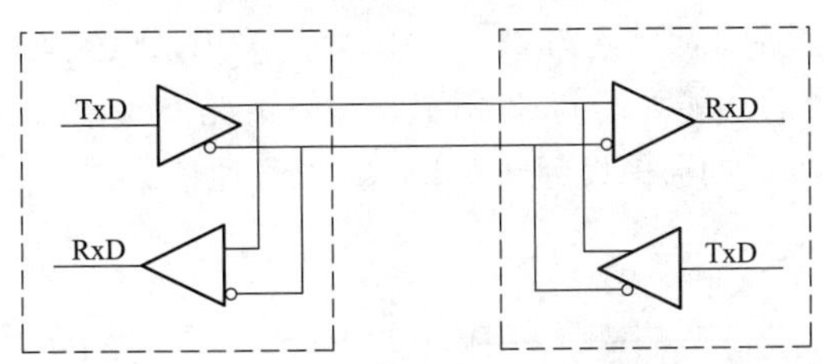


图 6-11　RS-485 接口的电路结构

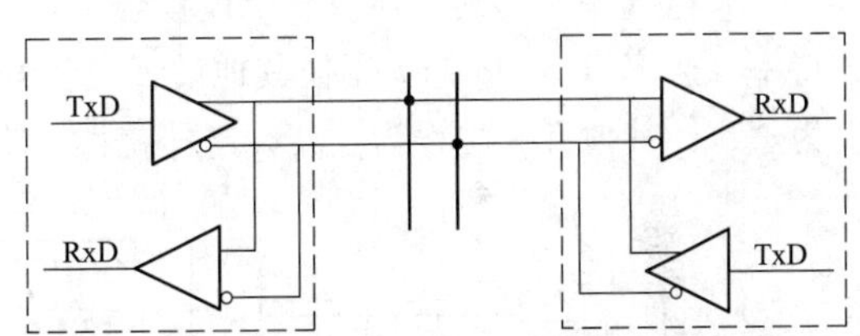


图 6-12　RS-485 接口与双绞线组成的分布式串行通信网络

RS-485、RS-422A、RS-232C 接口通常采用相同的 9 针 D 型连接器，但连接器中的 9 针功能定义有所不同，故不能混用。当需要将 RS-232C 接口与 RS-422A 接口连接通信时，两接口之间须有 RS-232C/RS-422A 转换器，转换器结构如图 6-13 所示。

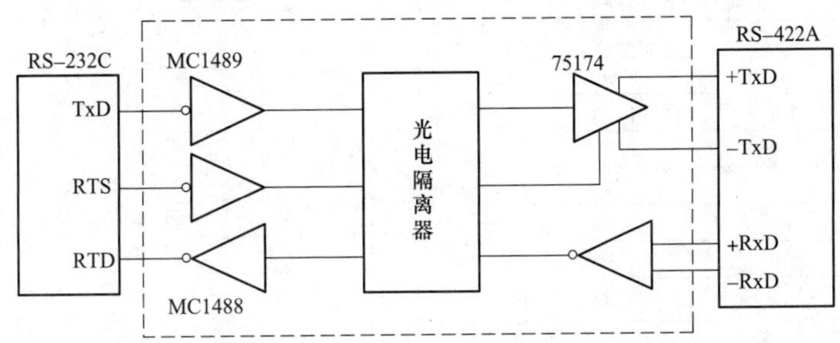


图 6-13　RS-232C/RS-422A 转换器结构

### 6.2.2 通信端口

每个S7-200 PLC都有与RS-485标准兼容的9针D型通信端口，该端口也符合欧洲标准EN50170中的PROFIBUS标准。S7-200 PLC通信端口外形与功能名称见表6-2。

表6-2 S7-200 PLC通信端口外形与功能名称

| 外形 | 针号 | 端口0/端口1 | PROFIUBUS标准名称 |
|---|---|---|---|
| 针1 针6 针9 针5 | 1 | 机壳接地 | 屏蔽 |
| | 2 | 逻辑地 | 24V返回 |
| | 3 | RS-485信号B | RS-485信号B |
| | 4 | RTS（TTL） | 请求—发送 |
| | 5 | 逻辑地 | 5V返回 |
| | 6 | +5V、100Ω串联电阻器 | +5V |
| | 7 | +24V | +24V |
| | 8 | RS-485信号A | RS-485信号A |
| | 9 | 10位协议选择（输入） | 不适用 |
| | 连接器外壳 | 机壳接地 | 屏蔽 |

### 6.2.3 通信连接电缆

**计算机通常采用PC/PPI电缆与S7-200 PLC进行串行通信**，由于计算机通信接口的信号类型为RS-232C，而S7-200 PLC通信接口的信号类型为RS-485，因此PC/PPI电缆在连接两者同时还要进行信号转换。

PC/PPI电缆如图6-14所示，电缆一端为RS-232C接口，用于接计算机，另一端为RS-485接口，用于接PLC，电缆中间为转换器及8个设置开关，开关上置为1，下置为0，1、2、3开关用来设置通信的波特率（速率），4～8开关用作其他设置，各开关对应的功能如图6-15所示。一般情况下将2、4开关设为“1”，其他开关均设为“0”，这样就将计算机与PLC的通信设为9.6kbit/s、PPI通信。

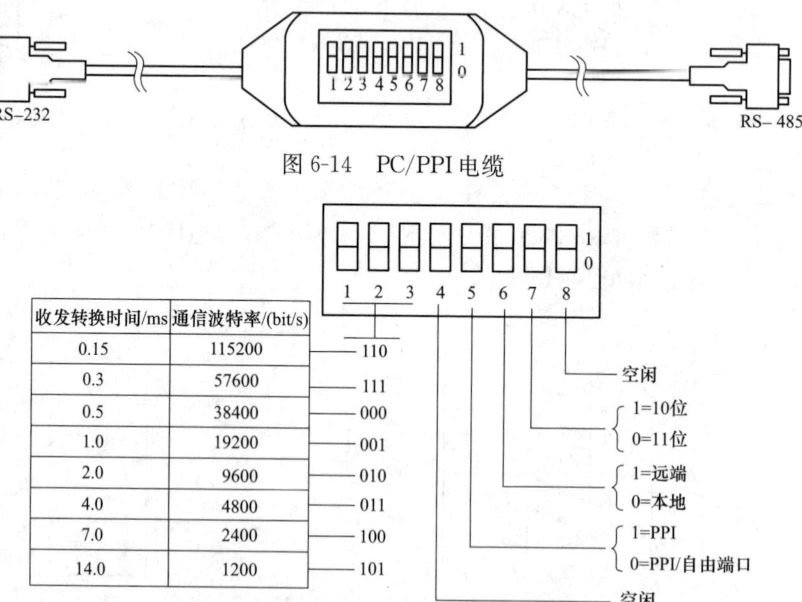


图6-14 PC/PPI电缆

图6-15 PC/PPI电缆各开关对应的功能

在通信时，如果数据由 RS-232C 往 RS-485 接口传送，电缆为发送状态，反之为接收状态，发送和接收转换需要一定的时间，称为电缆收发转换时间，通信波特率越高，需要的转换时间越短。

## 6.2.4 网络连接器

**一条 PC/PPI 电缆仅能连接两台设备通信，如果将多台设备连接起来通信就要使用网络连接器。**西门子提供两种类型的网络连接器，如图 6-16 所示，一种连接器仅有一个与 PLC 连接的接口（图中第 2、3 个连接器属于该类型），另一种连接器还增加一个编程接口（图中第 1 个连接器属于该类型）。带编程接口的连接器可将编程站（如计算机）或 HMI（人机界面）设备连接至网络，而不会干扰现有的网络连接，这种连接器不但能连接 PLC、编程站或 HMI，还能将来自 PLC 端口的所有信号（包括电源）传到编程接口，这对于那些需从 PLC 取电源的设备（如触摸屏 TD200）尤为有用。

网络连接器的编程接口与编程计算机之间一般采用 PC/PPI 电缆连接，连接器的 RS-485 接口与 PLC 之间采用 9 针 D 型双头电缆连接。

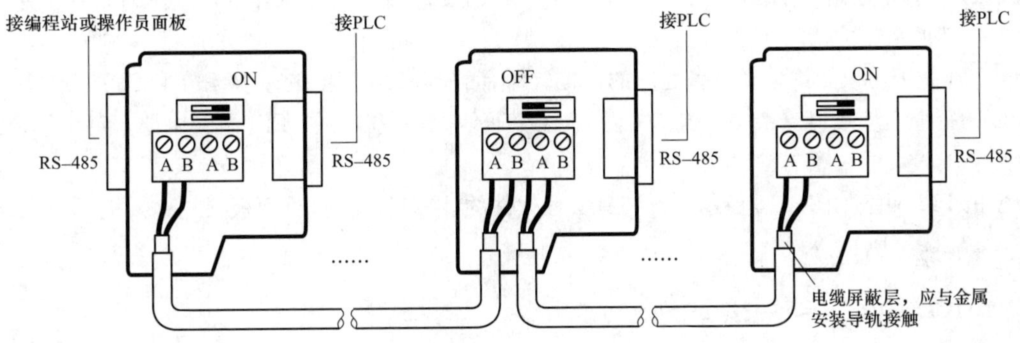


图 6-16　西门子提供的两种类型的网络连接器

两种连接器都有两组螺钉连接端子，用来连接输入电缆和输出电缆，电缆连接方式如图 6-16 所示。两种连接器上还有网络偏置和终端匹配的选择开关，当连接器处于网络的始端或终端时，一组螺钉连接端子会处于悬空状态，为了吸收网络上的信号反射和增强信号强度，需要将连接器上的选择开关置于 ON，这样就会在给连接器接上网络偏置和终端匹配电阻，如图 6-17（a）所示，当连接器处于网络的中间时，两组螺钉连接端子都接有电缆，连接器无须接网络偏置和终端匹配电阻，选择开关应置于 OFF，如图 6-17（b）所示。

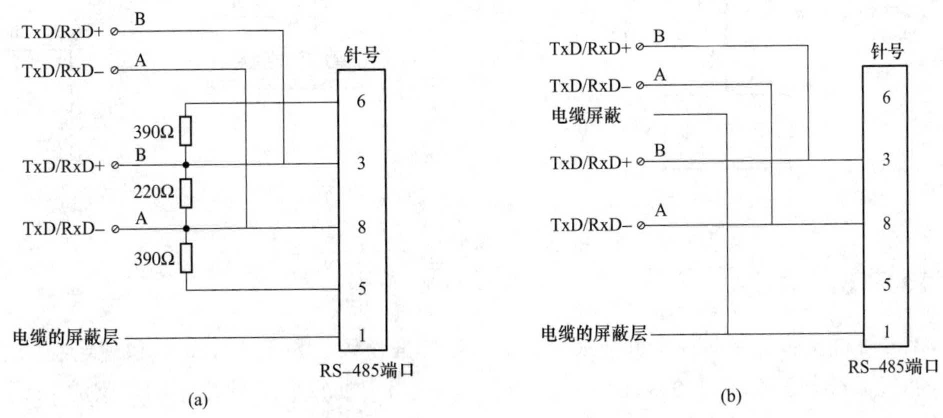


图 6-17　网络连接器的开关处于不同位置时的电路结构

（a）开关置于 ON 时接有网络偏置和终端匹配电阻；（b）开关置于 OFF 时无网络偏置和终端匹配电阻

# 6.3 S7-200 网络通信协议

**通信协议是指通信双方为网络数据交换而建立的规则或标准，通信时如果没有统一的通信协议，通信各方之间传递的信息就无法识别。**S7-200 PLC 支持的通信协议类型较多，下面介绍较常用的通信协议。

## 6.3.1 PPI 协议（点对点接口协议）

**PPI 协议是主/从协议，**该协议有以下要点。

(1) 主站设备将请求发送至从站设备，然后从站设备进行响应，从站设备不发送消息，只是等待主站的要求并对要求作出响应。

(2) PPI 协议并不限制与任何从站通信的主站数量，但在一个网络中，主站数量不能超过 32 个。

(3) 如果在用户程序中启用 PPI 主站模式，S7-200 CPU 在运行模式下可以作主站。在启动 PPI 主站模式之后，可以使用网络读写指令来读写另外一个 S7-200。当 S7-200 作 PPI 主站时，它仍然可以作为从站响应其他主站的请求。

(4) PPI 高级协议允许建立设备之间的连接。所有的 S7-200 CPU 都支持 PPI 和 PPI 高级协议，S7-200 CPU 的每个通信接口支持 4 个连接，而 EM277 通信模块仅仅支持 PPI 高级协议，每个模块支持 6 个连接。

典型的 PPI 网络如图 6-18 所示，安装有编程软件的计算机和操作员面板（或称人机界面 HMI）均为主站，S7-200 CPU 为从站。

## 6.3.2 MPI 协议（多点接口协议）

**MPI 协议允许主—主通信和主—从通信。**在 MPI 网络中，S7-200 CPU 只能作从站，S7-300/400 作网络中的主站，可以用 XGET/XPUT 指令读写 S7-200 CPU 的 V 存储区，通信数据包最大为 64B，而 S7-200 CPU 无须编写通信程序，它通过指定的 V 存储区与 S7-300/400 交换数据。

典型的 MPI 网络如图 6-19 所示。

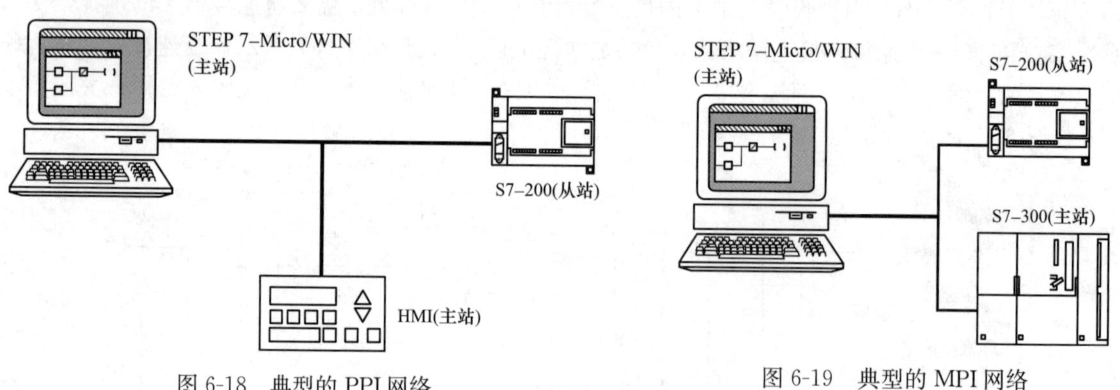


图 6-18 典型的 PPI 网络

图 6-19 典型的 MPI 网络

## 6.3.3 PROFIBUS 协议

**PROFIBUS 协议是世界上第一个开放式的现场总线标准协议，是用于车间级和现场级的国际标准，通常用于分布式 I/O（远程 I/O）的高速通信。**PROFIBUS-DP 协议可以使用不同厂家的 PROFIBUS 设备，如简单的输入或输出模块、电动机控制器和 PLC。

PROFIBUS 协议支持传输速率为 12Mbit/s，连接使用屏蔽双绞线（最长 9.6km）或者光缆（最长 90km），最多可接 127 个从站，其应用覆盖电力、交通、机械加工、过程控制和楼宇自动化等领域。S7-200

CPU 可以通过增加扩展模块 EM277 来支持 PROFIBUS-DP 协议。

PROFIBUS 网络通常有一个主站和若干个 I/O 从站，典型的 PROFIBUS 网络如图 6-20 所示。主站设备通过配置可以知道 I/O 从站的类型和站号。主站初始化网络使网络上的从站设备与配置相匹配。主站不断地读写从站的数据。当一个主站成功配置了一个从站之后，它就拥有了这个从站设备。如果在网络上有第二个主站设备，那么它对第一个主站的从站的访问将会受到限制。

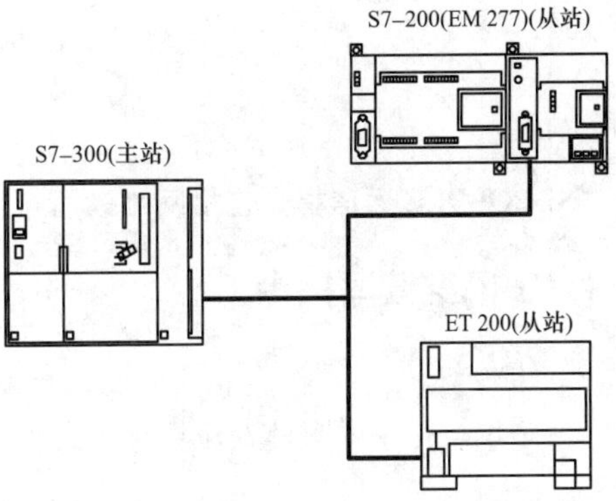

图 6-20 典型的 PROFIBUS 网络

### 6.3.4 TCP/IP 协议

**TCP/IP 协议意为传输控制协议/因特网互联协议，是由网络层的 IP 协议和传输层的 TCP 协议组成的。**当 S7-200 PLC 配备了以太网模块（CP243-1）或互联网模块 CP-243-1 IT 后，就支持 TCP/IP 协议，计算机要安装以太网网卡才能与 S7-200 以 TCP/IP 协议通信。

计算机在安装 STEP7-Micro/WIN 编程软件时，会自动安装 S7-200 Explorer 浏览器，使用它可以访问 CP243-1 IT 模块的主页。

### 6.3.5 用户定义的协议（自由端口模式）

**自由端口模式允许编写程序控制 S7-200 CPU 的通信口，在该模式下可实现 PLC 与多种具有串行接口的外设通信，**如可让 PLC 与打印机、条形码阅读器、变频器、调制解调器（Modem）和上位 PC 机等智能设备通信。

**要使用自由端口模式，须设置特殊存储器字节 SMB30（端口 0）和 SMB130（端口 1）。**波特率最高为 38.4kbit/s（可调整）。因此使可通信的范围大大增加，使控制系统配置更加灵活、方便。

自由端口模式只有在 S7-200 处于 RUN 模式时才能被激活。如果将 S7-200 设置为 STOP 模式，那么所有的自由端口通信都将中断，而且通信口会按照 S7-200 系统块中的配置转换到 PPI 协议。

除了前面介绍的几种通信协议外，S7-200 还支持其他一些协议。S7-200 支持的通信协议见表 6-3，从表中可以看出，PPI、MPI 协议都可使用 CPU 的 O/I 通信端口，PROFIBUS-DP 协议只能使用通信扩展模块 EM277 上的通信端口。

**表 6-3　S7-200 支持的通信协议**

<table>
<tr><th>协议类型</th><th>端口位置</th><th>接口类型</th><th>传输介质</th><th>通信速率/(bit/s)</th><th>备　注</th></tr>
<tr><td rowspan="2">PPI</td><td>EM 241 模块</td><td>RJ11</td><td>模拟电话线</td><td>33.6k</td><td></td></tr>
<tr><td rowspan="2">CPU 端口 O/I</td><td rowspan="2">DB-9 针</td><td rowspan="2">RS-485</td><td>9.6k，19.2k，187.5k</td><td>主、从站</td></tr>
<tr><td rowspan="2">MPI</td><td>19.2k，187.5k</td><td>仅作从站</td></tr>
<tr><td rowspan="2">EM277</td><td rowspan="2">DB-9 针</td><td rowspan="2">RS-485</td><td>19.2k～12M</td><td rowspan="2">通信速率自适应<br>仅作从站</td></tr>
<tr><td>PROFIBUS-DP</td><td>9.6k～12M</td></tr>
<tr><td>S7</td><td>CP 243-1/CP 243-1 IT</td><td>RJ45</td><td>以太网</td><td>10M 或 100M</td><td>通信速率自适应</td></tr>
<tr><td>AS-i</td><td>CP 243-2</td><td>接线端子</td><td>AS-i 网络</td><td>167k</td><td>主站</td></tr>
<tr><td>USS</td><td rowspan="2">CPU 端口 0</td><td rowspan="2">DB-9 针</td><td rowspan="2">RS-485</td><td rowspan="2">1200～115.2k</td><td>主站，自由端口库指令</td></tr>
<tr><td rowspan="2">Modbus RTU</td><td>主站/从站，自由端口库指令</td></tr>
<tr><td>EM241</td><td>RJ11</td><td>模拟电话线</td><td>33.6k</td><td></td></tr>
<tr><td>自由端口</td><td>CPU 端口 0/1</td><td>DB-9 针</td><td>RS-485</td><td>1200～115.2k</td><td></td></tr>
</table>

# 6.4 通信指令及应用

**S7-200 PLC 通信指令包括网络读写指令、发送与接收指令和获取与设置端口地址指令。**

## 6.4.1 网络读写指令

1. 指令说明

网络读写指令说明见表 6-4。

**表 6-4　网络读写指令说明**

| 指令名称 | 梯形图 | 功能说明 | 操作数 | |
|---|---|---|---|---|
| | | | TBL | PORT |
| 网络读指令（NETR） | NETR<br>EN ENO<br>???? TBL<br>???? PORT | 根据 TBL 表的定义，通过 PORT 端口从远程设备读取数据。<br>TBL 端指定表的首地址，PORT 端指定读取数据的端口 | VB、MB、＊VD、＊LD、＊AC（字节型） | 常数<br>0<br>（CPU 221/222/224）<br>0 或 1<br>（CPU 224XP/226） |
| 网络写指令（NETW） | NETW<br>EN ENO<br>???? TBL<br>???? PORT | 根据 TBL 表的定义，通过 PORT 端口往远程设备写入数据。<br>TBL 端指定表的首地址，PORT 端指定写数据的端口 | | |

**网络读指令（NETR）允许从远程站点读取最多 16 个字节的信息，网络写指令（NETW）允许往远程站点写最多 16 个字节的信息。**在程序中，可以使用任意条网络读写指令，但是在任意时刻最多只允许有 8 条网络读写指令（如 4 条网络读指令和 4 条网络写指令，或者 2 条网络读指令和 6 条网络写指令）同时被激活。

2. TBL 表

网络读写需要按 TBL 表定义来操作，TBL 参数说明见表 6-5。

**表 6-5　网络读写 TBL 参数说明**

| 字节偏移量 | 说　明 | | | | |
|---|---|---|---|---|---|
| 0 | D | A | E | 0 | 错误码（4 位） |
| 1 | 远程站地址（要读写的远程 PLC 的地址） | | | | |
| 2 | 指向远程站数据区的指针（I，Q，M，V） | | | | |
| 3 | | | | | |
| 4 | | | | | |
| 5 | | | | | |
| 6 | 数据长度（1～16 字节） | | | | |
| 7 | 数据字节 0 | 接收（读）和发送（写）数据的存储区，执行网络读指令（NETR）后，从远程站读来的数据存在该区域，执行网络写指令（NETW）后，该区域的数据会发送到远程站 | | | |
| 8 | 数据字节 1 | | | | |
| … | … | | | | |
| 22 | 数据字节 15 | | | | |

TBL 表首字节标志位定义说明见表 6-6。

表 6-6　网络读写 TBL 表首字节标志位定义说明

| 标志位 | | 定义 | 说　明 |
|---|---|---|---|
| D | | 操作已完成 | 0=未完成；1=功能完成 |
| A | | 激活（操作已排队） | 0=未激活；1=激活 |
| E | | 错误 | 0=无错误；1=有错误 |
| 4 位错误代码 | 0（0000） | 无错误 | |
| | 1 | 超时错误 | 远程站点无响应 |
| | 2 | 接收错误 | 有奇偶错误，帧或校验和出错 |
| | 3 | 离线错误 | 重复的站地址或无效的硬件引起冲突 |
| | 4 | 排队溢出错误 | 多于 8 条的 NETR/NETW 指令被激活 |
| | 5 | 违反通信协议 | 没有在 SMB30 中允许 PPI，就试图使用 NETR/NETW 指令 |
| | 6 | 非法参数 | NETR/NETW 表中包含非法或无效的参数值 |
| | 7 | 没有资源 | 远程站点忙（正在进行上装或下载操作） |
| | 8 | 第七层错误 | 违反应用协议 |
| | 9 | 信息错误 | 错误的数据地址或错误的数据长度 |

3. 通信模式控制

S7-200 PLC 通信模式由特殊存储器 SMB30（端口 0）和 SMB130（端口 1）来设置。SMB30、SMB130 各位功能说明见表 6-7。

表 6-7　SMB30、SMB130 各位功能说明

| 位号 | 位定义 | 说　明 |
|---|---|---|
| 7 | 校验位 | 00=不校验；01=偶校验；10=不校验；11=奇校验 |
| 6 | | |
| 5 | 每个字符的数据位 | 0=8 位/字节；1=7 位/字符 |
| 4 | 自由口波特率选择（kbit/s） | 000=38.4；001=19.2；010=9.6；011=4.8；100=2.4；101=1.2；110=115.2；111=57.6 |
| 3 | | |
| 2 | | |
| 1 | 协议选择 | 00=PPI 从站模式；01=自由端口协议；I0=PPI 主站模式；I1=保留 |
| 0 | | |

## 6.4.2　两台 PLC 的 PPI 通信

PPI 通信是 S7-200 CPU 默认的通信方式。两台 PLC 的 PPI 通信配置如图 6-21 所示，甲机为主站，地址为 2，乙机为从站，地址为 6，编程计算机的地址为 0。两台 PLC 的 PPI 通信要实现的功能是：将甲机 IB0.0～I0.7 端子的输入值传送到乙机的 Q0.0～Q0.7 端子输出，将乙机 IB0.0～I0.7 端子的输入值传送到甲机的 Q0.0～Q0.7 端子输出。

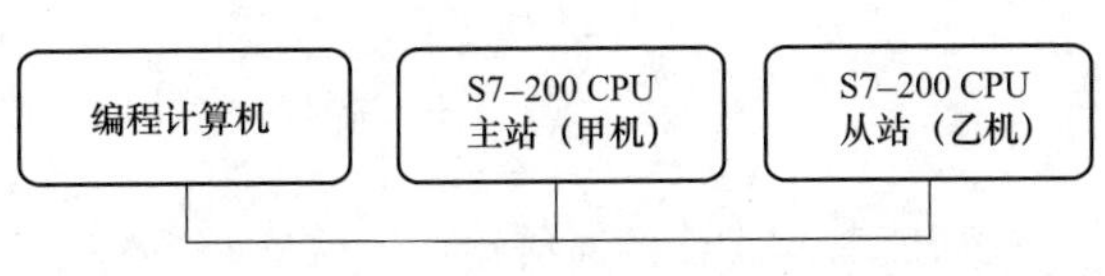


图 6-21　两台 PLC 的 PPI 通信配置

1. 通信各方地址和波特率的设置

在 PPI 通信前，需要设置网络中通信各方的通信端口、地址和波特率（通信速率），通信各方的波

特率要相同，但地址不能相同，否则通信时无法区分各站。

（1）编程计算机的通信端口、地址和波特率的设置。设置编程计算机的通信端口、地址和波特率如图6-22所示。

具体过程如下：打开STEP 7-Micro/WIN编程软件，在软件窗口的指令树区域单击“通信”项前的“+”，展开通信项［见图6-22（a)］，双击“设置PG/PC接口”选项，弹出“设置PG/PC接口”对话框［见图6-22（b)］，在对话框中选中“PC/PPI”项，再单击“属性”按钮，弹出“属性”对话框［见图6-22（c)］，在该对话框的“本地连接”选项卡中选择计算机的通信端口为COM1，然后切换到“PPI”选项卡［见图6-22（d)］，将计算机的地址设为0，通信波特率设为9.6kbps（即9.6kbit/s），设置好后单击“确定”按钮返回到图6-22（b）所示的设置PG/PC接口对话框，在该对话框单击“确定”按钮退出设置。

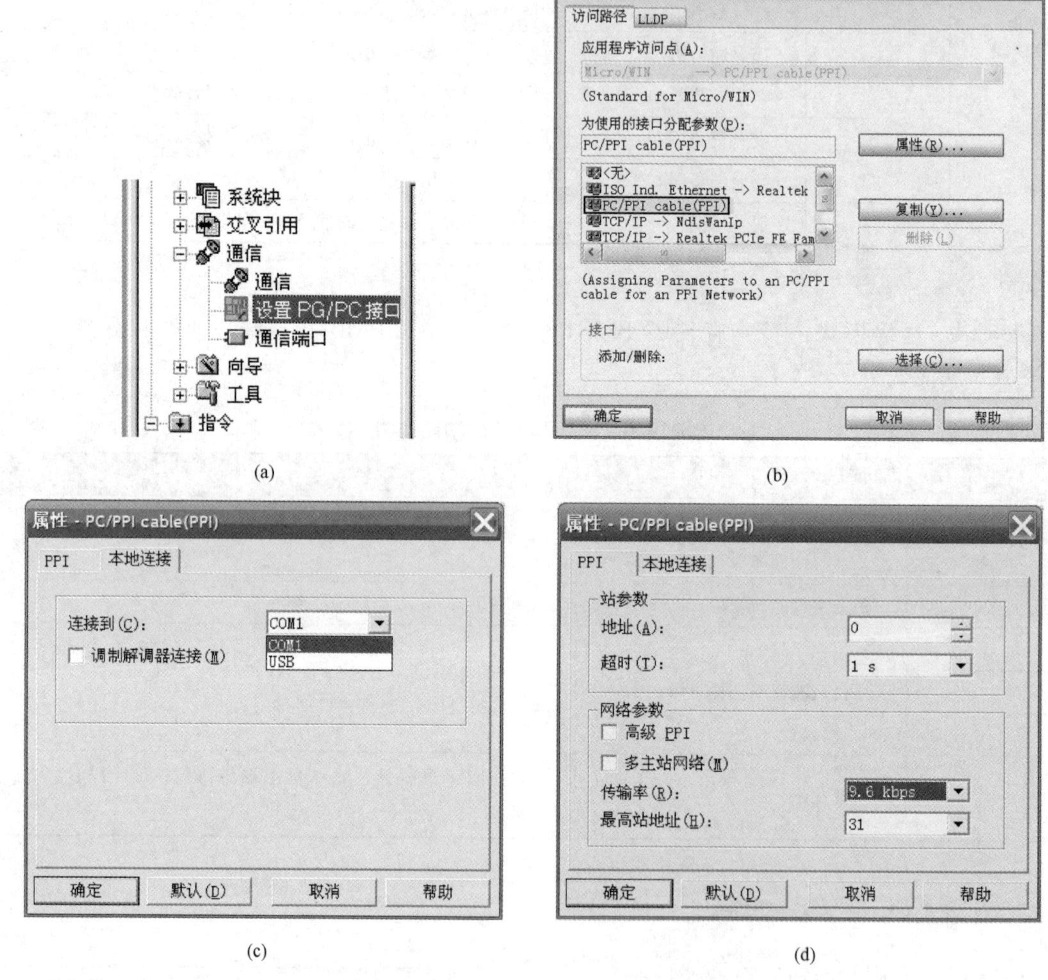


图6-22　编程计算机的通信端口、地址和波特率的设置

（2）S7-200 CPU的通信端口、地址和波特率的设置。本例中有两台S7-200 CPU，先设置其中一台，再用同样的方法设置另一台。甲机的通信端口、地址和波特率的设置如图6-23所示。

具体过程如下：

（1）用PC/PPI电缆将编程计算机与甲机连接好。

（2）打开STEP 7-Micro/WIN编程软件，在软件窗口的指令树区域单击通信项下的“通信”，弹出

“通信”对话框［见图 6-23（a）］，双击对话框右方的“双击刷新”，测试计算机与甲机能否通信，如果连接成功，在对话框右方会出现甲机 CPU 的型号、地址和通信波特率。

（3）如果需要重新设置甲机的通信端口、地址和波特率，可单击指令树区域系统块项下的“通信端口”，弹出“系统块”对话框［见图 6-23（b）］，在该对话框中选择“通信端口”项，设置端口 0 的 PLC 地址为 2、波特率为 9.6kbps，再单击“确认”按钮退出设置。

（4）单击工具栏上的（下载）按钮，也可执行菜单命令“文件→下载”，设置好的系统块参数就下载到甲机中，系统块中包含有新设置的甲机通信使用的端口、地址和波特率。

（5）甲机设置好后，再用同样的方法将乙机通信端口设为 0、地址设为 6、波特率设为 9.6kbps。

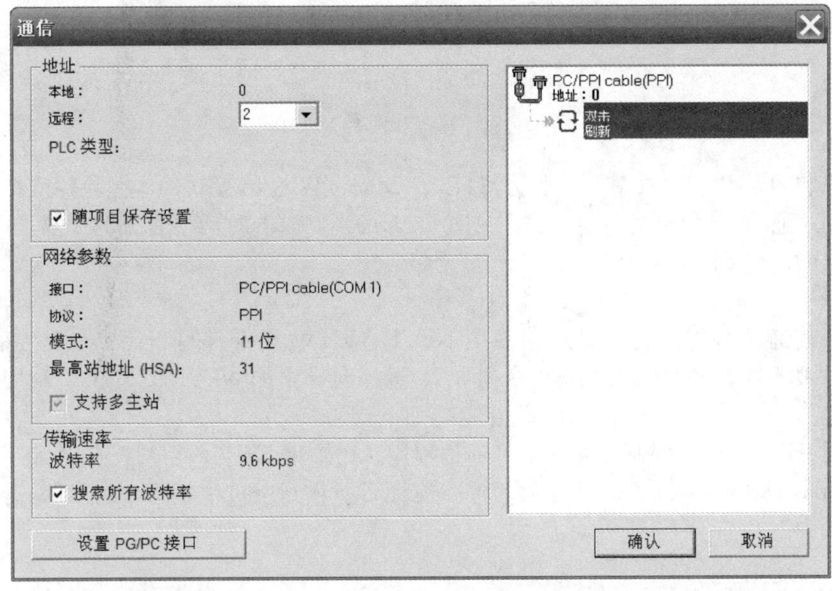


(a)

系统块
通信端口
通信端口设置允许您调整 STEP 7-Micro/WIN 与指定 PLC 之间的通信参数。
系统块
通信端口
断电数据保持
密码
输出表
输入滤波器
脉冲捕捉位
背景时间
EM 配置
LED 配置
增加存储区
通信端口
默认值
端口
端口 0　端口 1
PLC 地址：2　2　(范围 1 .. 126)
最高地址：31　31　(范围 1 .. 126)
波特率：9.6 kbps　9.6 kbps
重试次数：3　3　(范围 0 .. 8)
地址间隔刷新系数：10　10　(范围 1 .. 100)
系统块设置参数必须下载才能生效。
单击获取帮助和支持
确认　取消　全部还原

(b)

图 6-23　甲机的通信端口、地址和波特率的设置

2. 硬件连接

编程计算机和两台 PLC 的通信端口、地址和波特率设置结束后，再将三者连接起来。编程计算机

和两台 PLC 的连接如图 6-24 所示，连接需要一条 PC/PPI 电缆、两台网络连接器（一台需带编程口）和两条 9 针 D 型双头电缆。在具体连接时，PC/PPI 电缆的 RS-232C 端连接计算机，RS-485 端连接网络连接器的编程口，两台连接器间的连接方法如图 6-17 所示，两条 9 针 D 型双头电缆分别将两台网络连接器与两台 PLC 连接起来。

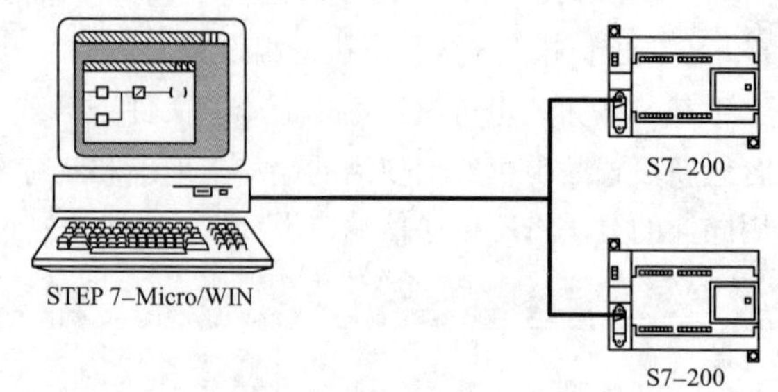


图 6-24　编程计算机和两台 PLC 的连接

编程计算机和两台 PLC 连接好后，打开 STEP 7-Micro/WIN 编程软件，在软件窗口的指令树区域单击通信项下的“通信”，弹出通信对话框［见图 6-23（a）］，双击对话框右方的“双击刷新”，会搜索出与计算机连接的两台 PLC。

3. 通信程序

实现 PPI 通信有两种方式：一是直接使用 NETR/NETW 指令编写程序；二是在 STEP7-Micro/WIN 编程软件中执行菜单命令“工具→指令向导”，选择向导中的 NETR/NETW，利用向导实现网络读写通信。

（1）直接用 NETR/NETW 指令编写 PPI 通信程序。直接用 NETR/NETW 指令编写的 PPI 通信程序如图 6-25 所示，其中图 6-25（a）为主站程序，编译后下载到甲机中，图 6-25（b）为从站程序，编译后下载到乙机中。

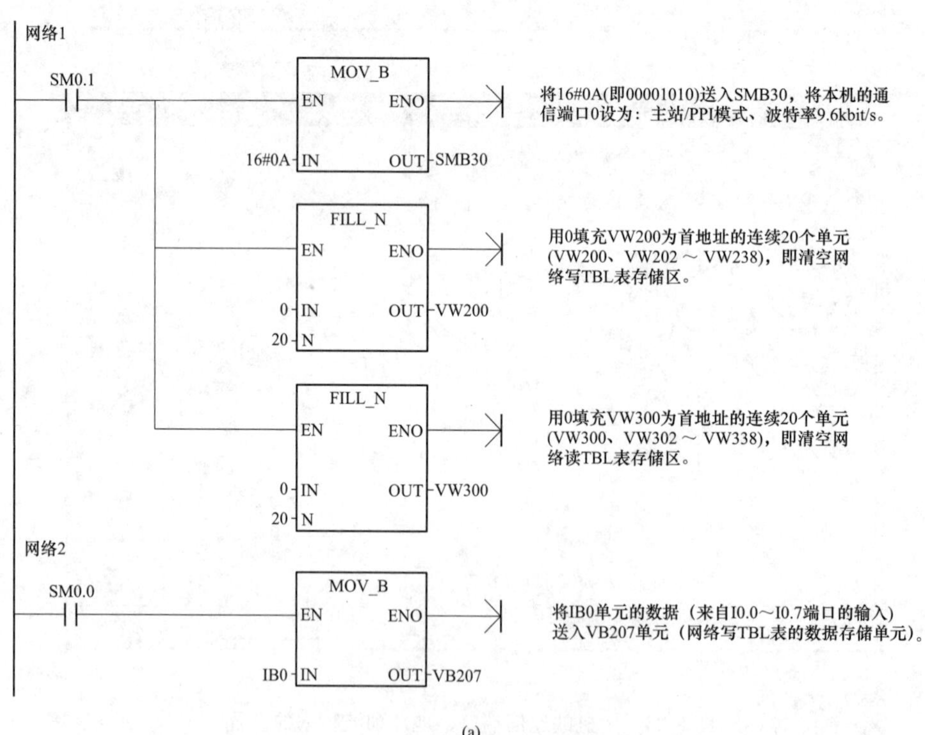


图 6-25　直接用 NETR/NETW 指令编写的 PPI 通信程序（一）

（a）主站程序（一）

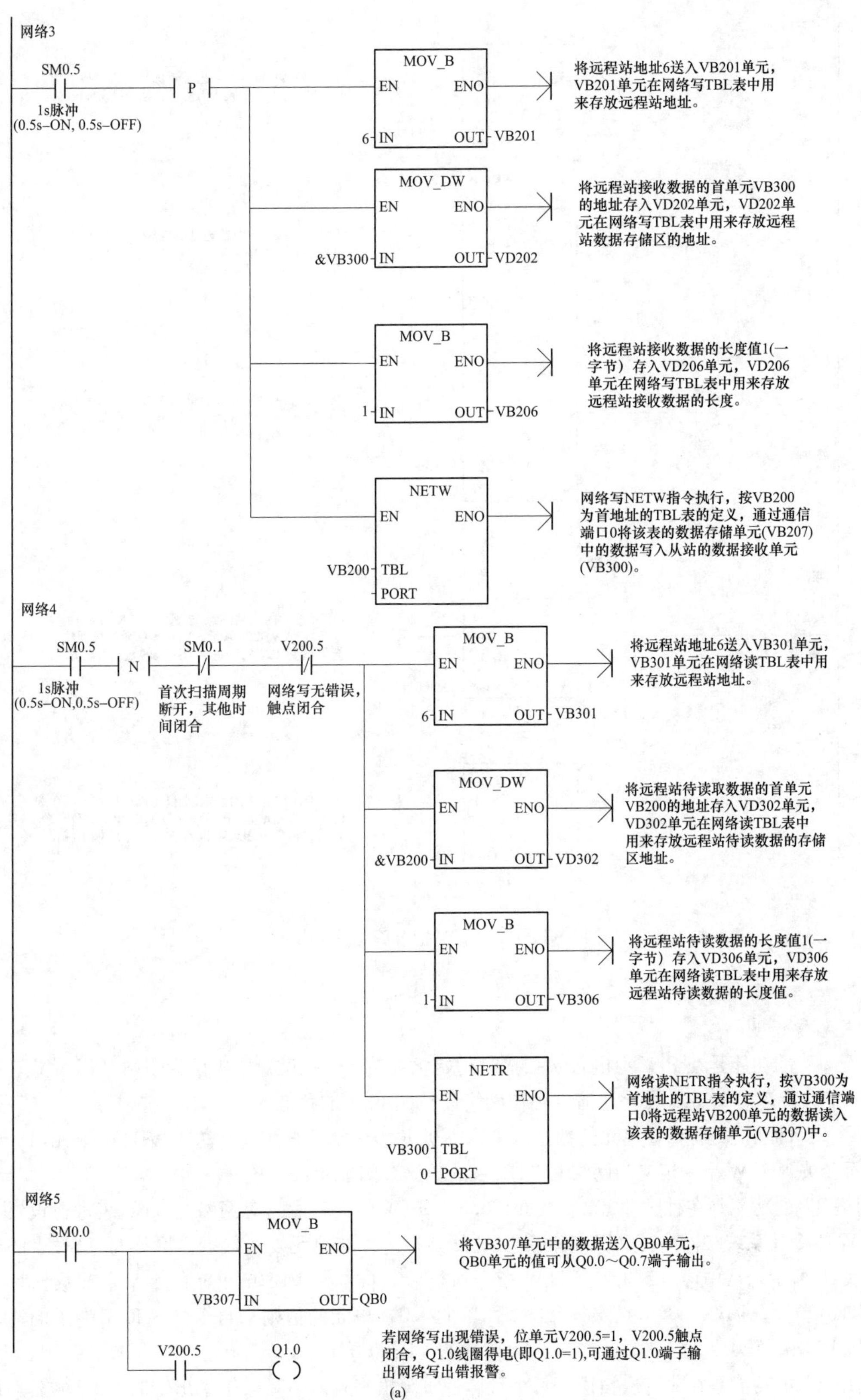


图 6-25　直接用 NETR/NETW 指令编写的 PPI 通信程序（二）

（a）主站程序（二）

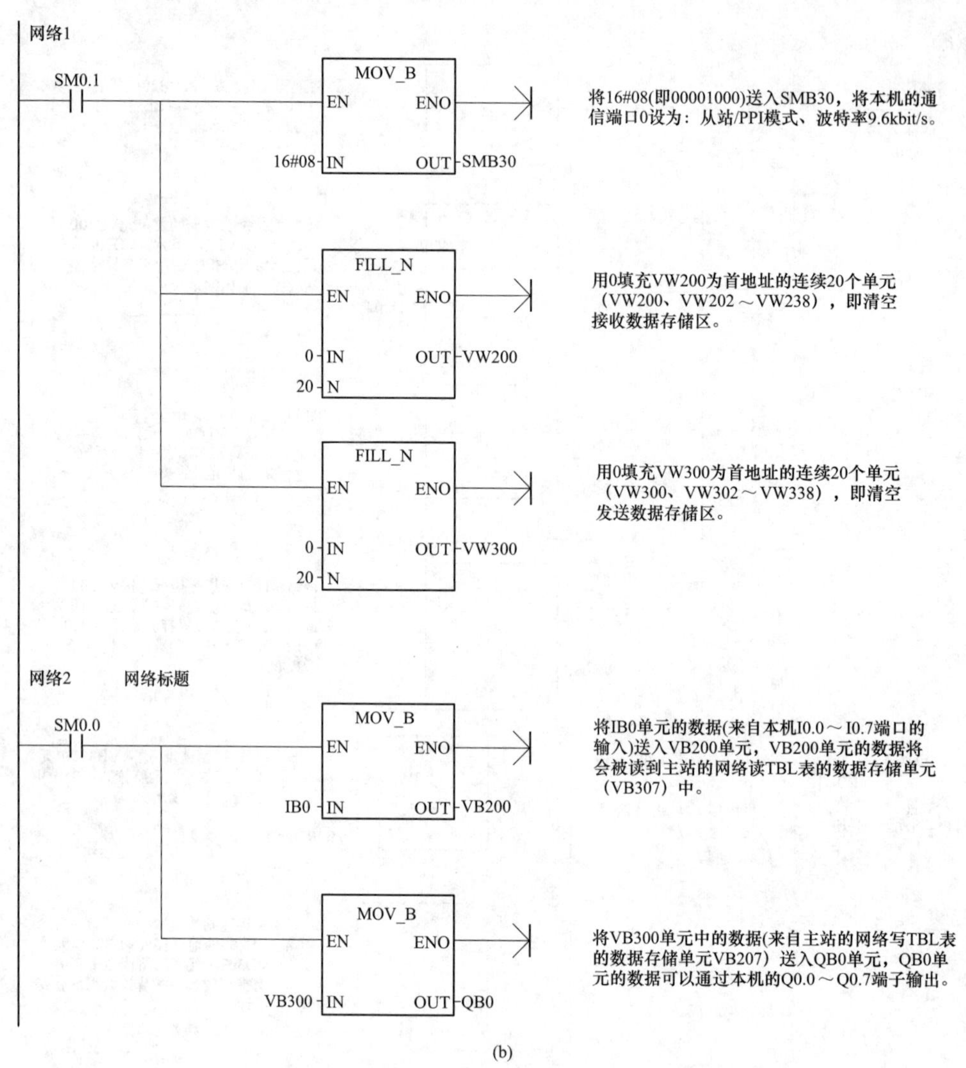


图 6-25 直接用 NETR/NETW 指令编写的 PPI 通信程序（三）

（b）从站程序

1）主程序说明。

“网络 1”的功能是在 PLC 上电首次扫描时初始化主站，包括设置本机设为主站/PPI 模式，设置端口 0 的通信波特率为 9.6kbit/s，还清空用作网络读写 TBL 表的存储区。

“网络 2”的功能是将 IB0 单元的数据（来自本机 I0.0～I0.7 端输入）送入 VB207 单元，VB207 单元在后面会被 NETW 指令定义为网络写 TBL 表的数据存储单元。

“网络 3”的功能是在秒脉冲（0.5s-ON，0.5s-OFF）的上升沿时对网络写 TBL 表进行设置，并执行 NETW 指令让系统按网络写 TBL 表的定义往从站指定存储单元发送数据。网络写 TBL 表的定义如图 6-26（a）所示，从中可以看出，NETW 指令执行后会将本机 VB207 单元的 1 个字节数据写入远程站的 VB300 单元，VB207 单元的数据来自 IB0 单元，IB0 单元的值则来自 I0.0～I0.7 端子的输入，也即将本机 IB0.0～IB0.7 端子的输入值写入远程站的 VB300 单元。

“网络 4”的功能是在非首次扫描、每个秒脉冲下降沿来且网络写操作未出错时，对网络读 TBL 表进行设置，再执行 NETR 指令让系统按网络读 TBL 表的定义从从站指定的存储单元读取数据，并保存在 TBL 表定义的数据存储单元中。网络读 TBL 表的定义如图 6-26（b）所示，从中可以看出，NETR 指令执行后会将远程站 VB200 单元的 1 个字节数据读入本机的 VB307 单元。

“网络 5”的功能是将网络读 TBL 表中 VB307 单元中的数据（由从站读入）送入 QB0 单元，以便从本机的 Q0.0～Q0.7 端子输出，另外，如果执行网络写操作出现错误，网络写 TBL 表中首字节的第 5 位（V200.5）会置 1，V200.5 触点闭合，Q1.0 线圈得电，Q1.0 端子会输出网络写出错报警。

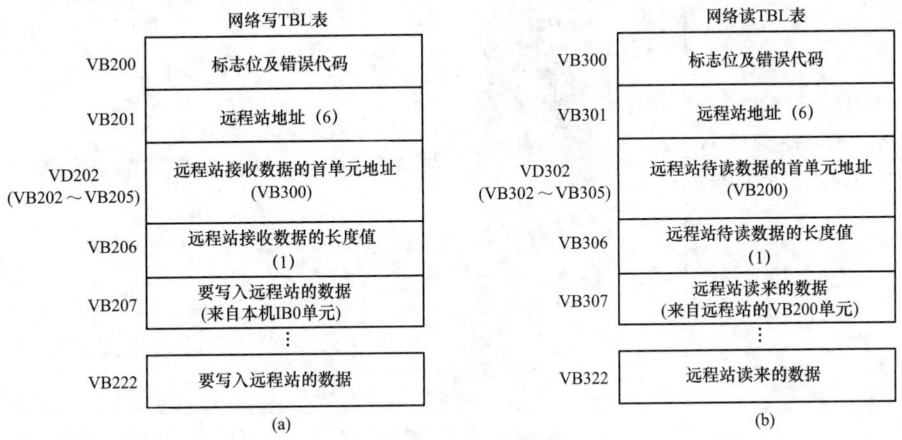


图 6-26 网络读写 TBL 表

(a) 网络写 TBL 表；(b) 网络读 TBL 表

2）从站程序说明。

网络 1 的功能是在 PLC 上电首次扫描时初始化从站，包括设置本机设为从站/PPI 模式，设置端口 0 的通信波特率为 9.6dps，还清空用作接收和发送数据的存储区。

网络 2 的功能是将 IB0 单元的数据（来自本机 I0.0～I0.7 端输入值）送入 VB200 单元，让主站读取，另外将 VB300 单元的数据（由主站 VB207 单元写来的数据）传送到 QB0 单元，即从本机的 Q0.0～Q0.7 端子输出。

3）主、从站数据传递说明。

通过执行主、从站程序，可以将主站 I0.0～I0.7 端子的输入值传送到从站的 Q0.0～Q0.7 端子输出，也能将从站 I0.0～I0.7 端子的输入值传送到主站的 Q0.0～Q0.7 端子输出。

主站往从站传递数据的途径是：主站 I0.0～I0.7 端子→主站 IB0 单元→主站 VB207 单元→从站 VB300 单元→从站 QB0 单元→从站 Q0.0～Q0.7 端子。

从站往主站传递数据的途径是：从站 I0.0～I0.7 端子→从站 IB0 单元→从站 VB200 单元→主站 VB307 单元→主站 QB0 单元→主站 Q0.0～Q0.7 端子。

（2）利用指令向导编写 PPI 通信程序。PPI 通信程序除了可以直接编写外，还可以利用编程软件的指令向导来生成。利用指令向导生成 PPI 通信程序过程见表 6-8。

**表 6-8　　利用指令向导生成 PPI 通信程序过程**

| 序号 | 操作步骤 | 操 作 图 |
|---|---|---|
| 1 | 打开 STEP7-Micro/WIN 编程软件，执行菜单命令“工具→指令向导”，弹出“指令向导”对话框，选择其中的 NETR/NETW，单击“下一步” | 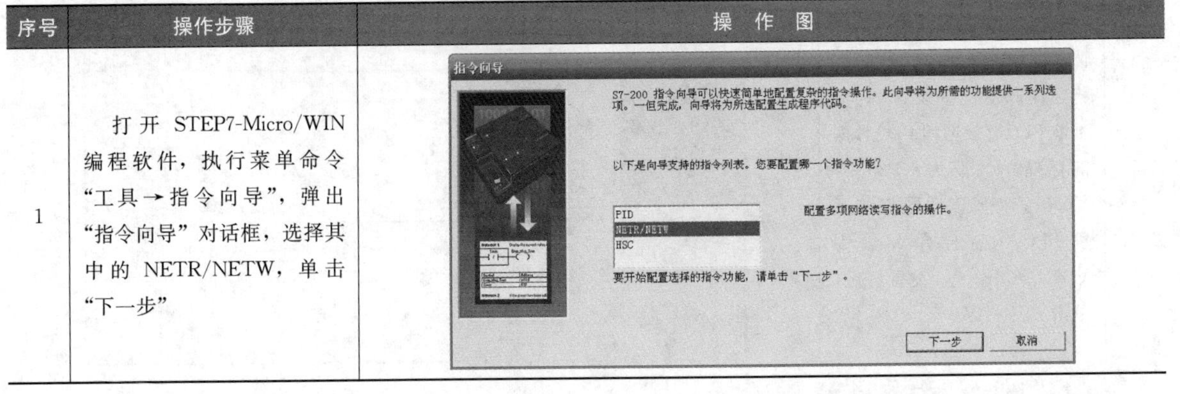 |

续表

| 序号 | 操作步骤 | 操作图 |
| --- | --- | --- |
| 2 | 在“NETR/NETW 指令向导”对话框中，将网络读/写操作项设为 2，单击“下一步” | 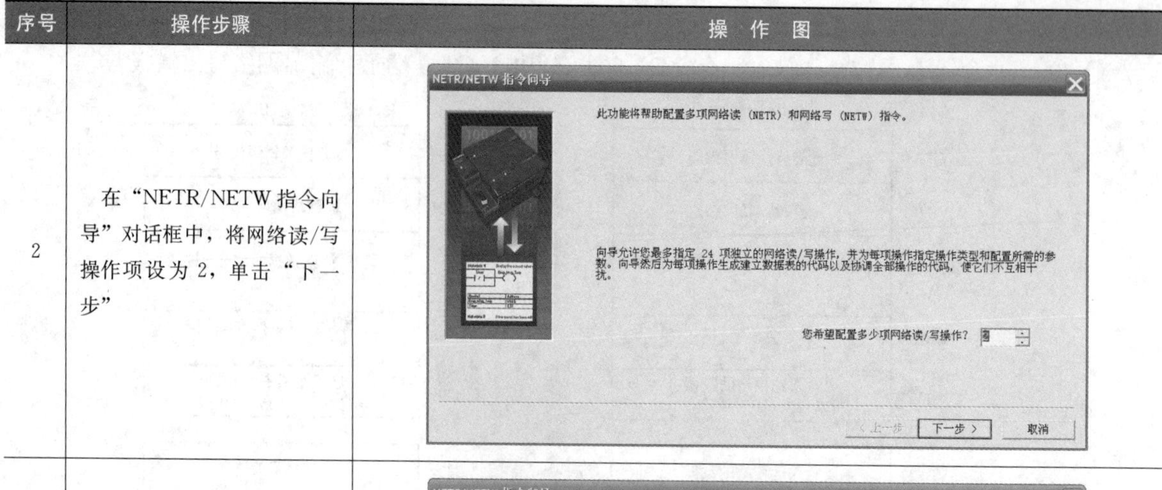 |
| 3 | 将通信端口设为 0，自动生成的子程序名保持默认名“NET _ EXE”，单击“下一步” | 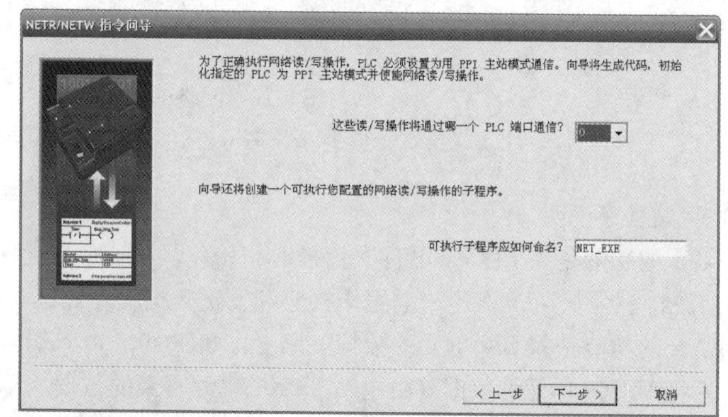 |
| 4 | 选择操作为“NETW”；将写入远程数据设为 1 个字节；将远程 PLC 地址设为 6；将本地 PLC 要发送数据的存储单元设为 VB207～VB207；将远程 PLC 要接收数据的存储单元设为 VB300～VB300。设置好后，单击“下一项操作” | 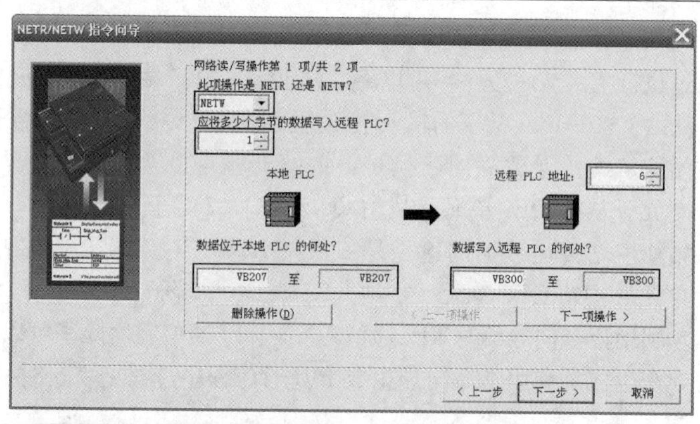 |
| 5 | 选择操作为“NETR”；将读取远程数据设为 1 个字节；将远程 PLC 地址设为 6；将本地 PLC 存放远程 PLC 数据的存储单元设为 VB307～VB307；将要读取数据的远程 PLC 的存储单元设为 VB200～VB200。设置好后，单击“下一步” | 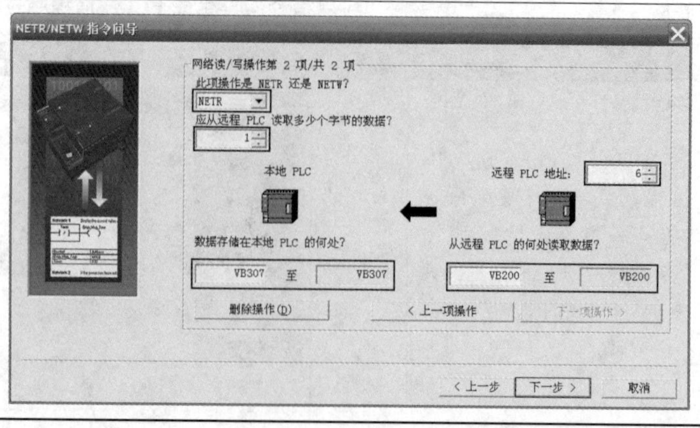 |

续表

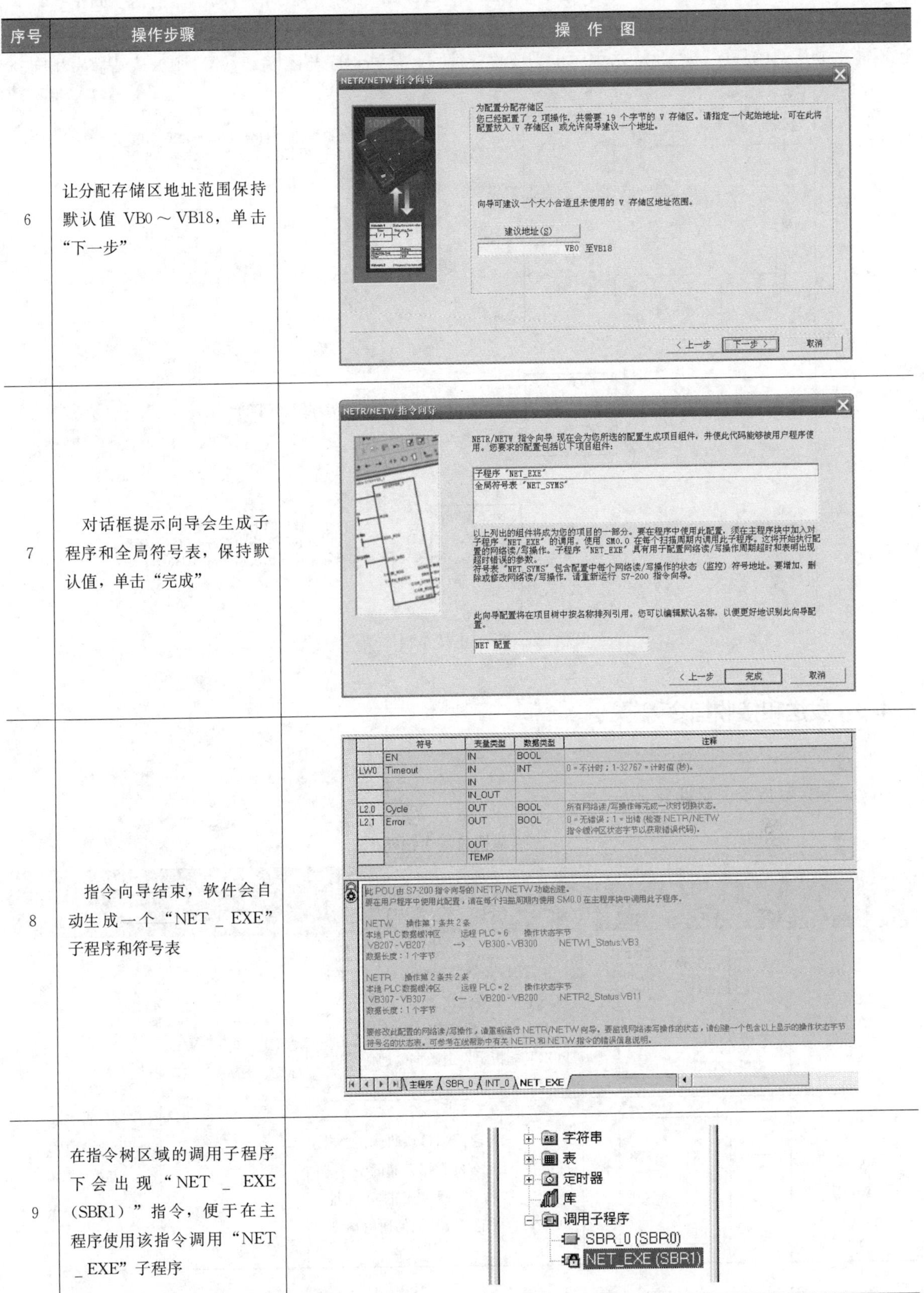

| 序号 | 操作步骤 | 操作图 |
|---|---|---|
| 6 | 让分配存储区地址范围保持默认值 VB0～VB18，单击“下一步” | |
| 7 | 对话框提示向导会生成子程序和全局符号表，保持默认值，单击“完成” | |
| 8 | 指令向导结束，软件会自动生成一个“NET _ EXE”子程序和符号表 | |
| 9 | 在指令树区域的调用子程序下会出现“NET _ EXE (SBR1)”指令，便于在主程序使用该指令调用“NET _ EXE”子程序 | |

利用指令向导只能生成 PPI 通信子程序，因此还需要用普通的方式编写主程序。子程序能完成网

络读写操作，在编写主程序时，要用NET _ EXE（SBR1）指令对子程序进行调用。主程序如图6-27所示，它较直接编写的主站程序要简单很多，主程序和子程序编译后下载到甲机（主机）中。指令向导也不能生成从站的程序，因此从站程序也需要直接编写，从站程序与图6-25（b）所示从站程序相同。

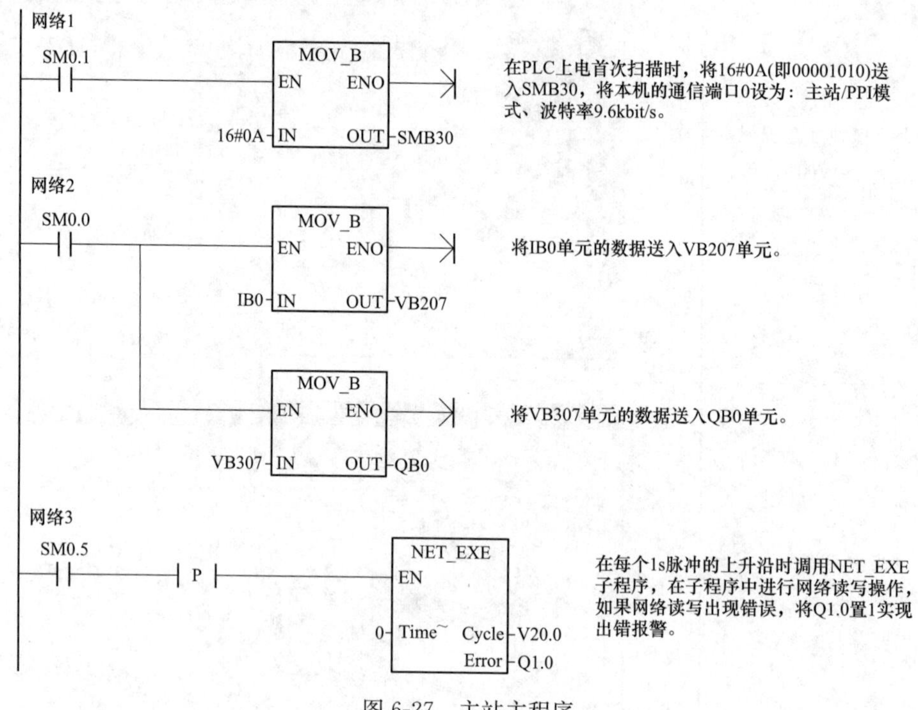


图6-27 主站主程序

## 6.4.3 发送和接收指令

1. 指令说明

发送和接收指令说明见表6-9。

**表6-9 发送和接收指令说明**

| 指令名称 | 梯形图 | 功能说明 | 操作数 | |
|---|---|---|---|---|
| | | | TBL | PORT |
| 发送指令（XMT） | XMT<br>EN ENO<br>???? TBL<br>???? PORT | 将TBL表数据存储区的数据通过PORT端口发送出去。<br>TBL端指定TBL表的首地址，PORT端指定发送数据的通信端口 | IB、QB、VB、MB、SMB、SB、* VD、* LD、* AC<br>（字节型） | 常数<br>0：<br>（CPU 221/222/224）<br>0或1：<br>（CPU 224XP/226）<br>（字节型） |
| 接收指令（RCV） | RCV<br>EN ENO<br>???? TBL<br>???? PORT | 将PORT通信端口接收来的数据保存在TBL表的数据存储区中。<br>TBL端指定TBL表的首地址，PORT端指定接收数据的通信端口 | | |

发送和接收指令用于自由模式下通信，通过设置SMB30（端口0）和SMB130（端口1）可将PLC设为自由通信模式，SMB30、SMB130各位功能说明见表6-7。PLC只有处于RUN状态时才能进行自

由模式通信，处于自由通信模式时，PLC 无法与编程设备通信，在 STOP 状态时自由通信模式被禁止，PLC 可与编程设备通信。

2. 发送指令使用说明

发送指令可发送一个字节或多个字节（最多为 255 个），要发送的字节存放在 TBL 表中，TBL 表（发送存储区）的格式如图 6-28 所示，TBL 表中的首字节单元用于存放要发送字节的个数，该单元后面为要发送的字节，发送的字节不能超过 255 个。

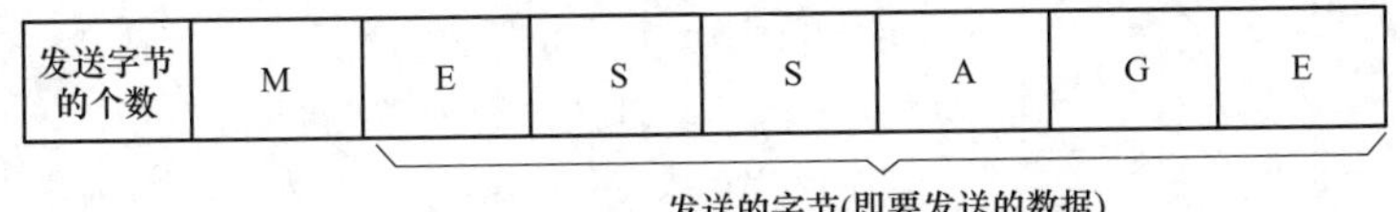


图 6-28 TBL 表（发送存储区）的格式

如果将一个中断程序连接到发送结束事件上，在发送完存储区中的最后一个字符时，则会产生一个中断，端口 0 对应中断事件 9，端口 1 对应中断事件 26。如果不使用中断来执行发送指令，可以通过监视 SM4.5 或 SM4.6 位值来判断发送是否完成。

如果将发送存储区的发送字节数设为 0 并执行 XMT 指令，会发送一个间断语（BREAK），发送间断语和发送其他任何消息的操作是一样的。当间断语发送完成后，会产生一个发送中断，SM4.5 或者 SM4.6 的位值反映该发送操作状态。

3. 接收指令使用说明

接收指令可以接收一个字节或多个字节（最多为 255 个），接收的字节存放在 TBL 表中，TBL 表（接收存储区）的格式如图 6-29 所示，TBL 表中的首字节单元用于存放要接收字节的个数值，该单元后面依次是起始字符、数据存储区和结束字符，起始字符和结束字符为可选项。

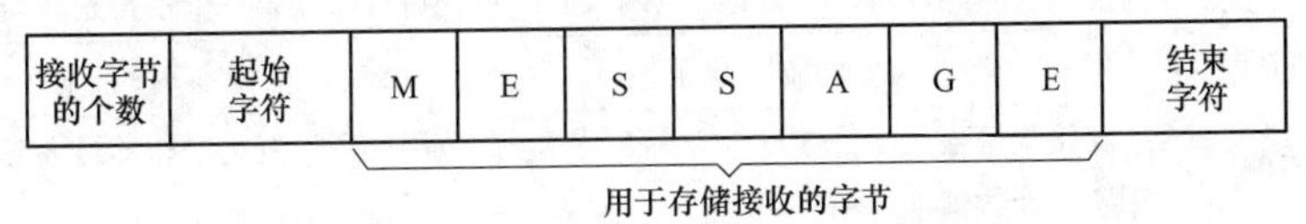


图 6-29 TBL 表（接收存储区）的格式

如果将一个中断程序连接到接收完成事件上，在接收完存储区中的最后一个字符时，会产生一个中断，端口 0 对应中断事件 23，端口 1 对应中断事件 24。如果不使用中断，也可通过监视 SMB86（端口 0）或者 SMB186（端口 1）来接收信息。

接收指令允许设置接收信息的起始和结束条件，端口 0 由 SMB86～SMB94 设置，端口 1 由 SMB186～SMB194 设置。接收信息端口的状态与控制字节见表 6-10。

**表 6-10** 接收信息端口的状态与控制字节

| 端口 0 | 端口 1 | 说 明 |
|---|---|---|
| SMB86 | SMB186 | 接收消息状态字节<br>7 … 0<br>n \| r \| e \| 0 \| 0 \| t \| c \| p<br>n：1=接收消息功能被终止（用户发送禁止命令）；<br>r：1=接收消息功能被终止（输入参数错误或丢失启动或结束条件）；<br>e：1=接收到结束字符；<br>t：1=接收消息功能被终止（定时器时间已用完）；<br>c：1=接收消息功能被终止（实现最大字符计数）；<br>p：1=接收消息功能被终止（奇偶校验错误） |

续表

| 端口 0 | 端口 1 | 说明 |
|---|---|---|
| SMB87 | SMB187 | 接收消息控制字节<br>位7～0：en \| sc \| ec \| il \| c/m \| tmr \| bk \| 0<br>en：0=接收消息功能被禁止；<br>1=允许接收消息功能；<br>每次执行 RCV 指令时检查允许/禁止接收消息位。<br>sc：0=忽略 SMB88 或 SMB188；<br>1=使用 SMB88 或 SMB188 的值检测起始消息。<br>ec：0=忽略 SMB89 或 SMB189；<br>1=使用 SMB89 或 SMB189 的值检测结束消息。<br>il：0=忽略 SMW90 或 SMW190；<br>1=使用 SMW90 或 SMW190 的值检测空闲状态。<br>c/m：0=定时器是字符间定时器；<br>1=定时器是消息定时器。<br>tmr：0=忽略 SMW92 或 SMW192；<br>1=当 SMW92 或 SMW192 中的定时时间超出终止接收。<br>bk：0=忽略断开条件；<br>1=用中断条件作为消息检测的开始 |
| SMB88 | SMB188 | 消息字符的开始 |
| SMB89 | SMB189 | 消息字符的结束 |
| SMW90 | SMW190 | 空闲线时间段按 ms 设定。空闲线时间用完后接收的第一个字符是新消息的开始 |
| SMW92 | SMW192 | 中间字符/消息定时器溢出值按 ms 设定，如果超过这个时间段，则终止接收消息 |
| SMB94 | SMB194 | 要接收的最大字符数（1～255 字节）。此范围必须设置为期望的最大终冲区大小，即使不使用字符计数消息终端 |

## 6.4.4 获取和设置端口地址指令

获取和设置端口地址指令说明见表 6-11。

**表 6-11 获取和设置端口地址指令说明**

| 指令名称 | 梯形图 | 功能说明 | 操作数 | |
|---|---|---|---|---|
| | | | AOOR | PORT |
| 获取端口地址指令（GPA） | GET_ADDR<br>EN ENO<br>????-ADDR<br>????-PORT | 读取 PORT 端口所接 CPU 的站地址（站号），并将站地址存入 ADDR 指定的单元中 | IB、QB、VB、MB、SMB、SB、LB、AC、＊VD、＊LD、＊AC、常数（常数值仅用于 SPA 指令）（字节型） | 常数<br>0：（CPU 221/222/224）<br>0 或 1：（CPU 224XP/226）（字节型） |
| 设置端口地址指令（SPA） | SET_ADDR<br>EN ENO<br>????-ADDR<br>????-PORT | 将 PORT 端口所接 CPU 的站地址设为 ADDR 指定数值。<br>新站地址不能永久保存，重新上电后，站地址将返回到原来的地址值（用系统块下载的地址） | | |

### 6.4.5 PLC与打印机之间的通信（自由端口模式）

自由端口模式是指用户编程来控制通信端口，以实现自定义通信协议的通信方式。在该模式下，通信功能完全由用户程序控制，所有的通信任务和信息均由用户编程来定义。PLC与打印机之间通常采用自由端口模式进行通信。

1. 硬件连接

PLC与打印机通信的硬件连接如图6-30所示，由于PLC的通信端口为RS-485型接口，而打印机的通信端口为并行口，因此两者连接时需要使用串/并转换器。

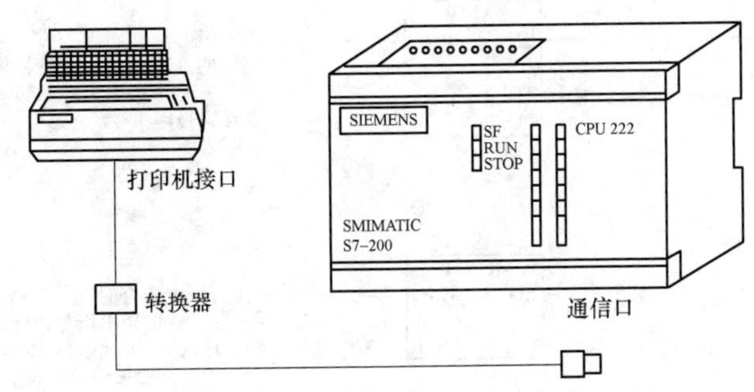


图6-30 PLC与打印机通信的硬件连接

2. 通信程序

在PLC与打印机通信前，需要用计算机编程软件编写相应的通信程序，再将通信程序编译并下载到PLC中。图6-31所示为PLC与打印机通信程序，其实现的功能是：当PLC的I0.0端子输入1（如按下I0.0端子外接按钮）时，PLC将有关数据发送给打印机，打印机会打印文字“SIMATIC S7-200”；当I0.1、I0.2～I0.7端子依次输入1时，打印机会依次打印出“INPUT 0.1 IS SET!”“INPUT 0.2 IS SET!”～“INPUT 0.7 IS SET!”

图6-31所示的PLC与打印机通信程序由主程序和SBR_0子程序组成。在主程序中，PLC首次上电扫描时，SM0.1触点接通一个扫描周期，调用并执行SBR_0子程序。在子程序中，“网络1”的功能是先设置通信控制SMB30，将通信设为9.6kbit/s、无奇偶校验、每字符8位，然后往首地址为VB80的TBL表中送入字符“SIMATIC S7-200”的ASCII码；“网络2”的功能是往首地址为VB100的TBL表中送入字符“INPUT 0.x IS SET!”的ASCII码，其中x的ASCII码由主程序送入。子程序执行完后，转到主程序的“网络2”，当PLC处于RUN状态时，SM0.7触点闭合，SM30.0位变为1，通信模式设为自由端口模式；在“网络3”中，当I0.0触点闭合，执行XMT指令，将TBL表（VB80～VB95单元）中“INPUT 0.0 IS SET!”发送给打印机；在“网络4”中，当I0.1触点闭合，先执行MOV_B指令，将字符“1”的ASCII码送入VB109单元，再执行XMT指令，将TBL表中的“INPUT 0.1 IS SET!”发送给打印机，I0.2～I0.7触点闭合时的工作过程与I0.1触点闭合相同，程序会将字符“INPUT 0.2 IS SET!”～“INPUT 0.7 IS SET!”的ASCII码发送给打印机。

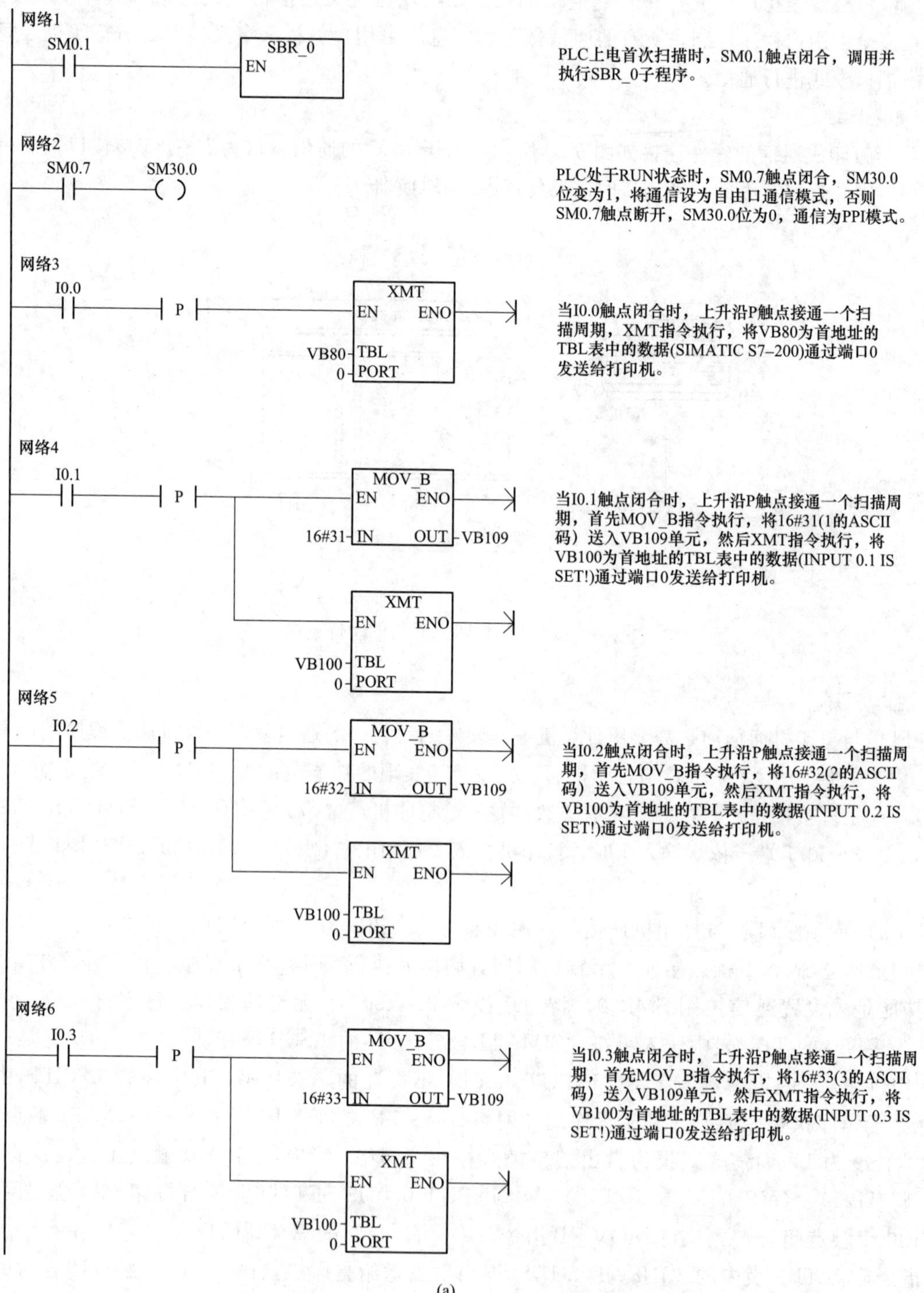


图 6-31　PLC 与打印机通信程序（一）

（a）主程序（一）

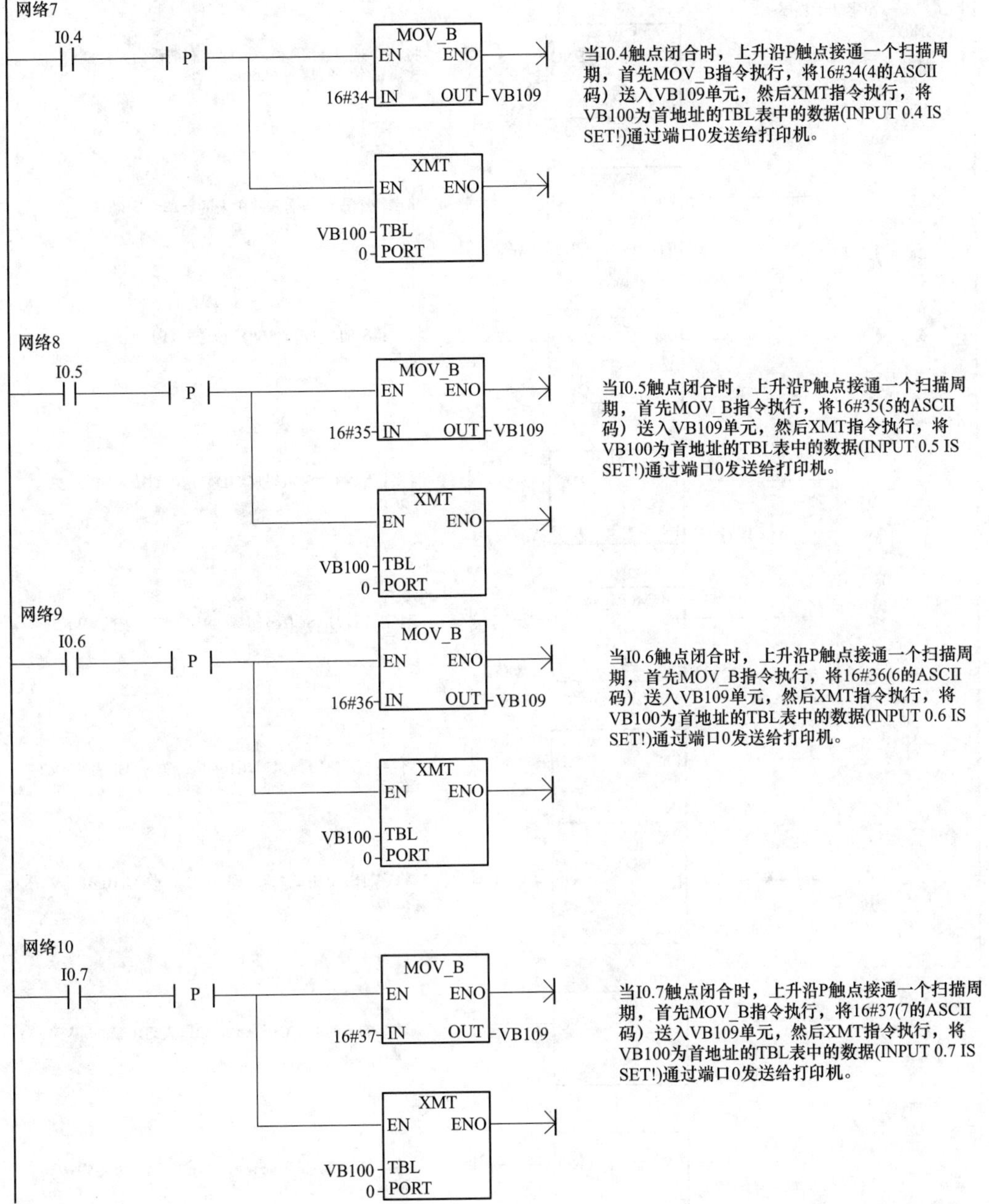


图 6-31 PLC 与打印机通信程序（二）

（a）主程序（二）

(b)

图 6-31 PLC 与打印机通信程序（三）

（b）子程序（SBR _ 0）（一）

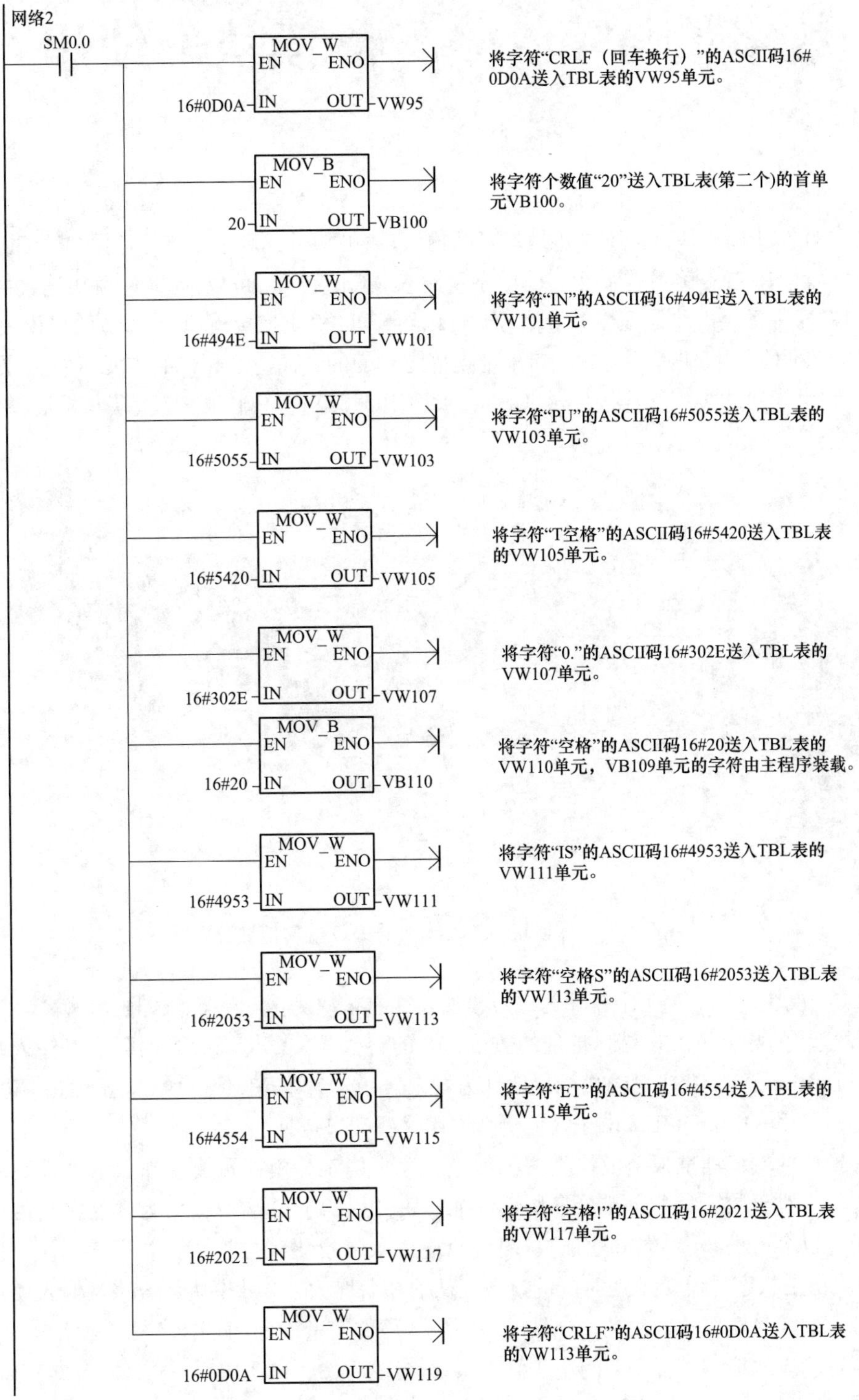

网络2

SM0.0

MOV_W EN ENO 16#0D0A-IN OUT-VW95
将字符"CRLF（回车换行）"的ASCII码16#0D0A送入TBL表的VW95单元。

MOV_B EN ENO 20-IN OUT-VB100
将字符个数值"20"送入TBL表(第二个)的首单元VB100。

MOV_W EN ENO 16#494E-IN OUT-VW101
将字符"IN"的ASCII码16#494E送入TBL表的VW101单元。

MOV_W EN ENO 16#5055-IN OUT-VW103
将字符"PU"的ASCII码16#5055送入TBL表的VW103单元。

MOV_W EN ENO 16#5420-IN OUT-VW105
将字符"T空格"的ASCII码16#5420送入TBL表的VW105单元。

MOV_W EN ENO 16#302E-IN OUT-VW107
将字符"0."的ASCII码16#302E送入TBL表的VW107单元。

MOV_B EN ENO 16#20-IN OUT-VB110
将字符"空格"的ASCII码16#20送入TBL表的VW110单元，VB109单元的字符由主程序装载。

MOV_W EN ENO 16#4953-IN OUT-VW111
将字符"IS"的ASCII码16#4953送入TBL表的VW111单元。

MOV_W EN ENO 16#2053-IN OUT-VW113
将字符"空格S"的ASCII码16#2053送入TBL表的VW113单元。

MOV_W EN ENO 16#4554-IN OUT-VW115
将字符"ET"的ASCII码16#4554送入TBL表的VW115单元。

MOV_W EN ENO 16#2021-IN OUT-VW117
将字符"空格!"的ASCII码16#2021送入TBL表的VW117单元。

MOV_W EN ENO 16#0D0A-IN OUT-VW119
将字符"CRLF"的ASCII码16#0D0A送入TBL表的VW113单元。

(b)

图 6-31 PLC与打印机通信程序（四）

(b) 子程序（SBR_0）(二)

第7章

# 数字量与模拟量扩展模块的使用

S7-200 PLC 的 CPU 模块（又称主机模块）的输入/输出端子数量不多，并且大多数 CPU 模块只能处理数字量信号。如果控制系统需要很多的数字量输入/输出端子，可以给 CPU 模块连接数字量输入/输出模块；如果控制系统需要处理模拟量信号，可以给 CPU 模块连接模拟量输入/输出模块。

S7-200 PLC 的 CPU 模块上的 I/O 端口地址是固定不变的，而与之相连的扩展模块的 I/O 端口地址不是固定的，它由模块的类型和连接位置来确定。以 CPU224XP 为例，CPU 模块与扩展模块的 I/O 端口地址分配如图 7-1 所示。

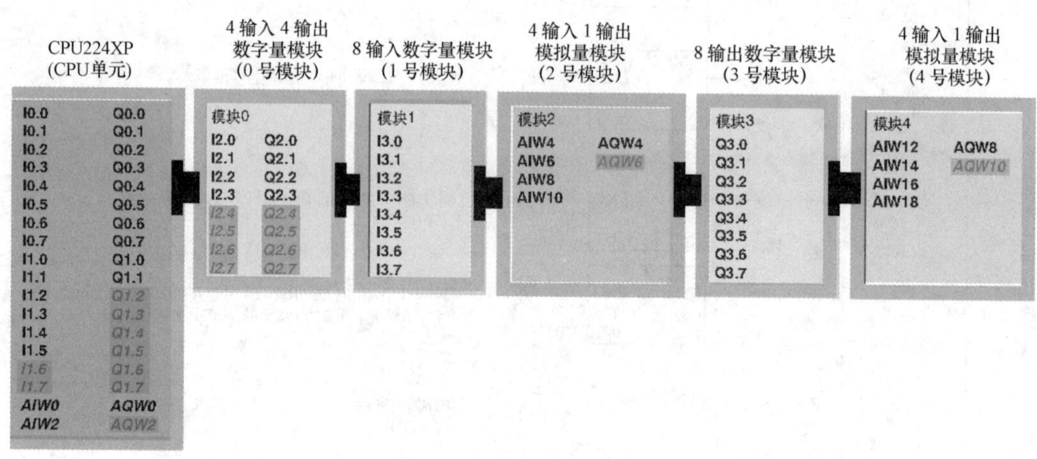


图 7-1　CPU 模块与扩展模块的 I/O 端口地址分配

（1）与 CPU 模块连接的第 1 个模块为 0 号模块，往右依次为 1、2、3、…号模块。

（2）CPU 模块的数字量 I/O 端口地址的数量为 8 的整数倍。CPU224XP 的数字量输入端口地址为 I0.0～I0.7 和 I1.0～I1.7，数字量输出端口地址为 Q0.0～Q0.7 和 Q1.0～Q1.7，虽然该 CPU 模块没有实际的 I1.6、I1.7 和 Q1.2～Q1.7 端子，但仍会占用这些端口地址。

（3）扩展模块的端口地址根据模块类型和编号顺序来确定，模拟量模块和数字量模块的端口地址编号都是独立的。对于数字量 I/O 扩展模块，每个模块占用的 I/O 端口数量为 8 的整数倍（即使无实际的物理端子，也会占满 $8n$ 个端口地址），端口地址编号随模块编号增大而按顺序增大。图 7-1 中的 0、1、3 号模块都是数字量模块，其 I/O 端口地址从前往后增大，1 号模块为数字量输入模块，不占用输出端口地址，故 3 号模块的输出端口地址编号顺接 0 号数字量输入/输出模块。

（4）模拟量端口地址编号都是 2 的整数倍（0、2、4、6、8、10、12、…）。CPU224XP 单元自身的模拟量输入端口地址为 AIW0、AIW2，2 号模拟量扩展模块的模拟量输入端口地址为 AIW4、AIW6、AIW8、AIW10，4 号模拟量扩展模块的模拟量输入端口地址为 AIW12、AIW14、AIW16、AIW18；CPU224XP 单元自身的模拟量输出端口地址为 AQW0、AQW2（AQW2 无对应的实际端子），2 号模拟量扩展模块的模拟量输出端口地址为 AQW4、AQW6（无对应的实际端子），4 号模拟量扩展模块的模拟量输出端口地址为 AQW8、AIW10（无对应的实际端子）。

# 7.1 数字量扩展模块的接线与使用

## 7.1.1 数字量输入模块 EM221

1. 基本接线与输入电路

**根据输入端接线使用的电源类型不同，数字量输入模块 EM221 可分为 DC（直流）型和 AC（交流）型两种，**其接线与输入电路如图 7-2 所示。对于 DC 型数字量输入模块，接线时既可以将 24V 直流电源的负极接公共端 M（漏型输入接法），也可以将正极接公共端（源型输入接法）；对于 AC 型数字量输入模块，在接线时，通常将交流电源（120V 或 230V）的零线接公共端（N），当然将相线接公共端模块也可以。在实际使用时，AC 型数字量输入模块较为少用。

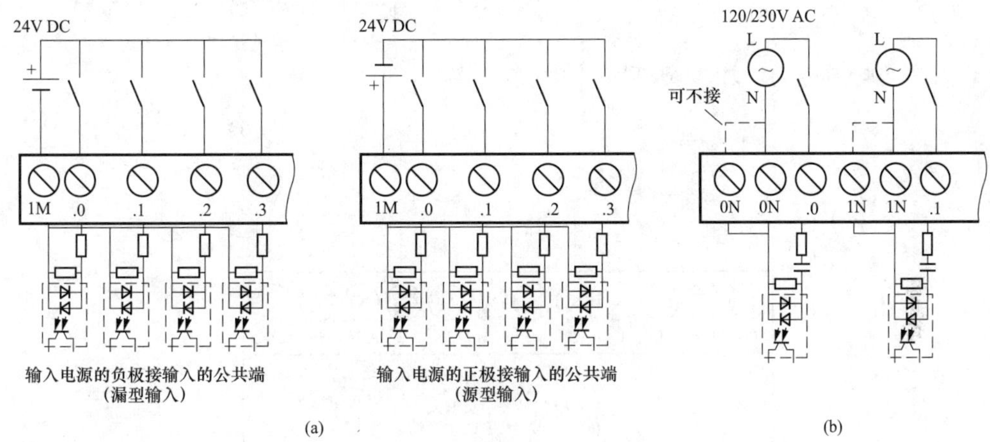


图 7-2 数字量输入模块 EM221 的接线与输入电路

(a) DC 型；(b) AC 型

2. 常用 EM221 的实际接线

常用数字量输入模块 EM221 的实际接线如图 7-3 所示，图 7-3（a）中的两个模块均为 DC 型数字量输入模块 EM221，图 7-3（b）中的模块为 AC 型数字量输入模块 EM221。

3. 数字量输入模块 EM221 的技术数据

数字量输入模块 EM221 的技术数据见表 7-1。

**表 7-1 数字量输入模块 EM221 的技术数据**

| 数字量 I/O 模块 | EM221 | |
|---|---|---|
| I/O 数 | 8DI（DC） | 16DI（DC） |
| 输入数 | 8 | 16 |
| 输入类型 | 24V DC | 24V DC |
| 输入电压 | 24V DC<br>最大值 30V | 24V DC<br>最大值 30V |
| 绝缘 | √ | √ |
| 每组的输入数 | 4 个输入 | 4 个输入 |
| 可拆卸端子 | √ | √ |
| 尺寸<br>$W\times H\times D$/mm | 46×80×62 | 71.2×80×62 |

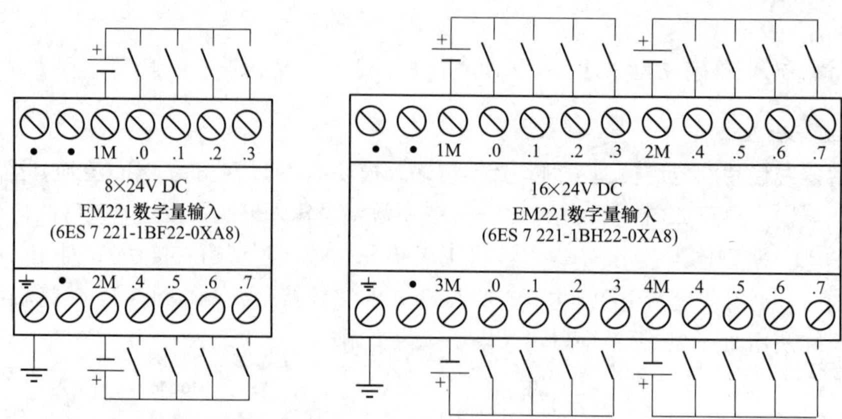


对于DC型EM221，最大允许输入电压为30V，15～30V表示输入"1"，0～5V表示输入为"0"

(a)

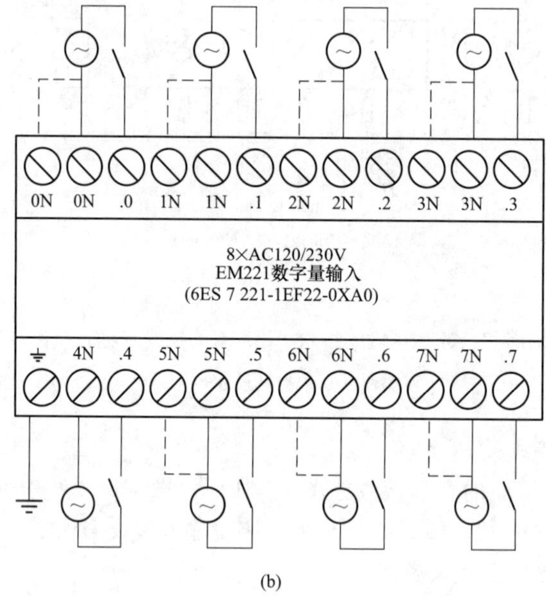


(b)

图 7-3 常用数字量输入模块 EM221 的实际接线

(a) DC 型；(b) AC 型

### 7.1.2 数字量输出模块 EM222

**数字量输出模块 EM222 有继电器输出、晶体管输出和晶闸管输出 3 种类型，**具体输出电路可参见第 1 章相关内容。

1. 继电器输出型 EM222 的接线与技术数据

(1) 接线。**继电器输出型 EM222 模块的输出端电源可以是交流电源，也可以是直流电源。**常用继电器输出型数字量输出模块 EM222 的接线如图 7-4 所示。

(2) 技术数据。常用继电器输出型数字量输出模块 EM222 的技术数据见表 7-2，表中的输出电流是指单触点允许的最大电流（又称触点额定电流）。

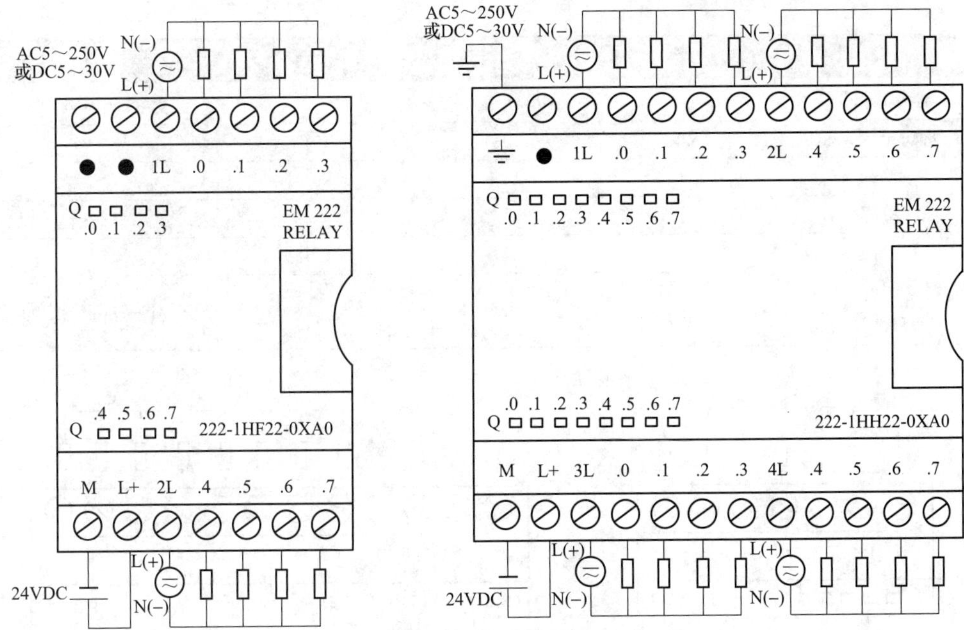


图 7-4 常用继电器输出型数字量输出模块 EM222 的接线

**表 7-2 常用继电器输出型数字量输出模块 EM222 的技术数据**

| 数字量 I/O 模块 | EM222 | |
|---|---|---|
| I/O 数 | 8DO（继电器） | 4DO（继电器） |
| 输出数 | 8 | 4 |
| 输出类型 | 继电器 | 继电器 |
| 输出电流 | 2A | 10A |
| 输出电压 DC | 5～30V | 5～30V |
| （许可范围）AC | 5～250V | 5～250V |
| 绝缘 | √ | √ |
| 每组的输出数 | 4 个输出 | 1 个输出 |
| 可拆卸端子 | √ | √ |
| 尺寸 $W\times H\times D$/mm | 46×80×62 | 46×80×62 |

2. 晶体管输出型 EM222 的接线与技术数据

（1）接线。**晶体管输出型 EM222 模块的输出端电源必须是直流电源。**常用晶体管输出型数字量输出模块 EM222 的接线如图 7-5 所示。

（2）技术数据。常用晶体管输出型数字量输出模块 EM222 的技术数据见表 7-3。

**表 7-3 常用晶体管输出型数字量输出模块 EM222 的技术数据**

| 数字量 I/O 模块 | EM222 | |
|---|---|---|
| I/O 数 | 8DO（DC） | 4DO（DC） |
| 输出数 | 8 | 4 |
| 输出类型 | 24V DC | 24V DC |
| 输出电流 | 0.75A | 0.75A |

续表

| 数字量 I/O 模块 | EM222 | |
|---|---|---|
| 输出电压 DC | 20.4～28.8V | 20.4～28.8V |
| （许可范围）AC | — | — |
| 绝缘 | √ | √ |
| 每组的输出数 | 4 个输出 | 4 个输出 |
| 可拆卸端子 | √ | √ |
| 尺寸<br>$W \times H \times D$/mm | 46×80×62 | 46×80×62 |

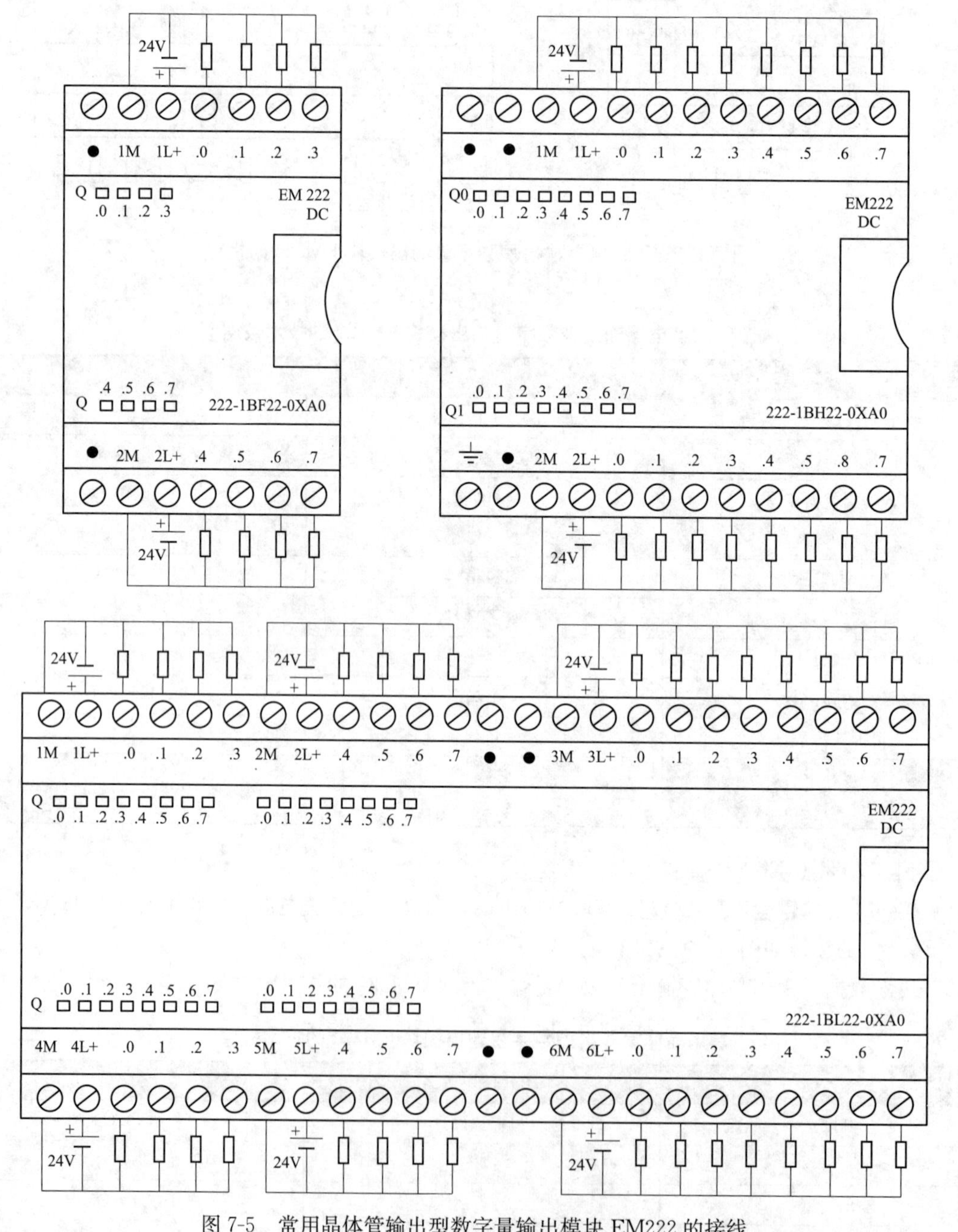


图 7-5 常用晶体管输出型数字量输出模块 EM222 的接线

3. 晶闸管输出型 EM222 的接线

**晶闸管输出型 EM222 模块的输出端电源必须是交流电源。**晶闸管输出型 EM222 模块在实际中应用较少。

其接线如图 7-6 所示，虚线表示可接可不接。

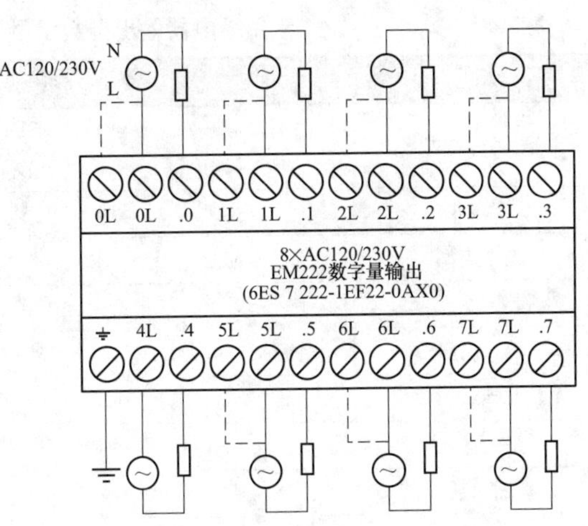


图 7-6 晶闸管输出型数字量扩展模块 EM222 的接线

## 7.1.3 数字量输入/输出模块 EM223

**数字量输入/输出模块 EM223 输入端的接线与 EM222 的基本相同，都使用直流电源接线，而输出端接线则根据模块的输出类型决定。**

1. 继电器输出型 EM223 的接线与技术数据

(1) 接线。常用继电器输出型数字量输入/输出模块 EM223 的接线如图 7-7 所示。

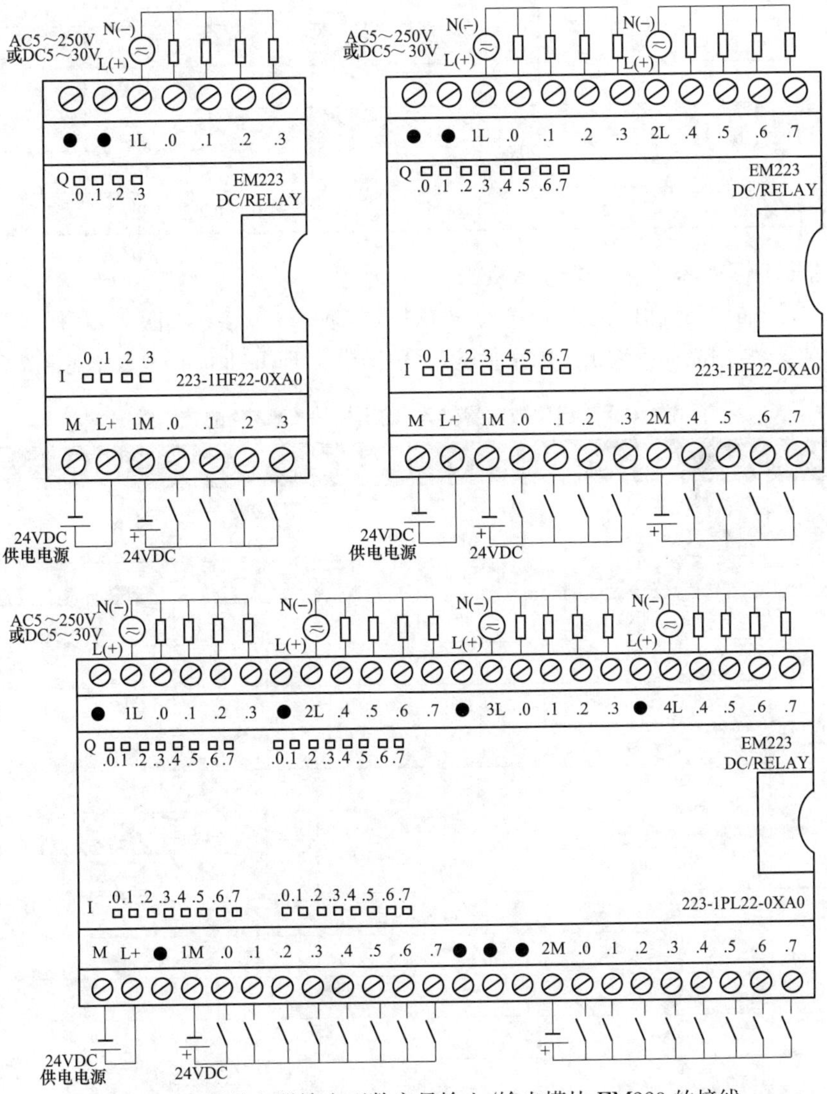

图 7-7 常用继电器输出型数字量输入/输出模块 EM223 的接线

(2) 技术数据。常用继电器输出型数字量输入/输出模块 EM223 的技术数据见表 7-4。

表 7-4　　常用继电器输出型数字量输入/输出模块 EM223 的技术数据

| 数字量 I/O 模块 | 继电器输出型 EM223 | | | |
|---|---|---|---|---|
| 输入/输出数 | 4DI（DC）/4DO（继电器） | 8DI（DC）或 8DO（继电器） | 16DI（DC）或 16DO（继电器） | 32DI（DC）或 32DO（继电器） |
| 输入数 | 4 | 8 | 16 | 16 |
| 输入类型 | 24V DC | 24V DC | DC24V | DC24V |
| 漏型/源型 | ×/× | ×/× | ×/× | ×/× |
| 输入电压 | 24VDC，最大 30V | 24V DC，最大 30V | DC24V，最大 30V | DC24V，最大 30V |
| 绝缘 | — | √ | √ | √ |
| 每组的输入数 | — | 4 个输入 | 8 个输入 | 16 个输入 |
| 输出数 | 4 | 8 | 16 | 16 |
| 输出类型 | 继电器 | 继电器 | 继电器 | 继电器 |
| 输出电流 | 2A | 2A | 2A | 2A |
| 输出电压 DC | 5～30V | 5～30V | 5～30V | 5～30V |
| （许可范围）AC | 5～250V | 5～250V | 5～250V | 5～250V |
| 绝缘 | — | √ | √ | √ |
| 每组的输出数 | — | 4 个输出 | 4 个输出 | 11/11/10 个输出 |
| 可拆卸的终端插条 | √ | √ | √ | √ |
| 尺寸 $W \times H \times D$/mm | 46×80×62 | 71.2×80×62 | 137.3×80×62 | 196×80×62 |

2. 晶体管输出型 EM223 的接线与技术数据

（1）接线。常用晶体管输出型数字量输入/输出模块 EM223 的接线如图 7-8 所示。

（2）技术数据。常用晶体管输出型数字量输入/输出模块 EM223 的技术数据见表 7-5。

表 7-5　　常用晶体管输出型数字量输入/输出模块 EM223 的技术数据

| 数字量 I/O 模块 | 晶体管输出型 EM223 | | | |
|---|---|---|---|---|
| 输入/输出数 | 4DI（DC）/4DO（DC） | 8DI（DC）或 8DO（DC） | 16DI（DC）或 16DO（DC） | 32DI（DC）或 32DO（DC） |
| 输入数 | 4 | 8 | 16 | 16 |
| 输入类型 | 24V DC | 24V DC | DC 24V | DC 24V |
| 漏型/源型 | ×/× | ×/× | ×/× | ×/× |
| 输入电压 | 24V DC，最大 30V | 24V DC，最大 30V | DC 24V，最大 30V | DC 24V，最大 30V |
| 绝缘 | — | √ | √ | √ |
| 每组的输入数 | — | 4 个输入 | 8 个输入 | 16 个输入 |
| 输出数 | 4 | 8 | 16 | 16 |
| 输出类型 | 24V DC | 24V DC | DC 24V | DC 24V |
| 输出电流 | 0.75A | 0.75A | 0.75A | 0.75A |
| 输出电压 DC | 20.4～28.8V | 20.4～28.8V | 20.4～28.8V | 20.4～28.8V |
| （许可范围）AC | — | — | — | — |
| 绝缘 | — | √ | √ | √ |
| 每组的输出数 | — | 4 个输出 | 4/4/8 个输出 | 16 个输出 |
| 可拆卸的终端插条 | √ | √ | √ | √ |
| 尺寸 $W \times H \times D$/mm | 46×80×62 | 71.2×80×62 | 137.3×80×62 | 196×80×62 |

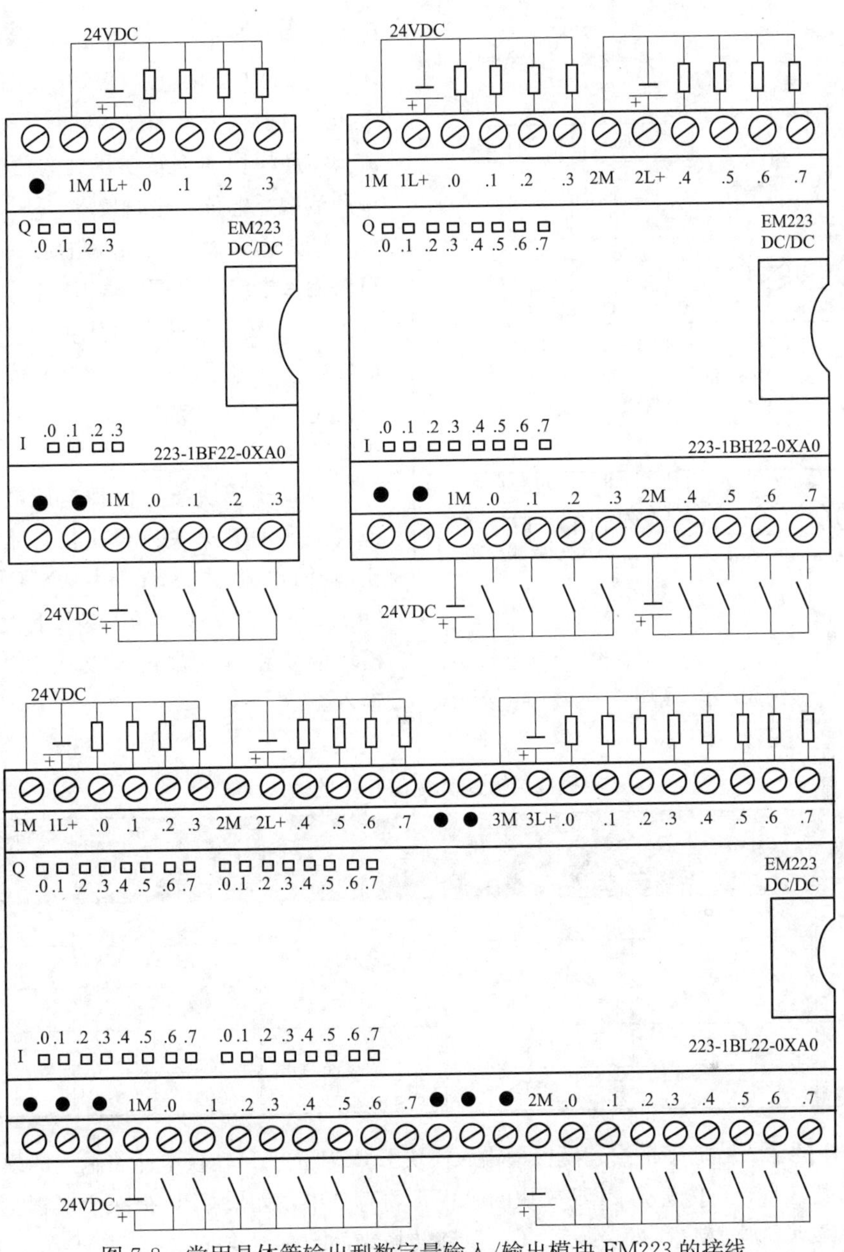

图 7-8 常用晶体管输出型数字量输入/输出模块 EM223 的接线

# 7.2 模拟量扩展模块的接线与使用

大多数 S7-200 PLC 的 CPU 模块（又称主机模块）只能处理数字量，在遇到处理模拟量时就需要给 CPU 模块连接模拟量处理模块。**模拟量是指连续变化的电压或电流**，如压力传感器能将不断增大的压力转换成不断升高的电压，该电压就是模拟量。**模拟量模块包括模拟量输入模块、模拟量输出模块和模拟量输入/输出模块。**

## 7.2.1 模拟量输入模块 EM231

1. 4 路模拟量输入模块 EM231

(1) 接线。图 7-9 所示为 4 路模拟量输入模块 EM231 的接线，它可以同时输入 4 路模拟量电压或

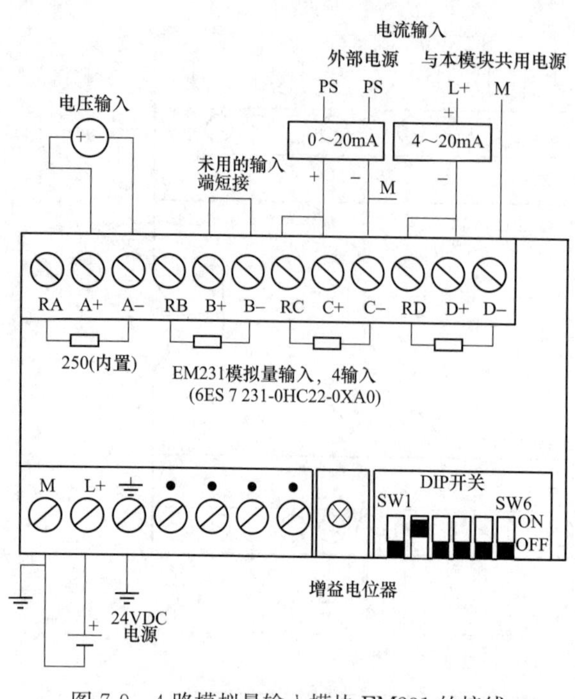


图 7-9 4 路模拟量输入模块 EM231 的接线

电流，为避免干扰，不用的输入端应短路，该模块使用 24VDC 供电。DIP 开关用于设置模块的电压和电流输入范围。如果输入模拟量电压或电流为零而模块内部转换得到的数字量不为零时，可调节增益电位器进行校零。

（2）输入设置。**4 路模拟量输入模块 EM231 可以输入电流，也可以输入电压。**输入电流的范围为 0～20mA；输入电压类型及范围有：①单极性电压（电压范围为 0～10V 或 0～5V）；②双极性电压（电压范围为－5～＋5V 或－2.5～＋2.5V）。

**EM231 模块接受何种电压或电流输入，由模块上的 DIP 开关来设定，**具体设置见表 7-6。比如当 DIP 开关的 SW1 为 ON（上拨）、SW2 为 OFF（下拨）、SW3 为 ON（上拨）时，EM231 模块的 4 路输入都被设成 0～10V 单极性电压输入。

**表 7-6　4 路模拟量输入模块 EM231 的输入设置**

| DIP 开关状态 | | | 输入类型 | 输入范围 | 分辨率 |
|---|---|---|---|---|---|
| SW1 | SW2 | SW3 | | | |
| ON | OFF | ON | 单极性 | 0～10V | 2.5mV |
| | ON | OFF | | 0～5V | 1.25mV |
| | | | | 0～20mA | 5μA |
| OFF | OFF | ON | 双极性 | ±5V | 2.5mV |
| | ON | OFF | | ±2.5V | 1.25mV |

（3）EM231 的输入数据字格式。模拟量输入模块 EM231 的 AD 转换电路将输入的模拟量电压或电流转换成 12 位数字量，再传送到 CPU 模块的 AIW$x$ 寄存器中，如果 CPU 模块无模拟量输入功能，且 EM231 为 0 号模块，则 EM231 的 A、B、C、D 路转换来的数字量会依次存入 AIW0、AIW2、AIW4、AIW6 寄存器中。

EM231 的输入数据字格式如图 7-10 所示。**对于单极性信号，EM231 转换成的 12 位数据会存到 AIW*x* 寄存器的 3～14 位，AIW*x* 寄存器的 0～2 位（共 3 位）和第 15 位固定为 0，**比如当 EM231 设为 0～10V 输入时，若输入端电压由 0 变化到 10V，EM231 转换成的 12 位数据则由 0000 0000 0000 变化到 1111 1111 1111，AIW$x$ 寄存器的数据由 0000 0000 0000 0000（0）变化到 0111 1111 1111 1000（32760），输入电压每升高约 2.5mV（即 10V/$2^{12}$），转换成的 12 位数据就会增 1，AIW$x$ 寄存器的数据会增 8（即第 3 位加 1）。**对于双极性信号，EM231 转换成的 12 位数据会存到 AIW*x* 寄存器的 4～15 位，AIW*x* 寄存器的 0～3 位（共 4 位）固定为 0，当输入电压变化时只会使 AIW*x* 寄存器数据的 4～15 位发生变化。**

（4）使用举例。图 7-11（a）所示为 CPU222 模块与模拟量输入模块 EM231 的硬件连接图，图 7-11（b）所示为写入 CPU222 模块的程序。当 EM231 接通电源并给 A＋、A－端输入电压时，EM231 内部的模/数转换电路马上将 A＋、A－端输入的电压转换成数字量，并通过数据线传送到 CPU222 模块内

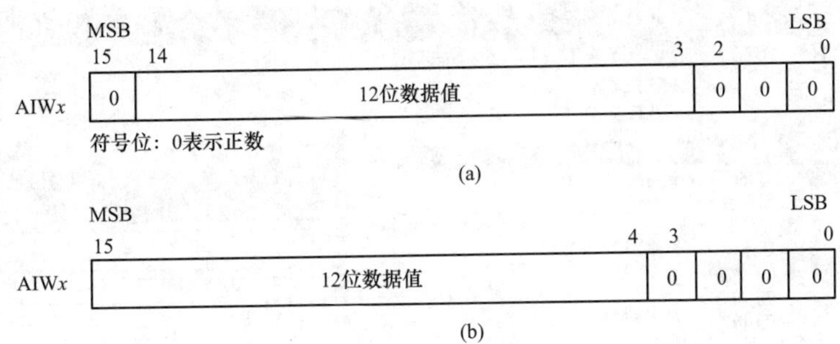


图 7-10 EM231 的输入数据字格式
(a) 单极性；(b) 双极性

部的 AIW0 寄存器，如果按下 SB1 按钮，程序中的 I0.0 常开触点闭合，MOV _ W 指令执行，将 AIW0 寄存器中的数字量转存到 VW100 单元中。

如果要查看 AIW0 寄存器中的数据，在用编程电缆将计算机与 CPU222 模块连接好后，先将程序下载到 CPU222 模块，然后在编程软件中执行“调试→开始程序状态监控”，如图 7-12 所示，编程软件与 CPU222 模块建立了实时联系，如果 EM231 模块已在 A+、A−端接好了输入电压，按下 CPU222 模块外接的 SB1 按钮，会发现编程软件程序中的 I0.0 常开触点中间出现蓝色方块，表示 I0.0 常开触点已闭合导通，同时 MOV _ W 指令 IN 端的 AIW0 变成数字（如 12000，IN 端显示的为十进制数），OUT 端也显示与 IN 端相同的数字，改变 EM231 模块 A+、A−端的输入电压，再按下 SB1 按钮，会发现 MOV _ W 指令 IN 端和 OUT 端的数字都会发生变化。如果将程序中的 I0.0 常开触点改成通电常闭触点 SM0.0，那么只要一改变 A+、A−端的输入电压，AIW0 的数字马上随之变化，无须按下 SB1 按钮。

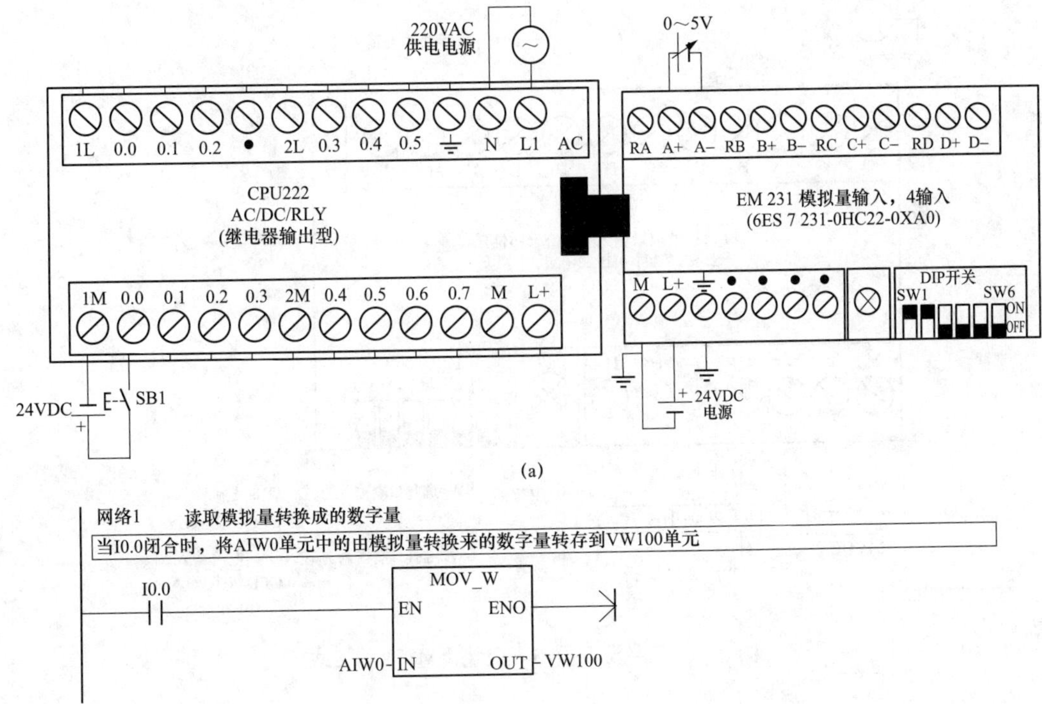


图 7-11 路模拟量输入模块 EM231 使用举例
(a) 硬件连接；(b) 程序

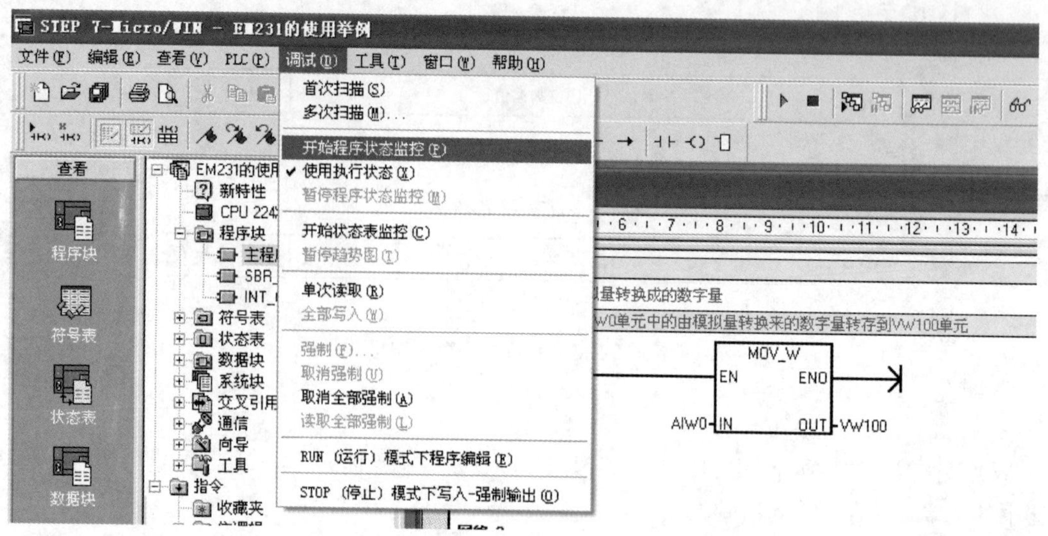

图 7-12　执行程序状态监控可查看 AIW0 寄存器中的数据

2. 8 路模拟量输入模块 EM231

(1) 接线。图 7-13 所示为 8 路模拟量输入模块 EM231 的接线，它可以同时输入 8 路模拟量电压或电流，为避免干扰，不用的输入端应短路，该模块使用 24VDC 供电。DIP 开关用于设置模块的电压和电流输入范围。如果输入模拟量电压或电流为零而模块内部转换得到的数字量不为零时，可调节增益电位器进行校零。

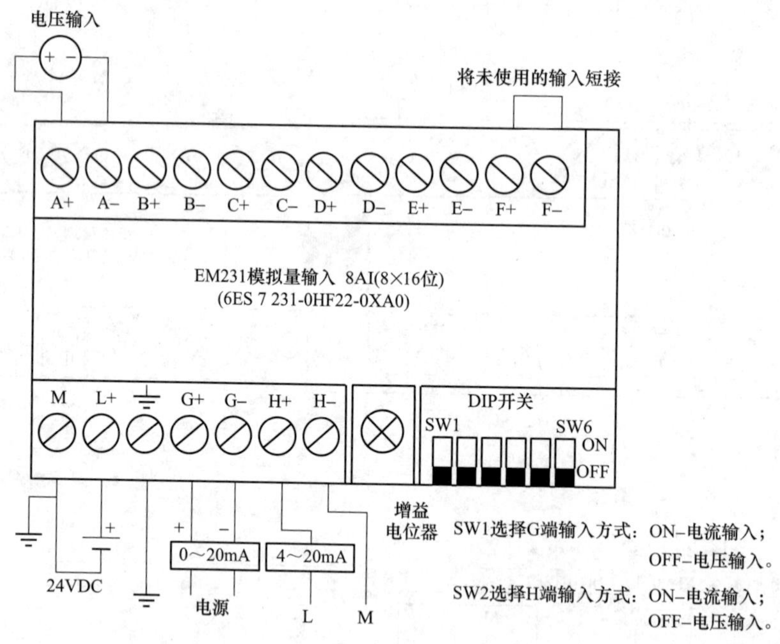

图 7-13　8 路模拟量输入模块 EM231 的接线

(2) 输入设置。**EM231 模块的 DIP 开关用于对输入进行设置，SW3～SW5 开关用于设置模块的输入类型和输入范围**，具体设置见表 7-7。**DIP 开关中的 SW1、SW2 开关分别设置 EM231 模块 G、H 端的输入方式**（详见图 7-13 说明），**开关拨至 ON 时选择电流输入方式，开关拨至 OFF 时选择电压输入方式。**

表 7-7 8 路模拟量输入模块 EM231 的 DIP 开关（SW3～SW5）的设置

<table>
<tr><th colspan="3">DIP 开关状态</th><th rowspan="2">输入类型</th><th rowspan="2">输入范围</th><th rowspan="2">分辨率</th></tr>
<tr><th>SW3</th><th>SW4</th><th>SW5</th></tr>
<tr><td rowspan="3">ON</td><td>OFF</td><td>ON</td><td rowspan="3">单极性</td><td>0～10V</td><td>2.5mV</td></tr>
<tr><td rowspan="2">ON</td><td rowspan="2">OFF</td><td>0～5V</td><td>1.25mV</td></tr>
<tr><td>0～20mA</td><td>5μA</td></tr>
<tr><td rowspan="2">OFF</td><td>OFF</td><td>ON</td><td rowspan="2">双极性</td><td>±5V</td><td>2.5mV</td></tr>
<tr><td>ON</td><td>OFF</td><td>±2.5V</td><td>1.25mV</td></tr>
</table>

3. 常用模拟量输入模块 EM231 和输入/输出模块 EM235 的输入技术数据

常用模拟量输入模块 EM231 和输入/输出模块 EM233 的输入技术数据见表 7-8。

表 7-8 常用模拟量输入模块 EM231 和输入/输出模块 EM235 的输入技术数据

<table>
<tr><th>常规</th><th>6ES7 231-0HC22-0XA0（E231 模块：4AI）<br>6ES7 235-0KD22-0XA0（E235 模块：4AI，1AO）</th><th>6ES7 231-0HF22-0XA0<br>（E231 模块：8AI）</th></tr>
<tr><td>数据范围：<br>双极性，满量程<br>单极性，满量程</td><td colspan="2"><br>－32000～＋32000<br>0～32000</td></tr>
<tr><td>DC 输入阻抗</td><td>≥2MΩ（电压输入）<br>250Ω（电流输入）</td><td>>2MΩ（电压输入）<br>250Ω（电流输入）</td></tr>
<tr><td>输入滤波衰减</td><td colspan="2">－3dB，3.1kHz</td></tr>
<tr><td>最大输入电压</td><td colspan="2">30VDC</td></tr>
<tr><td>最大输入电流</td><td colspan="2">32mA</td></tr>
<tr><td>精度<br>双极性<br>单极性</td><td colspan="2"><br>11 位，加 1 符号位<br>12 位</td></tr>
<tr><td>隔离（现场与逻辑）</td><td colspan="2">无</td></tr>
<tr><td>输入类型</td><td>差分</td><td>差分电压，可为电流选择两个通道</td></tr>
<tr><td>输入范围与分辨率</td><td><table>
<tr><th>输入类型</th><th>输入范围</th><th>分辨率</th></tr>
<tr><td rowspan="3">单极性</td><td>0～10V</td><td>2.5mV</td></tr>
<tr><td>0～5V</td><td>1.25mV</td></tr>
<tr><td>0～20mA</td><td>5μA</td></tr>
<tr><td rowspan="2">双极性</td><td>±5V</td><td>2.5mV</td></tr>
<tr><td>±2.5V</td><td>1.25mV</td></tr>
</table></td><td>电压：通道 0～7<br>0～＋10V，0～＋5V 和＋/－5，＋/－2.5 电流：通道 6、7<br>0～20mA<br>电压和电流的输入分辨率与左方模块相同</td></tr>
<tr><td>模拟到数字转换时间</td><td><250μs</td><td><250μs</td></tr>
<tr><td>模拟输入阶跃响应</td><td>1.5ms（达到稳态的 95%）</td><td>1.5ms（达到稳态的 95%）</td></tr>
<tr><td>共模抑制</td><td>40dB，DC 到 60Hz</td><td>40dB，DC 到 60Hz</td></tr>
<tr><td>共模电压</td><td>信号电压加上共模电压必须为≤±12V</td><td>信号电压加上共模电压必须为≤±12V</td></tr>
<tr><td>24VDC 电压范围</td><td colspan="2">20.4～28.8VDC（等级 2，有限电源，或来自 PLC 的传感器电源）</td></tr>
</table>

## 7.2.2 模拟量输出模块 EM232

1. 接线

图 7-14 所示为两种常用模拟量输出模块 EM232 的接线，它可以将 CPU 模块的 AQW$x$ 寄存器的数

据－32000～32000转换成－10～＋10V的电压从V端输出，也可以将AQW$x$寄存器的数据0～32000转换成0～20mA的电流从I端输出。

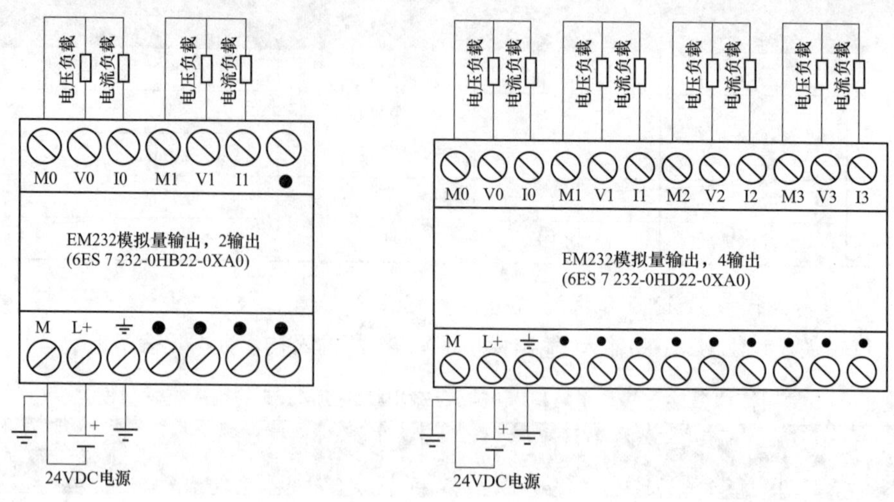


图7-14 两种常用模拟量输出模块EM232的接线

2. EM232的输出数据字格式

EM232的输出数据字格式如图7-15所示。当要转换的16位数据传送到AQW$x$寄存器时，只将数据的高12位存入AQW$x$的15～4位，数据的低4位不会存入AQW$x$的3～0位，故AQW$x$的低4位固定为0。当给AQW$x$寄存器送入正值数据（最高位为0）时，EM232除了会将该数据转换成电压从V端输出外，还会将该数据转换成电流从I端输出，如果给AQW$x$寄存器送入负值数据（最高位为1）时，EM232只会将该数据转换成电压值从V端输出外，不会转换成电流值。

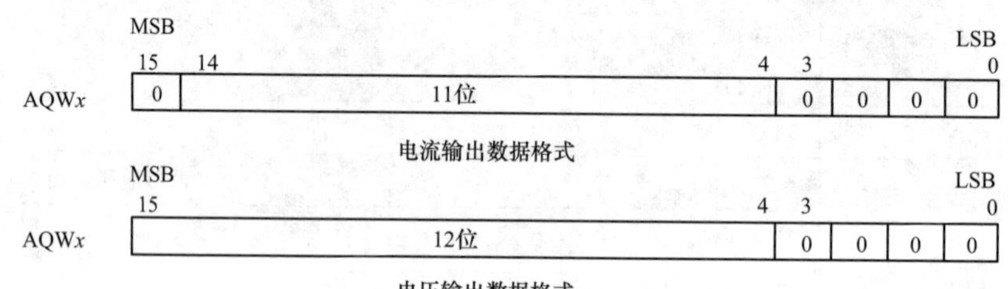


图7-15 EM232的输出数据字格式

3. 常用模拟量输出模块EM232和输入/输出模块EM235的输出技术数据

常用模拟量输出模块EM232和输入/输出模块EM235的输出技术数据见表7-9。

表7-9 常用模拟量输出模块EM232和输入/输出模块EM235的输出技术数据

| 常规 | 6ES7 232-0HB22-0XA0（E232模块：2A0）<br>6ES7 232-0HD22-0XA0（E232模块：4A0）<br>6ES7 235-0KD22-0XA0（E235模块：4AI，IA0） |
|---|---|
| 隔离（现场与逻辑） | 无 |
| 信号范围 | |
| 电压输出 | ±10V |
| 电流输出 | 0～20mA |
| 分辨率，满量程 | |
| 电压 | 11位 |
| 电流 | 11位 |

续表

| 常规 | 6ES7 232-0HB22-0XA0（E232 模块：2A0）<br>6ES7 232-0HD22-0XA0（E232 模块：4A0）<br>6ES7 235-0KD22-0XA0（E235 模块：4AI，IA0） |
|---|---|
| 数据字格式<br>电压<br>电流 | －32000～＋32000<br>0～＋32000 |
| 精度<br>最坏情况，0～55℃<br>电压输出<br>电流输出 | ±满量程的 2%<br>±满量程的 2% |
| 典型，25℃<br>电压输出<br>电流输出 | ±满量程的 0.5%<br>±满量程的 0.5% |
| 建立时间<br>电压输出<br>电流输出 | 100μs<br>2ms |
| 最大驱动<br>电压输出<br>电流输出 | 5000Ω（最小）<br>500Ω（最大） |
| 24V DC 电压范围 | 20.4～28.8V DC（等级 2，有限电流，或来自 PLC 的传感器电源） |

4. 使用举例

图 7-16（a）所示为 CPU222 模块与模拟量输出模块 EM232 的硬件连接图，图（b）所示为写入

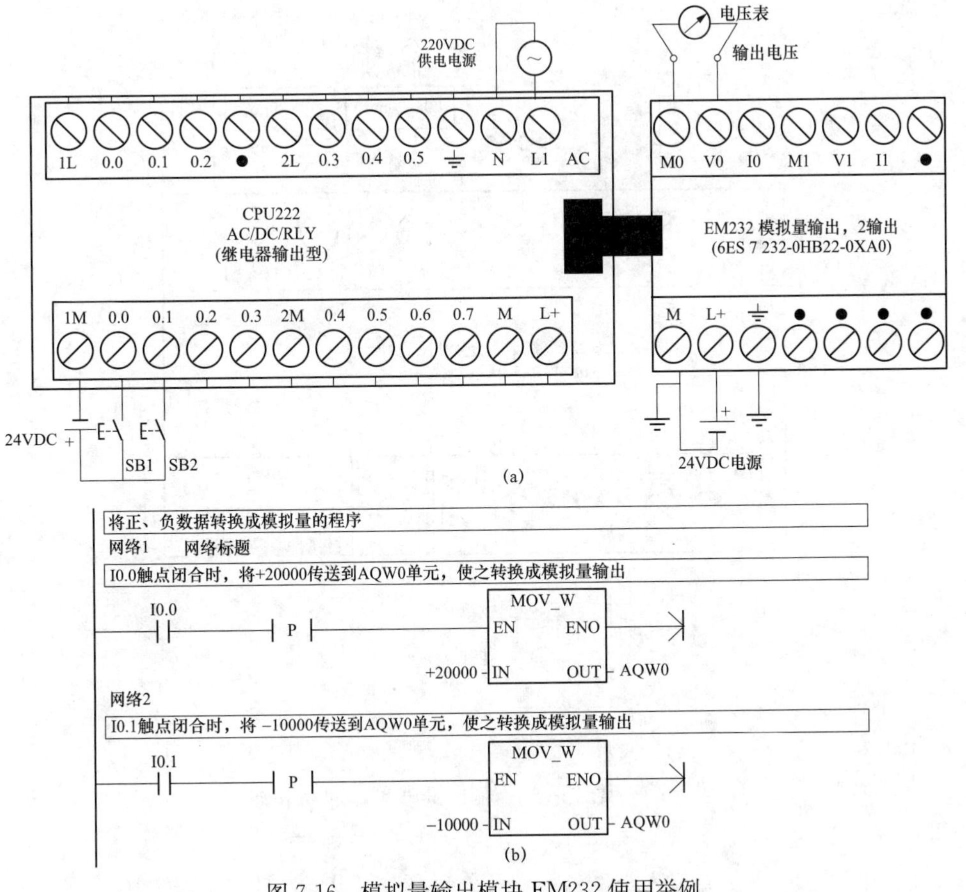


图 7-16 模拟量输出模块 EM232 使用举例

（a）硬件连接；（b）程序

CPU222模块的程序。当按下SB1按钮时，程序中的I0.0常开触点闭合，MOV_W指令执行，将+20000（编译时程序会将该10进制数转换成16位二进制数）传送到AQW0单元中，该数据通过数据线去EM232模块转换成电压从V0端输出，用电压表（或万用表的电压挡）在V0、M0端可测出输出电压的大小；当按下SB2按钮时，程序中的I0.1常开触点闭合，MOV_W指令执行，将−10000传送到AQW0单元中，EM232模块会将该数据转换成电压从V0端输出，在V0、M0端可测出输出电压的大小。

### 7.2.3 模拟量输入/输出模块EM235

1. 接线

图7-17所示为模拟量输入/输出模块EM235的接线，它可以将输入的电压或电流转换成数字量，存入CPU模块的AIW$x$寄存器，也可以将AQW$x$寄存器的数据转换成电压和电流输出。

偏置量电位器和增益电位器用来对EM235模块的输入进行调整。如果模块某通道输入电压或电流为零值时，与该通道对应的AIW$x$寄存器的数据不为零，可调节偏置量电位器，使AIW$x$寄存器中的数据为0（也可以用其他非0数值对应输入零值）。当模块输入设定范围内的最大值时，AIW$x$寄存器中的数据应为32000，否则可调节增益电位器，使AIW$x$寄存器中的数据为32000（也可以用其他数值对应最大输入值）。

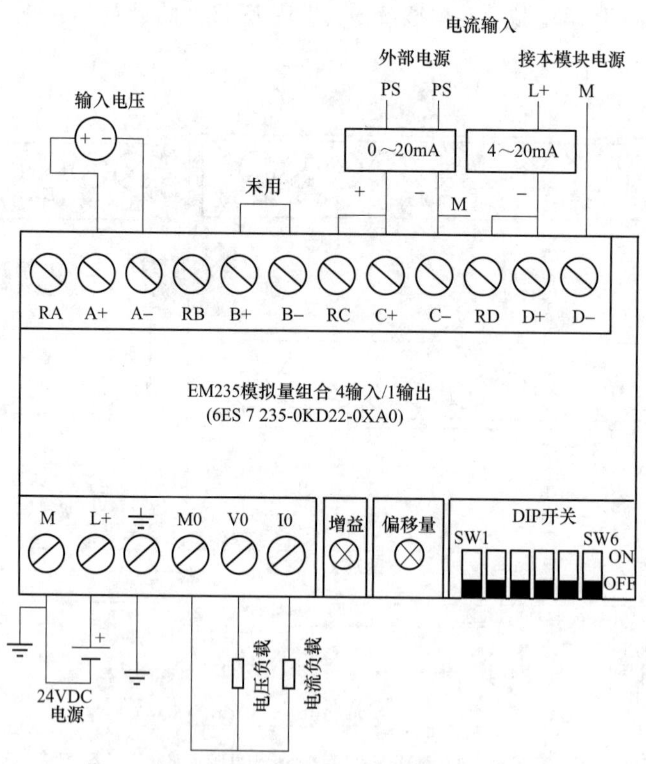


图7-17 模拟量输入/输出模块EM235的接线

2. 输入设置

EM235模块使用DIP开关对输入极性、量程及分辨率进行设置，具体见表7-10。

表 7-10 EM235 模块的输入极性、量程及分辨率设置

| SW6 | SW1 | SW2 | SW3 | SW4 | SW5 | 满量程输入 | 分辨率 |
|---|---|---|---|---|---|---|---|
| ON-单极性 | ON | OFF | OFF | ON | OFF | 0~50mV | 12.5μV |
| | OFF | ON | OFF | ON | OFF | 0~100mV | 25μV |
| | ON | OFF | OFF | OFF | ON | 0~500mV | 125μV |
| | OFF | ON | OFF | OFF | ON | 0~1V | 250μV |
| | ON | OFF | OFF | OFF | OFF | 0~5V | 1.25mV |
| | ON | OFF | OFF | OFF | OFF | 0~20mA | 5μA |
| | OFF | ON | OFF | OFF | OFF | 0~10V | 2.5mV |
| OFF-双极性 | ON | OFF | OFF | ON | OFF | ±25mV | 12.5μV |
| | OFF | ON | OFF | ON | OFF | ±50mV | 25μV |
| | OFF | OFF | ON | ON | OFF | ±100mV | 50μV |
| | ON | OFF | OFF | OFF | ON | ±250mV | 125μV |
| | OFF | ON | OFF | OFF | ON | ±500mV | 250μV |
| | OFF | OFF | ON | OFF | ON | ±1V | 500μV |
| | ON | OFF | OFF | OFF | OFF | ±2.5V | 1.25mV |
| | OFF | ON | OFF | OFF | OFF | ±5V | 2.5mV |
| | OFF | OFF | ON | OFF | OFF | ±10V | 5mV |

3. 输入/输出技术数据

EM235 模块的输入技术数据与 EM231 模块相同，见表 7-8。EM235 模块的输出技术数据与 EM232 模块相同，见表 7-9。

第8章

# 变频器的基本结构原理

## 8.1 异步电动机的两种调速方式

当三相异步电动机定子绕组通入三相交流电后，定子绕组会产生旋转磁场，旋转磁场的转速 $n_0$ 与交流电源的频率 $f$ 和电动机的磁极对数 $p$ 有如下关系：

$$n_0=60f/p$$

**电动机转子的旋转速度 $n$（即电动机的转速）略低于旋转磁场的旋转速度 $n_0$（又称同步转速），两者的转速差称为转差 $s$，**电动机的转速为：

$$n=(1-s)60f/p$$

由于转差 $s$ 很小，一般为 0.01～0.05，为了计算方便，可认为电动机的转速近似为

$$n=60f/p$$

从上面的近似公式可以看出，三相异步电动机的转速 $n$ 与交流电源的频率 $f$ 和电动机的磁极对数 $p$ 有关，当交流电源的频率 $f$ 发生改变时，电动机的转速会发生变化。**通过改变交流电源的频率来调节电动机转速的方法称为变频调速；通过改变电动机的磁极对数 $p$ 来调节电动机转速的方法称为变极调速。**

**变极调速只适用于笼型异步电动机（不适用于绕线型转子异步电动机），它是通过改变电动机定子绕组的连接方式来改变电动机的磁极对数，从而实现变极调速。适合变极调速的电动机称为多速电动机，**常见的多速电动机有双速电动机、三速电动机和四速电动机等。

变极调速方式只适用于结构特殊的多速电动机调速，而且由一种速度转变为另一种速度时，速度变化较大，采用变频调速则可解决这些问题。如果对异步电动机进行变频调速，需要用到专门的电气设备——变频器。图 8-1 所示为几种常见的变频器。

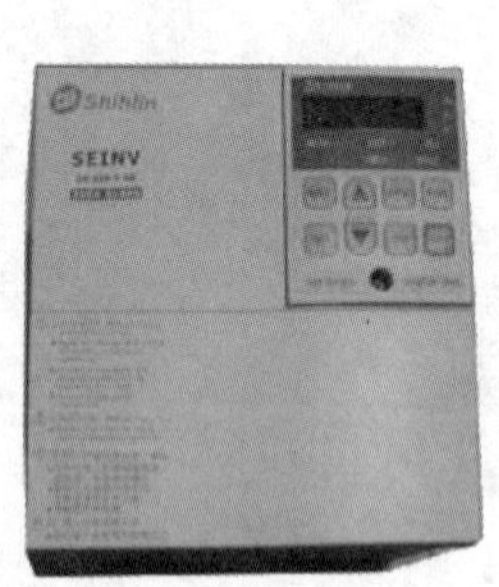

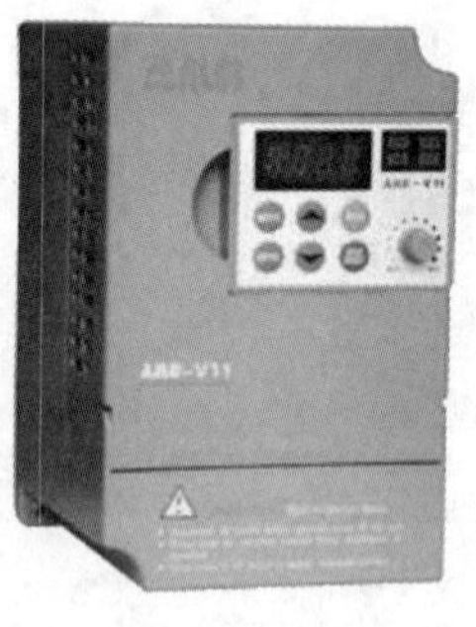

图 8-1　几种常见的变频器

## 8.2 变频器的基本结构及原理

变频器的功能是将工频（50Hz 或 60Hz）交流电源转换成频率可变的交流电源提供给电动机，通

过改变交流电源的频率来对电动机进行调速控制。由于变频器输出电源的频率可连接变化，故电动机的转速也可连续变化，故可实现电动机无级变速调节。**变频器种类很多，主要可分为交—直—交型变频器和交—交型变频器两类。**

### 8.2.1 交—直—交型变频器的结构与原理

**交—直—交型变频器利用电路先将工频电源转换成直流电源，再将直流电源转换成频率可变的交流电源，然后提供给电动机，通过调节输出电源的频率来改变电动机的转速。**交—直—交型变频器的典型结构框图如图 8-2 所示。

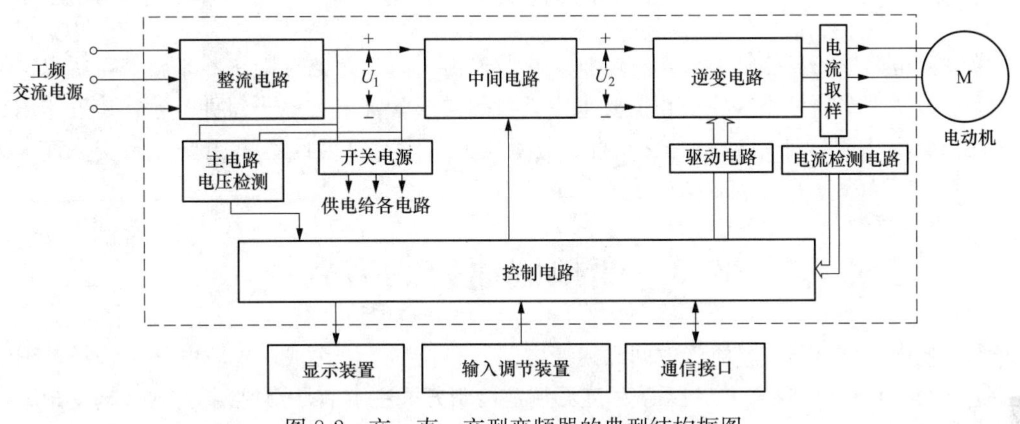


图 8-2 交—直—交型变频器的典型结构框图

下面对照图 8-2 所示框图说明交—直—交型变频器工作原理。

三相或单相工频交流电源经整流电路转换成脉动的直流电，直流电再经中间电路进行滤波平滑，然后送到逆变电路，与此同时，控制系统会产生驱动脉冲，经驱动电路放大后送到逆变电路，在驱动脉冲的控制下，逆变电路将直流电转换成频率可变的交流电并送给电动机，驱动电动机运转。改变逆变电路输出交流电的频率，电动机转速就会发生相应的变化。

整流电路、中间电路和逆变电路构成变频器的主电路，用来完成交—直—交的转换。由于主电路工作在高电压大电流状态，为了保护主电路，变频器通常设有主电路电压检测和输出电流检测电路，当主电路电压过高或过低时，电压检测电路则将该情况反映给控制电路，当变频器输出电流过大（如电动机负荷大）时，电流取样元件或电路会产生过流信号，经电流检测电路处理后也送到控制电路。当主电路出现电压不正常或输出电流过大时，控制电路通过检测电路获得该情况后，会根据设定的程序作出相应的控制，如让变频器主电路停止工作，并发出相应的报警指示。

控制电路是变频器的控制中心，当它接收到输入调节装置或通信接口送来的指令信号后，会发出相应的控制信号去控制主电路，使主电路按设定的要求工作，同时控制电路还会将有关的设置和机器状态信息送到显示装置，以显示有关信息，便于用户操作或了解变频器的工作情况。

变频器的显示装置一般采用显示屏和指示灯；输入调节装置主要包括按钮、开关和旋钮等；通信接口用来与其他设备（如可编程序控制器 PLC）进行通信，接收它们发送过来的信息，同时还将变频器有关信息反馈给这些设备。

### 8.2.2 交—交型变频器的结构与原理

**交—交型变频器利用电路直接将工频电源转换成频率可变的交流电源并提供给电动机，通过调节输出电源的频率来改变电动机的转速。**交—交型变频器的结构框图如图 8-3 所示。可以看出，交—交型变频器与交—直—交型变频器的主电路不同，交—交型变频器采用交—交变频电路直接将工频电源转换成频率可调的交流电源的方式进行变频调速。

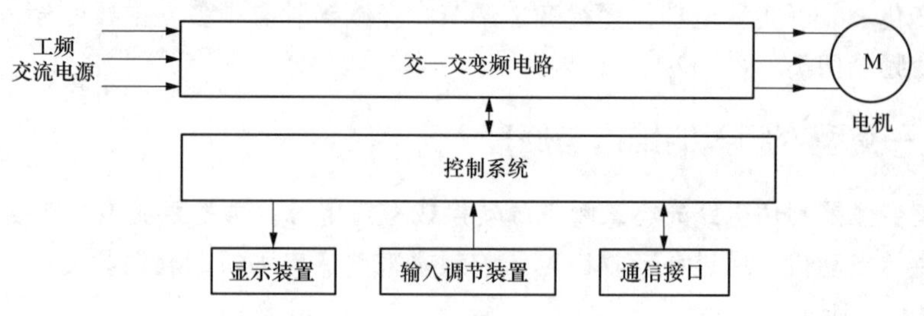


图 8-3　交—交型变频器的结构框图

交—交变频电路一般只能将输入交流电频率降低输出，而工频电源频率本来就低，所以交—交型变频器的调速范围很窄，另外这种变频器要采用大量的晶闸管等电力电子器件，导致装置体积大、成本高，故交—交型变频器使用远没有交—直—交型变频器广泛，因此本书主要介绍交—直—交型变频器。

# 8.3　变频调速控制方式

变频器主要由主体电路（整流、中间和逆变电路）和控制系统组成，主体电路在控制系统的控制下对电能进行交—直—交转换。控制系统的**变频调速控制方式主要有压/频控制方式、转差频率控制方式、矢量控制方式和直接转矩控制方式4种**。

## 8.3.1　压/频控制方式

**压/频控制方式又称$U/f$控制方式，该方式在控制主体电路输出电源频率变化的同时也调节输出电源的电压大小。**

1. 压/频同调的原因

变频器是通过改变输出交流电压的频率来调节电动机的转速，交流电压频率越高，电动机的转速越快。为什么在调节交流电压频率的同时要改变输出电压呢？原因主要有以下几点。

（1）电动机绕组对交流电呈感性，当变频器输出的交流电压频率高时绕组感抗大，流入绕组的电流偏小，而当变频器输出的交流电频率降低时绕组感抗减小，流入绕组的电流增大，过大的电流易烧坏绕组。为此，需要在交流电压频率升高时提高电压，在交流电压频率下降时降低电压。

（2）在异步电动机运转时，一般希望不管是高速或低速时都具有恒定的转矩（即转力），理论实践证明，只要施加给异步电动机绕组的交流电压的电压与频率之比是定值，$U/f=$定值，转子就能产生恒定的转矩。根据$U/f=$定值可知，为了使电动机产生恒定的转矩，要求$U\uparrow\rightarrow f\uparrow$，$U\downarrow\rightarrow f\downarrow$。

2. 压/频控制的实现方式

**变频器压/频控制的实现方式有整流变压逆变变频方式和逆变变压变频方式两种。**

（1）整流变压逆变变频方式。**整流变压逆变变频方式是指在整流电路进行变压，在逆变电路进行变频。**图8-4所示为整流变压逆变变频方式示意图，由于在整流电路进行变压，因此需采用可控整流电路。

在工作时，先通过输入调节装置设置输出频率，控制系统会按设置的频率产生相应的变压控制信号和变频控制信号，变压控制信号去控制可控整流电路改变整流输出电压（如设定频率较低时，会控制整流电路提高输出电压），变频控制信号去控制逆变电路，使之输出设定频率的交流电压。

（2）逆变变压变频方式。**逆变变压变频方式是指在逆变电路中进行变压和变频。**图8-5所示为逆变变压变频方式示意图，由于无须在整流电路变压，因此采用不可控整流电路，为了容易实现在逆变电路中同时进行变压变频，一般采用 SPWM 逆变电路。

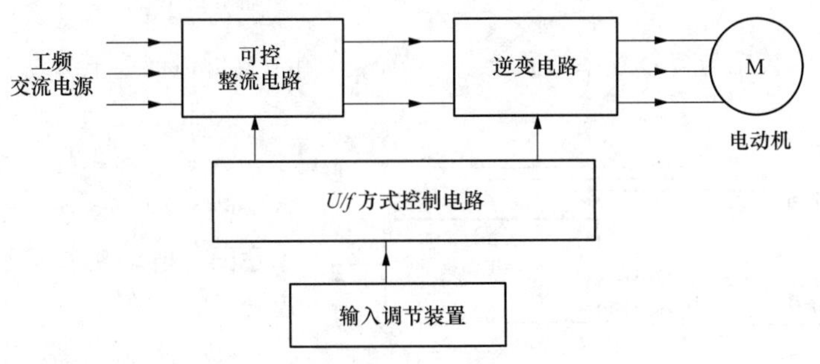


图 8-4 整流变压逆变变频方式示意图

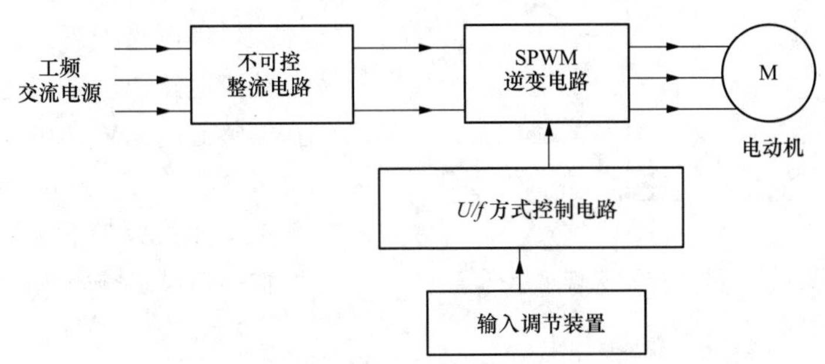


图 8-5 逆变变压变频方式示意图

在工作时，先设置好变频器的输出频率，控制系统会按设置的频率产生相应的变压变频控制信号去控制 SPWM 逆变电路，使之产生等效电压和频率同时改变的 SPWM 波去驱动电动机。

3. 压/频控制的特点

采用压/频控制方式的变频器优点是控制电路简单，通用性强，性价比高，可配接通用标准的异步电动机，故通用变频器广泛采用这种控制方式。压/频控制方式的缺点是由于未采用速度传感器检测电动机实际转速，故转速控制精度较差，另外在转速低时产生的转矩不足。

## 8.3.2 转差频率控制方式

**转差频率控制方式又称 SF 控制方式，该方式通过控制电动机旋转磁场频率与转子转速频率之差来控制转矩。**

1. 转差频率控制原理

异步电动机是依靠定子绕组产生的旋转磁场来使转子旋转的，转子的转速略低于旋转磁场的转速，两者之差称为转差 $s$。旋转磁场的频率用 $\omega_1$ 表示（$\omega_1$ 与磁场旋转速度成正比，转速越快，$\omega_1$ 越大），转子转速频率用 $\omega$ 表示。理论实践证明，在转差不大的情况下，只要保持电动机磁通 $\Phi$ 不变，异步电动机转矩与转差频率 $\omega_S$（$\omega_S=\omega_1-\omega$）成正比。

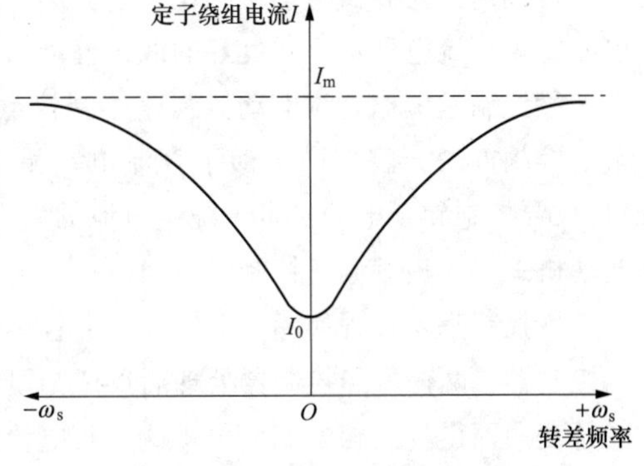


图 8-6 保持 $\Phi$ 恒定的 $I$、$\omega_s$ 曲线

从上述原理不难看出，**转差频率控制有如下两个要点。**

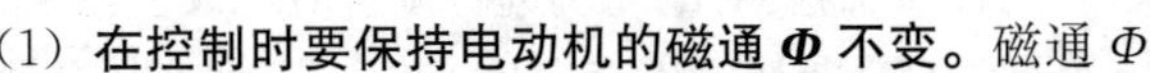

（1）**在控制时要保持电动机的磁通 $\boldsymbol{\Phi}$ 不变。**磁通 $\Phi$ 的大小与定子绕组电流 $I$ 及转差频率 $\omega_s$ 有关，图 8-6 所示为保持 $\Phi$ 恒定的 $I$、$\omega_s$ 曲线，该曲线表明，要保持 $\Phi$ 恒定，在转差频率 $\omega_s$ 大时须增大定子绕组电流 $I$，反之在 $\omega_s$ 小时须减小 $I$，如在 $\omega_s=0$ 时，

只要很小的电流（$I_0$）就能保持$\Phi$不变。电动机定子绕组的电流大小是通过改变电压来实现的，提高电压可增大电流。

（2）**异步电动机的转矩与转差频率成正比。**调节转差频率就可以改变转矩大小，如增大转差频率可以增大转矩。

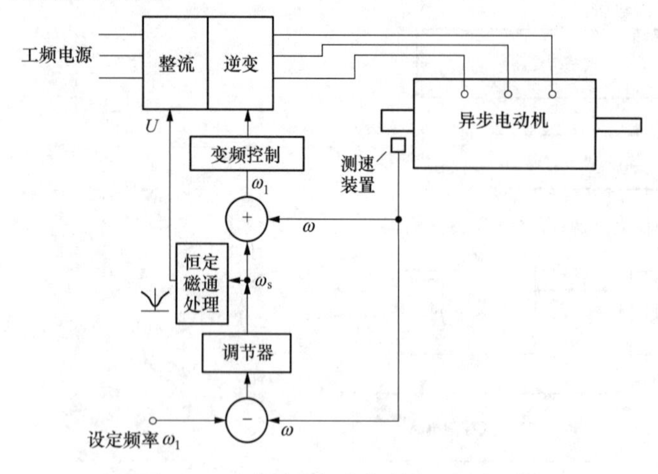


图8-7 一种转差频率控制实现示意图

2. 转差频率控制的实现

图8-7所示为一种转差频率控制实现示意图。电动机在运行时，测速装置检测出转子转速频率$\omega$，该频率再与设定频率$\omega_1$相减，经调节器调节后得到转差频率$\omega_s$（$\omega_s=\omega_1-\omega$），$\omega_s$分作两路：一路经恒定磁通处理电路处理形成控制电压$U$，去控制整流电路改变输出电压，如$\omega_s$较大时，控制整流电路输出电压升高，以增大定子绕组电流；另一路$\omega_s$与$\omega$相加得到设定频率$\omega_1$，去变频控制电路，让它控制逆变电路输出与设定频率相同的交流电压。

3. 转差频率控制的特点

转差频率控制采用测速装置实时检测电动机的转速频率，然后与设定转速频率比较得到转差频率，再根据转差频率形成相应的电压和频率控制信号，去控制主体电路，这种闭环控制较压/频开环控制方式的加减速性能有较大的改善，调速精度也大大提高。

转差频率控制需采用测速装置，由于不同的电动机特性有差异，在变频器配接不同电动机时需要对测速装置进行参数调整，除了比较麻烦外，还会因调整偏差引起调速误差，所以采用转差频率控制方式的变频器通用性较差。

### 8.3.3 矢量控制方式

**矢量控制是通过控制变频器输出电流的大小、频率和相位来控制电动机的转矩，从而控制电动机的转速。**

1. 矢量控制原理

直流电动机是一种调速性能较好的电动机，直流电动机可通过改变励磁线圈电流或电枢线圈电流大小进行调速，与异步电动机相比，它具有调速范围宽，能够实现无级调速等优点。为了让异步电动机也能实现直流电动机一样良好的调速性能，可采用矢量控制方式的变频器。

矢量控制是依据直流电动机调速控制特点，将异步电动机定子绕组电流（即变频器输出电流）按矢量变换的方法分解形成类似于直流电动机的磁场电流分量（励磁电流）和转矩电流分量（转子电流），只要控制异步电动机定子绕组电流的大小和相位，就能控制励磁电流和转矩电流，从而实现和直流电动机一样的良好调速控制。

矢量控制基本过程如图8-8所示。从电动机反馈过来的速度反馈信号送到控制器，同时给定信号也送到控制器，两信号经控制器处理后形成与励磁电流和转矩电流对应的$I_1$、$I_2$电流，两电流再去变换器进行变换而得到三相电流信号，这三相电流信号去驱动控制电路形成相应的控制信号，去控制PWM逆变电路开关器件的通断，为电动机提供定子绕组电流。在需要对电动机进行调速时，改变给定信号，送给逆变电路的控制信号就会变化，逆变电路开关器件的通断情况也会发生变化，从而改变提供给电动机定子绕组的电流的大小、频率和相位，实现对电动机良好的调速控制。

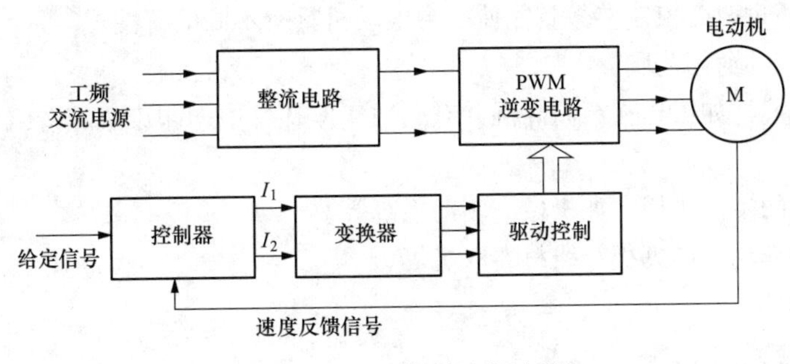


图 8-8 矢量控制基本过程

2. 矢量控制的类型

**矢量控制分为无速度传感器的矢量控制和有速度传感器的矢量控制两种。**

（1）无速度传感器的矢量控制。无速度传感器的矢量控制如图 8-9 所示，它没有应用速度传感器检测电动机转速信息，而是采用电流传感器（或电压传感器）检测提供给定子绕组的电流，然后送到矢量控制的速度换算电路推算出电动机的转速，再参照给定信号形成相应的控制信号去控制 PWM 逆变电路。

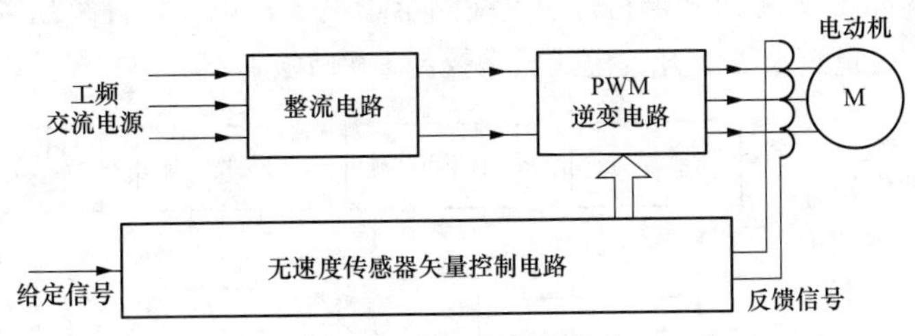


图 8-9 无速度传感器的矢量控制

（2）有速度传感器的矢量控制。有速度传感器的矢量控制如图 8-10 所示，它采用速度传感器来检测电动机的转速。

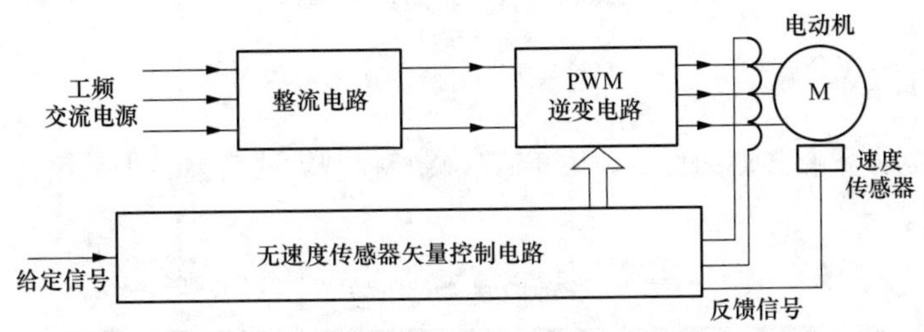


图 8-10 有速度传感器的矢量控制

有速度传感器的矢量控制较无速度传感器的速度调节范围更宽，前者可达后者的 10 倍，这主要是因为后者缺少准确的转速反馈信号。采用有速度传感器的矢量控制方式的变频器通用性较差，这是因为速度传感器对不同特性的异步电动机检测会有差异。

3. 矢量控制的特点及适用范围

（1）矢量控制的特点。

1）低频转矩大。一般通用变频器在低频时的转矩较小，在 5Hz 以下无法满负荷工作，而采用矢量控制的变频器在低频时也能使转矩高于额定转矩。

2）动态响应快。直流电动机不允许电流变化率过高，而矢量控制变频器允许电流变化快，因此调速响应快，一般可达毫秒级。

3）控制灵活。直流电动机通常根据不同的负载，来选择不同特性的串励、并励或他励方式，而矢量控制的电动机，可通过改变控制参数就能使一台电动机具有不同的特性。

（2）矢量控制系统的适用范围。

1）恶劣的工作环境。如工作在高温高湿并有腐蚀气体环境中的印染机、造纸机可用矢量控制方式的变频器。

2）要求高速响应的生产机械。如机械人驱动系统等。

3）高精度的电力拖动。如钢板、线材卷取机等。

4）高速电梯拖动。

## 8.3.4 直接转矩控制方式

**直接转矩控制又称DTC控制，是目前最先进的交流异步电动机控制方式，在中、小型变频器还很少采用。**直接转矩控制的基本原理是通过对磁链和转矩的直接控制来确定逆变器的开关状态，这样不需复杂的数学模型及中间变换环节即能对转矩进行有效的控制，非常适用于重载、起重、电力牵引、大惯量、电梯等设备的拖动要求，且价格低、电路较矢量控制简单、调试容易，但精度不如矢量控制地好。

直接转矩控制过程如图8-11所示，它是通过检测定子电流和电压，计算出磁通和转矩，再经速度调节器、转矩调节器、磁链调节器、开关模式器来控制PWM逆变器。

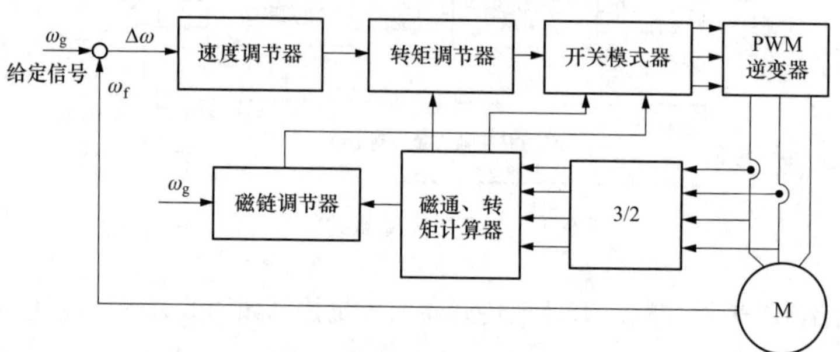


图8-11 直接转矩控制过程

## 8.3.5 控制方式比较

4种变频调速控制方式有各自的优点，由于直接转矩控制方式目前较少采用，下面仅将3种控制方式进行比较，具体见表8-1。

表8-1 3种控制方式比较

| 控制方式 | U/f 控制 | 转差频率控制 | 矢量控制 | |
|---|---|---|---|---|
| | | | （无PG控制） | （带PG控制） |
| 速度传感器 | 不要 | 要 | 无 | 要 |
| 调速范围 | 1∶20 | 1∶40 | 1∶100 | 1∶1000 |
| 起动转矩 | 150%额定转矩（3Hz时） | 150%额定转矩（3Hz时） | 150%额定转矩（1Hz时） | 150%额定转矩（0Hz时） |
| 调速精度 | −3%～−2%<br>+2%～+3% | ±0.03% | ±0.2% | ±0.01% |
| 转矩限制 | 无 | 无 | 可以 | 可以 |
| 转矩控制 | 无 | 无 | 无 | 可以 |
| 应用范围 | 通用设备单纯调速或多电动机驱动 | 稳态调速精度提高，动态性能有限度提高 | 一般调速 | 伺服控制高精度调速转矩可控 |

第9章

# 西门子变频器的接线、操作与参数设置

西门子 MICROMASTER 440 变频器简称 MM440 变频器，是一种用于控制三相交流电动机速度的变频器。该变频器有多种型号，其额定功率范围为 0.12kW～200kW（在恒定转矩 CT 控制方式时），或者可达 250kW（在可变转矩 VT 控制方式时）。

MM440 变频器内部由微处理器控制，功率输出器件采用先进的绝缘栅双极型晶体管（IGBT），故具有很高的运行可靠性和功能的多样性，其采用的全面而完善的保护功能，可为变频器和电动机提供良好的保护。

MM440 变频器具有默认的工厂设置参数，在驱动数量众多的简单电动机时可直接让变频器使用默认参数。另外，MM440 变频器具有全面而完善的控制功能参数，在设置相关参数后，可用于更高级的电动机控制系统。MM440 变频器可用于单机驱动系统，也可集成到自动化系统中。

## 9.1 MM440 变频器的内部结构及外部接线

### 9.1.1 外形和型号（订货号）含义

MM440 变频器的具体型号很多，区别主要在于功率不同，功率越大，体积越大，根据外形尺寸不同，可分为 A～F、FX 和 GX 型，A 型最小，GX 型最大。MM440 变频器的具体型号一般用订货号来表示，MM440 变频器的外形和型号（订货号）含义如图 9-1 所示，其中 6SE6440 2UDB-TAA1 表示的含义为“西门子 MM440 变频器，防护等级是 IP20，无滤波器，输入电压为三相 380V，功率为 0.37kW，外形尺寸为 A 型”。

### 9.1.2 内部结构及外部接线图

MM440 变频器的内部结构及外部接线如图 9-2 所示，其外部接线主要分为主电路接线和控制电路接线。

### 9.1.3 主电路的外部端子接线

变频器的主电路由整流电路、中间电路和逆变电路组成，其功能是先由整流电路将输入的单相或三相交流电源转换成直流电源，中间电路将直流电源滤波平滑后，由逆变电路将直流电源转换成频率可调的三相交流电源输出，提供给三相交流电动机。

MM440 变频器主电路的接线端子如图 9-3 所示，其接线方法如图 9-4 所示。如果变频器使用单相交流电源，L、N 两根电源线分别接到变频器的 L/L1、L1/N 端，如果使用三相交流电源，L1、L2、L3 三根电源线分别接到变频器的 L/L1、L1/N 端、L3 端。变频器的 U、V、W 输出端接到三相交流电动机的 U、V、W 端。

在需要电动机停机时，变频器停止输出三相交流电源，电动机失电会惯性运转，此时的电动机相当于一台发电机（再生发电），其绕组会产生电流（再生电流），该电流经逆变电路对中间电路的滤波

(a)

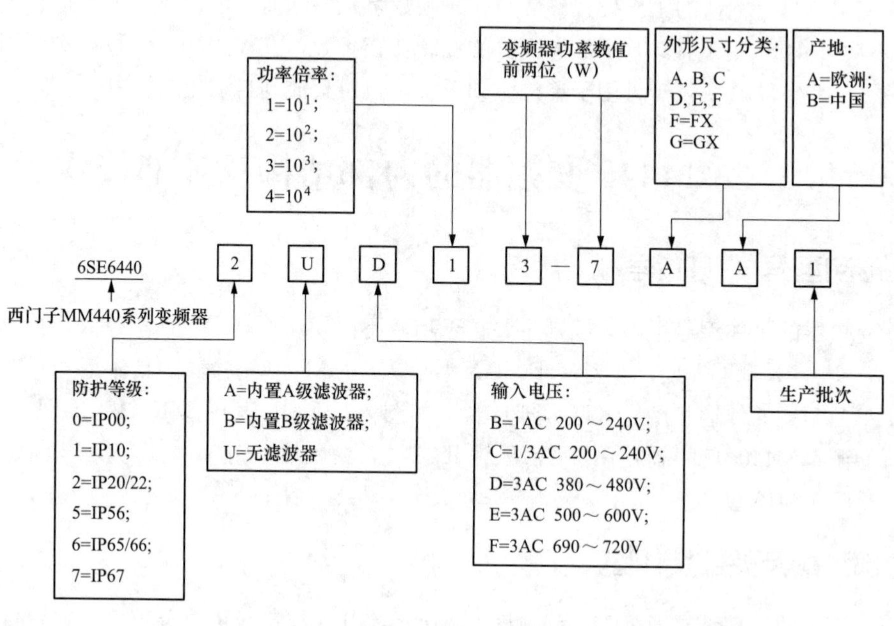


(b)

图 9-1 MM440 变频器的外形和型号含义

（a）外形；（b）型号（订货号）含义

电容充电而构成回路，电流再经逆变电路流回电动机绕组，这个流回绕组的电流会产生磁场对电动机进行制动，电流越大，制动力矩越大，制动时间越短。为了提高制动效果，变频器在中间电路增加一个制动管，在需要使用变频器的制动功能时，应给制动管外接制动电阻，在制动时，CPU 控制制动管导通，这样电动机惯性运转产生的再生电流的途径为电动机绕组→逆变电路→制动电阻→制动管→逆变电路→电动机绕组，由于制动电阻阻值小，故再生电流大，产生很强的磁场对电动机进行制动。对于 A～F 机型，采用制动管外接制动电阻方式进行制动，对于 FX、GX 机型，由于其连接的电动机功率大，电动机再生发电产生的电流大，不宜使用制动管和制动电阻制动，而是采用在 D/L－、C/L＋外接制动单元进行制动。

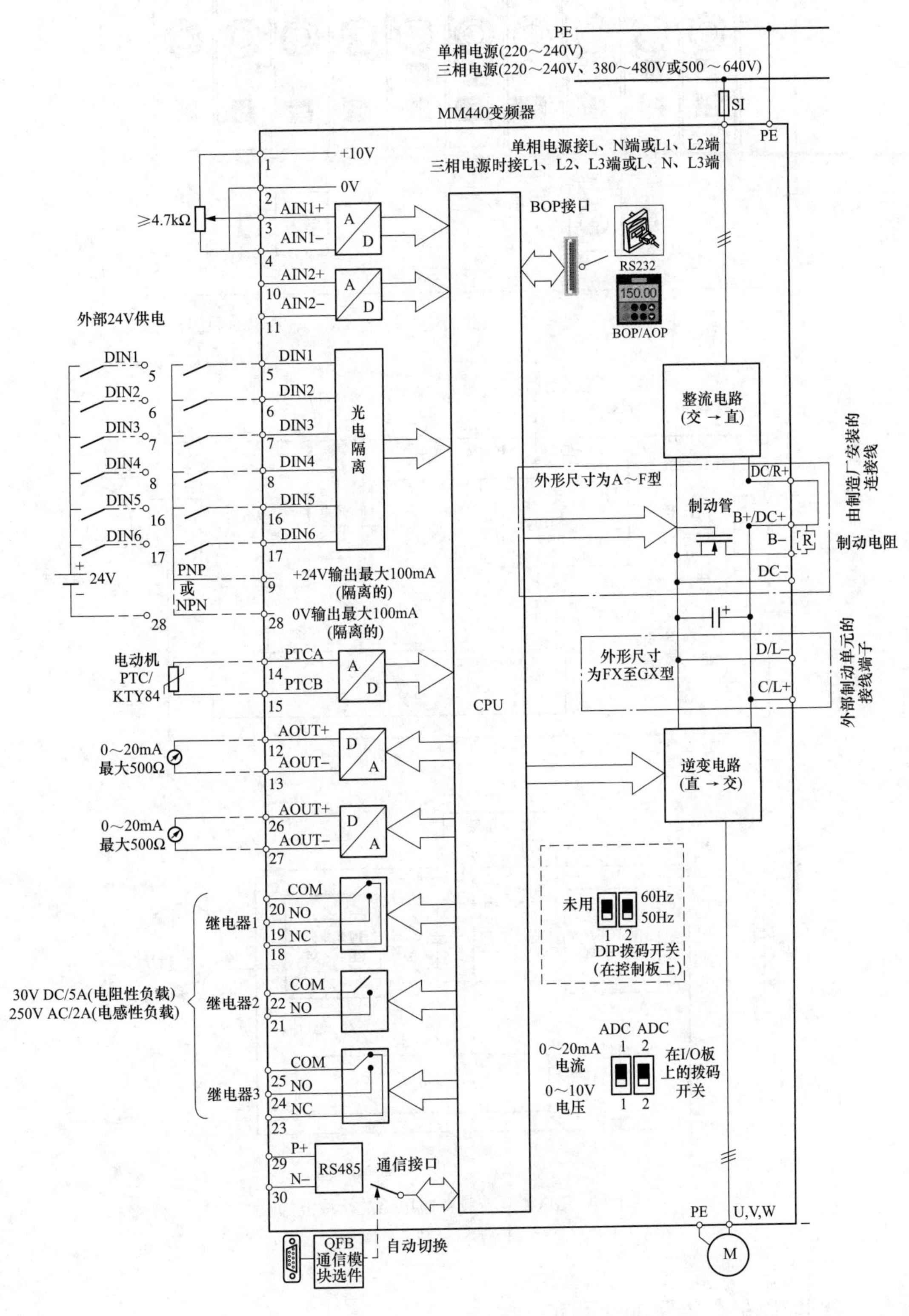


图 9-2 MM440 变频器的内部结构及外部接线图

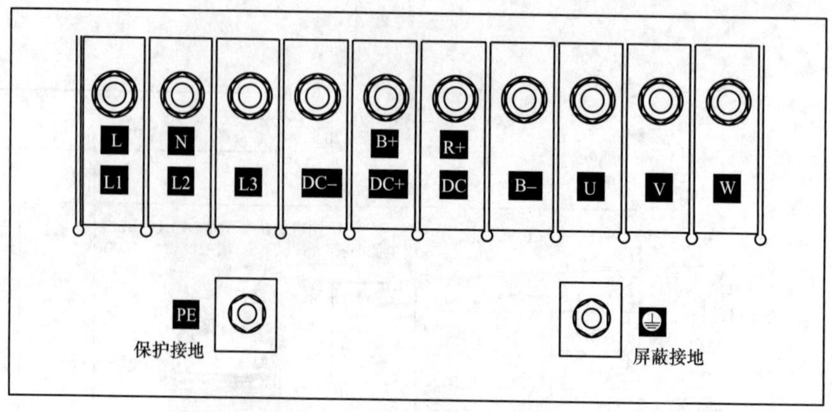


图 9-3 MM440 变频器主电路的接线端子（以 D、E 机型为例）

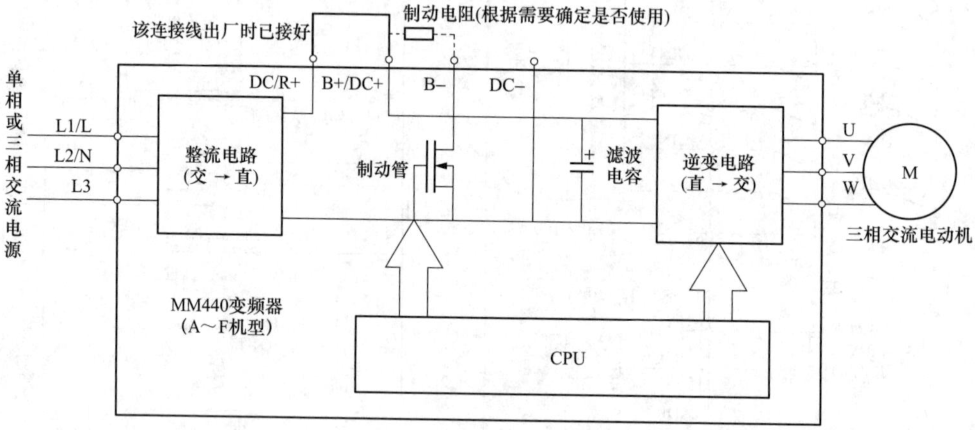

(a)

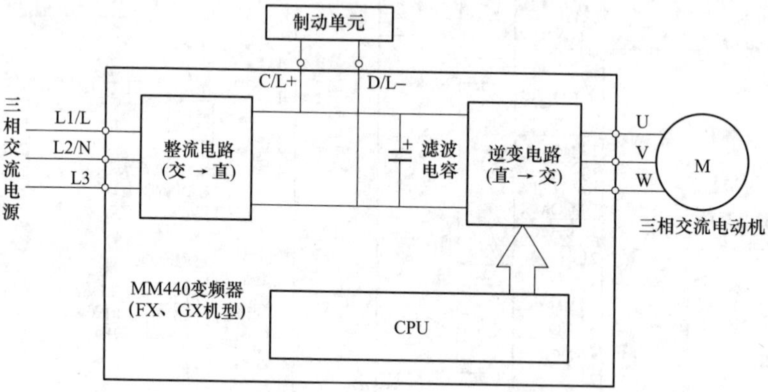

(b)

图 9-4 MM440 变频器主电路的接线方法

（a）A~F 型；（b）FX、GX 型

## 9.1.4 控制电路外部端子的典型实际接线

MM440 变频器的控制电路端子包括数字量输入端子、模拟量输入端子、数字量输出端子、模拟量输出端子和控制电路电源端子，其典型接线如图 9-5 所示。

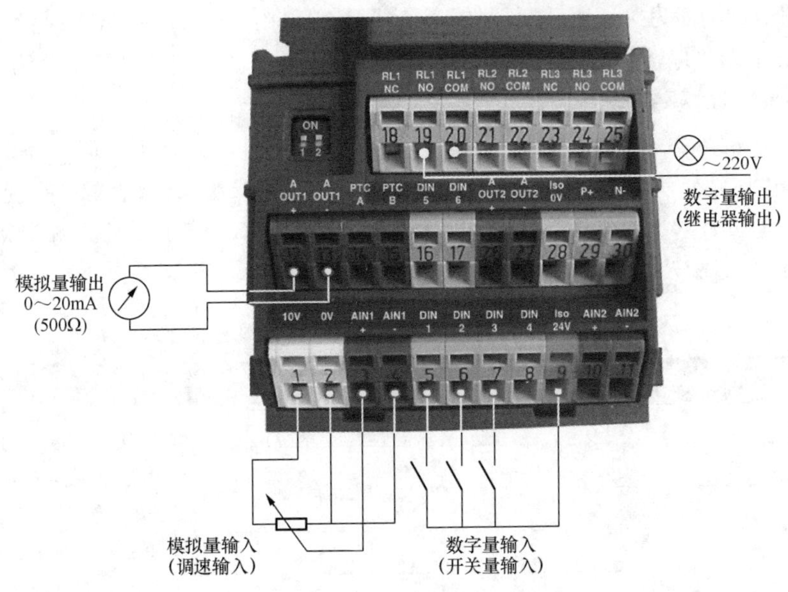


图 9-5 MM440 变频器控制电路的外部端子典型接线

## 9.1.5 数字量（开关量）输入端子的接线及设置参数

1. 接线

MM440 变频器有 DIN1～DIN6 共 6 路数字量（或称开关量）输入端子，这些端子可以外接开关，在接线时，可使用变频器内部 24V 直流电源，如图 9-6（a）所示，也可以使用外部 24V 电源，如图 9-6（b）所示，当某端的外接开关闭合时，24V 电源会产生电流流过开关和该端内部的光电耦合输入电路，表示输入为 ON（或称输入为“1”）。

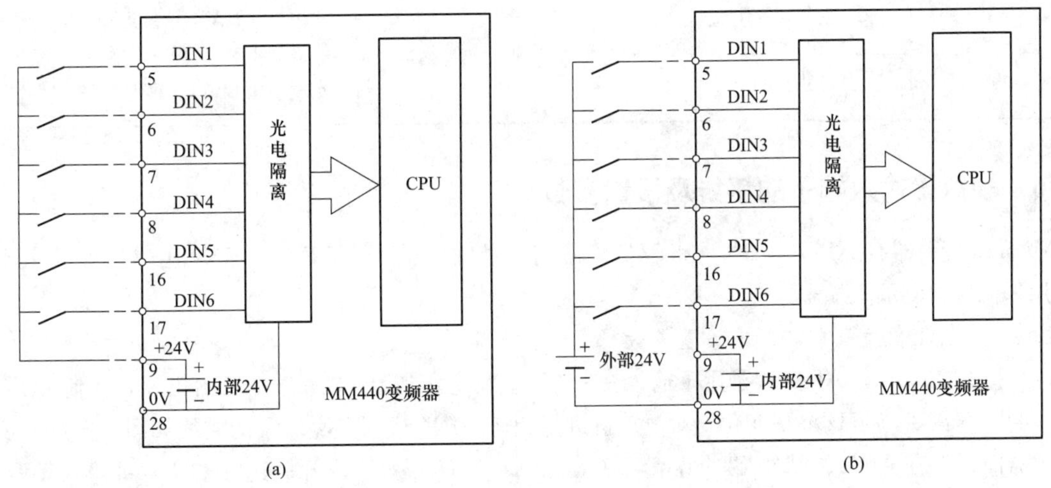


图 9-6 数字量输入端子的两种接线方式
（a）使用内部 24V 电源；（b）使用外部 24V 电源

2. 设置参数

DIN1～DIN6 这 6 路数字量输入端子的功能分别由变频器的 P0701～P0706 参数设定，参数值不同，其功能也不同，各参数值对应的功能见表 9-1。比如参数 P0701 用于设置 DIN1（即 5 号端子）的功能，其默认值为 1，对应的功能为接通正转/断开停车，即 DIN1 端子外接开关闭合时起动电动机正转，外接开关断开时，让电动机停转。参数 P0704 用于设置 DIN4 端子的功能，其默认值为 15，对应的功能是让电动机以某一固定的频率运行。

DIN1～DIN6 端的输入逻辑由参数 P0725 设置，P0725＝1（默认值）时，高电平输入为 ON，P0725＝0 时，低电平输入为 ON。DIN1～DIN6 端的输入状态由参数 r0722 监控，在变频器操作面板上调出 r0722 的值，通过查看显示值 6 个纵向笔画的亮灭来了解 DIN1～DIN6 端的输入状态，某纵向笔画亮时表示对应的 DIN 端输入为 ON。

**表 9-1　　DIN1～DIN6 端对应的设置参数及各参数值的含义**

| 数字输入 | 端子编号 | 参数编号 | 出厂设置 | 功能说明 |
|---|---|---|---|---|
| DIN1 | 5 | P0701 | 1 | P0701～P0706 各参数值对应功能：<br>＝0 禁用数字输入；<br>＝1 接通正转/断开停车；<br>＝2 接通反转/断开停车；<br>＝3 断开按惯性自由停车；<br>＝4 断开按第二降速时间快速停车；<br>＝9 故障复位；<br>＝10 正向点动；<br>＝11 反向点动；<br>＝12 反转（与正转命令配合使用）；<br>＝13 电动电位计升速；<br>＝14 电动电位计降速；<br>＝15 固定频率直接选择；<br>＝16 固定频率选择＋ON 命令；<br>＝17 固定频率编码选择＋ON 命令；<br>＝25 使能直流制动；<br>＝29 外部故障信号触发跳闸；<br>＝33 禁止附加频率设定值；<br>＝99 使用 BICO 参数化 |
| DIN2 | 6 | P0702 | 12 | |
| DIN3 | 7 | P0703 | 9 | |
| DIN4 | 8 | P0704 | 15 | |
| DIN5 | 16 | P0705 | 15 | |
| DIN6 | 17 | P0706 | 15 | |
| | 9 | 公共端 | | |

说明：

1. 开关量的输入逻辑可以通过 P0725 改变；
2. 开关量输入状态由参数 r0722 监控，开关闭合时相应笔划点亮

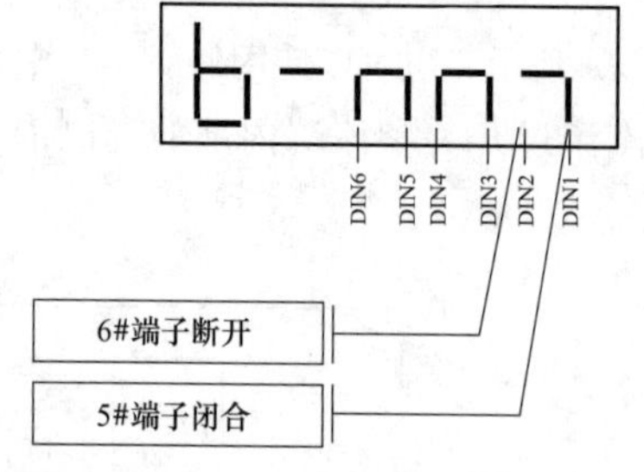


## 9.1.6　模拟量输入端子的接线及设置参数

MM440 变频器有 AIN1、AIN2 和 PTC 3 路模拟量输入端子，AIN1、AIN2 用作调速输入端子，PTC 用作温度检测输入端子。

1. AIN1、AIN2 端子的接线及设置参数

（1）接线。AIN1、AIN2 端子用于输入 0～10V 直流电压或 0～20mA 的直流电流，控制变频器输出电源的频率在 0～50Hz 范围变化，对电动机进行调速。AIN1、AIN2 端子的接线如图 9-7（a）所示，在变频器面板上有 AIN1、AIN2 两个设置开关，如图 9-7（b）所示，开关选择 ON 时将输入类型设为 0～20mA 电流输入，开关选择 OFF 时将输入类型设为 0～10V 电压输入，当某路输入端子设为电流输入类型时，变频器会根据输入电流变化（不会根据电压变化）来改来输出电源频率。

（2）AIN 端输入值与变频器频率输出值关系的参数设置。在用 AIN 设置开关将 AIN 端子设为电流（或电压）输入类型时，会默认将 0～20mA（或 0～10V）对应 0～50Hz，如果需要其他范围的电流（或电压）对应 0～50Hz，可通过设置参数 P0757～P0761 来实现。

1）表 9-2 为将 AIN1 端输入 2～10V 对应变频器输出 0～50Hz 的参数设置，该设置让 2V 对应基准

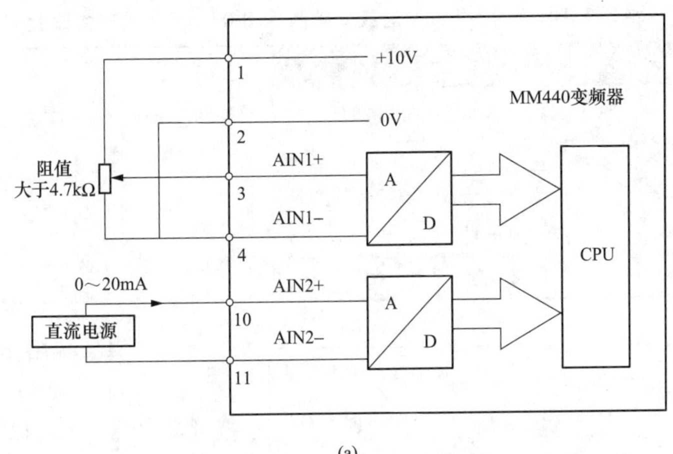


(a)

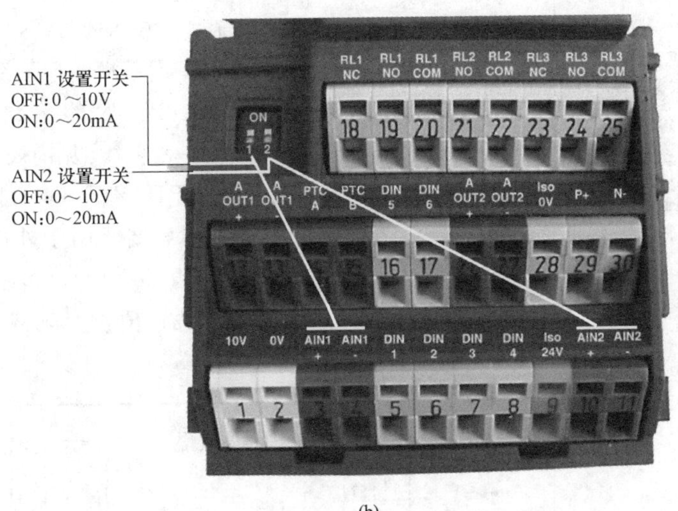


(b)

图 9-7 AIN1、AIN2 端子的接线及输入类型的设置
(a) 接线；(b) 设置开关

频率（P2000 设定的频率，默认为 50Hz）的 0%（即 0Hz），10V 对应基准频率的 100%（即 50Hz），P0757［0］表示 P0757 的第一组参数（又称下标参数 0），P0761［0］用于设置死区宽度（即输入电压或电流变化而输出频率不变的一段范围）。

2）表 9-3 为将 AIN2 端输入 4～20mA 对应变频器输出 0～50Hz 的参数设置，该设置使 AIN2 端在输入 4～20mA 范围内的电流时，让变频器输出电源频率在 0～50Hz 范围内变化。P0757［1］表示 P0757 的第二组参数（又称下标参数 1）。

**表 9-2　　AIN1 端输入 2～10V 对应变频器输出 0～50Hz 的参数设置**

| 参数号 | 设定值 | 参数功能 | |
|---|---|---|---|
| P0757［0］ | 2 | 电压 2V 对应 0% 的标度，即 0Hz | 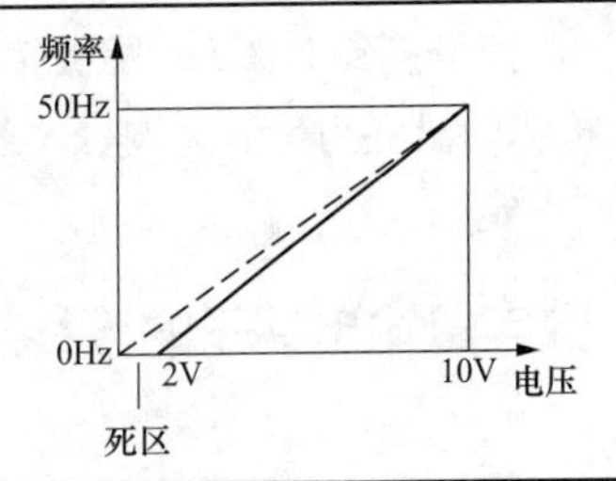 |
| P0758［0］ | 0% | | |
| P0759［0］ | 10 | 电压 10V 对应 100%的标度，即 50Hz | |
| P0760［0］ | 100% | | |
| P0761［0］ | 2 | 死区宽度 | |

表 9-3　**AIN2 端输入 4～20mA 对应变频器输出 0～50Hz 的参数设置**

| 参数号 | 设定值 | 参数功能 |
|---|---|---|
| P0757 [1] | 4 | 电流 4mA 对应 0%的标度，即 0Hz |
| P0758 [1] | 0% | |
| P0759 [1] | 20 | 电流 20mA 对应 100%的标度，即 50Hz |
| P0760 [1] | 100% | |
| P0761 [1] | 4 | 死区宽度 |

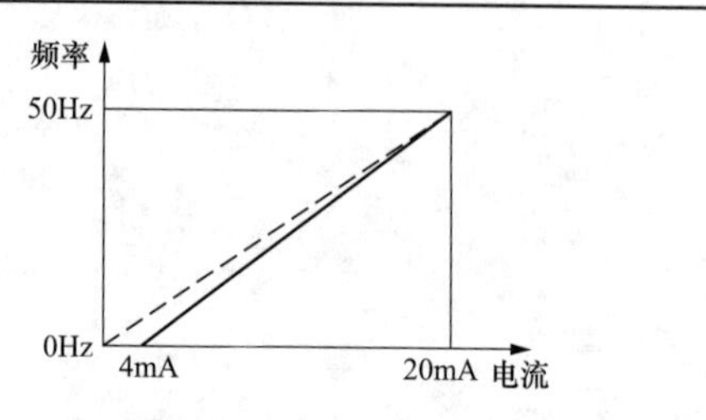


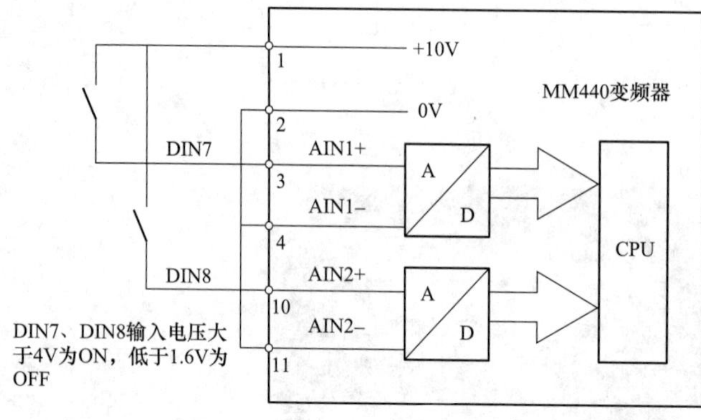


图 9-8　AIN1、AIN2 端用作 DIN7、DIN8 数字量输入端的接线

（3）AIN 端用作数字量输入端的接线及参数设置。AIN1、AIN2 端默认用作模拟量输入端，也可以将其用作 DIN7、DIN8 数字量输入端，其接线如图 9-8 所示，另外还需将 AIN1、AIN2 端子对应的参数 P0707、P0708 的值设为 0 以外的值，P0707、P0708 的参数值功能与 P0701～P0706 一样，详见前表 9-1。

2. PTC 端子（电动机温度保护）的接线

PTC 端子用于外接温度传感器（PTC 型或 KTY84 型），传感器一般安装电动机上，变频器通过温度传感器检测电动机的温度，一旦温度超过某一值，变频器将会发出温度报警。PTC 端子的接线如图 9-9 所示。

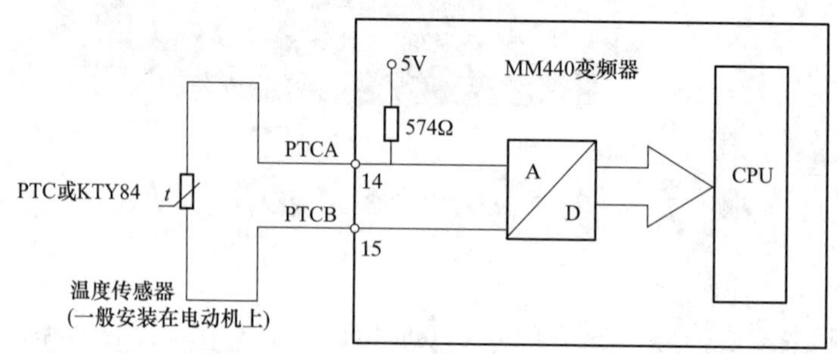


图 9-9　PTC 端子的接线

（1）采用 PTC 传感器（P0601=1）。如果变频器 PTCA、PTCB 端（即 14、15 脚）连接 PTC 型温度传感器，需要将参数 P0601 设为 1，使 PTC 功能有效。在正常情况下，PTC 传感器阻值大约 1500Ω 以下，温度越高，其阻值越大，一旦阻值大于 1500Ω，14、15 脚之间的输入电压超过 4V，变频器将发出报警信号，并停机保护。PTC 传感器阻值变化范围应在 1000～2000Ω。

（2）采用 KTY84 传感器（P0601=2）。如果变频器 PTCA、PTCB 端连接 KTY84 型温度传感器，应将 KTY84 阳极接到 PTCA，阴极接到 PTCB，并将参数 P0601 设为 2，使 KTY84 功能有效，进行温度监控，检测的温度测量值会被写入参数 r0035。电动机过温保护的动作阀值可用参数 P0604（默认值为 130°C）设定。

## 9.1.7　数字量输出端子的接线及参数设置

1. 接线

MM440 变频器有 3 路继电器输出端子，也称为数字量输出端子，其中两个双触点继电器和一个单触点继电器，其接线如图 9-10 所示。如果这些端子外接电阻性负载（如电阻、灯泡等），且采用直流电源时，允许直流电压最高为 30V，电流最大为 5A，若这些端子外接感性负载（如各类线圈），且采用交流电源时，允许交流电压最高为 250V，电流最大为 2A。

2. 参数设置

3 个数字量输出端子的功能可由参数 P0731、P0732 和 P0733 的设定值来确定。数字量输出端子 1 的默认功能为变频器故障（P0731=52.3），即变频器出现故障时，该端子内部的继电器常闭触点断开，常开触点闭合；数字量输出端子 2 的默认功能为变频器报警（P0732=52.7）；数字量输出端子 3 对应的设置参数 P0733=0.0，无任何功能，用户可修改 P0733 的值来设置该端子的功能。

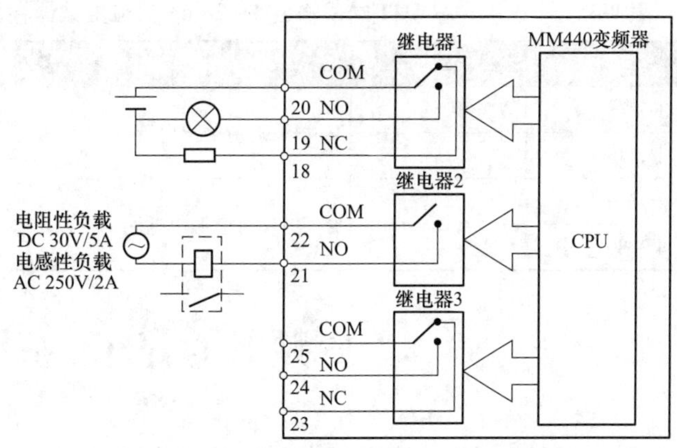


图 9-10 数字量（继电器）输出端子的接线

### 9.1.8 模拟量输出端子的接线及参数设置

1. 接线

MM440 变频器有两路模拟量输出端子（AOUT1、AOUT2），其接线及设置参数如图 9-11 所示，用于输出 0～20mA 的电流来反映变频器输出频率、电压、电流等的大小，一般外接电流表（内阻最大允许值为 500Ω）来指示变频器的频率、电压或电流等数值。

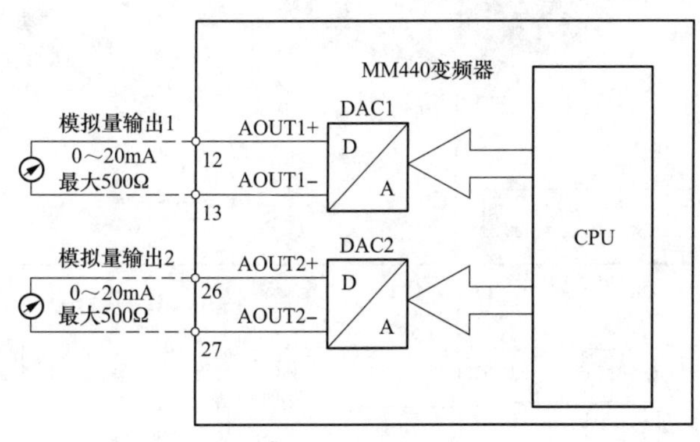


图 9-11 模拟量输出端子的接线及设置参数

2. 参数设置

模拟量输出端子的功能由参数 P0771 来设定，P0771 [0]、P0771 [1] 分别用于设置 AOUT1、AOUT2 端的功能，如设置 P0771 [0] =24.0，就把 AOUT1 端设为变频器实际输出频率，该端输出的电流越大，表示变频器输出电源频率越高。

AOUT 端默认输出 0～20mA 对应变频器输出频率 0～50Hz，通过设置参数 P077～P0780 可以改变 AOUT 端输出电流与变频器输出频率之间的关系，AOUT1、AOUT2 分别由各参数的第一、二组参数（即下标参数 [0]、[1] ）设置。表 9-4 为 AOUT1 端输出 4～20mA 对应变频器输出频率 0～50Hz 的参数设置。

表 9-4　　AOUT1 端用输出 4～20mA 对应变频器输出频率 0～50Hz 的参数设置

| 参数号 | 设定值 | 参数功能 |
|---|---|---|
| P0777［0］ | 0% | 0Hz 对应输出电流 4mA |
| P0778［0］ | 4 | |
| P0779［0］ | 100% | 50Hz 对应输出电流 20mA |
| P0780［0］ | 20 | |

电流
20mA
4mA
0Hz
50Hz
频率

# 9.2　变频器的停车、制动及再启动方式

## 9.2.1　电动机的铭牌数据与变频器对应参数

变频器是用来驱动电动机运行的，了解电动机的一些参数数据，才能对变频器有关参数作出合适的设置。电动机的主要参数数据一般会在铭牌上标示，图 9-12 所示为一种典型的电动机及铭牌数据，

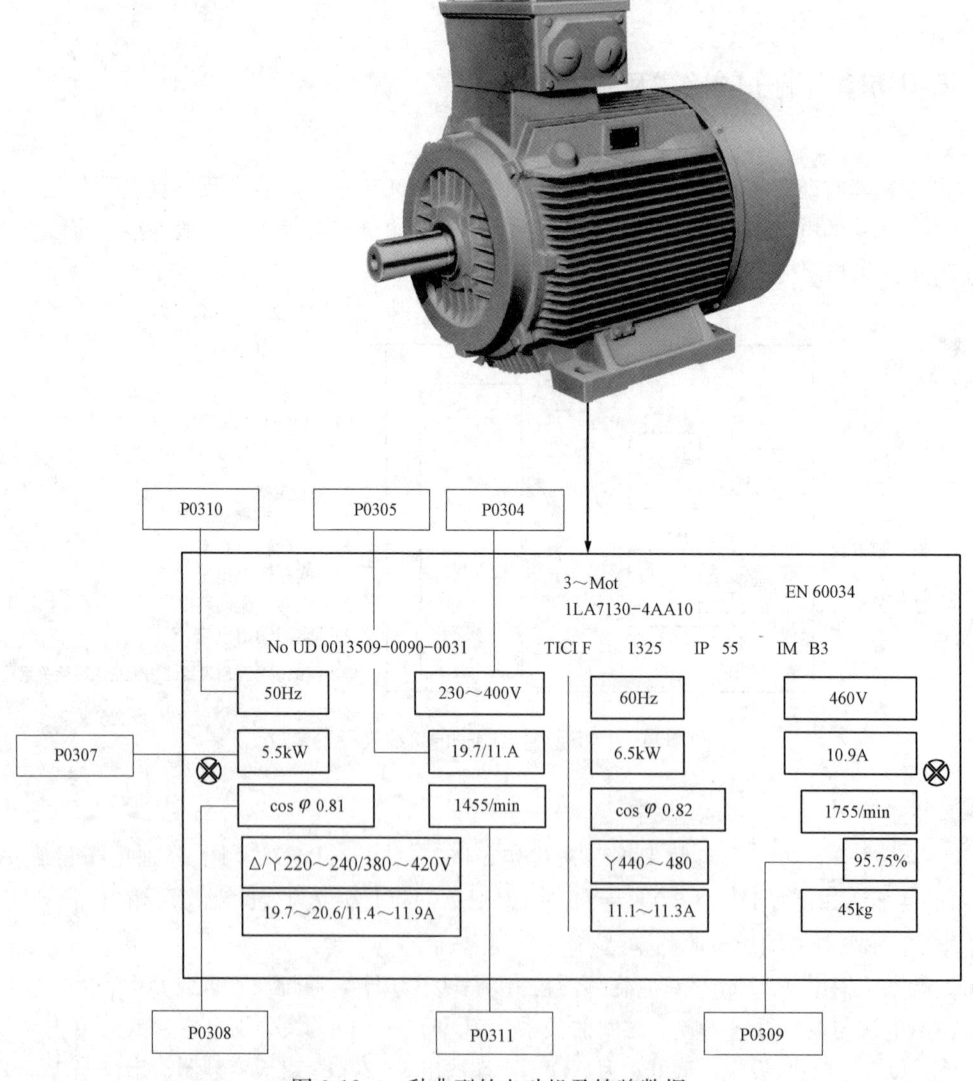


图 9-12　一种典型的电动机及铭牌数据

该铭牌同时标注了电动机在电源频率为50Hz和60Hz时的主要参数数据，铭牌主要数据对应的变频器参数见表9-5。如变频器参数P0304用于设置电动机的额定电压值，设置范围为10～2000，默认值为230（V），电动机铭牌标注的额定电压为230～400V，那么可以将P0304的值设为400，这样变频器额定输出电压被限制在400V以内。

表9-5 电动机铭牌主要参数对应的变频器参数

| | | | | | |
|---|---|---|---|---|---|
| P0304［3］ | 电动机的额定电压<br>CStat：C<br>参数组：电动机 | 数据类型：U16<br>使能有效：确认 | 单位：V<br>快速调试：是 | 最小值：10<br>默认值：230<br>最大值：2000 | 访问级：<br>1 |
| P0305［3］ | 电动机额定电流<br>CStat：C<br>参数组：电动机 | 数据类型：浮点数<br>使能有效：确认 | 单位：A<br>快速调试：是 | 最小值：0.01<br>默认值：3.25<br>最大值：10000.00 | 访问级：<br>1 |
| P0307［3］ | 电动机额定功率<br>CStat：C<br>参数组：电动机 | 数据类型：浮点数<br>使能有效：确认 | 单位：—<br>快速调试：是 | 最小值：0.01<br>默认值：0.75<br>最大值：2000.00 | 访问级：<br>1 |
| P0308［3］ | 电动机额定功率因数<br>CStat：C<br>参数组：电动机 | 数据类型：浮点数<br>使能有效：确认 | 单位：—<br>快速调试：是 | 最小值：0.000<br>默认值：0.000<br>最大值：1.000 | 访问级：<br>2 |
| P0309［3］ | 电动机的额定效率<br>CStat：C<br>参数组：电动机 | 数据类型：浮点数<br>使能有效：确认 | 单位：%<br>快速调试：是 | 最小值：0.0<br>默认值：0.0<br>最大值：99.9 | 访问级：<br>2 |
| P0310［3］ | 电动机的额定频率<br>CStat：C<br>参数组：电动机 | 数据类型：浮点数<br>使能有效：确认 | 单位：Hz<br>快速调试：是 | 最小值：12.00<br>默认值：50.00<br>最大值：650.00 | 访问级：<br>1 |
| P0311［3］ | 电动机的额定速度<br>CStat：C<br>参数组：电动机 | 数据类型：U16<br>使能有效：确认 | 单位：r/min<br>快速调试：是 | 最小值：0<br>默认值：0<br>最大值：40000 | 访问级：<br>1 |

## 9.2.2 变频器的停车方式

MM440变频器有OFF1、OFF2、OFF3共3种停车方式，OFF1、OFF2、OFF3命令均为低电平有效。

（1）OFF1为变频器默认停车方式，用DIN端子控制，当DIN端子输入为ON时运行，输入为OFF（如DIN端子外接开关断开）时停车，即输入低电平有效。在按OFF1方式停车时，变频器按P1121设定的时间停车（即从P1082设定的最高频率下降到0Hz的时间）。OFF1用作一般场合的常规停车。

（2）OFF2为自由停车方式。当有OFF2命令输入时，变频器马上停止输出电源，电动机按惯性自由停车。OFF2除了可用于紧急停车外，还可以用在变频器输出端有接触器的场合，在变频器运行时，禁止断开输出端接触器，可在使用OFF2停车0.1s后，才可断开输出端接触器。

（3）OFF3为快速停车方式。其停车时间可在参数P1135中设定，该时间也是从最高频率下降到0Hz的时间。OFF3一般用作快速停车，也可用在需要不同停车时间的场合。

## 9.2.3 变频器的制动方式

为了缩短电动机减速时间，MM440变频器支持直流制动方式和能耗制动方式，可以快速将电动机制动而停止下来。

1. 直流制动方式

直流制动是指给电动机的定子绕组通入直流电流，该电流产生磁场对转子进行制动。在使用直流制动时，电动机的温度会迅速上升，因此直流制动不能长期、频繁地使用。当变频器连接的为同步电动机时，不能使用直流制动。

与直流制动的相关的参数有P1230＝1（使能直流制动）、P1232（直流制动强度）、P1233（直流制动持续时间）和P1234（直流制动的起始频率）。

2. 能耗制动

能耗制动是指将电动机惯性运转时产生的电能，反送入变频器消耗在制动电阻或制动单元上，从而达到快速制动停车的目的。与能耗制动相关的参数有P1237（能耗制动的工作周期）、P1240＝0（禁止直流电压控制器，从而防止斜坡下降时间的自动延长）。

电动机惯性运转时，会工作在发电状态，其产生的电压会反送入变频器，导致变频器主电路的电压升高（过高时可能会引起变频器过压保护），在变频器的制动电路中连接合适的制动电阻或制动单元（75kW以上变频器使用制动单元），可以迅速消耗这些电能。变频器的功率越大，可连接电动机功率也就越大，大功率电动机惯性运转时产生的电流大，因此选用的制动电阻要求功率大，否则容易烧坏。MM440变频器的制动电阻选配见表9-6，表中的制动电阻是按5%的工作周期确定阻值和功率的，如果实际工作周期大于5%，需要将制动电阻功率加大，阻值不变，确保制动电阻不被烧毁。

**表9-6　MM440变频器的制动电阻选配**

| 变频器规格 | | 选用的制动电阻 | | |
|---|---|---|---|---|
| 功率kW | 外形尺寸 | 额定电压V | 电阻值Ω | 连续功率W |
| 0.12～0.75 | A | 230 | 180 | 50 |
| 1.1～2.2 | B | 230 | 68 | 120 |
| 3.0 | C | 230 | 39 | 250 |
| 4，5.5 | C | 230 | 27 | 300 |
| 7.5，11，15 | D | 230 | 10 | 800 |
| 18.5，22 | E | 230 | 7 | 1200 |
| 30，37，45 | F | 230 | 3 | 2500 |
| 2.2，3，4 | B | 380 | 160 | 200 |
| 5.5，7.5，11 | C | 380 | 56 | 650 |
| 15，18.5，22 | D | 380 | 27 | 1200 |
| 30，37 | E | 380 | 15 | 2200 |
| 45，55，75 | F | 380 | 8 | 4000 |
| 5.5，7.5，11 | C | 575 | 82 | 650 |
| 15，18.5，22 | D | 575 | 39 | 1300 |
| 30，37 | E | 575 | 27 | 1900 |
| 45，55，75 | F | 575 | 12 | 4200 |

### 9.2.4　变频器的再启动方式

变频器的再启动分为自动再启动和捕捉再启动。

自动再启动是指变频器在主电源跳闸或故障后的重新启动，要求启动命令在数字输入端保持常ON才能进行自动再启动。

捕捉再启动是指变频器快速地改变输出频率，去搜寻正在自由旋转的电动机的实际速度，一旦捕捉到电动机的实际速度值，就让电动机按常规斜坡函数曲线升速运行到频率的设定值。

自动再启动和捕捉再启动的设置参数分别为 P1210 和 P1200，其参数值及功能见表 9-7。

**表 9-7　　MM440 变频器再启动方式及设置参数**

| 再启动方式 | 自动再启动 | 捕捉再启动 |
|---|---|---|
| 应用场合 | 上电自启动 | 重新启动旋转的电机 |
| 参数设置 | P1210：默认值为 1；<br>=0 禁止自动再启动；<br>=1 上电后跳闸复位；<br>=2 在主电源中断后再启动；<br>=3 在主电源消隐或故障后再启动；<br>=4 在主电源消隐后再启动；<br>=5 在主电源中断和故障后再启动；<br>=6 在电源消隐，电源中断或故障后再启动 | P1200：默认值为 0；<br>=0 禁止捕捉再启动；<br>=1 捕捉再启动总是有效，双方向搜索电动机速度；<br>=2 捕捉再启动功能在上电，故障，OFF2 停车时，双方向搜索电动机速度；<br>=3 捕捉再启动在故障，OFF2 停车时有效，双方向搜索电动机速度；<br>=4 捕捉再启动总是有效，单方向搜索电动机速度；<br>=5 捕捉再启动在上电，故障，OFF2 停车时有效，单方向搜索电动机速度；<br>=6 故障，OFF2 停车时有效，单方向搜索电动机速度 |
| 建议 | 同时采用上述两种功能 | |

# 9.3　用面板和外部端子操作调试变频器

MM440 变频器可以外接 SDP（状态显示板）、BOP（基本操作板）或 AOP（高级操作板），3 种面板外形如图 9-13 所示，其中 SDP 为变频器标配面板，BOP、AOP 为选件面板（需另外购置）。

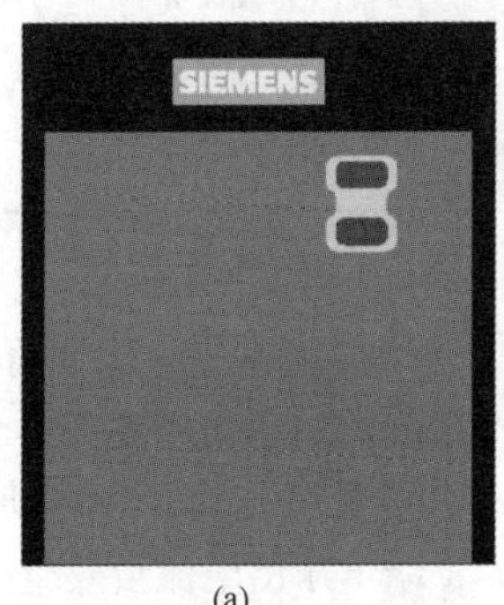


(a)

(b)

(c)

图 9-13　MM40 变频器可连接的面板

(a) SDP；(b) BOP；(c) AOP

## 9.3.1　用 SDP 面板和外部端子操作调试变频器

SDP 面板上只有两个用于显示状态的 LED 指示灯，无任何按键，故只能查看状态而无法在面板上操作变频器，操作变频器需要通过外部端子连接的开关或电位器来进行，由于无法通过 SDP 修改变频器的参数，因此只能按出厂参数值或先前通过其他方式设置的参数值工作。

1. SDP 指示灯及指示含义

SDP 面板上有两个指示灯，如图 9-14、表 9-8 所示。

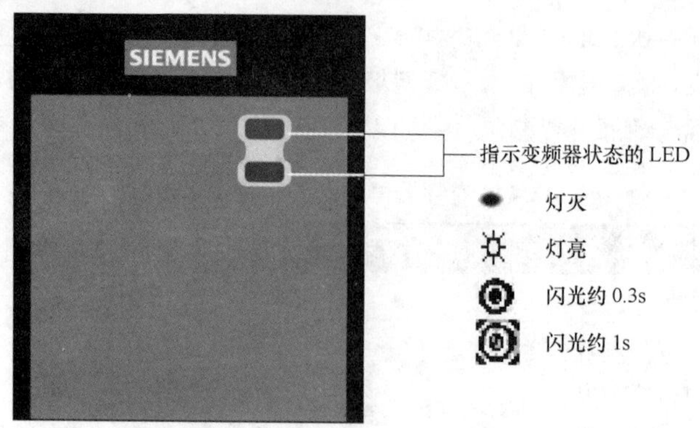


图 9-14　SDP 面板上的指示灯

**表 9-8　　SDP 面板指示灯的指示含义**

| 状态 | 含　义 | 状态 | 含　义 |
|---|---|---|---|
| ●<br>● | 电源未接通 | ◎ | 故障-变频器过温 |
| ☼<br>☼ | 运行准备就绪 | ◎<br>◎ | 电流极限报警-两个 LED 同时闪光 |
| ●<br>☼ | 变频器故障 | ◎<br>◎ | 其他报警-两个 LED 交替闪光 |
| ☼<br>● | 变频器正在运行 | ◎<br>◉ | 欠电压跳闸/欠电压报警 |
| ●<br>◎ | 故障-过电流 | ◉<br>◎ | 变频器不在准备状态 |
| ◎<br>● | 故障 -过电压 | ◉<br>◉ | ROM 故障-两个 LED 同时闪光 |
| ◎<br>☼ | 故障-电动机过温 | ◉<br>◉ | RAM 故障-两个 LED 交替闪光 |

2. 通过外部端子操作变频器

当变频器连接 SDP 面板时，只能使用变频器控制电路的外部端子来操作变频器。MM440 变频器的控制电路外部端子典型接线如图 9-5 所示，部分端子的设置参数及默认值对应的功能见表 9-1。

当 DIN1 端子外接开关闭合时，电动机启动并正转，开关断开时，电动机停转。在电动机运转时，调节 AIN1 端子外接的电位器，可以对电动机进行调速，同时 AOUT1 端子输出电流会发生变化，外接电流表表针偏转，指示变频器当前输出至电动机的电源频率，变频器输出频率越高，AOUT1 端子输出电流越大，指示输出电源频率越高。一旦变频器出现故障，RL1 端子（继电器输出端子 1）内部的继电器动作，常开触点闭合，外接指示灯通电发光，指示变频器出现故障。如果将 DIN3 端子外接开关闭合，会对变频器进行故障复位，RL1 端子内部继电器的常开触点断开，外接指示灯断电熄灭。

## 9.3.2　用 BOP 面板操作调试变频器

BOP 面板上有显示屏和操作按键，在使用 BOP 面板连接变频器（要先将 SDP 面板从变频器上拆下）时，可以设置变频器的参数，也可以直接用面板上的按键操作变频器。

1. BOP 面板介绍

BOP 面板上方为 5 位数字的 7 段显示屏，用于显示参数号、参数值、数值、报警和故障等信息，BOP 不能存储参数信息。BOP 面板外形及按键名称如图 9-15 所示，显示屏及按键功能说明见表 9-9。

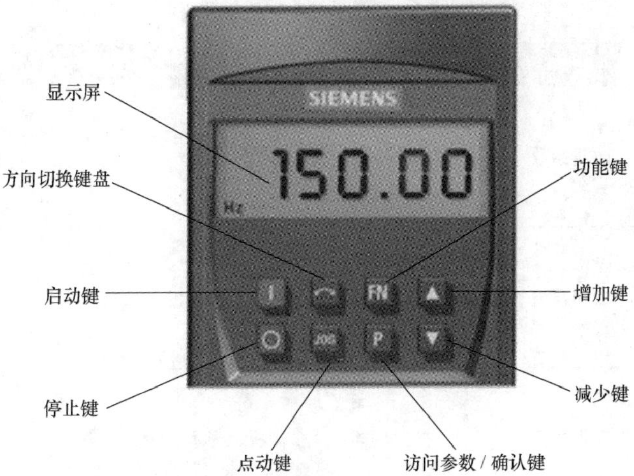

显示屏
方向切换键盘
功能键
启动键
增加键
停止键
减少键
点动键
访问参数 / 确认键

图 9-15 BOP 面板外形及按键名称

**表 9-9　　BOP 面板显示屏及按键功能说明**

| 显示/按钮 | 功能 | 功能的说明 |
|---|---|---|
| 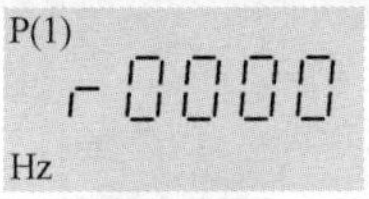 P(1) r0000 Hz | 状态显示 | LCD 显示变频器当前的设定值 |
| 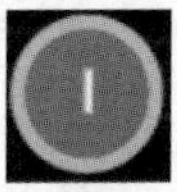 I | 启动电动机 | 按此键起动变频器。默认值运行时此键是被封锁的。为了使此键的操作有效，应设定 P0700＝1 |
| 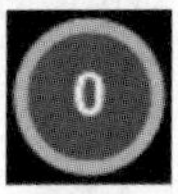 0 | 停止电动机 | OFF1：按此键，变频器将按选定的斜坡下降速率减速停车。默认值运行时此键被封锁；为了允许此键操作，应设定 P0700＝1。<br>OFF2：按此键两次（或一次，但时间较长）电动机将在惯性作用下自由停车。<br>此功能总是“使能”的 |
| 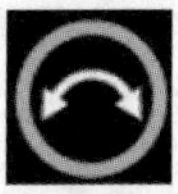  | 改变电动机的转动方向 | 按此键可以改变电动机的转动方向。电动机的反向用负号（—）表示或用闪烁的小数点表示。默认值运行时此键是被封锁的，为了使此键的操作有效，应设定 P0700＝1 |
| 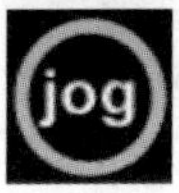 jog | 电动机点动 | 在变频器无输出的情况下按此键，将使电动机起动，并按预设定的点动频率运行。释放此键时，变频器停车。如果变频器/电动机正在运行，按此键将不起作用 |
| 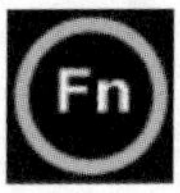 Fn | 功能 | 此键用于浏览辅助信息。<br>变频器运行过程中，在显示任何一个参数时按下此键并保持不动 2s，将显示以下参数值：<br>（1）直流回路电压（用 *d* 表示，单位 V）<br>（2）输出电流（A）<br>（3）输出频率（Hz）<br>（4）输出电压（用 *o* 表示，单位 V）<br>（5）由 P0005 选定的数值［如果 P0005 选择显示上述参数中的任何一个（3、4 或 5），这里将不再显示］。<br>连续多次按下此键，将轮流显示以上参数。<br>跳转功能：<br>在显示任何一个参数（r××××或 P××××）时短时间按下此键，将立即跳转到 r0000，如果需要的话，可以接着修改其他的参数。跳转到 r0000 后，按此键将返回原来的显示点。<br>在出现故障或报警的情况下，按此键可以将操作板上显示的故障或报警信息复位 |

续表

| 显示/按钮 | 功能 | 功能的说明 |
| --- | --- | --- |
|  P | 访问参数 | 按此键即可访问参数 |
|  ▲ | 增加数值 | 按此键即可增加面板上显示的参数数值 |
|  ▼ | 减少数值 | 按此键即可减少面板上显示的参数数值 |

2. 用BOP面板设置变频器的参数

在变频器处于默认设置时，BOP面板可以设置修改参数，但不能控制电动机运行，要控制电动机运行必须将参数P0700的值设为1，参数P1000的值也应设为1。在变频器通电时可以安装或拆卸BOP面板，如果在电动机运行时拆卸BOP面板，变频器将会让电动机自动停车。

用BOP面板设置变频器的参数方法见表9-10和表9-11。表9-10为设置参数P0004=7的操作方法，表9-11为设置P100［0］=1的操作方法，P1000［0］表示P0100的第0组参数（又称下标参数0）。“r————”参数为只读参数，其显示的是特定的参数值，用户无法修改，“P————”参数的参数值可以由用户修改。

在用BOP面板设置变频器的参数时，如果面板显示“busy”，表明变频器正在忙于处理更高优先级任务。

**表9-10　　设置参数P0004=7的操作方法**

| 序号 | 操作步骤 | 显示的结果 |
| --- | --- | --- |
| 1 | 按P访问参数 | r0000 |
| 2 | 按▲直到显示出P0004 | P0004 |
| 3 | 按P进入参数数值访问级 | 0 |
| 4 | 按▲或▼达到所需要的数值 | 7 |
| 5 | 按P确认并存储参数的数值 | P0004 |
| 6 | 使用者只能看到电动机的参数 | |

表 9-11 设置 P0100［0］=1 的操作方法

| 序号 | 操作步骤 | BOP 显示结果 |
|---|---|---|
| 1 | 按[P]键，访问参数 | r0000 |
| 2 | 按[▲]键，直到显示 P1000 | P1000 |
| 3 | 按[P]键，显示 in000，即 P1000 的第 0 组值 | in000 |
| 4 | 按[P]键，显示当前值 2 | 2 |
| 5 | 按[▼]键，达到所要求的数值 1 | 1 |
| 6 | 按[P]键，存储当前设置 | P1000 |
| 7 | 按[FN]键，显示 r0000 | r0000 |
| 8 | 按[P]键，显示频率 | 5000 |

3. 故障复位操作

如果变频器运行时发生故障或报警，变频器会出现提示，并按照设定的方式进行默认的处理（一般是停车），此时需要用户查找原因并排除故障，然后在面板上进行故障复位操作。下面以变频器出现“F0003（电压过低）”故障为例来说明故障复位的操作方式。

当变频器欠压的时候，面板会显示故障代码“F0003”。如果故障已经排除，按 Fn 键，变频器会复位到运行准备状态，显示设定频率“5000”并闪烁，若故障仍然存在，则故障代码“F0003”仍会显现。

## 9.3.3 用 AOP 面板操作调试变频器

1. AOP 面板外形与特点

AOP 面板与 BOP 面板一样，也有显示屏和操作按键，但 AOP 面板功能更为强大，在使用 AOP 面板连接变频器时，要先将 SDP 面板或 BOP 面板从变频器上拆下。用 AOP 面板可以设置变频器的参数、也可以直接用面板上的按键操作变频器运行，另外还有更多其他功能。在变频器通电情况下，可以安装或拆卸 AOP 面板。

图 9-16 AOP 面板的外形与特点

AOP 面板的外形如图 9-16 所示。

AOP 面板是可选件，具有以下特点：

（1）清晰的多种语言文本显示；

（2）多组参数组的上装和下载功能；

（3）可以通过 PC 编程；

（4）具有连接多个站点的能力，最多可以连接 30 台变频器。

2. 用AOP面板控制变频器运行的参数设置及操作

为了让AOP面板能操作变频器驱动电动机运行（启动、停转、点动等），须设参数P0700=4（或5），具体步骤如下。

(1) 在变频器上安装好AOP面板。

(2) 用▲和▼键选择文本语言的语种。

(3) 按P键，确认所选择的文本语种。

(4) 按P键，翻过开机“帮助”显示屏幕。

(5) 用▲和▼选择参数。

(6) 按P键，确认选择的参数。

(7) 选定所有的参数。

(8) 按P键，确认所有选择的参数。

(9) 用▲和▼键选择P0010（参数过滤器）。

(10) 按P键，编辑参数的数值。

(11) 将P0010的访问级设定为1。

(12) 按P键，确认所作的选择。

(13) 用▲和▼键选择P0700（选择命令源）。

(14) 按P键，编辑参数的数值。

(15) 设置P0700=4（通过AOP链路的USS进行设置）。

(16) 按P键，确认所作的选择。

(17) 用▲和▼键选择P1000（频率设定值源）。

(18) 设置P1000=1（让操作面板设定频率有效）。

(19) 用▲和▼键，选择P0010。

(20) 按P键，编辑参数的数值。

(21) 把P0010的访问级设定为0。

(22) 按P键，确认所作的选择。

(23) 按Fn键，返回r0000。

(24) 按P健，显示标准屏幕。

(25) 按I键，启动变频器/电动机。

(26) 用▲键增加输出。

(27) 用▼键减少输出。

(28) 按0停止变频器/电动机。

如果将AOP面板用作变频器的常规控制装置，建议用户设定P2014.1=5000，为此应先设定P0003=3。P2014的这一设定值将在变频器与控制源（即AOP面板）通信停止时使变频器跳闸。

## 9.4 MM440变频器的参数调试及常规操作

MM440变频器的参数分为P型参数（以字母P开头）和r型参数（以字母r开头），如前所述，P型参数是用户可修改的参数，r型参数为只读参数，主要用于显示一些特定的信息，用户可查看但不能修改。

### 9.4.1 变频器所有参数的复位

如果要把变频器所有参数复位到工厂默认值时，须将 BOP 面板或 AOP 面板连接到变频器，再进行以下操作：

(1) 设置调试参数过滤器参数 P0010＝30（0－准备，1－快速调试，2－用于维修，29－下载，30－工厂设定值）；

(2) 设置工厂复位参数 P0970＝1（0－禁止复位，1－参数复位）。

整个复位过程需要约 3min 才能完成。MM440 变频器所有参数复位的操作流程如图 9-17 所示。

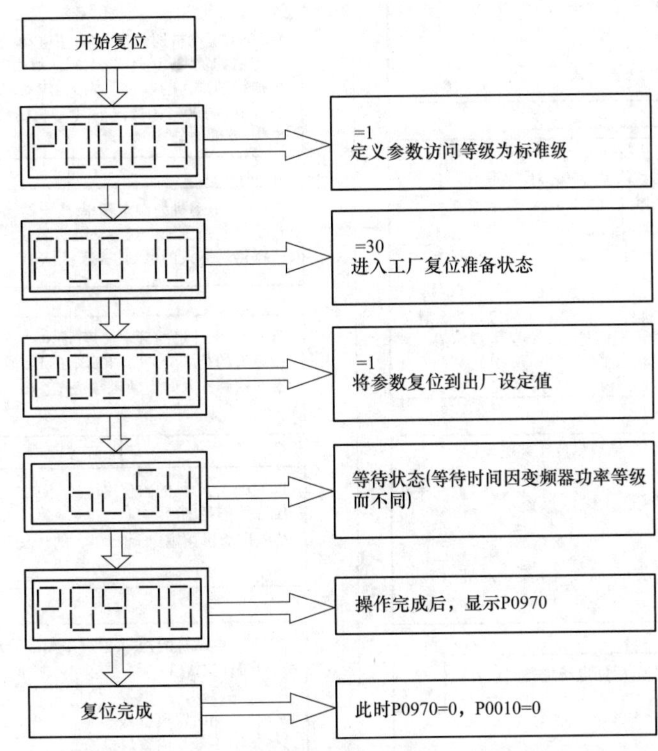


图 9-17 MM440 变频器所有参数复位的操作流程

### 9.4.2 变频器参数快速调试设置的步骤及说明

MM440 变频器一些常用参数默认值通常是根据西门子标准电动机设置的，如果连接其他类型的电动机，建议在运行前对变频器进行快速调试，即根据电动机及负载具体特性，以及变频器的控制方式等对变频器有关参数进行必要的设置，再来驱动电动机运行。在快速调试设置时，需要给变频器连接 BOP 或 AOP 面板，也可以使用带调试软件 STARTER 或 Drive Monitor 的 PC 工具。

MM440 变频器参数快速调试设置流程如图 9-18 所示。在快速调试时，首先要设置用户访问级参数 P0003，如果设 P0003＝1，则调试操作时只能看到标准级（即访问级 1）的参数，扩展级（访问级 2）和专家级（访问级 3）的参数不会显示出来，图 9-18 流程图中设置 P0003＝3，故快速调试设置时会显示有关的扩展级和专家级参数。在快速调试过程中，如果对某参数不是很了解，可查看变频器使用手册的参数表，阅读该参数的详细说明，对于一些不是很重要的参数，可以保持默认值，如果调试时不了解电动机的参数，可设参数 P3900＝3，让变频器自动检测所连接电动机的参数。

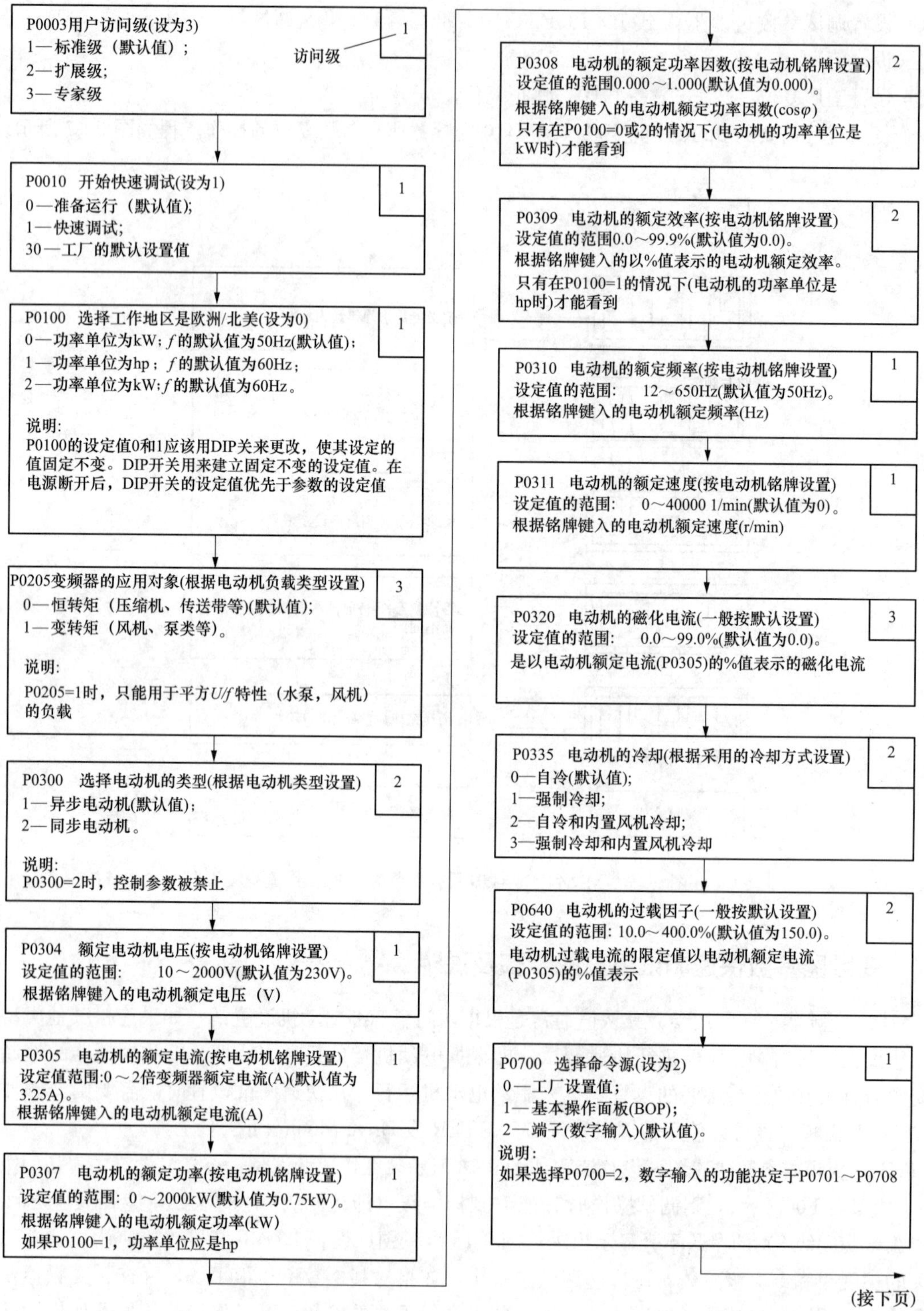

P0003用户访问级(设为3)
1—标准级（默认值）;
2—扩展级;
3—专家级
访问级 1

P0010 开始快速调试(设为1) 1
0—准备运行（默认值);
1—快速调试;
30—工厂的默认设置值

P0100 选择工作地区是欧洲/北美(设为0) 1
0—功率单位为kW; $f$的默认值为50Hz(默认值);
1—功率单位为hp; $f$的默认值为60Hz;
2—功率单位为kW; $f$的默认值为60Hz。

说明:
P0100的设定值0和1应该用DIP关来更改，使其设定的值固定不变。DIP开关用来建立固定不变的设定值。在电源断开后，DIP开关的设定值优先于参数的设定值

P0205变频器的应用对象(根据电动机负载类型设置) 3
0—恒转矩（压缩机、传送带等)(默认值);
1—变转矩（风机、泵类等)。

说明:
P0205=1时，只能用于平方$U/f$特性（水泵，风机）的负载

P0300 选择电动机的类型(根据电动机类型设置) 2
1—异步电动机(默认值);
2—同步电动机。

说明:
P0300=2时，控制参数被禁止

P0304 额定电动机电压(按电动机铭牌设置) 1
设定值的范围: 10～2000V(默认值为230V)。
根据铭牌键入的电动机额定电压（V)

P0305 电动机的额定电流(按电动机铭牌设置) 1
设定值范围:0～2倍变频器额定电流(A)(默认值为3.25A)。
根据铭牌键入的电动机额定电流(A)

P0307 电动机的额定功率(按电动机铭牌设置) 1
设定值的范围: 0～2000kW(默认值为0.75kW)。
根据铭牌键入的电动机额定功率(kW)
如果P0100=1，功率单位应是hp

P0308 电动机的额定功率因数(按电动机铭牌设置) 2
设定值的范围0.000～1.000(默认值为0.000)。
根据铭牌键入的电动机额定功率因数($\cos\varphi$)
只有在P0100=0或2的情况下(电动机的功率单位是kW时)才能看到

P0309 电动机的额定效率(按电动机铭牌设置) 2
设定值的范围0.0～99.9%(默认值为0.0)。
根据铭牌键入的以%值表示的电动机额定效率。
只有在P0100=1的情况下(电动机的功率单位是hp时)才能看到

P0310 电动机的额定频率(按电动机铭牌设置) 1
设定值的范围: 12～650Hz(默认值为50Hz)。
根据铭牌键入的电动机额定频率(Hz)

P0311 电动机的额定速度(按电动机铭牌设置) 1
设定值的范围: 0～40000 1/min(默认值为0)。
根据铭牌键入的电动机额定速度(r/min)

P0320 电动机的磁化电流(一般按默认设置) 3
设定值的范围: 0.0～99.0%(默认值为0.0)。
是以电动机额定电流(P0305)的%值表示的磁化电流

P0335 电动机的冷却(根据采用的冷却方式设置) 2
0—自冷(默认值);
1—强制冷却;
2—自冷和内置风机冷却;
3—强制冷却和内置风机冷却

P0640 电动机的过载因子(一般按默认设置) 2
设定值的范围: 10.0～400.0%(默认值为150.0)。
电动机过载电流的限定值以电动机额定电流(P0305)的%值表示

P0700 选择命令源(设为2) 1
0—工厂设置值;
1—基本操作面板(BOP);
2—端子(数字输入)(默认值)。
说明:
如果选择P0700=2，数字输入的功能决定于P0701～P0708

(接下页)

图 9-18 MM440 变频器参数快速调试流程（一）

(接上页)

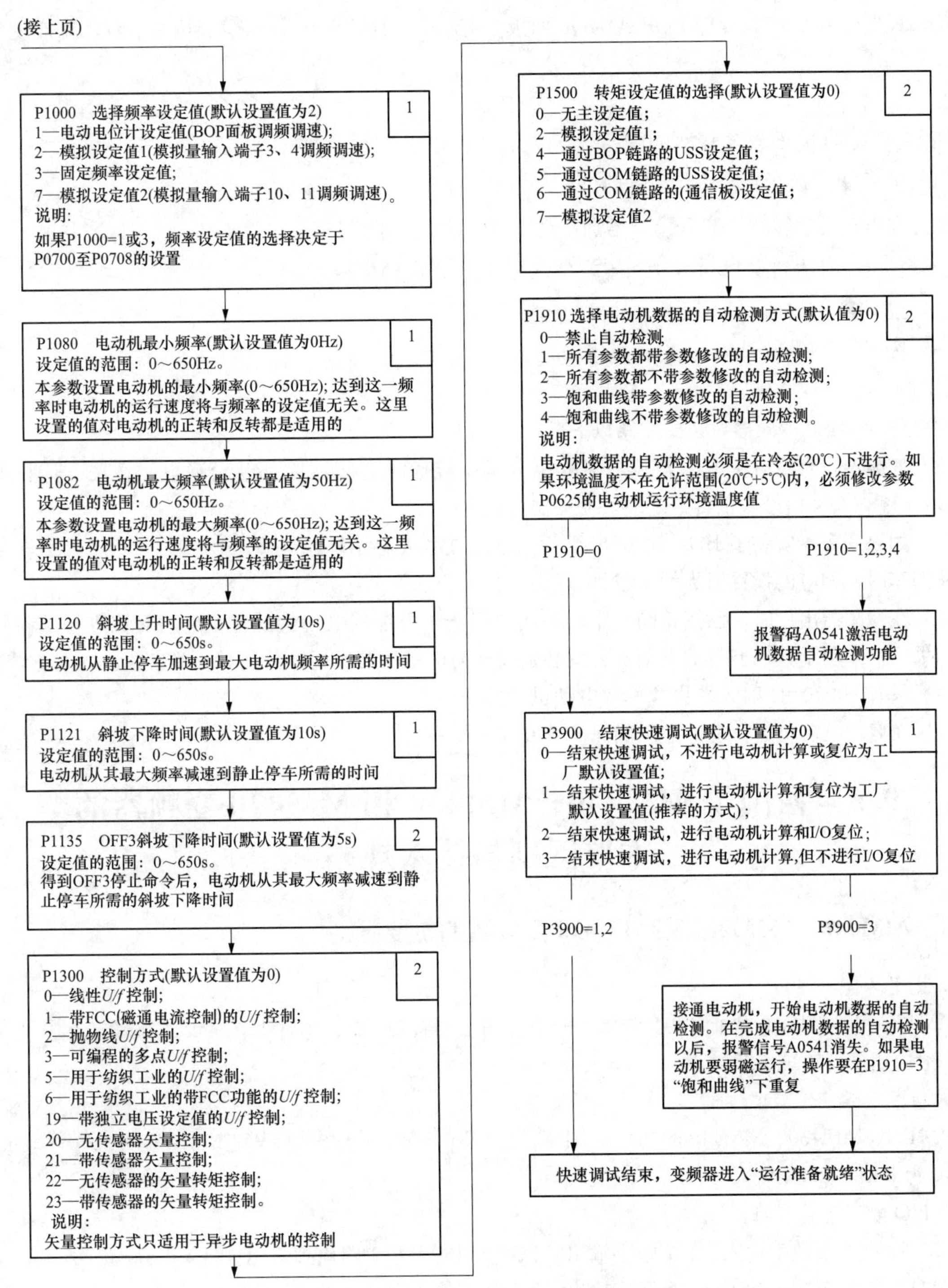


图 9-18 MM440 变频器参数快速调试流程（二）

## 9.4.3 变频器的常规操作

1. 常规操作的前提条件

MM440 变频器常规操作前提条件如下。

(1) 设置 P0010＝0，让变频器进行初始化，进入运行准备状态。

(2) 设置 P0700＝1，让 BOP 或 AOP 面板的启动/停止按键操作有效。

(3) 设置 P1000=1，使能 BOP 或 AOP 面板的电动电位计（即让▲和▼键可调节频率来改变电动机转速）。

2. 常规操作

用 BOP 或 AOP 面板对 MM440 变频器进行常规操作如下。

(1) 按下Ⅰ（运行）键，起动电动机。

(2) 在电动机运转时，按下▲（增加）键，使电动机升速到 50Hz。

(3) 在电动机达到 50Hz 时，按下▼（减少）键，使电动机转速下降。

(4) 按下⊙（转向）键，改变电动机的运转方向。

(5) 按下O（停止）键，让电动机停转。

3. 操作注意事项

在操作 MM440 变频器时，要注意以下事项。

(1) 变频器自身没有主电源开关，当电源电压一接通时变频器内部就会通电。在按下运行键或 DIN1 端子输入 ON 信号（正转）之前，变频器的输出一直被封锁，处于等待状态。

(2) 如果变频器安装了 BOP 或 AOP 面板，且已设置要显示输出频率（P0005=21），那么在变频器减速停车时，相应的设置值大约每秒钟显示一次。

(3) 在变频器出厂时，已按相同额定功率的西门子 4 极标准电动机的常规应用对象进行了参数设置。如果用户采用了其他型号的电动机，就必须按电动机铭牌上的规格数据对有关参数进行重新设置。

(4) 只有 P0010=1 时才能设置修改电动机参数。

(5) 在启动电动机运行前，必须确保 P0010=0。

## 9.5 西门子 MM440、MM430 和 MM420 变频器的主要区别与技术规格

### 9.5.1 MM440、MM430 和 MM420 变频器的主要区别

1. 适用场合

MM420、MM440 属于通用型变频器，一般应用于恒转矩负载；MM430 属于水泵风机专用型变频器，一般应用于变转矩负载。

2. 功率范围

MM420、MM430、MM440 的功率范围不同：MM420 为 0.12～11kW；MM430 为 7.5～250kW；MM440 为 0.12～200kW。

3. I/O 端子数量

MM420 有 3 个数字输入、1 个数字输出、1 路模拟输入和 1 路模拟输出。

MM430 有 6 个数字输入、3 个数字输出、2 路模拟输入和 2 路模拟输出。

MM440 有 6 个数字输入、3 个数字输出、2 路模拟输入和 2 路模拟输出。

4. 其他区别

(1) MM430 具有应用于流体设备上的特殊功能，如分级控制、PID 休眠功能、旁路功能等。

(2) MM430 操作面板上具有手动/自动切换按钮，MM420/440 无该功能。

(3) MM420、MM 430 仅具有 $U/f$ 控制，MM440 不但具有 $U/f$ 控制，还具有矢量控制。

(4) MM420、MM430 无制动单元，MM440 小于等于 75kW 包含内置制动单元，无内置制动单元的 MM440 和 MM420 可以使用外置制动单元。

## 9.5.2 MM420 变频器的主要技术规格

MM420 变频器的主要技术规格见表 9-12。

**表 9-12 MM420 变频器的主要技术规格**

| 项目 | 内容 |
|---|---|
| 电源电压和功率范围 | 单相交流 200～240V±10%　0.12～3kW<br>三相交流 200～240V±10%　0.12～5.5kW<br>三相交流 380～480V±10%　0.37～11kW |
| 输入频率 | 47～63Hz |
| 输出频率 | 0～650Hz |
| 功率因数 | ≥0.95 |
| 变频器效率 | 96%～97% |
| 过载能力 | 1.5 倍额定输出电流，60s（重复周期每 300s 一次） |
| 合闸冲击电流 | 小于额定输入电流 |
| 控制方式 | 线性 $U/f$；平方 $U/f$；多点 $U/f$ 特性（可编程的 $U/f$）<br>磁通电流控制（FCC） |
| PWM 频率 | 16kHz（230V，单相/三相交流变频器的标准配置）<br>4kHz（400V，三相交流变频器的标准配置）<br>2～16kHz（每级调整 2kHz） |
| 固定频率 | 7 个，可编程 |
| 跳转频率 | 4 个，可编程 |
| 频率设定值的分辨率 | 0.01Hz，数字设定<br>0.01Hz，串行通信设定<br>10 位二进制数的模拟设定 |
| 数字输入 | 3 个完全可编程的带隔离的数字输入；可切换为 PNP/NPN |
| 模拟输入 | 1 个，用于设定值输入或 PI 控制器输入（0～10V），可标定；也可以作为第 4 个数字输入使用 |
| 继电器输出 | 1 个，可组态为 30V 直流/5A（电阻负载），或 250V 交流/2A（感性负载） |
| 模拟输出 | 1 个，可编程（0～20mA） |
| 串行接口 | RS485，RS232，可选 |
| 电动机电缆的长度 | 不带输出电抗器时：最大 50m（带屏蔽的）；<br>最大 100m（不带屏蔽的）<br>带有输出电抗器时：参看相关选择 |
| 电磁兼容性 | 变频器可以带有内置 A 级 EMC 滤波器，作为选件，可以带有 EMC 滤波器，使之符合 EN55011A 级或 B 级标准的要求 |
| 制动 | 直流制动，复合制动 |
| 防护等级 | IP20 |
| 工作温度范围 | －10～＋50℃ |
| 存放温度 | －40～＋70℃ |
| 湿度 | 相对湿度 95%，无结露 |
| 工作地区的海拔高度 | 海拔 1000m 以下使用时不降低额定参数 |
| 标准额定短路电流（SCCR[1]） | 10kA |
| 保护功能 | 欠电压；过电压；过负载；接地故障；短路；防止电动机失速；闭锁电动机；电动机过温；变频器过温；参数互锁 |

### 9.5.3 MM430变频器的主要技术规格

MM430变频器的主要技术规格见表9-13。

表9-13 MM430变频器的主要技术规格

| 项　目 | 内　容 |
| --- | --- |
| 电源电压和功率范围 | 380～480V±10%，三相交流　7.5～250kW（变转矩） |
| 输入频率 | 47～63Hz |
| 输出频率 | 7.5～90kW　0～650Hz<br>110～250kW　0～267Hz |
| 功率因数 | ≥0.95 |
| 变频器效率 | 7.5～90kW　96%～97%<br>110～250kW　97%～98% |
| 过载能力 | 7.5～90kW：可达1.4x额定输出电流（即允许过载140%），持续时间3s，重复周期时间300s；<br>或1.1x额定输出电流（即允许过载110%），持续时间60s，重复周期时间300s<br>110～250kW：<br>可达1.5x额定输出电流（即允许过载150%），持续时间1s，重复周期时间300s；<br>或1.1x额定输出电流（即允许过载110%），持续时间59s，重复周期时间300s |
| 合闸冲击电流 | 小于额定输入电流 |
| 控制方式 | 线性$U/f$；平方$U/f$；多点$U/f$（可编程的$U/f$）；磁通电流控制（FCC）；节能控制方式 |
| 脉冲调制频率 | 7.5～90kW：<br>4kHz（标准的设置）；<br>2～16kHz（每级可调整2kHz）；<br>110～250kW：<br>2kHz（标准的设置）；<br>2～4kHz（每级可调整2kHz） |
| 固定频率 | 15个，可编程 |
| 跳转频率 | 4个，可编程 |
| 设定值的分辨率 | 0.01Hz数字输入<br>0.01Hz串行通信输入<br>10位二进制数的模拟输入 |
| 数字输入 | 6个可自由编程的数字输入，带电位隔离，可以切换为PNP/NPN型接线 |
| 模拟输入 | 2个，可编程<br>• 0～10V，0～20mA，－10～＋10V（AIN1）；<br>• 0～10V，和0～20mA（AIN2）；<br>• 两个模拟输入可以作为第7和第8个数字输入 |
| 继电器输出 | 3个，可编程，30V DC/5A（电阻性负载），250V AC/2A（电感性负载） |
| 模拟输出 | 2个，可编程，（0/4～20mA） |
| 串行接口 | RS-485，可选RS-232 |
| 电动机电缆的长度 | 7.5～90kW：<br>不带输出电抗器时　最大50m（带屏蔽的）；最大100m（不带屏蔽的）<br>带有输出电抗器时　参看相关的选件<br>110～250kW：<br>不带输出电抗器时　最大200m（带屏蔽的）；最大300m（不带屏蔽的）<br>带有输出电抗器时　参看相关的选件 |

续表

| 项　目 | 内　容 |
|---|---|
| 电磁兼容性 | 7.5～90kW；　变频器带有内置A级滤波器<br>变频器不带滤波器的情况下：<br>7.5～15.0kW；　EMC滤波器，作为选件可采用B级，符合EN55011标准；<br>18.5～90.0kW　EMC滤波器，作为选件可采用Schaffner制造的B级滤波器；<br>110～250kW；　EMC滤波器，作为选件可采用A级 |
| 制动 | 直流注入制动，复合制动 |
| 防护等级 | IP20 |
| 运行温度范围 | 7.5～90kW：　−10～+40℃（+14～104℉）<br>110～250kW：　0～+40℃（+32～+104℉） |
| 存放温度 | −40～+70℃（−40～+158℉） |
| 相对湿度 | <95%相对湿度，无结露 |
| 工作地区的海拔高度 | 7.5～90kW：1000m以下不需要降低额定值运行；<br>110～250kW，2000m以下不需要降低额定值运行 |
| 标准额定短路电流（SCCR′） | FSC：10kA；<br>FSD，FSE，FSF，FSFX，FSGX：42kA |
| 保护功能 | 欠电压；过电压；过负载；接地；短路；防止电动机失步；电动机闭锁；电动机过温；变频器过温；参数互锁 |

## 9.5.4 MM440变频器的主要技术规格

MM440变频器的主要技术规格见表9-14。

**表9-14　MM440变频器的主要技术规格**

| 项　目 | 内　容 | | |
|---|---|---|---|
| 电源电压和功率范围 | | CT（恒转矩） | VT（变转矩） |
| | 1AC 200～240V±10% | 0.12～3kW | — |
| | 3AC 200～240V±10% | 0.12～45kW | 5.5～45kW |
| | 3AC 380～480V±10% | 0.37～200kW | 7.5～250kW |
| | 3AC 500～600V±10% | 0.75～75kW | 1.5～90kW |
| 输入频率<br>输出频率 | 47～63Hz | | |
| | 0.12～75W | 0～650Hz（$U/f$方式） | 0～200Hz（矢量控制方式） |
| | 90～200kW | 0～267Hz（$U/f$方式） | 0～200Hz（矢量控制方式） |
| 功率因数 | ≥0.95 | | |
| 变频器效率 | 96%～97% | | |
| 过载能力（恒转矩）<br>—恒转矩（CT）：0.12～75kW<br>90～200kW | 1.5×额定输出电流（即150%过载），持续时间60s，间隔周期时间300s以及<br>2.0×额定输出电流（即200%过载），持续时间3s，间隔周期时间300s；<br>1.36×额定输出电流（即136%过载），持续时间57s，间隔周期时间300s以及<br>1.60×额定输出电流（即160%过载），持续时间3s，间隔周期时间300s | | |
| —变转矩（VT）5.5～90kW<br>110～250kW | 1.4×额定输出电流（即140%过载），持续时间3s，间隔周期时间300s以及<br>1.1×额定输出电流（即110%过载），持续时间60s，间隔周期时间300s；<br>1.5×额定输出电流（即150%过载），持续时间1s，间隔周期时间300s以及<br>1.1×额定输出电流（即110%过载），持续时间59s，间隔周期时间300s | | |

续表

| 项　目 | 内　容 |
|---|---|
| 合闸冲击电流 | 小于额定输入电流 |
| 控制方式 | 矢量控制，转矩控制、线性 $U/f$，平方 $U/f$，多点 $U/f$（可编程 $U/f$），磁通电流控制（FCC） |
| 脉冲宽度调制（PWM）频率<br>0.12～75kW<br>90～200kW | 4kHz（标准配置）；16kHz（230V，0.12～5.5kW 变频器的标准配置）<br>2～16kHz（每级调整 2kHz）<br>2kHz（VT 运行方式下的标准配置）：4kHz（CT 运行方式下的标准配置）<br>2～8kHz（每级调整 2kHz） |
| 固定频率 | 15 个，可编程 |
| 跳转频率 | 4 个，可编程 |
| 设定值的分辨率 | 0.01Hz 数字输入<br>0.01Hz 串行通信输入<br>10 位二进制数的模拟输入 |
| 数字输入 | 6 个，可编程（带电位隔离），可切换为高电平/低电平有效（PNP/NPN 线路） |
| 模拟输入 | 2 个可编程的模拟输入<br>• 0～10V，0～20mA 和－10～＋10V（AIN1）；<br>• 0～10V 和 0～20mA（AIN2）<br>• 两个模拟输入可以作为第 7 和第 8 个数字输入使用 |
| 继电器输出 | 3 个可编程 30V DC/5A（电阻性负载），250V AC/2A（电感性负载） |
| 模拟输出 | 2 个，可编程（0～20mA） |
| 串行接口 | RS-485，可选 RS-232 |
| 电动机电缆的长度<br>不带输出电抗器　0.12～75kW<br>9.0～250kW<br>带有输出电抗器 | 最长 50m（带屏蔽的），最长 100m（不带屏蔽的）；<br>最长 200m（带屏蔽的），最长 300m（不带屏蔽的）；<br>参看相关的选件 |
| 电磁兼容性 | 可选用 EMC A 级或 B 级滤波器，符合 EN55011 标准的要求；<br>也可采用带有内置 A 级滤波器的变频器 |
| 制动 | 带直流注入制动的电阻制动，复合制动，集成的制动斩波器（集成的制动斩波器仅限功率为 0.12～75kW 的变频器） |
| 防护等级 | IP20 |
| 温度范围（不降格）　0.12～75kW<br>30～200kW | －10～＋50℃（CT）<br>－10～＋40℃（VT）<br>0～＋40℃ |
| 存放温度 | －40～＋70℃ |
| 相对湿度 | <95%RH 无结露 |
| 工作地区的海拔高度<br>0.12～75kW<br>90～200kW | 海拔 1000m 以下不需要降低额定值运行<br>海拔 2000m 以下不需要降低额定值运行 |
| 标准额定短路电流（SCCR） | FSA，FSB，FSC：10kA<br>FSD，FSE，FSF，FSFX，FSGX，42kA |
| 保护功能 | 欠电压；过电压；过负载；接地；短路；电动机失步保护；电动机锁定；电动机过温；变频器过温；参数 PIN 保护 |

# 第10章 变频器的典型应用电路

## 10.1 用变频器输入端子控制电动机正反转和面板键盘调速的电路

### 10.1.1 控制要求

用两个开关控制变频器驱动电动机运行，一个开关控制电动机正转和停转，一个开关控制电动机反转和停转，电动机加速和减速时间均为10s，电动机转速可使用BOP或AOP面板来调节。

### 10.1.2 电路接线

用变频器数字量输入端子控制电动机正反转及面板键盘调速的电路如图10-1所示，SA1、SA2分别用于控制电动机正、反转，电动机调速由BOP或AOP面板来完成。

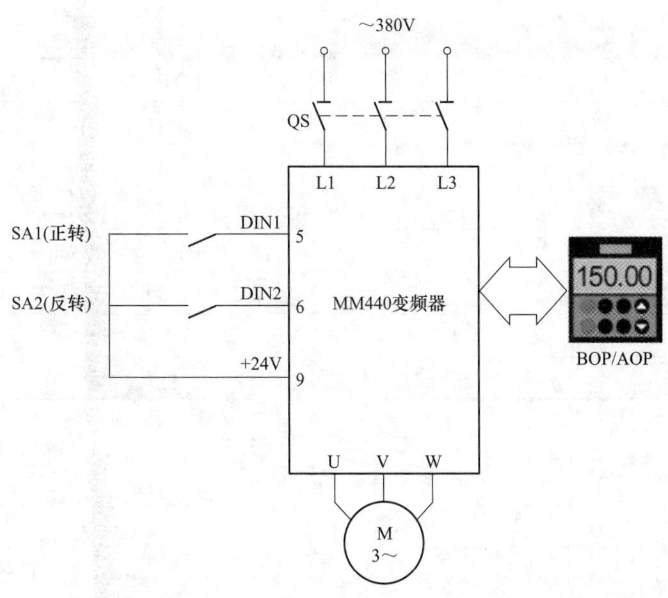


图10-1 用变频器数字量输入端子控制电动机正反转及面板键盘调速的电路

### 10.1.3 参数设置

在参数设置时，一般先将变频器所有参数复位到工厂默认值，然后设置电动机参数，再设置其他参数。

(1) 将变频器所有参数复位到工厂默认值。在BOP或AOP面板上先设置调试参数过滤器参数P0010=3，再设置工厂复位参数P0970=1，然后按下P键，开始参数复位，大约3min完成复位过程，变频器的参数复位到工厂默认值。

（2）电动机参数设置。在设置电动机参数时，设置 P0100=1，进入参数快速调试，按照电动机铭牌设置电动机的一些主要参数，具体见表 10-1，电动机参数设置完成后，再设 P0100=0，让变频器退出快速调试，进入准备运行状态。

**表 10-1　电动机参数的设置**

| 参数号 | 工厂默认值 | 设置值及说明 |
| --- | --- | --- |
| P003 | 1 | 1—设用户访问级为标准级 |
| P0010 | 0 | 1—快速调试 |
| P0100 | 0 | 0—工作地区：功率 kW 表示，频率为 50Hz |
| P0304 | 230 | 380—电动机额定电压（V） |
| P0305 | 3.25 | 0.95—电动机额定电流（A） |
| P0307 | 0.75 | 0.37—电动机额定功率（kW） |
| P0308 | 0 | 0.8—电动机额定功率因数（$\cos\varphi$） |
| P0310 | 50 | 50—电动机额定功率（Hz） |
| P0311 | 0 | 2800—电动机额定转速（r/min） |

（3）其他参数设置。其他参数主要用于设置数字量输入端子功能、调速方式和电动机转速的频率范围等，具体见表 10-2。

**表 10-2　其他参数的设置**

| 参数号 | 工厂默认值 | 设置值及说明 |
| --- | --- | --- |
| P003 | 1 | 1—设用户访问级为标准级 |
| P0700 | 2 | 2—命令源选择由端子排输入 |
| P0701 | 1 | 1—ON 接通正转，OFF 停止 |
| P0702 | 12 | 2—ON 接通反转，OFF 停止 |
| P1000 | 2 | 1—由 BOP 或 AOP 面板键盘（电动电位计）输入频率设定值 |
| P1080 | 0 | 0—电动机运行的最低频率（Hz） |
| P1082 | 50 | 50—电动机运行的最高频率（Hz） |
| P1040 | 5 | 30—设置键盘控制的频率值（Hz） |

### 10.1.4　操作过程及电路说明

1. 正转控制过程

当 SA1 开关闭合时，变频器的 DIN1 端（5 脚）输入为 ON，驱动电动机开始正转，并在 10s 加速到 30Hz（对应电动机转速为 1680r/min），并稳定运行在 30Hz。电动机加速时间（即斜坡上升时间）由参数 P1120=10s（默认值）决定，面板键盘调速前的电动机稳定转速 30Hz 由参数 P1040=30 决定。当 SA1 开关断开时，变频器的 DIN1 端输入为 OFF，电动机在 10s 减速到停止，电动机减速时间（即斜坡下降时间）由参数 P1121=10（默认值）决定。

2. 反转控制过程

当 SA2 开关闭合时，变频器的 DIN2 端（6 脚）输入为 ON，驱动电动机开始反转，并在 10s 加速到 30Hz（对应电动机转速为 1680r/min），并稳定运行在 30Hz。当 SA2 开关断开时，变频器的 DIN2 端输入为 OFF，电动机在 10s 减速到停止。与正转控制一样，电动机加速时间、稳定转速、减速时间分别由参数 P1120、P1040、P1121 决定。

3. 面板键盘调速过程

当操作 BOP 或 AOP 面板上的▼键时，变频器输出频率下降，电动机转速下降，转速最低频率由 P1080＝0 决定；当操作面板上的▲键时，变频器输出频率上升，电动机转速升高，转速最高频率由 P1082＝50（对应电动机额定转速 2800r/min）决定。

## 10.2 变频器输入端子控制电动机正反转及电位器调速的电路

### 10.2.1 控制要求

用变频器外接的两个开关分别控制电动机正转和反转，用变频器外接的电位器对电动机进行调速。

### 10.2.2 电路接线

用变频器外接开关控制电动机正反转和电位器调速的电路如图 10-2 所示，SA1、SA2 分别控制电动机正、反转，RP 用于对电动机进行调速。

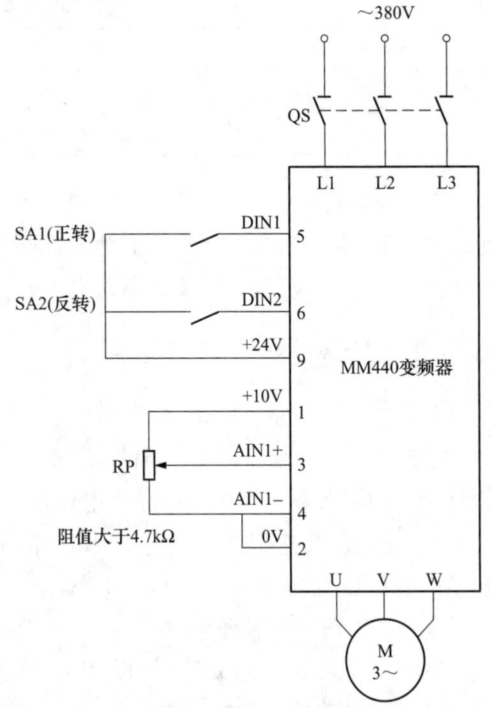


图 10-2 用变频器外接开关控制电动机正反转和电位器调速的电路

### 10.2.3 参数设置

如果变频器配有 BOP 或 AOP 面板，为了让电动机运行时能发挥出良好性能，应进行参数设置，先将变频器所有参数复位到工厂默认值，然后设置电动机参数，再设置其他参数。

（1）复位变频器所有参数到工厂默认值。用 BOP 或 AOP 面板先设置 P0010＝3，再设置 P0970＝1，然后按下 P 键，大约 3min 完成复位过程，变频器的参数复位到工厂默认值。

（2）电动机参数设置。先设置 P0100＝1，进入参数快速调试，按照电动机铭牌设置电动机的一些主要参数，具体见表 10-3，电动机参数设置完成后，再设置 P0100＝0，让变频器进入运行准备状态。

**表 10-3 电动机参数的设置**

| 参数号 | 工厂默认值 | 设置值及说明 |
|---|---|---|
| P003 | 1 | 1—设用户访问级为标准级 |
| P0010 | 0 | 1—快速调试 |
| P0100 | 0 | 0—工作地区：功率 kW 表示，频率为 50Hz |
| P0304 | 230 | 380—电动机额定电压（V） |
| P0305 | 3.25 | 0.95—电动机额定电流（A） |
| P0307 | 0.75 | 0.37—电动机额定功率（kW） |
| P0308 | 0 | 0.8—电动机额定功率因数（$\cos\varphi$） |
| P0310 | 50 | 50—电动机额定功率（Hz） |
| P0311 | 0 | 2800—电动机额定转速（r/min） |

（3）其他参数设置。其他参数主要用于设置数字量输入端子功能、调速方式和电动机转速的频率范围等，具体见表10-4。

表10-4 其他参数的设置

| 参数号 | 工厂默认值 | 设置值及说明 |
| --- | --- | --- |
| P0003 | 1 | 1—设用户访问级为标准级 |
| P0700 | 2 | 2—命令源选择由端子排输入 |
| P0701 | 1 | 1—ON接通正转，OFF停止 |
| P0702 | 12 | 2—ON接通反转，OFF停止 |
| P1000 | 2 | 2—频率设定值选择为模拟输入 |
| P1080 | 0 | 0—电动机运行的最低频率（Hz） |
| P1082 | 50 | 50—电动机运行的最高频率（Hz） |

若变频器只有SOP状态面板（无操作按键），就无法进行参数设置，只能让变频器参数按工厂默认值工作，变频器参数的工厂默认值为外部端子操作有效。采取参数工厂默认值是可以使用外部端子操作变频器运行的，但变频器驱动电动机时无法发挥出良好性能。

### 10.2.4 操作过程及电路说明

1. 正转和调速控制过程

当SA1开关闭合时，变频器的DIN1端（5脚）输入为ON，驱动电动机正转，调节AIN1端（3、4脚）的RP电位器，AIN端的输入电压在0～10V范围内变化，对应变频器输出频率在0～50Hz范围内变化，电动机转速则在0～2800 r/min范围内变化。当SA1开关断开时，变频器的DIN1端输入为OFF，电动机停止运转。

2. 反转和调速控制过程

当SA2开关闭合时，变频器的DIN2端（6脚）输入为ON，驱动电动机反转，调节AIN1端（3、4脚）的RP电位器，AIN端的输入电压在0～10V范围内变化，对应变频器输出频率在0～50Hz范围内变化，电动机转速则在0～2800 r/min范围内变化。当SA2开关断开时，变频器的DIN2端输入为OFF，电动机停止运转。

## 10.3 变频器的多段速控制功能及应用电路

### 10.3.1 变频器多段速控制的3种方式

MM440变频器可以通过DIN1～DIN6这6个数字量输入端子控制电动机，最多能以15种速度运行，并且一种速度可直接切换到另一种速度，该功能称为变频器的多段速功能（又称多段固定频率功能）。变频器实现多段速控制有直接选择方式、直接选择＋ON命令方式、二进制编码选择＋ON命令方式等几种方式。

1. 直接选择方式（P0701～P0706＝15）

直接选择方式是指用DIN1～DIN6端子直接选择固定频率，一个端子可以选择一个固定频率。在使用这种方式时，先设参数P0701～P0706＝15，将各DIN端子功能设为直接选择方式选择固定频率，再在各端子的固定频率参数P1001～P1006中设置固定频率，最后设置P1000＝3，将频率来源指定为参数设置的固定频率。

在直接选择方式下，变频器各 DIN 端子的对应功能设置参数和固定频率设置参数见表 10-5，如 DIN1 端子（5 脚）的功能设置参数是 P0701，对应的固定频率设置参数为 P1001。

**表 10-5　变频器各 DIN 端子的对应功能设置参数和固定频率设置参数**

<table>
<tr><th>变频器端子号</th><th>端子功能设置参数</th><th>对应的固定频率设置参数</th><th>说　明</th></tr>
<tr><td>5</td><td>P0701</td><td>P1001</td><td rowspan="6">1. P0701～P0706 参数值均设为 15，将各对应端子的功能设为直接选择固定频率，参数值设为 16 则为直接选择＋ON 命令方式；<br>2. P1000 应设为 3，将频率设定值选择设为固定频率；<br>3. 当多个选择同时激活时，选定的频率是它们的总和</td></tr>
<tr><td>6</td><td>P0702</td><td>P1002</td></tr>
<tr><td>7</td><td>P0703</td><td>P1003</td></tr>
<tr><td>8</td><td>P0704</td><td>P1004</td></tr>
<tr><td>16</td><td>P0705</td><td>P1005</td></tr>
<tr><td>17</td><td>P0706</td><td>P1006</td></tr>
</table>

2. 直接选择＋ON 命令方式（P0701～P0706＝16）

直接选择＋ON 命令方式是指 DIN1～DIN6 端子能直接选择固定频率，还具有启动功能，即用 DIN 端子可直接启动电动机，并按设定的固定频率运行。在使用这种方式时，应设参数 P0701～P0706＝16，将各 DIN 端子功能设为直接选择＋ON 命令方式选择固定频率，其他参数设置与直接选择方式相同，见表 10-5。

3. 二进制编码选择＋ON 命令方式（P0701～P0704＝17）

二进制编码选择＋ON 命令方式是指用 DIN1～DIN4 这 4 个端子组合来选择固定频率（最多可选择 15 个固定频率），在选择时兼有启动功能。在使用这种方式时，应设参数 P0701～P0704＝17，将各 DIN 端子功能设为二进制编码选择＋ON 命令方式选择固定频率，DIN1～DIN4 端子的输入状态与对应选择的固定频率参数见表 10-6，固定频率参数用于设置具体的固定频率值，如当 DIN1 端子输入为 ON（表中用 1 表示），变频器按 P1001 设置的固定频率输出电源去驱动电动机，当 DIN1、DIN2 端子都输入 ON 时，变频器按 P1003 设置的固定频率输出。

**表 10-6　DIN1～DIN4 端子的输入状态与对应选择的固定频率参数**

| DIN4（端子 8） | DIN3（端子 7） | DIN2（端子 6） | DIN1（端子 5） | 固定频率参数 |
|---|---|---|---|---|
| 0 | 0 | 0 | 1 | P1001 |
| 0 | 0 | 1 | 0 | P1002 |
| 0 | 0 | 1 | 1 | P1003 |
| 0 | 1 | 0 | 0 | P1004 |
| 0 | 1 | 0 | 1 | P1005 |
| 0 | 1 | 1 | 0 | P1006 |
| 0 | 1 | 1 | 1 | P1007 |
| 1 | 0 | 0 | 0 | P1008 |
| 1 | 0 | 0 | 1 | P1009 |
| 1 | 0 | 1 | 0 | P1010 |
| 1 | 0 | 1 | 1 | P1011 |
| 1 | 1 | 0 | 0 | P1012 |
| 1 | 1 | 0 | 1 | P1013 |
| 1 | 1 | 1 | 0 | P1014 |
| 1 | 1 | 1 | 1 | P1015 |

### 10.3.2 变频器多段速控制应用电路

1. 控制要求

用3个开关对变频器进行多段速控制，其中一个开关用于控制电动机的启动和停止，另外两个开关组合对变频器进行3段速运行控制。

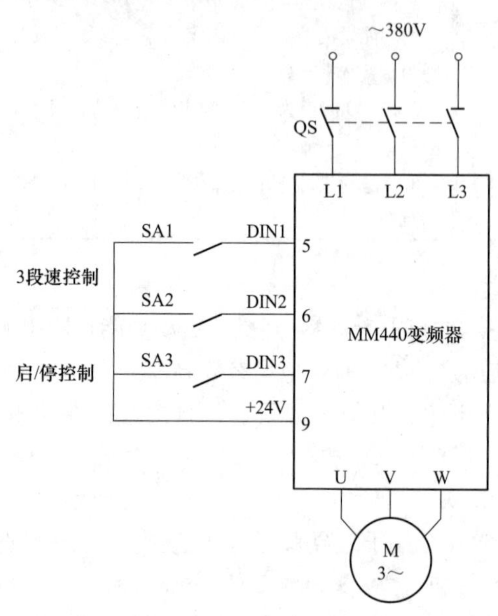


图10-3 用3个开关对变频器进行多段速控制的电路

2. 电路接线

用3个开关对变频器进行多段速控制的电路如图10-3所示，SA3用于控制电动机启动和停止，SA1、SA2组合对变频器进行3段速运行控制。

3. 参数设置

在参数设置时，先将变频器所有参数复位到工厂默认值，然后设置电动机参数，再设置其他参数。

（1）将变频器所有参数复位到工厂默认值。在BOP或AOP面板上先设置参数P0010＝3，再设置参数P0970＝1，然后按下P键，开始参数复位，大约3min完成复位过程，变频器的参数复位到工厂默认值。

（2）电动机参数设置。在设置电动机参数时，设置P0100＝1，进入参数快速调试，按照电动机铭牌设置电动机的一些主要参数，具体见表10-1，电动机参数设置完成后，再设P0100＝0，让变频器退出快速调试，进入准备运行状态。

（3）其他参数设置。其他参数主要用于设置DIN端子的多段速控制方式和多段固定频率值等，具体见表10-7，将DIN端子设为二进制编码选择＋ON命令方式控制多段速，3段速频率分别设为15Hz、30Hz、50Hz。

**表10-7 DIN端子的多段速控制方式和多段固定频率值的参数设置**

| 参数号 | 工厂默认值 | 设置值及说明 |
|---|---|---|
| P0003 | 1 | 1—设用户访问级为标准级 |
| P0700 | 2 | 2—命令源选择由端子排输入 |
| P0701 | 1 | 17—选择固定频率（二进制编码选择＋ON命令） |
| P0702 | 1 | 17—选择固定频率（二进制编码选择＋ON命令） |
| P0703 | 1 | 1—ON接通正转，OFF停止 |
| P1000 | 2 | 3—选择固定频率设定值 |
| P1001 | 0 | 15—设定固定频率1（Hz） |
| P1002 | 5 | 30—设定固定频率2（Hz） |
| P1003 | 10 | 50—设定固定频率3（Hz） |

4. 操作过程及电路说明

当开关SA3闭合时，DIN3端子输入为ON，变频器启动电动机运行。

（1）第1段速控制。将SA2断开、SA1闭合，DIN2＝0（OFF）、DIN1＝1（ON），变频器按P1001设置值输出频率为15Hz的电源去驱动电动机，电动机的转速为840r/min（即2800r/min×15/50＝

840r/min)。

(2) 第2段速控制。将SA2闭合、SA1断开，DIN2=1 (ON)、DIN1=0 (OFF)，变频器按P1002设置值输出频率为30Hz的电源去驱动电动机，电动机的转速为1680r/min。

(3) 第3段速控制。将SA2闭合、SA1闭合，DIN2=1 (ON)、DIN1=1 (ON)，变频器按P1003设置值输出频率为50Hz的电源去驱动电动机，电动机的转速为2800r/min。

(4) 停止控制。将SA2、SA1都断开，DIN2、DIN1输入均为OFF，变频器停止输出电源，电动机停转。另外，在电动机运行任何一个频率时，将SA3开关断开，DIN3端子输入为OFF，电动机也会停转。

# 10.4 变频器的PID控制电路

## 10.4.1 PID控制原理

PID又称比例积分微分控制 (Proportion Integration Differentiation)，是一种闭环控制，适合压力控制、温度控制和流量控制。下面以图10-4所示的变频器恒压供水的PID控制系统来说明PID控制原理。

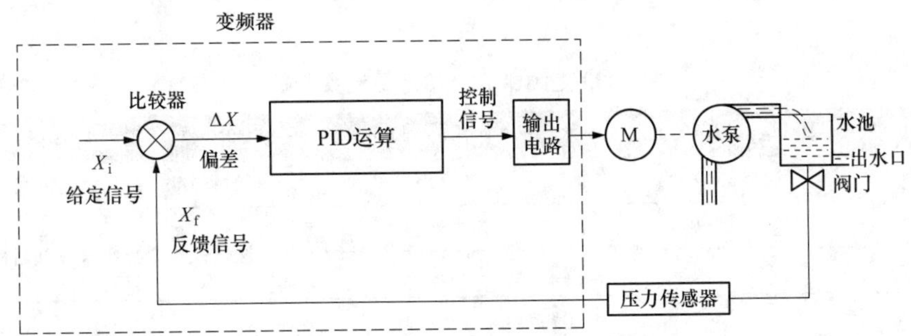


图10-4 变频器恒压供水的PID控制系统

电动机驱动水泵将水抽入水池，水池中的水除了从出水口流出提供用水外，还经阀门送到压力传感器，传感器将水压大小转换成相应的电信号 $X_f$，$X_f$ 反馈到比较器与给定信号 $X_i$ 进行比较，得到偏差信号 $\Delta X$ ($\Delta X = X_i - X_f$)。

若 $\Delta X > 0$，表明水压小于给定值，偏差信号经PID运算得到控制信号，控制输出电路，使之输出频率上升，电动机转速加快，水泵抽水量增多，水压增大。

若 $\Delta X < 0$，表明水压大于给定值，偏差信号经PID运算得到控制信号，控制输出电路，使之输出频率下降，电动机转速变慢，水泵抽水量减少，水压下降。

若 $\Delta X = 0$，表明水压等于给定值，偏差信号经PID运算得到控制信号，控制输出电路，使之输出频率不变，电动机转速不变，水泵抽水量不变，水压不变。

由于控制回路的滞后性，会使水压值总与给定值有偏差。如当用水量增多水压下降时，$\Delta X > 0$，控制电动机转速变快，提高水泵抽水量，从压力传感器检测到水压下降到控制电动机转速加快，提高抽水量，恢复水压需要一定时间。通过提高电动机转速恢复水压后，系统又要将电动机转速调回正常值，这也要一定时间，在这段回调时间内水泵抽水量会偏多，导致水压又增大，又需进行反调。这样的结果是水池水压会在给定值上下波动（振荡），即水压不稳定。

采用了PID运算可以有效减小控制环路滞后和过调问题（无法彻底消除）。PID运算包括P运算、I运算和D运算。P（比例）运算是将偏差信号 $\Delta X$ 按比例放大，提高控制的灵敏度；I（积分）运算是对偏差信号进行积分运算，消除P运算比例引起的误差和提高控制精度，但积分运算使控制具有滞后性；D（微分）运算是对偏差信号进行微分运算，使控制具有超前性和预测性。

## 10.4.2 MM440变频器的PID原理图及有关参数

西门子MM440变频器的PID原理图及有关参数如图10-5所示，其给定信号源由参数P2253设定（见表10-8），反馈信号源由参数P2264设定（见表10-9）。

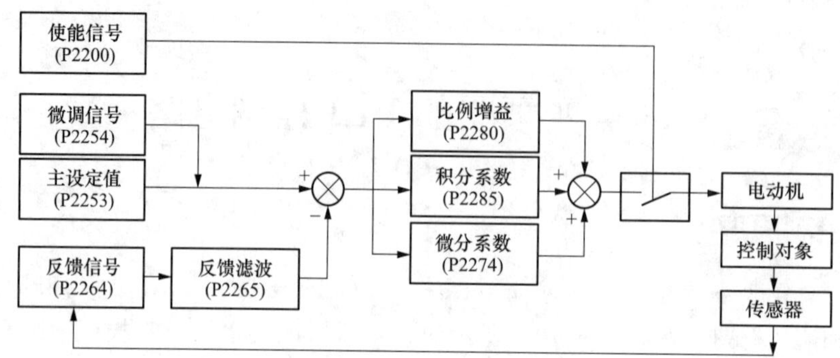


图10-5 西门子MM440变频器的PID原理图及有关参数

表10-8 MM440变频器PID给定源设置参数

| PID给定源参数 | 设定值 | 功能解释 | 说明 |
|---|---|---|---|
| P2253 | =2250 | BOP面板 | 通过改变P2240改变目标值 |
| | =755.0 | 模拟通道1 | 通过模拟量大小来改变目标值 |
| | =755.1 | 模拟通道2 | |

表10-9 MM440变频器PID反馈源设置参数

| PID反馈源参数 | 设定值 | 功能解释 | 说明 |
|---|---|---|---|
| P2264 | =755.0 | 模拟通道1 | 当模拟量波动较大时，可适当加大滤波 |
| | =755.1 | 模拟通道2 | 时间（由P2265设定），确保系统稳定 |

## 10.4.3 MM440变频器的PID控制恒压供水电路

1. 电路接线

西门子MM440变频器的PID控制恒压供水电路如图10-6所示，SA1用于启动/停止电动机，BOP或AOP面板用于设置给定信号源和有关参数，压力传感器用于将水位高低转换成相应大小的电流（0～20mA），以作为PID控制的反馈信号，为了让变频器AIN2端为电流输入方式接收反馈信号，须将面板上的AIN2设置开关置于“ON”位置。

2. 参数设置

在参数设置时，先将变频器所有参数复位到工厂默认值，然后设置电动机参数，再设置其他参数。

(1) 将变频器所有参数复位到工厂默认值。在BOP或AOP面板上先设置参数P0010=3，再设置参数P0970=1，然后按下P键，开始参数复位，大约3min完成复位过程，变频器的参数复位到工厂默认值。

(2) 电动机参数设置。在设置电动机参数时，设置P0100=1，进入参数快速调试，按照电动机铭

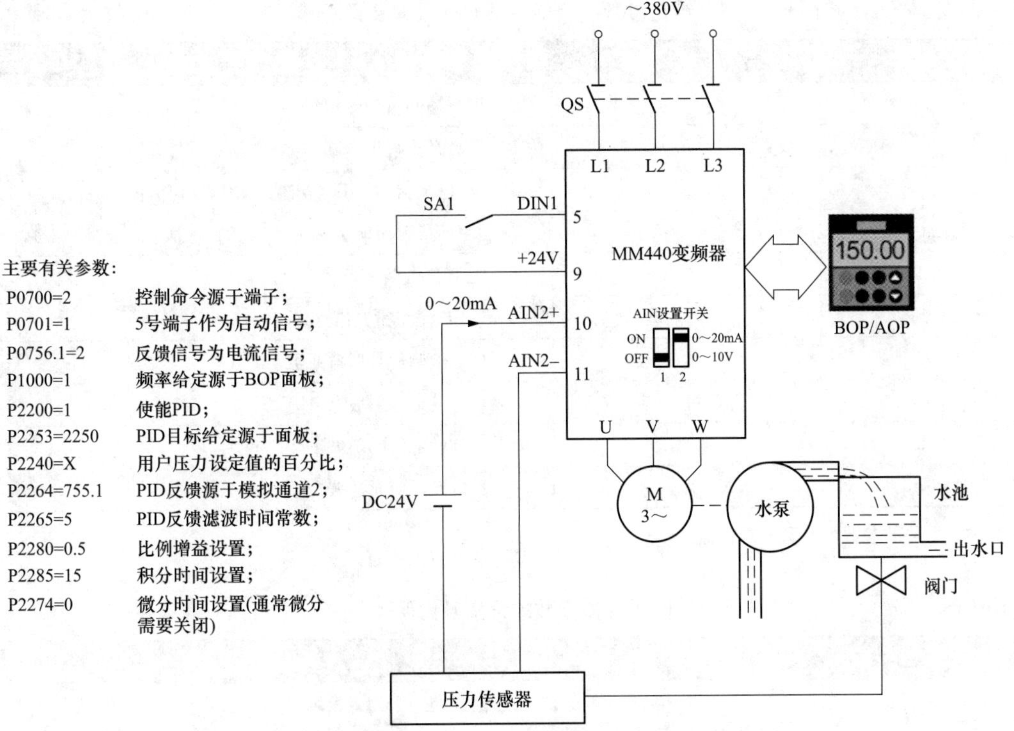


图 10-6 西门子 MM440 变频器的 PID 控制恒压供水电路

牌设置电动机的一些主要参数，可参见表 10-1，电动机参数设置完成后，再设 P0100＝0，让变频器退出快速调试，进入准备运行状态。

**表 10-10 控制参数的设置及说明**

| 参数号 | 工厂默认值 | 设置值及说明 |
|---|---|---|
| P0003 | 1 | 2—用户访问级为扩展级 |
| P0004 | 0 | 0—参数过滤显示全部参数 |
| P0700 | 2 | 2—由端子排输入（选择命令源） |
| * P0701 | 1 | 1—端子 DIN1 功能为 ON 接通正转，OFF 停车 |
| * P0702 | 12 | 0—端子 DIN2 禁用 |
| * P0703 | 9 | 0—端子 DIN3 禁用 |
| * P0704 | 0 | 0—端子 DIN4 禁用 |
| P0725 | 1 | 1—端子 DIN 输入为高电平有效 |
| P1000 | 2 | 1—频率设定由 BOP（▲▼）设置 |
| * P1080 | 0 | 20—电动机运行的最低频率（下限频率）（Hz） |
| * P1082 | 50 | 50—电动机运行的最高频率（上限频率）（Hz） |
| P2200 | 0 | 1—PID 控制功能有效 |

**注** 标“*”号的参数可根据用户的需要改变。

（3）其他参数设置。PID 控制的参数设置主要有控制参数设置（见表 10-10）、给定参数设置（见表 10-11）、反馈参数设置（见表 10-12）和 PID 参数设置（见表 10-13）。

表 10-11　给定参数（目标参数）的设置及说明

| 参数号 | 工厂默认值 | 设置值及说明 |
| --- | --- | --- |
| P0003 | 1 | 3—用户访问级为专定级 |
| P0004 | 0 | 0—参数过滤显示全部参数 |
| P2253 | 0 | 2250—已激活的 PID 设定值（PID 设定值信号源） |
| * P2240 | 10 | 60—由面板 BOP（▲▼）设定的目标值（%） |
| * P2254 | 0 | 0—无 PID 微调信号源 |
| * P2255 | 100 | 100—PID 设定值的增益系数 |
| * P2256 | 100 | 0—PID 微调信号增益系数 |
| * P2257 | 1 | 1—PID 设定值斜坡上升时间 |
| * P2258 | 1 | 1—PID 设定值的斜坡下降时间 |
| * P2261 | 0 | 0—PID 设定值无滤波 |

**注**　标“*”号的参数可根据用户的需要改变。

表 10-12　反馈参数的设置及说明

| 参数号 | 工厂默认值 | 设置值及说明 |
| --- | --- | --- |
| P0003 | 1 | 3—用户访问级为专家级 |
| P004 | 0 | 0—参数过滤显示全部参数 |
| P2264 | 755.0 | 755.1—PID 反馈信号由 AIN2+（即模拟输入 2）设定 |
| * P2265 | 0 | 0—PID 反馈信号无滤波 |
| * P2267 | 100 | 100—PID 反馈信号的上限值（%） |
| * P2268 | 0 | 0—PID 反馈信号的下限值（%） |
| * P2269 | 100 | 100—PID 反馈信号的增益（%） |
| * P2270 | 0 | 0—不用 PID 反馈器的数学模型 |
| * P2271 | 0 | 0—PID 传感器的反馈型式为正常 |

**注**　标“*”号的参数可根据用户的需要改变。

表 10-13　PID 参数的设置及说明

| 参数号 | 工厂默认值 | 设置值及说明 |
| --- | --- | --- |
| P0003 | 1 | 3—用户访问级为专家级 |
| P0004 | 0 | 0—参数过滤显示全部参数 |
| * P2280 | 3 | 25—PID 比例增益系数 |
| * P2285 | 0 | 5—PID 积分时间 |
| * P2291 | 100 | 100—PIE 输出上限（%） |
| * P2292 | 0 | 0—PID 输出下限（%） |
| * P2293 | 1 | 1—PID 限幅的斜坡上升/下降时间（s） |

**注**　标“*”号的参数可根据用户的需要改变。

3. 操作过程及说明

（1）启动运行。闭合开关 SA1，变频器的 DIN1 端输入为 ON，马上输出电源驱动电动机运行，电动机带动水泵往水池中抽水。

（2）PID控制过程。电动机带动水泵往水池抽水时，水池中的水一部分从出水口流出，另一部分经阀门流向压力传感器，水池的水位越高，压力传感器承受的压力越大，其导通电阻越小，流往变频器AIN2端的电流越大（电流途径为：DC24V+→AIN2+端子→AIN2内部电路→AIN2−端子→压力传感器→DC24V−）。如果AIN2端输入的反馈电流小于给定值12mA（给定值由P2240设定，其值设为60表示最大电流20mA的60%），表明水池水位低于要求的水位，变频器在内部将反馈电流与给定值进行PID运算，再控制电动机升速，水泵抽水量增大，水位快速上升。如果水位超过了要求的水位，AIN2端输入的反馈电流大于给定值12mA，变频器控制电动机降速，水泵抽水量减小（小于出水口流出的水量），水位下降。总之，当水池水位超过了要求的水位时，通过变频器PID电路的比较运算，控制电动机升速，反之，控制电动机降速，让水池的水位在要求的水位上下小幅波动。

（3）停止运行。断开开关SA1，变频器的DIN1端输入为OFF，会停止输出电源，电动机停转。

更改参数P2240的值可以改变给定值（也称目标值），从而改变水池水位（也即改变水压高低）。P2240的值是以百分比表示的，可以用BOP或AOP面板上的增、减键改变，当设置P2231=1时，用增、减键改变的P2240值会被保存到变频器，当设置P2232=0时，用增、减键可将P2240的值设为负值。

第11章

# 变频器与PLC的综合应用

## 11.1 PLC 控制变频器驱动电动机延时正反转的电路

### 11.1.1 控制要求

用 3 个开关操作 PLC 控制变频器驱动电动机延时正反转运行，一个开关用作正转控制，一个开关用作停转控制，一个开关用作反转控制。当正转开关闭合时，延时 20s，然后电动机正转运行，运行频率为 30Hz（对应电动机转速为 1680r/min）；当停转开关闭合时，电动机停转；当反转开关闭合时，延时 15s 电动机反转运行，运行频率为 30Hz（对应电动机转速为 1680r/min）。

### 11.1.2 PLC 输入/输出（I/O）端子的分配

PLC 采用西门子 S7-200 系列中的 CPU221 DC/DC/DC，其输入/输出（I/O）端子的分配见表 11-1。

表 11-1　PLC 输入/输出（I/O）端子的分配

| 输入 | | | 输出 | | |
|---|---|---|---|---|---|
| 输入端子 | 外接部件 | 功能 | 输出端子 | 外接部件 | 功能 |
| I0.1 | SB1 | 正转控制 | Q0.1 | 连接变频器的 DIN1 端子 | 正转/停转控制 |
| I0.2 | SB2 | 反转控制 | Q0.2 | 连接变频器的 DIN2 端子 | 反转/停转控制 |
| I0.3 | SB3 | 停转控制 | | | |

### 11.1.3 电路接线

用 3 个开关操作 PLC 控制变频器驱动电动机延时正反转的电路如图 11-1 所示，SB1 为正转开关，控制电动机正转，SB2 为反转开关，控制电动机反转，SB3 为停转开关，控制电动机停转。

### 11.1.4 变频器参数设置

在参数设置时，一般先将变频器所有参数复位到工厂默认值，然后设置电动机参数，再设置其他参数。

（1）将变频器所有参数复位到工厂默认值。在 BOP 或 AOP 面板上先设置调试参数过滤器参数 P0010＝3，再设置工厂复位参数 P0970＝1，然后按下 P 键，开始参数复位，大约 3min 完成复位过程，变频器的参数复位到工厂默认值。

（2）电动机参数设置。在设置电动机参数时，设置 P0100＝1，进入参数快速调试，按照电动机铭牌设置电动机的一些主要参数，具体见表 11-2，电动机参数设置完成后，再设 P0100＝0，让变频器退出快速调试，进入准备运行状态。

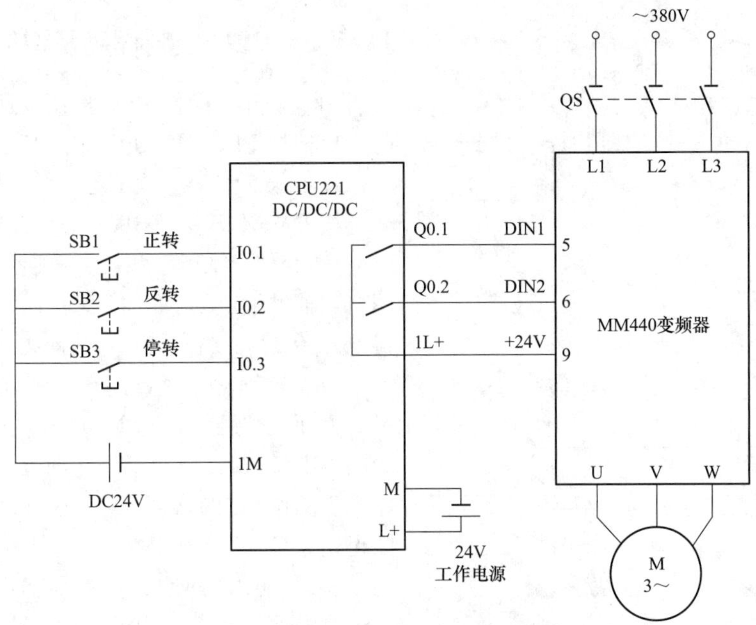


图 11-1 PLC 控制变频器驱动电动机延时正反转的电路

表 11-2 电动机参数的设置

| 参数号 | 工厂默认值 | 设置值及说明 |
|---|---|---|
| P003 | 1 | 1—设用户访问级为标准级 |
| P0010 | 0 | 1—快速调试 |
| P0100 | 0 | 0—工作地区：功率 kW 表示，频率为 50Hz |
| P0304 | 230 | 380—电动机额定电压（V） |
| P0305 | 3. 25 | 0. 95—电动机额定电流（A） |
| P0307 | 0. 75 | 0. 37—电动机额定功率（kW） |
| P0308 | 0 | 0. 8—电动机额定功率因数（cos$\varphi$） |
| P0310 | 50 | 50—电动机额定频率（Hz） |
| P0311 | 0 | 2800—电动机额定转速（r/min） |

（3）其他参数设置。其他参数主要用于设置数字量输入端子功能、调速方式和电动机转速的频率范围等，具体见表 11-3。

表 11-3 其他参数的设置

| 参数号 | 工厂默认值 | 设置值及说明 |
|---|---|---|
| P0003 | 1 | 1—设用户访问级为标准级 |
| P0700 | 2 | 2—命令源由端子排输入 |
| P0701 | 1 | 1—ON 接通正转，OFF 停止 |
| P0702 | 1 | 2—ON 接通反转，OFF 停止 |
| P1000 | 2 | 1—频率设定值为键盘（MOP）设定值 |
| P1080 | 0 | 0—电动动运行的最低频率（Hz） |
| P1082 | 50 | 50—电动机运行的最高频率（Hz） |
| P1120 | 10 | 5—斜坡上升时间（s） |
| P1121 | 10 | 10—斜坡下降时间（s） |
| P1040 | 5 | 30—设定键盘控制的频率值（Hz） |

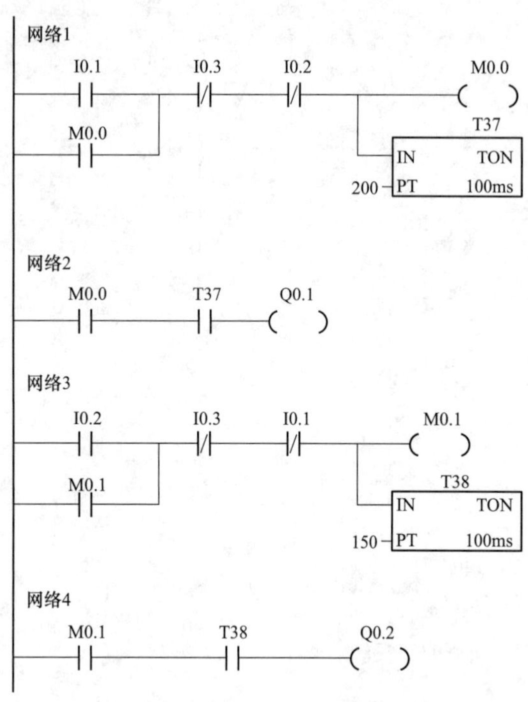


图 11-2　用 3 个开关操作 PLC 控制变频器驱动电动机延时正反转的 PLC 程序

### 11.1.5　PLC 控制程序及说明

用 3 个开关操作 PLC 控制变频器驱动电动机延时正反转的 PLC 程序如图 11-2 所示。

1. 正转和停转控制过程

按下正转开关 SB1，PLC 的 I0.1 端子输入为 ON，这会使 PLC 程序中的“网络 1”I0.1 常开触点闭合，辅助继电器 M0.0 线圈得电，同时定时器 T37 得电开始 20s 计时。M0.0 线圈得电一方面使“网络 1”M0.0 自锁常开触点闭合，锁定 M0.0 线圈得电，另一方面使“网络 2”M0.0 常开触点闭合，为 Q0.1 线圈得电做准备。20s 后，定时器 T37 计时时间到达而产生动作，“网络 2”T37 常开触点闭合，Q0.1 线圈得电，Q0.1 端子内部的硬件触点闭合，变频器 DIN1 端子输入为 ON，变频器输出电源启动电动机正转，电动机在 5s（由 P1120＝5 决定）运行频率达到 30Hz（由 P1040＝30 决定），对应的电动机转速为 1680r/min（2800 r/min×30/50）。

按下停转开关 SB3，PLC 的 I0.3 端子输入为 ON，这会使 PLC 程序中的“网络 1”I0.3 常闭触点断开，辅助继电器 M0.0 线圈失电，同时定时器 T37 失电。M0.0 线圈失电一方面使“网络 1”M0.0 自锁常开触点断开，解除自锁，另一方面使“网络 2”M0.0 常开触点断开，Q0.1 线圈失电，Q0.1 端子内部的硬件触点断开，变频器 DIN1 端子输入为 OFF，变频器输出电源频率下降，电动机减速，在 10s（由 P1121＝10 决定）频率下降到 0Hz，电动机停转。

2. 反转和停转控制过程

按下反转开关 SB2，PLC 的 I0.2 端子输入为 ON，PLC 程序“网络 3”中的 I0.2 常开触点闭合，辅助继电器 M0.1 线圈得电，同时定时器 T38 得电开始 15s 计时。M0.1 线圈得电一方面使“网络 3”M0.1 自锁常开触点闭合，锁定 M0.01 线圈得电，另一方面使“网络 4”M0.1 常开触点闭合，为 Q0.2 线圈得电做准备。15s 后，定时器 T38 计时时间到达而产生动作，“网络 4”T38 常开触点闭合，Q0.2 线圈得电，Q0.2 端子内部的硬件触点闭合，变频器 DIN2 端子输入为 ON，变频器输出电源启动电动机反转，电动机在 5s 运行频率达到 30Hz，对应的电动机转速为 1680r/min。

按下停转开关 SB3，PLC 的 I0.3 端子输入为 ON，这会使 PLC 程序“网络 3”中的 I0.3 常闭触点断开，辅助继电器 M0.1 线圈失电，同时定时器 T38 失电。M0.1 线圈失电一方面使“网络 3”M0.1 自锁常开触点断开，解除自锁，另一方面使“网络 4”中的 M0.1 常开触点断开，Q0.2 线圈失电，Q0.2 端子内部的硬件触点断开，变频器 DIN2 端子输入为 OFF，变频器输出电源频率下降，电动机减速，在 10s 频率下降到 0Hz，电动机停转。

## 11.2　PLC 控制变频器实现多段速运行的电路

### 11.2.1　控制要求

用两个开关操作 PLC 来控制变频器驱动电动机多段速运行，一个开关用作启动开关，一个开关用作停止开关。当启动开关闭合时，电动机启动并按第 1 段速运行，30s 后，电动机按第 2 段速运行，再延时 30s 后，电动机按第 3 段速运行。当停止开关闭合时，电动机停转。

### 11.2.2 PLC 输入/输出（I/O）端子的分配

PLC 采用西门子 S7-200 系列中的 CPU221 DC/DC/DC，其输入/输出（I/O）端子的分配见表 11-4。

表 11-4 PLC 输入/输出（I/O）端子的分配

| 输入 | | | 输出 | | |
|---|---|---|---|---|---|
| 输入端子 | 外接部件 | 功能 | 输出端子 | 外接部件 | 功能 |
| I0.1 | SB1 | 启动控制 | Q0.1 | 连接变频器的 DIN1 端子 | 用作 3 段速控制 |
| I0.2 | SB2 | 停止控制 | Q0.2 | 连接变频器的 DIN2 端子 | 用作 3 段速控制 |
| | | | Q0.3 | 连接变频器的 DIN3 端子 | 用作启/停控制 |

### 11.2.3 电路接线

用两个开关操作 PLC 控制变频器驱动电动机多段速运行的电路如图 11-3 所示，SB1 为启动开关，用于启动电动机运转，SB2 为停止开关，用于控制电动机停转。

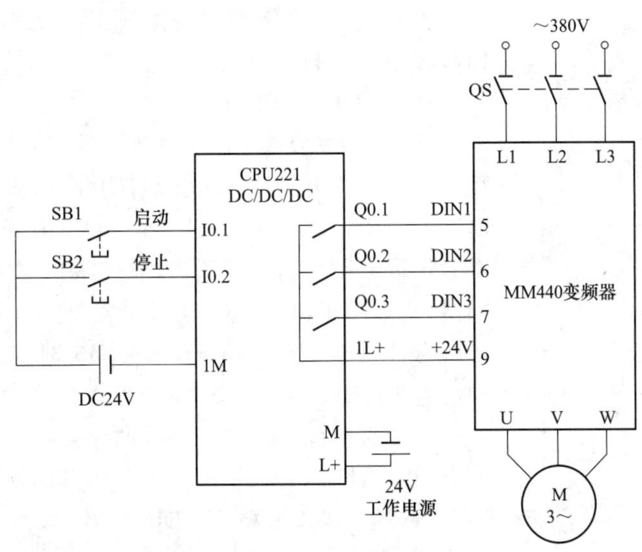


图 11-3 用两个开关操作 PLC 控制变频器驱动电动机多段速运行的电路

### 11.2.4 变频器参数设置

在参数设置时，先将变频器所有参数复位到工厂默认值，然后设置电动机参数，再设置其他参数。

（1）将变频器所有参数复位到工厂默认值。在 BOP 或 AOP 面板上先设置参数 P0010=3，再设置参数 P0970=1，然后按下 P 键，开始参数复位，大约 3min 完成复位过程，变频器的参数复位到工厂默认值。

（2）电动机参数设置。在设置电动机参数时，设置 P0100=1，进入参数快速调试，按照电动机铭牌设置电动机的一些主要参数，具体见表 11-1，电动机参数设置完成后，再设 P0100=0，让变频器退出快速调试，进入准备运行状态。

（3）其他参数设置。其他参数主要用于设置 DIN 端子的多段速控制方式和多段固定频率值等，具体见表 11-5，将 DIN 端子设为二进制编码选择+ON 命令方式控制多段速，3 段速频率分别设为 15、

30、50Hz。

表 11-5　　DIN端子的多段速控制方式和多段固定频率值的参数设置

| 参数号 | 工厂默认值 | 设置值及说明 |
|---|---|---|
| P0003 | 1 | 1—设用户访问级为标准级 |
| P0700 | 2 | 2—命令源选择自由端子排输入 |
| P0701 | 1 | 17—选择固定频率（二进制编码选择+ON命令） |
| P0702 | 1 | 17—选择固定频率（二进制编码选择+ON命令） |
| P0703 | 1 | 1—ON接通正转，OFF停止 |
| P1000 | 2 | 3—选择固定频率设定值 |
| P1001 | 0 | 15—设定固定频率1（Hz） |
| P1002 | 5 | 30—设定固定频率2（Hz） |
| P1003 | 10 | 50—设定固定频率3（Hz） |

## 11.2.5　PLC控制程序及说明

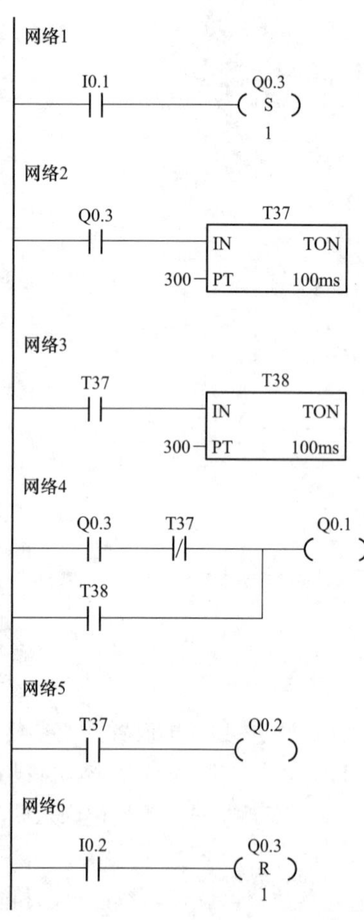


图 11-4　用两个开关操作PLC来控制变频器驱动电动机多段速运行的PLC程序

用两个开关操作PLC来控制变频器驱动电动机多段速运行的PLC程序如图11-4所示。

1. 启动开关SB1闭合

当启动开关SB1闭合时，PLC的I0.1端子输入为ON，PLC程序的I0.1常开触点（网络1）闭合，线圈Q0.3被置位为1（得电），这会使：①“网络2”中的Q0.3常开触点闭合，定时器T37得电开始30s计时；②PLC的Q0.3端子内部的硬件触点闭合，变频器DIN3端子输入为ON，由于变频器参数设置时已将DIN3端子设为启/停功能，该端子输入为ON时变频器输出电源，启动电动机运转；③“网络4”中的Q0.3常开触点闭合，Q0.1线圈得电，PLC的Q0.1端子内部的硬件触点闭合，变频器DIN1端子输入为ON，此时PLC的Q0.2端子内部的硬件触点处于断开，变频器DIN2端子输入为OFF。DIN2=0、DIN1=1使变频器输出第1段15Hz的频率，电动机转速为840r/min。

2. T37计时时间到

30s后，定时器T37计时时间到而动作，这会使：①“网络3”中的T37常开触点闭合，定时器T38得电开始30s计时；②“网络4”中的T37常闭触点断开，Q0.1线圈失电，PLC的Q0.1端子内部的硬件触点断开，变频器DIN1端子输入为OFF；③“网络5”中的T37常开触点闭合，Q0.2线圈得电，PLC的Q0.2端子内部的硬件触点闭合，变频器DIN2端子输入为ON。DIN2=1、DIN1=0使变频器输出第2段30Hz的频率，电动机转速为1680r/min。

3. T38计时时间到

再过30s后，定时器T38计时时间到而动作，“网络4”中的T38常开触点闭合，Q0.1线圈得电，PLC的Q0.1端子内部的硬件触点闭合，变频器DIN1端子输入为ON，由于此时Q0.2线圈处于得电状态，PLC的Q0.2端子内部的硬件触点处于闭合，变频器DIN2端子输入为ON。DIN2=1、DIN1=1使变频器输出第3段50Hz的频率，电动机转速为2800r/min。

4. 停止开关SB2闭合

当停止开关SB2闭合时，“网络6”中的I0.2常开触点闭合，线圈Q0.3被复位为0（失电），这会使：①PLC的Q0.3端子内部的硬件触点断开，变频器DIN3端子输入为OFF，变频器停止输出电源，电动机停转；②“网络2”中的Q0.3常开触点断开，定时器T37失电，“网络3”中的T37常开触点马上断开，定时器T38失电，“网络4”“网络5”中的T38、T37常开触点均断开，Q0.1、Q0.2线圈都会失电，变频器的输入端子DIN1=0、DIN2=0。

# 11.3 PLC以USS协议通信控制变频器的应用实例

USS协议（Universal Serial Interface Protocol，通用串行接口协议）是西门子公司所有传动产品的通用通信协议，是一种基于串行总线进行数据通信的协议。S7-200 PLC通过USS协议与西门子变频器通信，不但可以控制变频器，还可以对变频器的参数进行读写。

## 11.3.1 S7-200 PLC与MM440变频器串口通信的硬件连接

1. 硬件连接

S7-200 PLC有一个或两个RS-485端口（Port0、Port1），利用该端口与MM440变频器的RS-485端口连接，可以使用USS协议与变频器进行串行通信，从而实现对变频器的控制。S7-200 PLC与MM440变频器的串行通信硬件连接一般只要用两根导线，具体如图11-5所示。

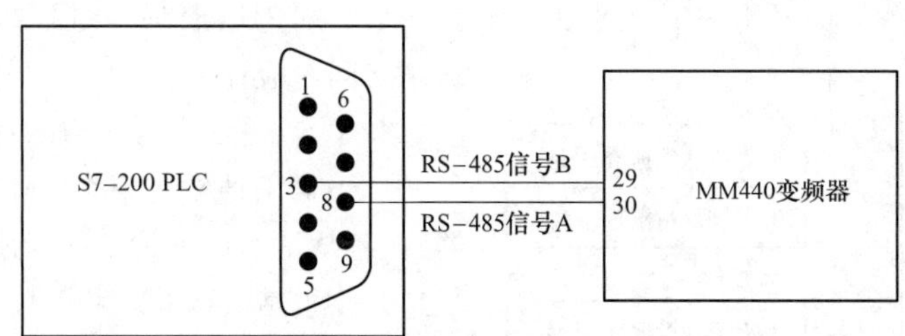


图11-5 S7-200 PLC与MM440变频器的串行通信硬件连接

2. 注意事项

为了得到更好的通信效果，S7-200 PLC与变频器连接时有下列注意事项。

（1）在条件允许的情况下，USS主站尽量选用直流供电型的S7-200 CPU。

（2）USS通信电缆一般采用双绞线（如网线）即可，如果干扰比较大，可采用屏蔽双绞线。

（3）在采用屏蔽双绞线作为通信电缆时，把具有不同电位参考点的设备互连会在互连电缆中产生不应有的电流，从而造成通信口的损坏。要确保通信电缆连接的所有设备共用一个公共电路参考点，或者各设备间相互隔离，以防止不应有的电流产生。屏蔽线必须连接到机箱接地点或9针端口的插针1。建议将变频器0V端子连接到机箱的接地点。

（4）通信最好采用较高的波特率，通信速率只与通信距离有关，与干扰没有直接关系。

（5）终端电阻的作用是用来防止信号反射，并不用来抗干扰。如果在通信距离很近，波特率较低或点对点的通信的情况下，可不用终端电阻。在多点通信的情况下，一般也只需在USS主站上加终端电阻就可以取得较好的通信效果。

（6）如果使用交流供电型的CPU22$x$和单相变频器进行USS通信，CPU22$x$和变频器的电源必须接同一相交流电源。

（7）如果条件允许，建议使用CPU226（或CPU224+EM277）来调试USS通信程序。

（8）严禁带电插拔USS通信电缆，特别是正在通信中，否则易损坏变频器和PLC的通信端口。如果使用大功变频器，即使切断变频器的电源，也需等几分钟以让内部电容放电，再去插拔通信电缆。

### 11.3.2 USS协议通信知识

USS协议是主—从结构的协议，规定了在USS总线上可以有一个主站和最多31个从站；总线上的每个从站都有一个站地址（在从站参数中设定），主站依靠地址识别每个从站；每个从站也只对主站发来的报文做出响应并回送报文，从站之间不能直接进行数据通信。另外，还有一种广播通信方式，主站可以同时给所有从站发送报文，从站在接收到报文并做出相应的响应后可不回送报文。

S7-200 PLC的USS通信主要用于PLC与西门子系列变频器之间的通信，可实现的功能主要有：①控制变频器的启动、停止等运行状态；②更改变频器的转速等参数；③读取变频器的状态和参数。

1. USS通信的报文帧格式

在USS通信时，报文是一帧一帧传送的，一个报文帧由很多个字节组成，包括起始字节（固定为02H）、报文长度字节、净数据区和BCC校验字节。USS报文帧的格式如下：

<table>
<tr><td>起始字节</td><td>报文长度字节</td><td>从站地址字节</td><td colspan="6">净数据区</td><td>BCC校验字节</td></tr>
<tr><td rowspan="2">02H</td><td rowspan="2">1个字节</td><td rowspan="2">1个字节</td><td>字节1</td><td>字节2</td><td>…</td><td>…</td><td>字节 $n-1$</td><td>字节 $n$</td><td rowspan="2">1个字节</td></tr>
<tr><td colspan="3">PKW区</td><td colspan="3">PZD区</td></tr>
</table>

报文帧的净数据区由PKW区和PZD区组成。

（1）PKW区：用于读写参数值、参数定义或参数描述文本，并可修改和报告参数的改变。

（2）PZD区：用于在主站和从站之间传送控制和过程数据。控制参数按设定好的固定格式在主、从站之间对应往返。

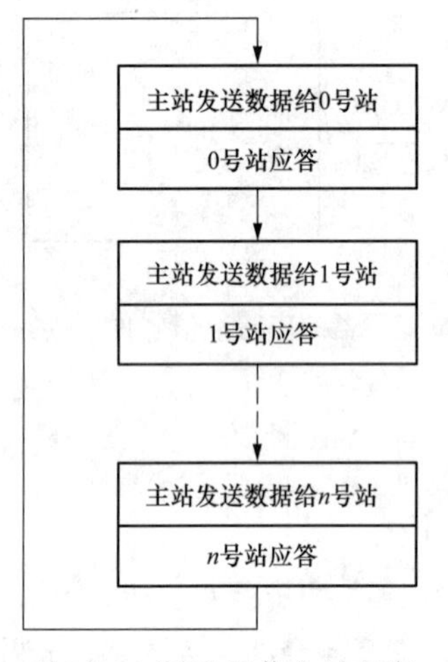

图11-6 USS通信主站查询从站的过程

2. USS通信主站轮询从站的过程

USS通信通常有一个主站和多个从站（比如一台PLC控制多台变频器），各从站的地址为0～$n$不重复的值，中间可以不连续，主站在轮询从站时，主站（PLC）发送数据给0号从站，0号从站应答（从站回送一个特定代码给主站，表示已接收到数据），然后又发送给1号从站，1号从站再应答，一直到发送给$n$号从站，$n$号从站应答。对于某一个特定的站点，如果PLC发送完数据以后，接不到该站点的应答，则再发送一包数据，如果仍然接收不到应答，则放弃该站，开始对下一站号进行发送。

USS通信主站轮询从站的过程如图11-6所示。

USS通信时，主站轮询从站的时间间隔与两者通信的波特率有关，具体见表11-6，比如通信波特率是2400bit/s，那么访问单个从站大概需要130ms，波特率越大，主站轮询从站所需要的时间间隔就会越少。

**表11-6 USS通信波特率与主站轮询从站的时间间隔**

| 波特率/(bit/s) | 主站轮询从站的时间间隔/ms |
|---|---|
| 2400 | 130×从站个数 |
| 4800 | 75×从站个数 |
| 9600 | 50×从站个数 |
| 19200 | 35×从站个数 |
| 38400 | 30×从站个数 |
| 57600 | 25×从站个数 |
| 115200 | 25×从站个数 |

### 11.3.3　在 S7-200 PLC 编程软件中安装 USS 通信库

S7-200 PLC 与西门子变频器进行 USS 通信，除了两者要硬件上连接外，还要用 STEP 7-Micro/WIN 编程软件给 PLC 编写 USS 通信程序，如果用普通的指令编写通信程序，非常麻烦且容易出错，而利用 USS 通信指令编写 USS 通信程序则方便快捷。STEP7-Micro/WIN 编程软件本身不带 USS 通信库，需要另外安装 Toolbox _ V32-STEP 7-Micro WIN 的软件包，才能使用 USS 通信指令。S7-200 SMART 型 PLC 的编程软件 STEP 7-Micro/WIN SMART 软件自带 USS 通信库，不需要另外安装。

在安装 USS 通信库时，打开 Toolbox _ V32-STEP 7-Micro WIN 安装文件夹，双击其中的“Setup. exe”文件，如图 11-7 所示，即开始安装 USS 通信库，安装过程与大多数软件安装一样，安装完成后，打开 STEP 7-Micro/WIN 编程软件，在指令树区域的“库”内可找到“USS Protocol Port 0”和“USS Protocol Port 1”，如图 11-8 所示，分别为 PLC 的 Port 0、Port1 端口的 USS 通信库，在每个库内都有 8 个 USS 通信库指令，可以像使用普通指令一样用这些指令编写 USS 通信程序。

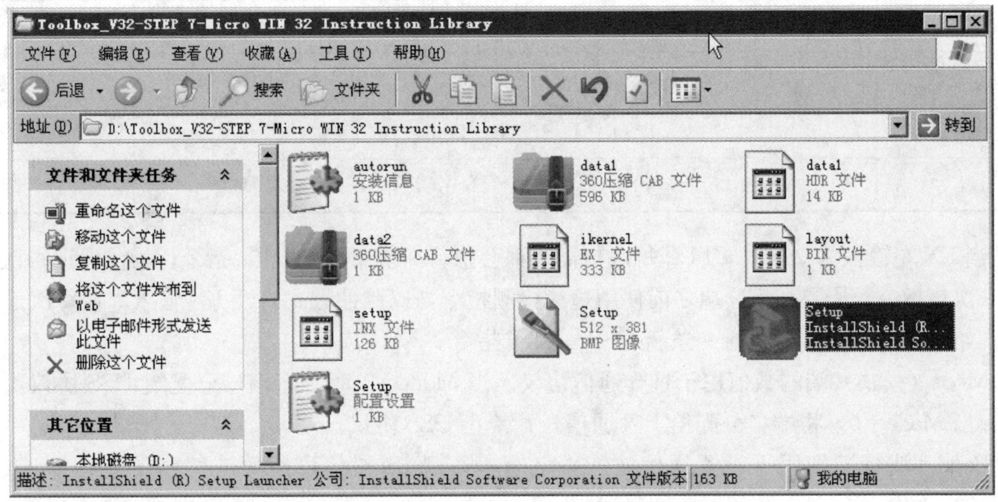


图 11-7　双击“Setup. exe”文件安装 USS 通信库

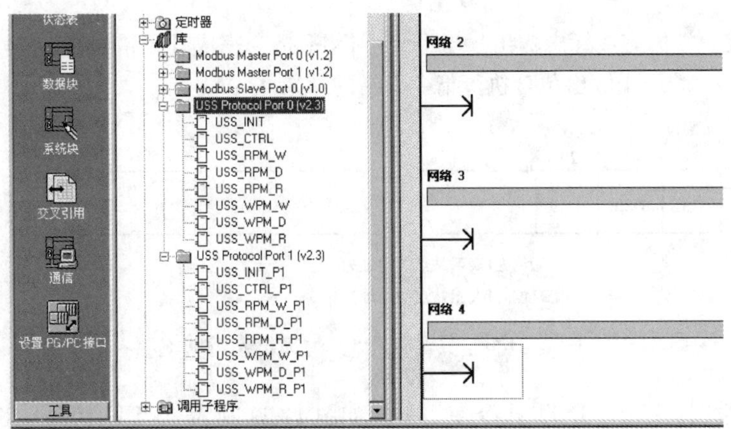


图 11-8　在 STEP 7-Micro/WIN 软件中可看到 Port 0 和 Port 1 的 USS 通信库各有 8 个 USS 通信指令

## 11.3.4 USS 通信指令说明

1. USS _ INIT（或 USS _ INIT _ P1）指令

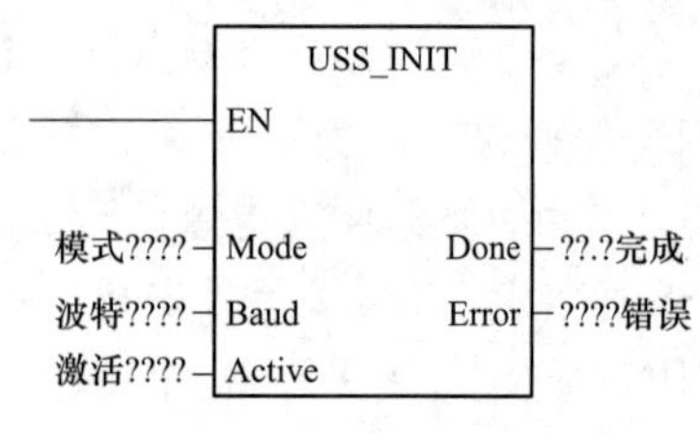


图 11-9 USS _ INIT 指令

USS _ INIT 为 Port 0 端口指令，USS _ INIT _ P1 为 Port 1 端口指令，两者功能相同。

USS _ INIT 指令用于启用、初始化或禁止变频器通信。在使用任何其他 USS 通信指令之前，必须先执行 USS _ INIT 指令，且执行无错。一旦该指令完成，立即将"Done（完成）"位置 1，然后才能继续执行下一条指令。

（1）指令说明。USS _ INIT 指令如图 11-9 所示，其参数见表 11-7。

表 11-7 USS _ INIT 指令的参数

| 输入/输出 | 操作数 | 数据类型 |
|---|---|---|
| 模式 | VB，IB，QB，MB，SB，SMB，LB，AC，常数，＊VD，＊AO，＊LD | 字节 |
| 波特、激活 | VD，ID，QD，MD，SD，SMD，LD，AC，常数，＊VD，＊AC，＊LD | 双字 |
| 完成 | I，Q，M，S，SM，T，C，V，L | 布尔 |
| 错误 | VB，IB，QB，MB，SB，SMB，LB，AC，＊VD，＊AC，＊LD | 字节 |

1）当 EN 端输入为 ON 时，PLC 每次扫描时都会执行一次 USS _ INIT 指令，为了保证每次通信时仅执行一次该指令，需要在 EN 端之前使用边缘检测指令，以脉冲方式打开 EN 输入。在每次通信或者改动了初始化参数时，需要执行一条新 USS _ INIT 指令。

2）Mode（模式）端的数值用于选择通信协议。当 Mode=1 时，将端口分配给 USS 协议，并启用该协议；当 Mode=0，将端口分配给 PPI 通信，并禁止 USS 协议。

3）Baud（波特）端用于设置通信波特率（速率）。USS 通信可用的波特率主要有 1200、2400、4800、9600、19200、38400、57600 和 115200bit/s。

4）Active（激活）端用于设置激活站点的地址。有些驱动器站点的地址仅支持 0～31，该端地址用 32 位（双字）二进制数表示，如图 11-10 所示，如地址的 D0 位为 1 表示站点的地址为 0，D1 位为 1 表示站点的地址为 1。

5）Done（完成）端为完成标志输出。当 USS _ INIT 指令完成且无错误时，该端输出 ON。

6）Error（错误）端用于输出包含执行指令出错的结果。

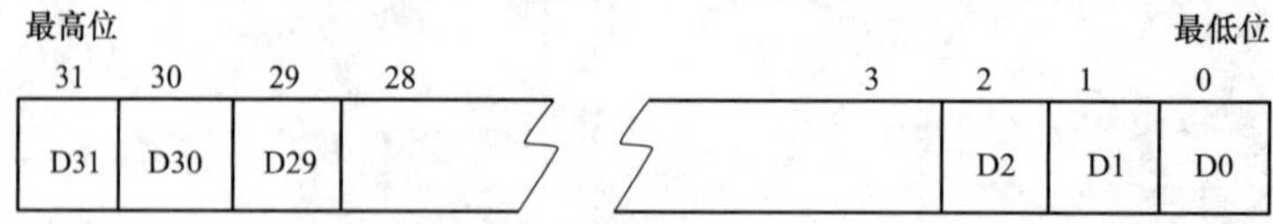


图 11-10 USS _ INIT 指令的 Active（激活）端的地址表示方法

（2）指令使用举例。USS _ INIT 指令使用举例如图 11-11 所示，当 I0.0 常开触点闭合时，USS _ INIT 指令的 EN 端输入一个脉冲上升沿，指令马上执行，将 PLC 的 Port 0 端口用作 USS 通信（Mode=1），端口通信的速率为 9600bit/s（Band=9600），激活地址为 1 的从站（Active=16＃00000001），指令执行完成且无错误则将 M0.0 置 1（Done=M0.0），如果指令执行出错，则将错误信息存入 VB10（Error=VB10）。

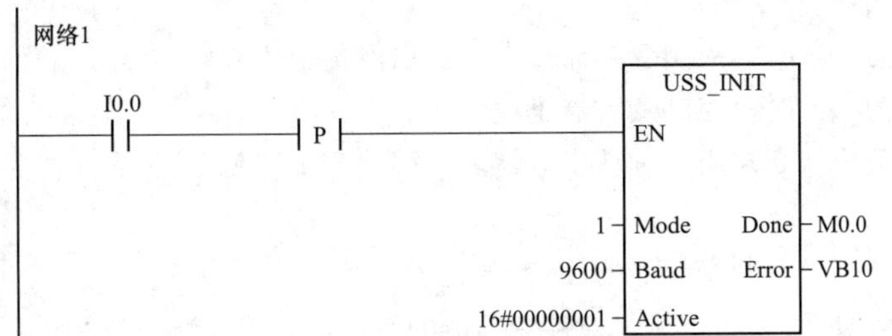


图 11-11 USS _ INIT 指令使用举例

2. USS _ CTRL（或 USS _ CTRL _ P1）指令

USS _ CTRL 为 Port 0 端口指令，USS _ CTRL _ P1 为 Port 1 端口指令，两者功能相同。

USS _ CTRL 指令用于控制 ACTIVE（激活）的西门子变频器。USS _ CTRL 指令将选择的命令放在通信缓冲区，然后送给已用 USS _ INIT 指令的 ACTIVE 参数激活选中的变频器。只能为每台变频器指定一条 USS _ CTRL 指令。某些变频器仅将速度作为正值报告，若速度为负值，变频器将速度作为正值报告，但会逆转 D _ Dir（方向）位。

（1）指令说明。USS _ CTRL 指令如图 11-12 所示，其参数见表 11-8。

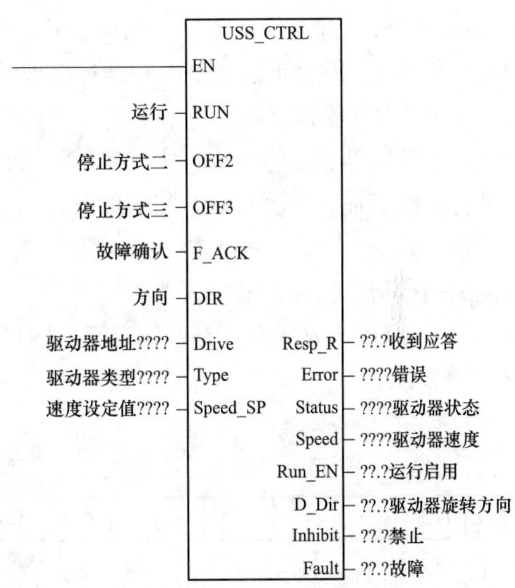


图 11-12 USS _ CTRL 指令

表 11-8 **USS _ CTRL 指令参数**

| 输入/输出 | 操作数 | 数据类型 |
|---|---|---|
| PUN，OFF2，OFF3，F _ ACK，DIR | I，Q，M，S，SM，T，C，V，L 使能位 | 布尔 |
| Resp _ R，Run _ EN，D _ Dir，Inhibit，Fault | I，Q，M，S，SM，T，C，V，L | 布尔 |
| Drive，Type | VB，IB，QB，MB，SB，SMB，LB，AC，常数，*VD，*AC，*LD | 字节 |
| Error | VB，IB，QB，MB，SB，SMB，LB，AC，*VD，*AC，*LD | 字节 |
| Status | VW，T，C，IW，QW，SW，MW，SMW，LW，AC，AQW，*VD，*AC，*LD | 字 |
| Speed _ SP | VD，ID，QD，MD，SD，SMD，LD，AC，常数，*VD，*AC，*LD | 实数 |
| Speed | VD，ID，QD，MD，SD，SMD，LD，AC，*VD，*AC，*LD | 实数 |

1）EN 端必须输入为 ON 才能执行 USS _ CTRL 指令，在通信程序运行时，应当让 USS _ CTRL 指令始终执行（即 EN 端始终为 ON）。

2）RUN 端用于控制变频器运行（ON）或停止（OFF）。当 RUN 端输入为 ON 时，PLC 会往变频器发送命令，让变频器按指定的速度和方向开始运行。为了控制变频器运行，必须满足：①被控变频器已被 USS _ INIT 指令的 Active 参数选中激活；②OFF2、OFF3 端输入均为 OFF；③FAULT（故障）和 INHIBIT（禁止）端均为 0。

3）OFF2 端输入为 ON 时，控制变频器按惯性自由停止。

4）OFF3 端输入为 ON 时，控制变频器迅速停止。

5）F _ ACK（故障确认）端用于确认变频器的故障。当 F _ ACK 端从 0 转为 1 时，变频器清除故障信息。

6）DIR（方向）端用于控制变频器的旋转方向。

7）Drive（驱动器地址）端用于输入被控变频器的地址，有效地址为 0～31。

8）Type（驱动器类型）端用于输入被控变频器的类型。MM3 型（或更早版本）变频器的类型设为 0，MM4 型变频器的类型设为 1。

9）Speed _ SP（速度设定值）端用于设置变频器的运行速度，该速度为变频器全速运行的速度百分比数值。Speed _ SP 为负值会使变频器反向旋转，数值范围为－200.0%～200.0%。

10）Resp _ R（收到应答）端用于确认被控变频器收到应答。主站对所有激活的变频器从站进行轮询，查找最新变频器状态信息。当主站 S7-200 PLC 收到从站变频器应答时，Resp _ R 位会打开（输出 ON），进行一次扫描，并更新所有相应的值。

11）Error（错误）是一个包含对变频器最新通信请求结果的错误字节。USS 指令执行错误主题定义了可能因执行指令而导致的错误条件。

12）Status（驱动器状态）是变频器返回的反映变频器状态的字值。MM4 变频器的状态字各位含义如图 11-3 所示。

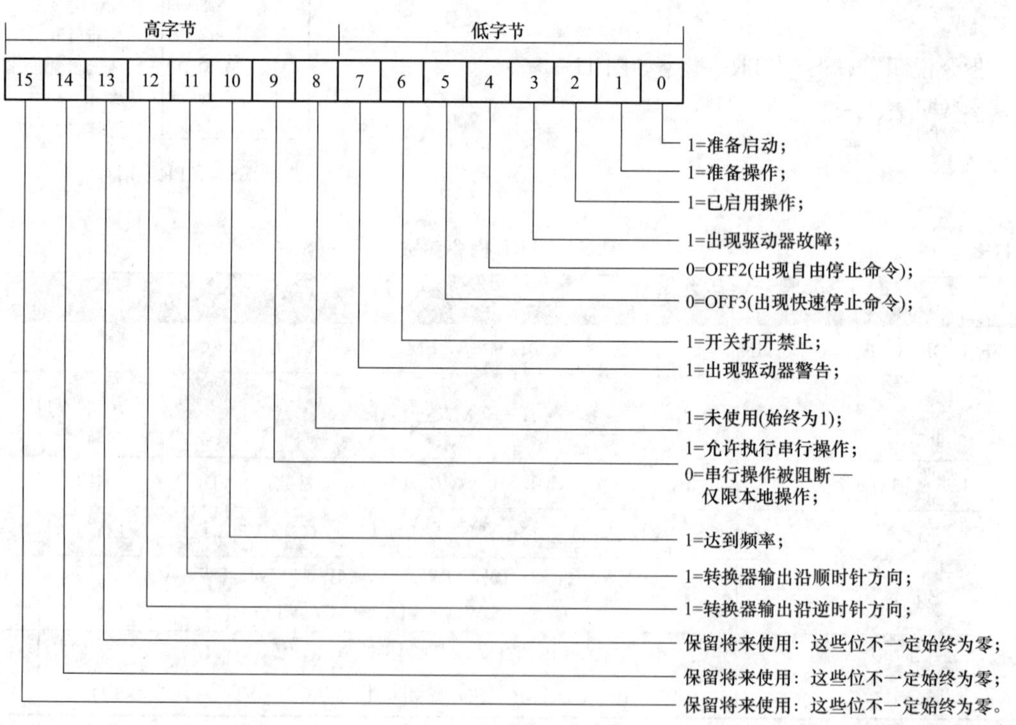


图 11-13 MM4 变频器的状态字各位含义

13）Speed（速度）是以全速百分比反映变频器的速度。速度值范围为－200.0%～200.0%。

14）Run _ EN（运行启用）用于反映变频器的工作状态是运行（1）还是停止（0）。

15）D _ Dir（运行方向）用于反映变频器的旋转方向。

16）Inhibit（禁止）表示变频器的禁止位状态（0-不禁止，1-禁止）。如果要清除禁止位，故障位必须关闭，RUN、OFF2 和 OFF3 输入也必须关闭。

17）Fault（故障）表示故障位的状态（0-无错误，1-有错误）。故障代码的含义可查看变频器使用手册，要清除故障位，应先纠正引起故障的原因，并打开 F _ ACK 位。

（2）指令使用举例。USS _ CTRL 指令使用举例如图 11-14 所示。PLC 运行时，SM0.0 触点始终闭合，USS _ CTRL 指令的 EN 端输入为 ON 而一直执行。当 I0.0 常开触点闭合时，USS _ CTRL 指令 RUN 端的输入为 ON，控制变频器启动运行；当 I0.1 常开触点闭合时，USS _ CTRL 指令 OFF2 端的输入为 ON，控制变频器按惯性自由停车；当 I0.2 常开触点闭合时，USS _ CTRL 指令 OFF3 端的输入为 ON，控制变频器迅速停车；当 I0.3 常开触点闭合时，USS _ CTRL 指令 F _ ACK 端的输入为 ON，控制变频器清除故障信息；当 I0.4 常开触点闭合时，USS _ CTRL 指令 DIR 端的输入为 ON，控制变频器驱动电动机正向旋转。

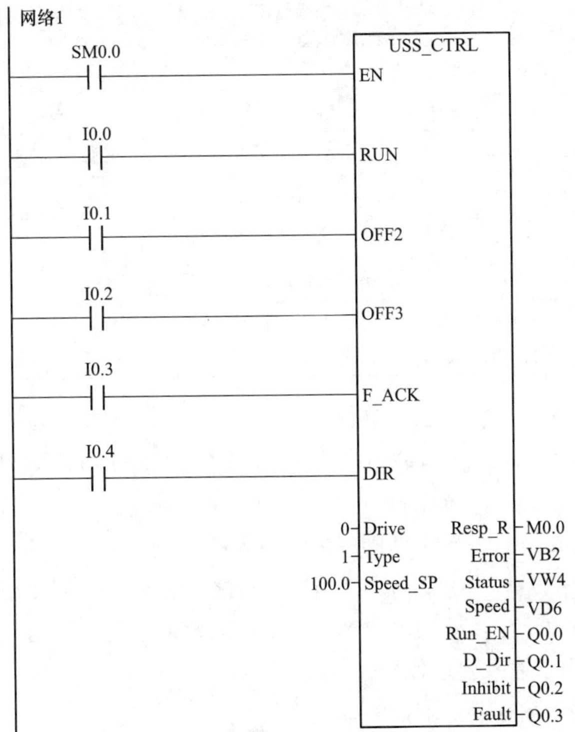


图 11-14　USS _ CTRL 指令使用举例

Drive=0 表示控制对象为 0 号变频器。Type=1 表示受控驱动器类型为 MM4 型变频器。Speed _ SP=100.0 表示将变频器设为全速运行。Resp _ R=M0.0 表示如果 PLC 收到变频器的应答，则置位 M0.0。Error=VB2 表示与变频器通信出现错误时，将反映错误信息的字节存入 VB2。Status=VW4 表示将变频器送来的反映变频器状态的字数据存入 VW4。Speed=VD6 表示将变频器的当前运行速度值（以全速的百度比值）存入 VD6。Run _ EN=Q0.0 表示将变频器的运行状态赋值给 Q0.0，变频器运行时，将 Q0.0 置位 1，变频器停止时 Q0.0=0。D _ Dir=Q0.1 表示将变频器的运行方向赋值给 Q0.1，正向运行时，将 Q0.1 置位 1，反向运行时 Q0.1=0。Inhibit 表示将变频器的禁止位状态赋值给 Q0.2。Fault 表示将变频器的故障位状态赋值给 Q0.3。

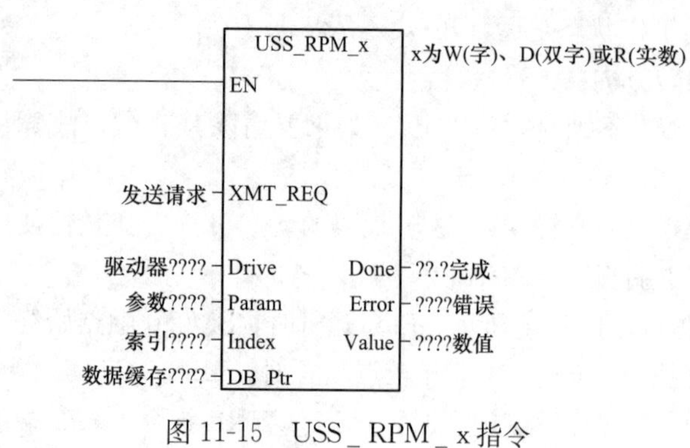


图 11-15 USS _ RPM _ x 指令

3. USS _ RPM _ x（或 USS _ RPM _ x _ P1）指令

USS _ RPM _ x 为 Port 0 端口指令，USS _ RPM _ x _ P1 为 Port 1 端口指令，两者功能相同。

USS _ RPM _ x 具体可分为 USS _ RPM _ W、USS _ RPM _ D 和 USS _ RPM _ R 3 条指令，USS _ RPM _ W 指令用于读取不带符号的字参数，USS _ RPM _ D 指令用于读取不带符号的双字参数，USS _ RPM _ R 指令用于读取浮点参数。

(1) 指令说明。USS _ RPM _ x 指令如图 11-15 所示，其参数见表 11-9。

**表 11-9　　USS _ RPM _ x 指令参数**

| 输入/输出 | 操作数 | 数据类型 |
|---|---|---|
| XMT _ REQ | I，Q，M，S，SM，T，C，V，L，使能位受上升边缘检测元素条件限制 | 布尔 |
| Drive | VB，IB，QB，MB，SB，SMB，LB，AC，常数，*VD，*AC，*LD | 字节 |
| Param，Index | VW，IW，QW，MW，SW，SMW，LW，T，C，AC，AIW，常数，*VD，*AC，*LD | 字 |
| DB _ Ptr | &VB | 双字 |
| Done | I，Q，M，S，SM，T，C，V，L | 布尔 |
| Error | VB，IB，QB，MB，SB，SMB，LB，AC，*VD，*AC，*LD | 字节 |
| Value | VW，IW，QW，MW，SW，SMW，LW，T，C，AC，AQW，*VD，*AC，*LD<br>VD，ID，QD，MD，SD，SMD，LD，*VD，*AC，*LD | 字<br>双字，实数 |

1）在使用时，一次只能让一条 USS _ RPM _ x 指令激活。当变频器确认收到命令或返回一条错误信息时，USS _ RPM _ x 事项完成。当该进程等待应答时，逻辑扫描继续执行。在启动请求传送（XMT _ REQ=ON）前，EN 位必须先打开（EN=ON），并应当保持打开，直至设置“完成”位（Done=ON），表示进程完成。例如当 XMT _ REQ 输入打开时，在每次扫描都会向变频器传送一条 USS _ RPM _ x 请求，因此 XMT _ REQ 输入应当以边沿检测脉冲方式打开。

2）Drive（驱动器）端用于输入要读取数据的变频器的地址。变频器的有效地址是 0～31。

3）Param（参数）端用于输入要读取数值的参数号。

4）Index（索引）端用于输入要读取的参数的索引号。

5）Value（数值）端为返回的参数值。

6）DB _ Ptr（数据缓存）端用于输入 16 个字节的缓冲区地址。该缓冲区被 USS _ RPM _ x 指令用于存放向变频器发出的命令结果。

7）Done（完成）端在 USS _ RPM _ x 指令完成时输出为 ON。

8）Error（错误）端和 Value（数值）端输出包含执行指令的结果。在 Done 输出打开之前，Error 和 Value 输出无效。

(2) 指令使用举例。USS _ RPM _ x 指令使用举例如图 11-16 所示。当 I0.0 常开触点闭合时，USS _ RPM _ x 指令的 EN 端输入为 ON 且 XMT _ REQ 端输入上升沿，指令执行，读取 0 号（Drive=0）变频器的 P0003 参数（Param=3）的第 0 组参数（Index=0），指令执行完成后 Done 输出 ON 将 M0.0 置 1，出错信息存放到 VB10（Error=VB10），读取的参数值存放到 VW200（Value=VW200）。USS _ RPM _ x 指令执行时，使用 VB100～VB115 作为数据缓存区（DB _ Ptr=&VB100）。

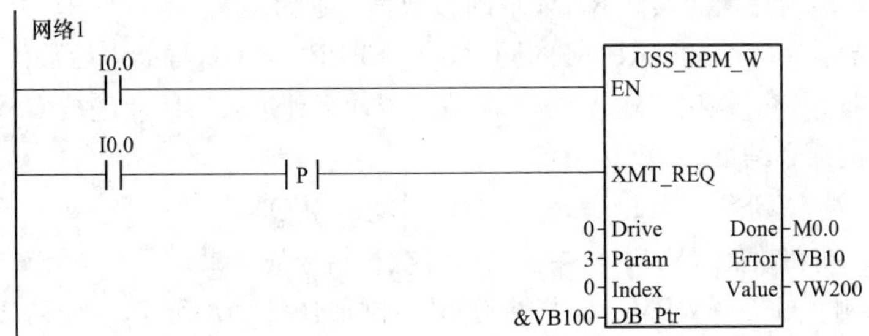


图 11-16 USS _ RPM _ x 指令使用举例

4. USS _ WPM _ x（或 USS _ WPM _ x _ P1）指令

USS _ WPM _ x 为 Port 0 端口指令，USS _ WPM _ x _ P1 为 Port 1 端口指令，两者功能相同。

USS _ WPM _ x 具体可分为 USS _ WPM _ W、USS _ WPM _ D 和 USS _ WPM _ R 3 条指令，USS _ WPM _ W 指令用于写入不带符号的字参数，USS _ WPM _ D 指令用于写入不带符号的双字参数，USS _ WPM _ R 指令用于写入浮点参数。

（1）指令说明。USS _ WPM _ x 指令如图 11-17 所示，其参数见表 11-10。

1）在使用时，一次只能让一条 USS _ WPM _ x 指令或 USS _ RPM _ x 指令激活，即两者不能同时执行。当变频器确认收到命令或返回一条错误信息时，USS _ WPM _ x 事项完成。当该进程等待应答时，逻辑扫描继续执行。在启动请求传送（XMT _ REQ＝ON）前，EN 位必须先打开（EN＝ON），并应保持打开，直至设置“完成”位（Done＝ON），表示进程完成。如当 XMT _ REQ 输入打开时，在每次扫描都会向变频器传送一条 USS _ WPM _ x 请求，因此 XMT _ REQ 输入应当以边沿检测脉冲方式打开。

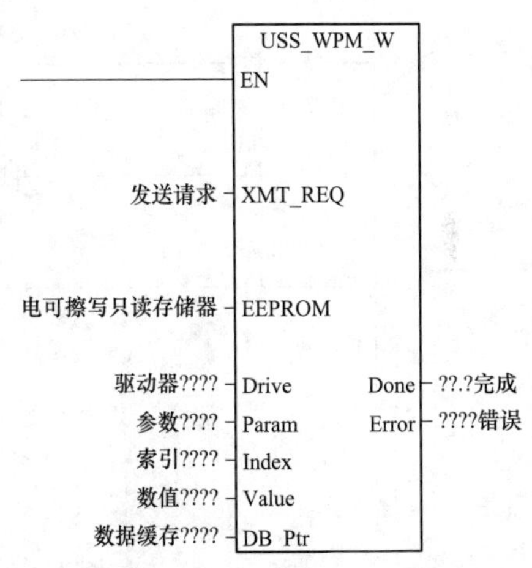


图 11-17 USS _ WPM _ x 指令

表 11-10 **USS _ WPM _ x 指令参数**

| 输入/输出 | 操作数 | 数据类型 |
|---|---|---|
| XMT _ REQ | I，Q，M，S，SM，T，C，V，L，使能位受上升边缘检测元素条件限制 | 布尔 |
| EEPROM | I，Q，M，S，SM，T，C，V，L，使能位 | |
| Drive | VB，IB，QB，MB，SB，SMB，LB，AC，常数，＊VD，＊AC，＊LD | 字节 |
| Param Index | VW，IW，QW，MW，SW，SMW，LW，T，C，AIW，常数，AC＊VD，＊AC，＊LD | 字 |
| Value | VW，IW，QW，MW，SW，SMW，LW，T，C，AC，AQW，＊VD，＊AC，＊LD<br>VD，ID，QD，MD，SD，SMD，LD，＊VD，＊AC，＊LD | 字<br>双字，实数 |
| DB _ Ptr | &VB | 双字 |
| Done | I，Q，M，S，SM，T，C，V，L | 布尔 |
| Error | VB，IB，QB，MB，SB，SMB，LB，AC，＊VD，＊AC，＊LD | 字节 |

2）EEPROM（电可擦写只读存储器）端用于启用对变频器的 RAM 和 EEPROM 的写入，当输入关闭时，仅启用对 RAM 的写入。MM3 变频器不支持该功能，因此该输入必须关闭。

3）Drive（驱动器）端用于输入要写入数据的变频器的地址。变频器的有效地址是 0～31。

4）Param（参数）端用于输入要写入数值的参数号。

5）Index（索引）端用于输入要写入的参数的索引值。

6）Value（数值）端为写入变频器RAM中的参数值。通过设置参数P971（RAM到EEPROM传输方式）的值可将该数值写入变频器RAM的同时送到EEPROM，这样断电后数值可以保存下来。

7）DB _ Ptr（数据缓存）端用于输入16个字节的缓冲区地址。该缓冲区被USS _ WPM _ x指令用于存放向变频器发出的命令结果。

8）Done（完成）端在USS _ WPM _ x指令完成时输出为ON。

9）Error（错误）端和数值（Value）端输出包含执行指令的结果。

（2）指令使用举例。USS _ WPM _ x指令使用举例如图11-18所示。当I0.1常开触点闭合时，USS _ WPM _ x指令的EN端输入为ON且XMT _ REQ端输入上升沿，指令执行，将数值1（Value=1）作为参数值写入0号（Drive=0）变频器的P971参数（Param=971）的第0组参数（Index=0），指令执行完成后，Done输出ON将M0.1置1，出错信息存放到VB11（Error=VB11）。USS _ WPM _ x指令执行时，使用VB120～VB135作为数据缓存区（DB _ Ptr=&VB120）。

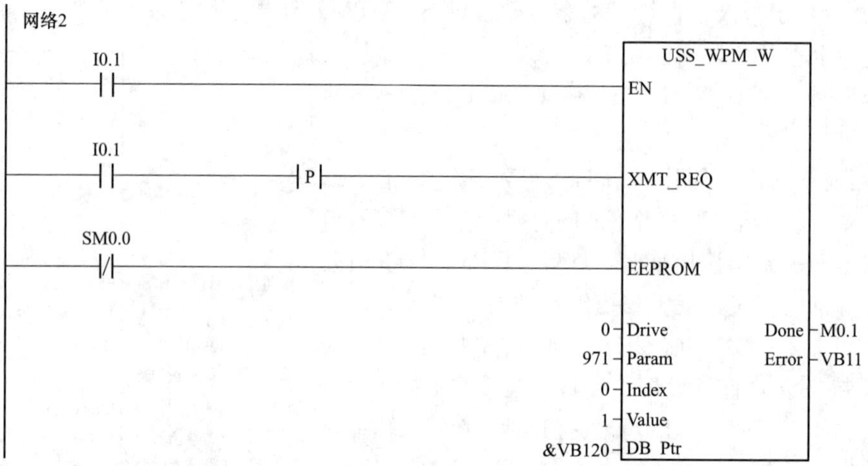

网络2
I0.1
I0.1
P
SM0.0
USS_WPM_W
EN
XMT_REQ
EEPROM
0 Drive
971 Param
0 Index
1 Value
&VB120 DB_Ptr
Done M0.1
Error VB11

图11-18　USS _ WPM _ x指令使用举例

### 11.3.5　S7-200 PLC以USS协议通信控制MM440变频器的应用实例

1. 控制要求

S7-200 PLC用RS-485端口连接MM440变频器，使用USS协议通信控制变频器启动、停止、正转和反转，以及读写变频器参数。

2. 电路连接

S7-200 PLC用RS-485端口连接控制MM440变频器的电路如图11-19所示。

3. 变频器参数设置

在参数设置时，先将变频器所有参数复位到工厂默认值，然后设置电动机参数，再设置其他参数。

（1）将变频器所有参数复位到工厂默认值。在BOP或AOP面板上先设置参数P0010=3，再设置参数P0970=1，然后按下P键，开始参数复位，大约3min完成复位过程，变频器的参数复位到工厂默认值。

（2）设置电动机的参数。在设置电动机参数时，设置P0100=1，进入参数快速调试，按照电动机铭牌设置电动机的一些主要参数，具体见表11-11，电动机参数设置完成后，再设P0100=0，让变频器退出快速调试，进入准备运行状态。

（3）其他参数设置。其他参数主要是与变频器与USS通信有关的参数，具体设置见表11-11。

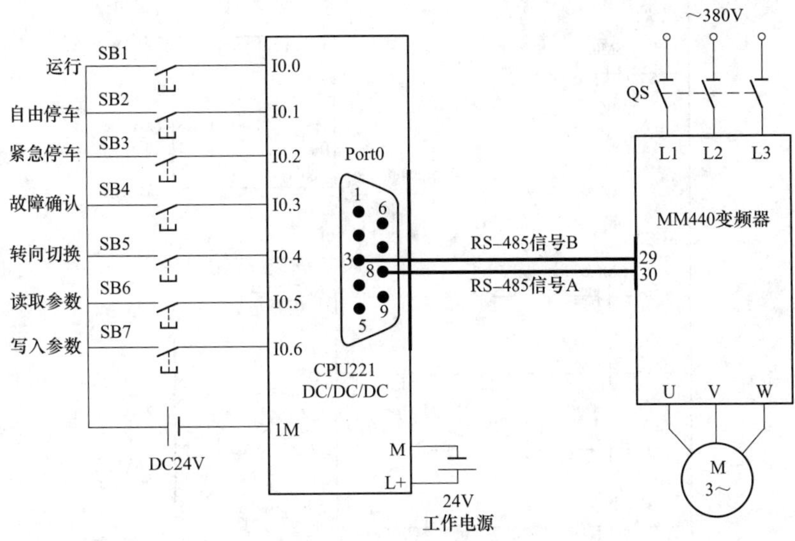


图 11-19　S7-200 PLC 用 RS485 端口连接控制 MM440 变频器的电路

**表 11-11　　与 USS 通信有关的参数设置**

| 参数号 | 工厂默认值 | 设置值及说明 |
|---|---|---|
| P0003 | 1 | 3—设置用户访问级为专家级 |
| P0700 | 2 | 5—COM 链路的 USS 通信（RS485 端口） |
| P1000 | 2 | 5—通过 COM 链路的 USS 通信设置频率 |
| P2010.0 | 6 | 7—设置 USS 通信的波特率为 19200bit/s |
| P2011.0 | 0 | 0—设置 USS 通信站地址为 0 |
| P2012.0 | 2 | 2—设置 USS 报文的 PZD 长度为 2 个字长 |
| P2013.0 | 127 | 127—设置 USS 报文的 PKW 长度是可变的 |
| P2014.0 | 0 | 0—设置 USS 报文停止传送时不产生故障信号 |

4. PLC 通信程序及说明

S7-200 PLC 以 USS 协议通信控制 MM440 变频器启动、停止、正转、反转和读写变频器参数的 PLC 程序如图 11-20 所示。

（1）网络 1。PLC 上电第一次扫描时，SM0.1 触点闭合一个扫描周期，USS _ INIT（USS 初始化）指令执行，启用 USS 协议通信，激活 0 号变频器，将通信波特率设为 19200bit/s，执行完成后 Done 输出将 Q0.0 置 1，若执行出错，将错误信息存放到 VB1 中。

（2）网络 2。PLC 运行时 SM0.0 触点始终闭合，USS _ CTRL 指令的 EN 端输入为 ON 而一直执行。当 I0.0 触点闭合时，RUN 端输入为 ON，启动变频器运行。当 I0.1 触点闭合时，OFF2 端输入为 ON，控制变频器按惯性自由停车。当 I0.2 触点闭合时，OFF3 端输入为 ON，控制变频器迅速停车。当 I0.3 触点闭合时，F _ ACK 端输入为 ON，控制变频器清除故障信息。当 I0.4 触点闭合时，DIR 端输入为 ON，控制变频器驱动电动机改变旋转方向。Drive=0 意为控制对象为 0 号变频器。Type=1 意为受控驱动器类型为 MM4 型变频器。Speed _ SP=100.0 意为将变频器设为全速运行。Resp _ R=M0.0 意为如果 PLC 收到变频器的应答，则置位 M0.0。Error=VB2 意为与变频器通信出现错误时，将反映错误信息的字节存入 VB2。Status=VW4 意为将变频器送来的反映变频器状态的字数据存入 VW4。Speed=VD6 意为将变频器的当前运行速度值（以全速的百度比值）存入 VD6。Run _ EN=Q0.1 意为将变频器的运行状态赋值给 Q0.1（运行：Q0.1=1；停止：Q0.1=0）。D _ Dir=Q0.2 意为

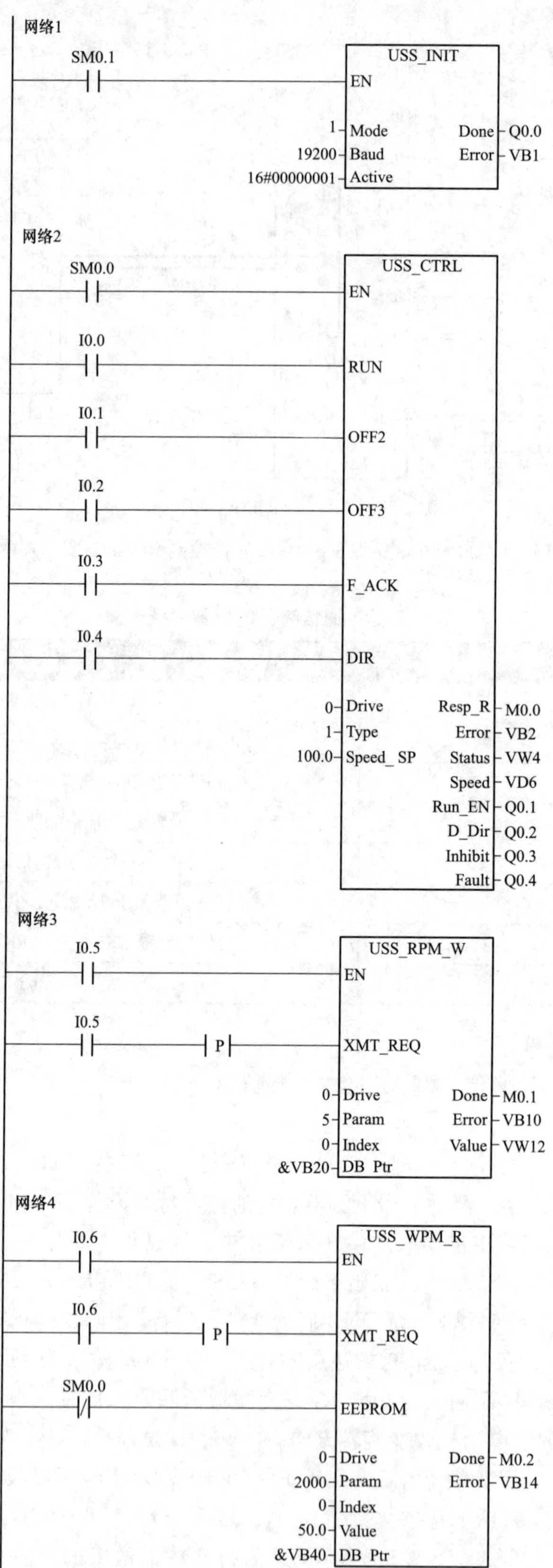


图 11-20 PLC梯形图程序

将变频器的运行方向赋值给 Q0.2（正向：Q0.2=1；反向：Q0.2=0）。Inhibit=Q0.3 意为将变频器的禁止位状态赋值给 Q0.3。Fault=Q0.4 意为将变频器的故障位状态赋值给 Q0.4。

（3）网络 3。当 I0.5 常开触点闭合时，USS _ RPM _ W 指令的 EN 端输入为 ON 且 XMT _ REQ 端输入上升沿，指令执行，读取 0 号（Drive=0）变频器的 P0005 参数（Param=5）的第 0 组参数（Index=0），指令执行完成后 Done 输出 ON 将 M0.1 置 1，出错信息存放到 VB10（Error=VB10），读取的参数值存放到 VW12（Value=VW12）。USS _ RPM _ W 指令执行时，使用 VB20～VB35 作为数据缓存区（DB _ Ptr=&VB20）。

（4）网络 4。当 I0.6 常开触点闭合时，USS _ WPM _ W 指令的 EN 端输入为 ON 且 XMT _ REQ 端输入上升沿，指令执行，将数值 50.0（Value=50.0）作为参数值写入 0 号（Drive=0）变频器 P2000（Param=2000）的第 0 组参数（Index=0），同时保存在 EEPROM 中（EEPROM 端输入为 ON），指令执行完成后 Done 输出 ON 将 M0.2 置 1，出错信息存放到 VB14（Error=VB14）。USS _ WPM _ x 指令执行时，使用 VB40～VB55 作为数据缓存区（DB _ Ptr=&VB40）。

# 第12章

# 西门子精彩系列触摸屏（SMART LINE）介绍

## 12.1 触摸屏基础知识

触摸屏是一种带触摸显示功能的数字输入/输出设备，利用触摸屏可以使人们直观方便地进行人机交互，又称人机界面（HMI）。利用触摸屏不但可以在触摸屏上对 PLC 进行操作，还可在触摸屏上实时监视 PLC 的工作状态。要使用触摸屏操作和监视 PLC，必须用专门的软件为触摸屏制作（又称组态）相应的操作和监视画面。

### 12.1.1 基本组成

触摸屏主要由触摸检测部件和触摸屏控制器组成。触摸检测部件安装在显示器屏幕前面，用于检测用户触摸位置，然后送给触摸屏控制器；触摸屏控制器的功能是从触摸点检测装置上接收触摸信号，并将它转换成触点坐标，再送给有关电路或设备。

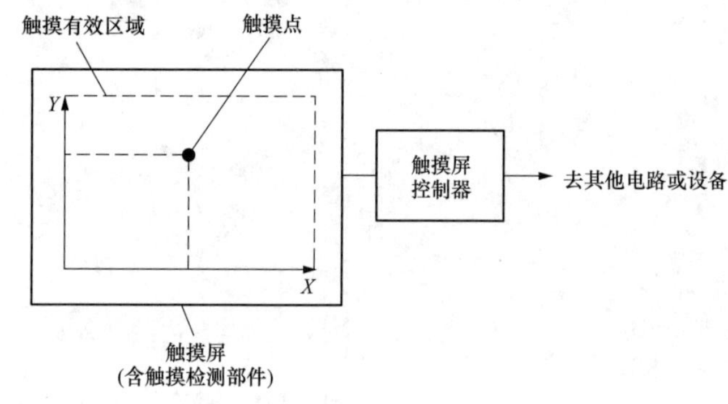

图 12-1 触摸屏的基本结构

触摸屏的基本结构如图 12-1 所示。触摸屏的触摸有效区域被分成类似坐标的 X 轴和 Y 轴，当触摸某个位置时，该位置对应坐标一个点，不同位置对应的坐标点不同，触摸屏上的检测部件将触摸信号送到控制器，控制器将其转换成相应的触摸坐标信号，再送给其他电路或设备。

### 12.1.2 触摸屏的工作原理

根据工作原理不同，**触摸屏主要可分为电阻式、电容式、红外线式和表面声波式 4 种。**

1. 电阻式触摸屏

电阻式触摸屏如图 12-2 所示，它由一块 2 层透明复合薄膜屏组成，下面是由玻璃或有机玻璃构成的基层，上面是一层外表面经过硬化处理的光滑防刮塑料层，在基板和塑料层的内表面都涂有透明金属导电层 ITO（氧化铟），在两导电层之间有许多细小的透明绝缘支点把它们隔开，当按压触摸屏某处时，该处的两导电层会接触。

触摸屏的两个金属导电层是触摸屏的两个工作面，在每个工作面的两端各涂有一条银胶，称为该工作面的一对电极，为分析方便，这里认为上工作面左右两端接 X 电极，下工作面上下两端接 Y 电极，X、Y 电极都与触摸屏控制器连接，如图 12-2（b）所示。

电阻式触摸屏工作原理如图 12-3 所示，当 2 个 X 电极上施加一固定电压，如图 12-3（a）所示，而 2 个 Y 电极不加电压时，在 2 个 X 电极之间的导电涂层各点电压由左至右逐渐降低，这是因为工作面的金属涂层有一定的电阻，越往右的点与左 X 电极间电阻越大，这时若按下触摸屏上某点，上工作面

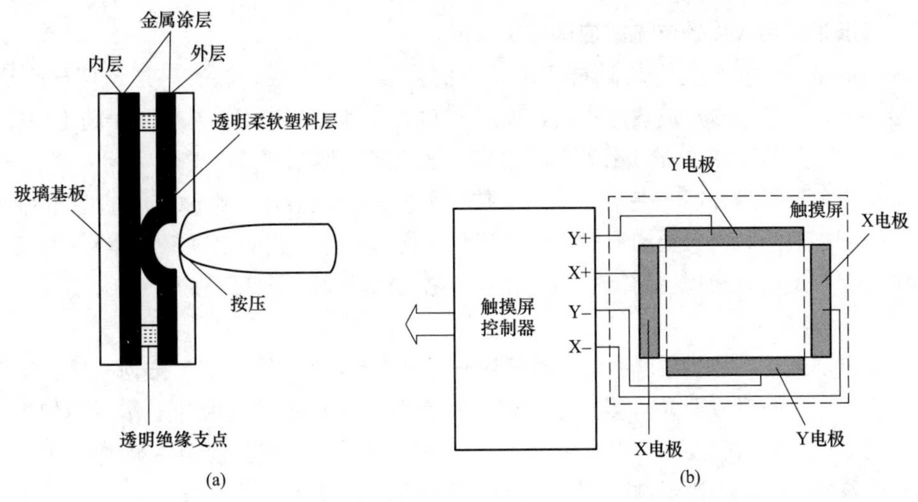


图 12-2 电阻触摸屏的基本结构

(a) 结构；(b) 连接

触点处的电压经触摸点和下工作面的金属涂层从 Y 电极（Y＋或 Y－）输出，触摸点在 *X* 轴方面越往右，从 Y 电极输出电压越低，即将触点在 *X* 轴的位置转换成不同的电压。同样地，如果给 2 个 Y 电极施加一固定电压，如图 12-3（b）所示，当按下触摸屏某点时，会从 X 电极输出电压，触摸点越往上，从 X 电极输出的电压越高。

**电阻式触摸屏采用分时工作，先给 2 个 X 电极加电压，从 Y 电极取 *X* 轴坐标信号；再给 2 个 Y 电极加电压，从 X 电极取 *Y* 轴坐标信号。分时施加电压和接收 *X*、*Y* 轴坐标信号都由触摸屏控制器来完成。**

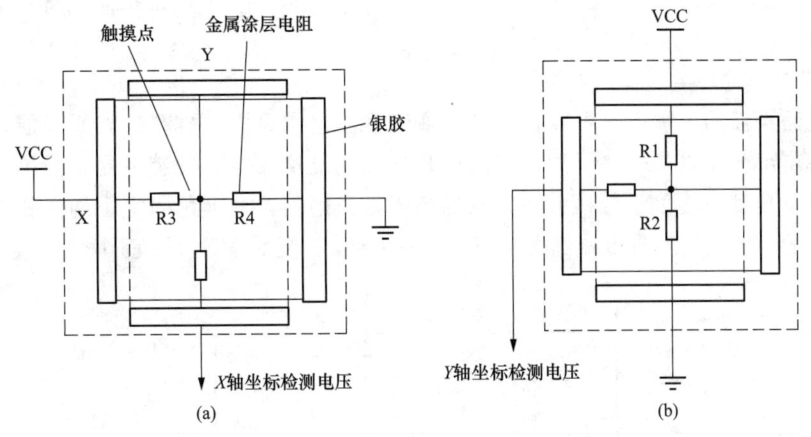


图 12-3 电阻式触摸屏工作原理

(a) X 电极加电压；(b) Y 电极加电压

电阻触摸屏除了有四线式外，常用的还有五线式电阻触摸屏。五线式电阻触摸屏内部也有两个金属导电层，与四线式不同的是，五线式电阻触摸屏的 4 个电极分别加在内层金属导电层的四周，工作时分时给两对电极加电压，外金属导电层用作纯导体，在触摸时，触摸点的 *X*、*Y* 轴坐标信号分时从外金属层送出（触摸时，内金属层与外金属层会在触摸点处接通）。五线电阻触摸屏内层 ITO 需 4 条引线，外层只作导体，仅需 1 条引线，触摸屏的引出线共有 5 条。

2. 电容式触摸屏

**电容式触摸屏是利用人体的电流感应进行工作的。**

电容式触摸屏是一块4层复合玻璃屏，玻璃屏的内表面和夹层各涂有一层透明导电金属层ITO（氧化铟），最外层是一薄层矽土玻璃保护层，夹层ITO涂层作为工作面，从它4个角上引出4个电极，内层ITO为屏蔽层，以保证良好的工作环境。电容式触摸屏工作原理如图12-4所示，当手指触碰触摸屏时，人体手指、触摸屏最外层和夹层（金属涂层）形成一个电容，由于触摸屏的四角都加有高频电流，四角送入高频电流经导电夹层和形成的电容流往手指（人体相当一个零电势体）。触摸点不同，从四角流入的电流会有差距，利用控制器精确计算4个电流比例，就能得出触摸点的位置。

3. 红外线式触摸屏

**红外线式触摸屏通常在显示器屏幕的前面安装一个外框，在外框的*X*、*Y*方向有排布均匀的红外发射管和红外接收管，一一对应形成横竖交错的红外线矩阵。**红外线式触摸屏工作原理如图12-5所示，在工作时，由触摸屏控制器驱动红外线发射管发射红外光，当手指或其他物体触摸屏幕时，就会挡住经过该点的横竖红外线，由控制器判断出触摸点在屏幕的位置。

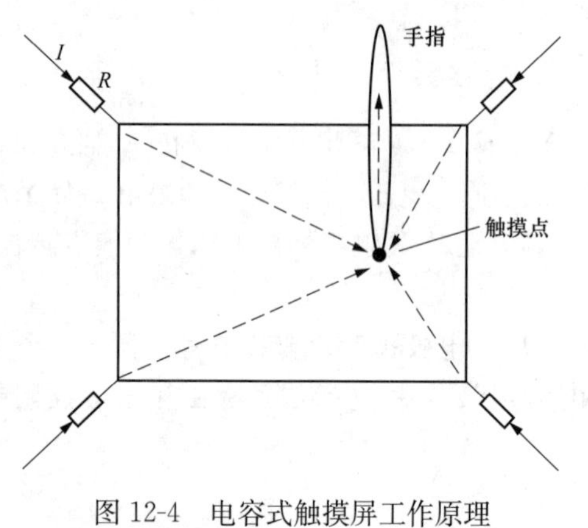


图12-4 电容式触摸屏工作原理

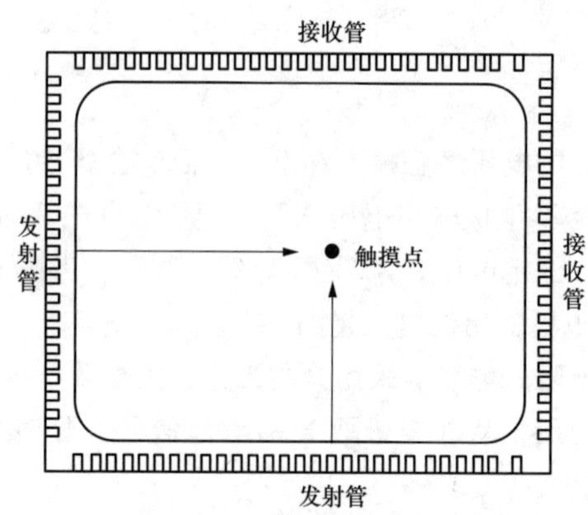


图12-5 红外线式触摸屏工作原理

4. 表面声波式触摸屏

**表面声波是超声波的一种，它可以在介质（如玻璃、金属等刚性材料）表面浅层传播。表面声波式触摸屏的触摸屏部分可以是一块平面、球面或是柱面的玻璃平板，安装在显示器屏幕的前面。**玻璃屏的左上角和右下角都安装了竖直和水平方向的超声波发射器，右上角固定了两个相应的超声波接收换能器，玻璃屏的4个周边刻有由疏到密间隔非常精密的45°反射条纹。表面声波式触摸屏工作原理如图12-6所示。

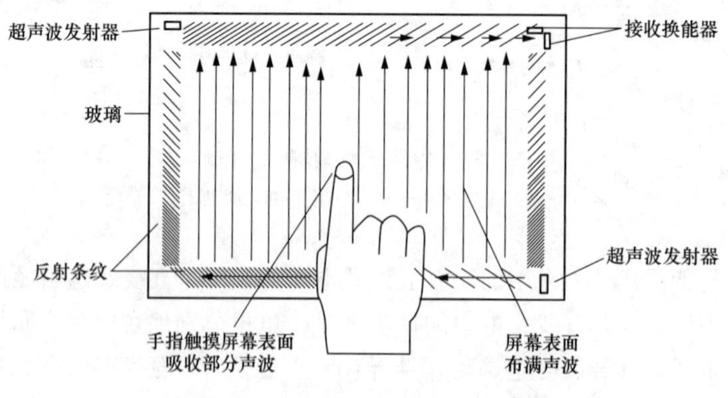


图12-6 表面声波式触摸屏工作原理

表面声波式触摸屏的工作原理说明（以右下角的 $X$ 轴发射换能器为例）：

右下角的发射器将触摸屏控制器送来的电信号转化为表面声波，向左方表面传播，声波在经玻璃板的一组精密 45°反射条纹时，反射条纹把水平方面的声波反射成垂直向上声波，声波经玻璃板表面传播给上方 45°反射条纹，再经上方这些反射条纹聚成向右的声波传播给右上角的接收换能器，接收换能器将返回的表面声波变为电信号。

当发射换能器发射一个窄脉冲后，表面声波经不同途径到达接收换能器，最右边声波最先到达接收器，最左边的声波最后到达接收器，先到达的和后到达的这些声波叠加成一个连续的波形信号，不难看出，接收信号集合了所有在 $X$ 轴方向历经长短不同路径回归的声波，它们在 $Y$ 轴走过的路程是相同的，但在 $X$ 轴上，最远的比最近的多走了两倍的 $X$ 轴最大距离。在没有触摸屏幕时，接收信号的波形与参照波形完全一样。当手指或其他能够吸收或阻挡声波的物体触摸屏幕某处时，$X$ 轴途经手指部位向上传播的声波在触摸处被部分吸收，反应在接收波形上即某一时刻位置上的波形有一个衰减缺口，控制器通过分析计算接收信号缺口位置就可得到触摸处的 $X$ 轴坐标。同样地，利用左上角的发射换成器和右上角的接收器，可以判定出触摸点的 $Y$ 坐标。确定触摸点的 $X$、$Y$ 轴坐标后，控制器就将该坐标信号送给主机。

### 12.1.3 常用类型触摸屏的性能比较

各类触摸屏性能比较见表 12-1 。

**表 12-1　各类触摸屏性能比较**

| 名称 | RED TOUCH 红外屏 | 国产声波屏 | 进口声波屏 | 四线电阻屏 | 五线电阻屏 | 电容屏 |
|---|---|---|---|---|---|---|
| 性价比 | 较高 | 低 | 较高 | 低 | 高 | 较高 |
| 寿命 | 10 年以上 | 2 年以上 | 3 年以上 | 1 年以上 | 3 年 | 2 年以上 |
| 维护性 | 免 | 经常 | 经常 | 温度湿度较高下经常 | 温度湿度较高下经常 | 经常 |
| 防暴性 | 好 | 较好 | 好 | 差 | 较差 | 一般 |
| 稳定性 | 高 | 较差 | 较高 | 不高 | 高 | 一般 |
| 透明度 | 好 | 好 | 好 | 差 | 差 | 一般 |
| 安装形式 | 内外两种 | 内置 | 内置 | 内置 | 内置 | 内置 |
| 触摸物限制 | 硬物均可 | 硬物不可 | 硬物不可 | 无 | 无 | 导电物方可 |
| 输出分辨率 | 4096×4096 | 4096×4096 | 4096×4096 | 4096×4096 | 4096×4096 | 4096×4096 |
| 抗强光干扰性 | 好 | 好 | 好 | 好 | 好 | 好 |
| 响应速度 | <15ms | <15ms | <10ms | 15ms | 15ms | <15ms |
| 跟踪速度 | 好 | 第二点速度慢 | 第二点速度慢 | 较好 | 较好 | 慢 |
| 多点触摸问题 | 已解决 | 未解决 | 未解决 | 未解决 | 未解决 | 已解决 |
| 传感器损伤影响 | 没有 | 很大 | 很大 | 很大 | 较小 | 较小 |
| 污物影响 | 没有 | 较大 | 较大 | 基本没有 | 基本没有 | 基本没有 |
| 防水性能 | 可倒水试验 | 不行 | 不行 | 很少量行 | 很少量行 | 不行 |
| 防震防碎裂性能 | 不怕震、不怕碎裂，玻璃碎裂不影响正常触摸 | 换能器怕震裂和玻璃碎后屏已报废 | 换能器怕震裂和玻璃碎后触摸屏已报废 | 怕震裂、玻璃碎后触摸屏已报废 | 怕震裂、玻璃碎后触摸屏已报废 | 能器怕震裂、玻璃碎后触摸屏已报废 |

续表

| 名称 | RED TOUCH 红外屏 | 国产声波屏 | 进口声波屏 | 四线电阻屏 | 五线电阻屏 | 电容屏 |
|---|---|---|---|---|---|---|
| 防刮防划性能 | 不怕 | 不怕 | 不怕 | 怕 | 怕 | 怕 |
| 智能修复功能 | 有 | 没有 | 没有 | 没有 | 没有 | 没有 |
| 漂移 | 没有 | 较小 | 较小 | 基本没有 | 基本没有 | 较大 |
| 适用显示器类别 | 纯平/液晶效果最好 | 均可 | 均可 | 均可 | 均可 | 均可 |

## 12.2 西门子精彩系列触摸屏（SMART LINE）简介

### 12.2.1 SMART LINE 触摸屏的特点

认识触摸屏（人机界面 HMI）

SIMATIC 精彩系列触摸屏（SMART LINE）是西门子根据市场需求新推出的具有触摸操作功能的 HMI（人机界面）设备，具有人机界面的标准功能，且经济适用，具备高性价比。最新一代精彩系列触摸屏 SMART LINE V3 的功能更是得到了大幅度提升，与西门子 S7-200 SMART PLC 一起，可组成完美的自动化控制与人机交互平台。

西门子精彩系列触摸屏（SMART LINE）主要有以下特点：

（1）屏幕尺寸有宽屏 7 寸、10 寸两种，支持横向和竖向安装。

（2）屏幕高分辨率有 800×480（7 寸）、1024×600（10 寸）两种，64K 色，LED 背光。

（3）集成以太网接口（俗称网线接口），可与 S7-200 SMART 系列 PLC、LOGO！等进行通信（最多可连接 4 台）。

（4）具有隔离串口（RS-422/RS-485 自适应切换），可连接西门子、三菱、施耐德、欧姆龙及部分台达系列 PLC。

（5）支持 Modbus RTU 协议通信。

（6）具有硬件实时时钟功能。

（7）集成 USB 2.0 host 接口，可连接鼠标、键盘、Hub 以及 USB 存储器。

（8）具有数据和报警记录归档功能。

（9）具有强大的配方管理，趋势显示，报警功能。

（10）通过 Pack & Go 功能，可轻松实现项目更新与维护。

（11）编程绘制画面使用全新的 WinCC Flexible SMART 组态软件，简单直观，功能强大。

### 12.2.2 常用型号及外形

在用 WinCC Flexible SMART 软件（SMART LINE 触摸屏的组态软件）组态项目选择设备时，可以发现 SMART LINE 触摸屏有 8 种型号，7 寸和 10 寸屏各 4 种，如图 12-7 所示。其中 Smart 700 IE V3 型和 Smart 1000 IE V3 型两种最为常用，其外形如图 12-8 所示。

### 12.2.3 触摸屏主要部件说明

SMART LINE 触摸屏的各型号外形略有不同，但组成部件大同小异，图 12-9 所示为 Smart 700 IE V3 型触摸屏的组成部件及说明。

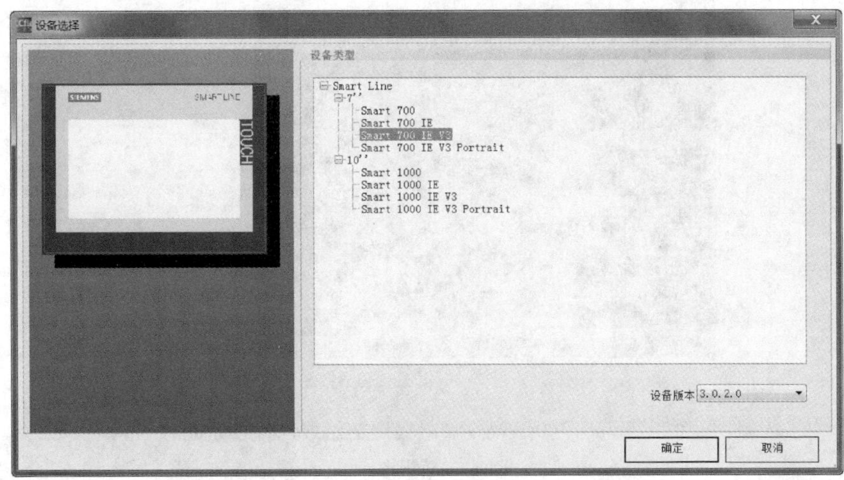


图 12-7　SMART LINE 触摸屏有 8 种型号

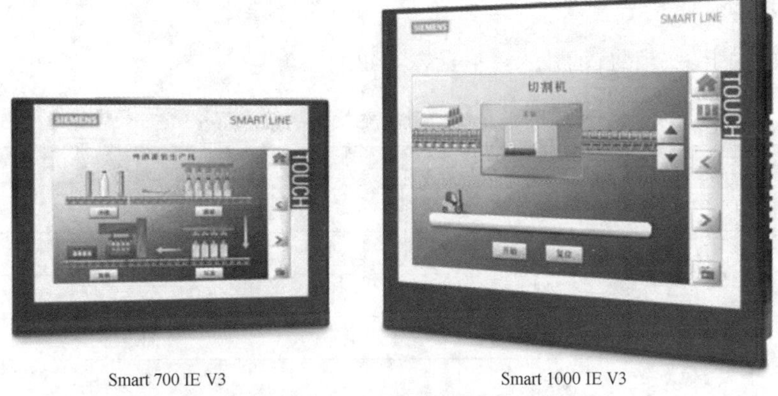


图 12-8　两种常用的 SMART LINE 触摸屏

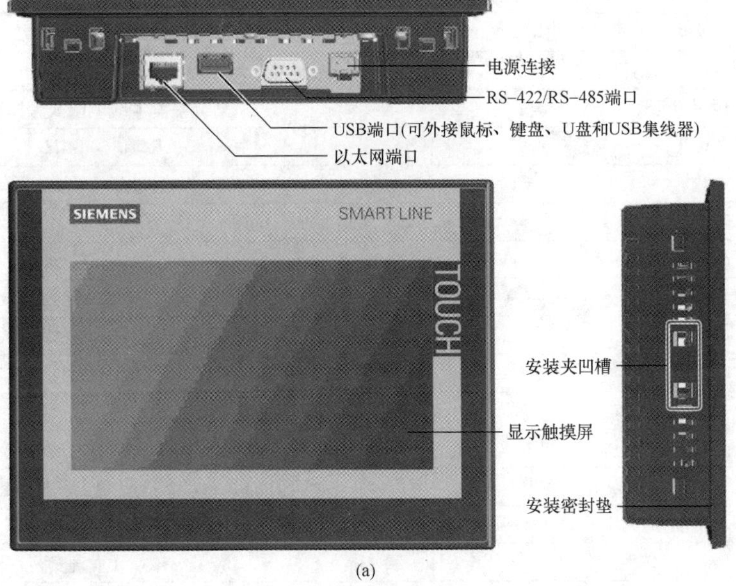


图 12-9　Smart 700 IE V3 型触摸屏的组成部件及说明（一）

（a）底视、前视和侧视图

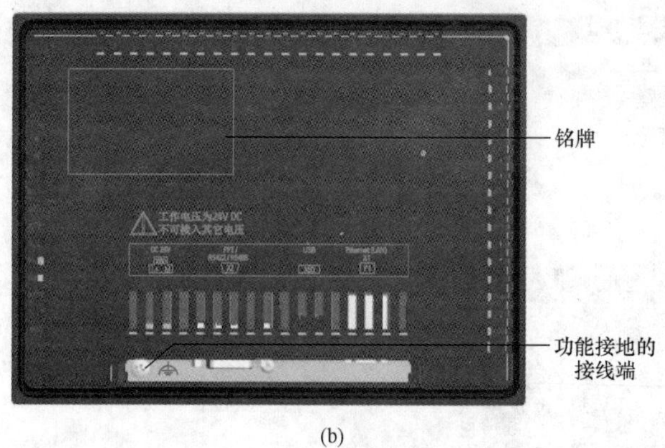


(b)

图 12-9 Smart 700 IE V3 型触摸屏的组成部件及说明（二）

（b）后视图

## 12.2.4 技术规格

西门子 SMART LINE 触摸屏的技术规格见表 12-2。

**表 12-2 西门子 SMART LINE 触摸屏的技术规格**

| 设备 | | Srrart 700 IEV3 | Srrart 1000 IEV3 |
|---|---|---|---|
| 显示尺寸/英寸 | | 7 英寸宽屏 | 10.1 英寸宽屏 |
| 开孔尺寸 $W \times H$/mm×mm | | 192×138 | 259×201 |
| 前面板尺寸 $W \times H$/mm×mm | | 209×155 | 276×218 |
| 安装方式 | | 横向/竖向 | |
| 显示类型 | | LCD-TFT | |
| 分辨率/$W \times H$，像素 | | 800×480 | 1024×600 |
| 颜色 | | 65536 | |
| 亮度 | | 250cd/$m^2$ | |
| 背光寿命（25℃） | | 最大 20000h | |
| 触屏类型 | | 高灵敏度 4 线电阻式触摸屏 | |
| CPU | | ARM，600MHz | |
| 内存 | | 128MB DDR3 | |
| 项目内存 | | 8MB Flash | |
| 供电电源 | | 24V DC | |
| 电压允许范围 | | 19.2～28.8V DC | |
| 蜂鸣器 | | √ | |
| 时钟 | | 硬件实时时钟 | |
| 串口通信 | | 1×RS422/485，带隔离串门，最大通信速率 187.5kbit/s | |
| 以太网接口 | | 1×RJ45，最大通信速率 100Mbit/s | |
| USB | | USB2.0host，支持 U 盘，鼠标、键盘，Hub | |
| 认证 | | CE，RoHS | |
| 环境条件 | 操作温度 | 0～50℃（垂直安装） | |
| | 存储/运输温度 | −20～60℃ | |
| | 最大相对湿度 | 90%（无冷凝） | |
| | 耐冲击性 | 15g/11ms | |

续表

| 设　备 | | Srrart 700 IEV3 | Srrart 1000 IEV3 |
|---|---|---|---|
| 防护等级 | 前面 | IP65 | |
| | 背面 | IP20 | |
| 软件功能 | 组态软件 | WinCC flexible smart V3 | |
| | 可连接的西门子 PLC | S7-200/S7-200 SMART/LOGO! | |
| | 第三方 PLC | Mitsubishi FX/Protocol4；Modicon modbus；Omron CP/Cl | |
| | 变量 | 800 | |
| | 画面数 | 150 | |
| | 报警缓存（掉电保持） | 256 | |
| | 配方 | 10×100 | |
| | 趋势曲线 | √ | |
| | 掉电保持 | √ | |
| | 变量归档 | 5 个变量 | |
| | 报警归档 | √ | |

# 12.3 触摸屏与其他设备的连接

## 12.3.1 触摸屏的供电接线

Smart 700 IE V3 型触摸屏的供电电压为直流 24V，允许范围为 19.2～28.2V，其电源接线如图 12-10 所示，电源连接器为触摸屏自带，无须另外购置。

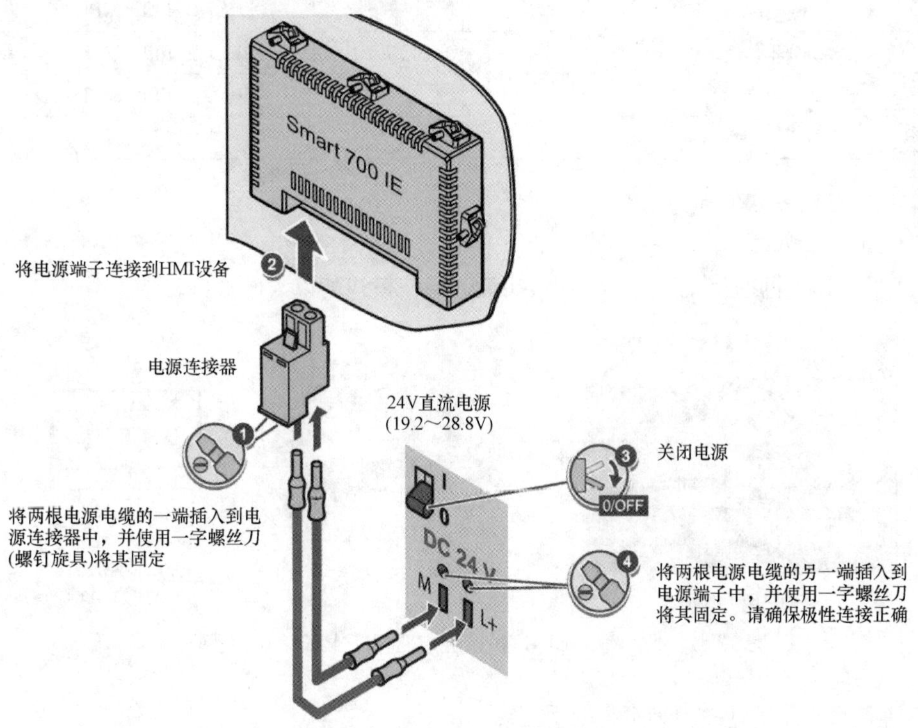


图 12-10　Smart 700 IE V3 型触摸屏的电源接线

## 12.3.2 触摸屏与组态计算机（PC）的以太网连接

SMART LINE 触摸屏中的控制和监控画面是使用安装在计算机的 WinCC Flexible SMART 组态软件制作的，画面制作完成后，计算机通过电缆将画面项目下载到触摸屏。计算机与 SMART LINE 触摸屏一般使用网线通过以太网连接通信，如图 12-11 所示，将一根网线的两个 RJ-45 头分别插入触摸屏和计算机的以太网端口（LAN 口）。

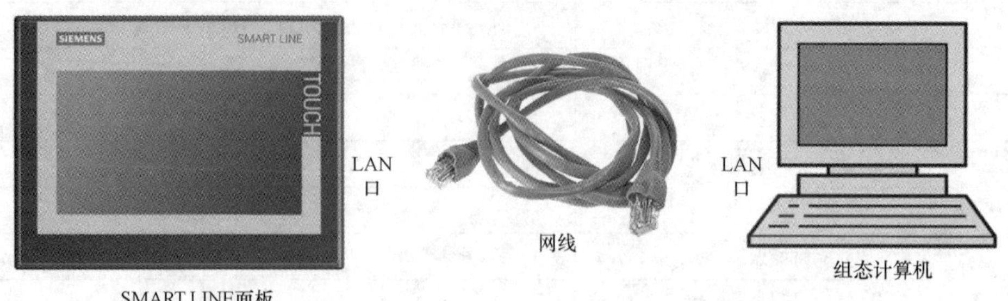


图 12-11 SMART LINE 触摸屏与计算机连接

## 12.3.3 触摸屏与西门子 PLC 的连接

对于具有以太网端口（或安装了以太网通信模块）的西门子 PLC，可采用网线与 SMART LINE 触摸屏连接，对于无以太网端口的西门子 PLC，可采用 RS-485 端口与 SMART LINE 触摸屏连接。SMART LINE 触摸屏支持连接的西门子 PLC 及支持的通信协议见表 12-3。

**表 12-3 SMART LINE 触摸屏支持连接的西门子 PLC 及支持的通信协议**

| SMART LINE 面板支持连接的西门子 PLC | 支持的通信协议 |
|---|---|
| SIEMENS S7-200 | 以太网、PPI、MPI |
| SIEMENS S7-200 CN | 以太网、PPI、MPI |
| SIEMENS S7-200 Smart | 以太网、PPI、MPI |
| SIEMENS LOGO! | 以太网 |

1. 触摸屏与西门子 PLC 的以太网连接

SMART LINE 触摸屏与西门子 PLC 的以太网连接如图 12-12 所示，对于无以太网端口的西门子 PLC，需要先安装以太网通信模块，再将网线头插入通信模块的以太网端口。

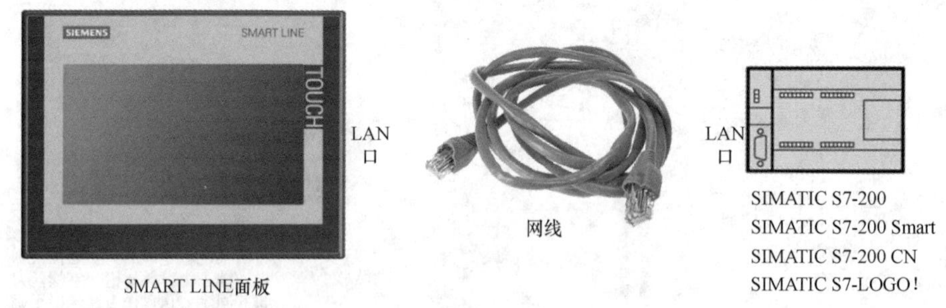


图 12-12 SMART LINE 触摸屏与西门子 PLC 的以太网连接

2. 触摸屏与西门子 PLC 的 RS-485 串行连接

SMART LINE 触摸屏与西门子 PLC 的 RS-485 串行连接如图 12-13 所示，两者连接使用 9 针 D-Sub

接口，但通信只用到了其中的第 3 针和第 8 针。

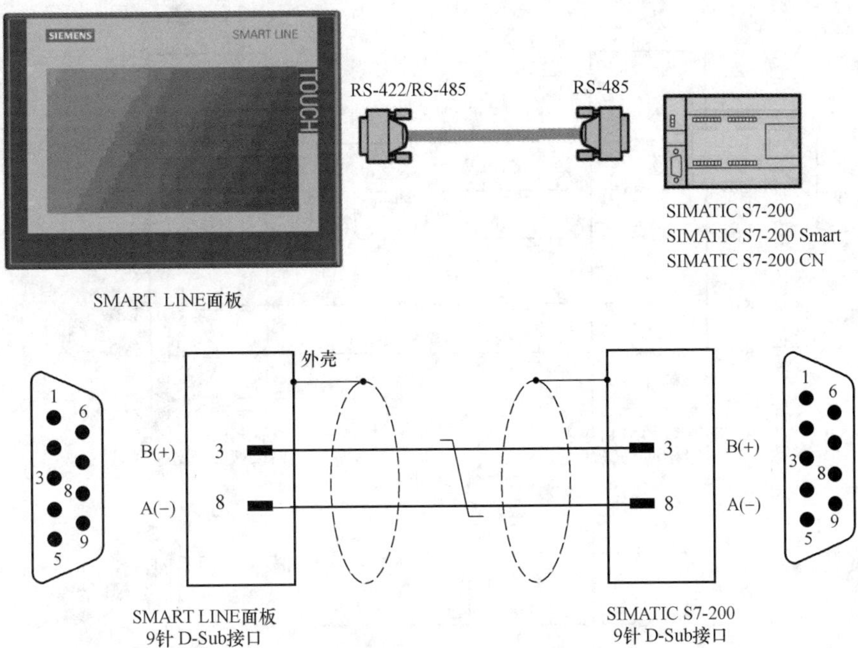


图 12-13　SMART LINE 触摸屏与西门子 PLC 的 RS-485 串行连接

### 12.3.4　触摸屏与三菱、施耐德和欧姆龙 PLC 的连接

SMART LINE 触摸屏除了可以与西门子 PLC 连接外，还可以与三菱、施耐德、欧姆龙及部分台达 PLC 进行 RS-422/RS-485 串行连接，如图 12-14 所示。

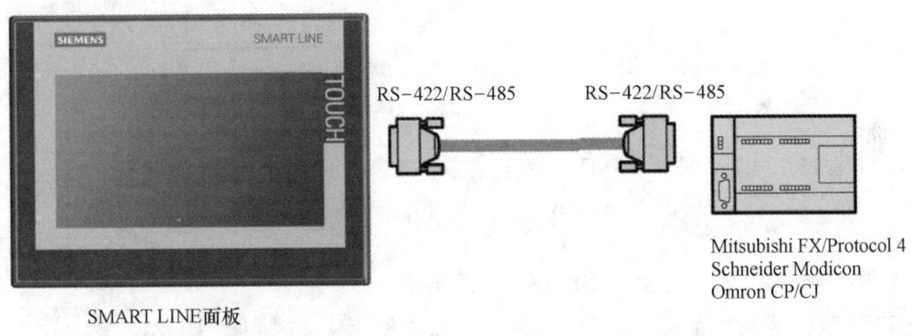


| SMART LINE面板支持连接的其他PLC类型 | 支持的协议 |
|---|---|
| Mitsubishi FX | 点对点串行通信 |
| Mitsubishi Protocol 4 | 多点串行通信 |
| Modicon Modbus PLC | 点对点串行通信 |
| Omron CP、CJ | 多点串行通信 |

图 12-14　SMART LINE 触摸屏与其他 PLC 的 RS-422/RS-485 串行连接

1. 触摸屏与三菱 PLC 的 RS-422/RS-485 串行连接

SMART LINE 触摸屏与三菱 PLC 的 RS-422/RS-485 串行连接如图 12-15 所示，图 12-15（a）为触

摸屏与三菱 FX PLC 的 RS-422/RS-485 串行连接，图 12-15（b）为触摸屏与三菱 Protocol4 PLC 的 RS-422/RS-485 串行连接。

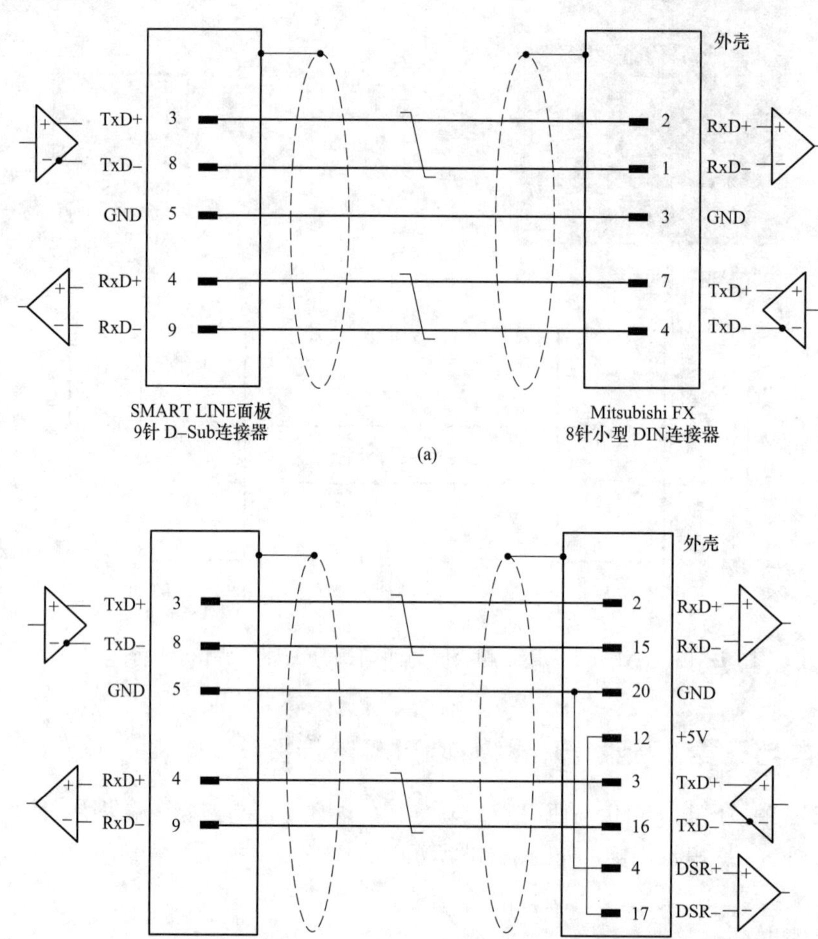


图 12-15　SMART LINE 触摸屏与三菱 PLC 的 RS-422/RS-485 串行连接

（a）与三菱 FX PLC；（b）与三菱 Protocol4 PLC

2. 触摸屏与施耐德 PLC 的 RS-422/RS-485 串行连接

SMART LINE 触摸屏与施耐德 PLC 的 RS-422/RS-485 串行连接如图 12-16 所示。

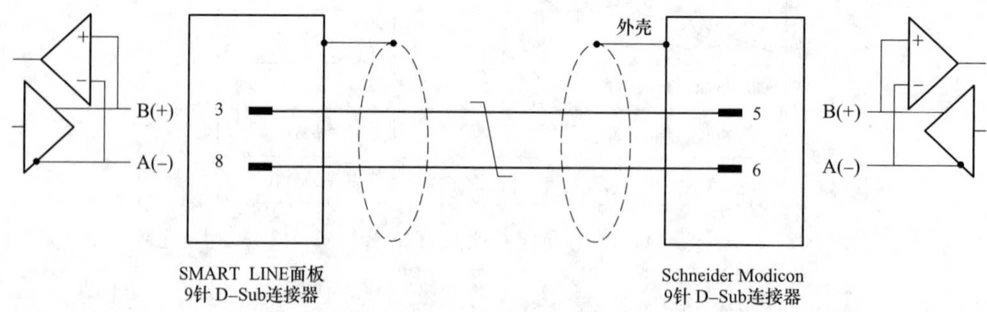


图 12-16　SMART LINE 触摸屏与施耐德 PLC 的 RS-422/RS-485 串行连接

3. 触摸屏与欧姆龙 PLC 的 RS-422/RS-485 串行连接

SMART LINE 触摸屏与欧姆龙 PLC 的 RS-422/RS-485 串行连接如图 12-17 所示。

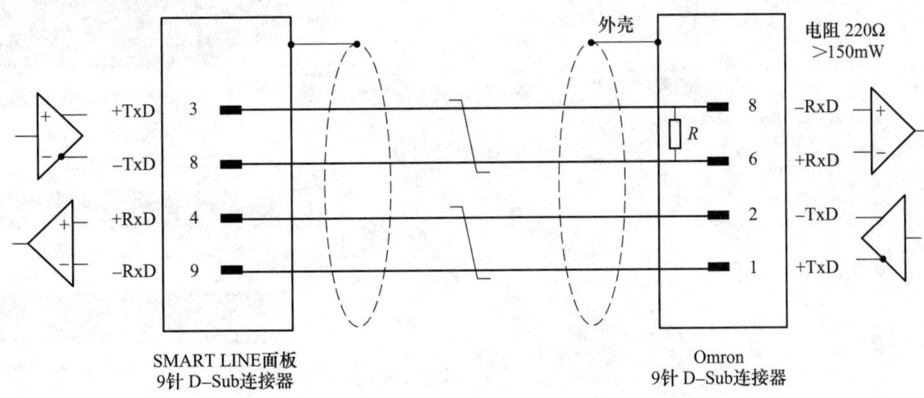


图 12-17 SMART LINE 触摸屏与欧姆龙 PLC 的 RS-422/RS-485 串行连接

# 12.4 触摸屏的操作设置

## 12.4.1 触摸屏的屏幕键盘

在触摸屏上输入字符时，屏幕上会自动出现键盘，触摸屏幕键盘上的按键即可输入字符。SMART LINE 触摸屏有字母数字键盘和数字键盘两种，如图 12-18 所示，出现何种键盘由输入对象的类型决定。

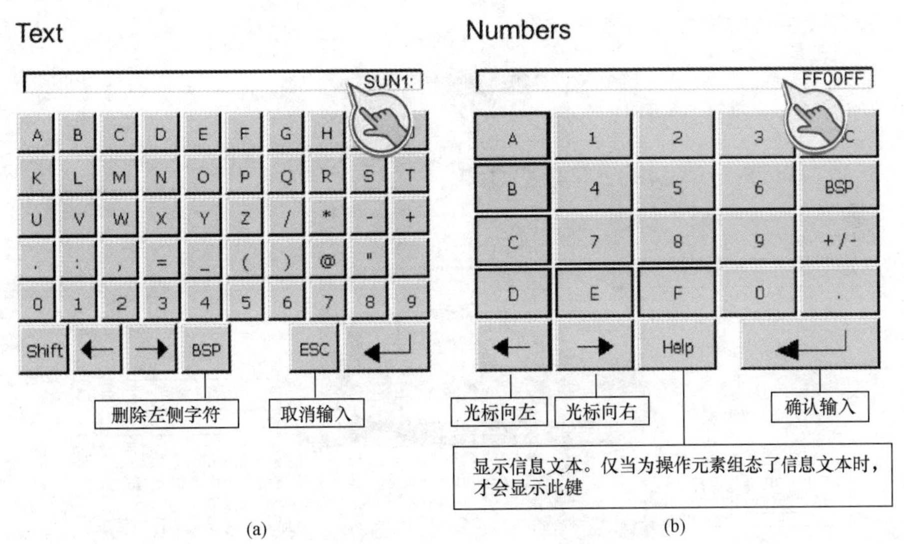


图 12-18 触摸屏的屏幕键盘

（a）字母数字键盘；（b）数字键盘

## 12.4.2 触摸屏的启动

SMART LINE 触摸屏接通电源后开始启动，出现图 12-19 所示的启动界面，有 3 个按钮，其功能见图 12-19 中标注说明（其中 HMI 意为人机界面，此处是指 SMART LINE 触摸屏），可以直接触摸按钮进行操作，也可以外接鼠标或键盘进行操作。

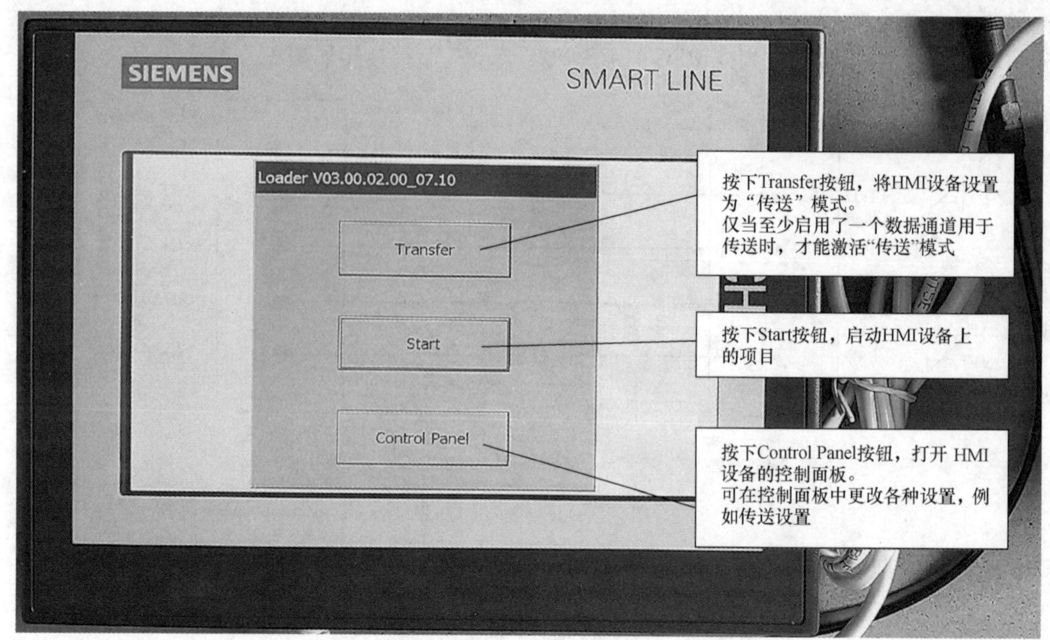


图 12-19 SMART LINE 触摸屏通电后出现的启动界面

### 12.4.3 触摸屏的控制面板

SMART LINE 触摸屏接通电源启动后，会出现启动界面，按下其中的“Control Panel（控制面板）”按钮，出现“Control Panel”窗口，如图 12-20 所示，窗口中有 7 个设置项，其功能如图标注说明，利用这些设置项可对触摸屏进行各种设置。

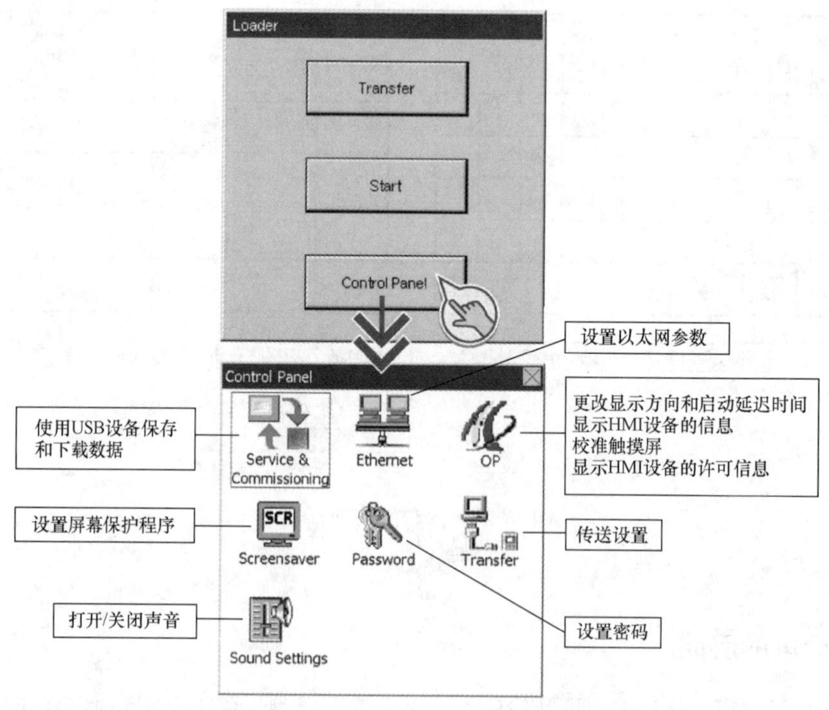


图 12-20 触摸屏的“Control Panel（控制面板）”窗口

### 12.4.4 触摸屏的数据备份和恢复

1. 备份数据

在 Control Panel（控制面板）窗口中，使用 Service and Commissioning 的 Backup（备份）功能可将设备数据保存到外部的 USB 存储设备中，具体操作过程如图 12-21 所示。在备份数据时，需要将 USB 存储器插入触摸屏的 USB 接口。

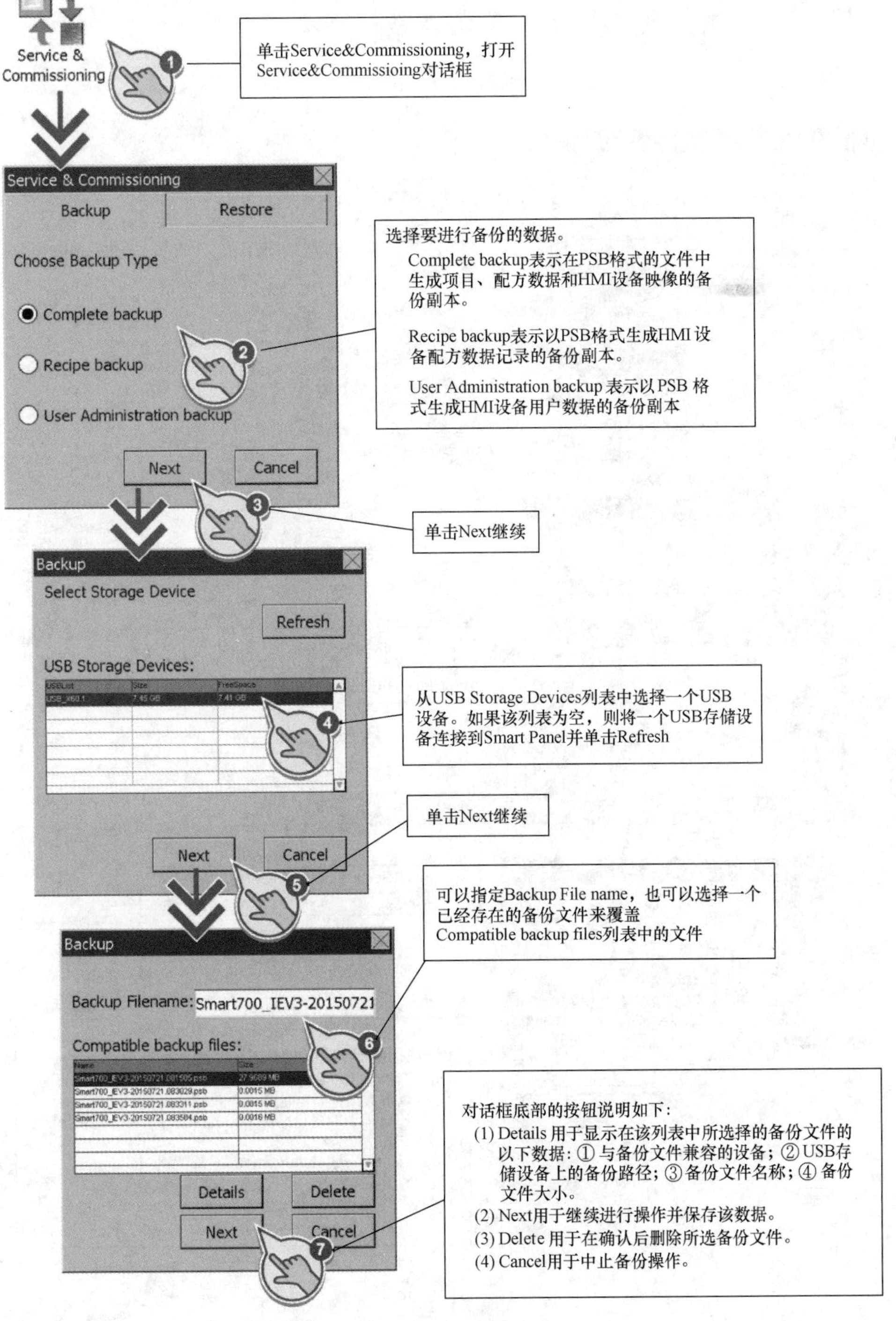


图 12-21 将数据备份到外部 USB 存储设备

2. 恢复数据

在Control Panel（控制面板）窗口中，使用Service and Commissioning的Restore（恢复）功能可将先前备份在USB存储设备中的数据加载恢复到触摸屏中，具体操作过程如图12-22所示。在恢复数据时，需要将USB存储器（含有备份数据）插入触摸屏的USB接口。

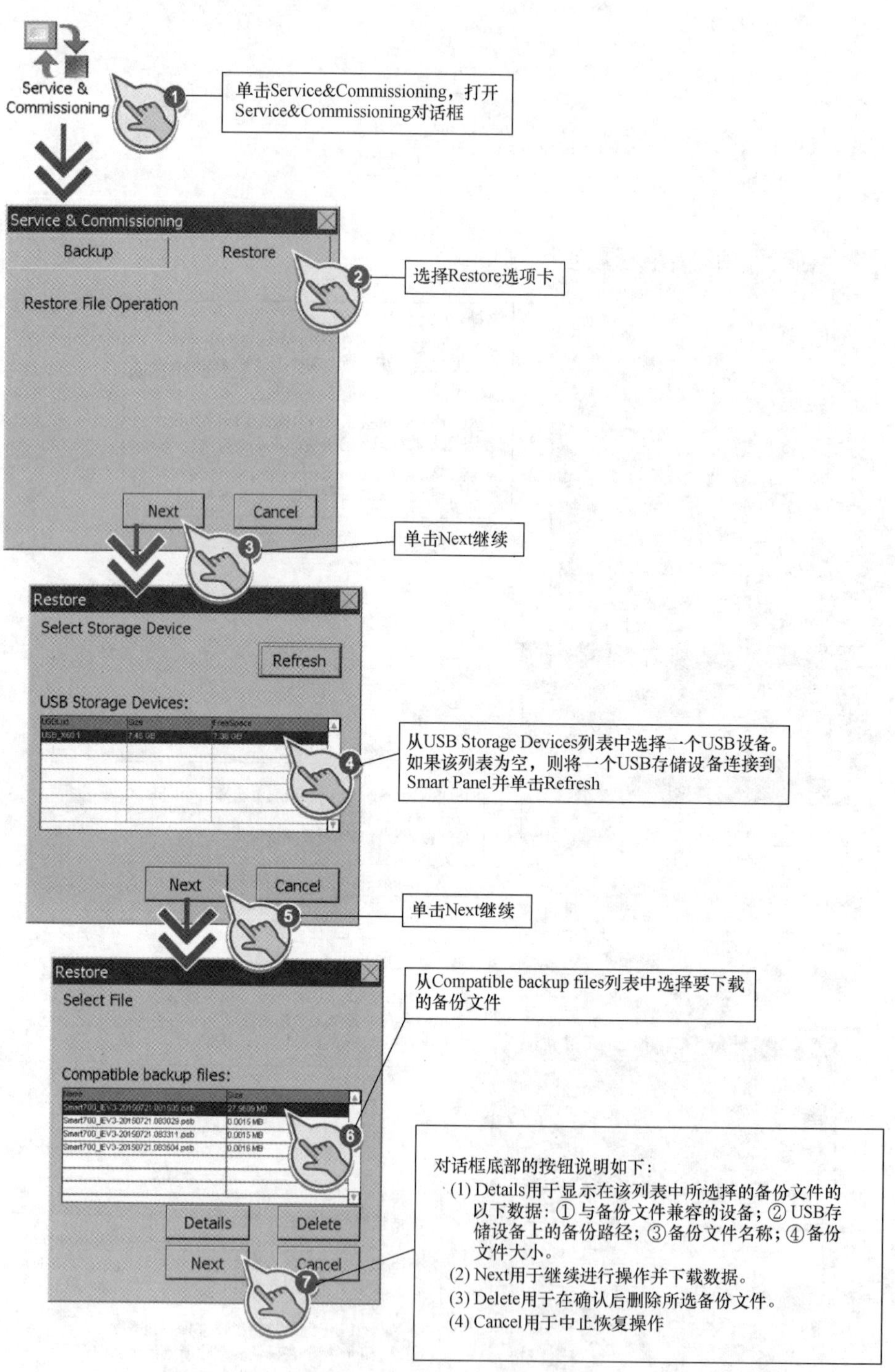


图12-22 将USB存储设备的备份数据恢复到触摸屏

### 12.4.5 触摸屏的以太网参数设置

如果 SMART LINE 触摸屏与其他设备使用以太网连接通信，需要进行以太网参数设置，具体设置过程如图 12-23 所示，同一网络中的设备应设置不相同的 IP 地址，否则会产生冲突而无法通信。

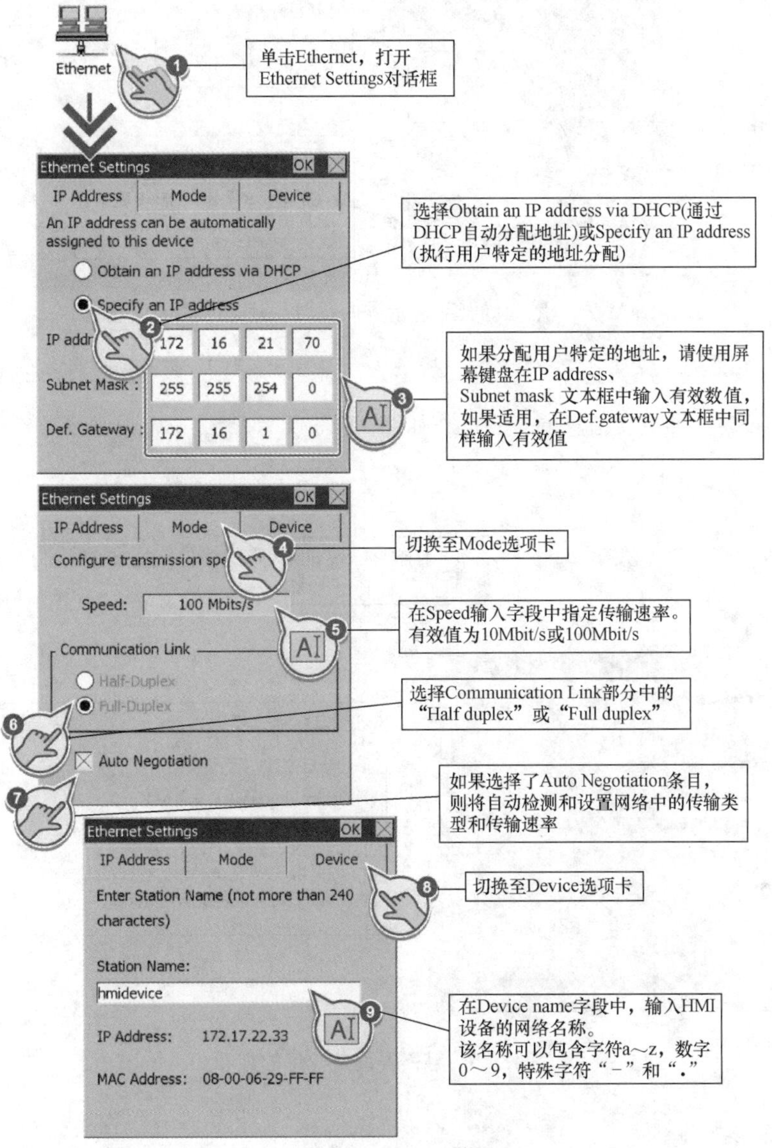


图 12-23 触摸屏的以太网参数设置

### 12.4.6 触摸屏的画面方向、设备信息、触摸位置校准和许可信息的设置与查看

利用 Control Panel（控制面板）窗口中的“OP”项可设置触摸屏画面显示方向，进行屏幕触摸位置校准，还可查看触摸屏的设备信息和许可信息。

1. 触摸屏画面显示方向和启动延迟时间的设置

SMART LINE 触摸屏画面显示方向默认为横向，可以将画面设为纵向显示，如果组态软件绘制的画面是横向，而触摸屏显示的画面是纵向，画面可能会有部分内容无法显示。触摸屏画面显示方向和启动延迟时间的设置如图 12-24 所示。

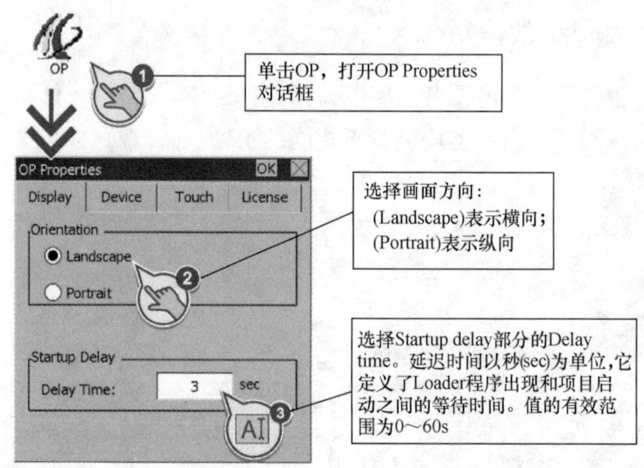


图 12-24　触摸屏画面显示方向和启动延迟时间的设置

2. 触摸屏设备信息的查看

SMART LINE 触摸屏设备信息的查看操作如图 12-25 所示。

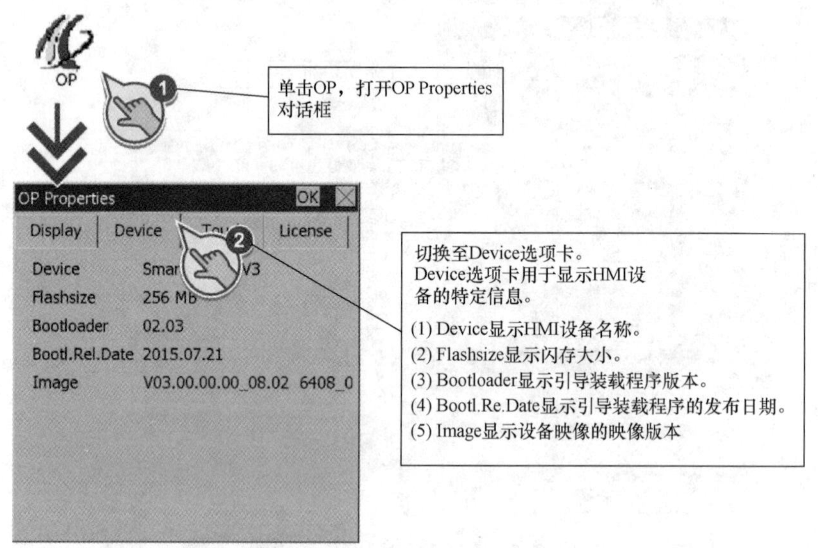


图 12-25　触摸屏设备信息的查看

3. 触摸屏的触摸校准

SMART LINE 触摸屏的触摸位置校准操作如图 12-26 所示。

4. 触摸屏设备许可信息的查看

SMART LINE 触摸屏的设备许可信息的查看操作如图 12-27 所示。

## 12.4.7　触摸屏屏幕保护程序的设置

触摸屏的屏幕内容显示时间过长，就有可能在背景中留下模糊的影像（虚像），一段时间后“虚像”会自动消失。相同的内容在画面中显示的时间越长，残影消失所需的时间就越长。屏幕保护程序有助于防止出现残影滞留，因此尽量始终使用屏幕保护程序。触摸屏屏幕保护程序的设置操作如图 12-28 所示。

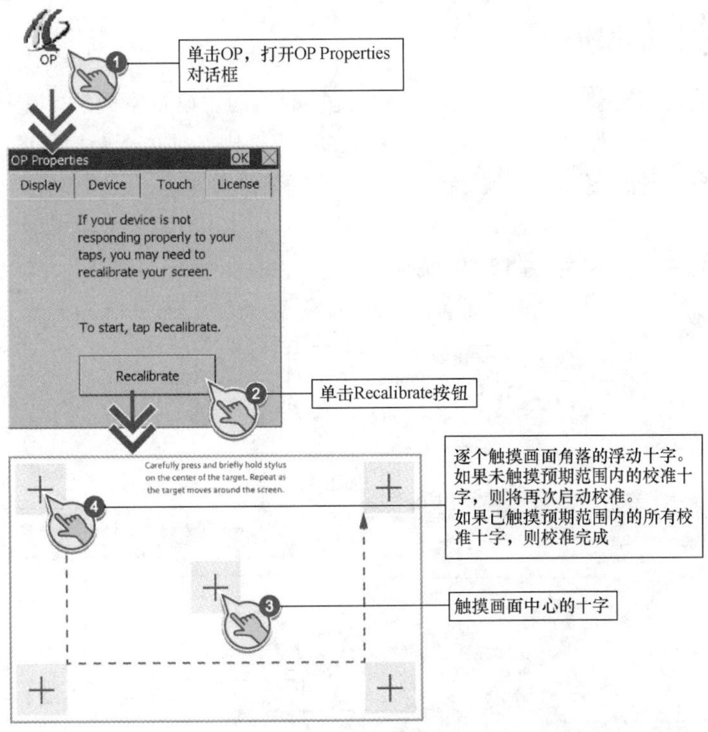


图 12-26 触摸屏设备的触摸位置校准

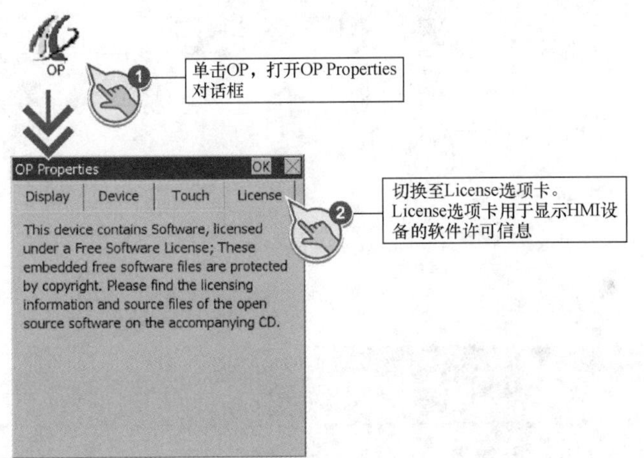


图 12-27 触摸屏的设备许可信息的查看

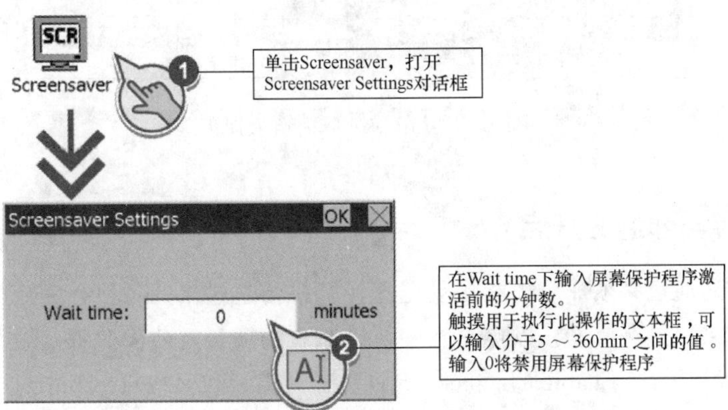


图 12-28 触摸屏屏幕保护程序的设置

### 12.4.8 触摸屏密码的设置

触摸屏设置密码可以防止对启动中心进行未经授权的访问。设置密码时，密码不能包含空格或特殊字符 * 、?、．、%、/、\、`、"。如果忘记启动中心的密码，则必须更新触摸屏的操作系统，才能在启动中心进行更改。在更新操作系统时，触摸屏的所有数据都将被覆盖。

1. 设置密码保护

触摸屏设置密码保护的操作如图 12-29 所示。

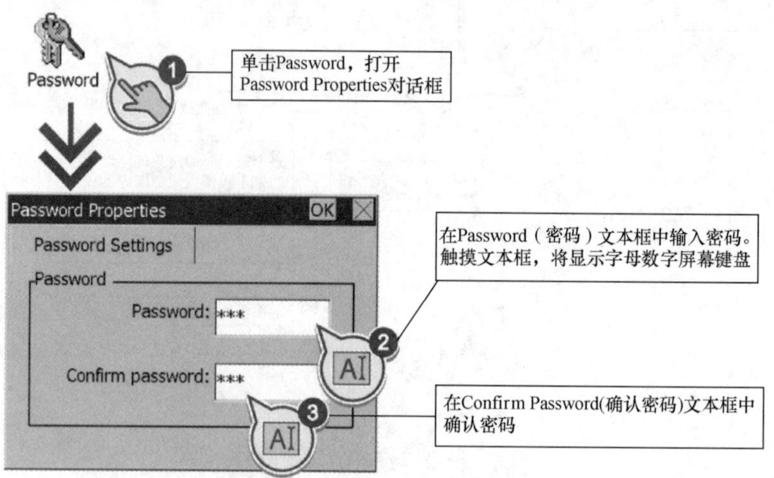


图 12-29 触摸屏设置密码保护

2. 取消密码保护

触摸屏取消密码保护的操作如图 12-30 所示。

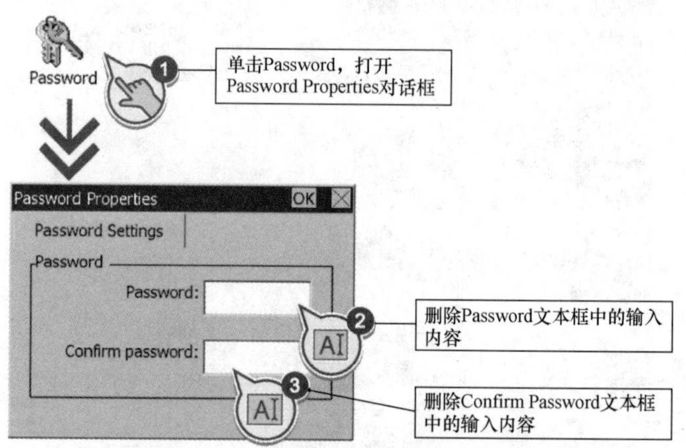


图 12-30 触摸屏取消密码保护

### 12.4.9 触摸屏传送通道的开启

触摸屏的数据传送通道必须开启才能接受组态计算机传送过来的项目，完成项目传送后，可以通过关闭所有数据通道来保护触摸屏，以免无意中覆盖原有的项目及映像数据。触摸屏传送通道的开启操作如图 12-31 所示，不选择 Enable Channel（允许传送通道）和 Remote Control（远程控制），即可关闭传送通道。

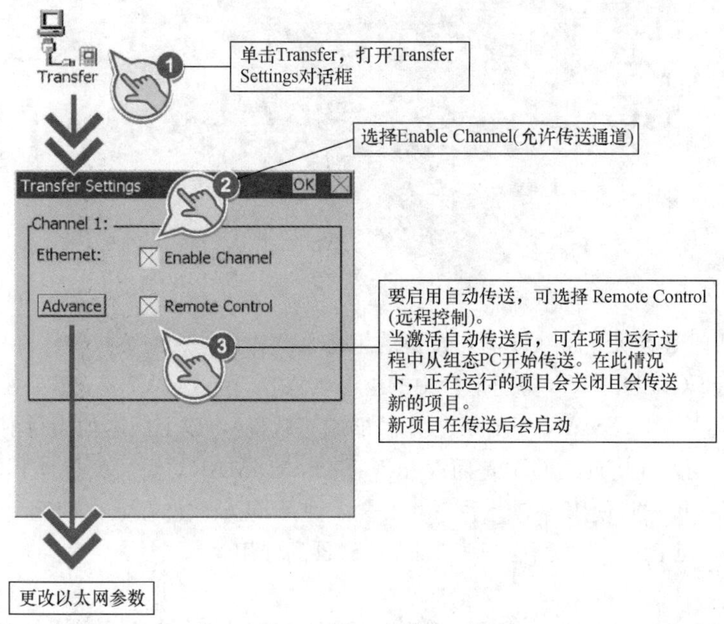


图 12-31　触摸屏传送通道的开启

## 12.4.10　触摸屏声音的设置

触摸屏声音的设置操作如图 12-32 所示，选择 Sound ON 开启声音，不选则关闭声音。

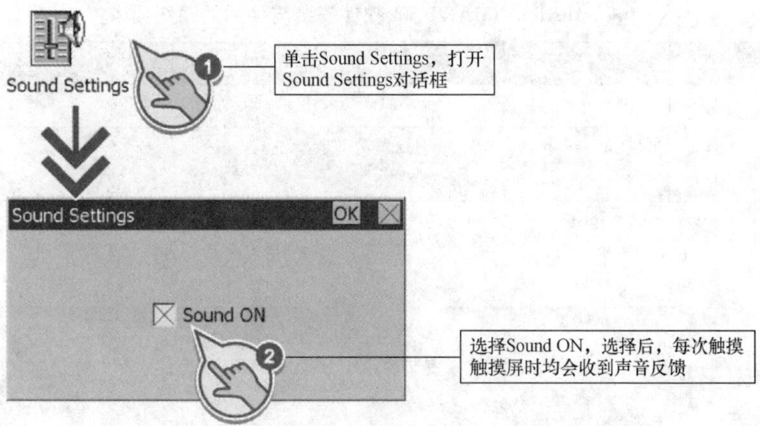


图 12-32　触摸屏声音的设置

# 西门子WinCC组态软件快速入门

WinCC 软件是西门子人机界面（HMI）设备的组态（意为设计、配置）软件，根据使用方式不同，可分为 SIMATIC WinCC V14（TIA 博途平台中的组态软件）、WinCC V7.4（单独使用的组态软件）和 WinCC flexible SMART V3（SMART LINE 触摸屏的组态软件），以上版本均为目前最新版本，前两种 WinCC 安装文件体积庞大（接近 10GB），而 WinCC flexible SMART 安装文件体积小巧（1GB 左右），可直接下载使用，无须授权且使用容易上手。由于这 3 种 WinCC 软件在具体使用上大同小异，故这里以 WinCC flexible SMART V3 来介绍西门子 WinCC 软件的使用。

## 13.1　WinCC flexible SMART V3 软件的安装与卸载

### 13.1.1　系统要求

WinCC flexible SMART V3 软件安装与使用的系统要求见表 13-1。

**表 13-1　　WinCC flexible SMART V3 软件安装与使用的系统要求**

| 操作系统 | Windows 7/Windows 10 操作系统 |
|---|---|
| RAM | 最小 1.5GB，推荐 2GB |
| 处理器 | 最低要求 Pentium Ⅳ或同等 1.6GHz 的处理器，<br>推荐使用 Core 2 Duo |
| 图形 | XGA 1024×768；<br>WXCA 用于笔记本；<br>16 位色深 |
| 硬盘<br>空闲存储空间 | 最小 3GB<br>如果 WinCC flexble SMART 未安装在系统分区中，则所需存储空间的分配如下：<br>• 大约 2.6GB 分配到系统分区；<br>• 大约 400MB 分配到安装分区；<br>要确保留出足够的剩余硬盘空间用于页面文件。更多信息，请查阅 Windows 文档 |
| 可同时安装的<br>西门子其他软件 | • STEP7（TIA Portal）V14 SP1；<br>• WinCC（TIA Portal）V13 SP2；<br>• WinCC（TIA Portal）V14 SP1；<br>• WinCC（TIA Portal）V15；<br>• WinCC fexoble 2008 SP3；<br>• WinCC flexible 2008 SP5；<br>• WinCC flexible 2008 SP4 CHINA |

### 13.1.2　软件的免费下载

WinCC flexible SMART V3 软件安装包可在西门子自动化官网（www.ad.siemens.com.cn）搜索

免费下载，具体操作如图 13-1 所示，为了使软件安装顺利进行，安装前请关闭计算机的安全软件和其他正在运行的软件。

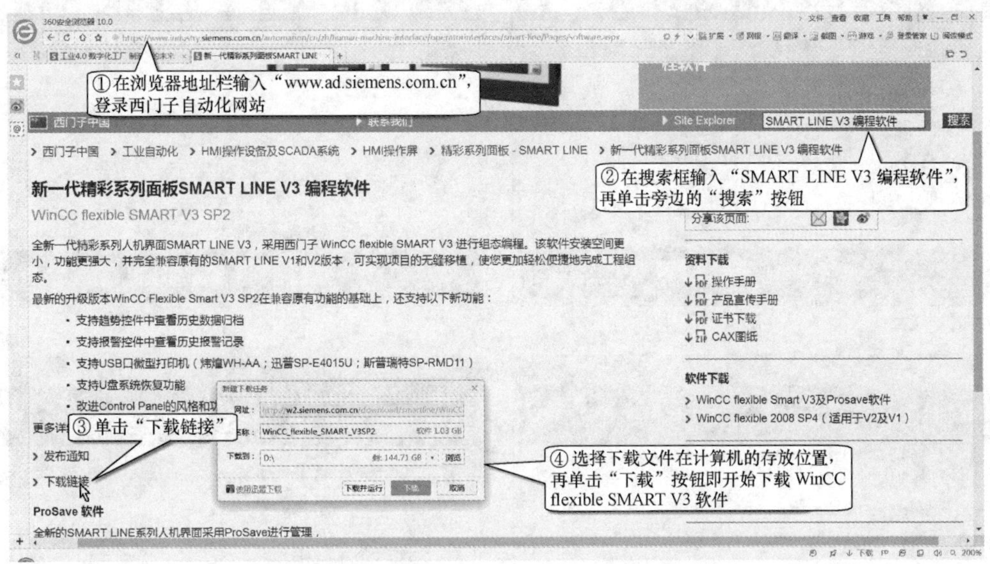


图 13-1 从西门子自动化官网下载 WinCC flexible SMART V3 软件

## 13.1.3 软件的安装

WinCC 组态软件的安装

1. 解压文件

在西门子自动化官网下载的 WinCC flexible SMART V3 软件安装包是一个压缩的可执行文件，如图 13-2 所示。双击该文件即开始解压，出现第 1 个对话框［见图 13-3（a)］，单击“下一步”，出现第 2 个对话框［见图 13-3（b)］，选择安装语言为“简体中文”，单击“下一步”，出现第 3 个对话框［见图 13-3（c)］，选择解压后的文件的存放位置，单击“下一步”即开始解压文件，出现第 4 个对话框［见图 13-3（d)］，解压完成后，出现第 5 个对话框［见图 13-3（e)］，单击“完成”就开始安装 WinCC flexible SMART V3 软件了。

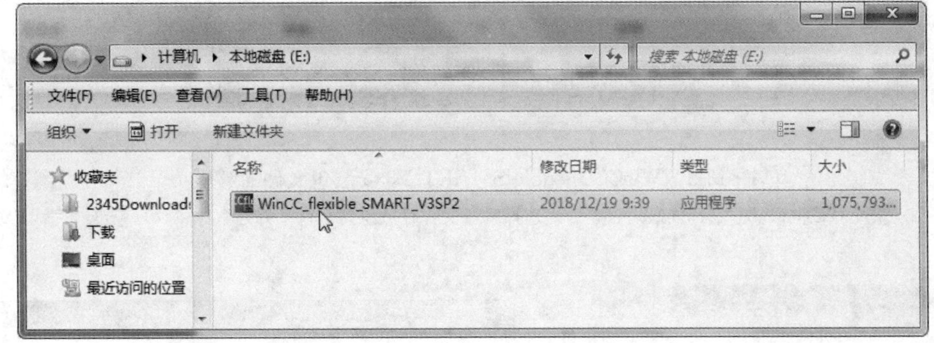


图 13-2 双击 WinCC flexible SMART V3 安装包文件先解压

2. 无法安装的解决方法

WinCC flexible SMART V3 安装包文件解压完成，开始安装时，如果出现图 13-4 所示的对话框，请重新启动计算机，再重新解压安装包，如果重新解压的文件存放位置未改变，由于现在解压的文件与先前已解压文件相同，会弹出如图 13-5 所示的对话框，询问是否覆盖文件，单击“全部皆是”按钮，重新解压的文件会全部覆盖先前解压的文件。

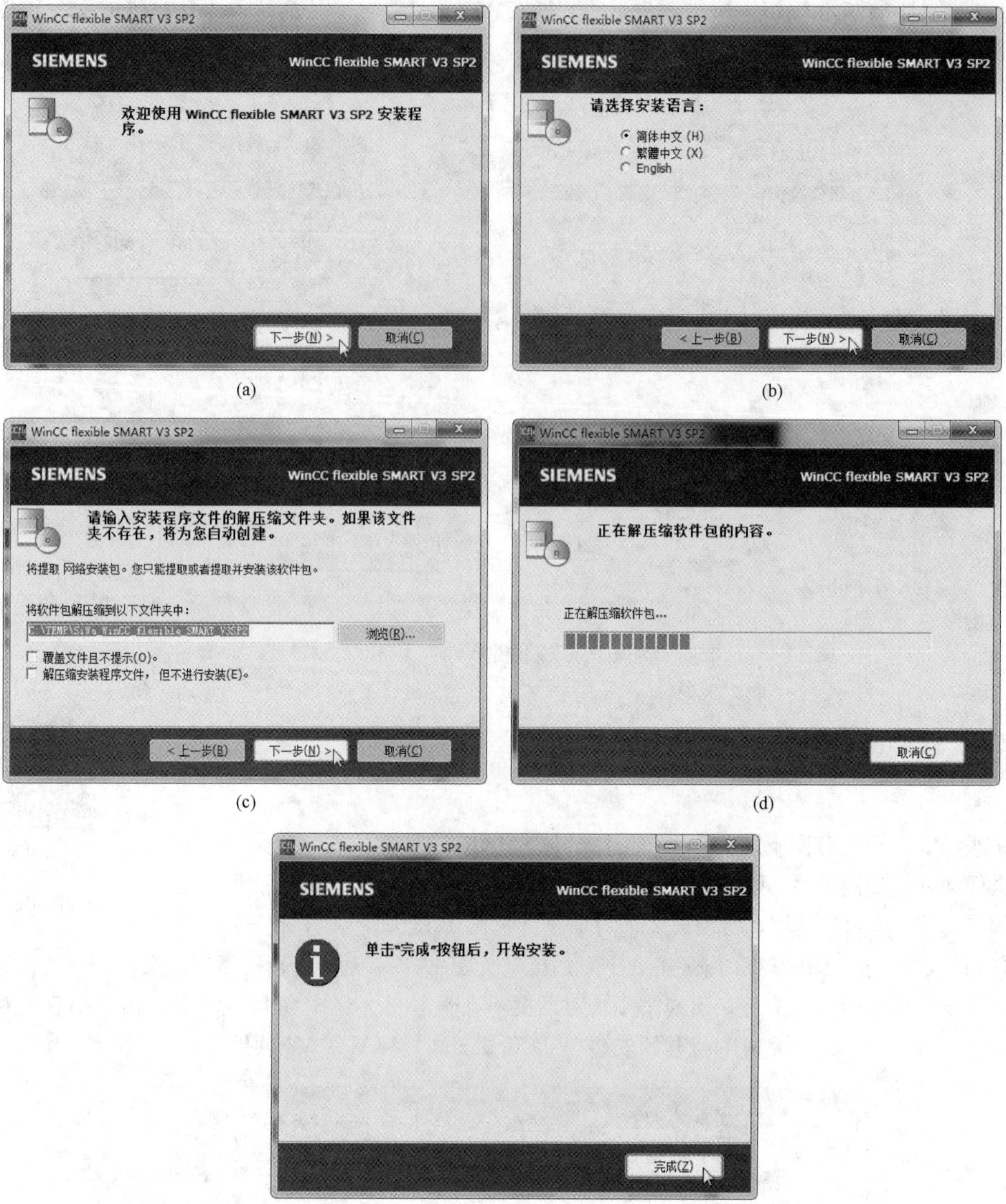

(a) (b)

(c) (d)

(e)

图 13-3 WinCC flexible SMART V3 安装包文件的解压

（a）欢迎对话框；（b）选择安装语言；（c）选择解压文件存放位置；（d）开始解压；（e）单击“完成”

图 13-4 安装时提示重新启动计算机

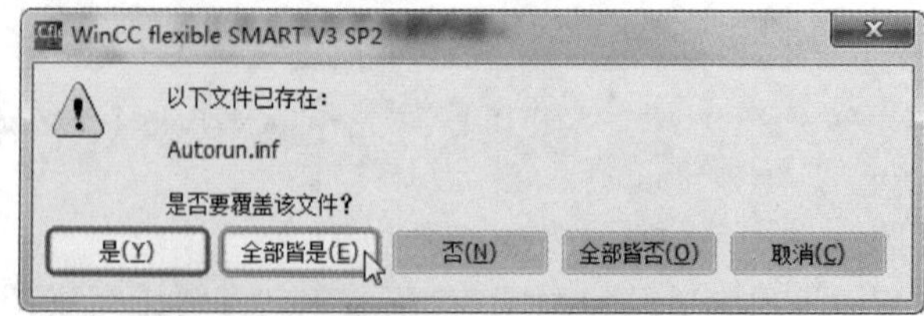


图 13-5 重新解压安装包时选择“全部皆是”以覆盖先前解压的相同文件

如果启动计算机后重新解压仍无法安装 WinCC flexible SMART V3，可删除注册表有关项后再进行安装。单击计算机桌面左下角的“开始”按钮，在弹出的菜单最下方的框内输入“regedit”，回车后弹出“注册表编辑器”窗口，如图 13-6 所示，在窗口的左方依次展开 HKEY _ LOCAL _ MACHINE→SYSTEM→CurrentControlSet→Control→Session Manager，再在窗口的右边找到“PendingFileRenameOperations”项，如图 13-7 所示，将其删除，此时无须重新启动计算机，可继续安装或重新解压安装。

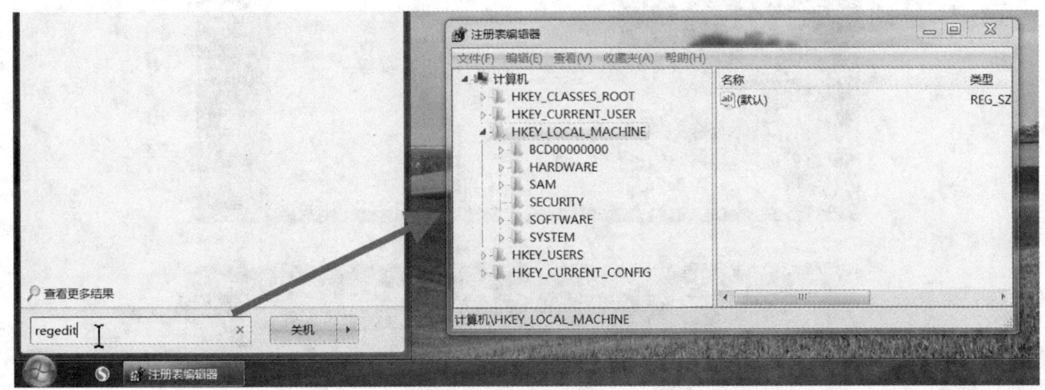


图 13-6 输入“regedit”打开注册表编辑器

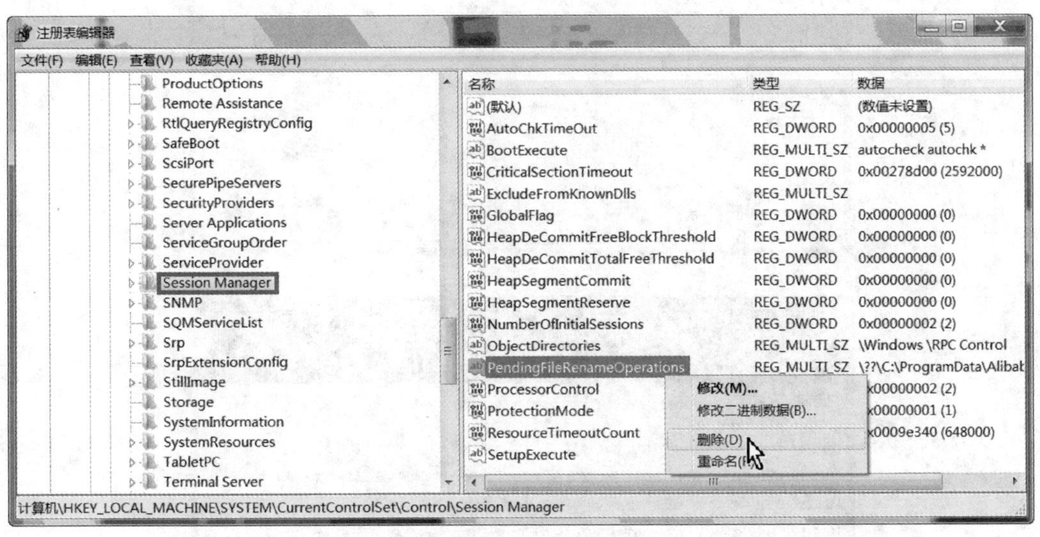


图 13-7 将注册表编辑器中的“PendingFileRenameOperations”项删掉

3. 安装软件

WinCC flexible SMART V3 安装包文件解压完成后开始安装，具体安装过程如图 13-8 所示。在欢迎界面单击“下一步”[见图 13-8 (a)]，会出现注意事项提醒 [见图 13-8 (b)]，单击“下一步”；选择接受许可证协议，之后单击“下一步”[见图 13-8 (c)]；选择“完整安装”和软件安装路径（一般保持默认）后单击“下一步”[见图 13-8 (d)]；选择接受系统的设置更改后单击“下一步”[见图 13-8 (e)]；之后就开始按顺序安装软件和需要的组件 [见图 13-8 (f)]；安装完毕之后选择重启计算机，单击“完成”[见图 13-8 (g)]。

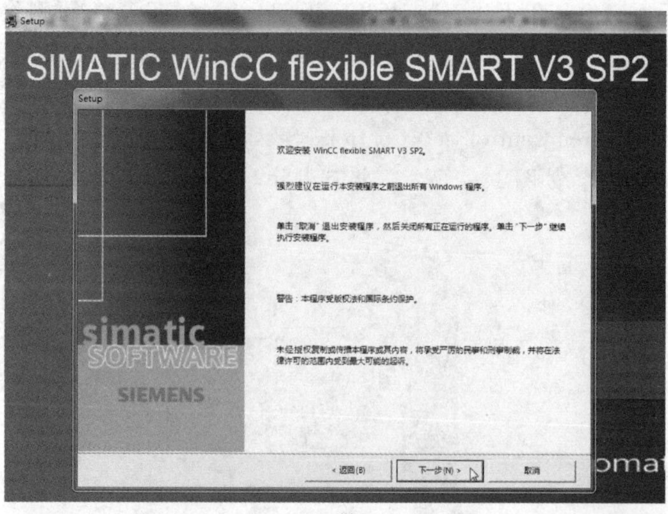


(a)

(b)

(c)

图 13-8 WinCC flexible SMART V3 软件的安装过程（一）

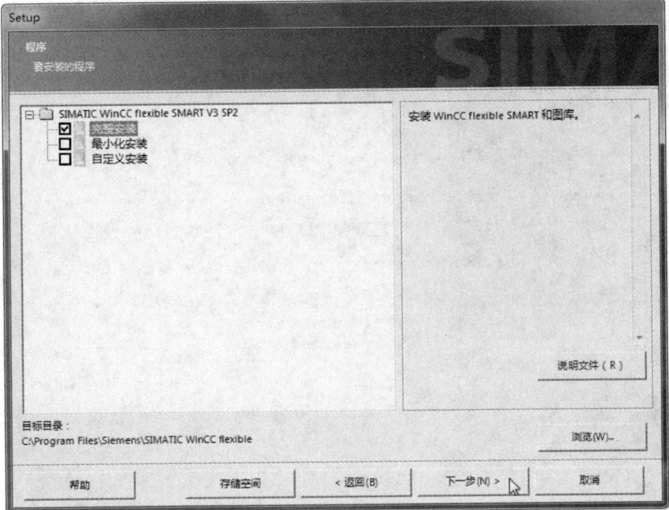


(d)

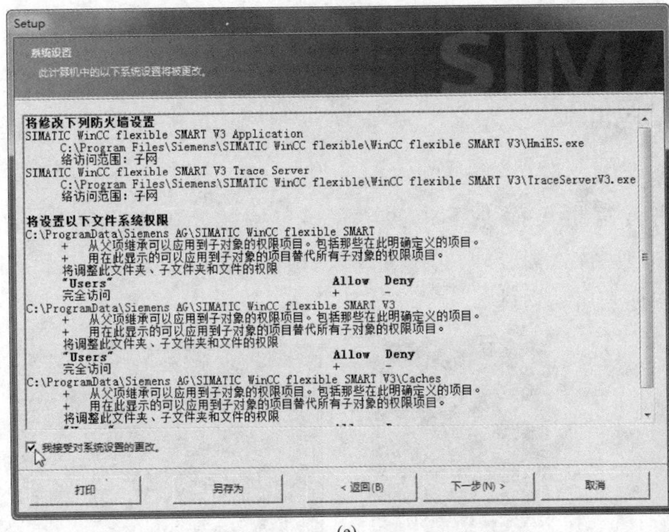


(e)

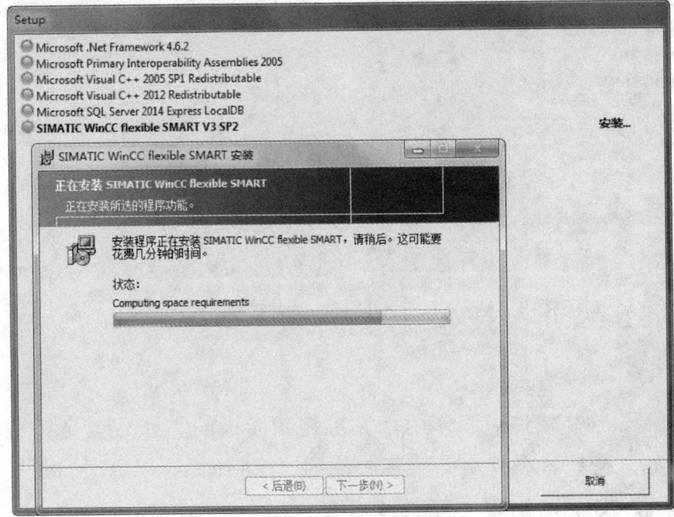


(f)

图 13-8 WinCC flexible SMART V3 软件的安装过程（二）

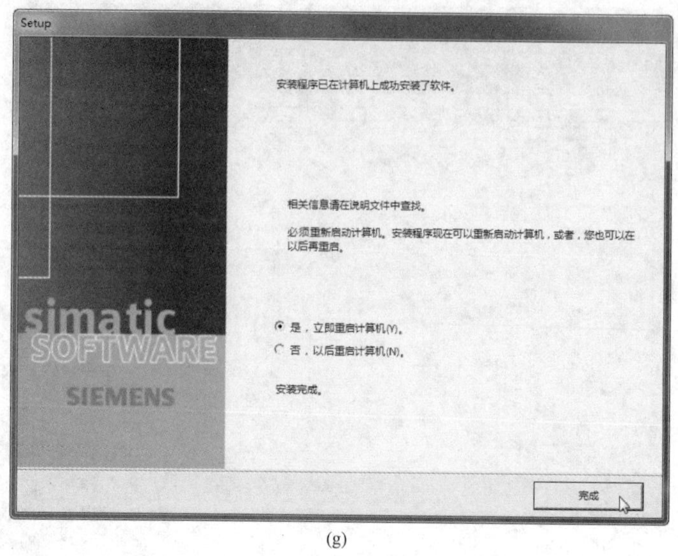


(g)

图 13-8　WinCC flexible SMART V3 软件的安装过程（三）

## 13.1.4　软件的启动及卸载

1. 软件的启动

软件安装后，单击计算机桌面左下角的“开始”按钮，从“程序”中找到“WinCC flexible SMART V3”，如图 13-9 所示，单击即可启动该软件，也可以直接双击计算机桌面上的“WinCC flexible SMART V3”图标来启动软件。

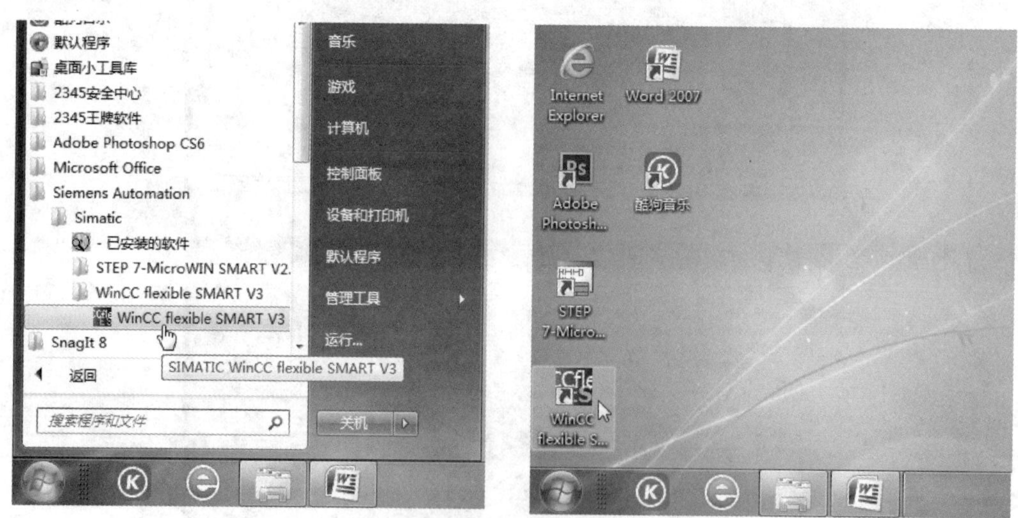


图 13-9　WinCC flexible SMART V3 软件的启动

2. 软件的卸载

WinCC flexible SMART V3 软件可以使用计算机控制面板的“卸载或更改程序”来卸载。单击计算机桌面左下角的“开始”按钮，在弹出的菜单中找到“控制面板”，单击打开“控制面板”窗口，在其中找到并打开“程序和功能”，出现“卸载或更改程序”，如图 13-10 所示，找到“WinCC flexible SMART V3”项，右击在弹出的菜单中选择“卸载”，即可将软件从计算机中卸载掉。

图 13-10 WinCC flexible SMART V3 软件的卸载

# 13.2 用 WinCC 软件组态一个简单的项目

WinCC flexible SMART V3 软件功能强大，下面通过组态一个简单的项目来快速了解该软件的使用。图 13-11 所示为组态完成的项目画面，当单击画面中的“开灯”按钮时，圆形（代表指示灯）颜色变为红色，单击画面中的“关灯”按钮时，圆形颜色变为灰色。

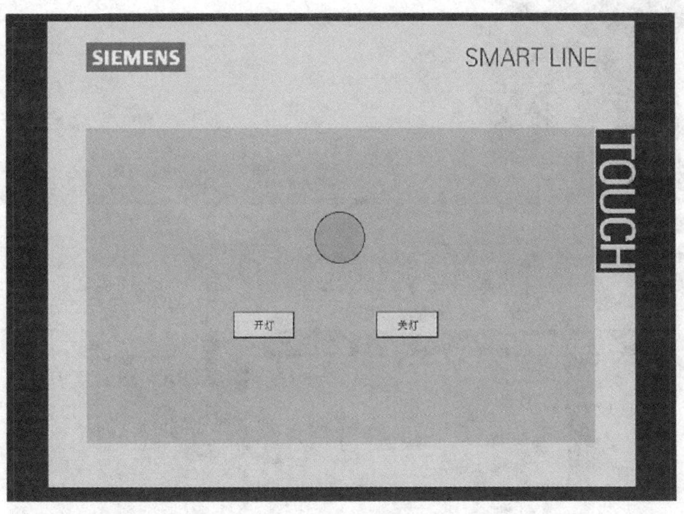


图 13-11 要组态的项目画面

组态完成的
项目预览

## 13.2.1 项目的创建与保存

1. 软件的启动和创建项目

组态软件的启动界面
说明及项目更名保存

WinCC Flexible SMART V3 的启动和创建项目如图 13-12 所示。WinCC flexible SMART V3 软件可使用开始菜单启动，也可以直接双击计算机桌面上的 WinCC 图标启动，启动后出现欢迎对话框，可以选择打开已有的或者以前编辑过的项目，这里选择创建一个空项目［见图 13-12（a）］，接着出现图 13-12（b）所示的对话框，从中选择要组态的触摸屏的类型，点击“确定”按钮，一段时间后，WinCC启动完成，出现WinCC flexible SMART V3软件窗口，并自动创建了一个文件名为“项目”的项目［见图13-12（c）］。

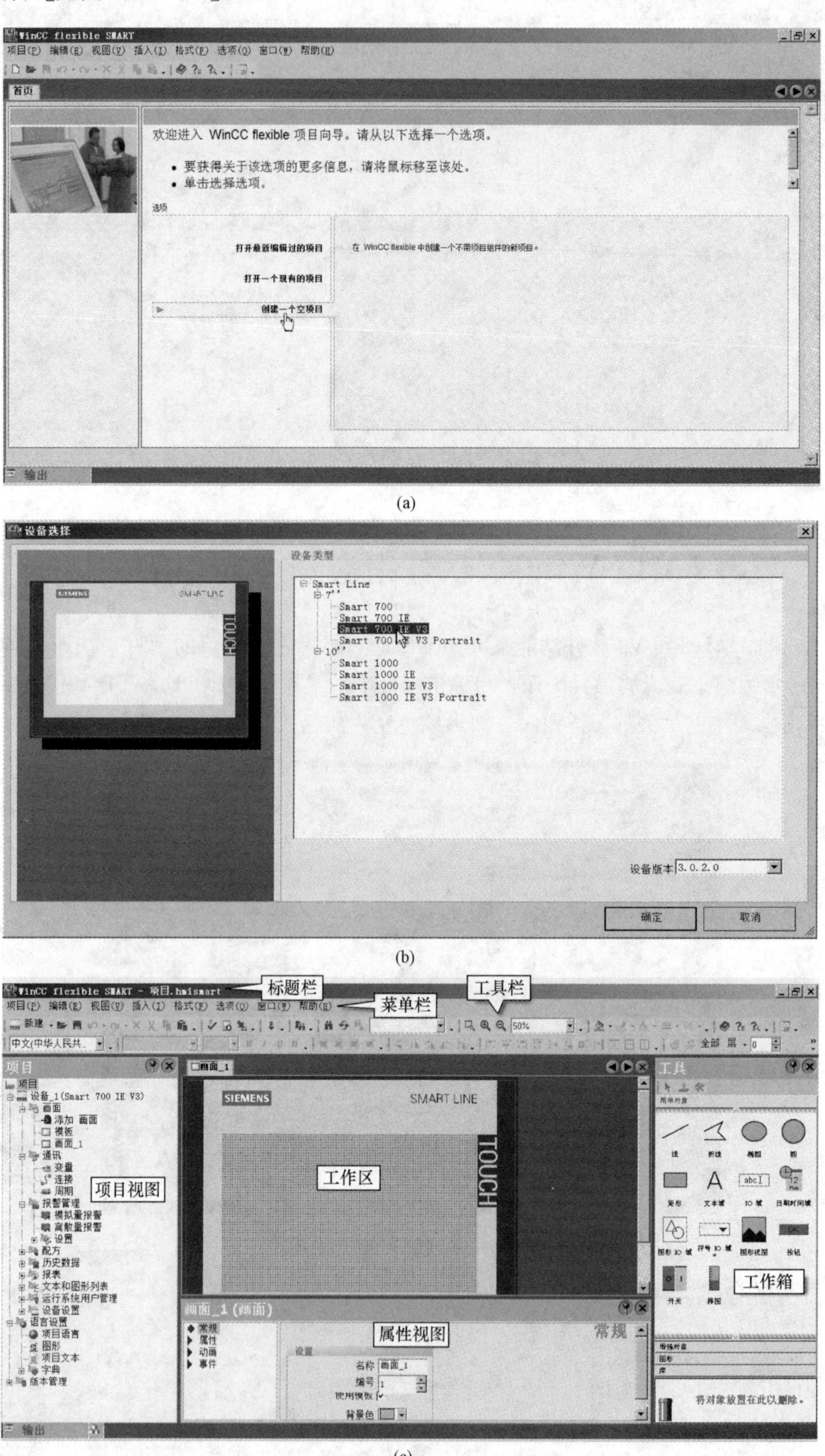


(a)

(b)

(c)

图13-12　WinCC flexible SMART V3的启动和创建项目

WinCC flexible SMART V3 软件界面由标题栏、菜单栏、工具栏、项目视图、工作区、工具箱和属性视图组成。

2. 项目的保存

为了防止计算机断电造成组态的项目丢失，也为了以后查找管理项目方便，建议创建项目后将项目更名并保存下来。在 WinCC flexible SMART V3 软件中执行菜单命令“项目→保存”，出现“将项目另存为”对话框，将当前项目保存在“灯控制”文件夹（该文件夹位于 D 盘的“WinCC 学习例程”文件夹中），项目更名为“灯亮灭控制”，如图 13-13 所示，“灯控制”文件夹和“WinCC 学习例程”文件夹均可以在项目保存时新建。项目保存后，打开“灯控制”文件夹，可以看到该文件夹中有 4 个含“灯亮灭控制”文字的文件，如图 13-14 所示，第 1 个是项目文件，后面 3 个是软件自动建立的与项目有关的文件。

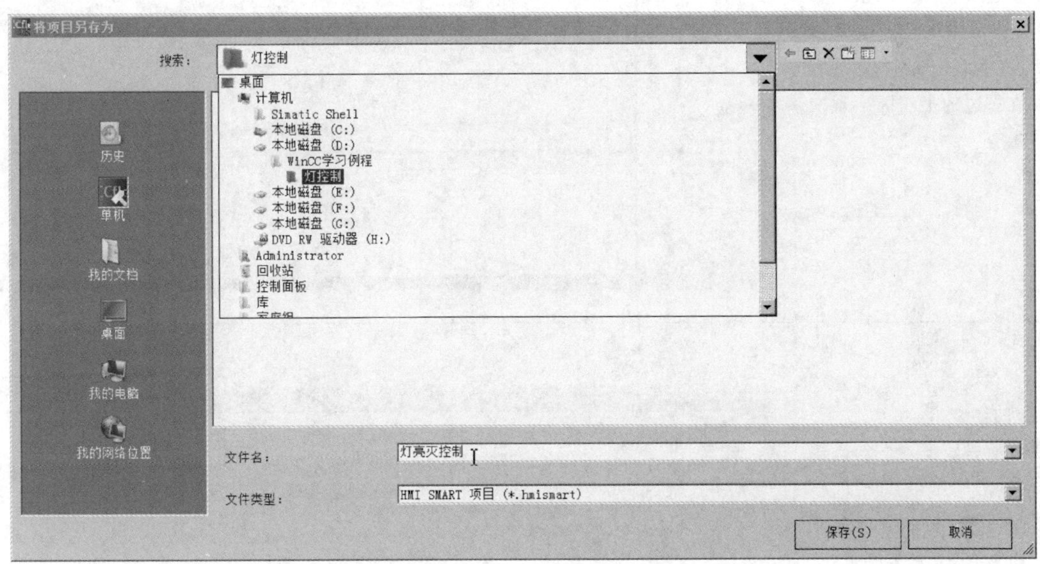


图 13-13　项目的更名及保存

图 13-14　项目文件及相关文件

## 13.2.2 组态变量

组态项目的过程

项目创建后，如果组态的项目是传送到触摸屏来控制 PLC 的，需要建立通信连接，以设置触摸屏连接的 PLC 类型和通信参数。为了让无触摸屏和 PLC 的用户快速掌握 WinCC 的使用，本项目仅在计算机中模拟运行，无须建立通信连接（建立通信连接的方法在后面的实例中会介绍），可直接进行变量组态。

1. 组态变量的操作

组态变量是指在WinCC中定义项目要用的变量。组态变量的操作过程见表13-2。

表13-2　组态变量的操作过程

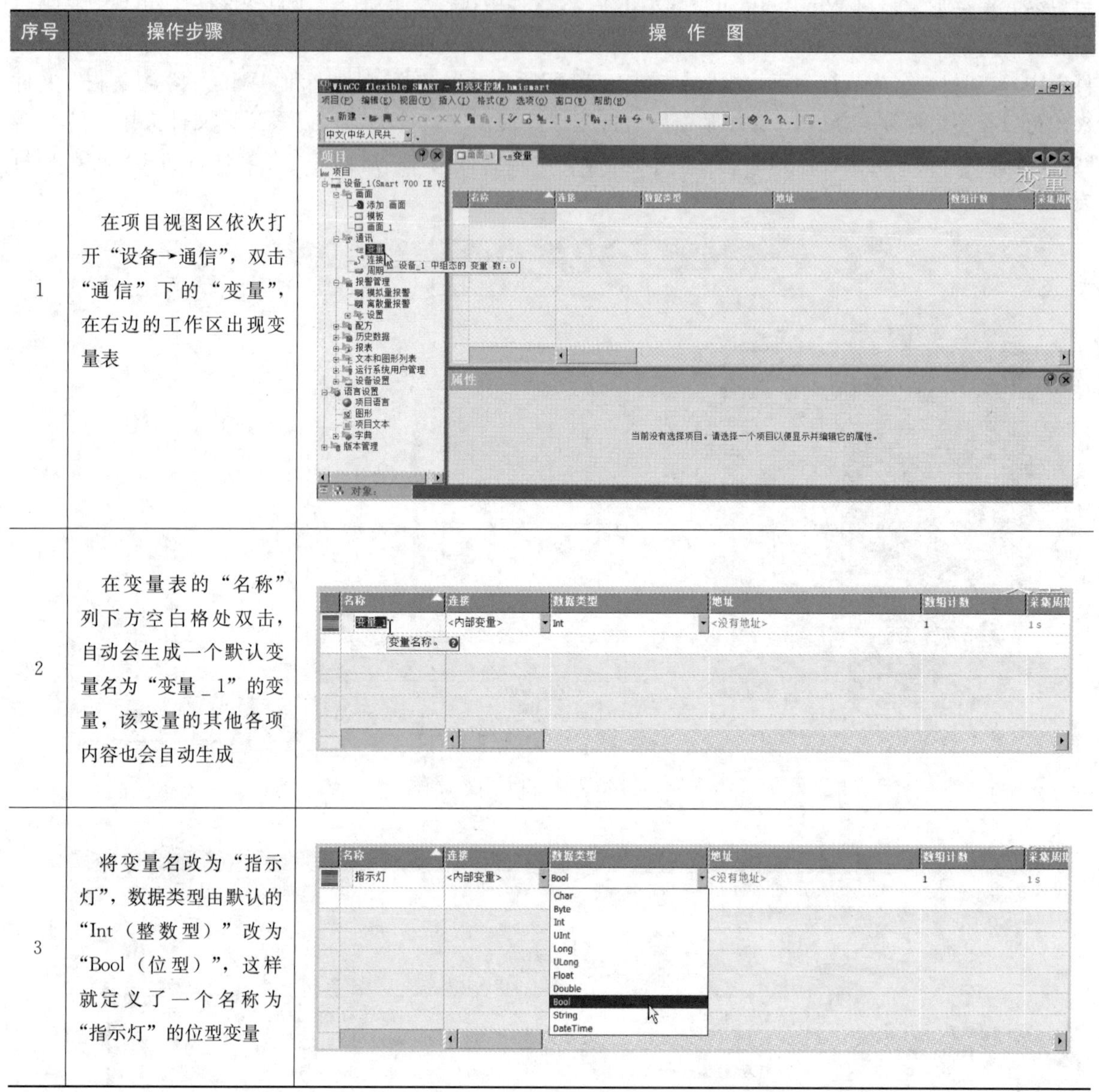

| 序号 | 操作步骤 | 操 作 图 |
|---|---|---|
| 1 | 在项目视图区依次打开“设备→通信”，双击“通信”下的“变量”，在右边的工作区出现变量表 | |
| 2 | 在变量表的“名称”列下方空白格处双击，自动会生成一个默认变量名为“变量_1”的变量，该变量的其他各项内容也会自动生成 | |
| 3 | 将变量名改为“指示灯”，数据类型由默认的“Int（整数型）”改为“Bool（位型）”，这样就定义了一个名称为“指示灯”的位型变量 | |

2. 变量说明

变量分为内部变量和外部变量，变量都有一个名称和数据类型。触摸屏内部有一定的存储空间，组态一个变量就是从存储空间分出一个区块，变量名就是这个区块的名称，区块大小由数据类型确定，Byte（字节）型变量就是一个8位的存储区块。

定义为内部变量的存储区块只能供触摸屏自身使用，与外部的PLC无关联。定义为外部变量的存储区块可供触摸屏使用，也可供外部连接的PLC使用，如当触摸屏连接S7-200 PLC时，如果组态一个变量名为I0.0的位型外部变量，当在触摸屏中让变量I0.0=1时，与触摸屏连接的PLC的I0.0值会随之变成1，相当于PLC的I0.0端子输入ON，如果将变量I0.0设为内部变量，触摸屏的I0.0值变化时PLC中的I0.0值不会随之变化。WinCC可组态的变量数据类型及取值范围见表13-3。

表 13-3 WinCC 可组态的变量数据类型及取值范围

| 变量类型 | 符号 | 位数/bit | 取值范围 |
|---|---|---|---|
| 字符 | Char | 8 | — |
| 字节 | Byte | 8 | 0～255 |
| 有符号整数 | Int | 16 | −32768～32767 |
| 无符号整数 | Unit | 16 | 0～65535 |
| 长整数 | Long | 32 | −2147483648～2147483647 |
| 无符号长整数 | Ulong | 32 | 0～4294967295 |
| 实数（浮点数） | Float | 32 | $\pm 1.175495\times 10^{-38}\sim\pm 3.402823\times 10^{38}$ |
| 双精度浮点数 | Double | 64 | — |
| 布尔（位）变量 | Bool | 1 | Tnle（1）、False（0） |
| 字符串 | String | — | — |
| 日期时间 | Date Time | 64 | 日期/时间 |

## 13.2.3 组态画面

触摸屏项目是由一个个画面组成的，组态画面就是先建立画面，然后在画面上放置一些对象（如按钮、图形、图片等），并根据显示和控制要求对画面及对象进行各种设置。

1. 新建或打开画面

在 WinCC 软件的项目视图区双击“画面”下的“添加画面”即可新建一个画面，右边的工作区会出现该画面。在创建空项目时，WinCC 会自动建立一个名称为“画面_1”的画面，在项目视图区双击“画面_1”，工作区就会打开该画面，如图 13-15 所示，在下方的属性视图窗口有“常规”“属性”“动画”和“事件”4 个设置项，默认打开“常规”项，可以设置画面的名称、背景色等。

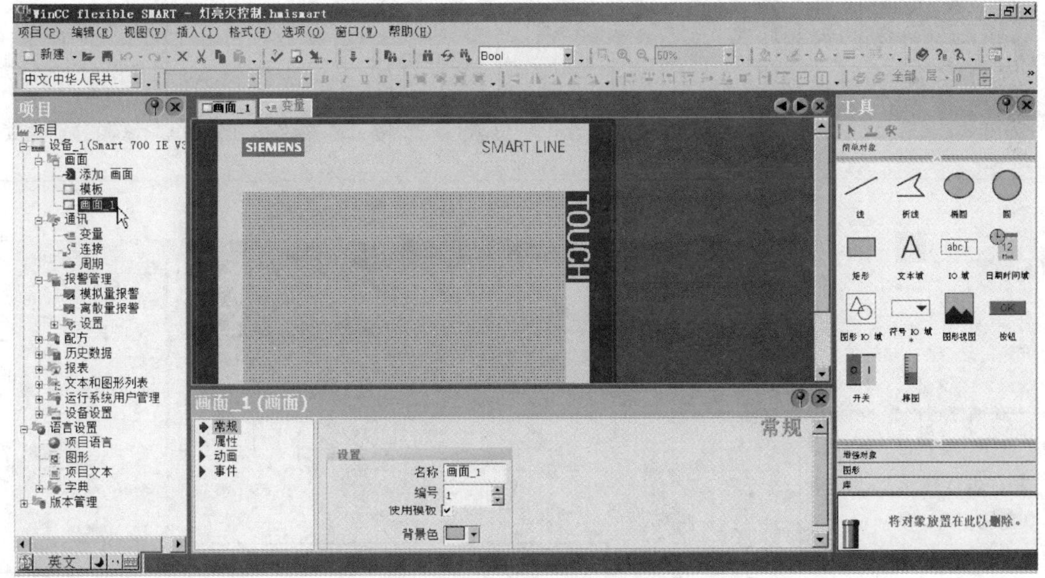


图 13-15 新建或打开画面

2. 组态按钮

（1）组态开灯按钮。组态开灯按钮的操作过程见表 13-4。

**表 13-4　　组态开灯按钮的操作过程**

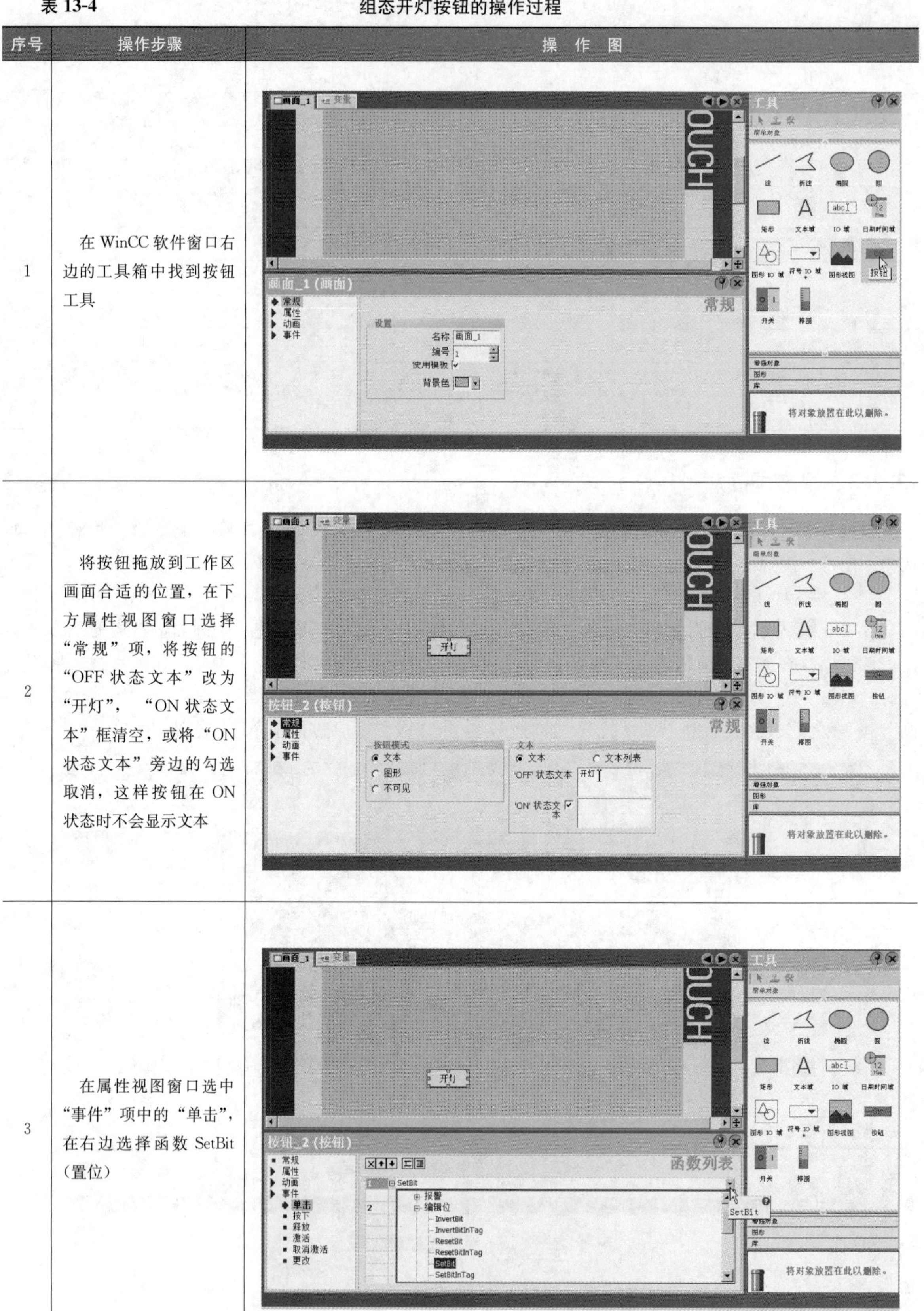

| 序号 | 操作步骤 | 操作图 |
| --- | --- | --- |
| 1 | 在WinCC软件窗口右边的工具箱中找到按钮工具 | |
| 2 | 将按钮拖放到工作区画面合适的位置，在下方属性视图窗口选择“常规”项，将按钮的“OFF状态文本”改为“开灯”，“ON状态文本”框清空，或将“ON状态文本”旁边的勾选取消，这样按钮在ON状态时不会显示文本 | |
| 3 | 在属性视图窗口选中“事件”项中的“单击”，在右边选择函数SetBit（置位） | |

续表

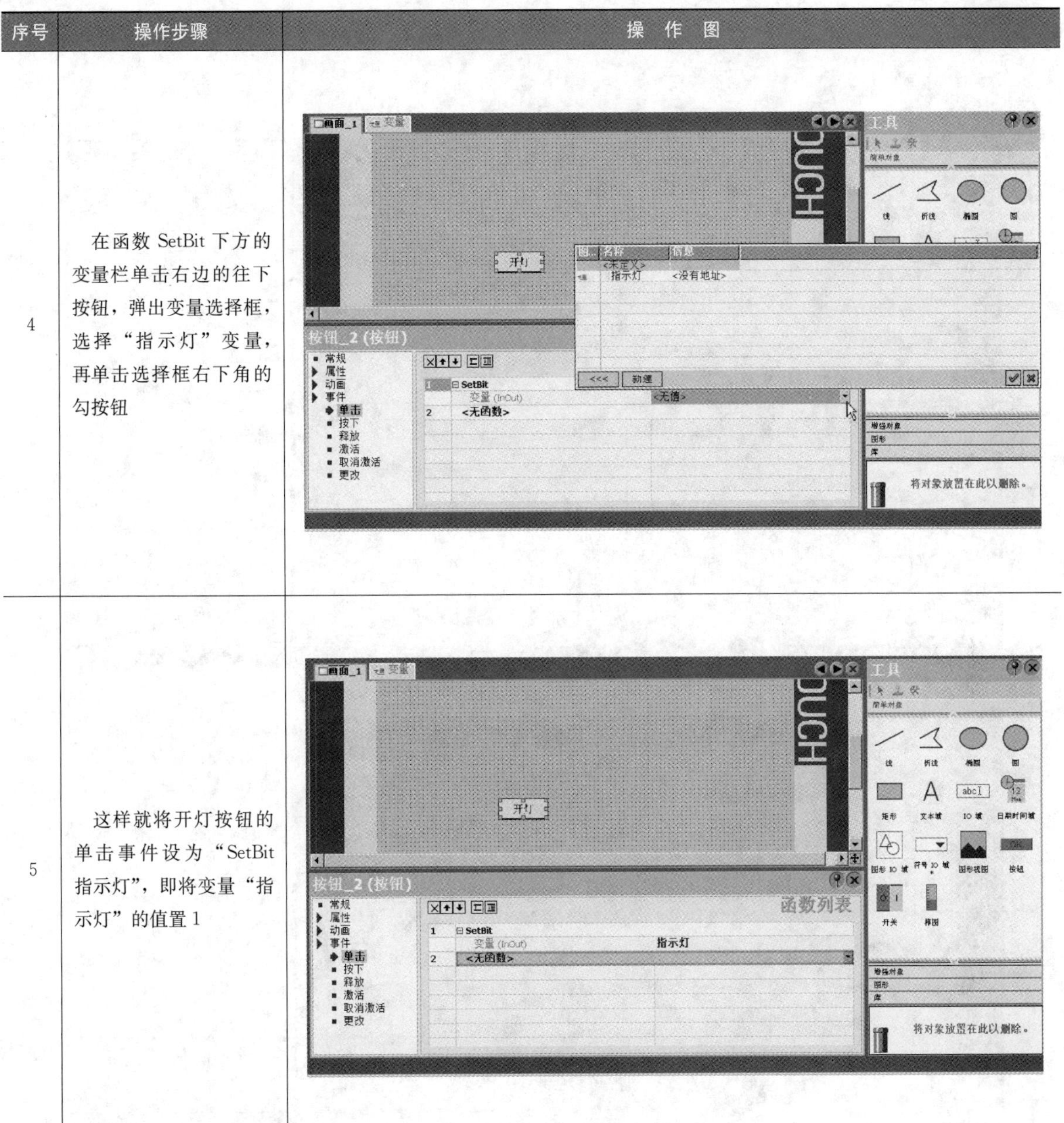

| 序号 | 操作步骤 | 操作图 |
| --- | --- | --- |
| 4 | 在函数 SetBit 下方的变量栏单击右边的往下按钮，弹出变量选择框，选择“指示灯”变量，再单击选择框右下角的勾按钮 | |
| 5 | 这样就将开灯按钮的单击事件设为“SetBit 指示灯”，即将变量“指示灯”的值置 1 | |

（2）组态关灯按钮。组态关灯按钮的过程如图 13-16 所示，在 WinCC 软件中，将工具箱中按钮拖放到画面中，在下方属性视图窗口打开“常规”项，并在按钮的“OFF 状态文本”框输入“关灯”，“ON 状态文本”框清空［见图 13-16（a）］，再将关灯按钮“单击”的事件设为“ResetBit 指示灯”［见图 13 16（b）］。

3．组态指示灯图形

组态指示灯图形的过程如图 13-17 所示。在 WinCC 软件窗口右边的工具箱中找到圆形［见图 13-17（a）］，将其拖放到工作区画面的合适位置［见图 13-17（b）］；在下方属性视图窗口选中“动画”项下的“外观”［见图 13-17（c）］，在右边勾选“启用”，变量选择“指示灯”，类型选择“位”，再在值表中分别设置值“0”的背景色为灰色，值“1”的背景色为红色。这样设置后，如果“指示灯”变量的值为“0”时，圆形（指示灯图形）颜色为灰色；“指示灯”变量的值为“1”时，圆形颜色为红色。

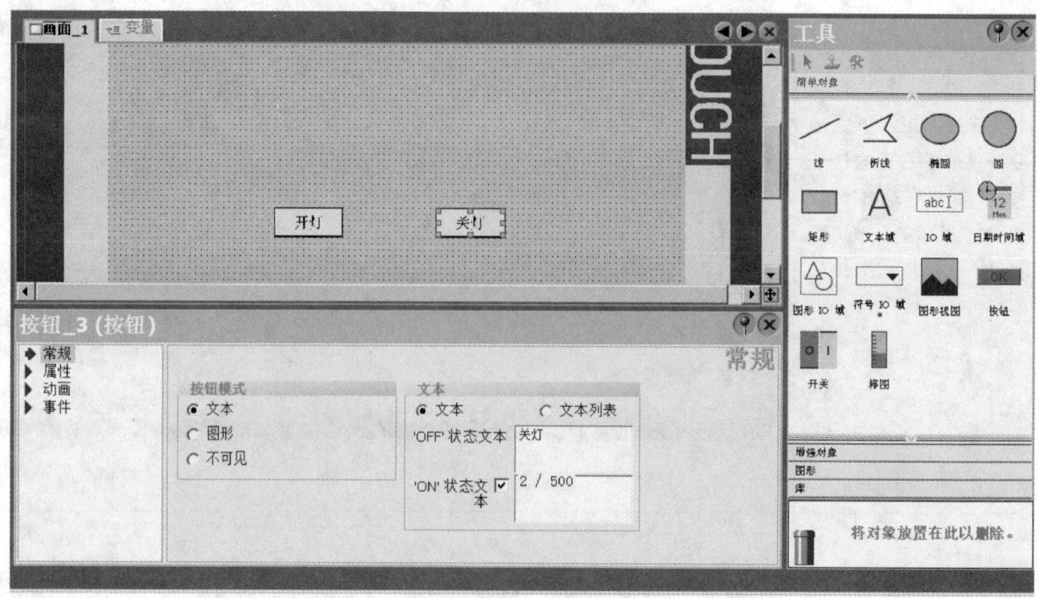


(a)



(b)

图 13-16　组态关灯按钮

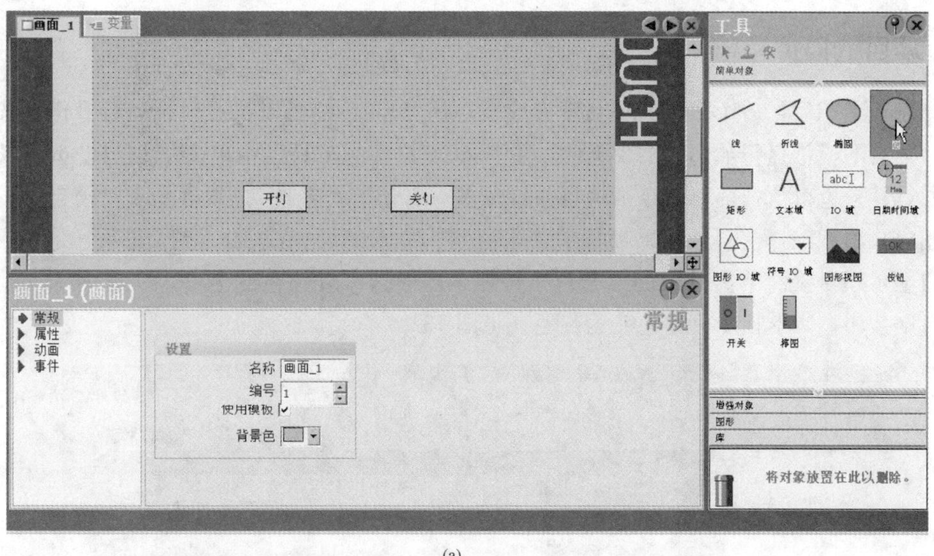


(a)

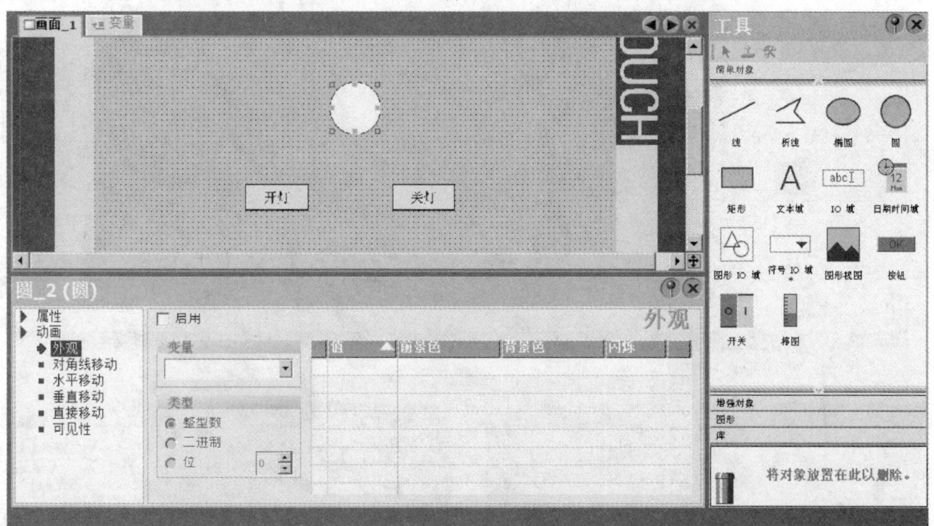


(b)

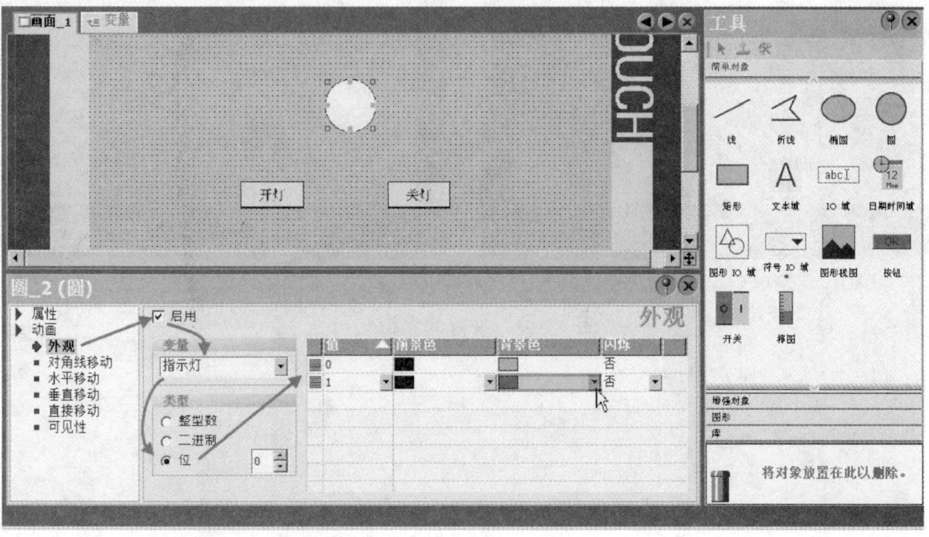


(c)

图 13-17 组态指示灯图形

### 13.2.4 项目的模拟运行

变量和画面组态后，一个简单的项目就完成了，在WinCC中可以执行模拟运行操作，来查看项目运行效果。项目的模拟运行如图13-18所示。在WinCC软件的工具栏中单击（启动运行系统）工具[见图3-18（a)]，也可执行菜单命令“项目→编译器→启动运行系统”，软件马上对项目进行编译，在下方的输出窗口出现编译信息，如果项目编译未出错，显示编译完成后，会弹出一个类似触摸屏的窗口。在窗口显示项目画面单击其中的“开灯”按钮，圆形指示灯颜色变为红色[见图13-18（b)]；再单击“关灯”按钮，圆形指示灯颜色变为灰色[见图13-18（c)]。

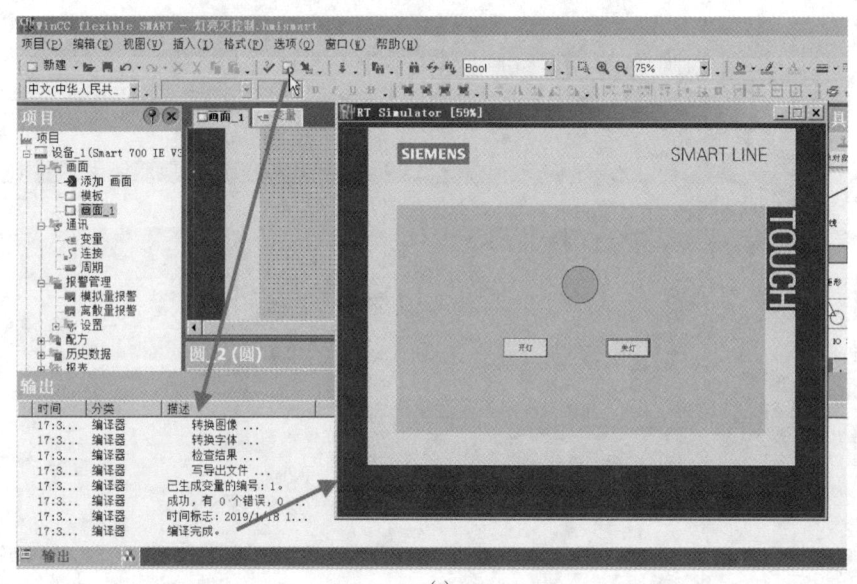


(a)

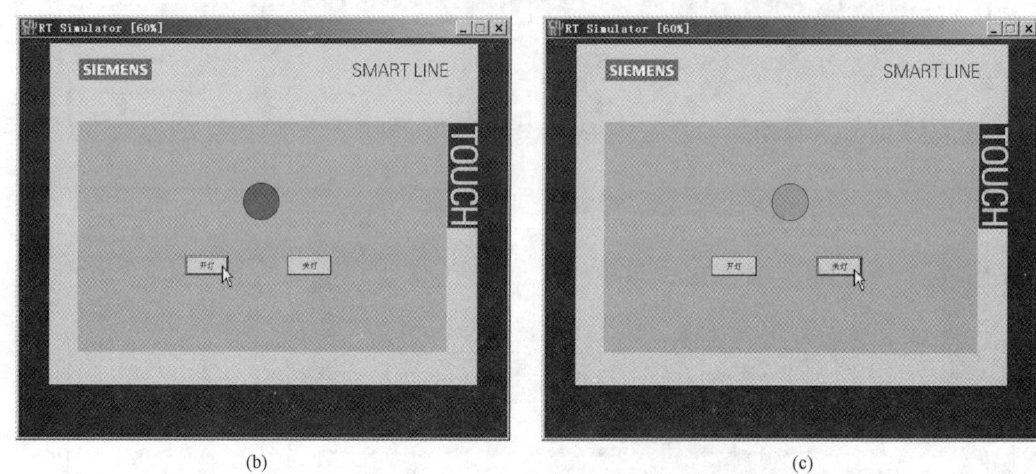


(b) (c)

图13-18 项目的模拟运行

# 第14章 WinCC软件常用对象及功能的使用举例

## 14.1 IO 域的使用举例

IO 域的 I 意为输入（Input）、O 意为输出（Output），IO 域可分为输入域、输出域和输入/输出域 3 种。输入域为数据输入的区域，输出域为显示数据的区域，输入/输出域可以用作数据输入，也可用于显示数据。下面通过一个例子来说明 IO 域的使用。

### 14.1.1 组态任务

要求在一个画面上组态 3 个 IO 域，如图 14-1 所示，第 1 个 IO 域用于输入 3 位十进制整数，第 2 个 IO 域用于显示 3 位十进制整数，第 3 个 IO 域用于输入或显示 10 个字符串。

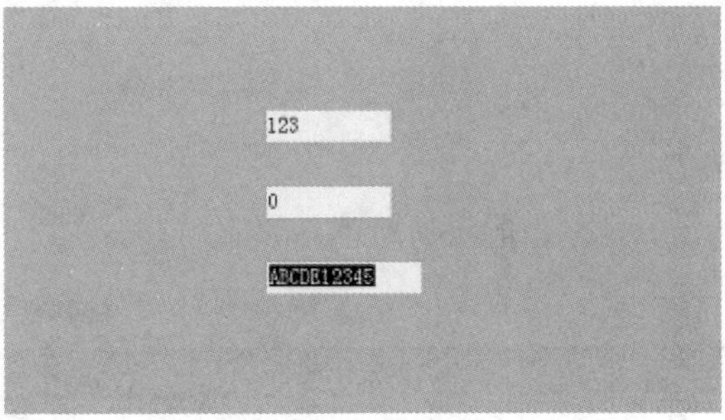

图 14-1 IO 域组态完成画面

### 14.1.2 组态过程

1. 组态变量

组态变量的过程如图 14-2 所示。在 WinCC 软件的项目视图区双击“通信”下的“变量”，在工作区打开变量表［见图 14-2（a)］，在变量表的第一行双击，会自动建立一个变量名为“变量 _ 1”的变量，将其数据类型设为 Int（整型数据）；在变量表第二行双击，自动建立一个变量名为“变量 _ 2”的变量，将其数据类型也设为 Int（整型数据）；用同样的方法建立一个变量名为“变量 _ 3”的变量，将其数据类型也设为 String（字符串型数据）［见图 14-2（b)］。

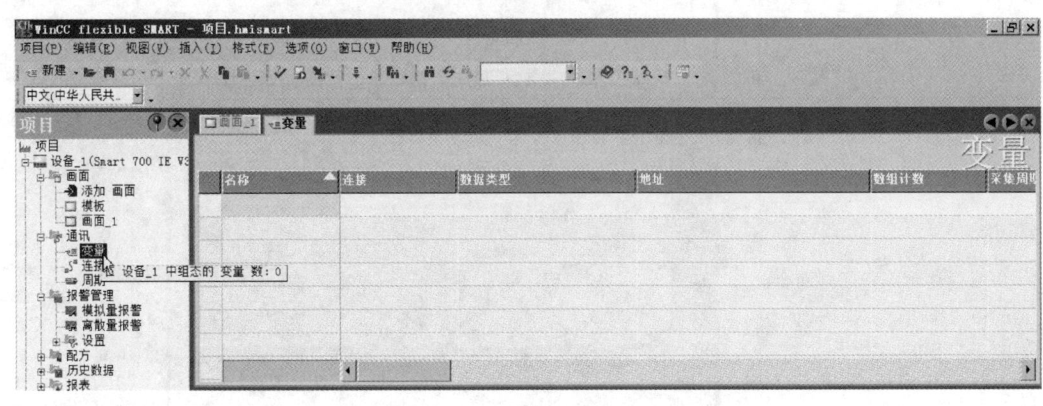


(a)

图 14-2 组态变量的过程（一）

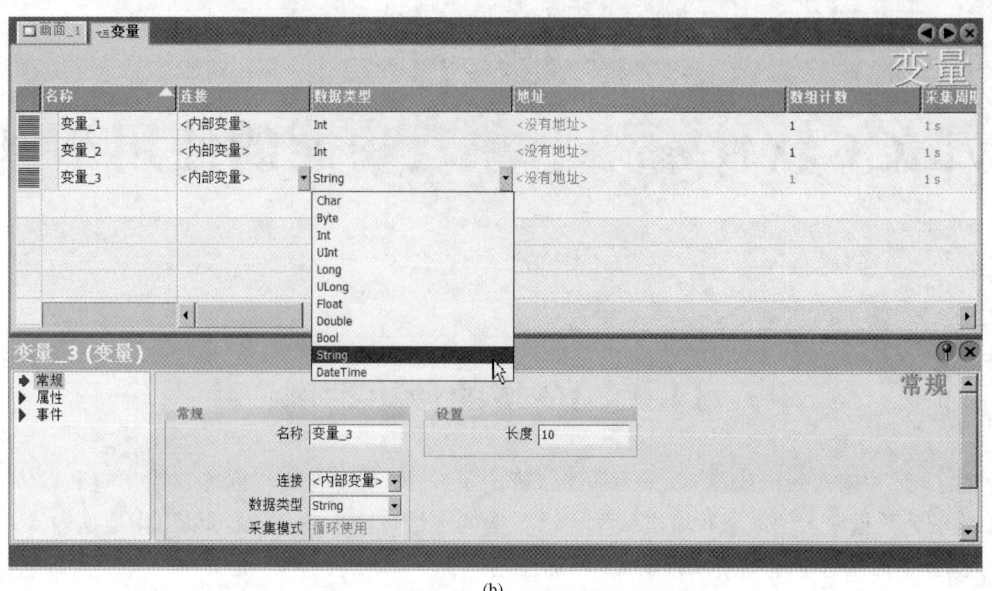


(b)

图 14-2 组态变量的过程（二）

2. 组态 IO 域

组态 IO 域的过程见表 14-1。

**表 14-1 组态 IO 域的过程**

| 序号 | 操作步骤 | 操作图 |
|---|---|---|
| 1 | 将工作区切换到画面_1（在工作区的左上角点击“画面_1”标签），在 WinCC 软件的工具箱中单击 IO 域工具 | 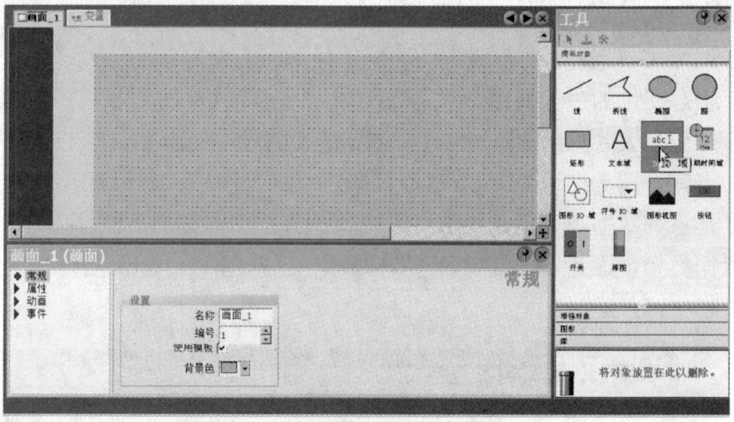 |
| 2 | 将鼠标移到工作区画面合适的位置单击，即在画面中放置了一个 IO 域 | 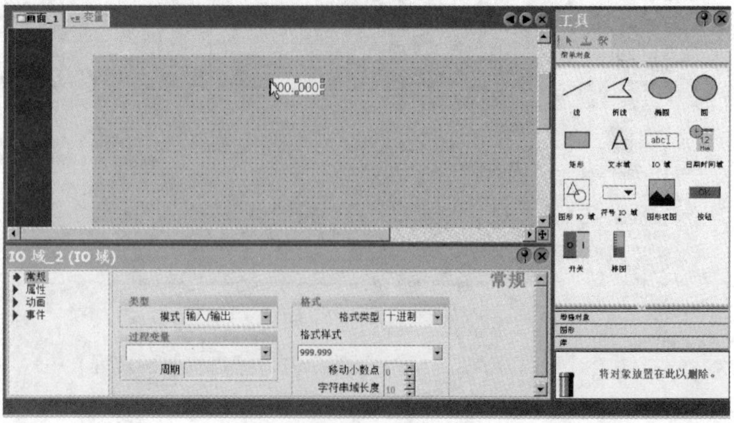 |

续表

| 序号 | 操作步骤 | 操 作 图 |
|---|---|---|
| 3 | 在下方的IO域属性视图窗口，将类型设为“输入模式”、格式类型设为“十进制”、过程变量设为“变量1”、格式样式设为“999”，这样该IO域就设成输入域，该区域可以输入3位十进制整数，输入的数据保存在“变量_1” | 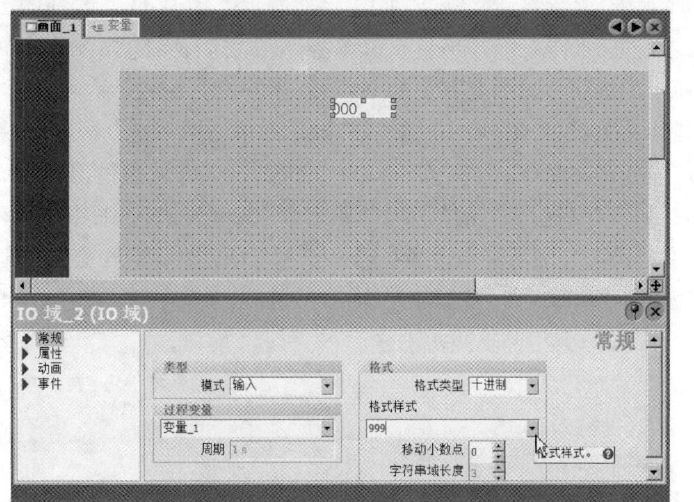 |
| 4 | 用同样的方法在画面上放置第二个IO域，在下方的IO域属性视图窗口，将类型设为“输出模式”、格式类型设为“十进制”、过程变量设为“变量2”、格式样式设为“999”，这样该IO域就设成输出域，该区域可以显示3位十进制整数，显示的数据取自“变量_2” | 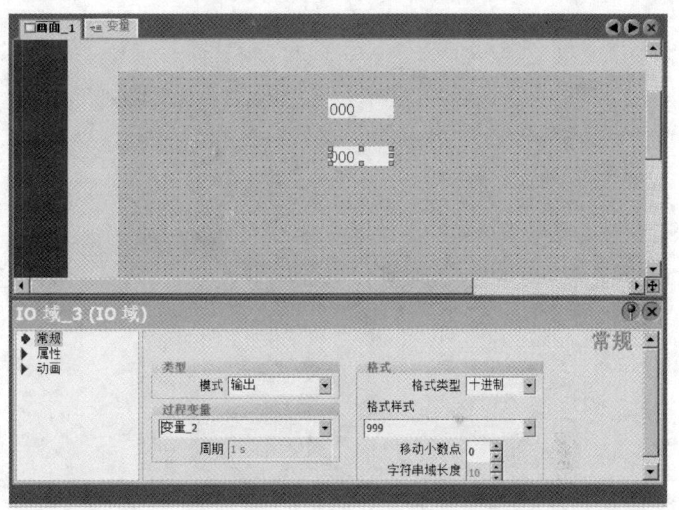 |
| 5 | 最后在画面上放置第三个IO域，将类型设为“输入/输出模式”、格式类型设为“字符串”、过程变量设为“变量3”、格式样式设为默认样式（显示10个字符），这样该IO域就设为输入/输出域，该区域可以输入或显示10个字符，字符存入或取自“变量_3” | 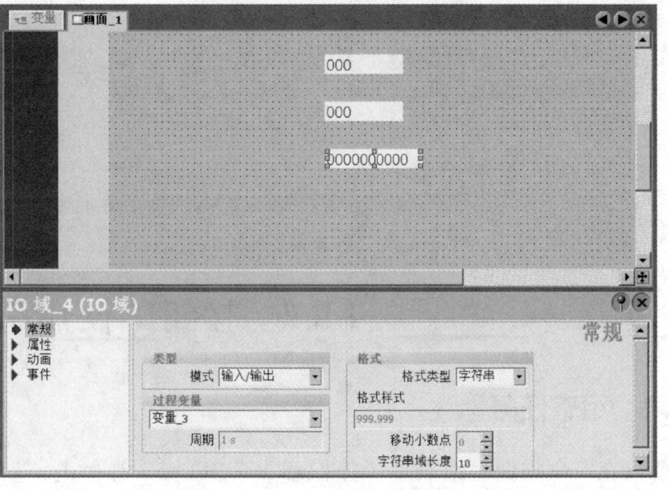 |

### 14.1.3 运行测试

IO 域的项目运行测试过程如图 14-3 所示。在 WinCC 软件的工具栏中单击（启动运行系统）工具，也可执行菜单命令“项目→编译器→启动运行系统”，软件马上对项目进行编译，然后出现图 14-3（a）所示的画面，画面上有 3 个 IO 域，第一个为输入域，可以输入数据，在该 IO 域上单击，会出现屏幕键盘［见图 14-3（b）］，输入“123”后单击回车键，即在第一个 IO 域输入数据“123”［见图 14-3（c）］，该数据会保存到“变量_1”中。第二个 IO 域为输出域，无法输入数据，只能显示“变量_2”的值，当前“变量_2”的值为 0，第三个 IO 域为输入/输出域，可以输入数据，也能显示数据，在此 IO 域上单击，会出现屏幕键盘，输入“ABCDE12345”后单击回车键，即在该 IO 域输入了数据（字符串）“ABCDE12345”［见图 14-3（d）］，该数据会保存到“变量_3”中，如果用其他方法改变“变量_3”的值，该 IO 域会将其值显示出来。

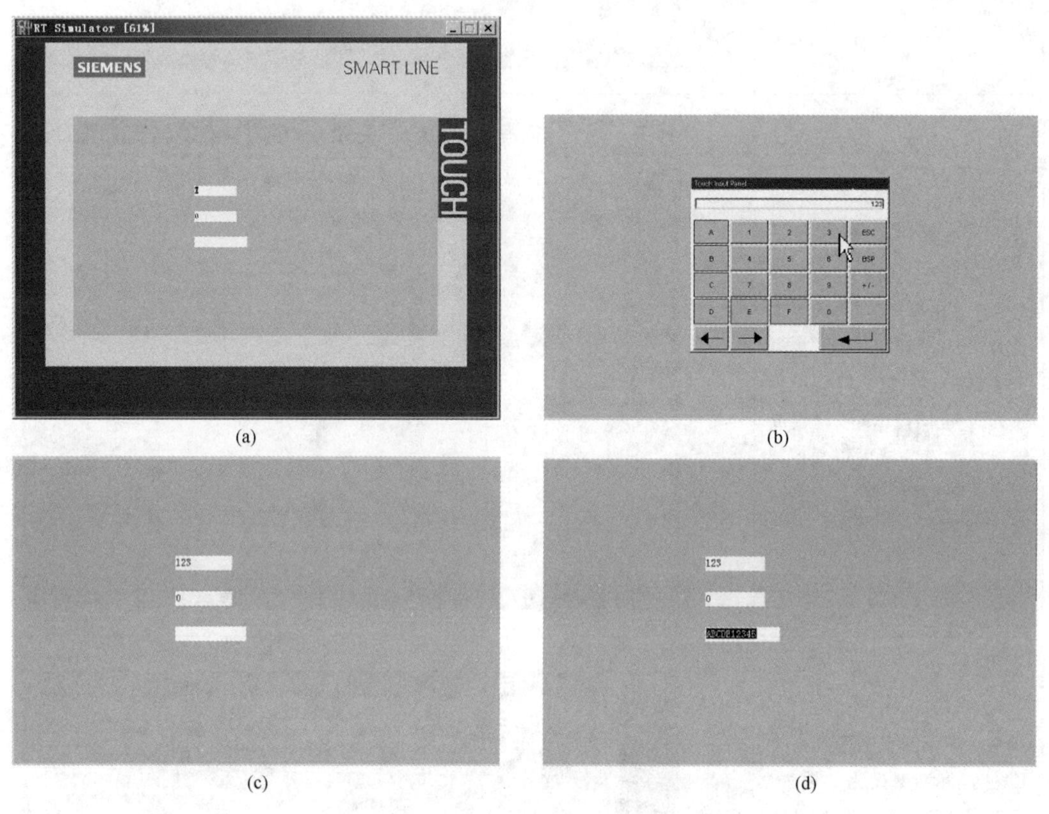


(a) (b) (c) (d)

图 14-3 IO 域的项目运行测试过程

## 14.2 按钮的使用举例

### 14.2.1 组态任务

要求在一个画面上组态 2 个按钮和 1 个 IO 域，当单击“加 5”按钮时，IO 域的值加 5，当单击“减 3”按钮时，IO 域的值减 3。组态完成画面如图 14-4 所示。

### 14.2.2 组态过程

1. 组态变量

在 WinCC 软件的项目视图区双击“通信”下的“变量”，在工作区打开变量表，在变量表的第一行双击，会自动建立一个变量名为“变量 _ 1”的变量，将其数据类型设为 Int（整型数据），其他项保持不变，如图 14-5 所示。

2. 组态按钮

组态按钮的过程见表 14-2。

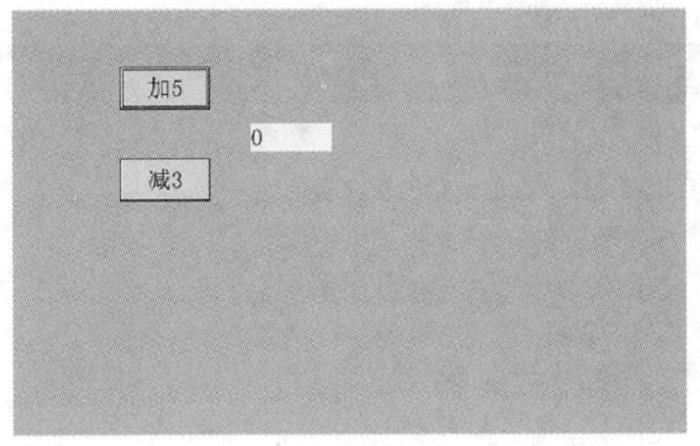


图 14-4 组态完成画面

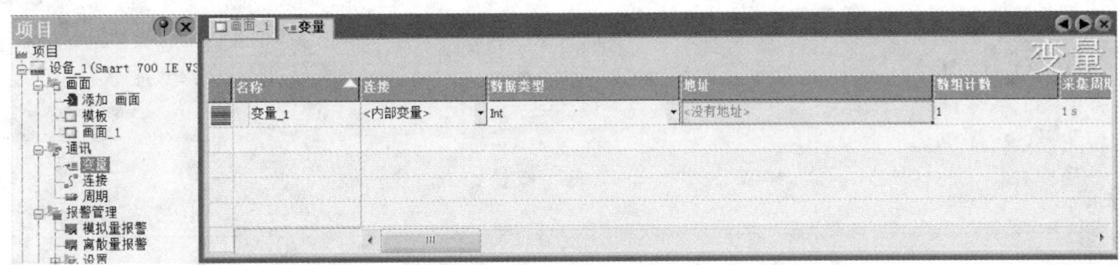


图 14-5 组态变量

表 14-2 组态按钮的过程

| 序号 | 操作步骤 | 操作图 |
|---|---|---|
| 1 | 在工作区的左上角点击“画面 _ 1”标签，将工作区切换到画面 _ 1，在工具箱中单击按钮工具 |  |
| 2 | 将鼠标移到工作区画面合适的位置单击，即在画面中放置了一个按钮 | 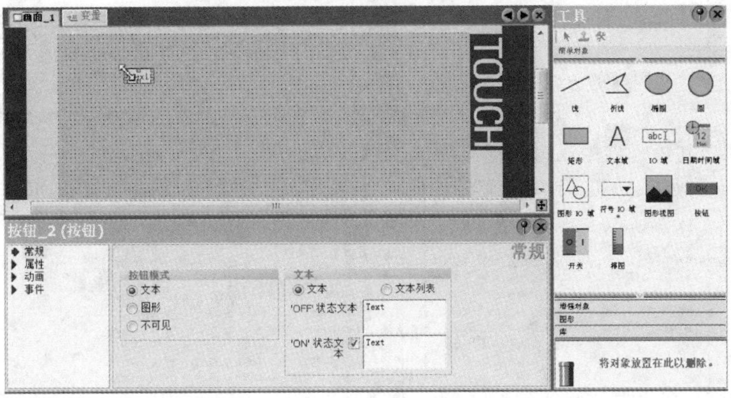 |

续表

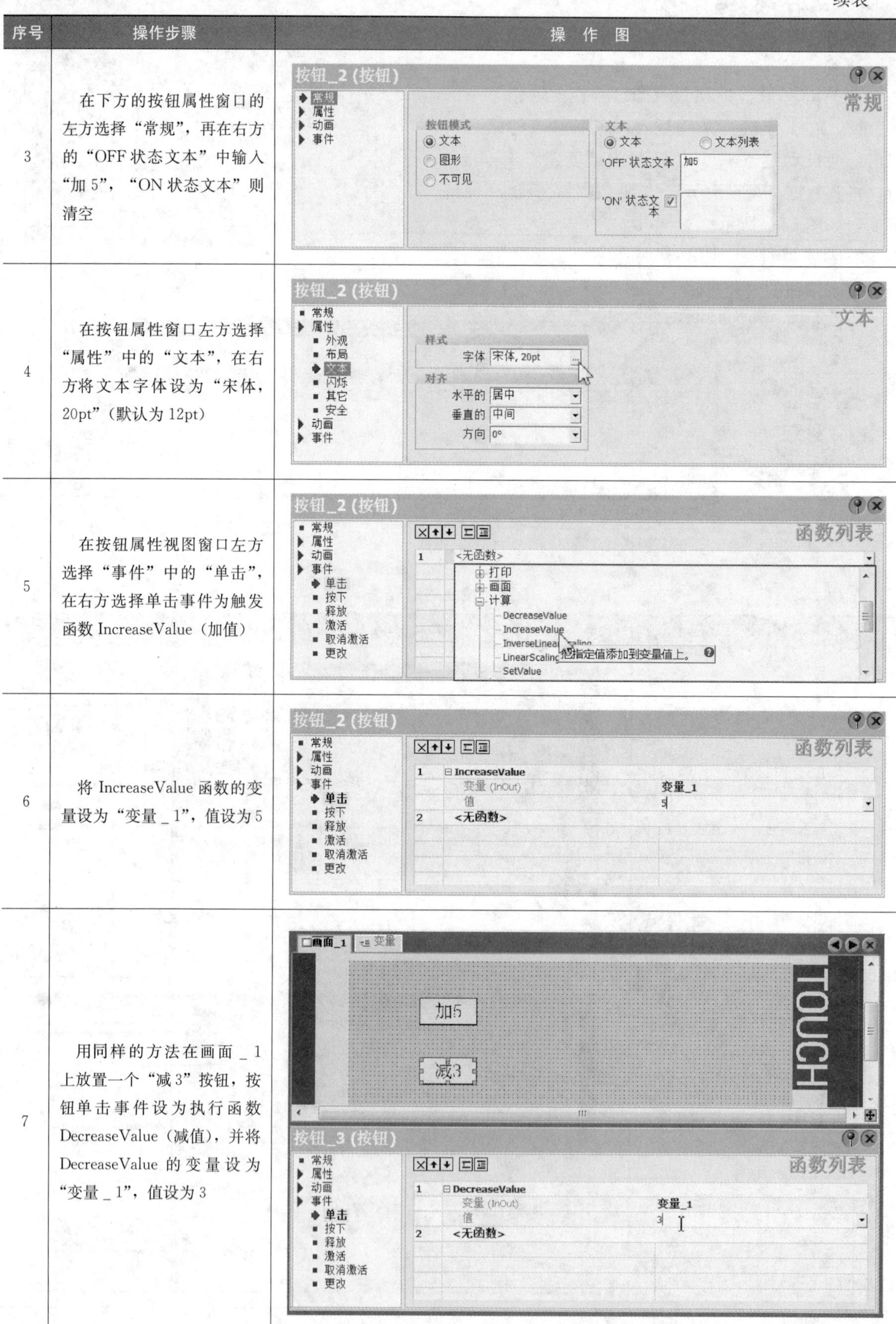

| 序号 | 操作步骤 | 操作图 |
| --- | --- | --- |
| 3 | 在下方的按钮属性窗口的左方选择“常规”，再在右方的“OFF状态文本”中输入“加5”，“ON状态文本”则清空 | |
| 4 | 在按钮属性窗口左方选择“属性”中的“文本”，在右方将文本字体设为“宋体，20pt”（默认为12pt） | |
| 5 | 在按钮属性视图窗口左方选择“事件”中的“单击”，在右方选择单击事件为触发函数IncreaseValue（加值） | |
| 6 | 将IncreaseValue函数的变量设为“变量_1”，值设为5 | |
| 7 | 用同样的方法在画面_1上放置一个“减3”按钮，按钮单击事件设为执行函数DecreaseValue（减值），并将DecreaseValue的变量设为“变量_1”，值设为3 | |

3. 组态 IO 域

组态 IO 域的过程如图 14-6 所示。在工具箱中单击 IO 域工具，将鼠标移到工作区合适的位置单击，即放置一个 IO 域，再在下方的 IO 属性窗口的左方选择“常规”，将过程变量设为“变量 _ 1”［见图 14-6（a)］，然后在左方选择“属性”中的“文本”，将文本样式设为“宋体，20pt”（默认为 12pt）［见图 14-6（b)］。

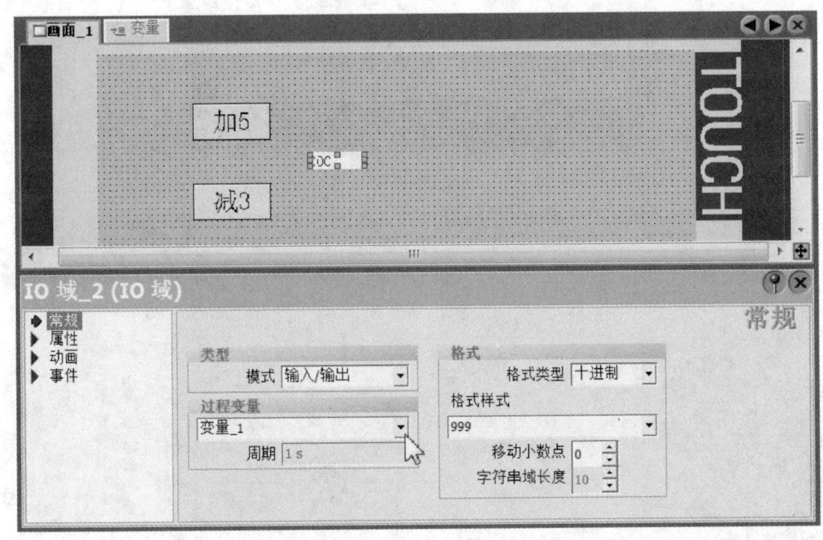


(a)

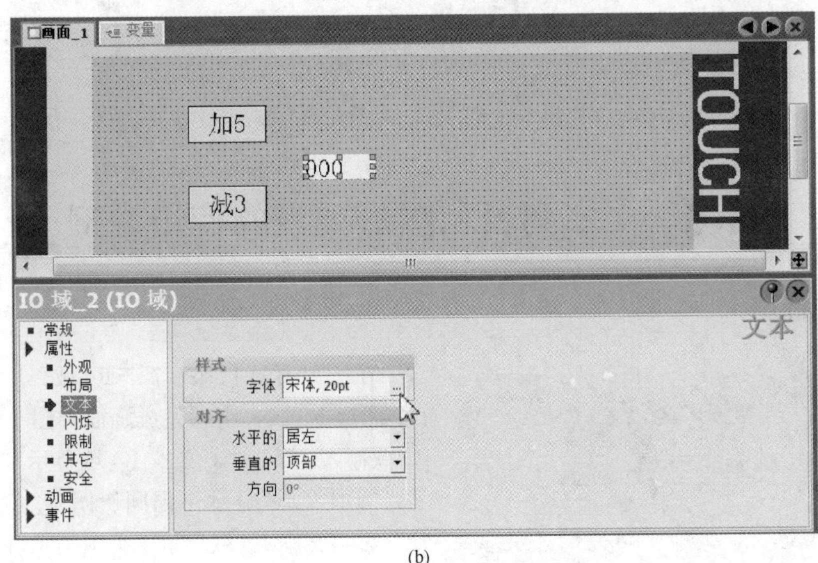


(b)

图 14-6　组态 IO 域的过程

## 14.2.3 运行测试

运行测试过程如图 14-7 所示，在 WinCC 软件的工具栏中单击 （启动运行系统）工具，也可执行菜单命令“项目→编译器→启动运行系统”，软件马上对项目进行编译，然后出现图 14-7（a）所示的画面，IO 域初始显示值为 0。单击“加 5”按钮，IO 域的数值变为 5［见图 14-7（b)］；单击“减 3”按钮，IO 域的数值变为 2［见图 14-7（c)］。

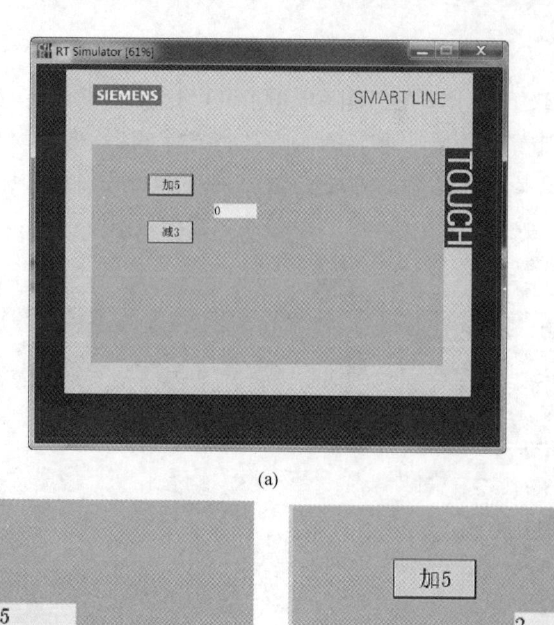


(a)

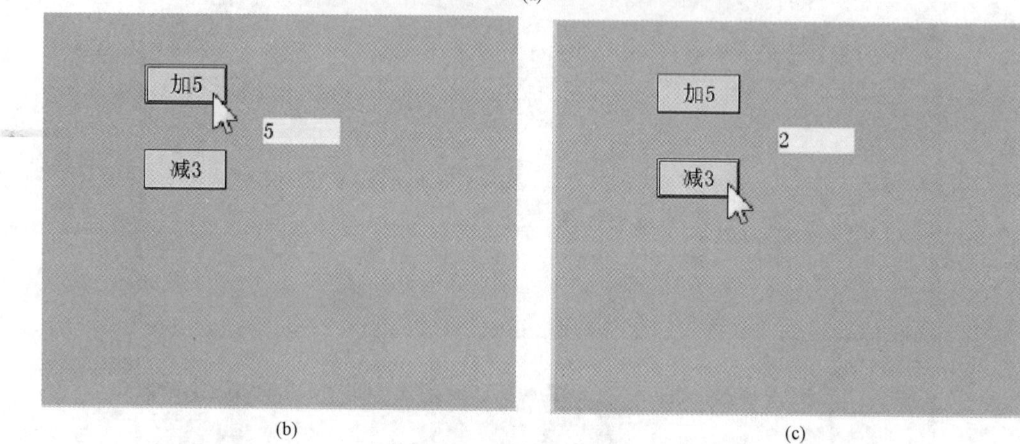


(b) (c)

图 14-7 运行测试过程

## 14.3 文本列表和图形列表的使用举例

### 14.3.1 组态任务

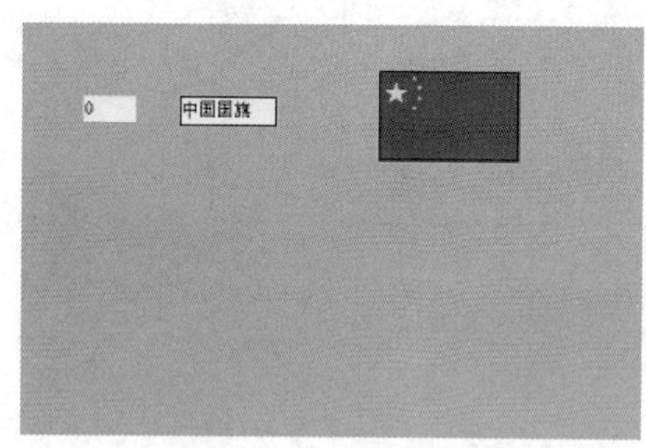


图 14-8 组态完成画面

在一个画面上组态1个IO域、1个文本IO域和1个图形IO域，组态完成画面如图14-8所示，当在IO域输入“0”时，文本IO域显示“中国国旗”文字，图形IO域显示中国国旗图片，当在IO域输入“1”时，文本IO域显示“美国国旗”文字，图形IO域显示美国国旗图片，当在IO域输入“2”时，文本IO域显示“日本国旗”文字，图形IO域显示日本国旗图片。

### 14.3.2 组态过程

1. 组态变量

在WinCC软件的项目视图区双击“通信”下的“变量”，在工作区打开变量表，在变量表的第一行双击，会自动建立一个变量名为“变量_1”的变量，将其数据类型设为Int（整型数据），其他项保持不变，如图 14-9 所示。

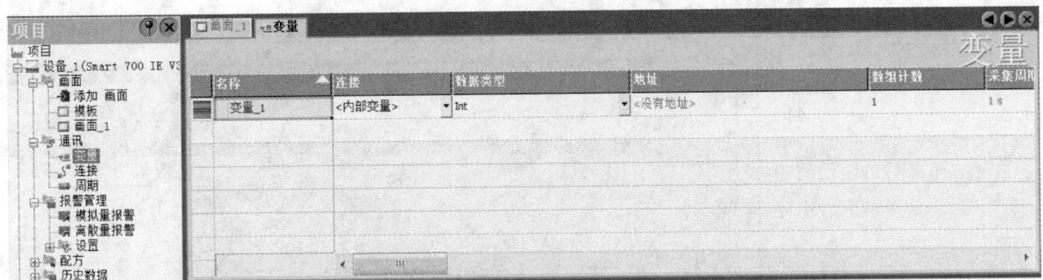


图 14-9　组态变量

2. 组态文本列表

组态文本列表过程见表 14-3。

**表 14-3**　　　　组态文本列表过程

| 序号 | 操作步骤 | 操　作　图 |
| --- | --- | --- |
| 1 | 在项目视图区双击“文本和图形列表”中的“文本列表”，在工作区打开文本列表 | 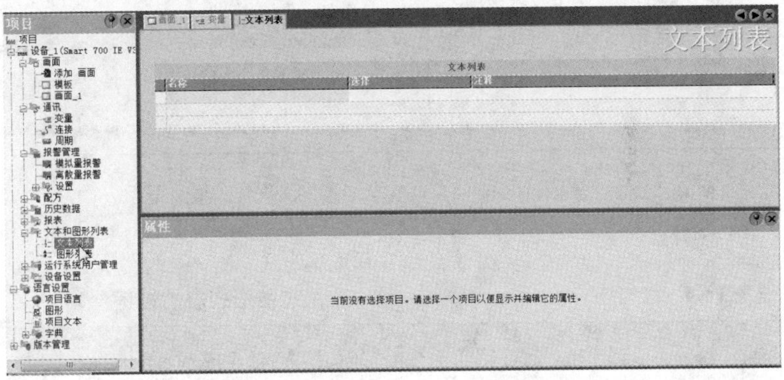 |
| 2 | 在文本列表的第一行双击，会自动建立一个名为“文本列表_1”的文本列表 | 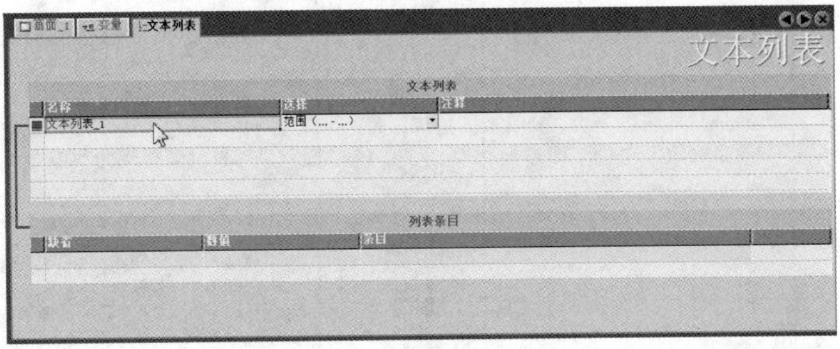 |
| 3 | 在文本列表下方的列表条目的第一行双击，自动建立一个条目 | 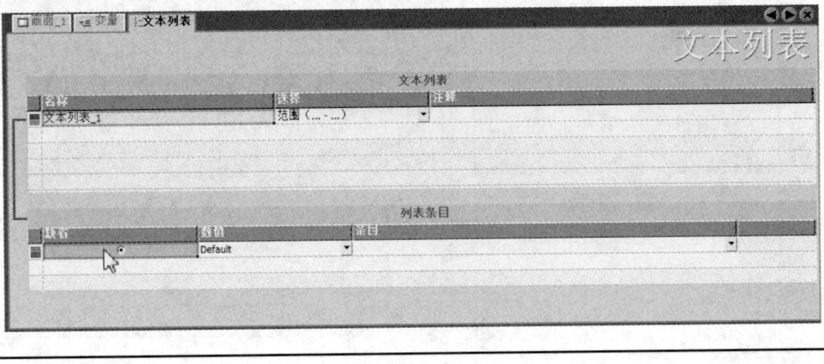 |

续表

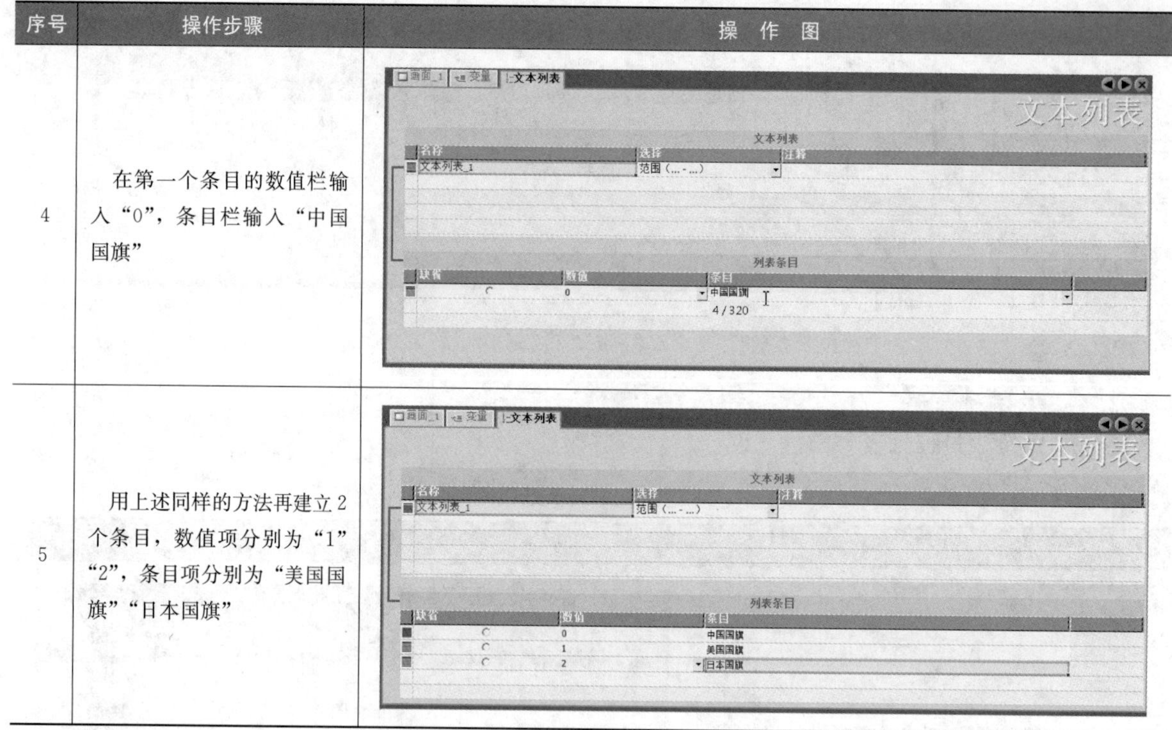

| 序号 | 操作步骤 | 操作图 |
| --- | --- | --- |
| 4 | 在第一个条目的数值栏输入“0”，条目栏输入“中国国旗” | |
| 5 | 用上述同样的方法再建立2个条目，数值项分别为“1”“2”，条目项分别为“美国国旗”“日本国旗” | |

3. 组态图形列表

组态图形列表的过程见表14-4。

**表14-4　　组态图形列表的过程**

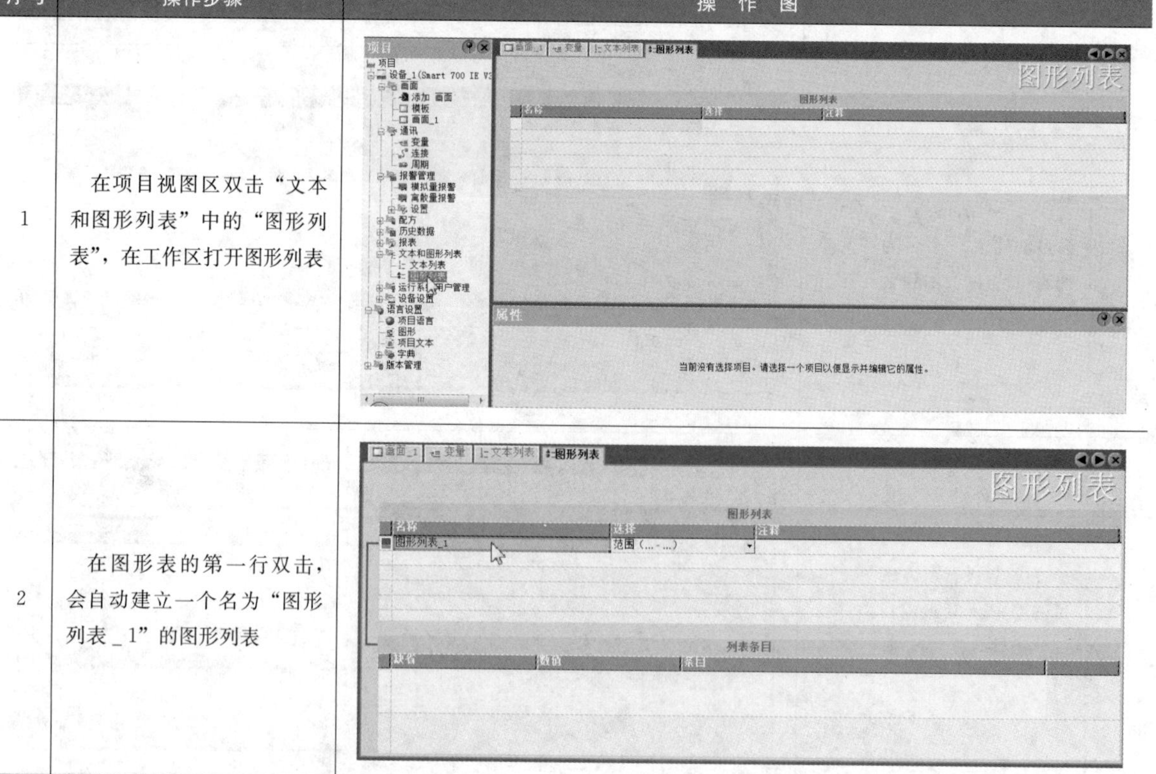

| 序号 | 操作步骤 | 操作图 |
| --- | --- | --- |
| 1 | 在项目视图区双击“文本和图形列表”中的“图形列表”，在工作区打开图形列表 | |
| 2 | 在图形表的第一行双击，会自动建立一个名为“图形列表_1”的图形列表 | |

续表

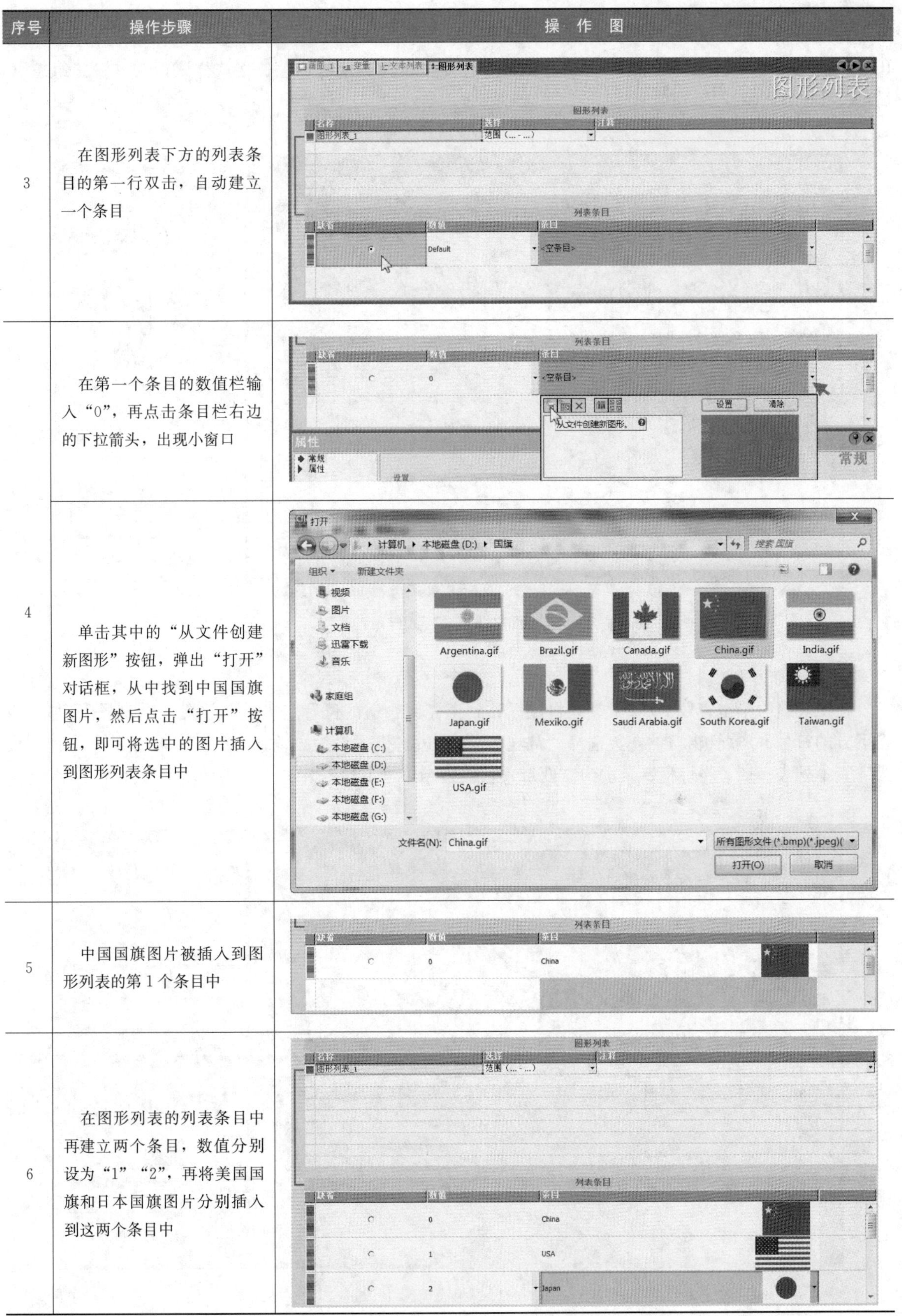

| 序号 | 操作步骤 | 操作图 |
|---|---|---|
| 3 | 在图形列表下方的列表条目的第一行双击，自动建立一个条目 | |
| 4 | 在第一个条目的数值栏输入“0”，再点击条目栏右边的下拉箭头，出现小窗口 | |
| 4 | 单击其中的“从文件创建新图形”按钮，弹出“打开”对话框，从中找到中国国旗图片，然后点击“打开”按钮，即可将选中的图片插入到图形列表条目中 | |
| 5 | 中国国旗图片被插入到图形列表的第1个条目中 | |
| 6 | 在图形列表的列表条目中再建立两个条目，数值分别设为“1”“2”，再将美国国旗和日本国旗图片分别插入到这两个条目中 | |

4. 组态 IO 域

在工具箱中单击 IO 域工具，将鼠标移到工作区合适的位置点击，即放置一个 IO 域，再在下方的 IO 域属性窗口的左边选择“常规”，在右边将过程变量设为“变量 _ 1”，格式样式设为“9”。组态 IO 域如图 14-10 所示。

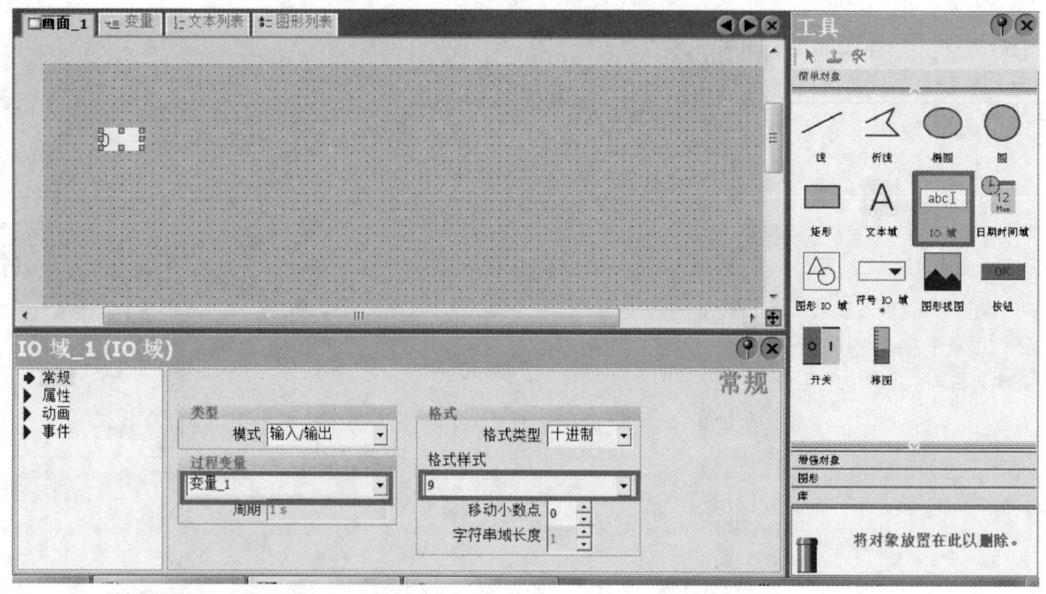


图 14-10 组态 IO 域

5. 组态符号 IO 域

在工具箱中单击符号 IO 域工具，将鼠标移到工作区合适的位置点击，即放置一个符号 IO 域，再在下方的符号 IO 属性窗口的左边选择“常规”，在右边将模式设为“输入/输出”，将显示文本列表设为“文本列表 _ 1”，将过程变量设为“变量 _ 1”。组态符号 IO 域如图 14-11 所示。

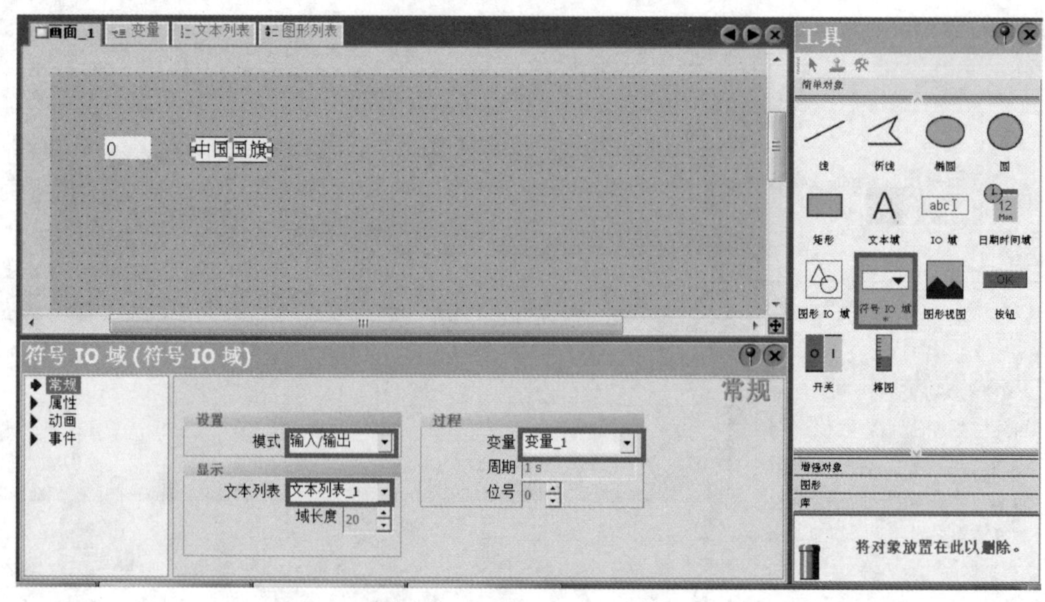


图 14-11 组态符号 IO 域

6. 组态图形 IO 域

在工具箱中单击图形 IO 域工具，将鼠标移到工作区合适的位置单击，即放置一个图形 IO 域，再在下方的图形 IO 属性窗口的左边选择“常规”，在右边将模式设为“输入/输出”，将显示图形列表设为“图形列表_1”，将过程变量设为“变量_1”。组态图形 IO 域如图 14-12 所示。

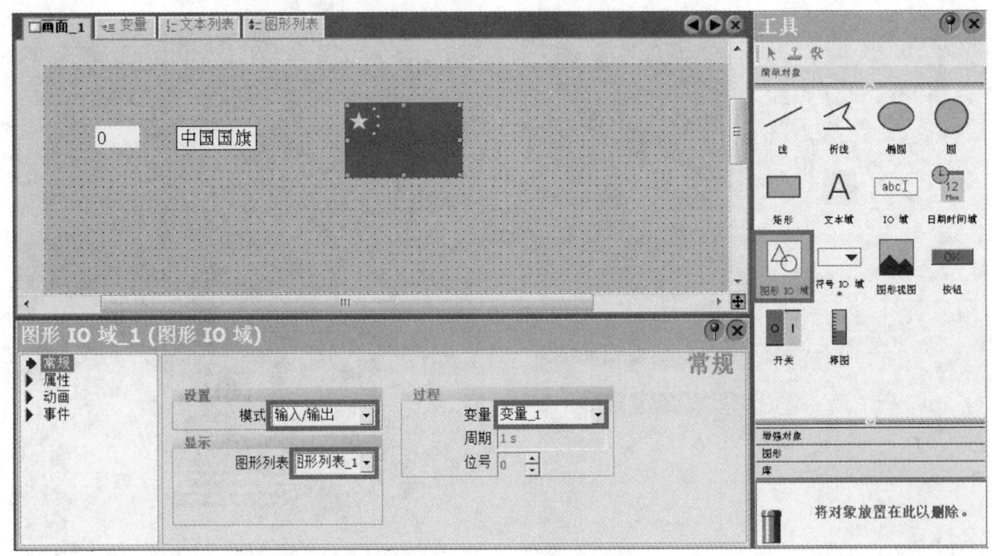


图 14-12 组态图形 IO 域

## 14.3.3 运行测试

运行测试过程如图 14-13 所示。在 WinCC 软件的工具栏中单击 （启动运行系统）工具，也可执行菜单命令“项目→编译器→启动运行系统”，软件马上对项目进行编译，然后出现图 14-13（a）所示的画面，在 IO 域上单击，出现屏幕键盘［见图 14-13（b）］，给 IO 域输入数值“1”，文本 IO 域的文本变为“美国国旗”，图形 IO 域的图片变为美国国旗图片［见图 14-13（c）］，在文本 IO 域上单击，会出现文本列表［见图 14-13（d）］，可以从中选择不同的文本条目，切换文本条目时，IO 域的数值和图形 IO 域的图形会同时变化；在图形 IO 域上单击，会出现图形列表［见图 14-13（e）］。

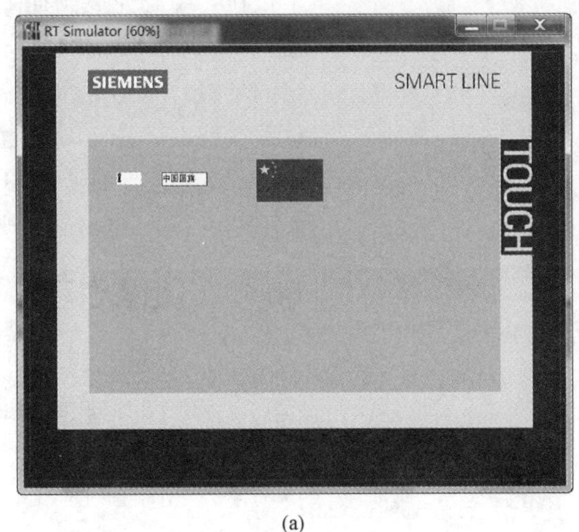


(a)

图 14-13 运行测试过程（一）

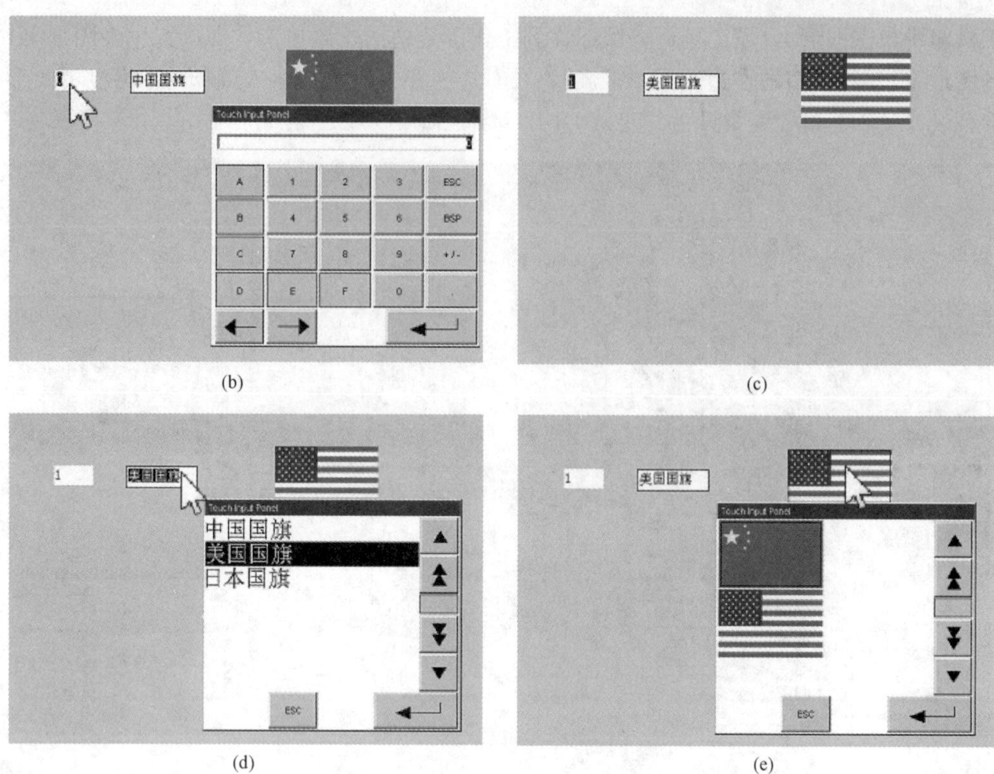


(b) (c)

(d) (e)

图 14-13 运行测试过程（二）

# 14.4 变量控制对象动画的使用举例

## 14.4.1 组态任务

图 14-14 组态完成画面

在一个画面上组态1个图形对象、1个IO域和1个按钮，组态完成画面如图14-14所示。当在IO域输入0～20范围内的数值时，图形对象会往右移到一定的位置，数值越大，右移距离越大，当单击“右移”按钮时，图形对象也会往右移动一些距离，同时IO域数值增1，不断单击“右移”按钮，图形对象不断右移，IO域数值则不断增大。

## 14.4.2 组态过程

1. 组态变量

在WinCC软件的项目视图区双击“通信”下的“变量”，在工作区打开变量表，在变量表的第一行双击，会自动建立一个变量名为“变量_1”的变量，将其数据类型设为Int（整型数据），其他项保持不变，如图14-15所示。

2. 组态图形对象

组态图形对象过程见表14-5。

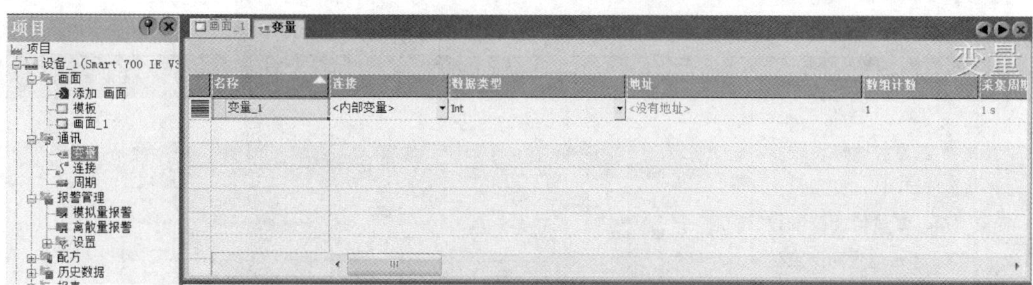


图 14-15　组态变量

**表 14-5　　　　组态图形对象过程**

| 序号 | 操作步骤 | 操作图 |
| --- | --- | --- |
| 1 | 先使用工具箱中的矩形工具在画面上放置一个矩形，然后使用圆形工具在靠近矩形的右边放置一个圆形 | 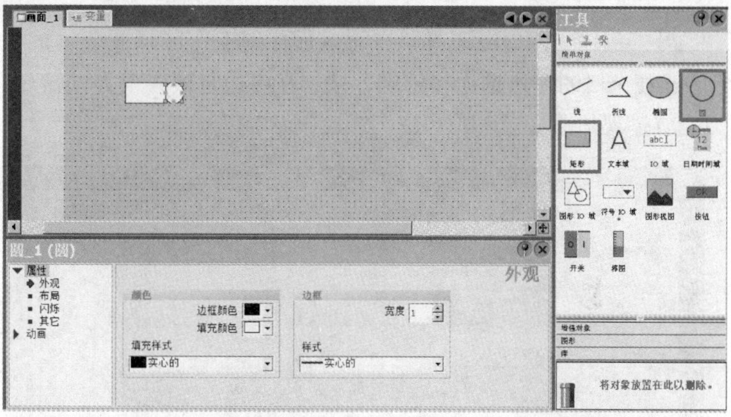 |
| 2 | 用鼠标拉选框的方式将矩形和圆形都选中，然后在图形上右击，在弹出的菜单中选择“组合”，矩形和圆形会组合成一个图形组对象 | 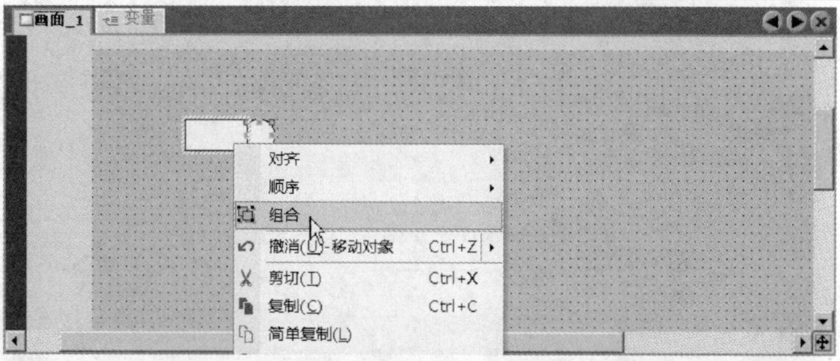 |
| 3 | 在画面中选中图形组对象，然后在下方的组对象属性窗口中，选择“动画”中的“水平移动” | 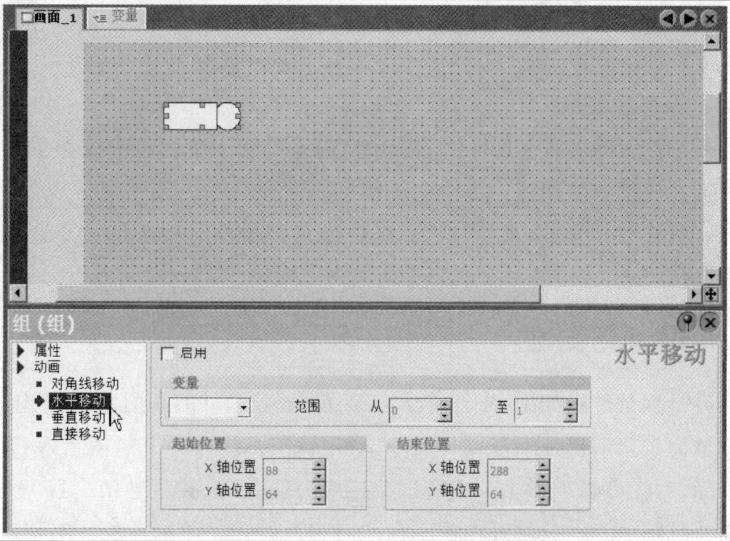 |

续表

| 序号 | 操作步骤 | 操作图 |
|---|---|---|
| 4 | 在组对象的水平移动设置时，勾选“启用”，变量设为“变量_1”，变量值的范围设为0～20，起始位置和结束位置坐标设置见图，由于是水平移动，所以起始和结束的*Y*轴坐标是一样的 | 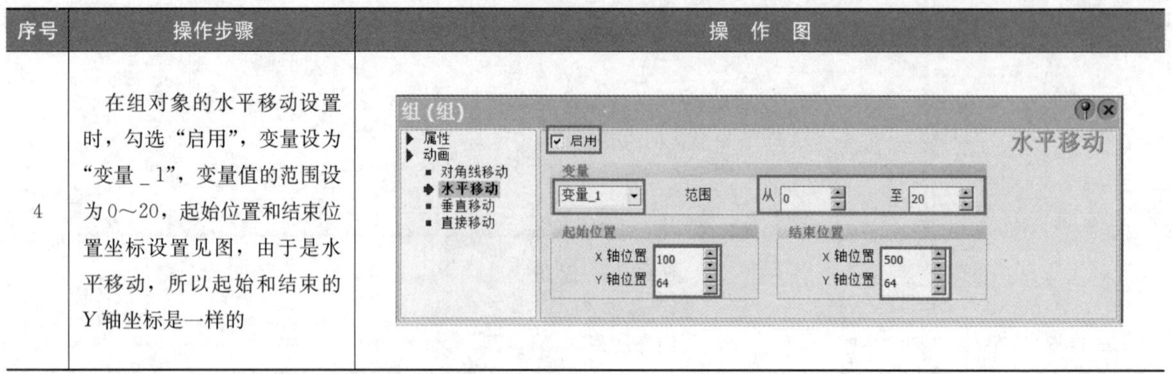 |

3. 组态IO域

在工具箱中单击IO域工具，再将鼠标移到工作区画面合适的位置单击，放置一个IO域，然后在IO域的属性窗口的左边选中“常规”项，在右边将模式设为“输入/输出”，过程变量设为“变量_1”。组态IO域过程如图14-16所示。

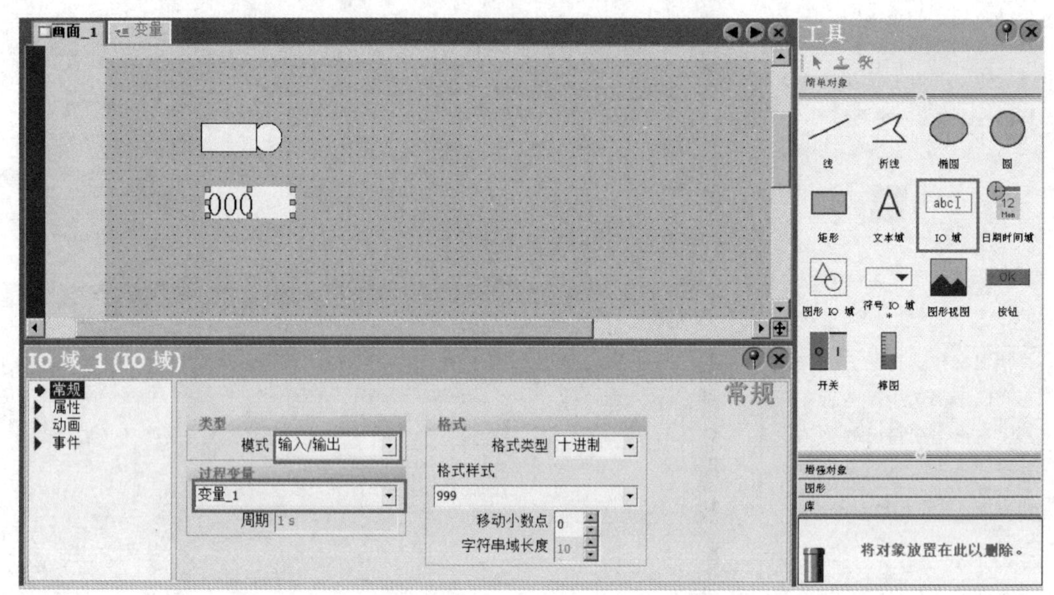


图14-16　组态IO域过程

4. 组态按钮

组态按钮的过程如图14-17所示。在工具箱中单击选中按钮工具，将鼠标移到工作区画面合适的位置单击，放置一个按钮，然后在按钮的属性窗口左边选中“常规”项，在右边将其中的OFF状态文本设为“右移”［见图14-17（a）］；再切换到“事件”项中的“单击”，在右方设置单击事件为触发函数IncreaseValue（加值），函数的变量设为“变量_1”，值设为1［见图14-17（b）］。

## 14.4.3　运行测试

运行测试过程如图14-18所示。在WinCC软件的工具栏中单击（启动运行系统）工具，也可执行菜单命令“项目→编译器→启动运行系统”，软件马上对项目进行编译，然后出现图14-18（a）所示的画面，在IO域上单击，出现屏幕键盘，给IO域输入数值“10”，回车后，图形对象从画面左端移到中间［见图14-18（b）］；单击一次“右移”按钮，图形对象往右移动一些距离，同时IO域的数值增1，

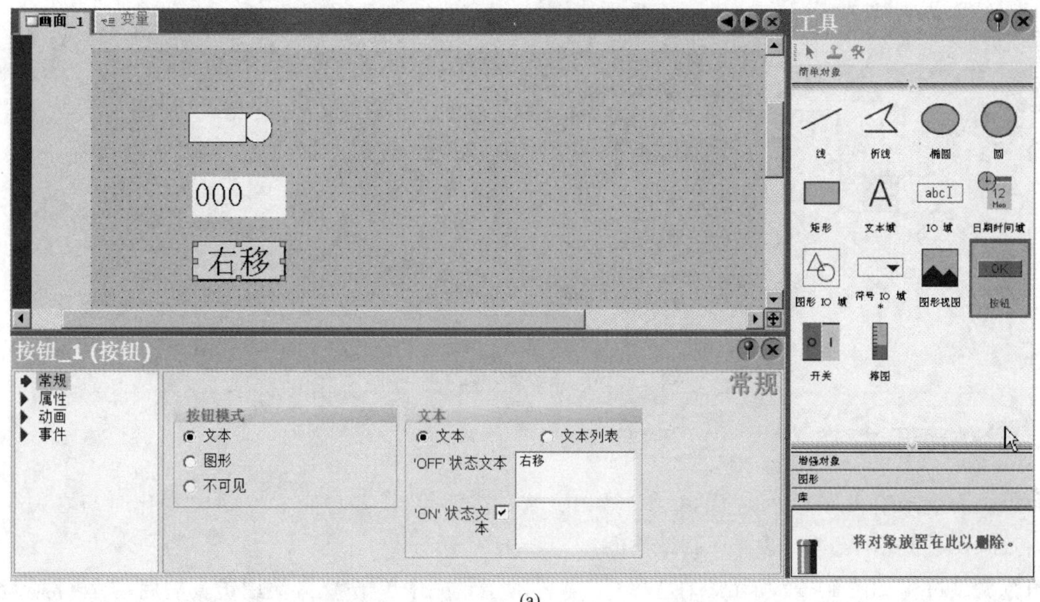


(a)

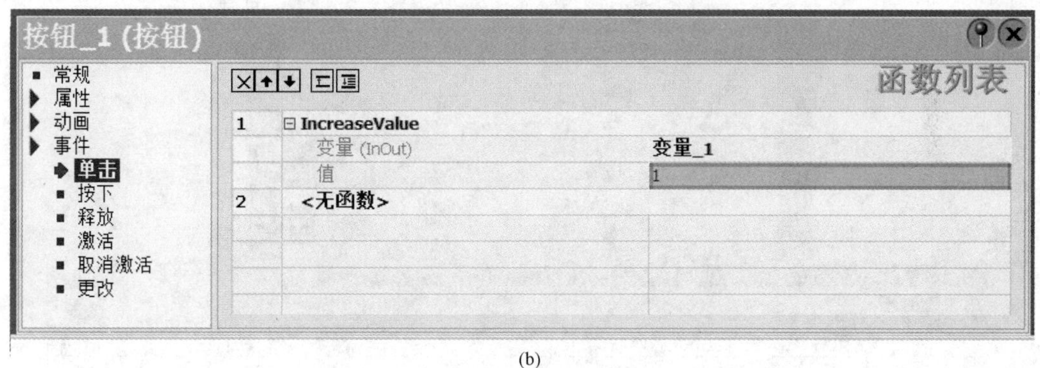


(b)

图 14-17 组态按钮的过程

不断点击按钮时，图形对象不断右移，IO 域的数值不断增大，直到数值达到 20 时，图形对象不再往右移动［见图 14-18（c)］。

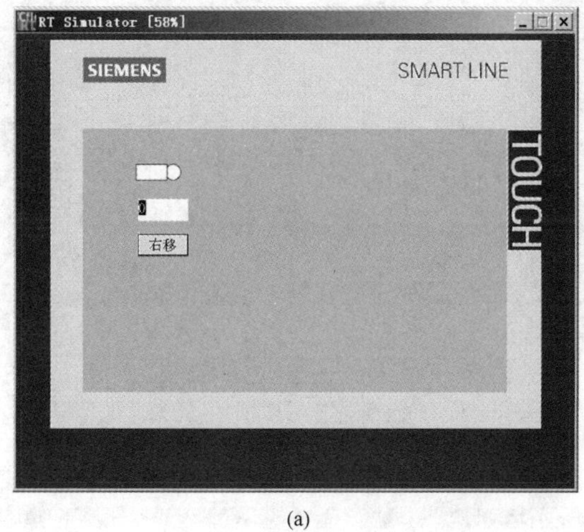


(a)

图 14-18 运行测试过程（一）

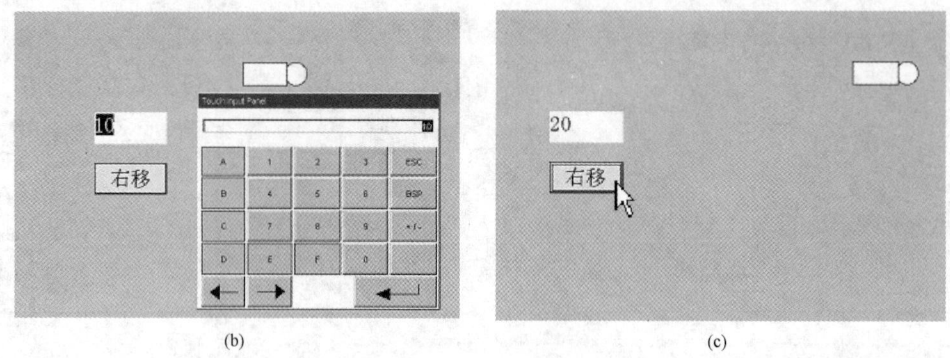


(b) (c)

图 14-18　运行测试过程（二）

### 14.4.4　仿真调试

如果画面上未组态改变变量值的对象（如 IO 域，按钮等），要想查看变量值变化时与之关联对象的动画效果，可使用 WinCC 的仿真调试功能。

仿真调试过程如图 14-19 所示，在 WinCC 软件的工具栏中单击 （使用仿真器启动运行系统）工

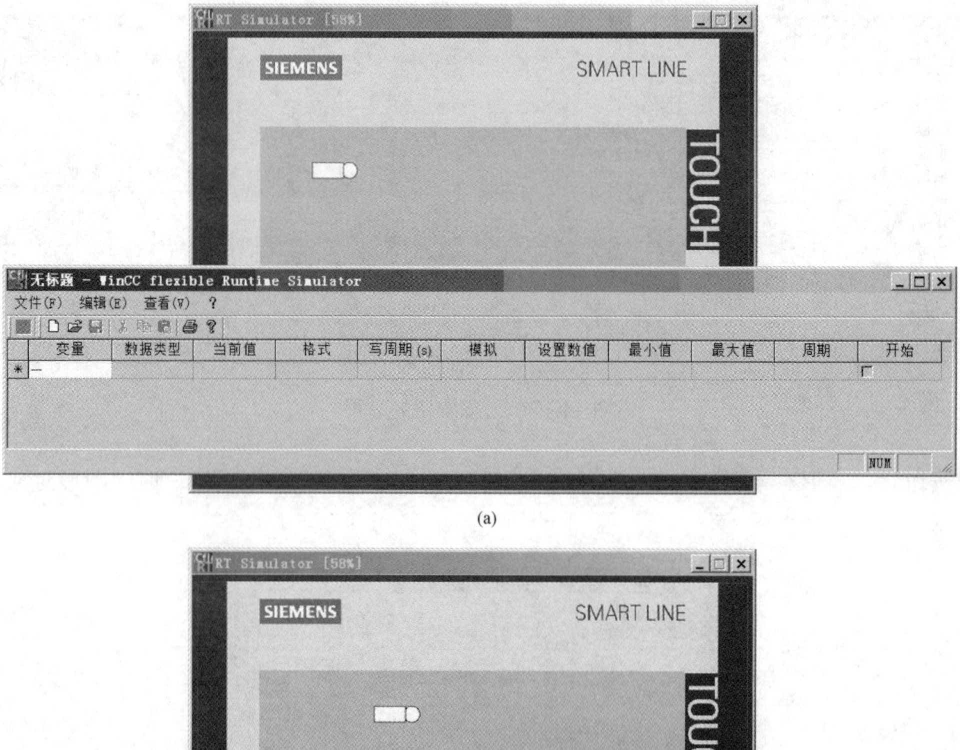

(a)

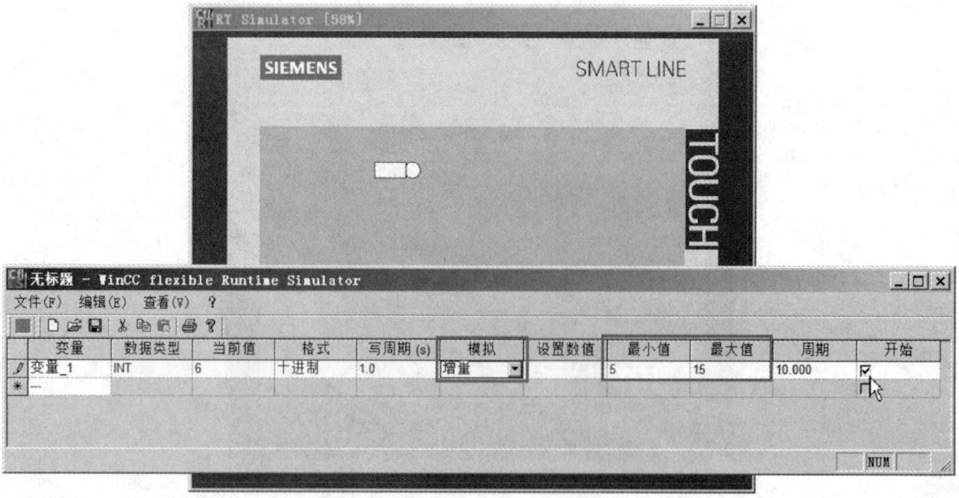

(b)

图 14-19　仿真调试过程

具，也可执行菜单命令“项目→编译器→使用仿真器启动运行系统”，会出现图 14-19（a）所示的画面和仿真调试窗口，在调试窗口变量栏选择“变量 _ 1”，模拟栏选择变量的变化方式为“增量”，再将变量的最小值设为 5，最大值设为 15，然后在开始栏勾选即启动仿真运行［见图 14-19（b）］，“变量 _ 1”的值在 5～15 范围内每 1s 增 1，循环反复，画面中与“变量 _ 1”关联的对象则在一定的范围内循环移动。

# 14.5 指针变量的使用举例

## 14.5.1 组态任务

组态一个水箱选择与液位显示的画面，组态完成画面如图 14-20 所示，当在水箱选择项选择“1 号水箱”时，液位值项显示该水箱的液位值为 3，当选择“2 号水箱”时，液位值项则显示 2 号水箱的液位值为 6。

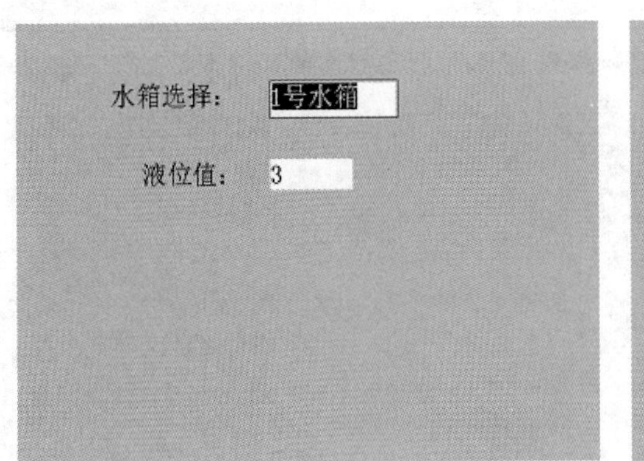


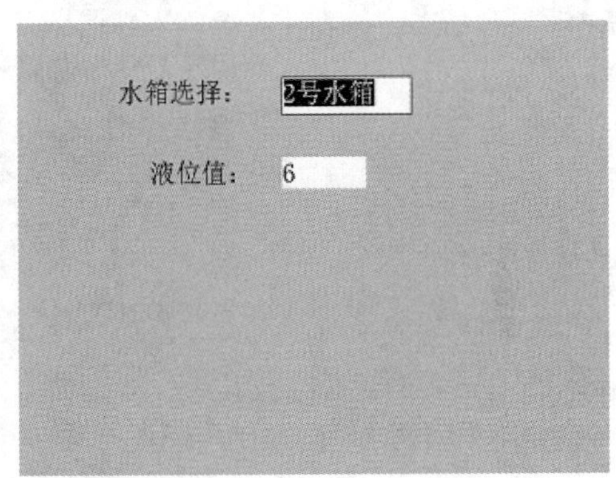


图 14-20 组态完成画面

## 14.5.2 组态过程

1. 组态变量

组态变量过程见表 14-6。

**表 14-6** 组态变量的过程

| 序号 | 操作步骤 | 操 作 图 |
| --- | --- | --- |
| 1 | 在 WinCC 软件的项目视图区双击“通信”中的“变量”，在工作区打开变量表，然后按图所示建立 5 个变量 | 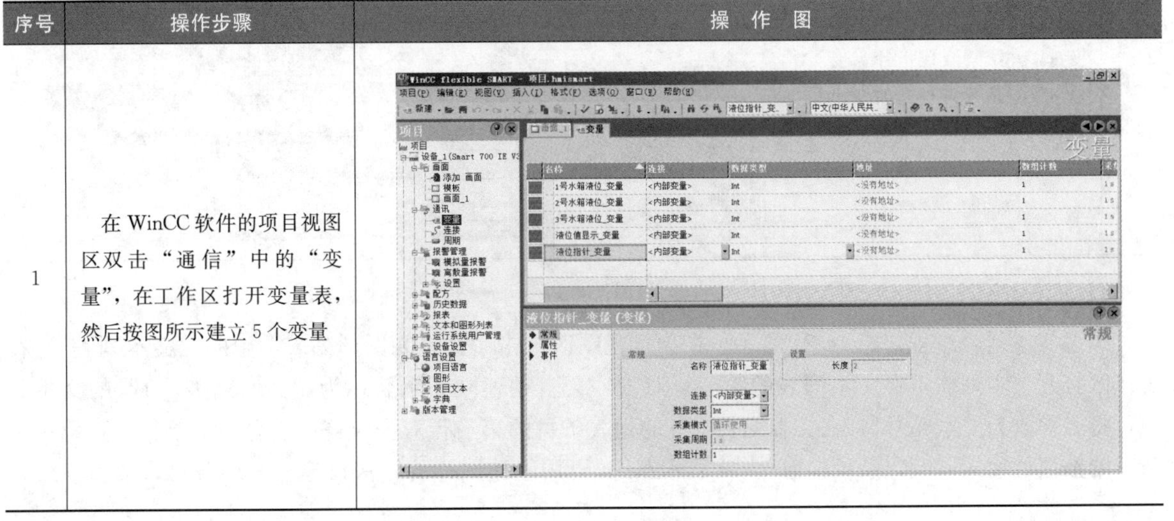 |

续表

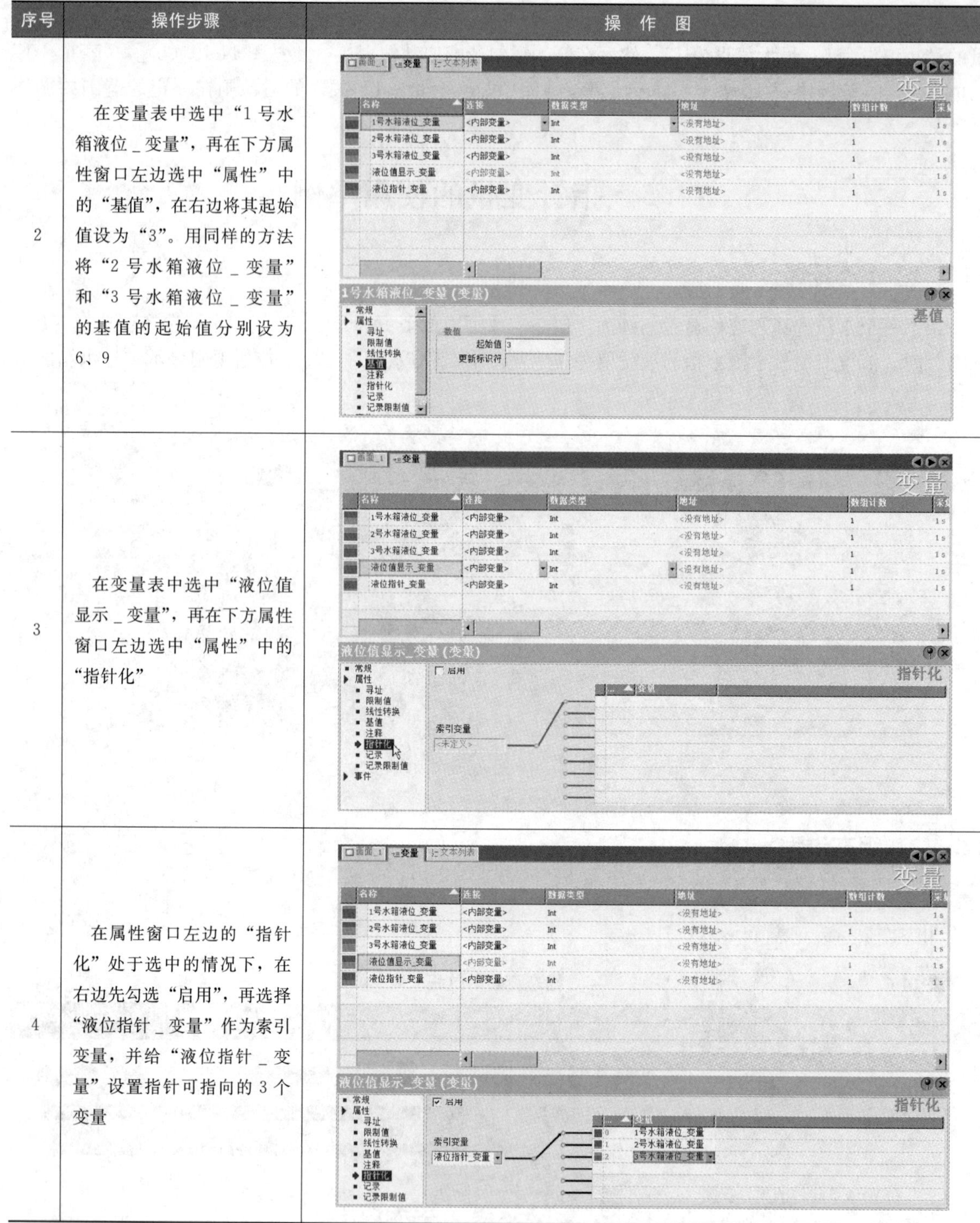

| 序号 | 操作步骤 | 操 作 图 |
|---|---|---|
| 2 | 在变量表中选中“1 号水箱液位 _ 变量”，再在下方属性窗口左边选中“属性”中的“基值”，在右边将其起始值设为“3”。用同样的方法将“2 号水箱液位 _ 变量”和“3 号水箱液位 _ 变量”的基值的起始值分别设为 6、9 | |
| 3 | 在变量表中选中“液位值显示 _ 变量”，再在下方属性窗口左边选中“属性”中的“指针化” | |
| 4 | 在属性窗口左边的“指针化”处于选中的情况下，在右边先勾选“启用”，再选择“液位指针 _ 变量”作为索引变量，并给“液位指针 _ 变量”设置指针可指向的 3 个变量 | |

2. 组态文本列表

组态文本列表过程如图 14-21 所示。在项目视图区双击“文本和图形列表”中的“文本列表”，在工作区打开文本列表，在文本列表的第一行双击，会自动建立一个名称为“文本列表 _ 1”的文本列表，将名称改为“水箱号”，在文本列表下方的列表条目的第一行双击，自动建立一个条目，在第一个条目的数值栏输入“0”，条目栏输入“1 号水箱”。再用上述同样的方法再建立 2 个条目，数值项分别为“1”、“2”，条目项分别为“2 号水箱”、“3 号水箱”。

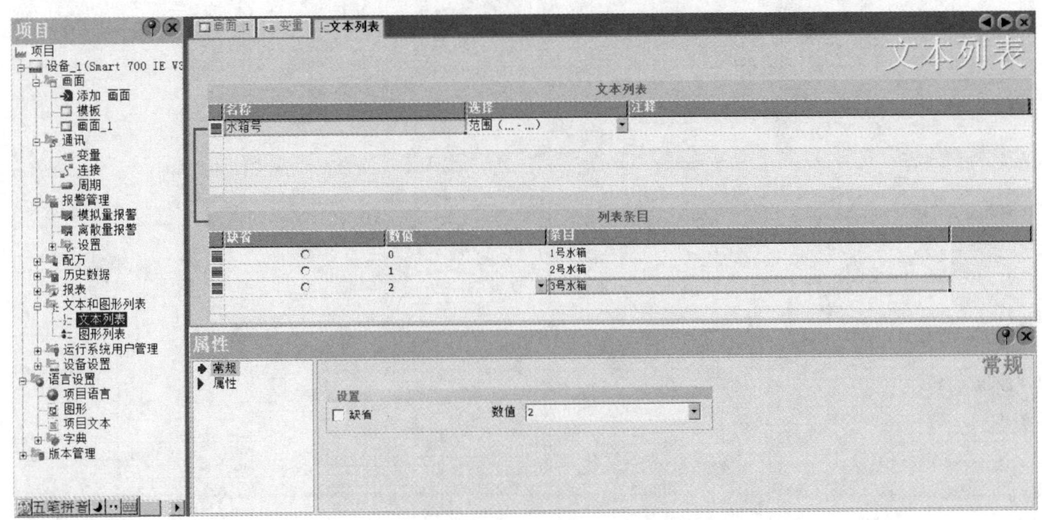

图 14-21 组态文本列表过程

3. 组态文本域

在工具箱中单击文本域工具，将鼠标移到工作区画面合适的位置单击，放置一个文本域，在下方属性窗口左边选中“常规”项，在右边将文本设为“水箱选择:”，然后用同样的方法在画面上放置一个“液位值:”文本。组态文本域过程如图 14-22 所示。

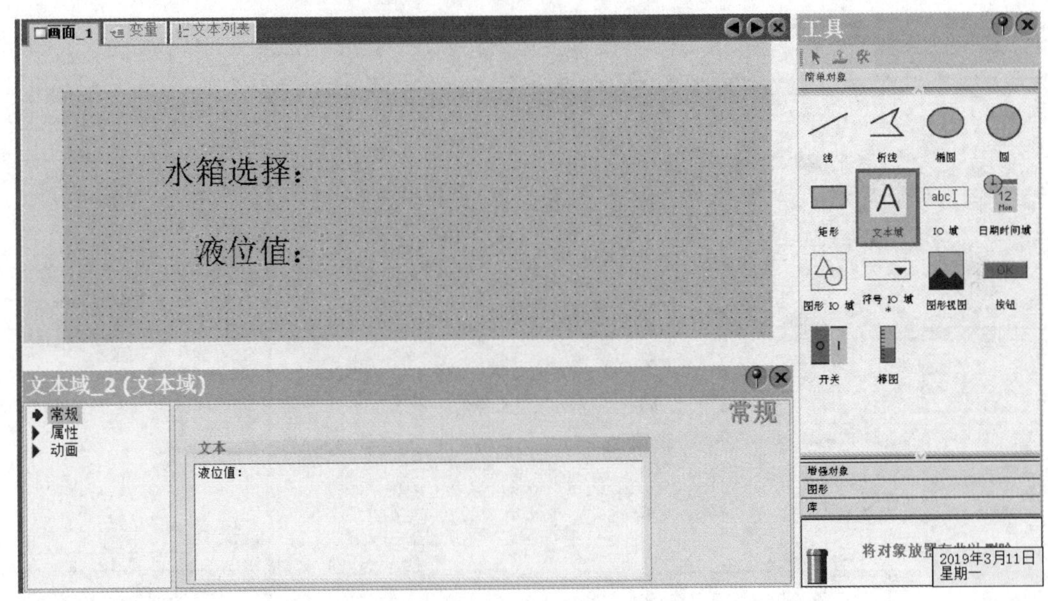

图 14-22 组态文本域过程

4. 组态符号 IO 域

在工具箱中单击符号 IO 域工具，将鼠标移到工作区画面“水箱选择:”，在文本右边合适的位置单击，放置一个符号 IO 域，在下方属性窗口左边选中“常规”项，在右边将显示的文本列表设为“水箱号”，将过程变量设为“液位指针 _ 变量”，如图 14-23 所示，这样就将水箱号列表的 3 个条目按顺序与“液位指针 _ 变量”指向的 3 个变量一一对应起来。

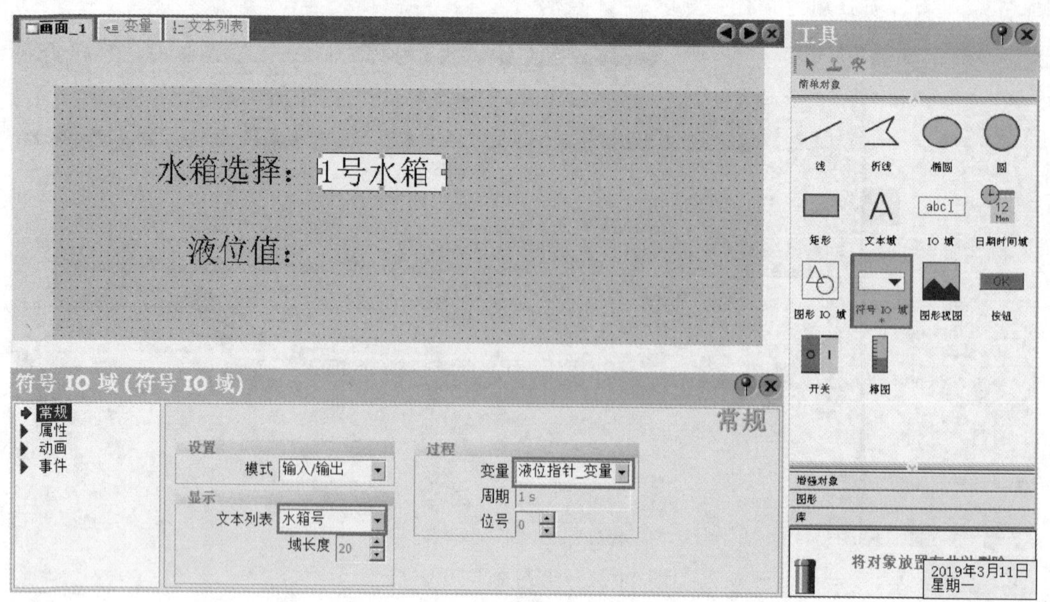


图 14-23　组态符号 IO 域过程

5. 组态 IO 域

在工具箱中单击 IO 域工具，将鼠标移到工作区画面“液位值:”，在文本右边合适的位置单击，放置一个 IO 域，在下方属性窗口左边选中“常规”项，在右边将过程变量为“液位值显示 _ 变量”，如图 14-24 所示。

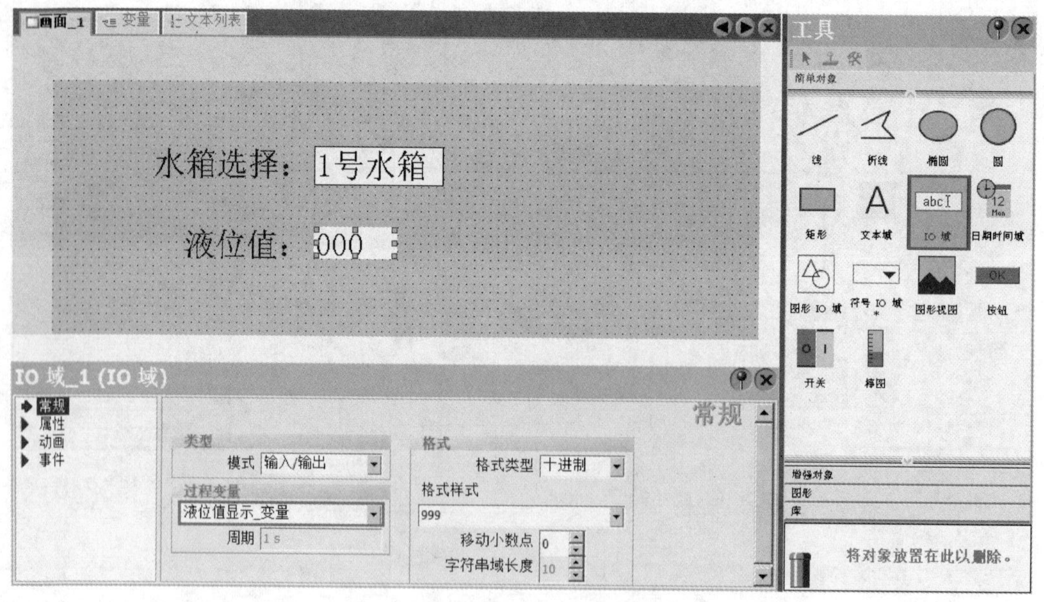


图 14-24　组态 IO 域过程

## 14.5.3　运行测试

运行测试过程如图 14-25 所示。在 WinCC 软件的工具栏中单击 （启动运行系统）工具，也可执行菜单命令“项目→编译器→启动运行系统”，软件马上对项目进行编译，然后出现图 14-25（a）所示的画面，在“水箱选择：”文本右边的符号 IO 域上单击，出现水箱号文本列表的 3 个条目，选择“2 号水箱”［见图 14-25（b）］；回车后，“液位值：”文本右边的 IO 域显示 2 号水箱的液位值［见图14-25（c）］。

运行原理：当选择水箱号文本列表的第 2 个条目“2 号水箱”时，会使其过程变量“液位指针 _ 变量”的指针指向第 2 个位置，即指向“2 号水箱液位 _ 变量”，该变量的值马上传送给“液位值显示 _ 变量”，“液位值：”文本右边的 IO 域的过程变量为“液位值显示 _ 变量”，故该 IO 域就显示出 2 号水箱的液位值。

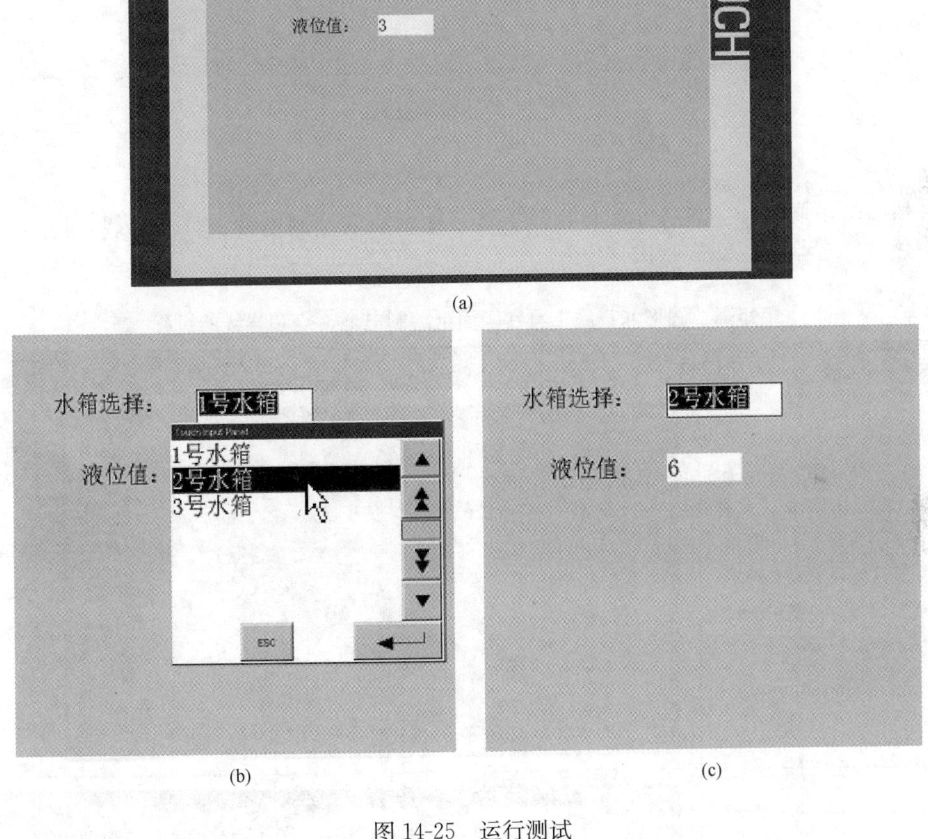


图 14-25 运行测试

## 14.6 开关和绘图工具的使用举例

### 14.6.1 组态任务

组态一个开关控制灯亮灭的画面，如图 14-26 所示。当单击开关时，开关显示闭合图形，灯变亮

（白色变成红色），再次单击开关时，开关显示断开图形，灯熄灭。

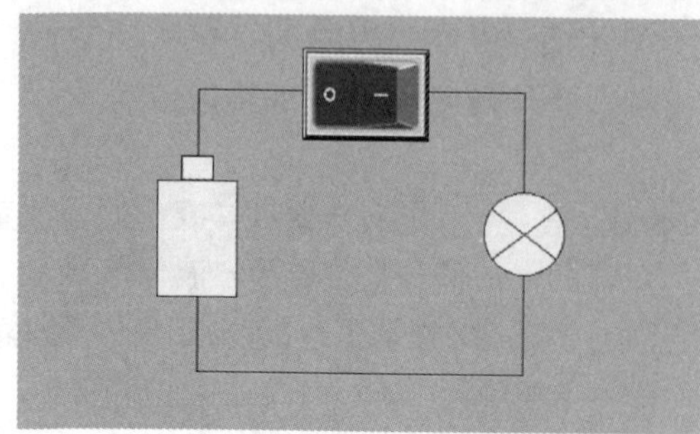

图 14-26　组态完成画面

### 14.6.2　组态过程

1. 组态变量

在 WinCC 软件的项目视图区双击“通信”下的“变量”，在工作区打开变量表，在变量表的第一行双击，会自动建立一个变量名为“变量_1”的变量，将其更名为“变量_灯”，其他项保持不变，如图 14-27 所示。

图 14-27　组态变量

2. 绘制图形

用工具箱中的矩形工具、圆形工具和直线工具，在画面上绘制电池、灯和导线，具体绘制过程见表 14-7。

**表 14-7　　用矩形、圆形和直线工具在画面上绘制电池、灯和导线的过程**

| 序号 | 操作步骤 | 操　作　图 |
| --- | --- | --- |
| 1 | 用工具箱中的矩形工具在画面上先绘制一个小矩形，再在下方绘制一个较大矩形，这样就绘制成了一个电池的图形 | 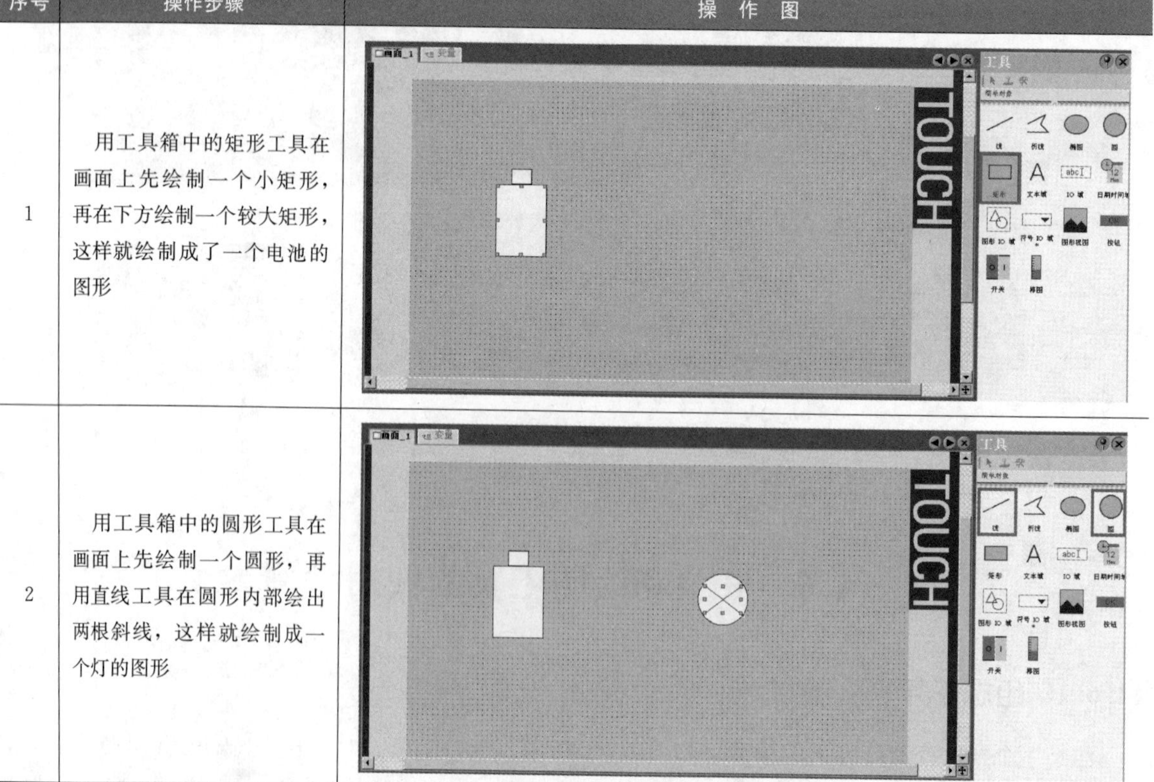 |
| 2 | 用工具箱中的圆形工具在画面上先绘制一个圆形，再用直线工具在圆形内部绘出两根斜线，这样就绘制成一个灯的图形 | |

续表

| 序号 | 操作步骤 | 操 作 图 |
|---|---|---|
| 3 | 选中组成灯的圆形（不要选中内部的直线），在下方属性窗口的左边选择“外观”项，在右边勾选“启用”，变量选择“变量_灯”，类型选择“位”，在变量值表中，将“0”值的背景色设为白色，将“1”值的背景色设为红色 | 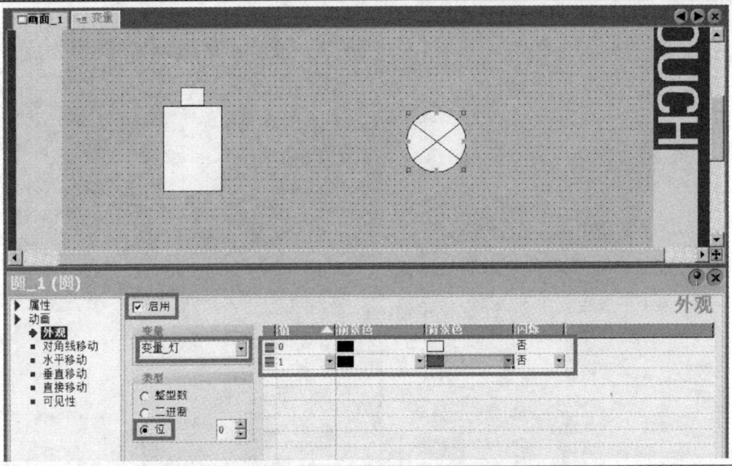 |
| 4 | 用工具箱中的矩形工具按图示绘制一个大矩形，在下方属性窗口的“外观”项中将填充样式设为“透明的”，这样矩形中间透明，只显示四周的线条 | 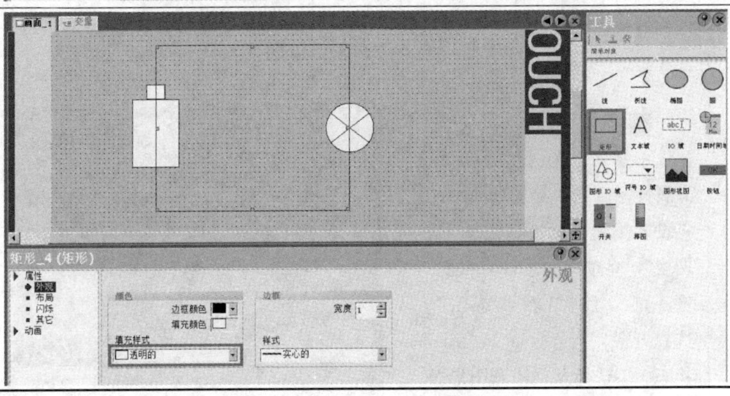 |

3. 组态开关

组态开关的过程见表 14-8。

**表 14-8　　组态开关的过程**

| 序号 | 操作步骤 | 操 作 图 |
|---|---|---|
| 1 | 在工具箱中打开 WinCC 软件自带的图形库，找到开关断开图形（Off，○端按下）和开关闭合图形（On，一端按下），将其拖放到画面上 | 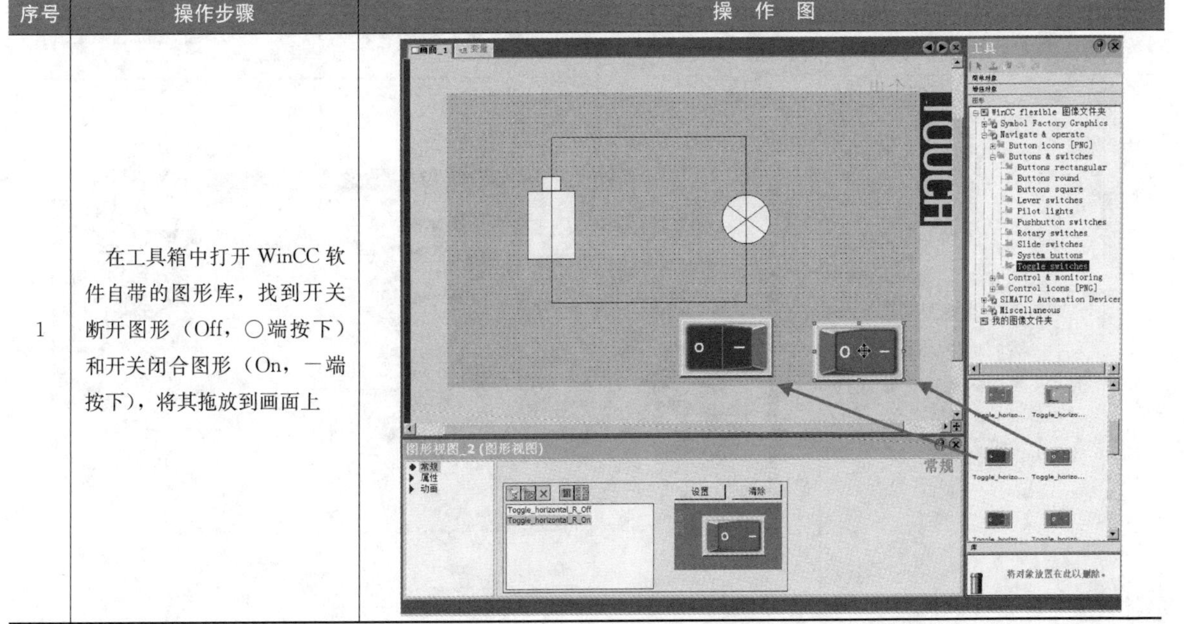 |

续表

| 序号 | 操作步骤 | 操作图 |
| --- | --- | --- |
| 2 | 在工具箱中单击开关工具，再将鼠标移到画面的矩形线上单击，放置一个开关 | 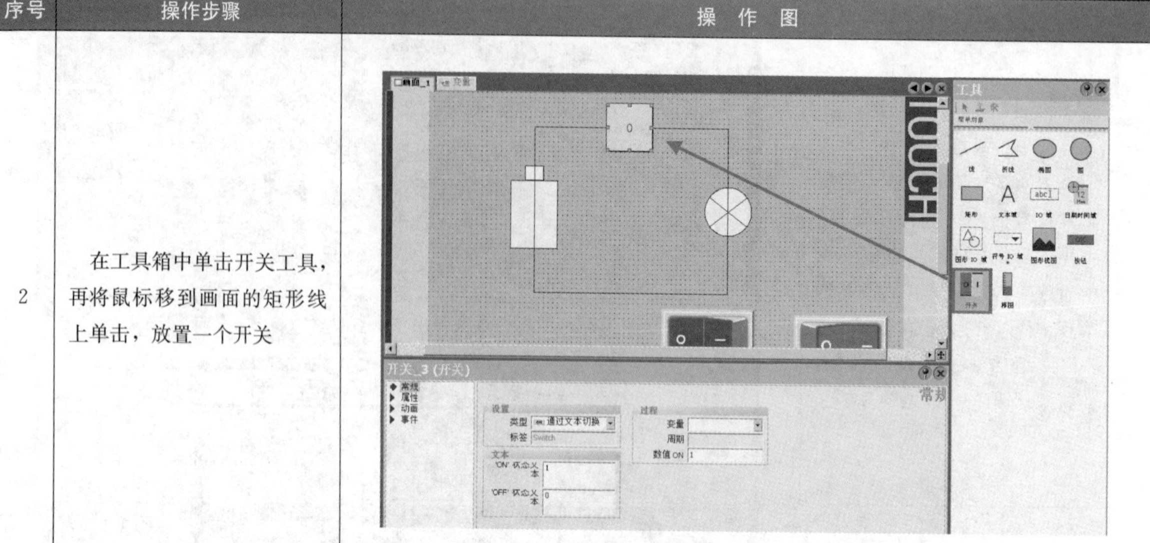 |
| 3 | 选中画面上的开关，在下方属性窗口的“常规”项中，将设置类型设为“通过图形切换”，将过程变量设为“变量_灯”，将“ON 状态图”选择开关闭合图形，“OFF 状态图”选择开关断开图形。如果先前没有把图形库中的 On、Off 开关图形拖放到画面上，在此选择图形时，选择框内将不会出现 On、Off 图形文件 | 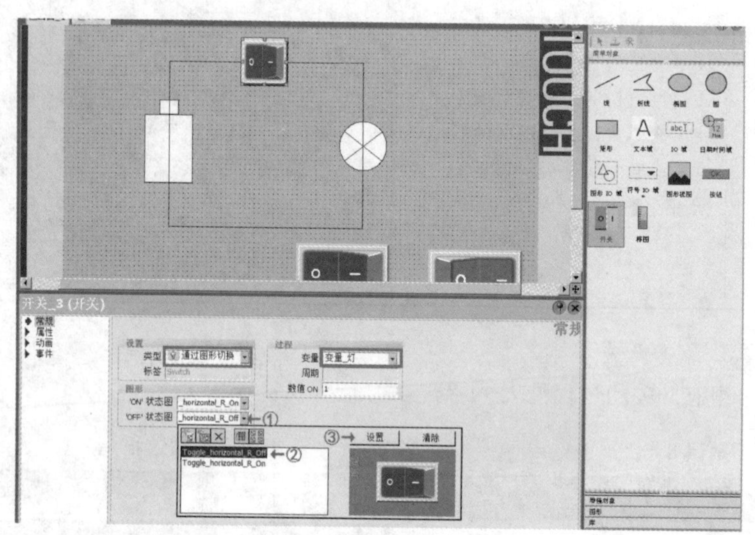 |
| 4 | 将画面上的开关断开图形和开关闭合图形删掉，再将大矩形上的开关调到合适的大小，然后选中大矩形并右击，在弹出的菜单中依次选择“顺序→移到背景”，这样就将大矩形移到最底层 | 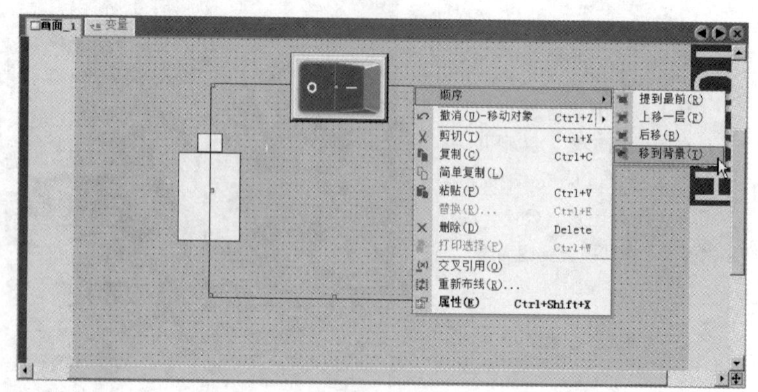 |

续表

| 序号 | 操作步骤 | 操 作 图 |
| --- | --- | --- |
| 5 | 大矩形被移到最底层后，矩形线相应的部位就被上层的对象遮住，就好像导线将各对象连接起来一样 | 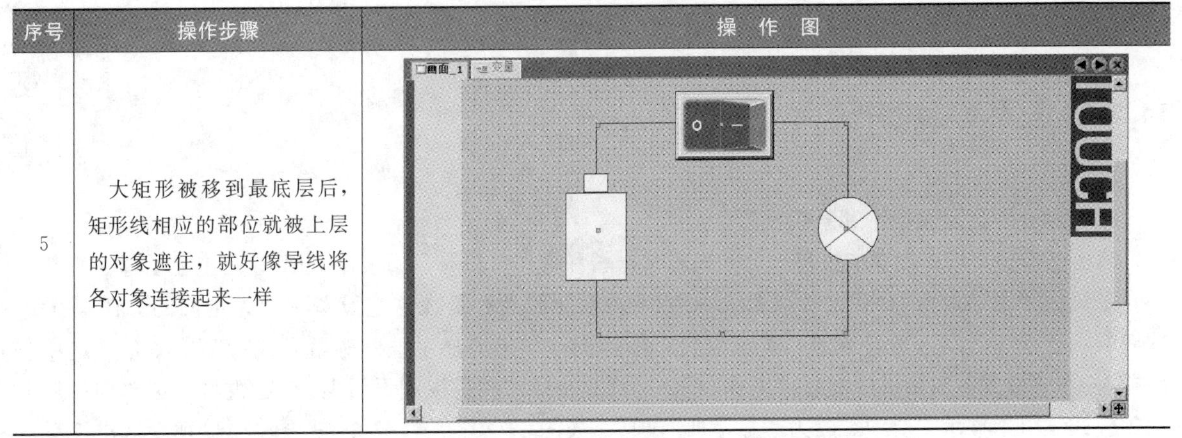 |

## 14.6.3 运行测试

运行测试过程如图 14-28 所示。在 WinCC 软件的工具栏中单击 (启动运行系统) 工具，也可执行菜单命令“项目→编译器→启动运行系统”，软件马上对项目进行编译，然后出现图 14-28 (a) 所示的画面。在开关上单击，开关变为开关闭合图形，灯变亮 [见图 14-28 (b)]，在开关上再次单击，开关变成开关断开图形，灯熄灭 [见图 14-28 (c)]。

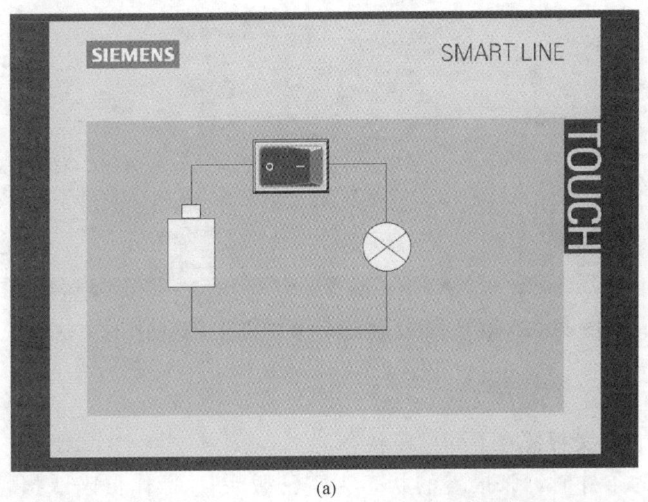


(a)

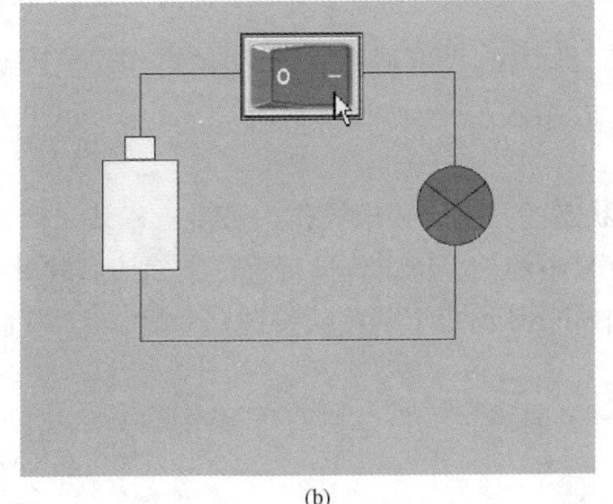

(b)

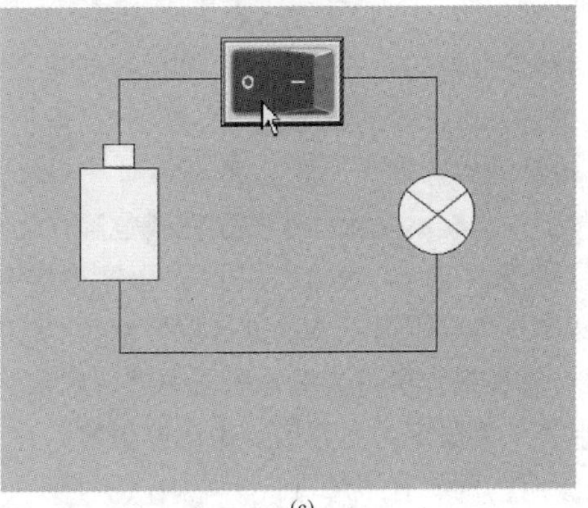

(c)

图 14-28 运行测试过程

# 14.7 报警功能的使用举例

## 14.7.1 报警基础知识

1. 分类

报警可分为自定义报警和系统报警。

自定义报警是用户设置的报警，分为离散量报警和模拟量报警，用来在HMI设备上显示过程状态。

系统报警用来显示HMI设备或PLC中特定的系统状态，是在这些设备中预先定义的。在WinCC软件的项目视图区默认是看不到“系统报警”图标的，如果要显示该图标，可执行菜单命令“选项→设置”，在“设置”对话框中展开“工作台”，选择其中的“项目视图设置”，在右边将“更改项目树显示的模式”由“显示主要项”改为“显示所有项”，如图14-29所示，这样就会在项目视图区出现系统事件（即系统报警）。

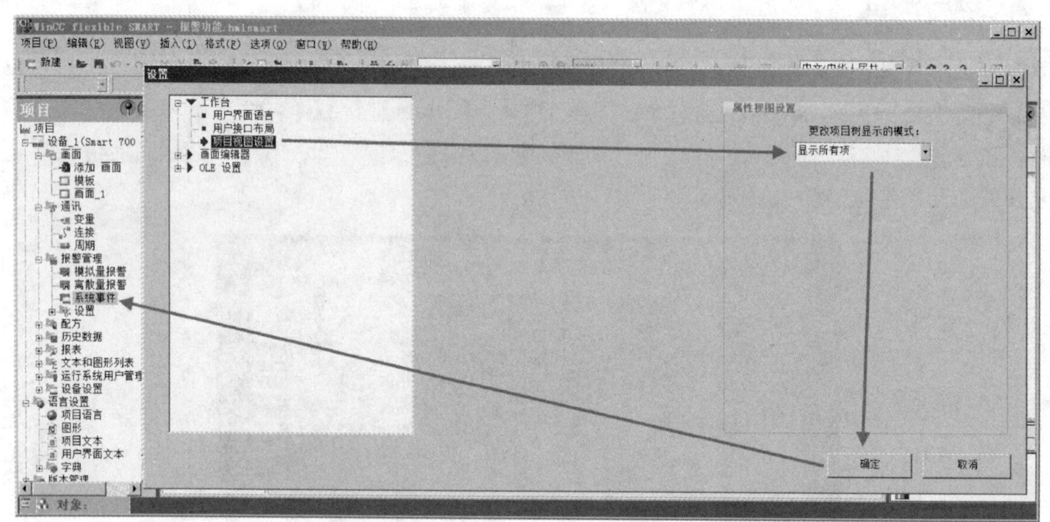

图14-29 在项目视图区显示系统报警图标的操作方法

2. 报警的状态与确认

(1) 报警的状态。自定义报警有下列报警状态。

1) 满足触发报警的条件时，该报警的状态为“已激活”。操作员确认报警后，该报警的状态为“已激活/已确认”。

2) 当触发报警的条件消失时，该报警的状态为“已激活/已取消激活”。如果操作人员确认了已取消激活的报警，该报警的状态为“已激活/已取消激活/确认”。

(2) 报警的确认。

1) 对于一些提示系统处于关键性或危险性运行状态的报警，要求操作人员进行确认。确认报警可以在HMI设备上进行，也可以用PLC程序将指定变量中的一个特定位进行置位来确认离散量报警。

2) 操作员可以用以下方式进行报警确认：①操作HMI面板上的确认按键；②操作HMI画面上的相关按钮；③在报警窗口或报警视图中进行确认。

3) 报警类型决定了是否需要确认该报警。在组态报警时，可设定报警由操作员逐个确认，也可以对同一报警组内的所有报警进行集中确认。

3. 报警的类型

报警类型有错误、诊断事件、警告和系统4种。

（1）错误。错误用于指示紧急或危险的操作和过程状态，这类报警必须确认，用于模拟量报警和离散量报警。

（2）诊断事件。诊断事件用于指示常规操作状态、过程状态和过程顺序，这类报警不需要确认，用于模拟量报警和离散量报警。

（3）警告。警告用于指示不是太紧急或危险的操作和过程状态，这类报警必须确认。用于模拟量报警和离散量报警。

（4）系统。系统用于指示关于 HMI 和 PLC 的操作状态信息，用于系统报警，不能用于模拟量报警和离散量报警。

## 14.7.2 组态任务

组态一个温度和开关状态报警画面，如图 14-30 所示，当温度值低于 20℃时会出现报警信息，温度值高于 60℃时也会出现报警信息，开关状态值由 00 变为 01 时会出现开关 A 断开报警，00 变为 10 时会出现开关 B 断开报警，单击右下角的“确认”按钮，会清除问题已排除的报警信息。

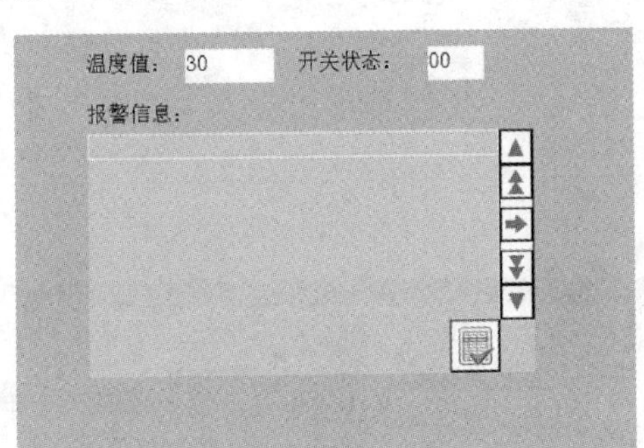


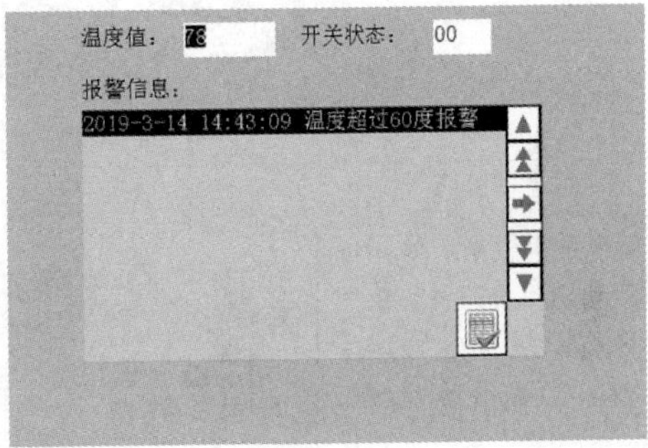


图 14-30 组态完成的温度和开关状态报警画面

## 14.7.3 组态过程

1. 组态变量

在 WinCC 软件的项目视图区双击“通信”中的“变量”，在工作区打开变量表，然后按图 14-31 所示建立两个变量，并将“温度值_变量”的起始值设为 30。

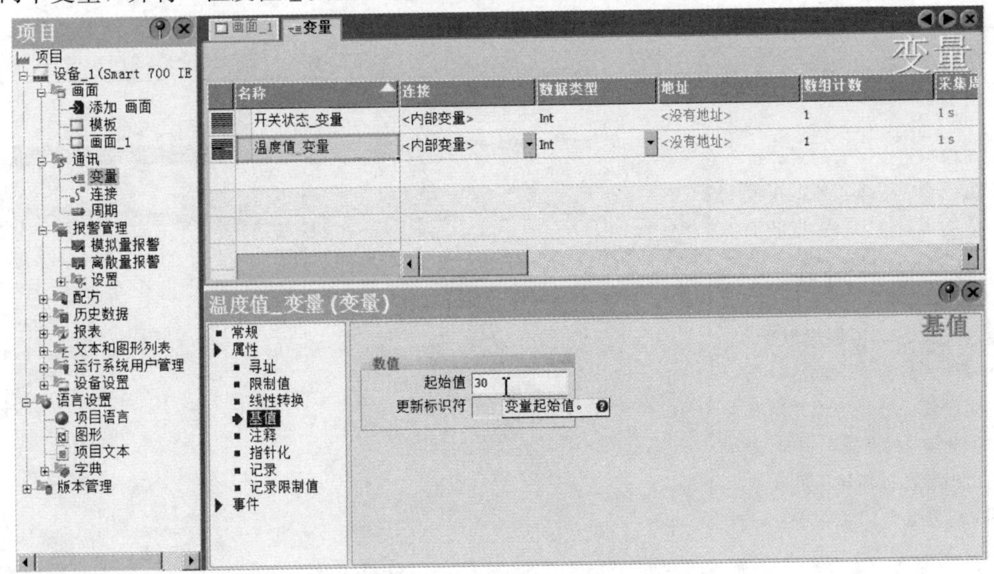


图 14-31 打开变量表建立两个变量

2. 组态模拟量报警

模拟量报警组态过程见表14-9。

**表14-9　　模拟量报警组态过程**

| 序号 | 操作步骤 | 操　作　图 |
| --- | --- | --- |
| 1 | 在WinCC软件的项目视图区双击“报警管理”中的“模拟量报警”，在工作区打开模拟量报警表 | 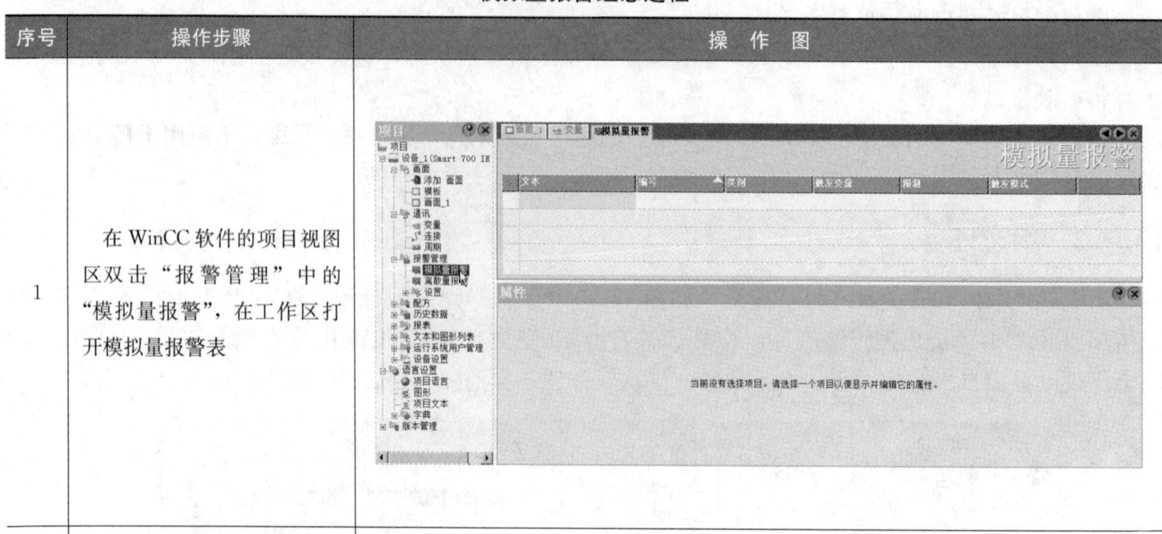 |
| 2 | 在模拟量报警表的第1行双击，建立一条报警，在报警的文本列输入“温度超过60度报警”，报警类别设为“错误”，触发变量设为“温度值_变量”，限制设为60，触发模式设为“上升沿时”，这些内容可在表中直接设置，也可在下方的属性窗口设置。这样设置的效果是当“温度值_变量”的值大于60时会发出报警，报警显示的文本为“温度超过60度报警” | 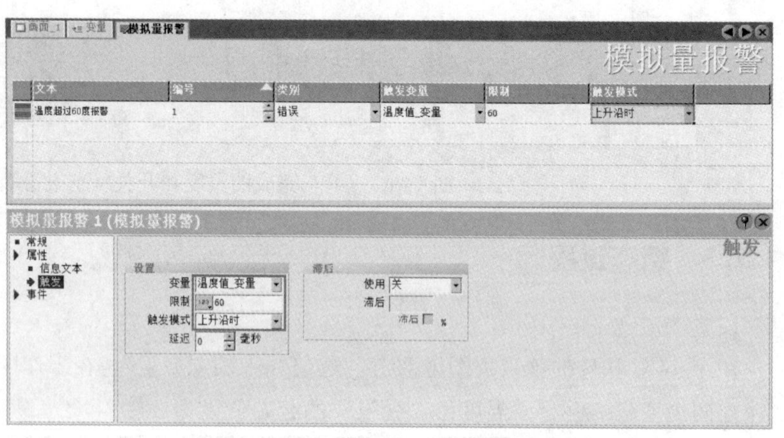 |
| 3 | 在模拟量报警表的第2行双击，建立一条报警，在报警的文本列输入“温度低于20度报警”，报警类别设为“警告”，触发变量设为“温度值_变量”，限制设为20，触发模式设为“下降沿时”。这样设置的效果是当“温度值_变量”的值低于20时会发出报警，报警显示的文本为“温度低于20度报警” | 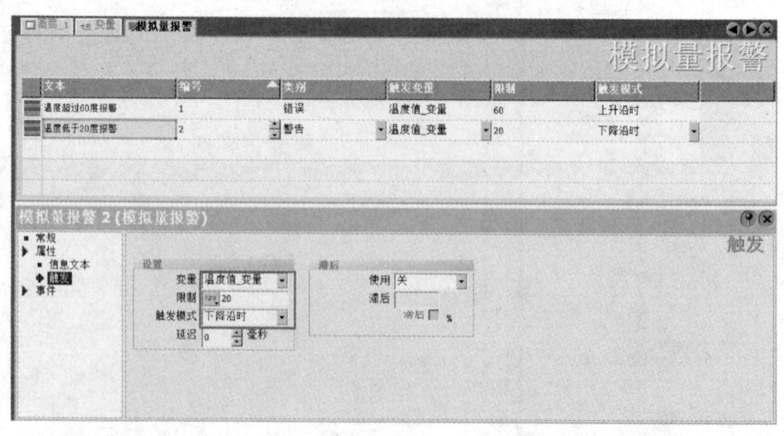 |

3. 组态离散量报警

离散量报警组态过程见表14-10。

表14-10 离散量报警组态过程

| 序号 | 操作步骤 | 操作图 |
| --- | --- | --- |
| 1 | 在WinCC软件的项目视图区双击“报警管理”中的“离散量报警”，在工作区打开离散量报警表 | 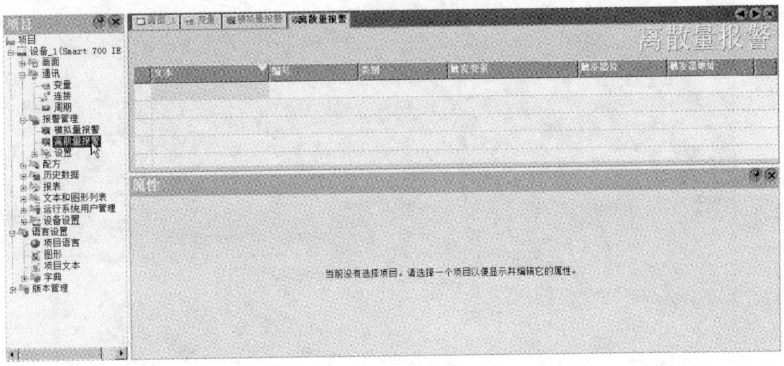 |
| 2 | 在离散量报警表的第1行双击，建立一条报警，在报警的文本列输入“开关A断开报警”，报警类别设为“错误”，触发变量设为“开关状态_变量”，触发器位设为0，这些内容可在表中直接设置，也可在下方的属性窗口设置。这样设置的效果是当“开关状态_变量”的第0位（变量的最低位）置1时会发出报警，报警显示的文本为“开关A断开报警” | 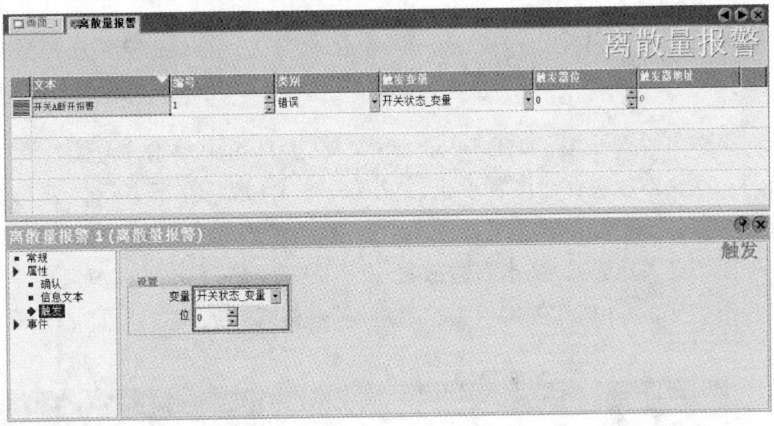 |
| 3 | 在离散量报警表的第2行双击，建立一条报警，在报警的文本列输入“开关B断开报警”，报警类别设为“错误”，触发变量设为“开关状态_变量”，触发器位设为1。这样设置的效果是当“开关状态_变量”的第1位置1时会发出报警，报警显示的文本为“开关B断开报警” | 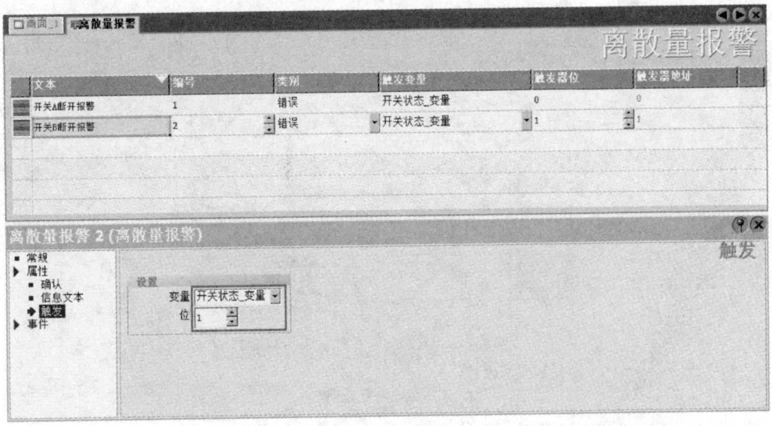 |

4. 组态文本域

在工具箱中单击文本域工具，将鼠标移到工作区画面合适的位置单击，放置一个文本域，在属性窗口的“常规”项中将文本设为“温度值:”，再用同样的方法在画面上放置一个“开关状态:”和“报警信息:”文本，如图 14-32 所示。

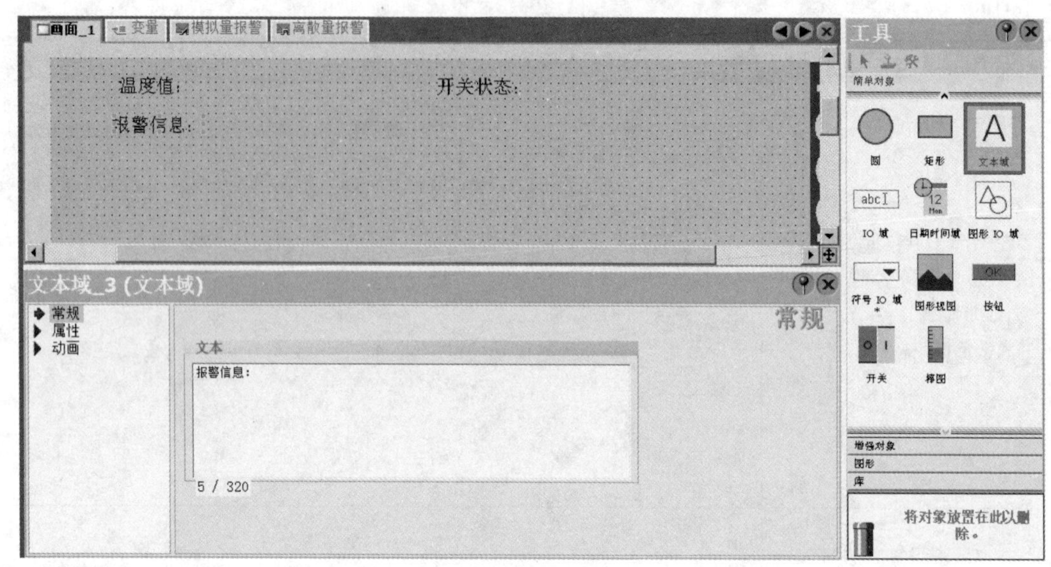

图 14-32 用文本域工具在画面上放置 3 个文本

5. 组态 IO 域

组态 IO 域的过程如图 14-33 所示。在工具箱中单击 IO 域工具，将鼠标移到工作区画面“温度值:”，在文本右边合适位置单击，放置一个 IO 域，在下方属性窗口的“常规”项中将过程变量设为“温度值_变量”，格式类型设为“十进制”，格式样式设为“999”［见图 14-33（a)］；再用同样的方法在画面“开关状态:”文本右边放置一个 IO 域，在下方属性窗口的“常规”项中将过程变量设为“开关状态_变量”，格式类型设为“二进制”，格式样式设为“11”［见图 14-33（b)］。

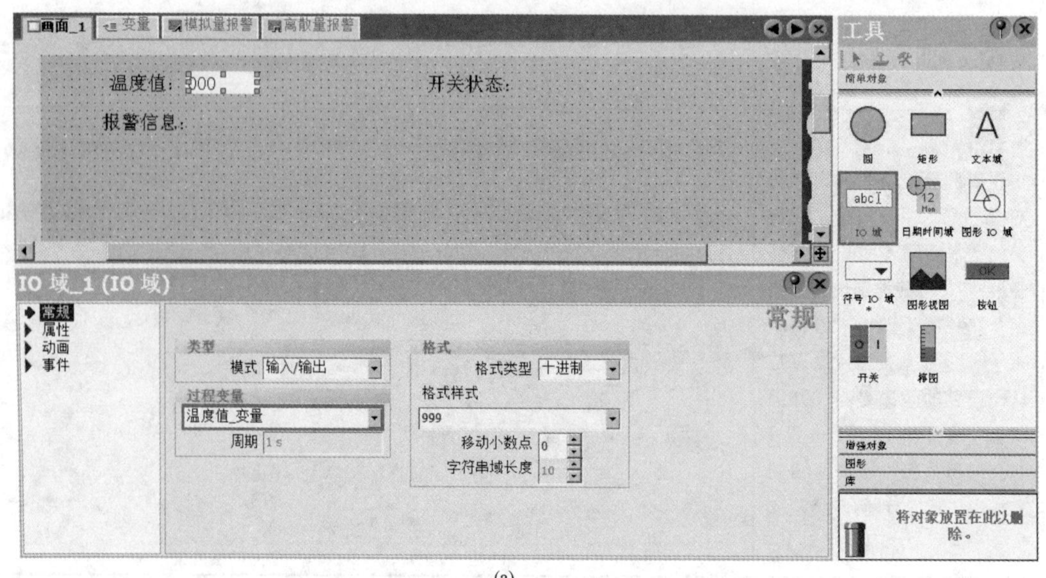

(a)

图 14-33 组态 IO 域过程（一）

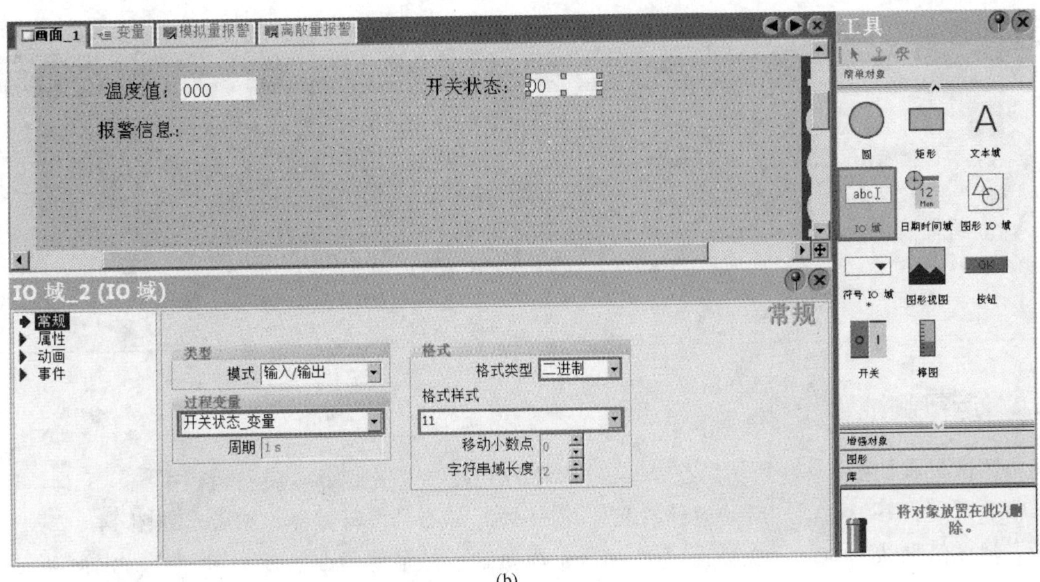


(b)

图 14-33　组态 IO 域过程（二）

6. 组态报警视图

组态报警视图过程见表 14-11。

**表 14-11**　　　　**组态报警视图的过程**

| 序号 | 操作步骤 | 操　作　图 |
|---|---|---|
| 1 | 在工具箱中打开“增强对象”，单击其中的“报警视图”，将鼠标移到工作区画面“报警信息:”文本下边单击，在画面上放置一个报警视图，可用鼠标调整报警视图的大小 | 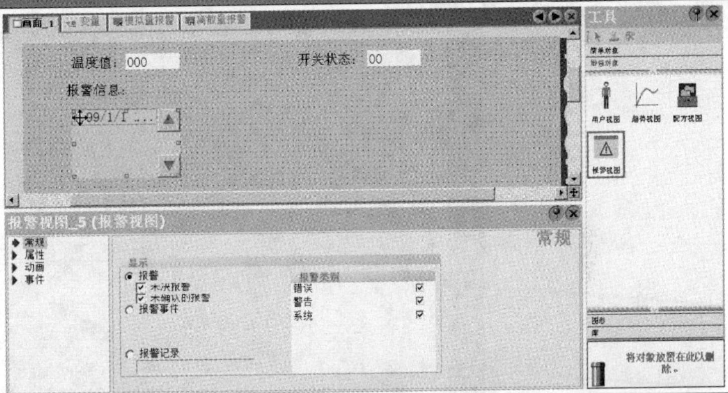 |
| 2 | 在报警视图属性窗口选择“属性”中的“显示”，在右边勾选“确认按钮”，这样会在报警视图中出现“确认”按钮 | 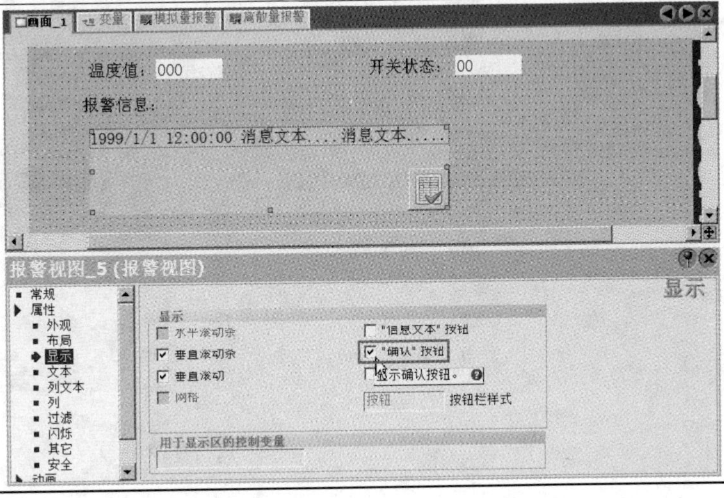 |

续表

| 序号 | 操作步骤 | 操　作　图 |
|---|---|---|
| 3 | 在报警视图属性窗口选择“属性”中的“列”，在右边勾选“时间”“报警文本”和“日期” | 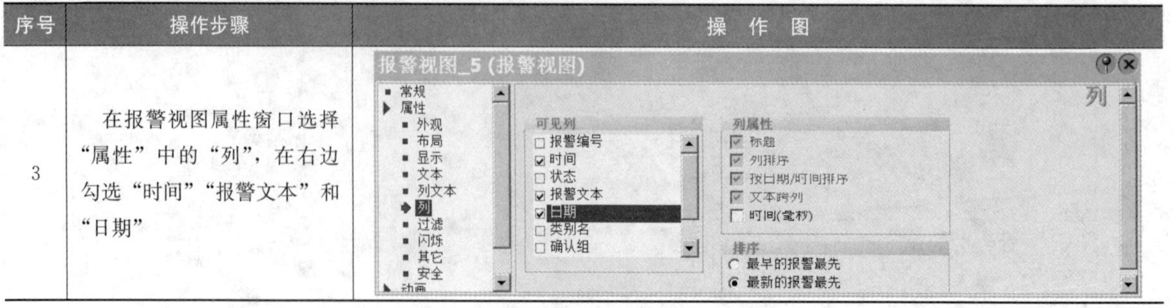 |

## 14.7.4　运行测试

运行测试过程如图14-34所示。在WinCC软件的工具栏中单击（启动运行系统）工具，也可执行菜单命令“项目→编译器→启动运行系统”，软件马上对项目进行编译，然后出现图14-34（a）所示的画面，温度值默认为30，开关状态值为00。在画面中，将温度值改为68，超过了“温度超过60度报警”报警事件设定的上限值60（上升沿触发），故报警视图中出现了该报警信息［见图14-34（b）］；将温度设为12，其值小于“温度低于20度报警”报警事件设定的下限值20（下降沿触发），该报警信息文本马上出现在报警视图中［见图14-34（c）］；由于此时温度未超过60，按下报警视图右下角的“确认”按钮，“温度超过60度报警”报警信息会消失［见图14-34（d）］。画面中的开关状态值默认为00，将其改成01，“开关状态_变量”的第0位（最低位）被置1，马上触发“开关A断开报警”［见图14-34（e）］；将其改成10，“开关状态_变量”的第1位被置1，会触发“开关B断开报警”［见图14-34（f）］；将其改成11，则开关A、B断开报警均会被触发［见图14-34（g）］。

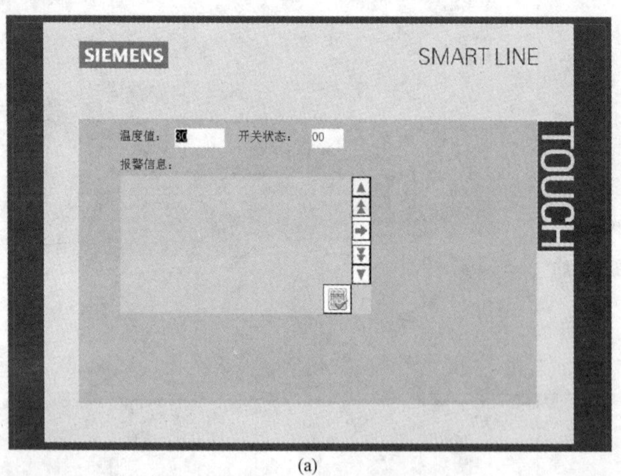


(a)

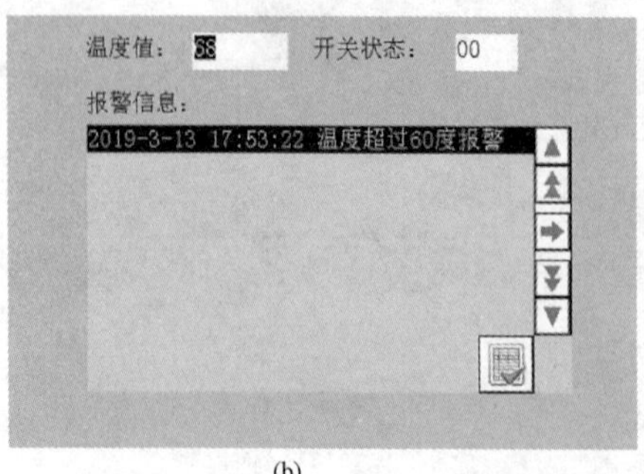


(b)

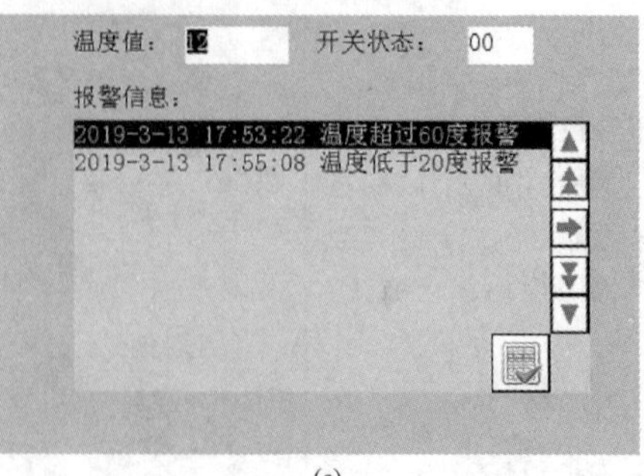


(c)

图14-34　运行测试过程（一）

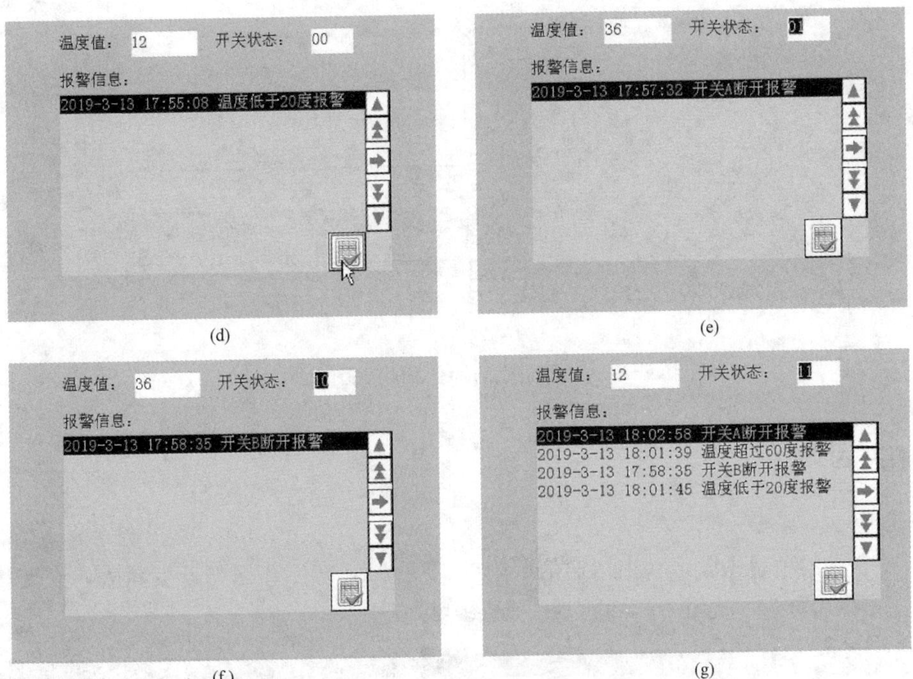


图 14-34 运行测试过程（二）

# 14.8 棒图和趋势图的使用举例

## 14.8.1 组态任务

在画面上组态一个棒图和一个趋势图，用来监视 IO 域中的变量，如图 14-35 所示。当单击“增 5”键时，IO 域的变量值由 0 变为 5，棒图中出现高度为 5 的竖条，趋势图的线条纵坐标由 0 变为 5［见图 14-35（b)］；当单击“减 5”键时，IO 域的变量值由 5 变为 0，棒图中竖条消失，趋势图的线条纵坐标由 5 变为 0［见图 14-35（c)］。

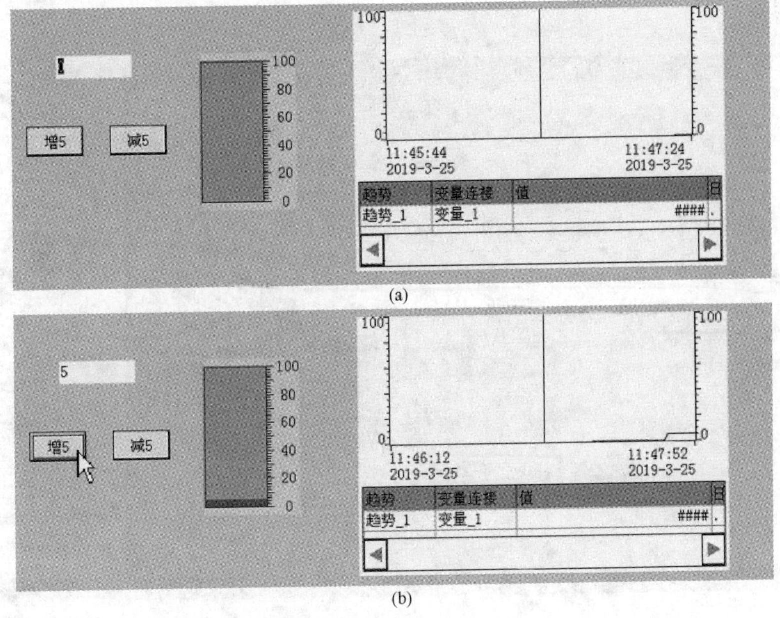


图 14-35 组态完成的棒图和趋势图画面（一）

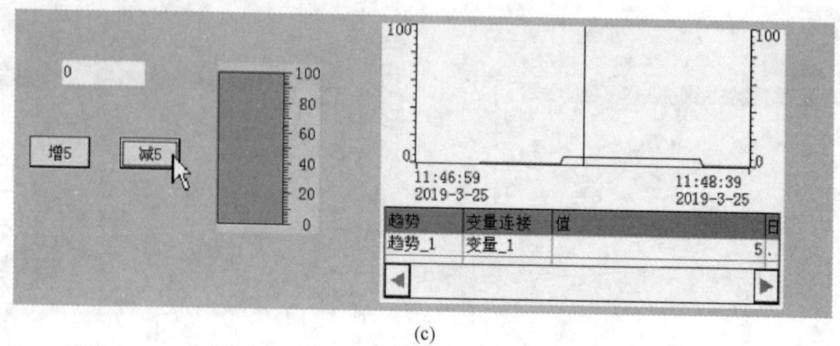


(c)

图 14-35 组态完成的棒图和趋势图画面（二）

### 14.8.2 组态过程

1. 组态变量

在 WinCC 软件的项目视图区双击“通信”中的“变量”，在工作区打开变量表，在变量表的第一行双击，建立一个名称为“变量_1”的变量，如图 14-36 所示。

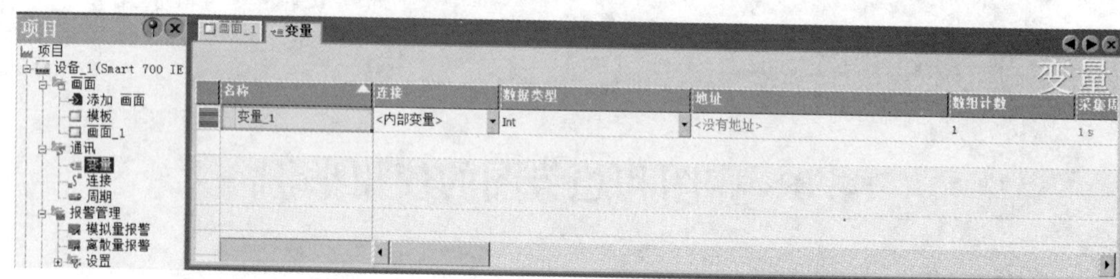


图 14-36 组态变量

2. 组态 IO 域

在工具箱中单击 IO 域工具，将鼠标移到工作区合适的位置单击，放置一个 IO 域，在下方属性窗口的“常规”项中将过程变量设为“变量_1”，格式类型设为“十进制”，格式样式设为“999”，如图 14-37 所示。

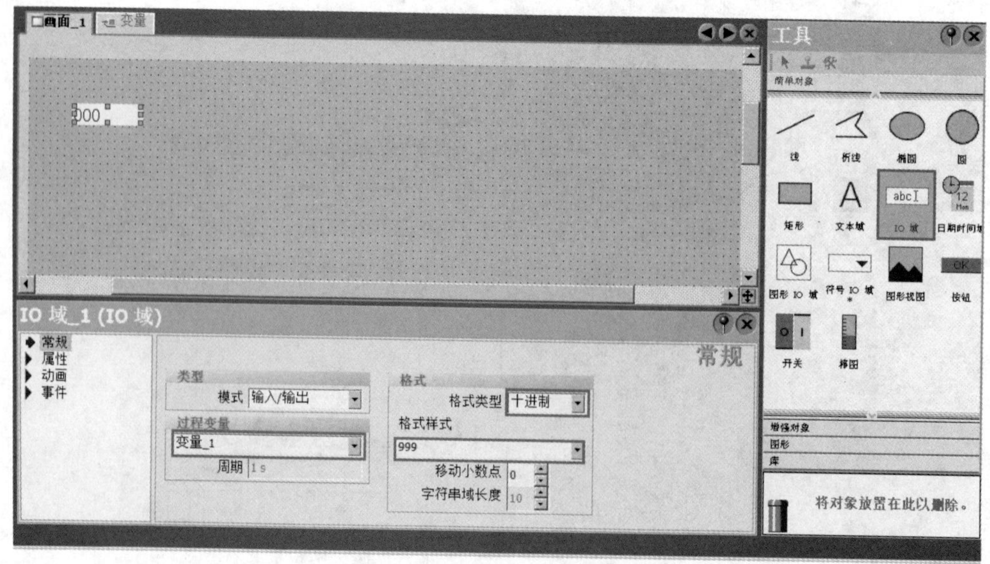


图 14-37 组态 IO 域

3. 组态按钮

组态按钮的过程如图 14-38 所示。在工具箱中单击按钮工具，将鼠标移到工作区合适的位置单击，放置一个按钮，在下方属性窗口的“常规”项“OFF 文本”设为“增 5”，再选择“事件”项下的“单击”，在右边的函数列表中选择 IncreaseValue（变量值加指定值）函数，变量栏选择“变量 _ 1”，值栏输入 5［见图 14-38（a)］，这样单击本按钮时，变量 _ 1 的值会增加 5。

用按钮工具在画面上再放置一个按钮，在下方属性窗口的“常规”项中将“OFF 文本”设为“减 5”，然后选择“事件”项下的“单击”，在右边的函数列表中选择 DecreaseValue（变量值减指定值）函数，变量栏选择“变量 _ 1”，值栏输入 5［见图 14-38（b)］，这样单击本按钮时，变量 _ 1 的值会减 5。

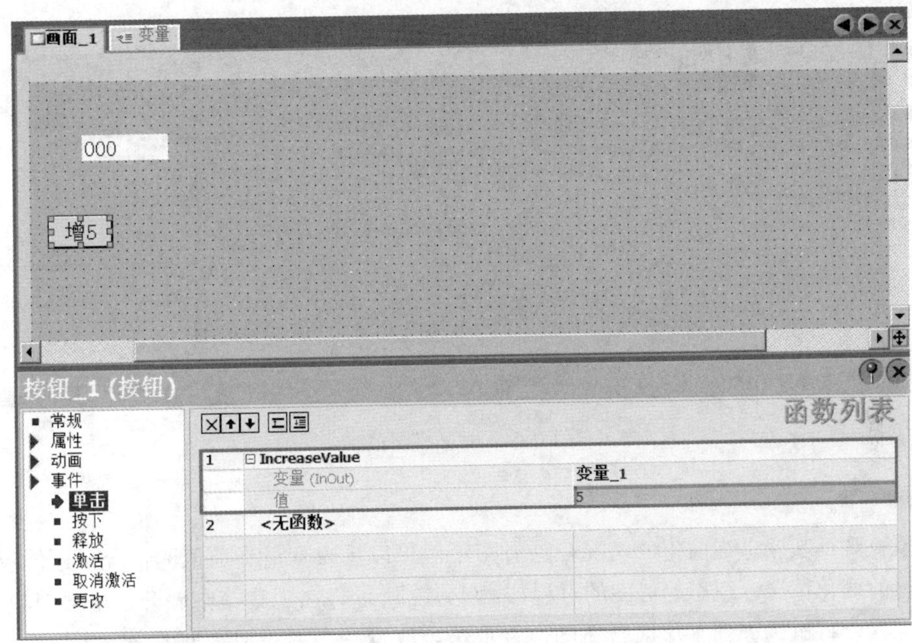


(a)

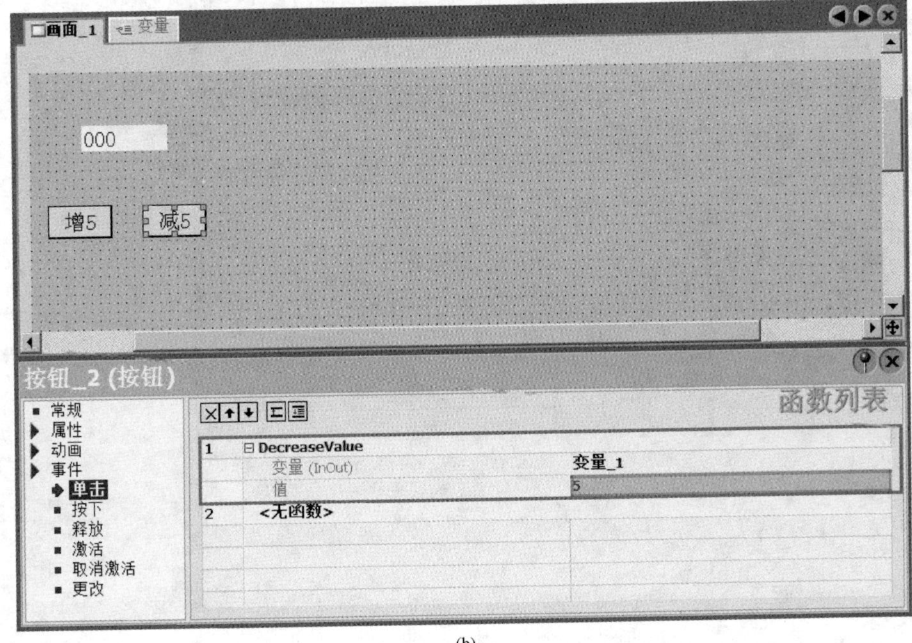


(b)

图 14-38 组态按钮的过程

(a)“增 5”按钮；(b)“减 5”按钮

4. 组态棒图

棒图是以竖条的伸缩长度来直观反映变量的变化。组态棒图过程如图 14-39 所示。在工具箱中单击棒图工具，将鼠标移到工作区合适的位置单击，放置一个棒图，在下方属性窗口的“常规”项中将棒图的刻度最小值设为 0，最大值设为 100，再在变量栏选择变量“变量 _ 1”。

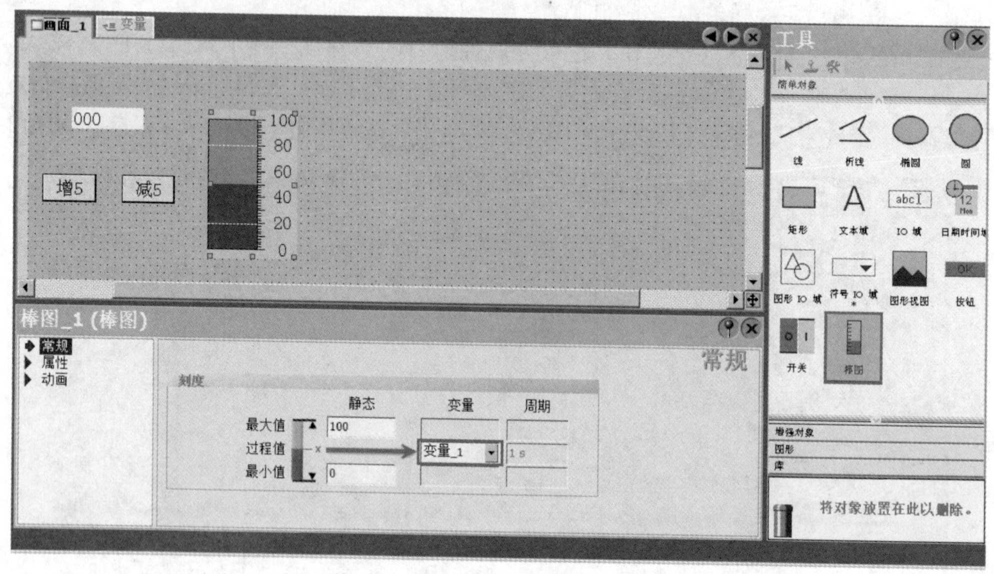


图 14-39　组态棒图过程

5. 组态趋势图

棒图可以直观反映变量当前值的情况，趋势图不但可以反映变量当前值的情况，还能反映之前一段时间内变量的变化情况。组态趋势图的过程如图 14-40 所示，在工具箱中展开“增强对象”，单击其中的趋势图工具，将鼠标移到工作区合适的位置单击，放置一个趋势图［见图 14-40（a）］；在下方属性窗口的“属性”项中选中“趋势”，然后在右边趋势表的第一行双击，建立一个默认名称为“趋势 _ 1”的趋势，再在“源设置”栏选择“变量 _ 1”［见图 14-40（b）］。

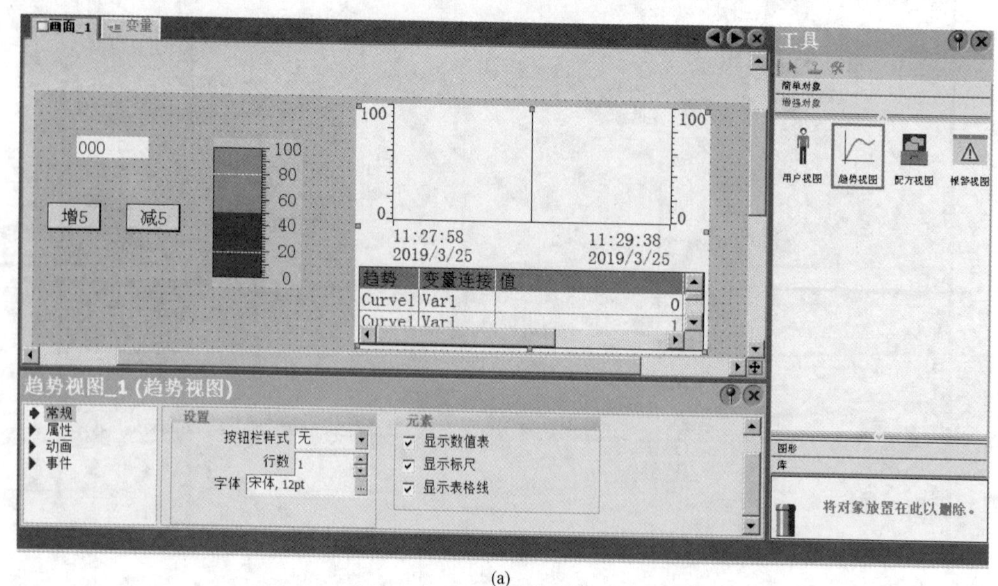


(a)

图 14-40　组态趋势图过程（一）

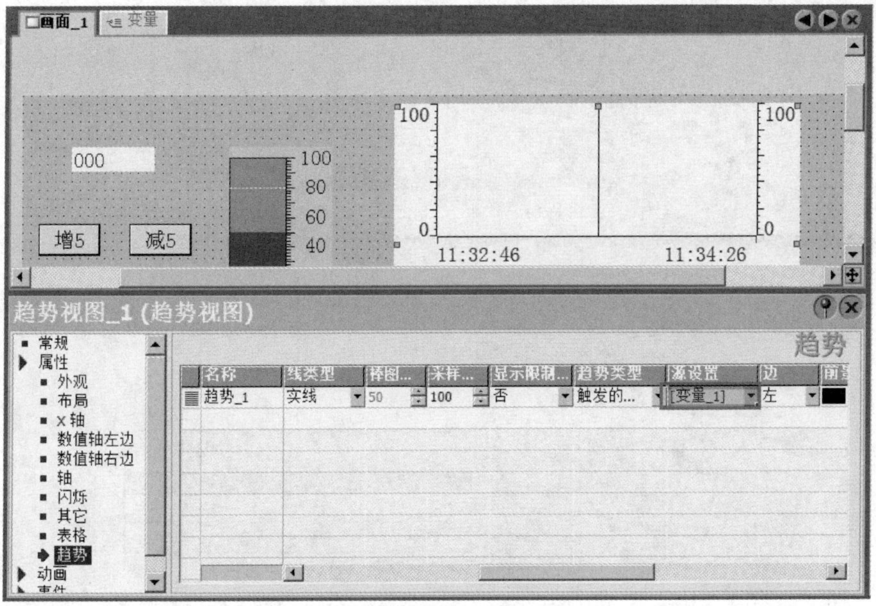

(b)

图 14-40 组态趋势图过程（二）

### 14.8.3 运行测试

运行测试过程如图 14-41 所示。在 WinCC 软件的工具栏中单击（启动运行系统）工具，也可执行菜单命令“项目→编译器→启动运行系统”，软件马上对项目进行编译，然后出现图 14-41（a）所示的画面，单击“增 5”按钮，IO 域的变量值由 0 变为 5，棒图出现高度为 5 的竖条，趋势图的线条当前时刻（最右端）的纵坐标由 0 变为 5［见图 14-41（b)］；再次单击“增 5”按钮，IO 域的变量值由 5 变为 10，棒图的竖条高度变为 10，趋势图的线条当前时刻的纵坐标变为 10［见图 14-41（c)］；单击“减 5”按钮，IO 域的变量值由 10 变为 5，棒图的竖条高度变为 5，趋势图的线条当前时刻的纵坐标变为 5［见图 14-41（d)］。

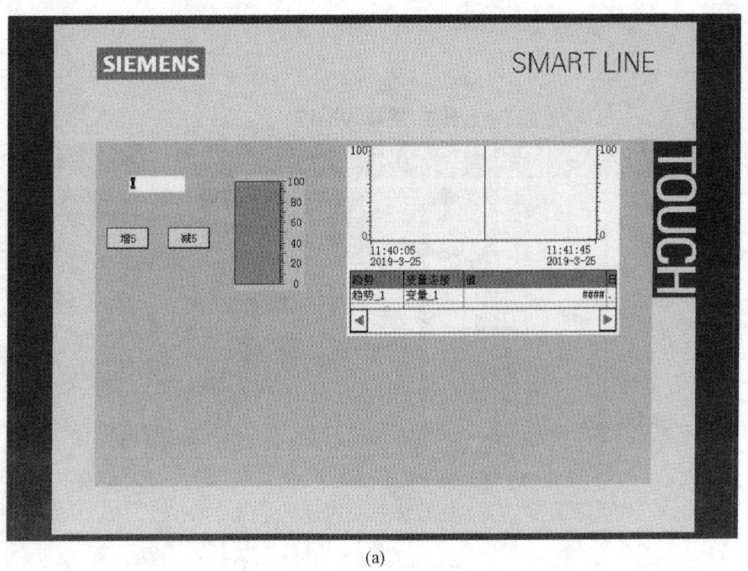


(a)

图 14-41 运行测试过程（一）

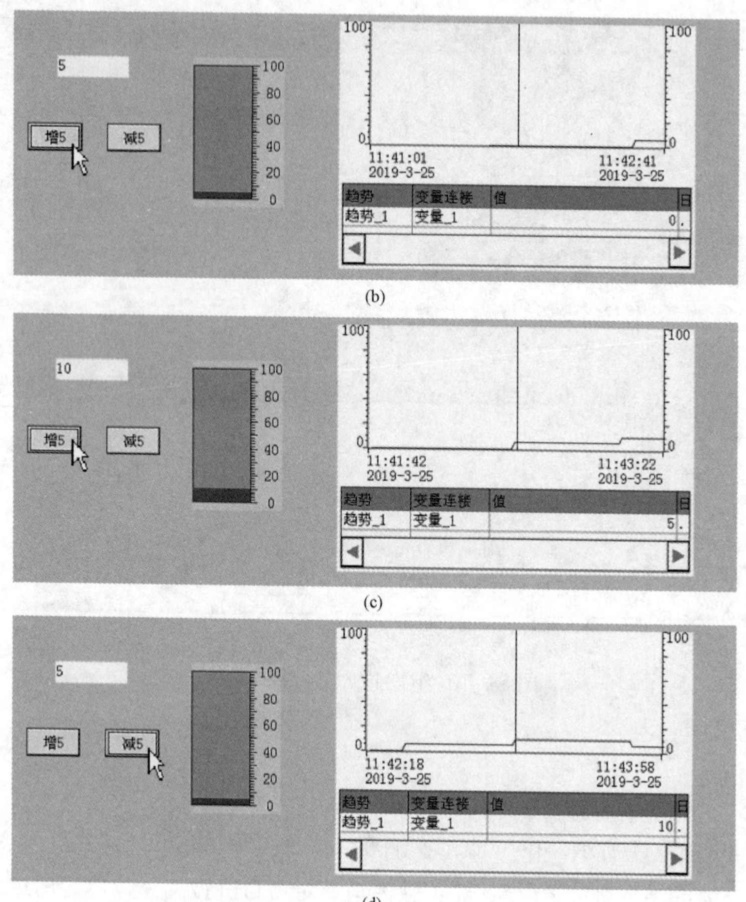


图 14-41　运行测试过程（二）

# 14.9　画面的切换使用举例

## 14.9.1　建立画面

建立画面的操作见表 14-12。

**表 14-12**　　　　建立画面的操作

| 序号 | 操作步骤 | 操　作　图 |
|---|---|---|
| 1 | 在启动 WinCC 软件时，会自动建立一个默认名称为“画面＿1”的画面，画面编号为 1 | 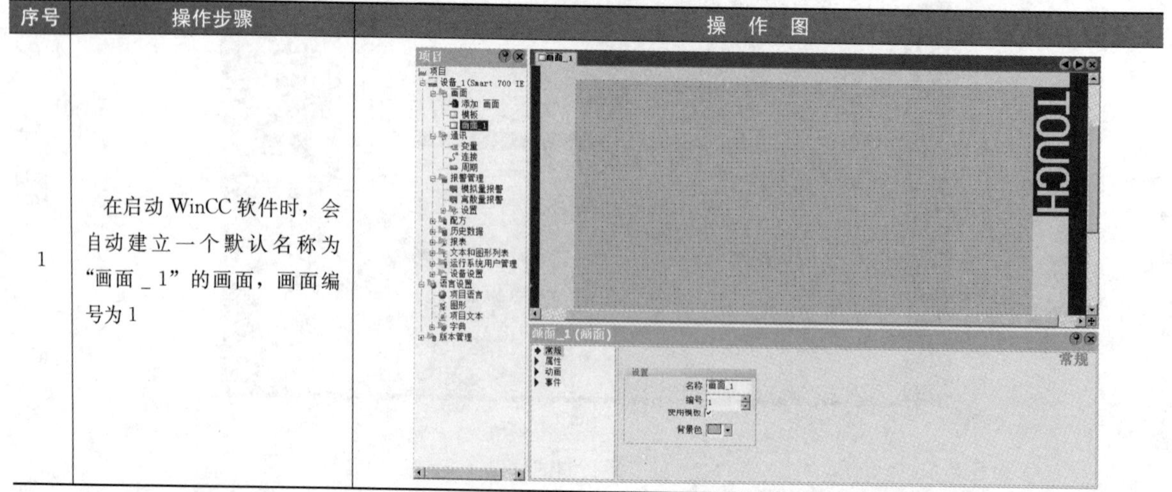 |

续表

| 序号 | 操作步骤 | 操作图 |
| --- | --- | --- |
| 2 | 如果要再建立一个画面，可在项目视图区双击“画面”中的“添加画面”，会建立一个名称为“画面_2”的画面，画面编号为2，在下方画面属性窗口将画面名称改为“电机控制画面”，背景色设为绿色，然后用文本域工具在画面上放置文字“电动机正反转控制操作” | 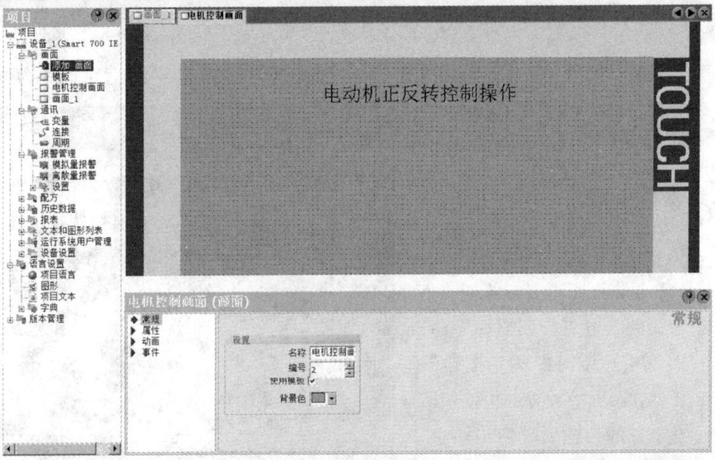 电动机正反转控制操作 |
| 3 | 用同样的方法建立名称为“画面_3”的画面，画面编号为3，将画面名称改为“报警画面”。在项目视图区的“画面”中可以看到所有建立的画面名称，在画面名称上双击即可在工作区打开相应的画面，在工作区上方有已打开画面的标签，点击画面标签也可在工作区打开相应的标签，点击工作区右上角的“×”按钮，可关闭工作区当前打开的画面 | 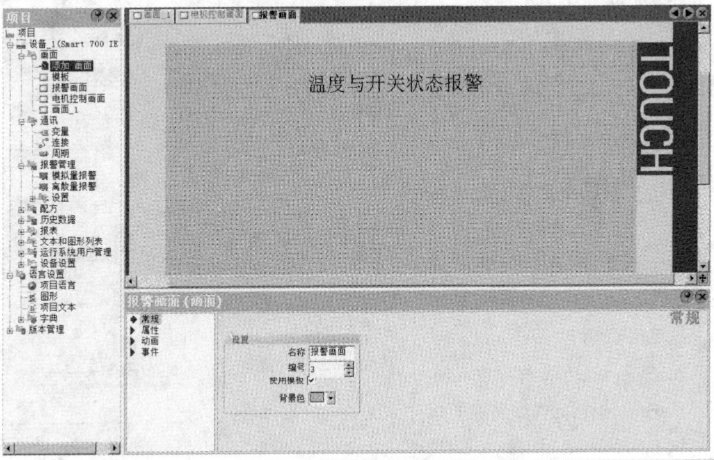 温度与开关状态报警 |

## 14.9.2 用拖放生成按钮的方式设置画面切换

在项目视图区的“画面”中选择要切换的画面名称，用鼠标将其拖到工作区画面的合适位置，会自动生成一个切换按钮，按钮文本为画面名称，在项目运行单击该按钮时，会从当前画面切换到该画面。用这种方法在“画面_1”画面上放置“电机控制画面”按钮和“报警画面”按钮，如图14-42所示。

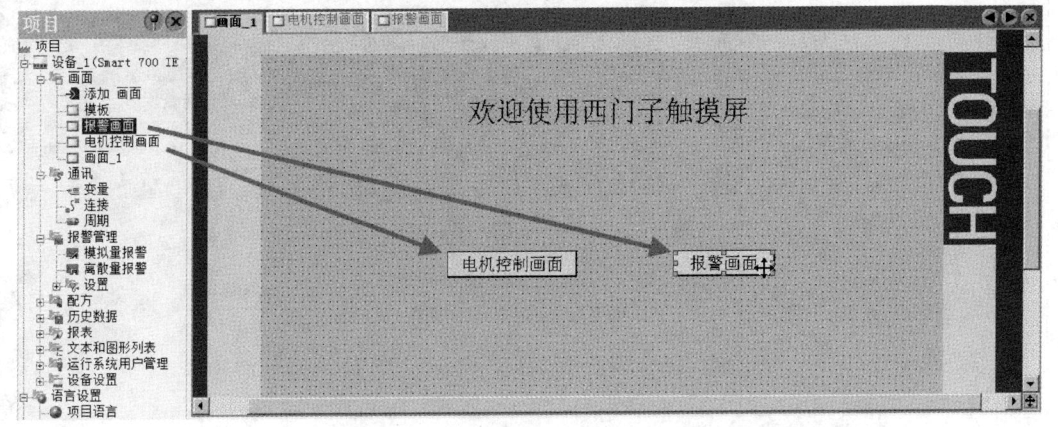


图14-42 用拖放生成按钮的方式设置画面切换

### 14.9.3 用按钮配合画面切换函数来实现指定画面的切换

用按钮配合画面切换函数来实现指定画面切换的操作见表14-13。

**表14-13　用按钮配合画面切换函数来实现指定画面切换的操作**

| 序号 | 操作步骤 | 操作图 |
|---|---|---|
| 1 | 在工作区点击上方的标签，切换到“电机控制画面”画面，用工具箱中的“按钮”工具在画面上放置一个按钮，在下方的按钮属性窗口将按钮文本设为“返回首画面” | 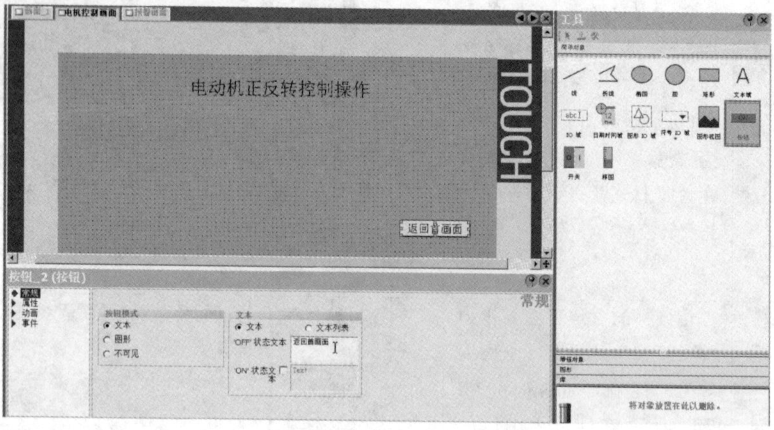 |
| 2 | 在按钮属性窗口展开“事件”，选择“单击”，在窗口右方函数列表中展开“画面”，可以看到3个画面切换函数，分别是ActivatePreviousScreen（后退）、ActivateScreen（返回到指定名称的画面）、ActivateScreenByNumber（返回到指定编号的画面） | 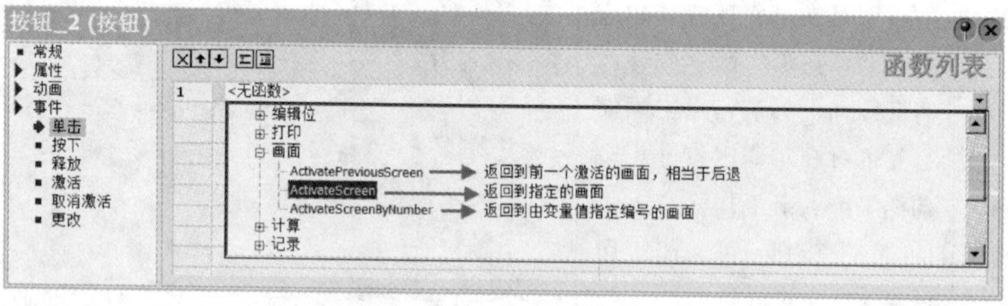 |
| 3 | 选择ActivateScreen（返回到指定名称的画面）函数，再在函数的画面名一栏选择“画面_1”。这样当单击“返回首画面”按钮时，会切换到“画面_1”画面 | 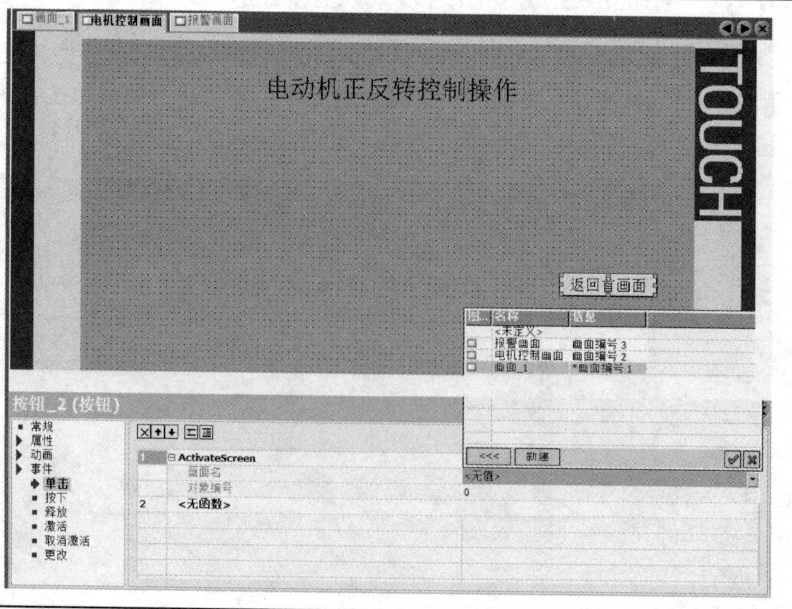 |

### 14.9.4 用按钮配合画面切换函数来实现任意编号画面的切换

1. 组态存放画面编号的变量

在 WinCC 软件的项目视图区双击“通信”下的“变量”，在工作区打开变量表，在变量表的第一行双击，建立一个变量名为“变量_1”的变量，将其名称改为“画面编号_变量”，其他项保持默认不变，如图 14-43 所示。

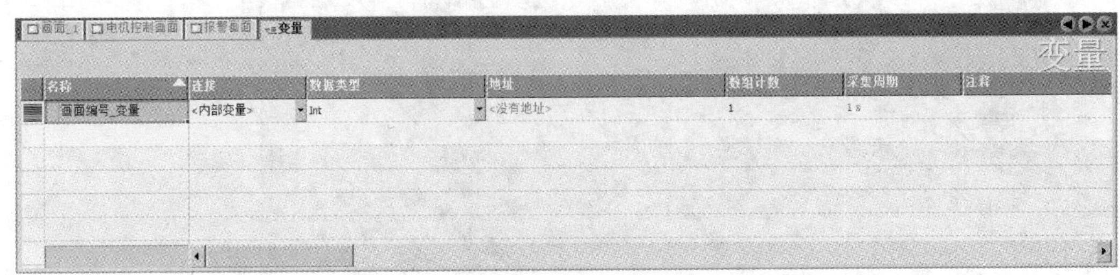


图 14-43 组态存放画面编号的变量

2. 组态用于输入画面编号的 IO 域

在工作区单击上方的标签切换到“报警画面”，先用工具箱中的文本域工具在画面上放置“跳到画面:”文本，再用 IO 域工具在“跳到画面:”文本右边放置一个 IO 域，在下方 IO 域属性窗口中选择“常规”，将过程变量设为“画面切换_变量”，如图 14-44 所示，这样在 IO 域输入的数值会存放到“画面切换_变量”变量中。

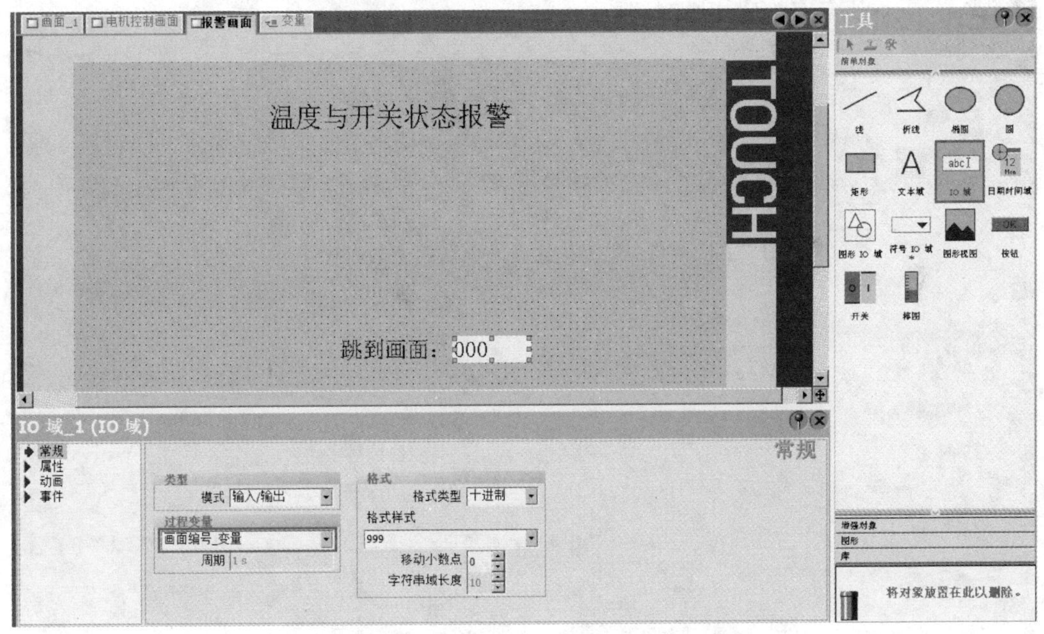


图 14-44 组态用于输入画面编号的 IO 域

3. 组态按钮

组态按钮及画面切换函数过程如图 14-45 所示。用工具箱中的“按钮”工具在画面的 IO 域右边放置一个按钮，在下方的按钮属性窗口将按钮文本设为“确定”，如图 14-45（a）所示，在按钮属性窗口展开“事件”，选择“单击”，在属性窗口右方函数列表中选择 ActivateScreenByNumber（返回到指定画面编号的画面）函数，再在函数画面编号一栏选择“画面编号_变量”[见图 14-45（b）]。

这样，当在IO域输入某画面编号时，再单击右边的“确定”按钮，会切换到指定编号的画面。

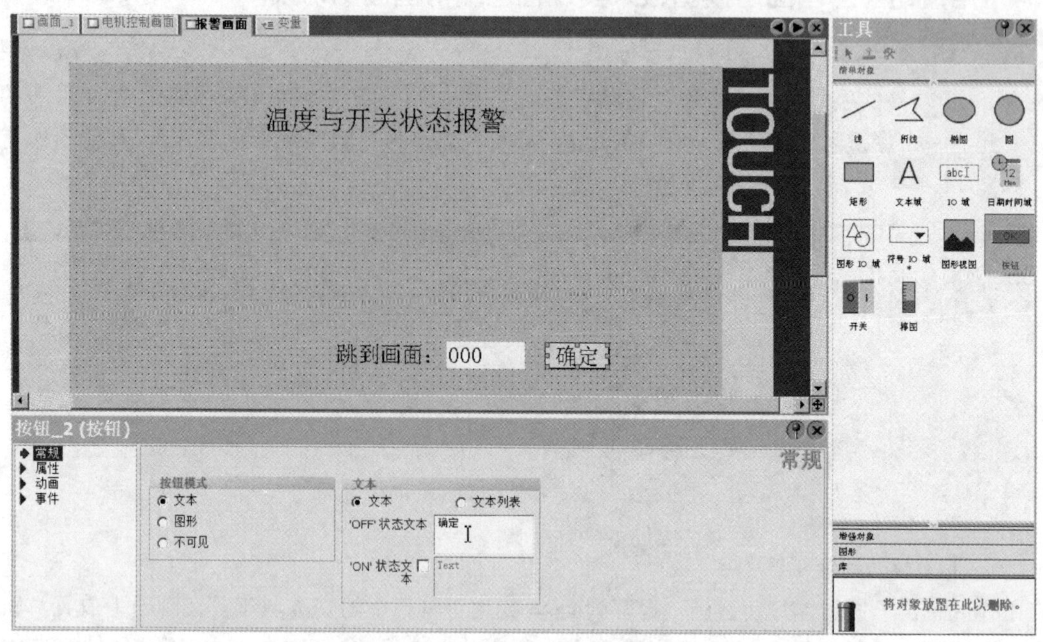


(a)

按钮_2 (按钮)

常规
属性
动画
事件
单击
按下
释放
激活
取消激活
更改

函数列表

1 ActivateScreenByNumber
画面编号 画面编号_变量
对象编号 0
2 <无函数>

(b)

图 14-45　组态按钮及画面切换函数过程

# 第15章 触摸屏操作和监控PLC的开发实例

单独一台触摸屏是没有多大使用价值的，如果将其与PLC连接起来使用，不但可以当作输入设备，给PLC输入指令或数据，还能用作显示设备，将PLC内部软元件的状态和数值直观显示出来，也就是说，使用触摸屏可以操作PLC，也可以监视PLC。

要使用触摸屏操控PLC，一般过程如下。

（1）明确系统的控制要求，考虑需要用的变量，再绘制电气线路图。

（2）在计算机中用编程软件为PLC编写相应的控制程序，再把程序下载到PLC。

（3）在计算机中用组态软件为触摸屏组态操控PLC的画面项目，并将项目下载到触摸屏。

（4）将触摸屏和PLC用通信电缆连接起来，然后通电对触摸屏和PLC进行各种操作和监控测试。

本章以触摸屏连接PLC控制电动机正转、反转和停转，并监视PLC输出状态为例来介绍上述各个过程。

## 15.1 明确要求、规划变量和线路

### 15.1.1 控制要求

用触摸屏上的3个按钮分别控制电动机正转、反转和停转，当单击触摸屏上的正转按钮时，电动机正转，画面上的正转指示灯亮，当单击反转按钮时，电动机反转，画面上的反转指示灯亮，当单击停转按钮时，电动机停转，画面上的正转和反转指示灯均熄灭。另外在触摸屏的一个区域可以实时查看PLC的Q0.7～Q0.0端的输出状态。

### 15.1.2 选择PLC和触摸屏型号并分配变量

触摸屏是通过改变PLC内部的变量值来控制PLC的。本例中的PLC选用西门子CPU224XP DC/DC/继电器型（属于S7-200 PLC），触摸屏选用Smart 700 IE V3型（属于西门子精彩系列触摸屏SMART LINE）。PLC变量分配见表15-1。

表15-1 PLC变量分配

| 变量或端子 | 外接部件 | 功能 |
|---|---|---|
| M0.0 | 无 | 正转/停转控制 |
| M0.1 | 无 | 反转/停转控制 |
| Q0.0 | 外接正转接触器线圈 | 正转控制输出 |
| Q0.1 | 外接反转接触器线圈 | 反转控制输出 |

### 15.1.3 设备连接与电气线路

1. 电气线路

触摸屏连接PLC控制电动机正反转的电气线路如图15-1所示，触摸屏与PLC之间可使用普通网线

连接通信，也可以用9针串口线连接通信，但两种通信不能同时进行。

触摸屏连接PLC控制电动机正反转的电气线路

2. 控制功能

线路实现的控制功能如下：当点按触摸屏画面上的“正转”按钮时，画面上的“正转指示”灯亮，画面上状态监视区显示值为00000001，同时PLC上的Q0.0端（即Q0.0端）指示灯亮，该端内部触点导通，有电流流过KM1接触器线圈，线圈产生磁场吸合KM1主触点，三相电源送到三相异步电动机，电动机正转；当点按触摸屏画面上的“停转”按钮时，画面上的“正转指示”灯熄灭，画面上状态监视区显示值为00000000，同时PLC上的Q0.0端指示灯也熄灭，Q0.0端内部触点断开，KM1接触器线圈失电，KM1主触点断开，电动机失电停转；当单击触摸屏画面上的“反转”按钮时，画面上的“反转指示”灯亮，画面上状态监视区显示值为00000010，PLC上的Q0.1端（即Q0.1端）指示灯同时变亮，Q0.1端内部触点导通，KM2接触器线圈有电流流过，KM2主触点闭合，电动机反转。

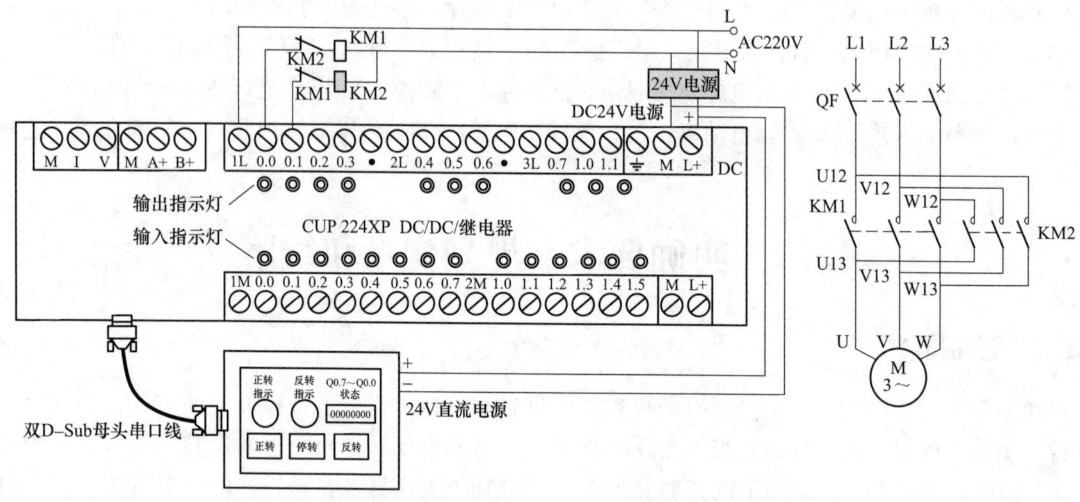

图15-1 触摸屏连接PLC控制电动机正反转的电路

## 15.2 用编程软件编写并下载PLC程序

编写电动机正反转控制PLC程序

### 15.2.1 编写PLC程序

在计算机中启动STEP 7-Micro/WIN软件，编写电动机正反转控制的PLC程序，如图15-2所示。

程序说明：当辅助继电器M0.0状态置1时，M0.0常开触点闭合，Q0.0线圈得电（即输出继电器Q0.0状态变为1），一方面通过PLC的Q0.0端子控制电动机正转，另一方面Q0.0常开自锁触点闭合，确保辅助继电器M0.0状态复位为0、M0.0常开触点断开时，Q0.0线圈能继续得电；当M0.1状态置1时，M0.1常开触点闭合，Q0.1线圈得电（即输出继电器Q0.1状态变为1），通过PLC的Q0.1端子控制电动机反转。当辅助继电器M0.2状态置1时，两个M0.2常闭触点均断开，Q0.0、Q0.1线圈都失电（状态变为0），电动机停转。M0.0、M0.1常闭触点为联锁触点，分别串接在Q0.1、Q0.0线圈所在的程序段中，保证两线圈不能同时得电。

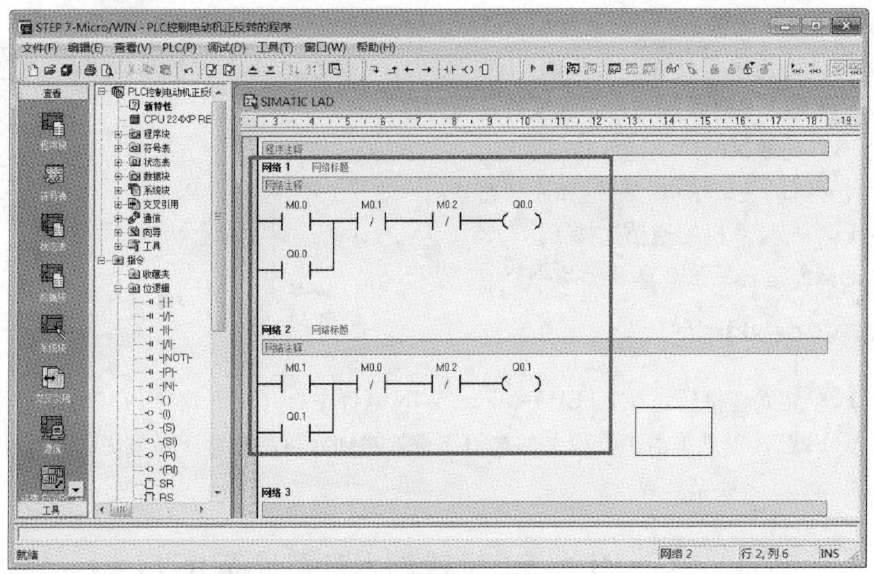


图 15-2 在 STEP 7- Micro/WIN 软件中编写 PLC 控制电动机正反转的程序

## 15.2.2 PLC 与计算机的连接与设置

PLC 与计算机通信的硬件连接

1. 硬件连接

如果要将计算机中编写好的程序传送到 PLC，应把 PLC 和计算机连接起来。S7-200 PLC 与计算机的硬件通信连接如图 15-3 所示，两者连接使用 USB-RS485（或称 USB-PPI）编程电缆，为了让计算机能识别并使用该电缆，需要在计算机中安装电缆的驱动程序。

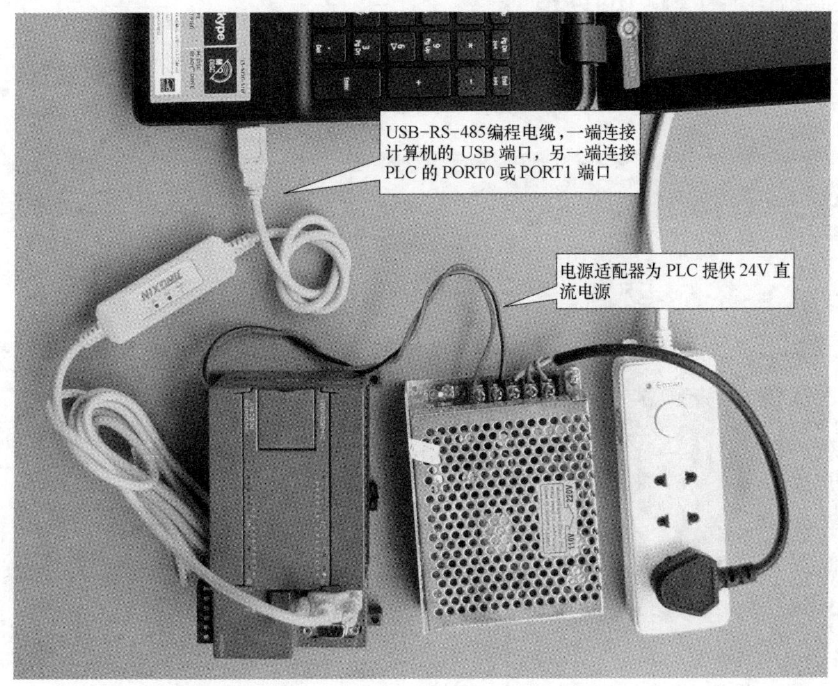


图 15-3 S7-200 PLC 与计算机的硬件通信连接

2. 通信设置与建立连接

PLC与计算机的通信设置与程序下载

采用USB-RS485电缆将计算机与PLC的连接好后，还要在STEP 7-Micro/WIN软件中进行通信设置。通信设置与建立连接的主要内容如下。

(1) 设置PLC的通信端口、地址和通信速率。

(2) 设置计算机的通信端口、地址和通信速率。

(3) 建立PLC与计算机的通信连接。

以上详细的操作过程见第2章2.1.5小节。

### 15.2.3 下载程序到PLC

计算机与PLC建立连接后，在STEP 7-Micro/WIN软件中打开要下载到PLC的程序，然后执行菜单命令“文件→下载”，也可单击工具栏上的 （下载）按钮，可将程序下载到PLC，下载程序的详细操作过程见第2章2.1.6小节。

## 15.3 组态和下载触摸屏画面项目

### 15.3.1 创建触摸屏画面项目文件

用WinCC软件组态画面项目

创建触摸屏画面项目文件过程如图15-4所示。在计算机中启动WinCC flexible SMART软件（西门子SMART LINE触摸屏的组态软件），选择创建一个空项目，并在随后出现的“设备选择”对话框中选择所用触摸屏的型号和版本号［见图15-4（a）］；确定后会自动创建一个名称为“项目.hmismart”的触摸屏画面项目文件，将其保存并更名为“电动机正反转控制画面.hmismart”［见图15-4（b）］。

### 15.3.2 组态触摸屏与PLC的连接

如果WinCC组态的项目是下载到触摸屏去控制PLC，需要在组态项目时设置项目连接的PLC类型。在WinCC软件中设置项目连接的PLC类型和通信参数过程如图15-5所示。

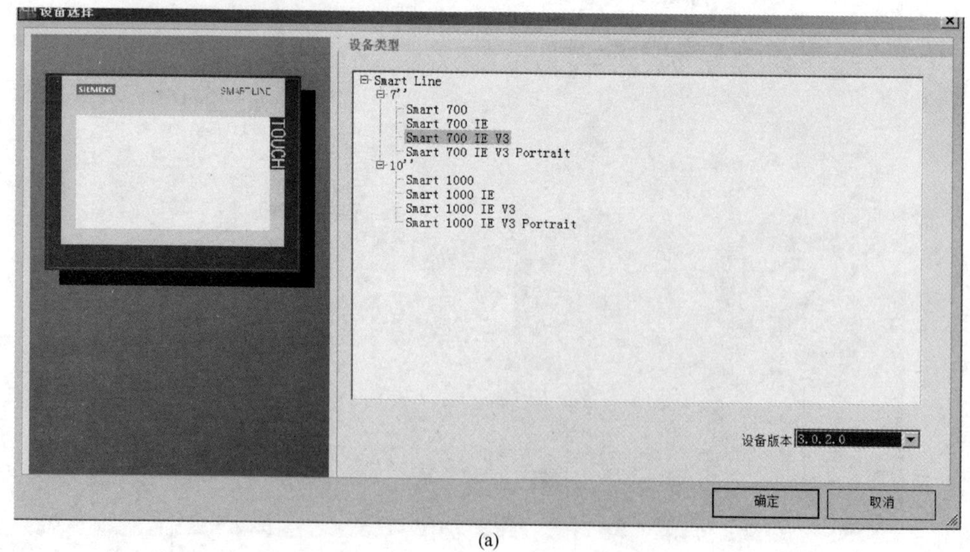


(a)

图15-4 创建触摸屏画面项目文件过程（一）

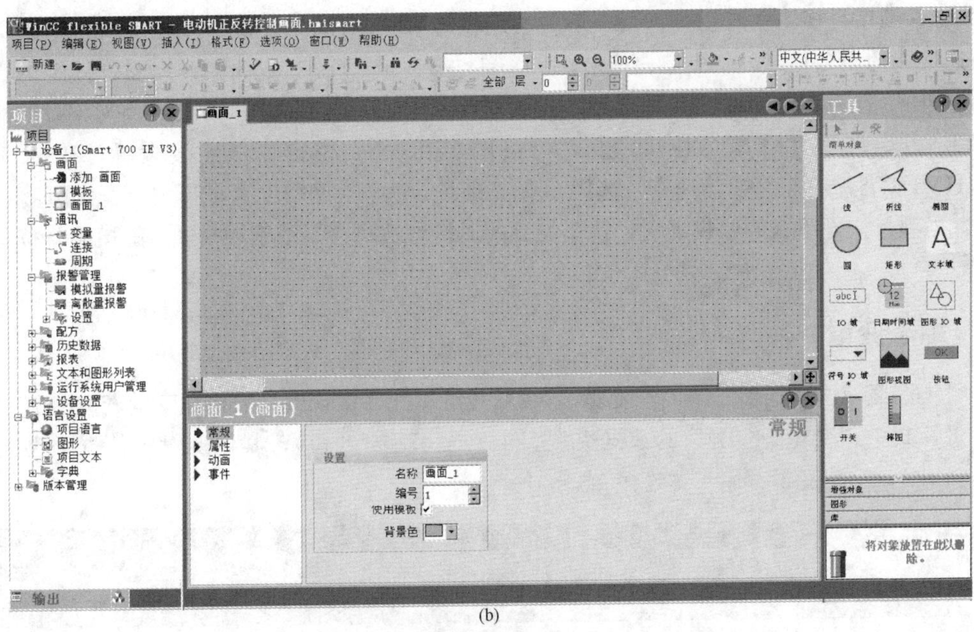

(b)

图 15-4 创建触摸屏画面项目文件过程（二）

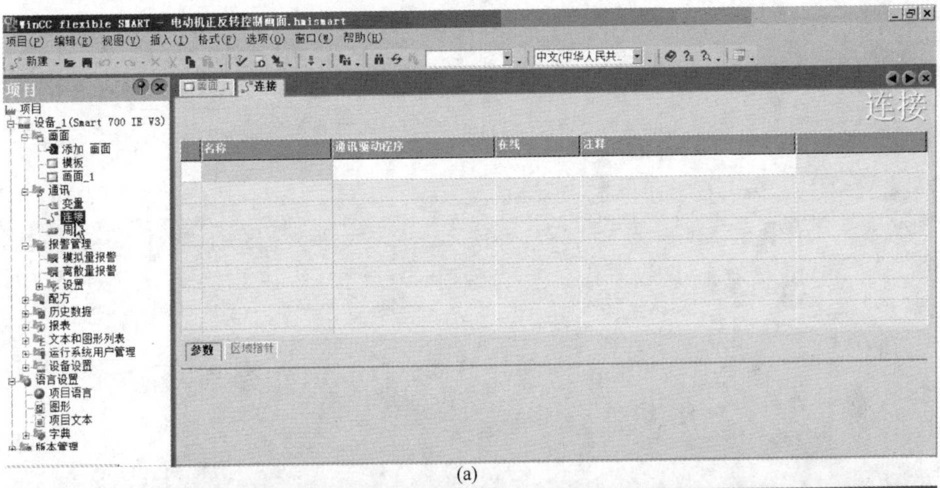

(a)

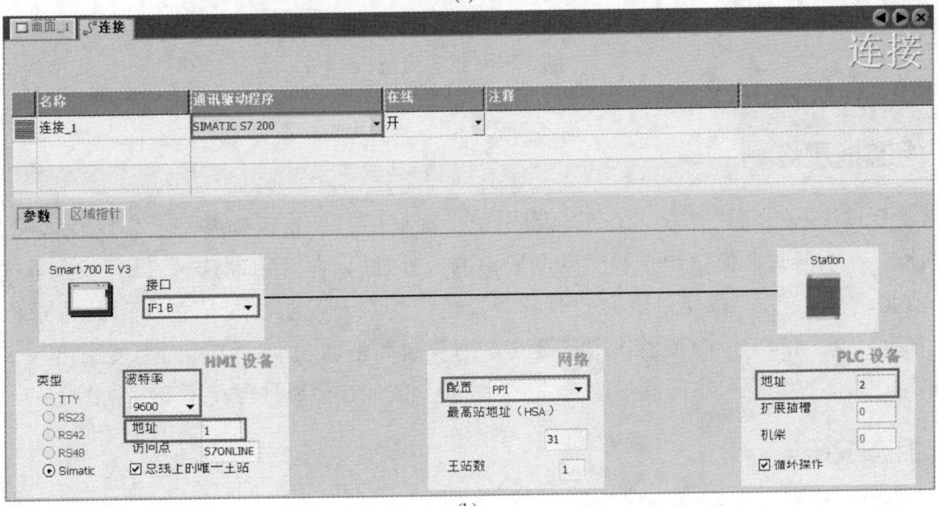

(b)

图 15-5 在 WinCC 软件中设置项目连接的 PLC 类型和通信参数过程

在 WinCC 软件的项目视图区双击“通信”下的“连接”，在右边的工作区出现连接表，如图 15-5（a）所示，在连接表的“名称”列下方空白格处双击，自动会生成一个默认名称为“连接_1”的连接，将“通信驱动程序”设为“S7-200”，将“在线”设为“开”[见图 15-5（b）]。西门子 SMART LINE 触摸屏与 S7-200 PLC 使用 9 针串口连接通信，可按图 15-5（b）进行通信连接设置，在接口项选择“IF1B”，HMI 设备波特率（通信速率）选择 9600，地址设为 1，网络配置选择“PPI”，PLC 设备的地址设为 2。当项目文件下载到触摸屏后，这里设置的通信参数也会下载到触摸屏，触摸屏就按此参数与 PLC 通信。

### 15.3.3 组态变量

在项目视图区双击“通信”下的“变量”，在右边的工作区出现变量表，在变量表按图 15-6 所示建立 6 个变量，其中“变量_QB0”的数据类型 Byte（字节型，8 位），其他变量的数据类型均为 Bool（布尔型，1 位），这些变量都属于“连接 1”。

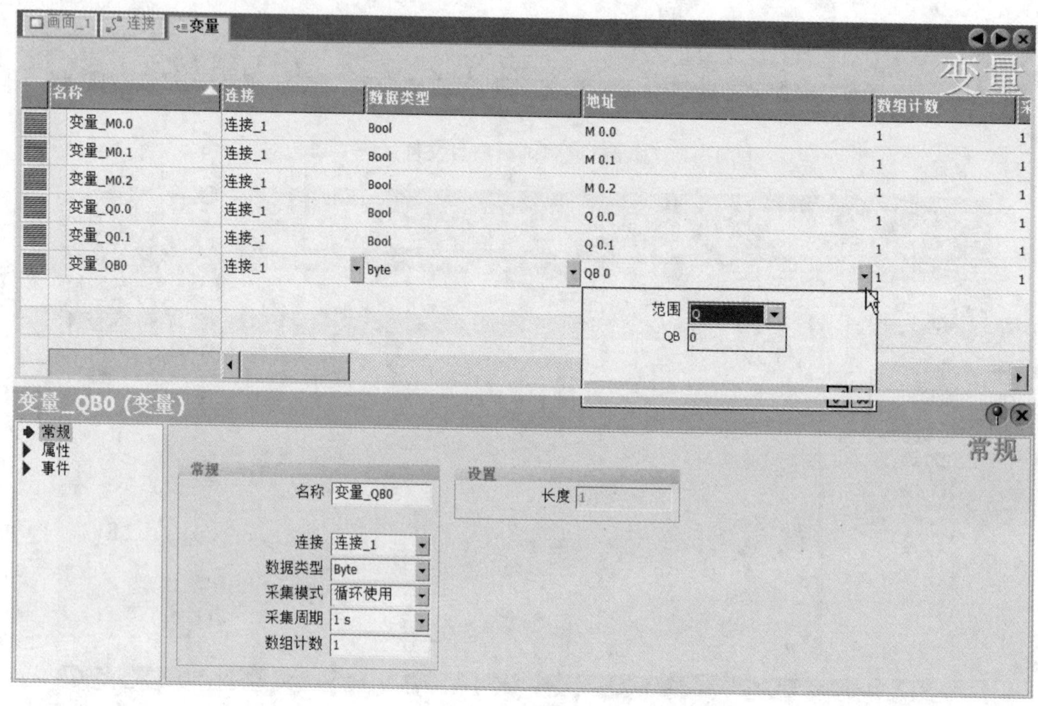


图 15-6 组态变量

### 15.3.4 组态指示灯

组态指示灯过程如图 15-7 所示。在工具箱中单击圆形工具，将鼠标移到工作区合适的位置单击，放置一个圆形，在下方属性窗口中选择“动画”中的“外观”，在右边勾选“启用”，变量选择“变量_Q0.0”，类型选择“位”，将变量值为 0 时的背景色设为白色，将变量值为 1 时的背景色设为红色[见图 15-7（a）]。在画面上选中圆形，用右键菜单的复制和粘贴功能，在画面上复制出一个相同的圆形，然后将属性窗口“外观”中的变量改为“变量_Q0.1”，其他属性保持不变[见图 15-7（b）]。

### 15.3.5 组态按钮

1. 组态正转按钮

组态正转按钮过程如图 15-8 所示。在工具箱中单击按钮工具，将鼠标移到工作区合适的位置单击，

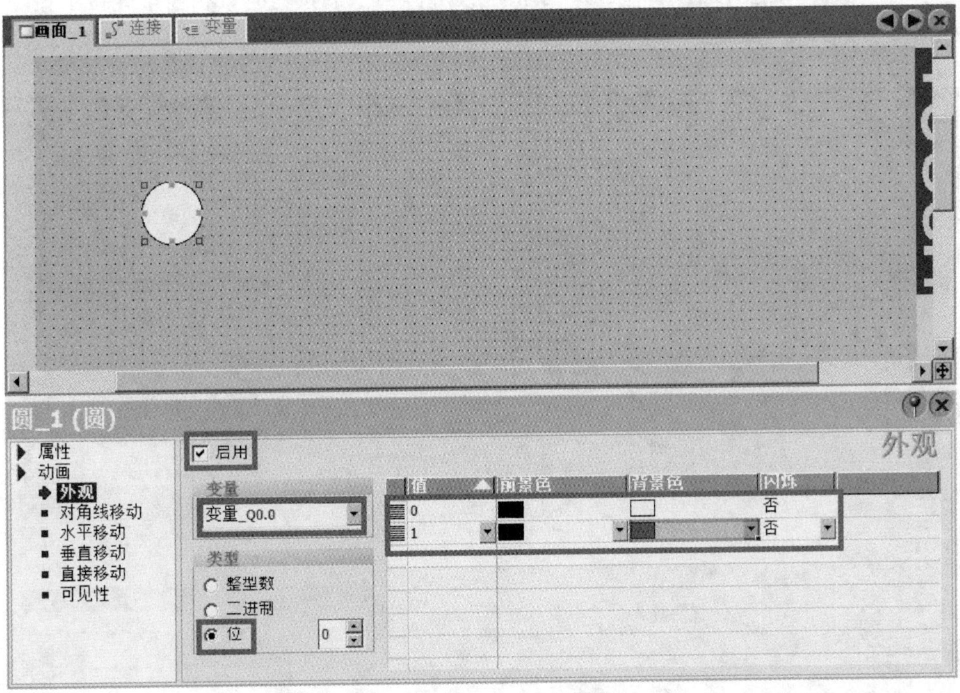

(a)

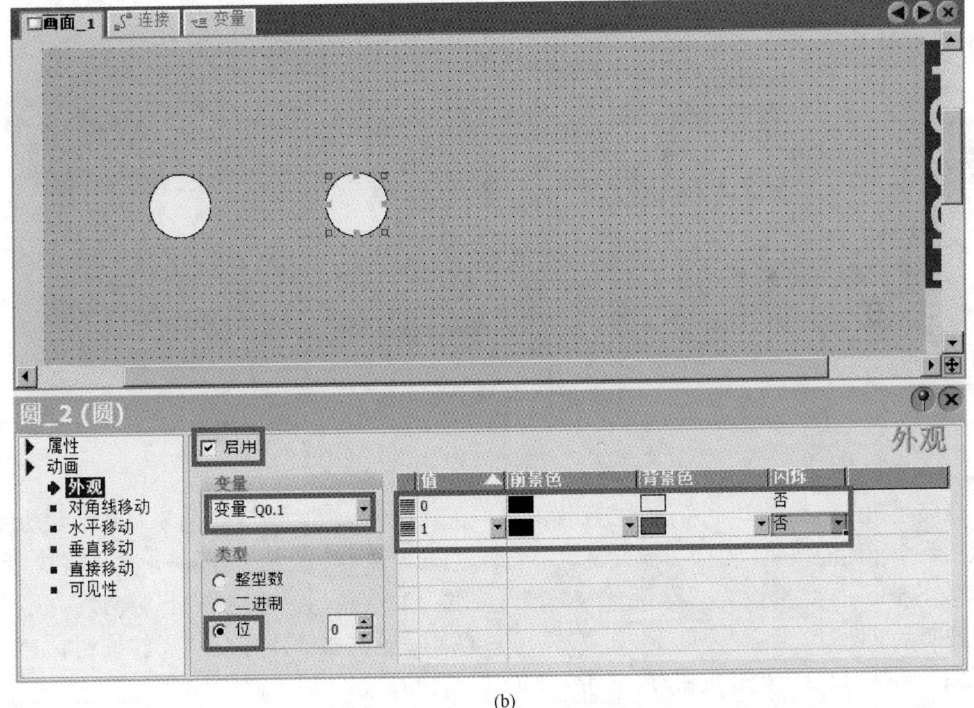


(b)

图 15-7　组态指示灯过程

放置一个按钮，在下方属性窗口的“常规”项中将“OFF 文本”设为“正转”，然后选择“事件”中的“按下”，在右边的函数列表中选择“SetBit（置位）”函数，变量栏选择“变量 _ M0.0”［见图 15-8（a)］；再选择“事件”中的“释放”，在右边的函数列表中选择“ResetBit（复位）”函数，变量栏选择“变量 _ M0.0”［见图 15-8（b)］。这样按下本按钮（正转按钮）时，变量 _ M0.0 被置位，M0.0=1，松开按钮时，变量＿M0.0被复位，M0.0=0。单击触摸屏画面上的按钮时，相当于先按下按钮，再松开（释放）按钮。

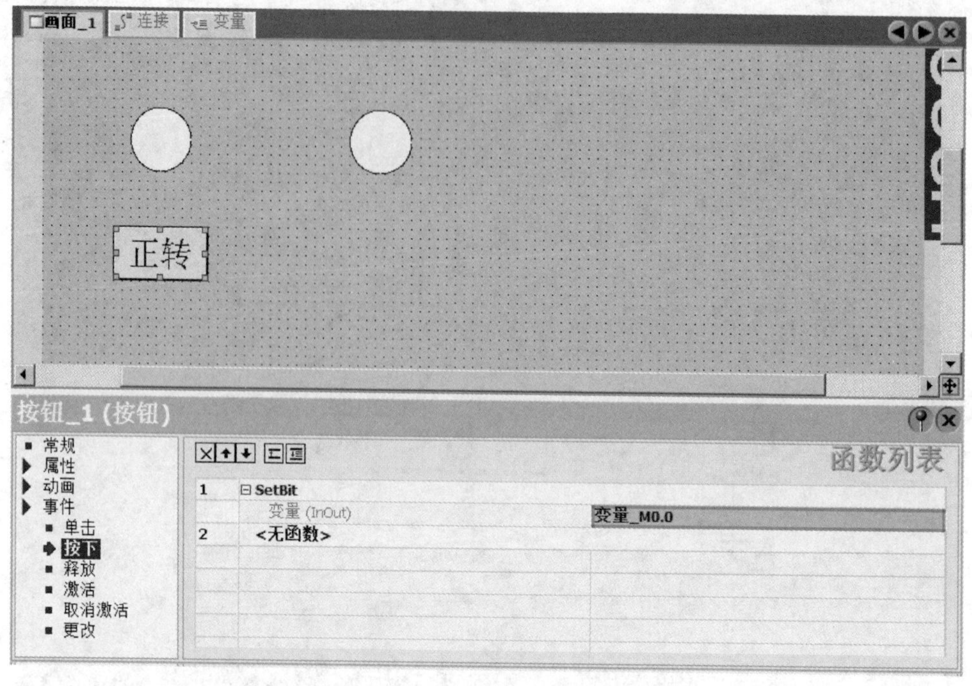


(a)

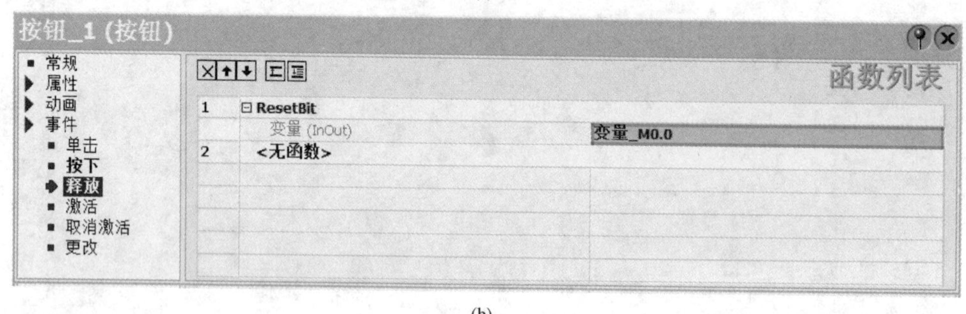


(b)

图15-8　组态正转按钮

2. 组态反转按钮

组态反转按钮过程如图15-9所示。在画面上选中正转按钮，用右键菜单的复制和粘贴功能，在画面上复制出一个相同的按钮，在下方属性窗口中先将“OFF文本”设为“反转”，然后将按钮“按下”执行的函数SetBit的变量设为“变量＿M0.1”[见图15-9（a）]；再把按钮“释放”执行的函数ResetBit的变量也设为“变量＿M0.1”[见图15-9（b）]。这样按下本按钮（反转按钮）时，变量＿M0.1被置位，M0.1=1，松开按钮时，变量＿M0.1被复位，M0.1=0。

3. 组态停转按钮

组态停转按钮过程如图15-10所示。在画面上选中停转按钮，用右键菜单的复制和粘贴功能，在画面上复制出一个相同的按钮，在下方属性窗口中先将“OFF文本”设为“停转”，然后将按钮“按下”执行的函数SetBit的变量设为“变量＿M0.2”[见图15-10（a）]；再把按钮“释放”执行的函数ResetBit的变量也设为“变量＿M0.2”[见图15-10（b）]。这样按下本按钮（停转按钮）时，变量＿M0.2被置位，M0.2=1，松开按钮时，变量＿M0.2被复位，M0.2=0。

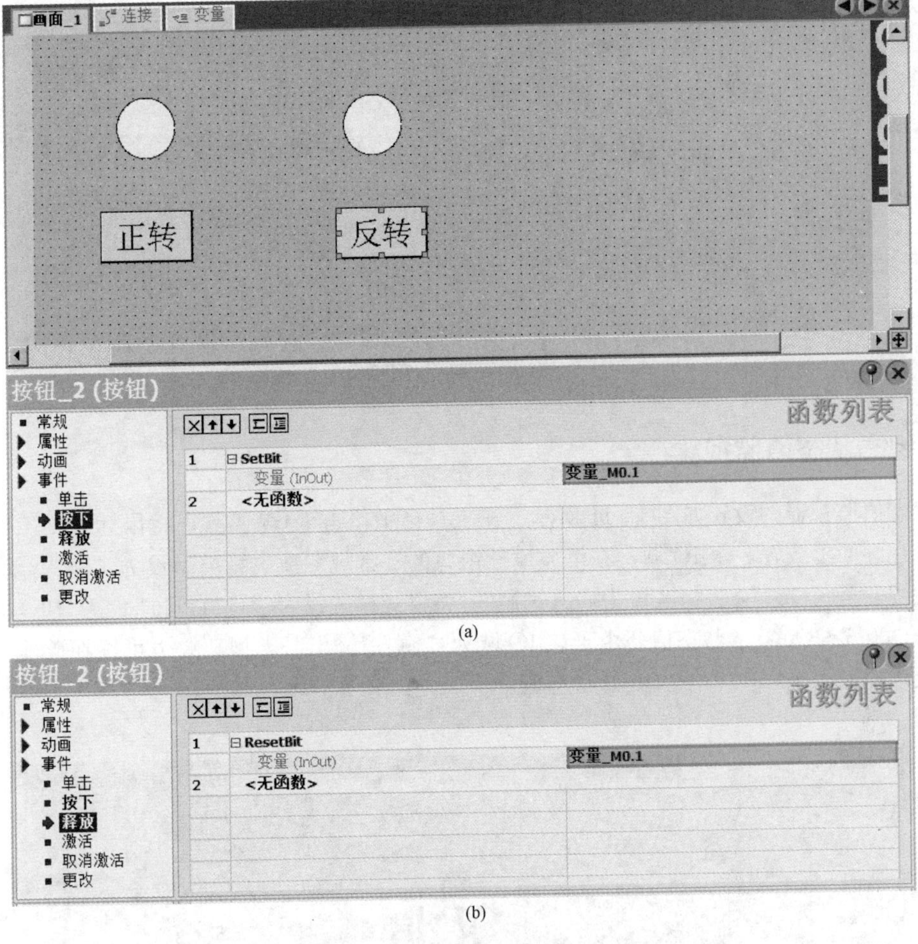


图 15-9 组态反转按钮

图 15-10 组态停转按钮（一）

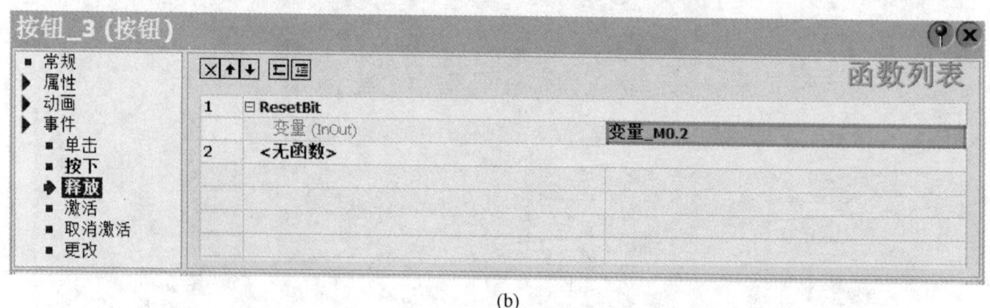


(b)

图 15-10　组态停转按钮（二）

### 15.3.6　组态状态值监视器

组态状态值监视器的设置如图 15-11 所示。在工具箱中单击 IO 域工具，将鼠标移到工作区合适的位置单击，在画面上放置一个 IO 域，在下方属性窗口的“常规”项中将类型设为“输入/输出”，将过程变量设为“变量 _ QB0”，将格式设为“二进制”，将格式样式设为“11111111”。这个 IO 域用于实时显示 PLC 的 Q0.7～Q0.0 的状态值，由于该 IO 域为“输入/输出”类型，故也可以在此输入 8 位二进制数，直接改变 PLC 的 Q0.7～Q0.0 的状态值。

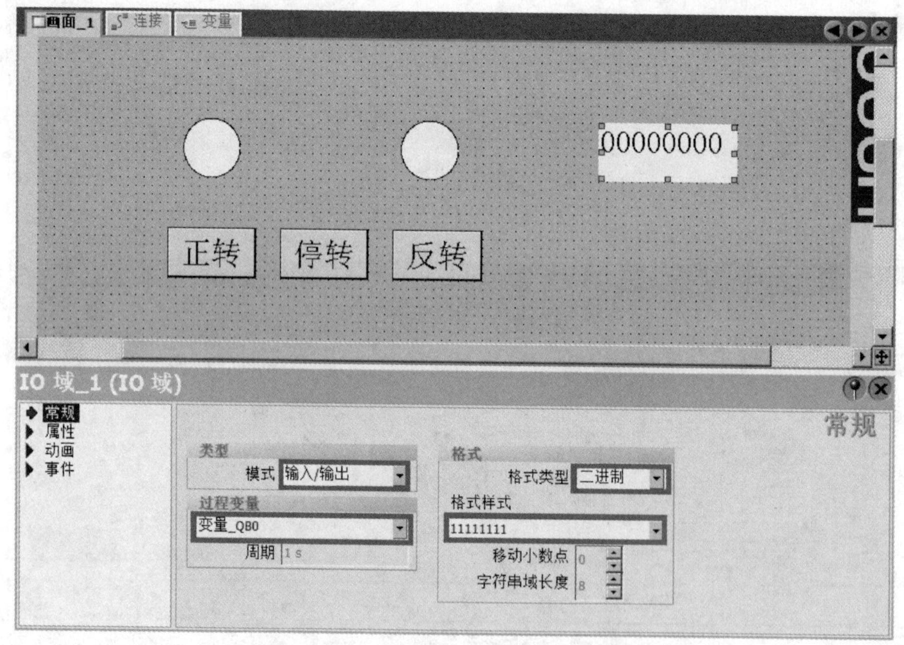


图 15-11　组态状态值监视器的设置

### 15.3.7　组态说明文本

组态说明文本的设置如图 15-12 所示。利用工具箱中的文本域工具，在正转指示灯上方放置“正转指示（Q0.0）”文本，在反转指示灯上方放置“反转指示（Q0.1）”文本，在状态值监视器上方放置“Q0.7～Q0.0 状态（QB0）”文本。

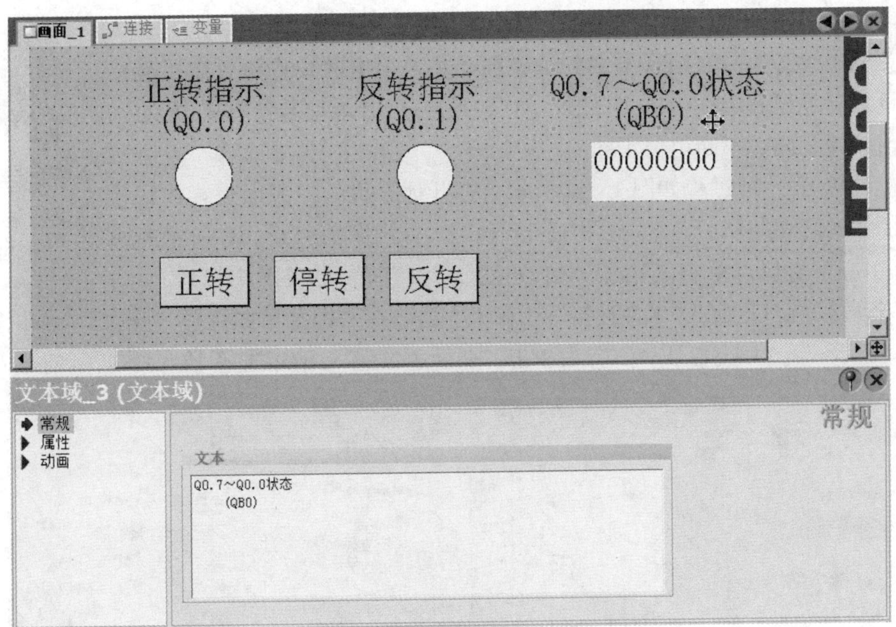


图 15-12 组态说明文本的设置

## 15.3.8 触摸屏与计算机的通信连接与设置

触摸屏与计算机的硬件连接

1. 触摸屏与计算机的通信硬件连接

西门子 Smart 700 IE V3 触摸屏仅支持以太网方式下载画面项目文件，在下载前，用一根网线将触摸屏和计算机连接起来。触摸屏与计算机的以太网硬件连接如图 15-13 所示。

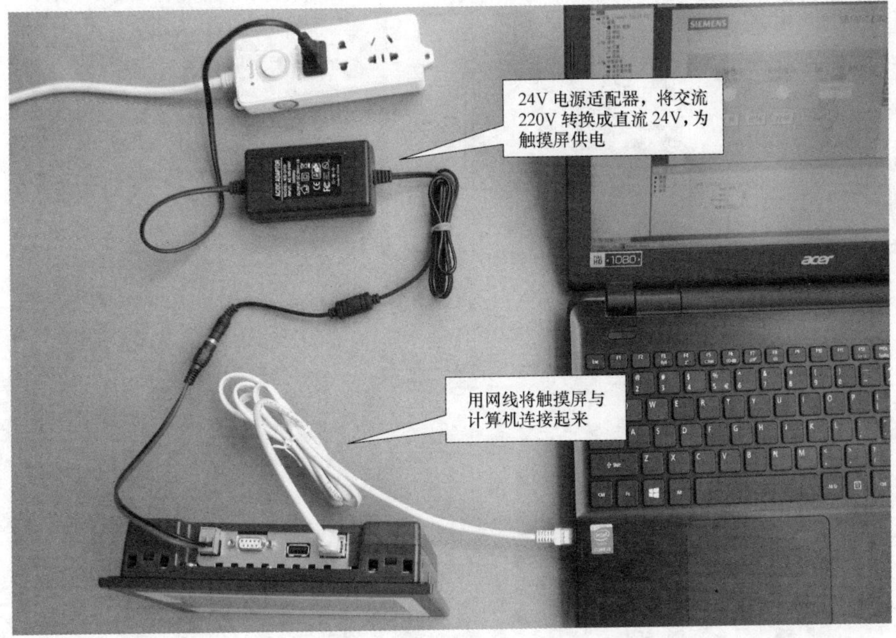


图 15-13 触摸屏与计算机的以太网硬件连接

2. 设置计算机的 IP 地址

触摸屏与计算机的通信设置及下载画面项目

要将计算机中组态的画面项目下载到触摸屏，除了须用网线将两者连接起来外，还应设置计算机和触摸屏的 IP 地址，让触摸屏的 IP 地址与计算机 IP 地址的前三组值设置相同，第四组值不同。

在计算机设置 IP 地址过程如图 15-14 所示。打开计算机的控制面板，找到并双击其中的“网络和共享中心”[见图 15-14（a)]，弹出图 15-14（b）所示的“网络和共享中心”窗口，单击其中的“更改适配器设置”，出现图 15-14（c）所示的“网络连接”窗口，在“本地连接”图标上右击，在右键菜单中选择“属性”，弹出图 15-14（d）所示对话框，选择“…（TCP/IPv4）”后单击“属性”按钮，出现图 15-14（e）所示对话框，选

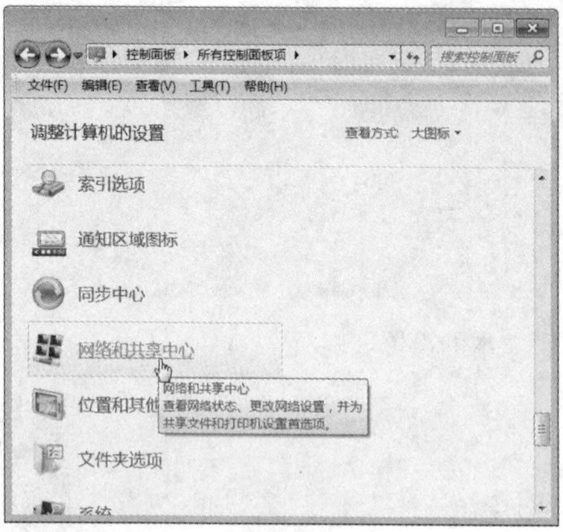

(a)

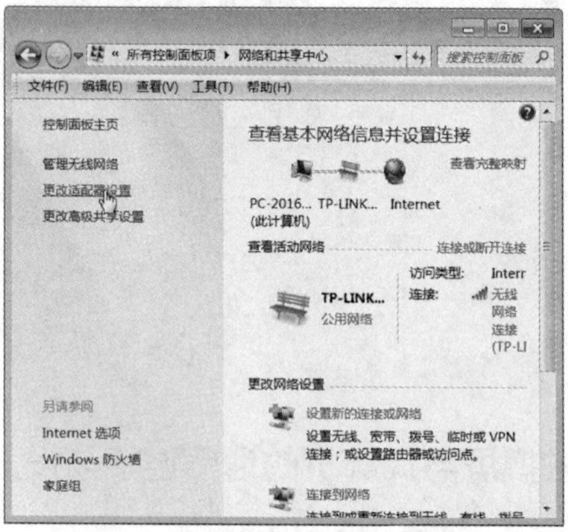

(b)

(c)

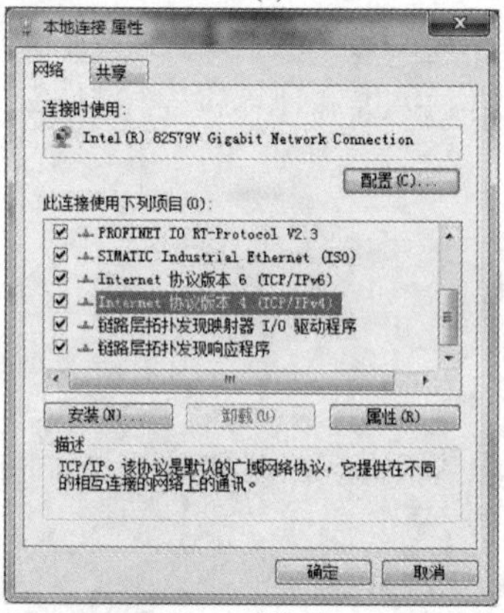

(d)

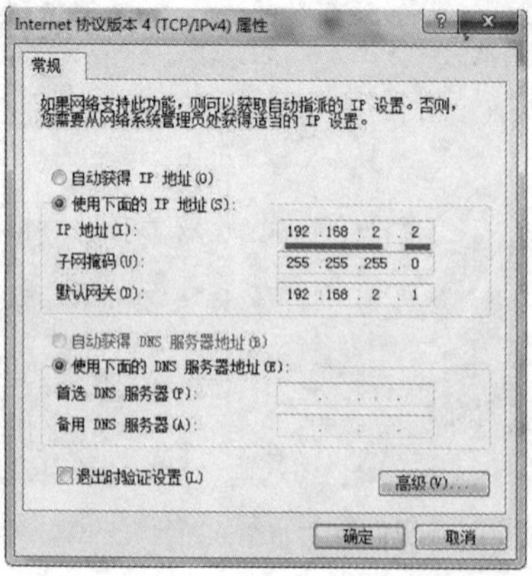

(e)

图 15-14　在计算机设置 IP 地址过程

中“使用下面的IP地址”，再在下面设置计算机的IP地址，子网掩码会自动生成，不用设置，网关前三组值与IP地址相同，第四组数设为1。

3. 设置触摸屏的IP地址

接通触摸屏电源，进入触摸屏的控制面板设置触摸屏的IP地址，将触摸屏IP地址的前三组值设置与计算机IP地址的前三组值相同，第四组值应设为不同。设置触摸屏IP地址的具体设置过程如图15-15所示。下载项目时，触摸屏一定要接通24V电源。

接通触摸屏电源，出现触摸屏启动界面，单击Control Panel（控制面板）按钮，打开“Control Panel”窗口，单击其中的Transfer（传送）图标，打开Transfer Settings（传送设置）对话框，将“Enable Channel（允许传送通道）”和“Remote Control（远程控制）”两项都选中，再点击“Advance（进一步设置）”，打开“Ethernet Settings（以太网设置）”对话框，将IP地址与计算机IP地址的前三组值设置相同，第四组值不同，子网掩码会自动生成，网关可不用设置。

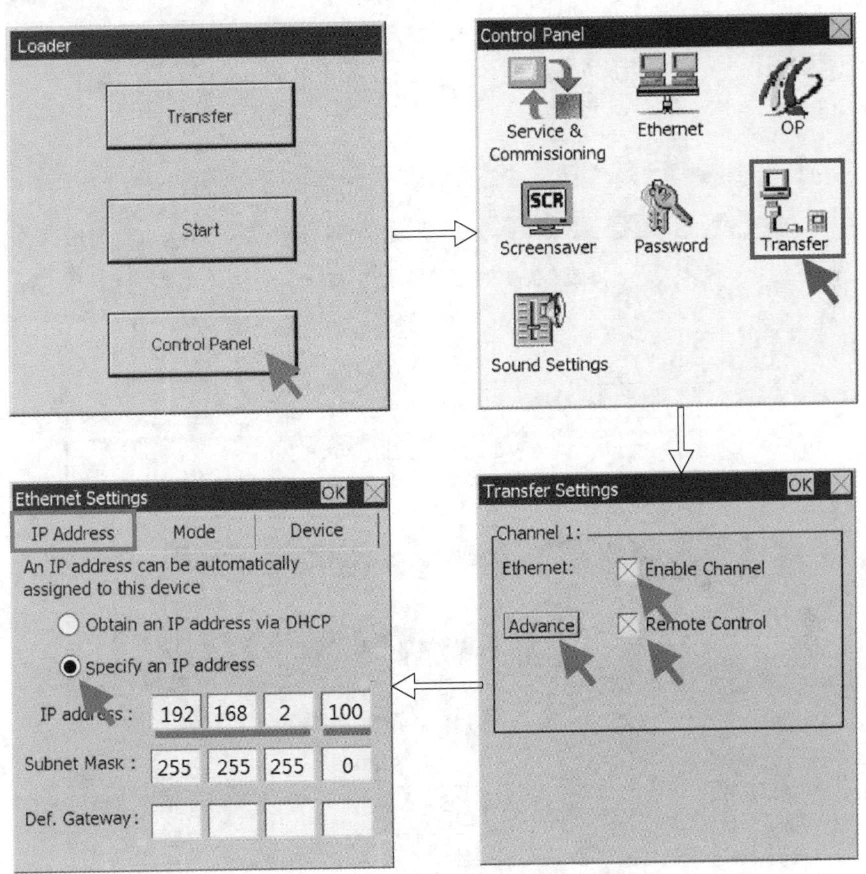


图15-15　设置触摸屏IP地址的过程

## 15.3.9　下载画面项目

下载画面项目过程如图15-16所示。在WinCC flexible SMART软件的工具栏上单击⬇工具，或执行菜单命令“项目→传送→传输”，出现图15-16（a）所示的对话框，在“计算机名或IP地址”一栏输入触摸屏的IP地址，然后单击“传送”按钮，开始下载画面项目，其间会出现图15-16（b）对话框，如果希望保存触摸屏内先前的用户管理数据，应单击“否”，否则单击“是”，在传送过程中，如果在“传送状态”对话框中单击“取消”，可取消下载项目［见图15-16（c）］。

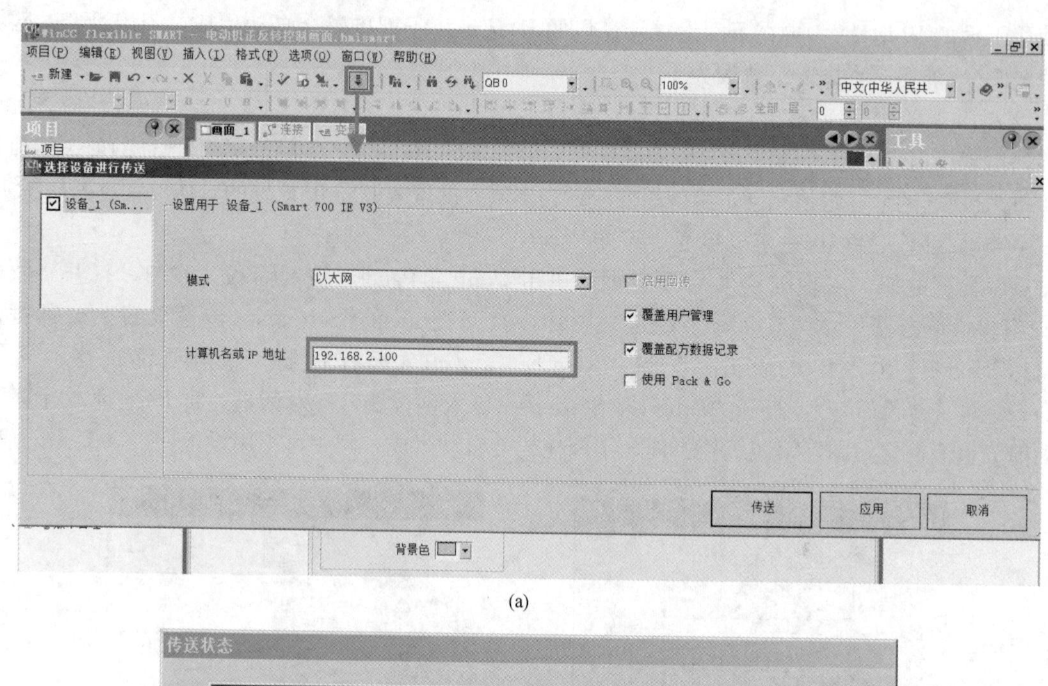


(a)

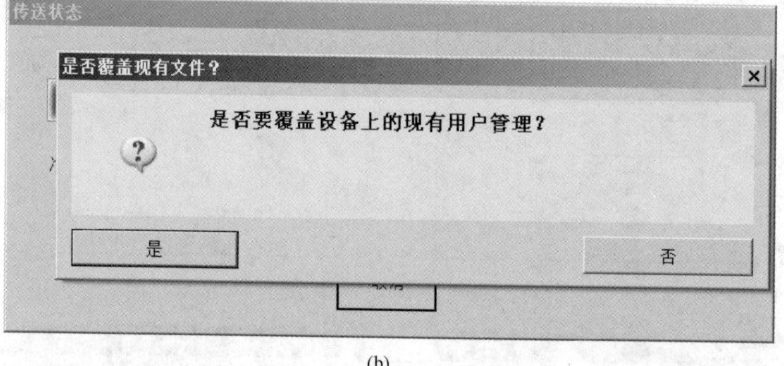


(b)

(c)

图 15-16　下载画面项目

# 15.4　触摸屏连接 PLC 实际操作测试

## 15.4.1　触摸屏与 PLC 的硬件通信连接与设置

用串口线连接触摸屏与 PLC

西门子 Smart 700 IE V3 型触摸屏与 S7-200 PLC 采用串行通信连接，触摸屏和 PLC 用串口线通信的硬件连接如图 15-17 所示。其中图 15-17（a）是触摸屏、PLC 和连接用的 9 针串口线，该线两端均为 9 针 D-Sub 母接头（也称 COM 口），通信时只用到了其中的 3、8 号线，触摸屏和 PLC 用 9 针串口线连接如图 15-17（b）所示，24V 电源适配器为触摸屏和 PLC 分别提供电源。

触摸屏和 PLC 用串口线连接起来后，触摸屏会按 WinCC 组态项目时的连接通信设置（该连接设置的通信参数随画面项目同时下载到触摸屏）与 PLC 进行通信，在 WinCC 的连接中设置通信参数［见图 15-5］。

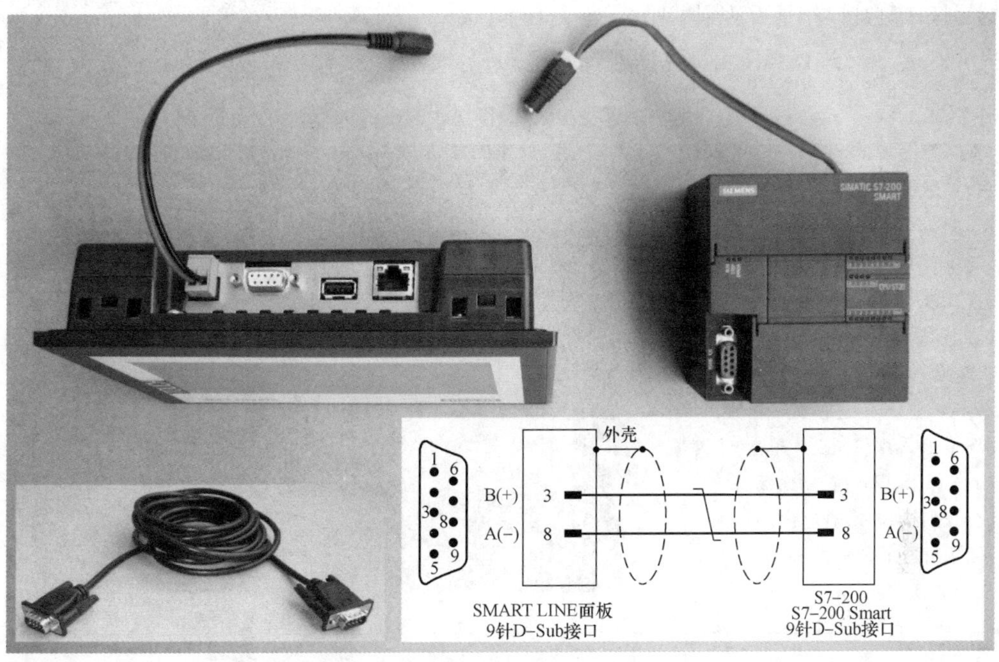


(a)



(b)

图 15-17　触摸屏和 PLC 用串口线通信的硬件连接

## 15.4.2 触摸屏连接PLC的电动机正反转操作测试

触摸屏连接PLC的实际操作演示

用串口线连接触摸屏和PLC，再接通电源，触摸屏先显示启动界面，等待几秒（该时间可在触摸屏控制面板中设置）后，会进入组态的项目画面，然后对触摸屏画面的对象进行操作，同时查看画面上的指示灯、状态监视器和PLC输出端指示灯，测试操作是否达到了要求。

触摸屏连接PLC进行操作测试过程见表15-2。

表15-2 触摸屏连接PLC进行操作测试的过程

| 序号 | 操作步骤 | 操作图 |
| --- | --- | --- |
| 1 | 将电源开关闭合，为触摸屏和PLC提供24V直流电源，触摸屏启动，先显示启动界面，单击界面上的Transfer进入传送模式，单击Star进入项目画面，单击Control Panel打开控制面板，不作任何操作，几秒后自动进入项目画面 | 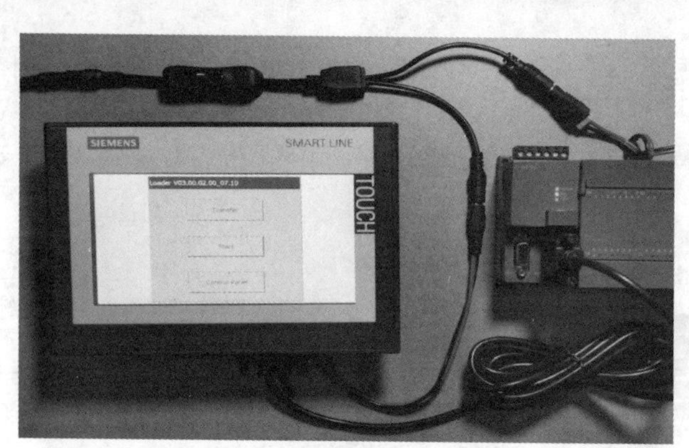 |
| 2 | 触摸屏进入项目画面后，画面上的监视器显示"00000000"，表示PLC的8个输出继电器Q0.7～Q0.0状态均为0，若触摸屏与PLC未建立通信连接，监视器会显示"########" | 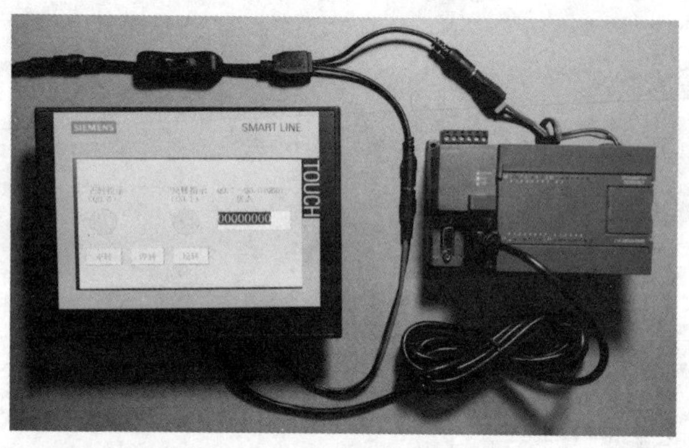 |
| 3 | 用手指单击"正转"按钮，上方的正转指示灯变亮，监视器显示值为"00000001"，说明PLC输出继电器Q0.0状态为1，同时PLC的Q0.0输出指示灯变亮，表示Q0.0端子内部硬触点闭合 | 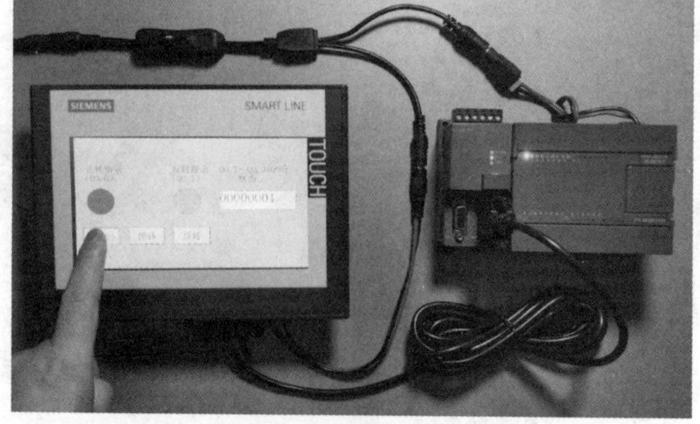 |

续表

| 序号 | 操作步骤 | 操 作 图 |
| --- | --- | --- |
| 4 | 用手指单击“停转”按钮，上方的正转指示灯熄灭，监视器显示值为“00000000”，说明 PLC 输出继电器 Q0.0 状态变为 0，同时 PLC 的 Q0.0 输出指示灯熄灭，表示 Q0.0 端子内部硬触点断开 | 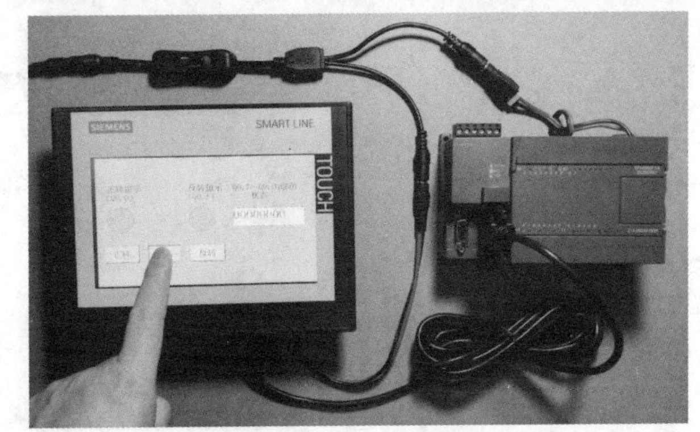 |
| 5 | 用手指单击“反转”按钮，上方的反转指示灯变亮，监视器显示值为“00000010”，说明 PLC 输出继电器 Q0.1 状态为 1，同时 PLC 的 Q0.1 输出指示灯变亮，表示 Q0.1 端子内部硬触点闭合 | 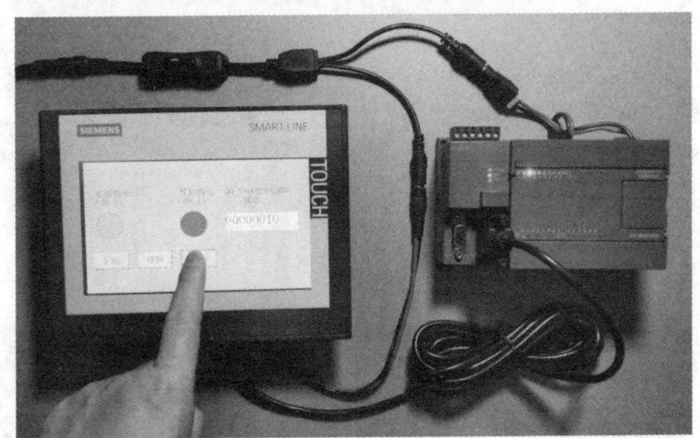 |
| 6 | 用手指单击“停转”按钮，上方的反转指示灯熄灭，监视器显示值为“00000000”，说明 PLC 输出继电器 Q0.1 状态变为 0，同时 PLC 的 Q0.1 输出指示灯熄灭，表示 Q0.1 端子内部硬触点断开 | 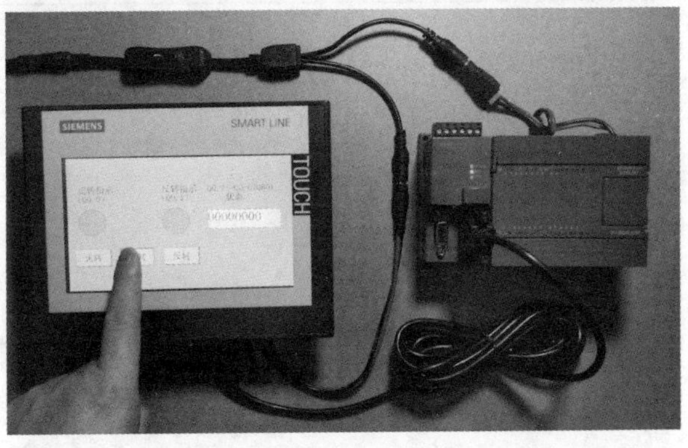 |
| 7 | 用手指在画面的监视器上单击，弹出屏幕键盘，输入“11110001”，再点击回车键，即将该值输入给监视器 | 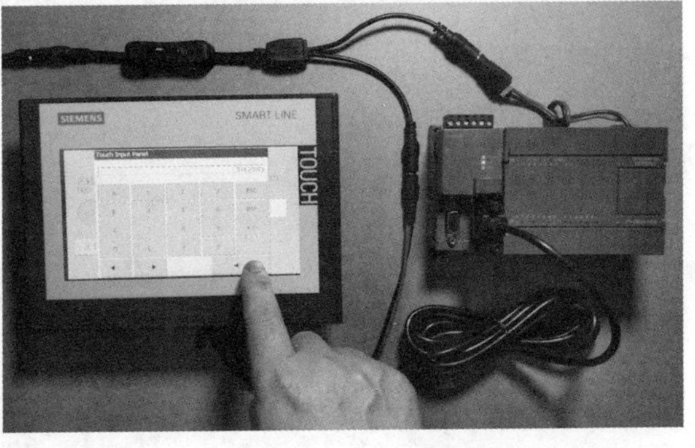 |

续表

| 序号 | 操作步骤 | 操作图 |
| --- | --- | --- |
| 8 | 在监视器输入“11110001”，即将PLC的输出继电器Q0.7～Q0.4、Q0.0置1，PLC的这些端子的指示灯均变亮，由于Q0.0状态为1，故画面上的正转指示灯会变亮 | 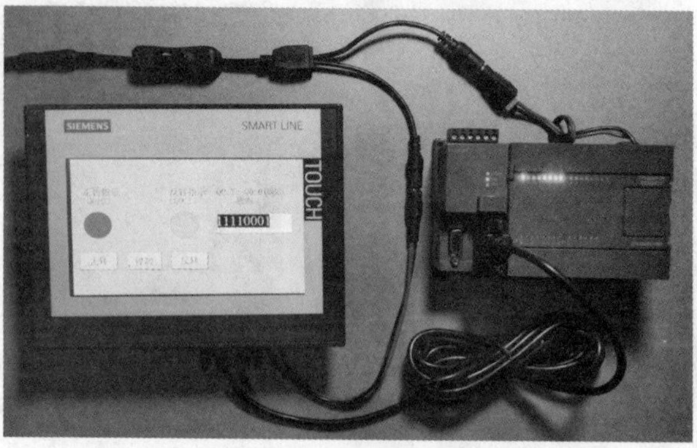 |
| 9 | 用手指单击“停转”按钮，正转指示灯熄灭，监视器的显示值变为“11110000”，PLC的Q0.0输出指示灯熄灭，这说明停转按钮不能改变输出继电器Q0.7～Q0.4的状态 | 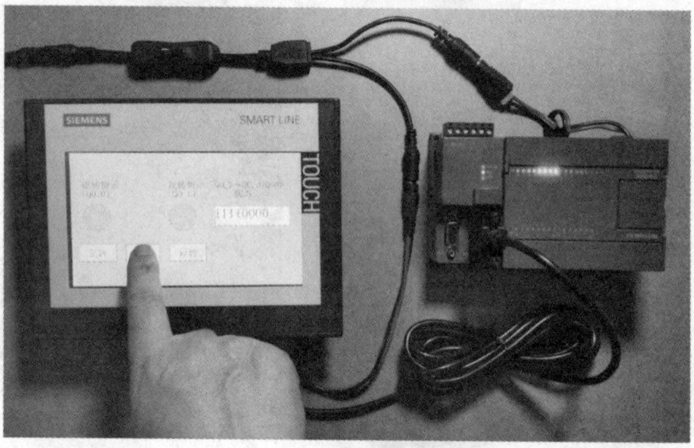 |